The Master's Place

Seeing in Chinese Garden Culture

主 人 的 居 处

"看"视域的古典园林文化研究

王 铁 华 著

中国美术学院出版社

CHINA ACADEMY OF ART PRESS

中央高校基本科研业务费专项资金资助

中央美术学院自主科研项目资助

序

潘公凯

中国古典园林曾经是先贤的生活世界，同时也是今天现实世界的一部分，更是现代学术开启中国古典人文世界的一道门，今天对中国古典园林的现代学术研究需要加强其主体性的研究。

王铁华先生这本著作立论于对园林"主人"的研究，意图拓展中国古典园林研究思路。中国古典园林的最高境界并不在于其物质空间的复杂构造，而在于营造该园林的"主人"的主体性在其中的映射，也就是古典园林所"敞开"的境域，以现象学来看，正是园林的"主人"衔接了生活与艺术、时间与空间、有限与无限的边界。而园林艺术和日常生活的边界的消隐、显现和敞开，均是以"主人"的时间主体为前提的，园林不仅仅是其"主人"现实生活世界的艺术升华，更是"主人"在似水流年中最具有人性的部分，这些是从完全以西方文化中心主义的汉学家那里无法看清的。

从观看的视域出发，王铁华先生详细考察了古典园林中诸多交织观念的含义和深层结构，力图厘清古代园林空间和园林绘画、文本之间的关系，并且以古代文学及书画理论、《园冶》等古代园林文献、以及文徵明所绘拙政园册页等图像文本为材料基础，对造园文化的事件文化动机提出新的研究角度，诠释"主人"和园林空间的意义关联，从而探讨园林的空间基础主要的源泉，是来自中国的以"文"游观的动态视觉逻辑，而非先验的几何化的静态形式推演。"主人"和园林空间的关系建立在构造和生成的双重层面上，"主人"同时具有"显性"和"隐性"的双重身份，从"遮蔽"到"澄明"，形成了中国古代诗性空间发展史中的一种独特现象。"主人"即"能主之人"，胸中有"丘壑"之人，潜在的文化结构构成了园林废而复兴的力量，而这个逻辑可为当代建筑空间设计提供有益的哲学思考，斯维勒·费恩（Sverre Fehn）说："你要与自然紧密合作，尝试找到一种文化表达方式，与已经长在那儿的树木对话。"今天我们的生活越来越远离曾经生存的自然和空间，失掉了一些我们思想曾经存在的基础，而王铁华先生这本追寻"主人"的论著，正是展现了对此非凡的思考。一切伟大的艺术，都不会只是呈现自己单方面的生命。它们为观看者存在，它们期待着仰望的人群观者。一座园林，加上观者的唏嘘和叹息，才是这座园林的立体生命。

"胸中元自有丘壑，盏里何妨对圣贤"，真实的生命感受是以"真实的时间"为基础的，绵延的生命状态在时间之流中，这意味着今天我们不仅要扩展未知物特殊领域的活动，同时还应该接纳历史经验之流。而对于"今天"和"未来"的中国，王铁华先生论述园林"主人"的独特性无疑会让我们领会更多的自身文化特质。

是为序。

摘要

本书尝试从"看"(Seeing)的视域出发，借助中国古代文化中身体和文字的观念含义和深层结构，来对古代园林空间、绘画、文本进行分析，并考察古代造园文化的事件、文化动机，进而打开古典园林现象学的研究角度，直观古典园林中"主人"的语义，诠释古典园林"主人"和园林空间的意义关系。从这个角度看，古典园林是绵延不绝的"主人"持续书写的空间所在之处，是"主人"独特的社会、文化背景和人生状态投射到园林空间的印迹。而"主人"和园林空间的关系既是构造性的，也是生成性的，更是原发性的，"主人"不仅创造了空间，也在时间之流中，因而"主人"具有"显性"和"隐性"的双重身份。存在(Being)之"烦"(Sorge)是人的普遍性和终极问题，在文化史上，"主人"以最独特的方式解决人在空间、时间的流变中的存在论命题。

通常的研究角度以园林作为物质的形式来看，并且以静态空间的观念来审视，但是，这样的物质存在忽略了园林的时间性和非物质化的因素。在园林文化中，某种确定意义的获得，必须要求形式以文化和记忆以及象征意味存在，只有把园林中有生命和无生命的栖居者都转换为象征性和记忆的复合空间和实体，我们才能完整地理解园林这个世界。此类记忆和象征符号包括了特定群体——"主人"之观看世界的价值体系、表现方式的词语、视觉形象以及生活方式和时空观念；同时，园林的物质形式处在流变中，古典园林并不以拥有固定不变的形态为目标，或者去追求一个最终或者永恒的意义。事实上，一方面，园林随着它所属社会文化或主体形态的改变，其空间特征和含义将不可避免地发生变化；另一方面，那些赋予园林世界以意义的象征符号，以记忆绵延的方式构成了空间语言的主题缓慢发展，形成了相对稳定的意向结构。而在时间之流中的"主人"领会和处理这些原型的方式构成了园林"新"的诠释和空间的"复"写。园林的兴衰、阅读和敞现，交织了"主人"的在场和缺席。

本书展开讨论的次序如下：

第一章提出"主人"在经典文献《园冶》中的描述，以"主人"和"丘壑"的密切关联，审视古人关于山水的身体视域，以及山水世界带来的图像思维方式，及其指向的时空压缩缠绕的结构模式，奠定了"主人"和园林世界的紧密关系。

第二章从园林文献中"梦"的描述出发，关注"梦"和弱光哲学对于园林空间审美的影响，指出园林的深幽美学既是"主人"对于自然的体悟，同时也是社会、政治上的一种迂回，影射了"主人"社会身份的断裂和焦虑，园林成为修复"主人"社会性主体缺失的策略和对于世界的重新观看方式。

第三章分析"园""画"的相互作用影响，"一画"是山水意识的独特视觉逻辑，在这个视域里，万物蒙养的知觉激发了空间的意义，山水之法奠定了空间运动、组织的结构，成为文人造园的原发性基础。而园林空间文法诸法中以"推法"最为有效，创造了园林中"平面"和"深度"的张力和平衡。

第四章通过《拙政园图咏》和拙政园的其他相关文本进行分析，在绘画、诗文的观看世界的方式和园林的空间特质上做了比对。"文"的泛化,成为空间的思维方式以及表现形式的双重载体。水作为最完美的"文"的外化,表达了造园本体对于自然力的敞开、接纳和复归。

第五章总结主人的时空的基本观念,在小亭方丈之间,园成为世界的缩影,以"玉磬山房""半亩园"和"青藤书屋"为例,还原"主人"的生活场景。"主人"的存在赋予有限的空间进入时间之流的无限性,形式和本体缠绕穿越在一起,"退藏于密,亦复放之可弥六合也"。

结语论述了园林和世界的原初的聚集性,以及社会场域对于园林的影响,通过对"离"字关于中国古代本体的语义分析,建构了古典园林现象中"文"和"身"的一对动态模式,"主人"以此方式"在场",留下"形迹"(Trace),成就园林本体的"显像"。

目　录

引　论

早期的文化将变成一堆瓦砾，最后变成一堆土。但精神像一朵云，将萦绕在灰土的上空。

——维特根斯坦《文化与价值》

历史永远是强加于往昔的一种形式，仅此而已。它永远是我们在往昔中所寻找的意义的理解与解释。即便是纯粹的叙述，已然是某种意义的传达。

——赫伊津哈《历史观念之定义》

它既然是生命，那就需要形式；它既然是生命，那就需要比形式更多的东西。生命有这样一个矛盾：它只能在形式当中找到一席之地，但又无法在形式当中找到立锥之地。因此，它既超越，又打破构成生命的任何一种形式。

——西美尔《生命直观》

　　中国文人园林多源于隐者和山水文化的叙述，也许它曾经是对彼岸的遥望，但它却不止于再现空幻的理想，而是化身深藏于在世生命之中，对于本体的诉求使得这种形式回望世界的起源，让人以凝视的眼光面对逝去的本真。作为原型和象征，无论是丘山洞壑、古木奇石还是亭台厅堂，都和原初世界以及现实世界保持了紧密的接触。园林在"幽玄"的哲思中敞开着"善"世界，通过艺术的"想象"，让心灵徜徉在自然和历史时间之中，同时，园林作为隐性的文化交换资本和符号，让"主人"直观红尘和世俗的烦恼，尽情享受"林泉之志，烟霞之侣"，形成一个独特的文化场域。

　　相比于中国古典建筑的法式，"园有异宜，无成法，不可得而传也"[1]，造园没有刻意遵循的规矩，也不是自然简单的模拟和再现，却充满了在历时性中从自然到内心的反照，自然而然，创造了一种和谐运转的时空结构形式。发展到高峰成熟之后，文人在营造园林时，拥有了一套复杂的表意符号系统（system of signification）和深层的形式结构，这些符号作为一种符码（code），隐藏在文本下面。有些符号是个人化的，有些是文人认为不可以言说的，有些是出于修辞的需要留白把意义悬置起来的。而对于我们今天的研究来说，这些结构和符号的意义却是需要诠释的，中国古典园林的意义不能也不应该停留在它"原初"的意义里，它必须成为一个开放的可以阅读的文本，并且也只有存在于当下的语境中得到理解才可能接近本质的、原生的、鲜活的体验。

　　在这里，我们要提出的问题是：对于中国古典园林的形式的理解，我们还能再深入吗？我们的深入能够超越来自西方的抽象、均质的空间的认识手段吗？这个园林世界如何被反复书写？在时间的流变中，又留下了多少可以辨认的痕迹，在这些痕迹中我们可以看到怎样的结构？如果园林是结构和符号的意义世界，那今天我们的阅读是否意味着这我们能进入这个意义世界的流变中，成为"新"的园林"主人"？胡塞尔（E.

Edmund Husserl 1859—1938）认为：“人及其自我，在整个时空里，从其意义上说，不过仅是一种意向性的存在。所以，人只在某种相对的意义上或叫作某意识的层面上说，它是一种存在。它被设定在意识的经验中，除了被规定作何直观作某种需协调一致性的，在某一复合体中的同一物之外，再无其他。”[2] 因而园林和主人同时“畅神”于某种意向性的结构中，而这种结构的历史同时是主人阅读和撰写园林的历史，“今人不见古时月，今月曾经照古人。古人今人若流水，共看明月皆如此”，当曾经的园林主体像流水消失在时间之外，隐现在园林月光之下的“主人”，还会带我们回到家园吗？

　　中国造园文化自成一独特的系统，这已是显见的事实。关于古代园林的文字多至不可胜数，不过大多数是西方空间观念的挪用，缺乏对于古代文献的深入思考，与西方空间理论相比较，中国造园文化在时空关系上很多方面都表现出它的独特形态。“主人”和园林，在中国造园文化史上的关系及其演变是一个十分复杂的现象，绝不是某个单一的观点所能充分说明的，同时无可争辩的是，造园文化和园林思想的传承与创新自始至终都是园林“主人”自觉的任务。

　　从文化史和思想史的角度出发，本书所企图观察和呈现的是：以园林相关图文的源流为主要考察对象，研究明清园林“主人”既作为一个社会阶层对于一种空间的理想和设计，同时也发展了一种“看”世界的目光，在这种目光下形成了一种特殊的文化心理结构。对于“主人”这一边界模糊的“待定义项”，本书主要关注“主人”作为“显性”和“隐性”两种结构，在显隐之间构成了一个“主人”生活世界的观念，这当然并不是说园林空间的营造和技术不重要，而是基于空间的历史和叙事问题不解决，技术将成为无本之木。因而本书对于“主人”的研究将建立在文本阅读的基础之上，从对园林绘画的形式分析以及相关历史图像文本和文献的关注中，带来一系列和园林有关的问题，在其中选择了若干有关“主人”空间观念的论题，然后对每一论题进行比较具体而深入的分析，希望能通过这样的研究方式展示“主人”在中国造园文化史上的特殊现象和含义。

|　关键词

主人 / 居处

“主人”一词，在园的营造文献中，最有名的出于《园冶》：“世之兴造，专主鸠匠，独不闻三分匠、七分主人之谚乎？”这里的“主人”，“非主人也，能主之人也”。主人为能主之人也，要有移造化的能力，具备了这个能力，“是唯主人胸中有丘壑，则工丽可，简率亦可”。[3]主人营造园子“从心不从法”，具有高度的想象力和艺术自由表现力。值得注意的是，中国文化史最吊诡的是“文穷而后工”，在园林中亦不例外，上文描述的主人在当时社会中，一般不在主流的权力之纬中，而多半是在经世理想受阻或破灭之时，在困顿中营造出光华万代的园子。这也是由“主人”的知识谱系决定的，“主人”受到儒释道文化的熏染，具有经世的理想和逍遥纵情山水的双重性格，显隐具有的弹性使主人能够穿越个体单一的孤独，使个体得到自然、人文和历史的涵养。

值得思考的是，园林作为外在的空间形式，“主人”应该是内在超越的存在，园林和主人是复杂共生的变量，贡布里希在《艺术的故事》书中说：“实际上没有艺术这种东西，只有艺术家而已。”[4]他认为我们相信永远都会有艺术家诞生，而艺术产生于艺术家的出现之后，这用在园林艺术史中也合适，可以说，没有“主人”就没有园林；而谈论“主人”和园的关系，必然涉及中国绘画和园林的内在关系，中国文人绘画产生在文人出现之后，给绘画带来历史阅读的特质，正如罗萨德回复方闻《为什么中国绘画是历史》中提到的：“以艺术作为历史的主张，以及艺术家与艺术品在历时性中如何去界定彼此间的重要关系。"[5]而这样的研究视角，就不止于共时性和一般性中，而是把空间放在历时性的视角下，将分裂空间形式和时间主体放在一起研究。本文书所立论的是，主人在形式中，需要形式的"显"化，主人既是结构性和生成性的，也是存在于历史的阅读之中的，归根结底，主人的一般性存在基于一种"观看"世界的目光，但主人的理想生活形式并非基于彼岸的一种理念（idea），而是弥漫着世间性和现象性（Phenomenal）的，正如柳宗元在《始得西山宴游记》中所描述的："上高山，入深林，穷回溪，幽泉怪石，无远不到。到则披草而坐，倾壶而醉。醉则更相枕以卧，卧而梦。意有所极，梦亦同趣。觉而起，起而归，以为凡是州之山水有异态者，皆我有也，而未始知西山之怪特。"因此，知觉和想象在园的形式中，又穿越了形式，园可以只是一种想象，也可以创造精致风雅到无边的物质形态，园的在场和开敞，是以主人之"迹"为前提的，而不是一种思辨的"纯形式"。正因为主人和园的穿插、叠印的关系，本书的题目是"主人的居处"，而非"主人的居所"，主人、园的存在既非"在场"，亦非"缺席"，而在两者之间。园以人显，园以人传，人因园而出场，"居处"大致有四个意思：

1. 指平日的仪容举止。《论语·子路》："居处恭，执事敬，与人忠，虽之夷狄，不可弃也。"《史记·袁盎晁错列传》："淮南厉王朝，杀辟阳侯，居处骄甚。"唐韩愈《赠太傅董公行状》："公居处恭，无妾媵，不饮酒，不谄笑，好恶无所偏，与人交，泊如也。"

2. 指日常生活。《论语·阳货篇》："夫君子之居丧，食旨不甘，闻乐不乐，居处不安。"《汉书·刑法志》："居处同乐，死生同忧，祸福共之。"《南史·孔靖传》："曲阿富人殷绮见奂居处俭素，乃饷以衣毡一具。"明唐顺之《赠彭石屋序》："侯为人貌古而气凝，恬淡而寡欲，其居处苦约，有寒士所不能堪者。"清唐甄《潜书·太子》："亲其妇子，知其生养；入其庐舍，知其居处。”

3. 安置；处置。汉刘向《列女传·邹孟轲母》：“孟子之少也，嬉游为墓间之事，踊跃筑埋。孟母曰：‘此非吾所以居处子也。’乃去。”《元史·食货志四》：“八年，令各路设济众院以居处之，于粮之外，复给以薪。”

4. 指住所，住处。《后汉书·袁安传》：“居处仄陋，以耕学为业。”《太平广记》卷一六五，引宋庞元英《谈薮》：“（长孙道生）虽为三公，而居处卑陋，出镇之后，子颇加修葺。”清唐甄《潜书·两权》：“百金之贾，必有居处，以安妻子，固管籥，结邻里，无盗窃之虞，乃可以转贩于四方。”

从上可以看出，和“居所”一词有区别的是，居处除了空间向度外还含有生活世界痕迹（trace）的意味。主人产生于对时空思考的时刻，《庄子·齐物论》说道：“大知闲闲，小知间间。”白居易认为，“闲意不在远，小亭方丈间。”苏轼在《书临皋亭》中说：“临皋亭下八十数步，便是大江，其半是峨眉雪水，吾饮食沐浴皆取焉，何必归乡哉？江山风月，本无常主，闲者便是主人。”主人走向“世界的内在领域”，外在的时间意识投射在自我的意向中，记忆汇集、折叠和压缩“自然”的结构形成内在世界的“庇护所”，从而使“居处”作为主人镜像的“他者”，呈现出主人反身而诚的镜中之像，主人从观看外物、追逐外物，到自我观看，观看自然在本我中呈现的超然之美：身处园林中，山石胜于经卷，可“主”天地，自娱自遣，栖迟寒岩下，闲读壶中风月，鸟鸣泉流，独避园中万事休，不与物拘，透脱自在，闲“居”而“处”世，这就是“主人”的栖居之域，这是适合前行者和后人的共同居留之所。

园林和它的视觉基础

在中国园林艺术的语境中，“园”是一种特殊的形式，它不同于西方

的 "garden" 和 "landscape"，事实上从世界上其他的园林中并不能找到相对应的形式，而在中国文化中，"园" 也不同于苑囿，皇家园林一直是以苑囿为主。"园" 的概念一般专指由具有高度文化修养的文人营造的空间，在仕隐之间抒发胸中逸气，寄予复杂人生感受，或 "使大地焕然改观"，或 "别现幽灵"，具有高度的 "夺天工" 的气质。对于园的营造之法，郑元勋在《园冶》题词中写道："古人百艺，皆传之于书，独无传造园者何？曰：'园有异宜，无成法，不可得而传也。'"[6] 园林之法受到山水文化以及玄学和禅宗的影响，古人认为其法超出于语言文字之外，园的营造和中国古代建筑和雕塑亦不同，因为后两者多有法式因借，且多出于 "无名" 匠人之手，而名园作为中国艺术史上 "有名" 文人和艺术家的作品，它散发出 "无法" 的 "灵晕"，但是我们仍然可以因循其作品 "使其在场（present）"，海德格尔说："唯作品才使作者以一位艺术的主人身份出现"，"艺术作品以自己的方式开启存在者之存在。在作品中发生着这样一种开启，也即解蔽（Entbergen），也就是存在者之真理。在艺术作品中，存在者之真理自行设置入作品中了。艺术就是真理自行设置入作品中。"[7] "园林"作为一种跨越古今的存在，一种文化的记忆和续写，我们期望园林在历时性和共时性并存目光的 "注视" 中，向我们 "敞开" 它的 "曾在" 之谜。

园林艺术在中国乃至世界的空间文化史中都有其独特的意义，成熟于明代中晚期的园林，除了其丰富的历史文化价值外，还有其当世的价值，西方的后现代大师都在其中发现了价值。查尔斯·詹克斯在其中发现了后现代空间的特质，斯蒂文·霍尔在其中印证了他的建筑现象学的概念，对于当代中国而言，园林的空间将会是催生 "新" 的空间观念的重要来源之一。艺术史上的视觉结构形式存在于特定的历史时代和文化观念之中，帕诺夫斯基（ErwinPanofsky，1892—1968 年）在《作为象征形式的透视法》(*Perspective as Symbolic Form*，1927 年初版）一书中，将西方绘画自文艺复兴以来所用科学线性透视法，描述为 "现代（西方）空间感或'世界感'"所特有的一种"象征形式"，他指出"透视的成就只是认识论和自然哲学的现代进步的具体表达"，事实上，现代透视是文艺复兴之后，为了保证"一个完全理性的空间，即无限的、不变的和同质性的空间"被创造出来的[8]，这是和西方哲学显现的形而上学之"绝对理性"的思考相关联的。中国古典园林中出现的空间透视形式，则是另外一种"观看"隐喻的修辞，其塑造了中国传统文化认知世界、认识自然和认识文化的特有的方式，非常充分地反映了传统独特的自然和哲学观念。

而园林营造的视觉基础是什么？和西方现代主义空间观念来源于现代绘画相似，园林的视觉基础是中国传统的文人山水画，山水画隐含了"观看"（seeing）自然世界"空间"的文化意义，其并非一种模仿自然的客观再现，其观照模式在成熟阶段的杰出作品中，表现为对于山水的多重角度的"观望"，如诺曼·布莱森（Norman Bryson）所说的"扫视逻辑"（the logic of the Glance）的"瞥见"。作为再现性绘画传统，西方绘画呈现出"凝视"的特征，"内在于凝视的，是一种毫无疑问的在自我与世界的交易中的紧张和焦虑，"瞥见则是"产生了一种目光的间断，一系列被不经意的山谷间隔的峰值 —— 当它在活动爆发后的休憩中暂时耗尽自身的资源，从外部世界退回一个模糊的尚无确切定义的居所时，""它短暂地洗劫了外部世界，挣得了朝向一个天然的静止世界的回归和休息。"[9]这种不同于西方的视觉逻辑，是产生园林空间的起点。而这种观看的目光一直可以追溯到远古的中国，《周易·系辞》："古者包牺氏之王天下也，仰则观象于天，俯则观法于地，观鸟兽之文，与地之宜，近取诸身，远取诸物，于是始作八卦，以通神明之德，以类万物之情。"中国的象形文字奠定了中国视觉文化原初最重要的基础，诗书画的形式语言发轫于此，这种视觉的思维本体是与世界整体性之间充满互文性的，没有把观者和观看对象自然割裂开来，山水诗画都显现了观看与自然交织之"迹"，园林的时空观念也由此推演而来，因此，对于古典园林的理解离不开中国古代艺术史的视觉文化研究。

明清绘画和艺术史的研究，在新史学上成果丰富，高居翰、方闻、巫鸿等学者，利用西方艺术史的新方法，使得中国传统得到新的解读和阐释。对于西方新的艺术史的方法，方闻说过："在我看来，不同的视觉语言各有其不同的族群文化意义，为获得一个可观照不同艺术史的公共视野，我们需一套共同、适时的现代分析和诠释工具。这些工具或许最初发展于西方艺术史，但也应借由研究非西方视觉作品所获得的洞识，加以修正和扩充。"[10] 西方艺术史方法论的形成具有基础理论价值的学术思想和研究方法，灵活地使用和借鉴西方 20 世纪的艺术史的理论和方法，可以为我们的方法论打开新的视角。但我们也应该看到西方的艺术史的主线是基于以光和透视为基础的建筑和雕塑，中国的艺术史给予更高地位的是基于以书写性为基础的书法和绘画，这不是说在园林研究中，光和透视不重要，而是说在园林的艺术史视域中，由书写性带来的对身体性、现象性的空间特质，显现出东西方在艺术上的思维模式和时空观念的差异，也就更具有研究的价值。

中国古典园林的空间铭刻了相当丰富的"空间想象"痕迹，这些意蕴丰富的空间，传达了山水、诗书画境、经世理想、隐逸志趣、破碎之梦的信息，每个微小的角落都叠加了稠密的想象，这些由繁多的点放射交织成的网络，既是一种复杂的空间文本，也是高度压缩的想象空间，还是在时间之流中持续发挥作用的空间场域。园不同于传统的居住空间，它的空间想象存在于现实和超现实之间，介于结构和消解结构的边界。造园文化自魏晋以来，成为历代文人对于自身社会空间和精神空间的持续书写，园林文化的繁盛期出现在明代中后期，催生于江南独特的社会文化环境下，辐射了明清两代兴盛的造园风气，超越了原始文本的简单性，包含了身体、欲望、政治、山水复杂的多重想象因素，从而形成了复杂的场域。

关于"艺术史的艺术"的园林、绘画

大量的园林绘画出现在明清两代，对于明代的绘画，方闻的老师罗利教授定义为"写实式"（Realistic）风格，即在画和塑面上呈现感官经验，这是从绘画的"形式分析"上出发来谈的，以区别于唐以前艺术属"概念式"风格（以"概念图案式""线""面"来形塑"物像概念"，和唐、宋艺术属"理想式"（Idealistic）风格（以有立体感的造型描述自然界有机性形态）。高居翰的老师罗樾把明清绘画归于"艺术史的艺术"时代（Historically Oriented Art），以区别"再现（Representational）艺术时代"（自汉到宋，公元1—13世纪），风格被用作"发现或捕捉现实的工具"和"超再现（Super-representational）艺术时代"（元，1279—1368年），"推崇主观表现，摒弃宋代的客观再现。"[11]

明代中晚期的艺术，的确集艺术家的个性表现和对于"艺术史"的图像编码两个方面上的特点，文徵明、董其昌的书画都有明显的风格特征，但同时它也是基于艺术史图像的阐释和归纳。西方艺术史学家把董其昌和毕加索、塞尚比较，詹姆斯·埃尔金斯推测董其昌："也许已是第一位'有意识地和系统地'运用'形式分析'的中国艺术家；而且确乎如此，因为董运用他的'形式'语汇描写他在'抽象'和'变形'方面取得的成就"，"毕加索和董其昌都在简明清晰的'稳定与秩序'和'有意瓦解稳定与可理解性'之间摇摆，而且这种选择的继续存在支持了某种艺术，这种艺术通常以未解决的不明确性和不连续性为基础。"[12]这种视觉特征不单出现在明中晚期绘画中，也渗透到明清园林的特质之中。杜柏秋（Jean Pierre Dubosc，1903—1988年）描述董其昌与清初王原祈的画作具有"主旋律和变奏曲特色……事实上，这让我们想到塞尚"，表现出的"对形式有更多分析研究的……新看法，……就塞尚式的意义来说，'真实'即是

对某种'母题'的新看法。"[13] 将董其昌、王原祈和塞尚作对比，实际上是把现代绘画的空间观念和明代绘画做了一个类比，董的艺术史以及书和画的修养，可以在再现自然的同时，保持笔意、笔迹的独立性，以及对于艺术史图像的引据，这和塞尚的强调笔触、反思西方艺术史图像的视觉逻辑，有着某种观念的类似性，推及造园的思想，今天对明代计成《园冶》等园林文献的阅读，也可视为对历史上种种造园母题的"新看法"。

　　而从园林图像和文字转向对艺术史的思考，文徵明的确起到了很大的作用，作为明中期崛起的吴派宗师，他不仅深刻地影响了后来的绘画观念，并且他的园林绘画也影响了后来的园林叙事，进而影响了明中晚期以后的造园思想。他创作的拙政园的文本《拙政园图咏》也是集大成之作，有"艺术史的艺术"(art historical art) 的特点。同时他本人对于历史、文学、绘画长期的钻研，给园林绘画带来了高度的风雅气度，他生命的长度伴随着他的治学经验，他那严肃的本性使得作品中内敛的情感更强烈，并使其所有的画风增添了知性的素养。詹姆斯·埃尔金斯认为，"他更喜欢在他自己和我们可以称之为过去作品的力 (power) 的东西之间蒙上面纱，并且因为他的历史距离，他可以在情感上表达出一种退隐。"[14] 事发于古人是中国的古代大家的普遍特点，在古人的基础上建立起自己的面貌，而这一点在文徵明身上更加突出，从《拙政园图咏》中可以明显地感知到他对于艺术史的熟知，其诗文大量用典，绘画兼具南北二宗的特色，其考古式的对历史图像得体理智化的研究具有开启园林原型的意义。

　　中国古典园林研究的困难在于实物资料的匮乏和缺失，明代园林的完整遗存已不复存在，目前的拙政园是在清道光以后的遗制基础上修建的，比起园林的物质部分，和古典园林相关的绘画和文字，可以带给我们更多的对于园林的想象中的还原和重建。时间的跨度，使得当时的园林涣漫不清，但这同时也是中国园林的特点，园林的兴废更替使得每一次"复"园都是对以前的阅读经验的叠合。园林文本"复"写由园和主人在时间和历史变幻中共同完成，产生了流变的意义和错综复杂的关系，再现了激动人心的创造物质文化和精神世界的历程。

研究方法

视域融合

"视域"概念是胡塞尔开创的现象学思想的核心概念，视域的德文是Horizont，英文为Horizon，和地平线是同一个词。地平线是天地相交的地方，因此视域是主体的目光所及的最大范围，是胡塞尔的"括弧"之内的范围，这和《周易·系辞》主体的视域有某些相似性，主体的经验和感知的有限性决定了视域的边界。而这种经验和感知不仅仅与物的使用相关，也和精神和文化的"观看"有关联，从意识行为来说，视域意识是一种基底背景意识，从对象来说，视域则揭示了物我的课题状态，视域表明了意识对象和整体世界的一种潜在关系，揭示了抽象空虚的视域有逐渐具体充盈的可能性，所以视域也是诠释学的一个中心概念，园林并不是因为存在就有意义，现有的诠释的存在等待人的进一步理解和诠释，才能获得某种确定的意义，而"只要我们不断检验我们的所有前见，那么，现在的视域就是在不断形成的过程中被把握的。……理解其实总是这样一些被误认为是独自存在的视域的融合过程"。[15] 视域融合是伽达默尔 (Hans—Georg Gadamer,1900—2002 年) 诠释学的一个核心概念，简单地说，就是一个视域不断与其他视域的交融，视域融合本身包含着时间和空间的因素。

而从根本上讲，空间的因素又是内存于时间的结构中的。我们通过艺术作品可以获得真理的经验，但是任何艺术作品都有一个横亘在其中的时间距离。传统的诠释认为理解的任务就是去克服这样的时间障碍，历史主义幼稚地假定，我们必须置身于历史的时代精神中并用其中历史的概念和观念、而非用我们自己的概念和观念来进行思考，以再现历史的"客观性"。伽达默尔给我们最大的贡献，是理解历史要积极地运用时间的要素，因为"旧的东西和新的东西在这里总是不断地结合成某种更富有生气的有效的东西"。[16] 时间距离非但不是消极的因素，而且是积极的因素，因为在时间中不断涌现的新见，就是视域融合，而中国古典园林恰恰也是积极运用时间因素的典范，园林观看的意义一直在批判性的诠释之中，不断穿越艺术史，使得园林的主体穿越历史而洞见它的存在。

形式要素

沃尔夫林 (HeinrichWolfflin,1864—1945 年) 在《艺术风格学》中，天才地发现了线描和涂抹两种贯穿艺术发展的要素，这两种要素对应了"视觉的"和"触觉的"两种艺术表现形式诉求，从而交替发展出了艺术史上不同的艺术形式和风格。从这种角度来看，西方的建筑和园林，则更倾向于追求光影体积的变化和转折，视觉性的要求作为空间艺术的主流。中国园林艺术的情况比较特殊，汉字的"看"字，由"手"和"目"组成，似乎融合了"触觉的"和"视觉的"两种空间表征。而沃尔夫林这样把艺术形式作为艺术科学的分析，本身艺术家也就同时作为艺术史自然法则中的一个分类单元，是被排除在艺术作品之外的，因此形式分析下的艺术史也被称为"无名"的艺术史。相比之下，在中国，文论、书论和画论都是和人的品鉴粘连在一起的，文人是艺术史的主体，文人更加关注的是艺术家的在场和出席，书如其人，画如其人，生活形式更加复杂地缠绕在艺术家的作品中，园林是主人生活形式和艺术的扩展，园林也就同时包含了书法、诗歌、绘画等最复杂的时间空间的观念在其中，对于园林空间艺术的品鉴标准，也隐含于文论、诗论和画论，很少有直接对于园林形式的评论。这样看来，诗歌、书法和绘画的空间形态为中国园林的空间的研究提供了一个有效的维度。

事实上，对于西方绘画观念的简单引入曾经导致了中国绘画和传统的断裂和误读。徐悲鸿就对于传统书画提出过批评："中国人有一大错误观点，彼等以为中国画必须研究古画、文学、诗歌而后方知其奥妙，余深以为恶。夫西洋画，一看即懂，不必念文学、学诗歌而后知。"[17]徐悲鸿的观念显然是受到了现代绘画以前的再现艺术观念的影响，其师康有为的论点对其也有很大影响，康在意大利参观文艺复兴时期的绘画作品时曾感叹道："吾国画疏浅，远不如之。此事亦当变法。"[18]陈独秀在康氏之后更加激进："若想把中国画改良，首先要革王画（指清初四王）的命。因为要改良中国画，断不能不采用洋画的写实主义精神。"[19]历史的吊诡在于当徐氏等用写实主义改造中国画之后，西方绘画却从客体绘画转向了抽象表现的方向，并在东方的古老绘画传统中发现其蕴含的"现代性"。究其根本，西方文艺复兴之后到现代艺术之前的视觉形式表面上是相对隔绝于绘画本体表现性之外的，和语言文字以及书写性没有直接联系的，但艺术史的发展使我们了解到，即便是很多西方写实具象性绘画也不是"一看即懂"的，仍然和语言等深层结构有关联。当然，西方艺术到了现代艺术以后，才和中国等世界古代艺术有了真正的对话关系，就绘画中的线来说，具象绘画的线是用来再现物象的轮廓，到了现代绘画反过来受到东方文化的影响，不再追求形体精确的再现，而开始发挥线条的表现性力量。徐、康、陈对元明清文人绘画的摒弃，力图以西方写实绘画改造中国画找回唐宋的创造力，这种风气影响至今，本质上是对中国艺术史本体认识的欠缺和对文化根性的信心丧失，而以西洋古典的范式来构建对中国古代建筑和园林的研究，也是伴随着这种思潮同期学术带来的问题。

中国文字和书画的观念同样影响了古人营造空间的方式，文字的最直接的艺术形式是书法，书法以点画为基础产生一系列的书体和形式要求。从深层结构来看，中西方文字和物的对应方式不同，西方的文字是声音的符号，德里达在《论文字学》中指处："声音的本质及其特权就在于它与逻各斯的内在关联"，和物的指对关系并不具有直接的视觉联系，是一种强制的约定，在所指者、观念、意义和名称之间的稳定性联结，形成线性的、封闭的、明确的语义结构。这种对逻各斯的绝对贴近，使得语言带有强烈的分析和抽象能力。中国文字有"字中心"的一种书写特点，表现在其语言的和语义的组织上，书写形象可以先于声音和意义形式，一个书写单位——汉字，可以在不同的语境对应于众多的意义，并且字的笔画是可以拆解的，具有象形字根源的基本笔画结构和万物的联系保持着一种视觉形象性常量，"一画以见其意"，这样一种历经数千年延存下来的独立书写单位逐渐成为一种视觉"符号"，其语义的叙述构成了诗性的基础，而本身的形式发展成一种称为"笔墨"的法则，同时也由感觉和意识的深层感应对空间产生了的影响。西方发展到现代绘画，出现了线等形式要素和物象分离的关系，形式构成具有一种抽象和表现的特点，由此而来的纯粹的造型和空间，和文字在视觉形式上并无直接的关联。中国古典园林则与汉字和书画密切相关，"言""意""象"的多维结构成了古典园林的诗性品题。以此用视觉基础来看园林，会感知到更直接的中国文化氛围的体验。以文徵明的《拙政园图咏》为例，这个册页以"诗书画"三绝称世，它出现的背景是在明代中期，文人雅士大量兴造园林，园林图本在语义的层面，绘者作为参与和见证者，记录了拙政园原初的风貌，为研究拙政园提供了最有效直接可靠的视觉材料；在绘画形式层面，作者又融入了对于艺术的创造，一方面，它基本的形式要素以及要素之间的联系关系，提供了绘画形式构成的范本；另一方面，这种形式构成和园林自身也有着某种深层的联系，两者构成空间的内部形式动因是来自同一种"看"世界的目光；同时，图像和文字也指向了园林主体对于自身社会性空间的建构。而这些要素的方法和观念，蕴含了中国园林艺术独特的品味、创造力、经验、理解和表现欲望的投射。

阅读与重构

中国的古典园林在视觉形式上有着自己独特的特征，但是，中国园林的空间却不止步于纯粹的视觉观看，在这一点上又是和西方有区别的，园林空间是多个空间的弥散，并不刻意强调完整的视觉形象，注重的是日常生活现象、精神、心理、记忆、身体、文字等多重现象空间的多元存在。对比几乎和拙政园同时期建造的圣彼得大教堂，就可以看出，东西方有着完全不同的空间现象。两者都是伟大的作品，但又显然是不同的：拙政园的空间是被时间持续改写的，是多个作者"接力"的，它的结构多次被"还原"和"复"建；而圣彼得大教堂完成后，其作品的结构就一开始具有了自足性和封闭性，空间体量是绝对的，拒绝任何时间性对于形式语言的修改。从形式本体看，圣彼得大教堂是由绝对理性和线性逻辑力图造就的一个透视空间，一个"被看"的空间，人被抽象为一个空间的观看点，一个抽象的为绝对理念设定的主体。正如诺曼·布列逊描述的："这不是一个单独的生命或人格的视点，而是一个与人无关的安排，一个再现的逻辑，这一逻辑将观者自身变为一个再现，一个展现在自身视野中的对象或景观。通过对单眼透视规则的运用，观看的主体创造了一个自我定义。"其空间为一个身体去除化的灭点主导，"成为一个可测量、可见、被对象化的单元。在被普遍化的宗教见证的环境或气氛中，它固定了一个形式，这一形式将给观看主体提供其第一个'客体'身份"。[20] 这种空间出于对压倒性体量感的追求，并且依托于视觉的强烈效果，与此对应，西方古典园林的视觉形式也是体积化、建筑化指向绝对性的方向。中国的园林是主人的私密空间，是围墙里面的世界，园林不是一个用来观察分析的物，主人身处其中，感受自然的风、水、云霭、烟雨给园林带来的无穷变化，分水裁山、庭院幽深、蕉窗听雨都是以身心交融为前提的，并反复书写着后来主人的记忆和灵性。而正是园林的这种特质，给了历时性主人持续的存在感，隔空相应，也因此打动了后世无数敏感的心。

东西方观看的角度不同，是因为哲学的背景不同，观园是在透过变化无穷的空间现象，体悟外物和本我之间交融。《周易·复卦》曰："自一本散为万殊，而从万殊复归于一本，此'复归'之为'复'也。自万殊归于一本，而从一本复生化为万殊，此'复生'之为'复'也。"[27]园林的兴废，空间就在"一"和"多"之间反复转化，在这一点上，古人几乎把它当成了一个园林"自然"的现象特征。《阴符经》曰："自然之道静，故天地万物生。天地之道寝，故阴阳胜，阴阳相推，而变化顺矣。"在这样的背景下，中国古典园林完美地在"变"与"不变"之间实现了一种现象的还原，时间不断地重塑着空间，空间又努力地进入万物的变化中。主人通阴阳造化，他是诗人，他是哲人，他是画家，他改移园地，"他应该做的是到场，在形象出现的那一刻来到形象面前：如果说有一种诗的哲学，这种哲学必须诞生又再生于关键诗句出现之际，对独特形象的彻底认同之中，更确切地说，对形象新颖性的忘我陶醉之中"。[21]园林给予我们的不仅仅是视觉上的愉悦，更深的意义在于，在时间之流中，它是人生无常的慰藉，是我们的精神归家的场所。因此，对于本书来说，园的阅读并非要基于发现一个"预设"的秩序，并把它强加于整个文本，反之，而是要对园林文本进行观看、阅读和重构，读古典园林如后人学梦窗词，园林"如七宝楼台，眩人眼目；碎拆下来，不成片段"；但如果把园林本身的结构和符号看成一个复写的文本，就譬若斋头清玩，寸竹片石，摩弄可成物。张伯驹先生在他的《丛碧词话》中说："后人学梦窗者，必抑屯田，然屯田不装七宝，仍是楼台。梦窗拆碎楼台，仍是七宝。后人观既非楼台，亦非七宝。”阅读就是建立新的结构，阅读园林文本原本就是一个积极的行动，如罗兰·巴特所言：我们要“处于文之符号、一切语言的招引之下，语言来回穿越身体，形成句子之类的波光粼粼的深渊”[22]，冠云峰风姿绰约，铭刻着风和水的痕迹，勾划出玲珑的布局，我们尝试做的正是阅读它的边界内外的自由。

　　｜　研究材料

　　　　　　　　他山之玉

　　国内对于中国古代园林的研究，大体存在着下面几个类型：

　　1. 对园林的通史性和线性的叙述方式，是园林史主要的研究方法，基于文献考证和考古的新发现，对园林的历史发展有着概括性和总结性的叙述和论述，并且这个范畴成果非常丰富，有周维权的《中国古典园林史》（北京：清华大学出版社，1999 年）、安怀起的《中国园林史》（上海：同济大学出版社，1991 年）、汪菊渊的《中国古代园林史》（北京：中国建筑工业出版社，2006 年）、〔日〕冈大路的《中国宫苑园林史考》（北京：学苑出版社，2008 年）等。

　　2. 运用视觉媒介（Visual Media）进行园林的研究，测绘、摄影、工程制图等手段的介入，开始于喜仁龙（Osvald Sirén，1879—1966 年）等学者，他也是二十世纪欧美中国艺术史研究的先驱，他的研究广泛涉及中国的建筑、雕塑、园林、绘画乃至城市规划等领域，专著《中国园林》初版于 1949 年，被学术界公认为中国园林研究开山之作。斯文·赫定（Sven Hedin）（1865—1952 年）、维克多·谢阁兰（Victor Segalen，1878—1919 年）、关野贞（1868—1935 年）等学者也都留下很多富有研究价值的影像和文献。他们同时影响了国内梁思成等学者的治学方式，园林研究上以童隽的《江南园林志》（北京：中国建筑工业出版社，2000 年）、刘敦桢的《苏州古典园林》(北京：中国建筑工业出版社，2008 年) 等为代表，建筑师的职业素养使得空间的表述非常直接和清晰，彭一刚的《中国古典园林分析》，运用图解的方法，对于空间进行现代意义的分析，可以看作前面两本著作的延续和发展。

3. 古代园林文献的整理和现代写作，对于园林文化和审美进行梳理，有叶广度 1932 年撰写的《中国庭院记》(杭州：浙江人民美术出版社，2019 年)、陈从周和蒋启霆选编的《园综》(上海：同济大学出版社，2004 年)、陈从周的《说园》(上海：同济大学出版社，1986 年)、王毅的《中国园林文化史》(上海：上海人民出版社，2004 年)、杨鸿勋的《江南古典园林艺术概论》、王世仁的《理性与浪漫的交织》等。他们在对园林进行一般普遍原则和历史线性叙事以外，加入了作者对于古代造园文化审美原则的理解。

4. 从建筑学、文化理论角度对古代园林进行的研究，童明、董豫赣、葛明编著的《园林与建筑》(北京：水利水电出版社，2009 年) 一书，收录了当今园林学者多角度的对于古典园林的营造、意匠、历史、哲学的讨论和诠释，从文字、图像、地景和空间语义结构以及建筑学的本体等侧面对古典园林进行了一番令人耳目一新的解读。童寯先生的遗著《东南园墅》(*Glimpses of Gardens in Eastern China* ，童明译，长沙：湖南美术出版社，2018 年) 追溯园林之始，历数各代园林演变，详述江南园林遗存，以东西方跨文化视角，阐发中国古代东南园林造园之法的精神与内涵。

5. 本书开始写作的时候，国内从艺术史、图像学以及社会、文化交换理论等角度发掘园林文化的研究尚且不多，这十多年间，这个研究方向的论著多了起来。其中高居翰、黄晓、刘珊珊的《不朽的林泉》(北京：生活·读书·新知三联书店，2012 年)，柯律格的《蕴秀之域：中国明代园林文化》(郑州：河南大学出本社，2019 年) 等，都是基于艺术史与园林史、图像与史料、历史与批评相结合的发现与诠释，使我们对传统中国园林的细节和生活世界有更深入、立体的认识。

古代园林图绘、诗文的价值

首先，关于古代园林的图绘、诗文作为一个视觉艺术“作品”，是艺术史上视觉语言的实物证据，当然比其他的相关的“文献资料”更为可靠。现代艺术史学认为，艺术作品自己会说话，会向我们开敞，提供事实的真实意义。视觉作品在艺术史上有科学性的“学术定位”的基础。

其次，我国近代已经有把视觉材料纳入学术研究的传统，王国维《观堂集林·库书楼记》中说：“光宣之间，我中国新出之史料凡四，一曰殷虚之甲骨，二曰汉晋之简椟，三曰六朝及有唐之卷轴。而内阁大库之元明及国朝文书实居其四。”[23] 观堂先生早年治哲学和文学，后而先生学问之大成就者,也在经史,但先生的“二重史证”其实不是来自西方考古学(西方考古学与文献历史学是两门学问)，而是来自宋代“考古学”（它是铭刻学与文献学相结合的史学研究)，他的研究还直接影响到后来的考古学以及艺术史学。中国近代大学者也多以经学为主脉，与乾嘉学者一脉传承，庶几不差。其主要的工作在于处理文献资料和视觉材料，关注作者的生平、传记、言论，以及作品的政治、经济、历史背景等等。在有限的材料中发现历史，必须有足够的理论和素养，陈寅恪说：“吾人今日可依据之材料,仅为当时所遗存最小之一部,欲借此残余断片以窥测其全部结构，必须备艺术家欣赏古代绘画雕刻之眼光及精神,然后古人立说之用意与对象,始可以真了解。”[24] 现代的艺术史建构了作品的形式（form）分析的方法，对艺术品的形式规律和形式结构做科学化、物质性的分析研究，以界定作品视觉语言的风格结构和形式内涵，用以确定作品在艺术史上断代（periodization）和“文脉”（context）的关系和意义。西方艺术史学科学化分析视觉艺术作品，研究视觉造型始于风格学与图像学的发展。对园林展开艺术史、文化史的研究，既切入传统，也合于世界学术的趋势，而在视觉材料的背后蕴藏的空间观念，无疑会给"现代性"的多元起源和跨文化的研究带来新的发现。

最后，中国古代的视觉文化有其独特性，张彦远 (815—907 年)《历代名画记》转述颜光禄曰："图载之意有三 ：一曰图理，卦象是也 ；二曰图识，字学是也 ；三曰图形，绘画是也。"[25] 中国的视觉文化在对图像和符号的理解上是多维度的，图、文、画、器物、空间都基于人对此的诠释而展开，古典园林是这种视觉观念的延伸，是"理、识、形"的空间呈现和物质形式。而关于园林的绘画诗文作品不仅仅是一个山水画册，而且还是一个园林当时的情景复现，或许有些图还用于造园的图示，并且册页仿佛分镜头一样，本身就暗示了一种时空的运动形式，园林的图像的"表意"，出于画家的身体运动和心迹呈现，它的题诗也不限于园林的图解，本身包含了人生际遇的抒发、造园的意匠和对于历史的哲思，这些文字不是抽象的声音符号，而是由精绝地保持了"象"的意蕴的书法符号呈现出来，在这个文字、书法、绘画交织在一起的符号文本世界下面，同时向历史时间开放，律动着园的兴废变易和"主人之迹"的频频更迭。

关于拙政园和拙政园的图文

拙政园是一座古老的文人私家园林，也是苏州最大的一处古典园林，现状全园占地面积七十八亩。拙政园与北京颐和园、承德避暑山庄、苏州留园一起，被称为中国四大名园，因其悠长的历史和完备精绝的园林胜境，也被誉为万园之母。明正德四年 (1509 年)，御史王献臣退仕回乡，以元大弘寺址拓建为园，经营二十余年始成，奠定了拙政园以水为主、疏朗平淡的整体风格，其间与文徵明交游甚密，他多次请文徵明等朋友做诗文、绘图记之。根据文徵明的《王氏拙政园记》，知道拙政园在建园之初，是因地制宜，利用了原来的洼地积水疏浚以为水池，环以林木和亭台楼阁，形成以水为主体的私家园林，园内茂树曲池，形成"水木明瑟"的"旷远"艺术风格。后园数易其主，至今达 32 次之多。现在园林中部可以窥见当年风貌，园中大部分的庭院建筑为清代中后期所建，东西部分是历经明清民国到当代，多次兴废逐渐形成的。

文徵明（1470—1559 年），初名璧，字徵明，四十二岁起，以字行，更字徵仲。因先世衡山人，故号"衡山居士"，世称"文衡山"，江苏长洲（今苏州）人，为形成于明代中期吴门画派的领袖。《明史》卷二百八十七，列传第一百七十五的文苑三的篇首有传，对其生平家世、朋友、学生详细介绍。传曰："徵明幼不慧，稍长，颖异挺发。学文于吴宽，学书于李应祯，学画于沈周，皆父友也。又与祝允明、唐寅、徐祯卿辈相切劘，名日益著。"评其为人"和而介"，"主（吴中）风雅数十年"。[26] 但文徵明年少至壮年时欲求取于仕途，但屡试不第。五十三岁受知于应天巡抚李充嗣，由尚书林俊推介，举荐于朝廷，授官翰林院"待诏"。居京三年余，返乡弃仕归于田园。毕生致力于诗书画，成为享誉大江南北画坛的巨匠。他的绘画继承了宋元文人画的传统，重视艺术形式的审美意味，形成了抒情娟秀的书画趣味和淡雅、秀丽、明快、清新的书画风格，其亦善诗，诗风清丽抒情，接近唐柳宗元、白居易，而书法初师李应祯，后遍学前辈名迹，尤长行书与小楷，法度谨严，颇有晋唐书风。其绘画师从沈周，尤以山水最佳，笔法远学李成、董源，兼慕郭熙、赵孟頫和"元四家"。就其演变风格察之，则以元诸家的笔意为尚。明代董其昌推其为"南宗"正统，由于文徵明交游甚广，有大量给友人绘制的园林绘画，多以所绘园林名称或主人字号为图名，以园林建筑及其间发生的人文活动为主题：为曾潜作《兰亭流觞图》，为白悦作《洛园草堂图》，为故中山王徐达的后代作《东园图》，为朝爵作《猗兰室图》，为华夏作《真赏斋图》，等等。文家簪缨世族，在造园方面也可以称得上世家，文徵明建停云馆，孙文元发（1529—1605 年）营造衡山草堂、兰雪斋、云敬阁、桐花院；曾孙文震孟（1574—1636 年）建造了生云墅、世纶堂、艺圃，曾孙文震亨（1585—1645 年）造香草垞。艺圃存留至今，保持了当初构园的基本面貌，山石、亭榭多有旧构遗存，可窥文家造园之遗风。文震亨著《长物志》十二卷，品鉴长物，举园林生活之巨细，可与《园冶》合璧，为中国古典园林著述之文献基础。

　　《拙政园图咏》系成于明嘉靖十二年（1533 年），《文徵明年谱》中记："嘉靖十二年，五月既望，为王献臣作《拙政园诗画册》，前已为题三十景，增玉泉，共三十一景，各系以诗，且为之记。诗文雄健；画兼南北宗；书备行、楷、隶、篆各体，而皆不相袭。徵明诸长，毕萃于此。"[27] 该图册前有钱泳、俞樾题书，后有明代林庭棡、清戴熙、吴蓉、钱泳、钱杜、何绍基等人的跋书。在作品完成之后的五年，明代林庭棡在《拙政园诗文图咏》后题跋曰："丁酉（1537 年）秋，槐雨先生出视此册索题，予方以未及游览斯园为歉然，披捅之余，则衡山文子之有声画、无声诗两臻其妙。凡山川、花鸟、亭台、泉石之胜，摹写无遗，虽惘川之图，何以逾是。"这个作品是册页的形制，绢本设色，每幅约 23 厘米见方，共三十一幅，副页题咏。此图册并未收录于《石渠宝笈》等清宫书画著录，可见是一直在民间流转，近来园林建筑的研究开始提及此图。原作图册目前未见，可能秘藏于世，也可能遗失，从题跋上看，最晚为俞樾题，时间光绪辛卯年为 1891 年。图册曾见三次出版：即民国八年（1919 年）出版的《拙政园图咏》、民国十二年英文版《拙政园图》（*An old chinese gaeden*，1923 年）和民国三十八年（1949 年）出版的《拙政园图》，1949 年出版的《文衡山拙政园诗画册》前有一篇短文介绍："……此册分图拙政园诸景，每图系以题咏画法既各具面貌，题咏书体各复不同。大抵集宋元名家之大成而参以己

意。殆为待诏生平杰作。做园记一篇，细楷千余字，尤为精绝。明清诸
贤每及图外之意，有关史事足资考证者……”云云。笔者手中的是这三
个版本之一的后者，珂罗版印刷不甚清晰，拙政园园林博物馆有册页复
制品，亦缺乏神韵和古意，文徵明所绘三十一景近年由苏州国画院蔡廷
辉将它刻石陈列于中部复廊。

　　1551 年（嘉靖三十年），文徵明时年八十二岁，又于前册页三十一
景中择其十二重绘册页，并以行书系以前册页所系之诗。此册页与嘉靖
十二年（1533 年）完成的作品相距十八年，同样采用册页的形制，材质
为纸本，原册页为十二页，散佚内容缩减为八页。同样为诗文、景图对裱，
所有诗文均为行书，现册页题景书法内容和图有不对应处，现藏于纽约
大都会艺术博物馆。《拙政园图咏》图册的题跋涉及明清诸多名人画家，
是宝贵的文献，可以明确看到图册的流转、园林的流变。园的营造伴随
着对咏、唱和、园会、诗文和景图，这在名冠一时的诸多名园中都有体现，
成为中国园林一个独特的文化现象。

古代文献

　　《园冶》是目前公认的相对完整的古代造园的“专业”文献，《园冶》
对于造园的梳理堪称经典。《园冶》成文于崇祯四年（1631 年），文字类
似晚明小品，语义幽深孤峭、序致冷隽，亦多弦外之音。《园冶》的文字
颇多机锋似的启发，而非简单的戒律。因此，对于这个文本的阅读，在
语义理解上很重要，古文和现代文字还存在着语境和时间的差异，如果
从空间的意义上去直观和发现，那么就和现代性空间理论有了对话的机
会，其他的造园文献也是如此。否则，即使学者们投入了很大的精力解
释《园冶》，而它们的意义结构并没有建立起来，看起来还是像停留在造
园文化深层文化结构之外。事实上，今天对于古代园林文献的阅读，首

先在于建构一种不同于西方的"审美力",不同的审美力会打开不同的视域。但同时我们还要注意,这个审美是不能直接用于设计的,维特根斯坦说:"'审美力'不可能创造出一种新的组织结构,它只能对现成的组织结构进行调节……分娩不是它的事情……最为完美、精确的审美力也与创造力无关。审美力是感觉力的提升。"[28] 审美能力和创造力不存在观念上的直接逻辑关系,但是审美可以催生一些新的设计观念的融合,审美是好的创造力的必要条件,不是充分条件。

因而阅读古代文献的意义在于理解传统,但实际上字面的理解并不能满足于从古代文献中获得审美,创造性的阅读不可能简单从语义层面获得。理解首先意味着对古代文献的先行理解,其次才意味着分析并理解古代文献的见解。因此,诠释园林文献中首要的条件是前理解。这种前理解,来自对相关联文献的视域扩展。如果古代文献取代了判断,或者停留在文本本身的语义层面上,将造成偏见与谬误的渊薮。但是,这并不是否认文献,加达默尔在《真理与方法》一书中指出,传统是由于流传和风俗习惯而形成的"无名称的权威",而理解本身就是一种置自身于传统过程中的行动,"真正的历史对象根本就不是对象,而是自己和他者的统一体,或一种关系,在这种关系中同时存在着历史的实在以及历史理解的实在。一种名副其实的诠释学必须在理解文本中显示历史的实在性。因此,我把所需要的这样一种东西称之为'效果历史'理解,按其本性乃是一种效果历史事件"。[29] 可以这样理解,传统在流变中包覆了范式和生活形式的恒量,传统按其本质就是"保存",尽管在历史的一切变迁中它一直是积极活动的。但是,保存是一种理性活动,一种难以觉察的不显眼的理性活动,传统经常就是自由和历史本身的一个要素。我们无法摆脱传统,并经常地处于传统之中,"属于传统并接受的呼唤"。

对于研究古代文献的陈述的思考,邱振中在《书法的形态与阐释》一书的初版前言中这样论述:"任何陈述中都隐藏着一定的感觉-思维方式，当感觉 - 思维方式发生变化以后，前人安之若素的陈述方式，对后人来说往往失去其重要意义——这些陈述所包含的逻辑结构过于松散，以致未能达到现代思维的最低要求。从内容来看，这些陈述无法作为依凭，然而把它们作为语言现象看待，情况便完全不一样。任何一类陈述（如以人名为主语的简单描写句），都有它产生与使用的历史。考察这一历史，进而分析人们使用时的心态变化，能够得到许多新的发现。把一类陈述当作一种语言现象来解读，还能引出美学、阐释学与语言学中一些具有普遍意义的问题。"[30] 出现在《园冶》篇首的"主人"这个陈述便是这样一个"具有普遍意义"的问题，如果我们把它放到造园的历史中，乃至于艺术史和哲学史的视域中，就会发现这是一个不同于西方的建筑师、造园家或者设计家的概念，"主人"词语的出现，是中国造园文化乃至传统文化主体特有的事件，对于"主人"和园林的伴生关系，需要放大到更多的古代文献中去考量，古典园林的笔记实录、文论、书论、画论和相关的古代文献给了我们这样探索尝试的可能。

｜ 预期的目标：范式的转变

对中国古典园林进行现代学术研究，在世界的范围内也不到百年的时间，国内中国古典园林的学术研究始于营造学社（1930—1946 年），学社整理出版了《园冶》《一家言·居室器玩》《扬州画舫录·工段营造录》等重要的和园林相关的古籍，这期间出版了一些园林著作，有范肖岩著《造园法》、叶广度《中国庭园概观》、陈植《造园学概论》等。营造学社主要的研究方法为：考证古史，以实物为研究对象，"科学的之眼光，作有系统之研究"，[43] 重视原典、图释，用照片、测量、工程绘图手段，比较分析实物，考量古代营造方式与实物遗存的对应关系。童寯在 20 世纪30 年代年代开始撰写的《江南园林志》即是这个方向，成为国内园林研究划时代的扛鼎之作。《中国营造学社汇刊》著录整理的《哲匠录》将中国古代和营造相关的人物汇集，分以十四类，其中叠山一项勾勒出从汉唐至明清以降诸多园林营造大师，并依古代文献附录列其造园具体事件。可以说营造学社开启了古代园林研究领域，其开创的研究方法，成为国内后来学术研究工作的基础和学术规范。不过科学的方法和体系在今天的研究中有了更大的空间和弹性，那种以预设的结构为前提和论证的学术，正在被更加富于挑战的反思所超越，对于园林和历史的测量和记忆也在发生转变。

位于美国华盛顿的哈佛大学 Dumbarton Oaks 研究中心是世界研究园林学术的重要机构，该中心出版由 Michel Conan 主编的《多视角下的园林史学》是近年来世界范围内研究园林史阶段的总结和反思，该书汇集了全球园林史学家在不同领域对于园林史学的研究。Michel Conan 在开篇的导读概括收录十篇论文的重点，还提出了当代园林研究的三个重要问题和转向，即：从园林史的风格断代到文化和社会问题的转向（From Period Gardens to Cultural and Social Problems），重新考量政治对园林的影响（Politics and Garden History），以及关于西方文化的普适性的批判（Towards a Critique of Universalism in Western Culture）。[31] 结合这三个问题来考量园林"主人"的研究，颇有启发，首先"主人"是中国园林文化的主体，其次"主人"是帝制下个体命运的自我调适技术，究其根本是中国古典视觉文化催生的产物，以西方古典或者现代空间理论来分析，从文化视角来看显然有其局限性。这同时涉及到园林研究的视域扩展和转向，因而将会给园林研究带来新的开放性，以往的研究相对单一封闭在学科内部，研究工作主要在地域风格和时代分期上，现在则需要融入艺术史学、哲学、社会科学文化研究领域的新的成果；当代文化呈现出平面化、多元化和去中心的状态，以往单一意识形态和政治对于园林的学术研究的影响已失去时效性，实际上每一种园林文化都面临着主体的

重新建构和自我认知；研究就像一张抛向时间的网，多元的文化思维和
视觉传统交织在一起，影响着今天对于园林的阅读，而这种现象就像历
史曾经发生的一样，从来都是多个文化在作用，而真正能够唤醒我们的
是一些存留在时间之网上的结晶物。

　　"范式"(paradigm) 是托马斯·塞缪尔·库恩 (Thomas Sammual Kuhn
1922—1996 年) 科学哲学的一个核心概念，"paradigms"一词来自希腊文，
原意是指语言学的词源和词根，库恩在《科学革命的结构》一书中，通
篇以不同的方式使用"范式"和"不可通约性"这样的词语，他把"范式"
认为"公认的模型或模式"，"范式概念将经常取代已经熟悉的种种概念"。
[32] "范式拥有绝对的权威，决定了科学学科的全貌。当一种范式取而代
之，'这个行业将会改变本领域的观点、方法和目标'。"[33]《多视角下的
园林史学》一书收录了十篇论文，在最后一篇文章《中国园林史学的期
盼与归属》(*Longing and Belonging in Chinese Garden History*) 中，冯
仕达主张中国园林史范式变革和跨文化的研究，他认为："欧洲的概念被
引入用来对中国造园传统进行现代阐释，对于中国景观建筑学带来了可
能的发展，却导致只有在园林中亲身体验才能获得的文化内涵无法被理
解。这种缺陷与欧洲的视觉文化或西方思想中的时间与空间的本体地位
有关。"[34]当然范式有自己的生命周期，它们始于解决时代特别关注的问题，
当其未能解释随后时代出现的同样重要的异常问题时，就会出现一种新
的范式取而代之。Michel Conan 提出的园林研究范式的转向，也被中国古
典园林研究今天的变化所验证。在"现代性"的基础上，去思考中国文
化对于"普世价值"理解的意义诉求，无疑是园林文化研究上的现代学
术意识。我们的问题是，一方面要面对古代的文本进行梳理和考证，无
论是文字、图像还是实物；另一方面，我们还需要适合的诠释工具，但
问题是不能简单的拿用西方的办法，而需要找到穿越东西方、传统和当
代的文化语境，一方面我们需要扩大视域，当然包括现代的新思维，这

是一个基本的起点；另一方面，我们则需要找到传统和当代交接的边界，找到在时间流变中的积极和相对稳定的因素。因此，问题意识、园林研究视域的扩展和融合构成新的研究基础。

本文将园林的主人、景图、诗文和古典园林遗存并置于多重时间空间中，对于主人和园林空间进行考量，试图探讨图、园、主人的文化渊源和空间的本体意识，通过深入研究梳理古典园林文化特有的空间特质，而对园林史上一些典型的概念、事件进行尝试性研究。从中我们似乎发现，计成笔下的"主人"出现在中国知识生产的转折点上，预示着造园主体的转换，是少数文人个体和圈层的社会角色的转型。而建筑师、造园家真正成为社会承认的职业，时间点恰恰是开始于三百年后对《园冶》的重新发现和研究，建筑、造园和造物将以设计师在社会合法角色开始确立，朱启钤、梁思成等成为衔接中国传统和现代设计的先驱，从这个角度说，《园冶》蕴藏了中国自发生长的某些现代性，并且是现代性和前现代传统的交汇之地。值得注意的是，梁等人带回的西方的建筑设计和研究方法并不是来源于现代设计体系，而是来源于现代设计之前的布扎体系（Beaux-Arts），等到20世纪80年代中国开始真正的现代设计教育和实践的时候，西方又开始流行后现代主义了，而《园冶》中所蕴藏的设计思想，开始被西方后现代的学者和建筑家所称道。后现代主义的设计思潮受后结构主义哲学影响，突出文本的价值，质疑作者的权威，模糊主客的对立，强调语言的深层结构，这些似乎又在古老的园林文化中找到了某种对应。在园林诞生于斯的文明里，在园林的想象、寄托和信仰里，在山水的思想和仪式里，古典园林的神秘之处，正在于它奇特的"看"世界方式，而其"看"的意义成分在当下可变的语义作用网中仍然在发挥它的作用。今天，我们研究"主人"以及古代山水绘画和园林，不为简单地师古，重在"观"古人之所"观"，只有当我们真正体悟胸中烟霞之时，才能找回感召风月的能力。

注释

1. [明]计成.园冶[M].陈植，注释.杨伯超，校订.陈从周校阅.北京：中国建筑工业出版社，1988：37.

2. [德]埃德蒙德·胡塞尔.现象学[M].重庆：重庆出版社，2006：54.

3. [明]计成[M].陈植，注释.杨伯超，校订.陈从周校阅.北京：中国建筑工业出版社，1988：47.

4. [英]贡布里希.艺术的故事[M].范景中，译.南宁：广西美术出版社，2014：15.

5. [明]计成.园冶[M].陈植注释.杨伯超校订.陈从周校阅.北京：中国建筑工业出版社，1988：37.

6. 方闻.问题与方法：中国艺术史研究答问（上）[J].南京：南京艺术学报，2008（03）：27.

7. [德]马丁·海德格尔.孙周兴.海德格尔选集（上）[M].上海：上海三联书店，1996：237、259.

8. Erwin Panofsky. Perspective as Symbolic Form, tr.by Christopher Wood[M]. New York: Zone Books, 1997: 34、40、41.

9. [英]诺曼·布列逊.视阈与绘画：凝视的逻辑[M].谷李 译.重庆：重庆大学出版社，2019：127、128.

10. [美]方闻.问题与方法：中国艺术史研究答问（上）[J].南京：南京艺术学报，2008（03）：28.

11. [美]方闻.问题与方法：中国艺术史研究答问（上）[J].南京：南京艺术学报，2008（03）：29,32.

12. [美]詹姆斯·埃尔金斯.西方美术史学中的中国山水画[M].潘耀昌 顾泠 译.杭州：中国美术学院出版社，1999：101、102.

13. [美]方闻.问题与方法—中国艺术史研究答问（上）[J].南京：南京艺术学报，2008（03）：29,32.

14. [美]詹姆斯·埃尔金斯.西方美术史学中的中国山水画[M].潘耀昌 顾泠 译.杭州：中国美术学院出版社，1999：96.

15. 16.[德]汉斯-格奥尔格·伽达默尔.真理与方法[M].洪汉鼎 译.上海：上海译文出版社，1999：393.

17. 徐悲鸿.王震，徐伯阳.徐悲鸿艺术文集[M].宁夏：宁夏人民出版社，1994：370.

18. 王伯敏.中国绘画通史（下册）[M].北京：三联书店,2000：355.

19. 陈独秀.通信 美术革命[J].新青年，6（1），1918：86.

20. [英]诺曼·布列逊.视阈与绘画：凝视的逻辑[M].谷李，译.重庆：重庆大学出版社，2019：144.

21. [法] 加斯东·巴什拉 . 空间的诗学 [M]. 张逸婧译 . 上海：上海译文出版社，2009：1.

22. [法] 罗兰·巴特 . S ／ Z [M]. 屠友祥译 . 上海：上海人民出版社出版，2016：53.

23. 王国维 . 王国维先生全集 初编 第 3 册 [M] . 新北：台湾大通书局，1976：364.

24. 陈寅恪 . 陈美延 . 金明馆丛稿二编 [M]. 上海：上海古籍出版社，1980：247.

25. [唐] 张彦远 . 历代名画记 [M]. 韩放，主校点 . 北京：京华出版社，2000：9.

26. [清] 张廷玉，等 . 明史第二十四册 [M]. 北京：中华书局，2005：7361.

27. 周道振 张月尊 . 文徵明年谱 [M]. 上海：百家出版社，1998：455.

28. [英] 路德维希·维特根斯坦 . 文化的价值 [M]. 钱发平编译 . 重庆：重庆出版社，2006：88.

29. [德] 伽达默尔 . 真理与方法 .[M]. 洪汉鼎，译 . 上海：上海译文出版社，1999：384、385.

30. 邱振中 . 书法的形态与阐释 [M] . 重庆：重庆出版社，2006：4.

31. Michel Conan . Perspective on Garden Histories[M] .Dumbarton Oaks Trustees for Harward University Washington，D.C，1999：21.

32. Thomas S. Kuhn. The Structure Of Scientific Revolutions [M]. Chicago and London：The University of Chicago Press，2012：23.

33. 乔·赫德桑，约瑟夫·滕德勒 . 解析托马斯·库恩《科学革命的结构》[M] . 上海：上海外语教育出版社，2020：35.

34. 顾凯 . 范式的变革，读《多视角下的园林史学》[J]. 风景园林，2008 (4)：117-118.

第一章　丘山洞壑

人不仅有一个背景（Umwelt），还有一个世界（Welt）。

——梅洛·庞蒂《身体图式》

唯天下至诚，为能尽其性；能尽其性；则能尽人之性；能尽人之性，则能尽物之性；能尽物之性，则可以赞天地之化育；可以赞天地之化育，则可以与天地参矣。

——《中庸·第二十三章》

"花园？"
"交叉小径的花园。"

——博尔赫斯《交叉小径的花园》

｜ "主人"

"主人"一词，大量出现在晚明、清初和园林相关的文献中，最有名的是出于晚明造园家计成[1]的《园冶·兴造论》。

《园冶》一书最早国内目前所见文稿，始于朱启钤（1872—1964年）[2]所集。在民国二十年（1931年）《重刊园冶序》文中朱启钤述：

> 计无否《园冶》一书，为明末专论园林艺术之作。余求之屡年，未获全豹。庚午（1930年）得北平图书馆新购残卷，合之吾家所蓄影印本，补成三卷，校录未竟，陶君兰泉，笃嗜旧籍，遽付景（影）印，惜其图示，未合矩度，耿耿于心。阚君霍初，近从本内阁文库借校，重付剞劂，并缀以识语，多所阐发，为中国造园家张目，与渠往年探索黄平沙《髹饰录》辛苦爬剔，同一兴味，其致力之勤，有足称者。[3]

《园冶》于1930年收录于民国著名藏书家陶湘的《喜咏轩丛书》戊编之中，翌年中国营造学社重勘付印出版，营造本的《园冶》所依照的版本有三个：一为当时北平图书馆残卷两卷，随文物南迁后，藏于台北故宫博物院图书文物处；二为朱启钤所藏影印本，就是日本内阁文库《园冶》明刻本的影印本，当时在营造学社的日本汉学家桥川时雄（1894—1982年）[4]，在美术史学家大村西崖（1868—1927年）[5]处知此版本，请北京大学叶瀚联系大村西崖，帮朱启钤取得影印本，因而营造本《园冶》刊印首先得力于大村西崖；三为日本内阁文库藏明版，即现日本国立公文书馆藏。朱启钤的这篇序就是为营造学社重勘《园冶》写的。

陈植[6]《＜园冶注释＞校勘记》记阚铎（1874—1934年）[7]当年是把陶本邮寄给日本建筑史家村田治郎（1895—1985年）博士，两人据日本内阁文库明朝等刊本合校了陶本，形成了营造学社版本的《园冶》；《园冶注释》序文中，他亦提到1920年曾在东京帝国大学导师本多静六(1866—1952年)[8]处见到三卷的明版《园冶》，此版本现已遗失。阚铎于民国二十二年（1933年）大连右文阁再印《园冶》，和陈植同为本多静六门下的造园学家上原敬二(1889—1981年)根据此版本，在1972年出版《解说园冶》。中华人民共和国成立后，1956年城市建设出版社影印营造版《园冶》，陈植从20世纪50年代起就开始进行《园冶》一书的注释工作，还与许多知名学者，如南京工学院建筑系刘敦桢、建筑科学院的刘致平、同济大学建筑系陈从周及杨超伯等，相互切磋，分别增补、订正，20世纪80年代以国内已出版本、北京国家图书馆藏明版《园冶》版本（仅存上卷，为郑振铎捐赠，胶卷两卷）以及日本内阁本的照片等版本为底本，成书《园冶注释》，1981年第一版面世，1988年第二版又和上原敬二《解说园冶》"从容对照"再版，使得这一古典园林论著在国内业界广为流传。2018年中国建筑工业出版社取得原内阁文库所藏明版《园冶》版权影印出版，再现了明版《园冶》旧韵，终于在国内"得复此书旧观"。

　　内阁文库藏明版《园冶》是世界上保存最完整的刻本，线装三卷，书皮栗色，为崇祯甲戌七年（1634年）阮衙初刻本，开本长约28厘米、宽约17厘米，书首有阮大铖(1586—1646)[9]序而无郑元勋(1598—1645年)[10]题词。原北平图书馆版本两者都存。此外，日本尚存《木经全书》刻本、《夺天工》抄本等十余种版本，《木经全书》与内阁本《园冶》为同一套刻板，只是名字不同。日本史学家大庭侑在对唐船持渡书的研究中发现，日本元禄十四年（1701年）、正德二年（1712年）、享保二十年（1735年）有三个版本的《园冶》传入，分别是：《名园巧式夺天工》计一部三册、《园冶》计一部四册以及《夺天工》计四部。桥川时雄归国后收藏到《木经全书》，于1970年影印出版，这个版本有郑元勋题词而无阮大铖序。《木经全书》牌记"隆盛堂"为清代康熙到道光朝民间刻书坊名号；《夺天工》为抄本，卷首钤印"华日堂藏书""卓荦观群书"收藏印记，分别为清代伍涵芬家堂名、藏书家谢浦泰藏书印。[11] 两人都是清初文人，说明此书康熙年间仍在清代士人间流转，在清初李渔（1611—1680 年）的《闲情偶寄》成书于清康熙十年（1671 年），在《园冶》面世后三十七年，书中《墙壁第三·女墙》记："……墙上嵌花或露孔，使内外得以相视，如近时园圃所筑者，益可名为'女墙'盖仿睥睨之制而成者也。其法穷奇极巧，如《园冶》所载诸式，殆无遗义矣。"[12] 可见李渔是读过《园冶》一书的，书中有关"借景""假山"文字和《园冶》观点既有所呼应，又结合卓越实践有所发展。《园冶》最晚自康熙年间就传入日本，"日本大野西崖《东洋美术史》谓：刘昭刻'夺天工'三字，遂呼为'夺天工'，而'园冶'遂隐。"（阚泽《园冶识语》）从道光年间起，日本学界就开始研究《园冶》，"并尊《园冶》为世界造园学最古之名著"，"'造园'一词，见于文献，亦以此书为最早。"[13] 造园在中国虽然历史悠长，关于园林的诗文不可胜数，但是称得上成体系的园林古代专著的，目前发现史料中仅此遗珠尚存。

《园冶》全书共分三卷，全书散骈并行，论说图示并用，从造园相地到房屋立基，再到细陈装修、院墙、门洞、铺地样式乃至叠山选石，尽述园"冶"之学，第一卷包括"兴造论"一篇、"园说"四篇，第二卷专论栏杆，第三卷分论门窗、墙垣、铺地、掇山、选石、借景，图式二百三十五幅。在卷一的"兴造论"的开篇，计成反复提及并论评"主人"：

> 世之兴造，专主鸠匠，独不闻三分匠、七分主人之谚乎？非主人也，能主之人也……故凡造作……是在主者，能妙于得体合宜……斯所谓"主人之七分"也。第园筑之主，犹须什九，而用匠什一。[14]

这段《园冶》开篇的摘录出现了三个"主人"，四个"主"字，就字面来说，第一个和第三个"主人"是主持造园工程的人，第二个"主人"

就是园主，"主"在这里则有名词和动词之分，前三个"主"是主持操作的意思，第四个"主"是名词，《园冶》真正论述的是兴造的"主人"，但是一般房屋建造和园亭建造工作的难度有别，一般的"主人"在营造中能占到七分作用的话，在园筑中就会占到九分的作用，园筑难度大到基本上匠人的作用就剩下一成了。计成反复强调的是造园"需求得人"，如果"匪得其人，兼之惜费"，"则前工并弃"，所以"妙在得乎一人"，对于造园的要义和标准，计成认为在于"巧于因借，精在体宜"八个字，园林营造在于对凝视之物和景象的呈现，这是他的良知、学养、探求和实践，他执着于此，也是他借以改变某种观看的选择。

　　文中反复提及"能主之人"，是一种区分和一种命名，要求读者在阅读中认出他们，他们因而具有了一种价值，他们的价值通过个体的独特性经验昭示出来，而这种主体化的经验重新定义了对"宛自天开"的审美，体现出一种纯粹的主体性，这个主体性是既寓于日常，也逾越了可见世界的表象，并复归到个体和天命、营造和天工的本真认知上面。事实上，"主人"的提出，也是晚明对于造物的思考和观看的觉醒，"虽由人作，宛自天开"的语句令人想起几乎同时成书的《天工开物》，该书于崇祯七年（1634年）成书，崇祯十年（1637年）刊刻。作者宋应星，字长庚，江西奉新人，万历年间举人。先后任江西分宜县教谕、福建汀州府推官和安徽亳州知州等职。《天工开物》参考了《考工记》《梓人遗制》《梦溪笔谈》《便民图纂》以及《耕织图谱》《远西奇器图说》等中国历史上的技术文献，在历代文献的基础上，结合生产现场的实地调查所得。两本书都不是"致仕之学"，都关乎从工匠技艺的层面提升到思想的方式，在《天工开物·卷序》中宋应星指出："天覆地载，物数号万，而事亦因之，曲成而不遗，岂人力也哉？"天地以各种不同的方式形成万物，造物很周到，并无遗漏的地方，"万事万物之中，其无益生人与有益者，各载其半"，因而人造物抑或造园，均应在对天工即自然规律的认知明理之下进行，而"此书于功名进取毫不相关也"[15]。《园冶》曾被更名《夺天工》，反映了晚明之后士人一种面对不可见的自然和生命力量个体之意识的诞生，宋应星在他的《论气》一书之中，认为宇宙万物最原始的物质本原是气，由"气"而化"形"，"形"复返于"气"，"天地间非形即气。"用阴阳二气和五行之说来探究万物构成的机制，即由元气形成有形之物，然后再逐步演变成万物，而这种气论的推进，是"质量守恒"科学思想的萌芽，"气"是以技术实践为基础来设想物的本体构成，这已经不同于玄学清谈中的"气"，宋应星对"气"的重新定义，意味着晚明科学启蒙的苏醒。

计成提出的"主人"是一个知识阶层对自我社会角色的觉醒和主动建构，以及晚明人文主义的启蒙。明末启蒙思想家黄宗羲的《明夷待访录》（1663 年）也成书略晚，书中对"人""主人""主"乃至天下、君臣都开始了启蒙的反思，"明夷"是《周易》中的一卦，离下坤上，其爻辞为："明夷于飞垂其翼，君子于行三日不食。人攸往，主人有言"，"明夷，利艰贞。"孙星衍集解引郑玄曰："夷，伤也，日出地上，其明乃光，至其入地，明则伤矣，故谓之明夷。"这是晚明至有清一代知识精英的困境，就像天空飞翔的鸣禽，本来需要张开翅膀高飞，却又受到弓箭的威胁，只能垂下双翼，留下言行，以待后来者。计成的《园冶》实际上就是"主人有言"，不是遁隐山林而自娱，对造园深厚的文化根基和大量实践，使得他有"知行合一"的基础，造园艺术作为"主人"的文化资本，映射了计成作为造园家为造园获取权力合法性的欲望。

而这种社会角色的转型既是社会的需要也是自发的，同时也是含混和充满矛盾的。"匠"的传统在中国有几千年的历史，"匠"的古代知识活动中，有着深刻的经验特征与技术规范特征，比如《营造法式》《天工开物》《鲁班经》《梓业遗书》《营造法原》等古代文献，而在其源头，"匠人"的作用似乎近乎"主人"，比如《周礼·考工记·匠人》说："匠人建国，水地以县，置槷以县，眡以景，为规，识日出之景与日入之景，昼参诸日中之景,夜考之极星,以正朝夕。"立竿测影是都市、建筑乃至古代器物、空间的重要基础,也是"天人合一"的古代哲学观的实践基础。而在对"景"的观测下,形成一套形象为之准范的法式:"匠人营国,方九里,旁三门,国中九经九纬,经涂九轨,左祖右社,面朝后市。"但在政教合一的古代中国,"匠人"终将成为"礼"所预先挪用形式的执行者,一种执行规范的工具;当然就工匠的社会作用来说,大到城市规划,小到生活器具,一个社会都是离不开的,而工匠的社会地位和角色也是千差万别的,"工在籍谓之匠",工匠有官家在籍入编的,也有民间的,手艺高下,参差不齐。对于"技"的理解多在于口传心授,而其中蕴含的"道"并不为一般的匠人所了解。少数仕和匠的阶层精英跨越了界限,将技艺加以总结,比如北宋喻皓撰写《木经》、李诫编修《营造法式》、元代薛景石撰《梓人遗制》、明末清初雷发达编撰《工部工程做法则例》,都是对匠人所积淀技术的总结。而在"技""艺""道"的完整理解上,回到科学认识世界的原点上,进而形成体系化的知识则又少之又少。

中国文化中有"重道轻器"的传统,"形而上者谓之道,形而下者谓之器",用道德价值标准限制技术的进步,把"重义轻利""不尚技巧"视为文的传统,否则就是"玩物丧志"或"离经叛道"。当造物和造园不能当成人生自我实现的理想来看,就意味着技术和艺术本身都没有获得合法的地位。在另一本和园林相关的晚明文震亨著作《长物志》中,友人沈春泽在序言开篇说:"夫标榜林壑,品题酒茗,收藏位置图史、杯铛之属,于世为闲事,于身为长物,而品人者,于此观韵焉,才与情焉。""日用寒不可衣、饥不可食之器"为"长物",本身即"多余之物",收藏和观看都是"闲事",但是同时他们又认为,"多余之物"可以"挹古今清华美妙之气于耳、目之前,供我呼吸"[16],体现了"主人"的"真韵、真才与真情",这是一种渴望获得合法性的显现,和计成在《园冶》文末自述"草野疏愚,涉身丘壑,暇著斯'冶'"是相近的意思,尽管两人都认为自己似乎都是不务正业，闪烁其词偶尔为之，却又十分看重。而事实上，晚明文人此类著作都是文风谨严，并非仅仅抒发感怀之作，正如宋应星《论气·序》所云"夫语言即有神，然从来尊信"，在对"主人"的言说中，"主人"化身成为言语的文本。园说的重点在于"主人"可以建构和自由进出于园林文本之中，不然的话，在我们游园时，那些精美的木构，雕镂绝佳，仅仅视为园子的"一成"，是否有点言过其辞？

可以设想，《园冶》文本本身就对应了园林空间的体证和觉醒，"兴造论"是《园冶》全书之纲，计成的立论之基础，开篇对于"主人"大段叙事，意在读者从文字乃至文本结构中得以领会造园之深奥，从另一方面启发"主人"不是一个已有的共同认知的概念，反复的言说和正反结构，使得语义在骈偶结构陈述方式下，内容越发含混，词语的兼用重复产生了一种奇怪感觉：重复、叠套、环绕、模糊边界的渗透，是是而非，令人忘其言说，似乎意义隐现其中。刘勰在《文心雕龙·丽辞》论偶俪句说，"造化赋形，支体必双，神理为用，事不孤立，夫心生文辞，运裁百虑，高下相许，自然成对"，这里的"运裁"是一种对"赋形"的有意味观看的拣选，我们从中可以看到发于先秦两晋的文体，和造园有着血脉的联系，"得体合宜""巧于因借，精在体宜"，讲的是计成对于园林的主张，也是深藏于语言深层结构形式对主体的发生动因。《园冶》对于"主人"这个概念而言，就是在园林的语境下发生的，某种复杂性和混乱似乎有意而为之，"主人"诉说的是一种价值和形式的关系，"主人"无法言说自己，同时"主人"是潜在的目的，而不仅仅是手段，《园冶》并非把园林设想为客体的满足，也是主体的诉求，"主人"自身作为对象通过兴造亭园在社会性上表现出自我的价值，表现出其自身的尊严、自由、生存的权利。因此，计成打碎了"主人"的能指，掏空了其原有的贫乏意义，在语义和结构中植入了权力的重构，为文本赋予了言说园林知识、记忆、事实、理念和相对秩序的自由，同时开放了所指的实践性。"园冶"所参与的是

“园”所没有捕捉到的成义过程，因而是一种更基础的造园形式实践。正是这种持续的形式实践使得“主人”获得了共同性和共享性，“主人”产生在某类文化群体成员中间，彼此进入，共享心灵，可以意识彼此传达信息的意向。对立于工匠，是“主人”能指与所指关系确认的前提，“主人”胸中有稿，付与工师筑考槃，“匠”和“主”本身是协作的关系，本应该有一定的交集，显然“匠”是被所指的意义排斥出去了，“匠”作为百工之首，是名教、礼制、法式、规矩的执行者，虽有巧思，却无反叛精神，也不能窥探“天机”之变易与发生，“主人”的所指由“丘壑”划定了边界，“丘壑”作为所指的盛宴，成就了主人的某种性质，“丘壑”的这种联想关系的可视化建立了一种新的上下文关系。郑元勋 (1598—1645 年)[17] 的《园冶·题词》这样说：

　　是惟主人胸有丘壑，则工丽可，简率亦可。否则强为造作，仅一委之工师陶氏，水不得潆带之情，山不领回接之势，草与木不适掩映之容，安能日涉成趣哉？所苦者，主人有丘壑矣，而意不能喻之工，工人能守不能创，拘牵绳墨，以屈主人，不得不尽贬其丘壑以循，岂不大可惜乎？此计无否之变化，从心不从法，为不可及；而更能指挥运斤，使顽者巧滞者通，尤足快也。予与无否交最久，常以剩水残山，不足穷其底蕴，妄欲罗十岳为一区，驱五丁为众役，悉致琪花瑶草，古木仙禽，供其点缀，使大地焕然改观，是一快事，恨无此大主人耳！[18]

　　在这里，对于“丘壑”的理解和发挥，是园子成败的关键，只要主人“胸有丘壑”，那么造园既可以工致而精丽，也可以简朴而疏秀。否则的话，如何把自然的“情”“势”“容”“趣”设计到园林的空间中，胸无点墨，勉强去造，园林之意趣就无从谈起。古人是否真的把造园纯粹当成艺术，或者当成“闲情偶寄”，抑或真的视为身外“长物”，这些问题可以悬置起来；重要的是这里提到造园对于主人的要求，就是造园要找到"能主之人"，而"能主之人"的最根本的素质还在"丘壑"二字，"丘壑"只对"主人"敞开，匠人无法识其本来面目，所以"能主之人"就是真正的园林的"主人"。工匠以法式作为标准，多数墨守成规，认识不到这个高度；园主即便是有很好的素养，单纯依靠他们也只能放弃自己的构想，"贬其丘壑以循"。可见，"丘壑"中可以生发自然的大美，但是，要得深谙其中三昧之人！计成就是这样让"丘壑"现实化的能人，他使得顽夯的石头变得灵奇，使郁塞的空间疏通而流动，使大地"焕然改观""别现灵幽"，这真的是"能主之人"啊！这里又出现了四个"主人"，这里的"主人"虽有"丘壑"之志，但是"丘壑"之志没法直接化身成园，所以需要计成这样的能者，那么反而言之，计成并非郑文中所说"主人"，计成为"主人"所依仗是成为"能主之人"，或者说是"能主主人之人"，就其现实园林物质的拥有者而言，计成并非"主人"；而就园林的精神世界创造者而言，计成却是真正的"主人"，计成的特质在于"从心不从法"，心学在晚明的兴盛，前所未有地开阔了文人的视野，王阳明（1472—1529年）首倡"以吾心之是非为是非"，而不必以孔子之是非为是非，把生命的自我体验回归本体，阳明强调体用之生机："良知，心之本体，即所谓性善也，未发之中也，寂然不动之体也，廓然大公也……真知即是未发之中，即是廓然大公，寂然不动之本体，人人之所同具者也：但不能不昏蔽于物欲，故须学以去其昏蔽；然于良知之本体，初不能有加于毫末也。知无不良，而中、寂、大公未能全者，是昏蔽之未尽去，而存之未纯耳。体既良知之体，用即良知之用，宁复有超然于体用之外者乎？"[19] 日本阳明学者东正存注解："以心之所发为意，意之所发在物，则格物诚意已在发用上。与未发里面殆难著功也。"[20]

明代心学始于陈献章 (1428—1500 年)[21]，他率先提出"天地我立，万化我出，宇宙在我"，他创立的白沙学说高扬"宇宙在我"的主体自我价值，突出个人在天地万物中的存在意义，对整个明代文人精神的取向产生了深刻影响。陈献章的学生湛若水（1466—1560 年）[22] 认为"吾之所谓心者，体万物而不遗者也，故无内外"[23]（《明史·列传第一百七十一》）。从计成的《园冶》中看来，园之境作为本体之境，既无法固定成为一种"什么"，也不只是一种"怎么"，既不是主观的，也不只是客观的；既不是有，也不只是无；而只能是"因借无由，触情俱是"，这和"随处体认天理"（湛若水）的思想非常接近，园林体验中的动人境界在于有无相生、主客相融、虚实而成，佳境也不可以在固定不变的形象中寻求，而是在"切要四时"，在具体的时间境域中与本心、生命共时呈现。园林本体可视为生命状态的"一"，当其完整敞现之时，就是良知体证的开始，才通向内心的自由，"主人"合于"一"，是对被工具化分裂的警觉。《园冶》的本体论明显受到了心学的洗涤，园在体用之中保持世界的整体性和原初性，目睹主人的出场和消隐，可见要得天地之道，必须先正"人心"，主人和园相互依存，构成了良辰美景。正如白居易《庐山草堂记》云："乐天既来为主，仰观山，俯听泉，旁睨竹树云石，自辰及酉，应接不暇。俄而物诱气随，外适内和。一宿体宁，再宿心恬，三宿后颓然嗒然，不知其然而然……今我为是物主，物至致知，各以类至，又安得不外适内和，体宁心恬哉？"

　　郑文后出现的"剩水残山"和"大主人"，颇触目惊心，"剩水残山"总让人想起破碎的山河，此文成于 1631 年，距离明亡十三年时间，联想到郑元勋写这段文字的时间，以及他即将荒废的"影园"，就会发现"丘壑"在不同的情境下呈现不同的意象。"丘壑"仿佛是时间的镜像，时而仙境瀛台，倏忽坍塌荒废。汉武百灵山，曹魏陵云台，炀帝之西苑，徽宗之艮岳，王维辋川，乐天之草堂，云林之清闭，康熙之畅春，雍正之圆明，乾隆之盘山，名园兴废和天下治乱，以及"主人""能主之人""大主人"都隐现其中。有清一代三百年皇家园林之风盛烈，"大主人"康乾二帝现身，倾心于造园，无论是皇家还是民间，虽有大量的园记、造园诗文、园林绘画和刻本，但并未再有一本类似《园冶》的造园理论文献出现，康乾编纂的大型丛书中均未收入《园冶》。今天看来，《园冶》的初刻本开篇即赫然阮大铖手书墨迹之序，是其消失于官书的主要原因；以乾隆眼光看来，阮大铖和钱谦益等贰臣，均属"有才无形之人"，"遭际时艰，不能为其主临危授命"。乾隆曾明诏：任何钱氏著作，包括钱作序的著作一律抽徽，不得出版；在被禁图书中，阮大铖、郑元勋的文集也在其中，《园冶》之蒙尘其时亦是必不可免的了。然而园林世界的"主人"和"大主人"、"残山剩水"和"大山大水"，都是在对"丘壑"的直观中，敞现其于时空中生命流动的意义，只要有"主人"出现，就会有在园林世界中调遣万物、回归世界整体性的需求。在"言"和"意"中间，"丘壑"始终是"主人"生命世界象征：那个缘起于"身体"和"一"的物性符号。

丘壑：身居之所

那么，"丘壑"的语义究竟指什么呢？先看"丘"：

丘，土之高也。非人所为也。从北，从一。一，地也。人居在丘南，故从北。

——《说文》

非人为之曰丘。又前高后下曰旌丘。

——《尔雅·释丘》

凡乐，冬日至，于地上之圜丘而奏之。夏日至，于泽中之方丘而奏之。

——《周礼·春官·大司乐》

蓬莱，方丈，方壶，三者皆群仙所居。

——康熙字典《注》

土之高者曰丘。因高以事天，故于地上。因下以事地，故于泽中。

——康熙字典《疏》

九州岛之志，谓之九丘。言九州岛所有，皆聚此书也。又崇丘，亡诗篇名。言万物得极其高大也。又大也。

——《孔安国·尚书序》

"丘"的甲骨文字形为"凵"，像地面上并立两个小土峰。本义为自然形成的高大之土山，英文可以译为"hillock"。"丘"带有人间性和彼岸性的双重属性，人可居于丘的南侧，为丘的阳坡，是指"丘"的居住性；另一方面，"丘"的"从一""从大"，又是指它的象征性和精神性。《说文解字·丘部》（卷八上）又说："虚（通'墟'），大丘也。昆仑之丘谓之昆仑虚。"《山海经·海内西经》："海内昆仑之虚，在西北，帝之下都。昆仑之虚，方八百里，高万仞。上有木禾，长五寻，大五围。而有九井，以玉为槛。面有九门，门有开明兽守之，百神之所在。"[24]《淮南子·卷四·地形》说"昆仑之丘，或上倍之，是谓凉风之山，登之而不死。或上倍之，是谓悬圃，登之乃灵，能使风雨。或上倍之，乃维上天，登之乃神，是谓太帝之居"。[25]悬圃、凉风、樊桐都在昆仑阊阖之中，空中花园三层结构也，其中植有各种神树异草，北魏郦道元《水经注·河水一》："昆仑之山三级，下曰樊桐，一名板桐。"悬圃是传说中最高天帝的花园和居所，也是上古园林追模的范本。《离骚》中也提到"悬圃"："朝发轫于苍梧兮，夕余至乎县圃"，县圃即是悬圃，有学者认为，"悬圃"初或借用两河流域古代之"空中花园"，由于花园具有通天功能，后借以描摹神话昆仑大山之通天高境。昆仑山实际位置在中国实多歧说，细究之令人莫衷一是，总体是通天帝居之所。晚明风水学家蒋大鸿（1620—1714 年）在《天元五歌》中说："昆仑高顶九霄中，此是中天大帝宫。海外三山几万里，总与此山脉络通。"古代都城多依丘而建，《国风·鄘风·定之方中》："升彼虚矣，以望楚矣。望楚与堂，景山与京。降观于桑，卜云其吉，终焉允臧。"《毛诗正义》曰："虚，漕虚也。楚丘有堂邑者。景山，大山。京，高丘也。笺云：自河以东，夹于济水，文公将徙，登漕之虚以望楚丘，观其旁邑及其丘山，审其高下所倚，乃建国焉，慎之至也。……建国必卜之，故建邦能命龟。"[26]景山、京都是大山高丘，都城卜地、筑宫、兴农丘都依丘而建。同时丘通天接地，进而衍生出对于敬天地的礼仪之所，今天的天坛名圜丘、五岳之庙坛为此类的原始记忆之遗存，是"天人合一"的场地记忆，后被政教合一的王朝国家化所专用。

再看"壑"：

壑，沟也。

——《说文》

沟也，坑也，谷也，虚也。

——《正韵》

大壑之为物也，注焉而不满，酌焉而不竭。

——《庄子·天地篇》

"壑"的意思一般是指大的坑、山谷，和"丘"的实体性相比，"壑"是虚的，丘如果说是一种天堂的壮美，壑则代表了人间的优美，深幽之境，比如晋陶渊明《归去来兮辞》中有"既窈窕以寻壑"，宋欧阳修《醉翁亭记》"林壑尤美"；同时，壑也暗示了彼岸的世界，万物回归本源之处。与"丘"相对而言，"壑"是阴柔的，是隐形的，是生命的沉默之所，也是圣人存世之道。《淮南子·卷十七·说林训》："圣人处于阴，众人处于阳；圣人行于水，众人行于霜……寅丘无壑，泉原不溥，寻常之壑（一作溪），灌千顷之泽。"[27]可见壑的重点是放在虚空上面的，而虚是超凡入圣的不二法门。《庄子·人间世》中说："虚者，心斋也。"孔子教导颜回心要回到"气"

图 1　《谢幼舆丘壑图》局部　元·赵孟頫　绢本设色　纵 20 厘米，横 116.8 厘米　美国普林斯顿大学美术馆藏

的虚空无形之中，才可以接纳外物，"听止于耳，心止于符。气也者，虚而待物者也。唯道集虚"[28]。"丘""壑"组合在一起，意味着自然所揭示的是一种复杂的秩序，而这种秩序在阴阳缠绕、进退往复的观念的下面，把空间追回到一种混沌原初的时间中。丘壑暗示了天地对生命具有转易之功，对它的凝视和沉思，就是扩展对空间和时间无限性的观照。这种复杂的空间原型，也将逐渐在"主人"的努力下，发展出视觉化的符号空间，由形而上的玄思诉诸园林有形之物。因此，"主人"通过对词与物的转换，营造心中至善之大美，其间产生纯粹朴素、清明寂静的生命空间体验，"主人"所发现的是："终极的、深不可测的生命之神秘，存在于其确切的简单性中，存在于有生命的简单事实中。"[29]

把"丘壑"和人结合在一起的用法，出现在晋代山水文化中，陶渊明的《归田园居》五首中第一首诗第一句就是"少无适俗愿，性本爱丘山"[8]，就从人生态度和本然天性两个方面，述说了魏晋文人对于山林文化和自身身份认知的体悟，在《形影神》中，他指出了人虽为灵智，却不如草木得天地常理，更难像山川一样长久住世："天地长不没，山川无改时。草木得常理，霜露荣悴之。谓人最灵智，独复不如兹。"[30] 所以"开荒南野际，守拙归园田"[31]，"守拙"是一种回归自然的境界，是人生从外在的斗争转向内在的超越，是实现生命幸福感的人生手段，而后来拙政园以"拙"命名，在某种程度上，就是取与"丘壑"关照，得返自然之润泽的意思。顾恺之（公元 348—409 年）为谢鲲[32]造像，布以石岩之中，《世说新语·巧艺》记："顾长康画谢幼舆在岩石里。人问其所以，顾曰：'谢云：一丘一壑，自谓过之。此子宜置丘壑中。'"[33] 图中高士"目送归鸿，手挥五弦。仰俯自得，游心太玄"。这种飘然出世、心游物外的风神，传达出一种悠然自得、与造化相侔的哲理境界，"丘壑"因而成为一种个人修行境界的象征，宋黄庭坚《题子瞻枯木》："胸中元自有丘壑，故作老木蟠风霜。"总之，在古代文化艺术中，"丘壑"是和名士风流、烟霞之志、心性的高远相关联的，并且成为隐士的一个背景符号。元赵孟頫《谢幼舆丘壑图》（见图 1）描绘的情境：画面雾霭微茫，江岸蜿蜒，峰峦秀起，江面如镜，微风拂过松枝，气息润泽，风物晶莹剔透，空气中宛如丝弦回响，境界悠长旷远；幼舆独坐水畔，周围丘壑，观水流潺潺，听松涛起伏，仪态潇洒，意趣悠闲，心性超拔。图卷布局轻松，绘法设色古拙，因袭晋、唐风格，脱去宋人拘谨旧习。陈继儒在《小窗幽记·卷十一·法》中写道："天地俱不醒，落得昏沉醉梦。洪濛率是客，枉寻寥廓主人。"[34] 丘壑的意义在于，在无限的宇宙中得到其类比之物，对有限生命的安顿，山水既是悦目所乐，也是藏身之所。

而城市和丘壑是不同的场所，但文人即使身处繁华的都市，仍然心会山水之间，六朝谢灵运《斋中读书》："昔余游京华，未尝废丘壑。"金代文学家王若虚在《茅先生道院记》说："南朝诗予世之散人也，才能无取于人，而功名不切于己，虽寄迹市朝，而丘壑之念未尝一日忘。"朝市和丘壑代表了古代文人入世和归隐两种选择，而后来的士人把园林发展成为"城市山林"，总算是找到了解决进退之道的生活空间形式。明代以后，城市文化发达，私家园林成为生活风尚，文人营造园林继续发展对于"丘壑"的主题，在计成写作《园冶》一书的同时，王心一[35] 则开始了对拙政园东部的建构，在已荒芜的拙政园东部购地十余亩，经营五年，于乙亥年冬（1635 年）始成，命园名"归田园居"，他"性有丘山之僻"，自称"予无间阴晴，散步畅怀，聊以自适其丘山之性而已。所谓此子宜置丘壑中，余实不能辞避"。[36] 可见对于园居的主人而言，一旦拥有园林，便在丘壑之间找到了他所期望的一种生命的存在形式。

"丘壑"既是林泉之志所往，同时也是空间品评的一个重要标准，"胸有丘壑"对于造园者是前提条件，清沈复《浮生六记·浪游记快》这样说："夫城缀于旷远重山间，方可入画……而观其或亭或台，或墙或石，或竹或树，半隐半露间，使游人不觉其触目；此非胸有丘壑者断难下手。"[37]

沈复说的设计原则是, 对于园林中的建筑和景观要素, 应该在半隐半露间, 要自然, 能入画, 不能"触目", 诸要素之间要搭配和谐, 否则入目太跳, 感觉不静不舒服, 这是中国造园的原则。园林的成熟显然在建筑之后, 东西方都是如此, 在《园冶》出现之前, 中国园林已经准备好了一套"观看"的山水体系, 有一套描绘理想园林的图绘和术语。而观看方式的差异, 造就了东西方不同的园林形式, 如海德格尔 (Martin Heidegger, 1889—1976 年) 在《世界图像的时代》中所论述的:"世界之成为图像, 与人在存在者范围内成为主体, 乃是同一个过程。"[38]

　　在 17 世纪西方园林很大程度上"被认为是房屋室内概念的一个延伸——那些术语, 诸如房间、走廊、贯穿 (enfilade)、门、窗, 以及圆屋顶等等, 常常被用来描述园林设计的特征"。直到 18 世纪初约瑟夫·德萨里耶·阿金维勒 (Joseph Dézaillerd' Argenville, 1680—1765 年) 的《造园艺术的理论与实践》(*La Théorie et la pratique du jardinage*, 1709 年) 一书的出现, 成为十八世纪影响欧洲园林最有影响的园林标准原则。德萨里耶的园林标准原则是从当时的建筑理论中演绎而来的, 是以"经过巧妙布置与令人充分理解的平面, (以及) 所有部分之间的和谐一致"为基本要求的。他提出了园林设计的四个基本要点:

　　第一, 艺术必须让位于自然;第二, 不要将园林填充得过于拥挤;第三, 不要将园林景观设置得一览无余;第四, 永远要使园林展现得比它真实的规模要大。[39]

　　值得注意的是, 德萨里耶的"自然", 展现为一种"高尚的简洁", 园林设计是以主要建筑作为视觉的焦点, 这种"全新"的自然观是基于一个固定的视点, 以体现整体上的"一致性"。是一种绘画的方法,这种"观看"确立了观看对象和观看者的位置, 从而把自然对象组织到统一的时间和

空间秩序之中，约翰·伯格在《观看之道》中论述："透视法是欧洲艺术
的特点……透视法使那独一无二的眼睛成为世界万象的中心。一切都向
眼睛聚拢，直至视点在远处消失。可见世界万象是为观看者安排的，正
如宇宙一度被认为是为上帝而安排的。"[40] 正因为科学透视法的出现，西
方园林自然成为一种以人的主体为中心之理性的镜像，这和中国园林对
自然的态度是相悖的，喜仁龙 (Osvald Sirén,1879—1966 年)[41] 认为"中国
园林鲜有统一的规划设计。如此造成的最好结果便是，中国的园林都有
一种随性的艺术节奏"。区别于几何构图的欧洲园林和千篇一律的日本园
林，中国园林"最基本的特征就是规避正规化的分析"，其主旨是"自然
而然"，是"含蓄"的，其形式构成是"周遭环境强化激荡出来的自然韵律，
而不是自身内部的布局设计和布景安排"。[42] 童寯 (1900—1983 年)[43] 在《江
南园林志》中提到，造园"布置疏密，忌排偶而贵活变，此纡回曲折之
必不可少也""切忌一览无余""此在中国园林，尤为一定不易之律"。他
提出古典园林有三重境界："第一，疏密得宜；其次，曲折尽致；第三，
眼前有景。"并在书中曾举拙政园空间经营为例，说明疏密、曲折、对景
营造境界的生成和转化。[44]

　　中国园林无拘无束的布局，出人意料的不规则造型，是诗人和画家
从大自然中获得的想象力，而非理性思考，这和欧洲园林以几何和数学
为美的园林是大相径庭的。威廉·坦普尔爵士 (Sir Willam Temple, l628—
1699 年)，这样评论比较分析了中国园林：

　　建筑物与植物的美主要体现在某些特定的比例、对称性，或者统一
感上；我们的道路和树木在安排上也是相互呼应，等距排列的。中国园
林则对这种布置方法不屑一顾，他们认为那些能将数字数到 100 的小孩，
就能够把树木栽种成一条直线，一棵挨着一棵，按照他想要的长度延伸
下去。但是，他们最大的想象力是发挥在园林景观的创造上。这里展现

的美可以是伟大的，引人瞩目的，但是其中却没有任何规则或各部分之间的严格配置，它们看起来是那么平淡无奇，或者令观赏者轻松怡然。虽然，我们对于这种美缺乏概念，但是，他们有一个特殊的词汇来表现这些景观；那些令他们第一眼就流连忘返的地方，他们称作是"疏落有致"（Sharawadgi），是令人"触景生情"的地方，或是任何其他诸如此类的表达赞叹景仰之情的词语。[45]

这样的观察表述了中国园林设计对英国风景园林风格产生的影响，包括 18 世纪英国一次重要的审美创新，一种对于园林截然不同的审美标准，形成了东西方园林早期最具吸引力的文化交流成果。为康熙制作铜版画《御制避暑山庄图咏》(1713 年) 的意大利传教士马国贤（Matteo Ripa, 1692—1745 年） [46] 在回忆录中这样描述中国园林：

我们欧洲人寻求用艺术来排除自然，铲平山丘，干涸湖水，砍倒树木，把曲径拉成笔直的道路，花大钱建造喷泉，栽种成排的鲜花。中国人则相反，用艺术的方法，努力地模仿自然。所以在这些园林中，有假山里的迷宫，很多条幽径和小路横断交叉，有的直，有的曲；地势有的平缓，有的如同陵谷。一些其他的路径跨越小桥，另一些用石块和贝壳铺成的小路则通到山顶。湖里面点缀着小岛，岛上建有小型的怡然亭，要靠渡船和桥梁才能上去。[47]

18 世纪欧洲的中国园林热肇始于坦普尔，1692 年威廉爵士的随笔"伊壁鸠鲁花园"中，比较了欧洲园林的对称式布局与中国园林的不规则布局，尽管不能真正完全领会跨越文化差异的美的精妙，但是当时中国风的园林风格影响了英国景观园林的一个核心标准，就是几何化向自然化的转变，以及中国元素的运用。为了表述他对中国园林的理解，威廉·坦普尔创造了"Sharawaggi"一词，中文字面上翻译成"疏落有致"，"Sharawaggi"一词呼应了中国园林的神秘性、奇妙幻想和东方性，回应了当时的欧洲对中国园林的结构和观念的关注，如园林的"如画风格""触景生情"等等。当陪侍康熙、亲眼目睹中国园林的传教士马国贤和王致诚，他们将书信、回忆录和园林绘画传回到欧洲，以及欧洲学者的相关研究，立刻在欧洲的文化界掀起了中国园林热。[48] 英国建筑师威廉·钱伯斯（William Chambers）[49] 为肯特公爵造的"丘园"（Kew Gardens，1757—1763 年），实现了欧洲的"中国园林梦"，"丘园"和其中十层的中式宝塔（Great Pagoda），刺激了东方时尚文化在整个欧洲花园设计领域中的传播。"丘园"这个名字有几分"丘壑"的影子，可是皇家植物园（Royal Botanic Gardens）就已经和中国的园大相径庭了。童寯指出："中国园林实非某一整体之开敞空间，而由廊道与墙垣分隔，成若干庭院。主导景观并成观者视觉之焦点者，为建筑而非植物。中国园林中，建筑如此赏心悦目，鲜活成趣，令人轻松愉悦，即便无有花卉树木，依然成为园林。"[50] 在皇家植物园中，威廉·坦普尔"Sharawaggi"的趣味消失在"landscape"之中，植物成为大地之上的主体，成为"野趣横生"之园，欧洲园林对自然主义的模仿启发了浪漫主义的滥觞，并非表现"小中见大，大中见小"之要义。至于叠石假山的虚空之美，那更需要等到亨利·摩尔（Henry Spencer Moore，1898—1986 年）的出现才能真正得到理解。

也许当顾恺之把谢鲲"置于丘壑之中"的时候，中国文人就已经把自身视为松柏磊石的化身，空间和图像不仅仅是视觉的，也是身体的场所，所以中国古代文人绘画中风景从未有过"荒野"的意象。"丘壑"也不是作为对象之物，它是"主人"之来处。自然启迪了造园家的"观看"，中国则把对自然的观看和"巧夺天工"联系起来，当成造园的目标。同时，如何"看"，"看"什么，还有更重要的意义，对于"胸有丘壑"而言，自然培育了视觉，映射了造园家以自然意象塑造出来惊人的魅力和如画般的美感。园成万物，然后立主人，这些景致在时间的流变中常见常新，越深入体会就越会发现其幽玄探寻不尽，这种源自未知的诱惑力也使其永葆心物相生的神秘魅力。因此，造园除了空间视觉外，在心理和精神层面的"观看"还有着更深刻的目的。

"上古穴居而野处，后世圣人易之以宫室，上栋下宇，以待风雨"，穴居是人类早期身之居所，时至今日，山西、陕西、河南等地的窑洞建筑，仍然是穴居的延续，毋庸置疑的是中国文化中还保留了这种最古老的空间观念。山中洞室是道教修行的典型形式之一，修行的最终目的是循德而求道，了明道的运化规律。自然是道的化身，隐身于丘壑之间就是体察道的运行。历史上，依傍自然环境、与环境浑然一体或者利用天然洞穴的道场很多，至今如江西庐山仙人洞、四川青城山的天师洞、朝阳洞等很多道观，仍保存了这种古老的道教以及修行的遗风，古人称隐者为岩穴之士。隐居的文人多受佛道思想浸染，有条件的便如王维（701—761年）、李公麟（1049—1106年）一样选择气象非凡之大山大水隐居，即便退而求其次，所谓"城市山林"，也会在园林里构建假山，是此风气的沿袭。这是道家文化的"至柔"思想的记忆和映射，仿佛是女性和母性气质的洞壑，成为接纳帝王父权政治社会下退隐者的场所。

中国的风水学说源自把大地乃至世界当作一种身体的观念，《四库全书·子部·撼龙经》为唐代风水大师杨筠松（834—900年）所作，《统论》云："须弥山（昆仑山）是天地骨，中镇天心为巨物。如人背脊与项梁，生出四肢龙突兀。四支分出四世界，南北东西为四脉。西北崆峒数万程，东入三辅陷杳冥。唯有南龙入中围，胎宗孕祖有奇特……"先民选择居住之所的时候，要观山之所始，究水之所源，观龙脉之所发，察其水之所来，"只爱山来抱身体，不爱水反去从他。水抱应如山来抱，水不抱兮山不到"。得"佳山水"，然后得到龙穴气脉，择地而居，道家反对在大地上妄加构筑，在早期道教经典《太平经中》里就有反对"兴功起土"的思想内容。

古人视天地人为三才，《周易·系辞下》："有天道焉，有人道焉，有地道焉，兼三材而两之。"宋代陆九渊 (1139—1193 年)《三五以变错综其数》云："天地人为三才，日月星为三辰，卦三画而成，鼎三足而立。"意指天、地、人三者都具有灵性、智性，并且休戚相关，《太平经》之四十五《起土出书诀·第六十一》说：

夫天地中和凡三气，内相与共为一家，反共治生，共养万物。天者主生，称父。地者主养，称母；人者主治理之，称子……天者养人命，地者养人形……古者穴居，云何乎？同贼地形耳。多就依山谷，作其岩穴，因地中又少木梁柱于地中，地中少柱，又多倚流水，其病地少微，故其人少病也。后世不知其过，多深贼地，故多不寿，何也，此剧病也。[51]

在这里大地被赋予一种身体化的空间情感，土地之于居住有善恶之分，恶地如恶人，"良善土"则如善人之德，但良善之土亦会受建筑之残并见害，会反作用于居住者；恶地则立刻还恨于人。可见大地虽然有承载之功，亦不可随意而为，穴居因对大地母亲伤害最小而得到道家的青睐。相地是居于可居之地的前提，土地是一种身体化的有情感的界面，人需要强大的自然力量的护佑，才能构建理想的居所。这个洞穴是世界带给先人的第一个家，人类最早的祭祀活动也在洞穴中发生，在这里先人们感到自己存在于世界上，这种漫长的幽暗的集体记忆，存在于世界早期文明之中。正像人胎生于子宫，万物都会通过一段幽暗的时光获得生命，道家人生的理想在于休养生息，就是要回到混沌的"胎息"，返归复命，老子 (约前 571—前 471 年) 称为"专气致柔能婴儿乎"，从而"复归于婴儿"，因而洞穴意象始终成为中国文化乃至园林文化极为典型的象征符号。这完全不同于柏拉图 (Plato，前 427—前 347 年)《理想国》中的洞穴喻，洞穴内外并非泾渭分明，而是一个"气"的循环的世界，这种意象也构成了中国园林的深层思想观念里面的重要因素。人类走出了洞穴，只是居所和园依然保存了洞穴记忆，人和大地、居所、园林的关系，是胎儿和母体、身体与衣服的关系，是身体化的存在；因而造园的重要条件是相地，首先是选择良善的基地，不只是风景优美，气候宜人，还需要有山水的气脉，最好还有先前贤人名士遗迹，因为他们的德行也会使得土地成为"良善土"。万物有身，人之身对于他居住的场地、房屋空间起的作用，李渔在《闲情偶寄》中有所发挥，他提出衣以章身、富润屋、德润身的想法，关注了衣服、房屋和身体的关系，他说：

"衣以章身"，请晰其解。章者，着也，非文采彰明之谓也。身非形体之身，乃智愚贤不肖之实备于躬，犹"富润屋，德润身"之身也。同一衣也，富者服之章其富，贫者服之益章其贫；贵者服之章其贵，贱者服之益章其贱。有德有行之贤者，与无品无才之不肖者，其为章身也亦然。

"富润屋，德润身"之解，亦复如是。富人所处之屋，不必尽为画栋雕梁，即居茅舍数椽，而过其门、入其室者，常见荜门圭窦之间，自有一种旺气，所谓"润"也。公卿将相之后，子孙式微，所居门第未尝稍改，而经其地者，觉有冷气侵入，此家门枯槁之过，润之无其人也。从来读《大学》者，未得其解，释以雕镂粉藻之义。果如其言，则富人舍其旧居，另觅新居而加以雕镂粉藻；则有德之人亦将弃其旧身，另易新身而后谓之心广体胖乎？[52]

从上可以看出，李渔认为衣裳和房屋是作为人的第二身体出现的，身体的气（Vitalenergy）和包裹着他的外物之间，有着鲜明的相互影响和作用，对于身体而言，房屋和衣裳有着近似的功能，它们都以某种形式包裹着主人的生命和隐私，而这种形式也透漏出主人的另一种形貌。这种情况类似于马丁·海德格尔（Martin Heidegger，1889—1976 年）所说：

“作为自我感受的感情恰恰就是我们身体性存在的方式……身体在其身体状态中充溢着我们自身……我们并非拥有一个身体，而毋宁说，我们身体性地‘存在’。这样一种存在的本质包含着作为自我感受的感情。”[53]“身—物”关系是古代文人关心的重要问题，推及身体与自然山水，山水为身体之外的“大物”，是面对存在中所考量的基本维度，丘壑作为阴阳之道的存在物，既是精神的诉求，同时，也为提升之道的身体提供庇护，休养之先机在于知身，而身体作为有物之属性及通物之可能性，但同时与物不滞，所以对于身体之认知在于厘清身体与外物之同异、关联。

我们来看一下古文中“身”的语义：

𠃌（甲骨文）躬（小篆）：

躬也，象人之身。——《说文》

我也。——《尔雅·释诂》

身，自谓也。——《疏》

身，伸也。可屈伸也。——《释名》

躯也。总括百骸曰身。——《九经韵览》

艮其身。——《易·艮卦》

近取诸身。——《系辞》

身体发肤，受之父母。——《孝经·开宗明义章》

以身中复有一身，故言重。——《疏》

从以上内容可以看出古汉语的“身”涵盖了诸多层面的意蕴，当它作“躯也。总括百骸曰身”讲的时候，它指向人的肉身（having a body）；当它出现在“近取诸身”的时候，它说的是自然存在的物和物的现象，在人的身体和万物之间存在着某种接近的特质（being a body），《黄帝内经·灵枢·邪客论篇》云："天有日月，人有两目；地有九州，人有九窍；天有风雨，人有喜怒；天有雷电，人有音声；天有四时，人有四肢；天有五音，人有五脏；天有六律，人有六腑；天有冬夏，人有寒热……此人与天地相应者也。"[54] 当它作"身，伸也。可屈伸也"解释的时候，身体是亲身、亲自、亲自体验的意义，带有运动、实践、行为的动词意义 (doing a body)；当它出现在"艮其身"的时候，它把身体的含义扩展到了道德社会的层面，身体不仅是个体生命的天赋资源，它还在个体所属的群体关系中承担着某种义务和责任 (belonging a body)。所谓"大任有身"，身体进入伦理关系之后在社会传统中承载着更深广的意义；而当它直接成为"我""自谓"的指代的时候，"身"已经实现了整个世界的环视，身体从一个观看的存在回到观看者本身，因此《孟子·尽心章句上》说："万物皆备于我矣。反身而诚，乐莫大焉。强恕而行，求仁莫近焉。"[55] 这种看法可以说继承了上古的文化思维，同时又在某一方面为后世儒家习矣并察焉，为心学开启了一条至关重要的理路，这在宋明儒学中尤为明显。程明道、陆象山、杨慈湖、陈白沙、王阳明等不同儒者各自的某些论说，皆与之一脉相承。王阳明说：

> 身之主宰便是心，心之所发便是意，意之本体便是知，意之所在便是物。[56]

即"物"关联着人之意向，对物的意向关联生成着人的意义世界。在万物和自我之间不是线性的指向，而是在交融和生成的循环之中。《易经》："无往不复，天地际也。"讲的是由自身推及对万物的观照，不是心往不返，目极无穷，而是反身而诚，万物忠恕诚意皆备于我，目极无穷之德，最终内视于己，回返自心。所谓"天地与我并生，万物与我为一"，钟嵘（约 468—518 年）在《诗品》中说："气之动物，物之感人，故摇荡性情，形诸舞咏。”[57] 值得注意的是，这种与万物关照的至“善”，非常突出地在中国园林文化中得以表现，由园林观看从一开始就试图屏蔽世界和人性中的“恶”，同时关闭了部分社会性，主人于园中“万物自然”也，在有限中观照无限，再从无限中回归有限，所谓离群索居使得这个圆环的循环，在某种程度上是有意避开了社会的整体性的。“反身而诚”是对万物的诚意，主体力图保持的是一种和自然世界的沟通，实现的是一种对自然现象学式的还原，身体被看作是人所特有的进入世界的入口，身体是意识与自然、人与世界的交接口。身体是一种对世界的开放并与世界相关的结构，是我们在世界上的支撑点、中介。而在处理房屋、文章、园林的结构时，古人也是多以身体的结构来作为参考，见李渔论之：

　　至于结构二字，则在引商刻羽之先，拈韵抽毫之始。如造物之赋形，当其精血初凝，胞胎未就，先为制定全角，使点血而具五官百骸之势。倘先无成局，而由顶及踵，逐段滋生，则人之一身，当有无数断续之痕，而血气为之中阻矣。工师之建宅亦然。基址初平，间架未立，先筹何处建厅，何方开户，栋需何木，梁用何材，必俟成局了然，始可挥斤运斧。倘造成一架而后再筹一架，则便于前者，不便于后，势必改而就之，未成先毁，犹之筑舍道旁，兼数宅之匠资，不足供一厅一堂之用矣。故作传奇者，不宜卒急拈毫，袖手于前，始能疾书于后。有奇事，方有奇文，未有命题不佳，而能出其锦心，扬为绣口者也。尝读时髦所撰，惜其惨淡经营，用心良苦，而不得被管弦、副优孟者，非审音协律之难，而结构全部规模之未善也。[58]

　　因此，身体作为世界中的一个物体之前，它首先表现为世界的场所，是古人经营空间所寻找的万物周行不怠的原始力量显现者，这是中国文化思维的独特的向度。身体的泛化构成了古人物质世界、精神世界乃至社会组织方面发挥作用的主要因素。在道家哲学中，身体除了修身外，与政治权力和社会规范也并非隔绝，《老子》说："故贵以身为天下，若可寄天下；爱以身为天下，若可托天下。"[59]一般认为在《老子》那里，身体由个体修为推及国家道德规范和政治理念，圣人之治便是身国同构的一种形式，"故以身观身，以家观家，以乡观乡，以国观国，以天下观天下。吾何以知天下然哉"[60]；但如果我们把天下理解成自我的外部意义的世界时，自我便生存在自身编织的意义之网中间，主体不断地通过对于身体的观看，将自我的存在倾注到这个自我的王国之中；在《庄子》中，对身体的关注则从整体性侧重于个体与天地自然的变化，"凡有貌象声色者，皆物也"[61]，而在纷繁变化之物中，个体之身体和自然也并非是全然的完美和谐的，而是有着复杂参差不齐的层次的。庄子提出"保身"，留"有形群于人"的生存诉求，同时"离形以游心"，追求"与道为一"的生存境界。可见身体不是作为不属于客观之物的任何人的躯体，也不是作为对象的身体的生理状态，而是现象性的身体（phenomenal body），即作为主体和世界关联，主体的存在本身就是"活着的身体"（corps vivant）。身体运动不同于简单机械的位移，而是和世界的生发转换，朝向某个目标、有意义的意向活动，身体的活动正是在大任有身的情境中展开的。儒家把身体的视域扩展到社会和政治的场域，台湾学者黄俊杰把儒家的身体观归为四类：作为政治权力展现场所的身体、作为社会规范展现场所的身体、作为精神修养展现场所的身体和作为隐喻的身体。[62]可见，深受儒道浸染的中国古代文人在处理空间上，不是简单从观念出发，而是首先立足于身体主体的经验的。

关于"现象性的身体"的概念，法国当代哲学家梅洛·庞蒂（Maurice Merleau-Ponty，1908—1961 年）所要强调的是我们的身体不只是隶属于个体的身体，它还同时是隶属于世界的。梅洛·庞蒂指出，"我们移动的不是我们的客观身体，而是我们现象的身体，这不是秘密，因是我们的身体，在朝向需要触摸的物体和感知的物体前，已经作为世界某区域的能力"，"我们的身体是活生生的意义的纽结"，[63] 身体在境域之中，"以身中复有一身，故言重"，这也是一种现象学意义上的所谓的"潜在的身体"，或按古文的释义，身通于"孕"，"以'孕'训身"，这种身体的潜在性提供了主体存在感知，建立了世界上对主体真正开敞的可能性，是我们寻找世界立足的起点。而这种可能性不是一蹴而就完成式的，而始终是在生发进行式中的，其指向了一种无限变化的可能性。身体之为身体，在于其乃为一种梅洛·庞蒂所谓的"可能活动的系统"，不在于其作为一种既定的器官的总和，也即其乃为经由行为而不断地向世界开显和生成的一种生生不已的活动。因此，也是基于这样一种无限可能的生命活动，在中国古代哲学里身体已不再被局限于人的七尺血肉之躯，而是以"动与万物共见"方式向无尽无穷的大千世界打开，园林文化受此影响，从丘壑发展成为一种超然、恒定的符号，这种关联通过身心的体验被清晰地察觉到了，这意味着丘壑缩小了现实与可能性之间的距离。

研山迷境

对丘壑的狂热在中国文化史中从未停止，缩影是主人找到占有丘壑的一种方式，如果说昆仑之丘遥不可及，桃花源深不可测，那最好的方法就是在现实中找到替代之物，缩影是这些巨大之物的藏身之所。如《维摩诘所说经·不思议品》云："若菩萨住是解脱者，以须弥之高广，内芥子中，无所增减。"一卷代山，一勺代水，丘壑可以压缩到庭院中，可以压缩到案头上，越是压缩，"大"就越明显地被包容在"小"中，缩影就越给予主人狂喜和幸福感。对奇石的痴迷成为士大夫的风雅癖好，白居易《太湖石记》把对奇石的拥有总结为："撮要而言，则三山五岳、百洞千壑，𪩘缕簇缩，尽在其中。百仞一拳，千里一瞬，坐而得之。"[64]

灵璧砚山也是这样一个把玩丘壑的物件，砚山据传为文案清供之笔格，原南唐后主李煜(937—978年)之宝，后为宋代大书法家米芾(1051—1107年)所得。米芾得到砚山后，有文记载他"抱眠三日"，狂喜之极，即兴挥毫，留下了传世书画珍品《研山铭》(见图2)。《研山铭》手卷，水墨纸本，高36厘米，长138厘米，此手卷流传有序，曾经入北宋、南宋宫廷。南宋理宗时被右丞相贾似道收藏。递传到元代，被元代最负盛名的书画鉴藏家柯九思收藏。清代雍正年间，被书画鉴赏家、四川成都知府于腾收藏。手卷迎首日本前首相犬养毅题："鸢飞鱼跃。"其后分三段，第一段为米芾用南唐澄心堂纸书写三十九个行书大字：

研山铭，五色水，浮昆仑。潭在顶，出黑云。挂龙怪，烁电痕。下震霆，泽厚坤。极变化，阖道门。宝晋山前轩书。

第二段绘研山图，用篆书题款为："宝晋斋研山图，不假雕饰，浑然天成"。"研山"是一块山形砚台，在研山奇石图的各部位，用隶书标明："华盖峰、月严、方坛、翠峦、玉笋下洞口、下洞三折通上洞、予尝神游于其间、龙池、遇天欲雨则津润、滴水小许在池内、经旬不竭。"第三段为各历史收藏者的题跋、钤印，其中米芾之子米友仁(1074—1153年)的行书题识："右研山铭，先臣芾真迹，臣米友仁鉴定恭跋"；米芾外甥金代王庭筠(1151—1202年)题跋："鸟迹雀形，字意极古，变志万状，笔底有神，黄华老人王庭筠"；清代书画家陈浩(1695—1772年)题作跋尾："研山铭为李后主旧物，米老平生好石，获此一奇而铭，以传之。宣其书迹之尤奇也，昔董思翁极崇仰米书，而微嫌其不淡然。米书之妙，在得势如天马行空，不可控勒，故独能雄视千古，正不必徒从淡求之。落此卷则朴拙疏瘦，岂其得意时心手两忘，偶然而得之耶，使思翁见之，当别说矣。乾隆戊子十一月，昌平陈浩题。"

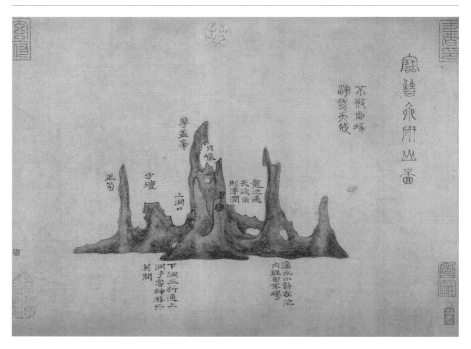

图 2　《研山铭》手卷局部，宋·米芾　纵 36 厘米，横 138 厘米　　纸本墨笔　北京故宫博物院藏

砚山之奇，在于其身世，在于其历经辗转于多位声闻显达的"主人"，在于其蕴含于自身超凡的自然现象，在于其空间暗合于道家神秘的宇宙观，所以白居易说"何乃主人意，重之如万金。岂伊造物者，独能知我心。"[65] 这块研山灵璧石，在古代著录中是有据可查的，蔡京（1047—1126 年）次子著《铁围山丛谈》称："江南李氏后主宝一砚山，径长逾尺，前耸三十六峰，皆大如手指，左右则引两阜坡陀，而中凿为砚。及江南国破，砚山因流转数士人家，为米元章得。"文中"三十六峰"和《研山铭》图不符；元代陶宗仪 (1321—1412 年)《南村辍耕录》和明代奇石收藏家林有麟的《素园石谱》，均载此山子"宝晋斋研山图"，图为线描，山形、题文与《研山铭》几乎相同。蔡文称米芾归丹阳，与苏某交换易宅；陶文则称此米芾研山"被道祖易去"，就是被他的好朋友书法家薛绍彭换走了，陶文亦记米老朋友中美先生有称颂砚山诗云：

研山不易见，移得小翠峰。润色裹书几，隐约烟朦胧。巉岩自有古，独立高嵩龗。安知无云霞，造化与天通。立璧照春野，当有千丈松。崎岖浮汉澜，偏仰蟠蛟龙。萧萧生风雨，俨若山林中。尘梦忽不到，触目万虑空。公家富奇石，不许常人同。研山出层碧，峥嵘实天工。淋漓上山泉，滴沥助毫端。挥成惊世文，主意皆逢原。江南秋色起，风远洞庭宽。往往人佳趣，挥扫出妙言。愿公珍此石，美与众物肩。得必嵩少隐，可藏为地仙。[66]

其中诗句多有和砚山铭书法文字相对照处，嵩龗、云霞、蛟龙、风雨、天工、淋漓、天工等词语给一块顽石赋予了生命的灵性，米芾的文字和书法加强传递出了这股宇宙涌动的气势。陶宗仪在文末还写道："余二十年前，嘉兴吴仲圭为画图，钱唐吴孟思书文，后携至吴兴，毁于兵。"他提及吴镇 (1280—1354 年) 和吴睿 (1298—1355 年) 曾经为砚山作画书文，但没有流传下来。林有麟文图应该引自《南村辍耕录》，但两人都没有亲眼见过实物。

清乾隆年间藏书家、书画家陆烜 (1737—1799 年)[67] 曾在高士奇（1645—1704 年）家中清吟堂见过米芾的砚山，他将所看到的记录在平湖陆氏写刻本《梅谷十种书·梅谷偶笔》中，对陶宗仪加以补充，他这样描述这块奇石：

> 米海岳砚山，余获见于清吟堂高氏。径约八寸，高半之。为峰六。右第一峰曰玉笋，突然耸峙，上有洞穴，微类笋形。玉笋之下为方坛，下隘上广，方平如砥，如可坐而游者。一小峰附其下，势若拱揖。中一峰，高四寸有奇，如卷旗，如张伞，曰华盖。稍下为月岩，圆窦相通，非人力可及也。其左之第一峰，连陂陀而起，如人伛偻；第二峰则巃嵷离立，高不及三寸，而有数十仞之势；第三峰与华盖相连，岗阜朴野，是名翠峦，龙池出其下，幽深无际，疑有潜鳞。《辍耕录》谓："谓：'天欲雨则津润，滴水少许，逾旬不竭也。'下洞在方坛之趾，上洞据华盖之麓。元章云：'下洞三折可通上洞'。试滴以水，果曲折流出。疑其中有避秦世界，尤令人神往矣。其色深黑，光莹如玉，千波万皱。望之，或有草树蓬勃，则襄阳所谓不假雕琢浑然天成者也。众骤见之，为不寐一夕。老子曰：'不见可欲，使心不动。'以志余过。又以叹南朝半壁江山今日何有，而独存此一片石也。[68]

砚山古拙苍润，外有群峰耸立，内有洞穴纵横，变化万千，通于岁令。陆烜为隐士，他隐居胥山的邱为里（今属无锡市滨湖区）。胥山据说是春秋吴国伍子胥伐越扎营之处。他把胥山当成当年陶渊明隐居的柴桑和王维隐居的终南山辋川，在寓所的周边种植了许多梅花，所以陆烜又自号为梅谷。所以在他眼中，"米海岳砚山"中有"避秦世界"，避秦乱而逃入桃源，不知有汉晋，这是历代文人心中的家园。陆烜又反省看见砚山产生的欲望，将之归结为自己的过错。他在《幽居赋》写道："若夫南山之南，北山之北，有美一人。好道抱德，立志贞坚，秉心渊然，欲往从之。邈不可即，唯其有主，则虚无欲，故静物外。"他把"欲"和"主"看成"心"的两面，有欲则无主，

"心之主"归于"道"的虚静，虚静是万物的本体，从陆烜的角度来看，砚山虽然神奇，但是世间变幻无常，拥有物总归是身外之物，心外之物，找到自己的本心才是"有主之人"，而奇石中使人心安定的神秘力量才是最重要的。

中国文化很早就对神山和其中洞穴空间的神秘力量感兴趣，上古以来盛传"三神山"说和"昆仑山"说，三神山是海中仙境，昆仑山则远在西方。道教形成以后，随着道士入山隐居、合药、修炼和求乞成仙，群山壮丽的景色，奇峭的峰峦，幽奥的洞壑，从洞中涌出的溪流和山中变化的万千气象，都足以引起共鸣并激发他们的幻想，加之原有的种种传说，从而逐渐形成大地名山之间有洞天福地的观念。"洞"来源于空无，《道藏》中上清系经典《紫阳真人内传》云："天无谓之空，山无谓之洞，人无谓之房也。山腹中空虚，是谓洞庭；人头中空虚，是谓洞房。是以真人处天处山处人，入无间，以黍米容蓬莱山，包括六合，天地不能载焉。"依此所解则"洞天"实有广、狭二义。广义的洞天包括天空（天无）、山洞（山无）及洞房（头空）。此解释清楚地表明了道家的宇宙观：宇宙由多层空间组成，宇宙中的时间、空间都是相对的，有中存无、无中生有、大中有小、小亦含大。

《太平经》丙部之七（卷四十一）专门对"洞"字进行解释："洞者，其道德善恶，洞洽天地阴阳，表里六方，莫不响应也，皆为慎善，凡物莫不各得其所者。其为道，乃拘校天地开辟以来天文、地文、人文、神文，皆撰简，得其善者，以为洞极之经。"[69]《抱朴子内篇·论仙》："自不若斯，则非洞视者安能觌其形，非彻听者安能闻其声哉？"[70] 在这些表述中，"洞"的意思含有"通"的意思，是通过有形的"洞"表达无形的道。名山是神仙所居之"洞天""福地"，山崇高而有灵，山通于天，上天垂象为神，因此通于神，仙山是可借以通达天神的地方，所谓"洞天"之场所，实即"通天"之场所，这是丘壑神奇的象征，是道成遗蜕的空间。见于相关道家古籍中的宇宙发生学的背景在园林文化中应当得到特别的强调，中国空间文化扎根在道教思想中，因为园林文化的开始和道家求仙长生养生保身的愿望密切关联，"洞"因此成为后来园林传统中最重要的专门形象之一。"洞"或"洞天"的思想，成为某种特定的观看方式，"洞视"使人想起某种让人充满喜悦的状态。"洞天福地"是古人理想栖居的空间诉求，"洞"成为园林中被不胜枚举地运用在各种形式当中，同时作为与"浑沌"相联系的语汇组，"洞"的词源学暗示出很多隐含着的象征性的或者神话学的主题。因此，"洞"这个词语就不只使人想起洞穴，即一个出口比较封闭的岩洞或地洞，除了作为一个栖身之地外，它还被引申为一种通道，暗示了一种身份的转变。

奇山也许是案头小小的石头，却又无限广阔，它和主人是一种"对话"关系，更是一个"伙伴"，正如白居易所感慨的："岂造物者有意于其间乎？将胚浑凝结，偶然成功乎？然而自一成不变以来，不知几千万年，或委海隅，或沦湖底，高者仅数仞，重者殆千钧，一旦不鞭而来，无胫而至，争奇骋怪，为公眼中之物，公又待之如宾友，视之如贤哲，重之如宝玉，爱之如儿孙，不知精意有所召耶？将尤物有所归耶？孰不为而来耶？必有以也。"[71]砚山灵璧正是主人苦苦追寻的不可知世界的缩影，一旦得到就成为自我宇宙的中心，围绕其实体和虚空，有无数个巨大之物的在场，五色之水，白水、赤水、洋水、黑水、青水，汇聚在世界的巅峰上，其发出巨大的声音，洪水震滔，世界的黑暗被闪电劈开，这声响从上古隆隆传来，又终将消失，凝聚成一道道山体的凹痕。这复杂多变的痕迹把时间压缩在物体的表面上，比较于平滑的表面，这种表面的多样性在丘壑中永远位于统一之前。在这个意义上也可以说丘壑的状态从未曾处于统一状态中，而林立的群峰也总是处于"多样"状态，这样的"多样"状态中包含的正是在场的缺席者所生成的差异。

对丘壑展开的阅读正如博尔赫斯（Jorge Luis Borges, 1899—1986 年）小说中永恒分叉的小径，复杂之所以为复杂是因为时间的展开和诠释。"缩影"的特质在于它有三重套叠：1. 它是反二元对立概念的，一种"小"可以装进"大"中，"大"可以存在于小中的迷宫式的复杂性表达；2. 它是一种事件而非一个物体的概念，是让时间与空间互相"挤压"的操作者；3. 它是一个反线性的概念，是混乱和混沌的"传播"形象，既被世界观看，又提供观看世界的路径。世界的差异与重复、简单与复杂、低级与高级、分裂与缝合都不断地体现着"缩影"的性质和功能。这种观念不仅促使园林空间的视觉形象产生，还将使空间的使用发生根本性的变化。如果说在"主人"的观想和把玩中，砚山奇石进一步把丘壑世界模型化，但是毕竟不能置身于岩丘林壑下，于是幽斋磊石，与木石同居，假山的营造则把主人带入园林真实的丘壑空间中，变城市为山林，招飞来峰使现平地。

托体山阿

计成《园冶·掇山》记：

> 池上理山，园中第一胜也。若大若小，更有妙境。就水点其步石，从巅架以飞梁；洞穴潜藏，穿岩径水；风峦飘渺，漏月招云；莫言世上无仙，斯住世之瀛壶也。[72]

从把玩砚山奇石到在园林中凿池掇山，都是"主人"最喜好的乐事，"有真为假，作假成真"，在《园冶·掇山》中计成举例说明了峰、峦、岩、洞、涧、曲水和瀑布的做法要点，在园林中休养生息，既可以不远离都市，又可以居住于"世之瀛壶"，从奇石到假山的营造保存了这种空间记忆，可谓把遥远的洞天福地搬入了自家的宅院。堆叠假山始于秦汉，按道家神仙之说始皇帝"兰池宫"分山裁水，开创一池三山的皇家园囿之风，汉代沿袭此风尚，《西京杂记》记：“汉高帝七年（公元前 200 年），萧相国营未央宫……池十三，山六，池一，山一，亦在后宫……武帝作昆明池欲伐昆吾夷，教习水战。因而于上游戏养鱼，鱼给诸陵庙祭祀。余付长安市卖之。池周回四十里。”[73] 昆明池，在西周时是都城丰镐附近郊区的范围，亦称周文王圃、灵沼，秦代属秦上林苑，西汉亦属上林苑，范围更广，“初修上林苑，群臣远方各献名果异树初修上林苑……得朝臣所上草木名二千余种”[74]，昆明池到唐代还依然壮观，昆明池中有二石人，立牵牛、织女于池之东西，以象天河；池中有豫章台及石鲸，汉代石鲸现藏陕西历史博物馆。杜甫有诗赞曰“昆明池水汉时功，武帝旌旗在眼中。织女机丝虚夜月，石鲸鳞甲动秋风。”（杜甫《秋兴》八首之七）[75] 太初元年（公元前 104 年）汉武帝营建建章宫后引昆明池水灌注而成人工湖，《史记·书·封禅书第六》记：“建章宫其北治大池，渐台高二十余丈，名曰：太液池，中有蓬莱、方丈、瀛洲、壶梁，象海中神山龟鱼之属。”[76] 金元之后北京西苑也设有太液池，太液池被一分为三：北海、中海、南海。《西京杂记》亦记梁孝王筑“筑兔园，园中有百灵山，山有肤寸石、落猿岩、栖龙岫”。茂陵袁广汉“于北邙山下筑园，东西四里，南北五里激流水注其内。构石为山高十余丈，连延数里……广汉后有罪诛，没入为官园，鸟兽草木皆移植上林苑中”[77]。魏晋时期的华林苑景阳山，规制宏伟，《水经注·卷十六》云：

又径瑶华宫南，历景阳山北，山有都亭堂上结方湖，湖中起御坐石也。御坐前建蓬莱山，曲池接筵，飞沼拂席，南面射侯，夹席武峙，背山堂上，则石路崎岖，岩嶂峻险，云台风观，缨峦带阜，游观者升降阿阁，出入虹陛，望之状兔没鸢举矣。其中引水飞皋，倾澜瀑布，或枉渚声溜，潺潺不断，竹柏荫于层石，绣薄丛于泉侧，微飙暂拂则芳溢于六空，实为神居矣。[78]

隋唐以后，山水诗画昌盛，文人赏石、造园风气蔚然，开始出现真正的"文人园林"，王维（701—761 年）的《辋川集十二首》、白居易（772—846 年）的《太湖石记》《池上篇并序》、李德裕（787—850 年) 的《平泉山居草木记》、柳宗元（773—819 年）的《永州八记》等诗文描述了文人悠游山水、园居的审美实践和理想，给后世的文人造园树立了很高的典范。文人开始在自家的庭院中堆磊假山，杜甫留下了一首五言律诗描写《假山》：

> 天宝（742—756 年）初，南曹小司寇舅于我太夫人堂下垒土为山，一匮盈尺，以代彼朽木，承诸焚香瓷瓯，瓯甚安矣。旁植慈竹，盖兹数峰，嶔岑婵娟，宛有尘外致。乃不知兴之所至，而作是诗。

> 一匮功盈尺，三峰意出群。望中疑在野，幽处欲生云。
> 慈竹春阴覆，香炉晓势分。惟南将献寿，佳气日氤氲。[79]

　　宋代承袭唐朝的山水文化，打通了山水画、山水诗文和园林的界限，山水文化高度成熟，造物哲学体系登峰造极，文人皇帝赵佶徽宗突破了秦汉以来皇家苑囿的"一池三山"的呆板模式，集全国之力，费时六载，于汴京营造的"艮岳"，大兴园林土木之工，成为园林史上最为著名的假山，假山运用山水画的"先立宾主之位，次定远近之形，然后穿凿景物，摆布高低"的布局原则 (《画苑补益·山水诀》宋·李成撰)，以巧夺天工的掇山理水技艺，营构了独具山水意境的园林。时人誉为"括天下之美，藏古今之胜"。张淏《艮岳记》中记录："累土积石，……穿石出罅，冈连阜属，东西相望，前后相续，左山而右水，沿溪而傍陇，连绵而弥满，吞山怀谷。"[80] 南宋词人周密在《癸辛杂识》中叙述："前世叠石为山，未见显著，宣和艮岳，始兴大役。"[81] 花石纲导致北宋府库告馨，民生动荡，《宋史》记载："政和七年，始于上清宝箓宫之东作万岁山……政和七年，始于上清宝箓宫之东作万岁山。宣和六年，诏以金芝产于艮岳之万寿峰，又改名寿岳……自政和讫靖康，积累十余年，四方花竹奇石，悉聚于斯，楼台亭馆，虽略如前所记，而月增日益，殆不可以数计。宣和五年，朱勔于太湖取石，高广数丈，载以大舟，挽以千夫，凿河断桥，毁堰拆闸，数月乃至……”[82] 时吴中困于朱勔花石之扰，比屋致怨，宣和二年（1120 年）十月，方腊起为兵乱，困竭民力是艮岳的反面写照，靖康二年（1127 年），金军攻破汴梁，俘虏徽、钦二宗，“艮岳”导致了“靖康之耻”，曾经的人间仙境荡为荒野废墟。但是赵宋一代，对奇石假山的追求，影响蔚然，成为朝野的风尚，东坡、米芾等巨匠皆为“石痴”，奇石收藏终成唐宋明清文人之雅好和审美追求，深深地影响了造园的文化。艮岳的太湖石被金人运送到中都，成为琼华岛上构筑假山的材料，后来散落在清代皇家园林之中。《宸垣识略》记：“燕京累朝宫室，自辽以前，记载无多。惟西垣之太液池、琼华岛，为金明昌中万宁宫西园遗迹，乃当时别馆所在。”“西苑在西华门西，创自金而元明递加增饰。金时只为离宫，元建大内于太液池左，隆福、兴盛等宫于太液池右。明大内徙而之东，则元故宫尽为西苑地。”今天在故宫西苑三海中南海的“瀛台”明朝称之为“南台”，清顺治于 1655 年改名瀛台，瀛台得名于海上仙山之瀛洲，其四面临水，衬以亭台楼阁，像座海中仙岛，岛东西两岸，瀛台东西两面以巨石环合，石笋参天，怪石突兀，有学者考证这些湖石来自金人劫掠开封艮岳，这些由太湖石堆积的假山，清逸澹远。

　　明清以降，园林进入了最后的成熟期，尤以江南文人园林达到了艺术的巅峰，我们今天能见到的名园都是建成或改造于此时，江南同时出现了一些堆叠假山的大师，钱泳（1759—1844 年）[83]《履园丛话·艺能》上记：

　　“堆假山者，国初以张南垣为最。康熙中则有石涛和尚，其后则仇好石、董道士、王天于、张国泰皆为妙手。”[84]

　　张南垣即是张琏（张涟应为误称），与计成同时代人，于江南造园掇山五十余年，作品遍布大江南北，康乾时代造园风气盛起，与计成在清朝的寂寂无闻相比，张涟名动一时，对清初至中期的造园产生了卓越的影响，《清史稿·列传二百九十二·艺术四》云：

> 张涟，字南垣，浙江秀水人，本籍江南华亭。少学画，谒董其昌，通其法，用以叠石堆土为假山。谓世之聚危石作洞壑者，气象蹙促，由于不通画理。故涟所作，平冈小阪，陵阜陂纹，错之以石，就其奔注起伏之势，多得画意，而石取易致，随地材足，点缀飞动，变化无穷。为之既久，土石草树，咸识其性情，各得其用。创手之始，乱石林立，踌蹰四顾，默识在心。高坐与客谈笑，但呼役夫，某树下某石置某处，不假斧凿而合。及成，结构天然，奇正罔不入妙。以其术游江以南数十年，大家名园，多出其手。东至越，北至燕，多慕其名来请者，四子皆衣食其业。晚岁，大学士冯铨聘赴京师，以老辞，遣其仲子往。康熙中，卒。后京师亦传其法，有称山石张者，世业百余年未替。吴伟业、黄宗羲并为涟作传，宗羲谓其"移山水画法为石工，比元刘元之塑人物像，同为绝技"云。[85]

谢国桢(1901—1982年)[86]《明清笔记谈丛·张南垣父子事辑》中记张涟父子作品十种："偶读《南雷集》《梅村家藏稿》《居易录》等书，乃知南垣及其子陶庵均以叠石名家。凡'江南李工部之横云，卢观察之预园，王奉常之乐郊，钱宗伯之拂水，吴吏部之竹亭；北都则南海之瀛台、玉泉之静明园、西郊之畅春园、王学士之怡园，冯益都之万柳堂，皆出南垣父子之手'。"[87]戴名世(1653—1713年)[88]《张家翁传》说："君冶园林有巧思，一石一树，一亭一沼，经君指画，即成奇趣，虽在尘嚣中，如入岩谷。诸公贵人，延翁为上客，东南名园大抵为翁所构也。"[89]可见请张南垣造园掇山一时成为文人、氏族乃至皇家追捧的时尚，争颂于士大夫之口。张南垣喜好造园完全出于内心的召唤，其父辈求仕途起家，为当地世家，"自君父默庵君兄弟，并以科甲起家，遂为当地著姓"。他对入仕没有兴趣，喜好山水绘画，并萌发了叠山"拟像"，用假山表现山水"阴晴朝暮、晦明出没变换之状"，父亲起初不同意，回来也就默许了，"默庵君初禁之，后知其不可止，遂弗禁。默庵君殁，君遂弃诸生，出游四方，流览名胜以扩其胸中所未见。自吴越，历楚豫，至关陇"。[90]

从谢国桢的书中我们看到：在张南垣营造的文人园林中，以工部主事李逢申的横云山庄、参政虞大复的豫园、太常少卿王时敏的乐郊园、礼部尚书钱谦益的拂水山庄、吏部文选郎吴昌时的竹亭别墅等最为著名。康熙修建畅春园时，招张涟父子入京，戴名世 (1653—1713 年) 记："会有修葺瀛台之役，招翁治之，屡加赏宠。请告归，欲终老南湖，南湖者，君所居地也。畅春园之役，复召翁至，以年老赐肩舆出入，人皆荣之。事竣复告归，卒于家。"[91] 畅春园始建于清康熙二十三年 (1684 年)，圣祖自康熙二十六年 (1687 年) 二月首次驻跸畅春园。从戴名世《张家翁传》文来看，明确张涟是参加了西苑瀛台和畅春园的造园，并且康熙非常喜欢张涟的才能，畅春园竣工后他回到嘉兴南湖于家中去世，因而可以推测其卒于康熙二十六年 (1687 年) 大抵不差，与《清史稿》"康熙中，卒"也相符合，江南宝应康熙直臣乔莱 (1641—1694 年)《石林集》中的《归田集·张处士墓志铭》记："君于某年某月卒于家，年八十。妻叶氏，后四年卒，亦八十。"[92] 这样张涟生卒时间大体为 1608 年至 1687 年，其造园叠山活动晚于计成，计成造园活动在晚明，张涟在清初，从乔莱文中也能看出张涟主要活动应在康熙时期："是时海内承平日久，自诸王而下，诸豪贵人世家、巨室之子弟，莫不各有园池亭榭山墅之好。"[93] 他的出现可谓时势造英雄，太平盛世可以大展身手。两人掇山的审美趣味和方式、方法大体是一致的，张南垣活动的时间跨度要长很多，算是职业造园家。计成的行迹在完成《园冶》的写作后，就没有在出现在古代文献中，计成的实践要早于张南垣，两人的成功在于以画意造园，但是在"画意"的撷取上各有不同。计成"最喜关仝、荆浩笔意"，荆关被并称为北派山水画耆宿，计成在《园冶·掇山》中自述叠山方法：

掇山之始，椿木为先，较其短长，察乎虚实。随势挖其麻柱，谅高挂以称竿；绳索坚牢，扛抬稳重。立根铺以粗石，大块满盖椿头；堑里扫以查灰，著潮尽钻山骨。方堆顽夯而起，渐以皴纹而加；瘦漏生奇，玲珑安巧。峭壁贵于直立；悬崖使其后坚。岩、峦、洞、穴之莫穷，涧、壑、坡、矶只俨是；信足疑无别境，举头自有深情……咫尺山林，妙在得乎一人，雅从兼于半土……未山先麓，自然地势之嶙嶒；构土成冈，不在石形之巧拙；宜台宜榭，邀月招云；成径成蹊，寻花问柳。临池驳以石块，粗夯用之有方；结岭挑之（以）土堆，高低观之多致；欲知堆土之奥妙，还拟理石之精微。[94]

张琏自己没有留下文字，其生平及造园掇山意匠，吴伟业（1609—1672年）、黄宗羲（1610—1695年）、王士祯（1634—1711年）、戴名世（1653—1713年）等有文代为传其事迹。名园变换主人的事情屡见不鲜：园林在战火动乱中荡平毁坏，埋没荒废在荆榛丛中，奇花异石被他人车载取走，所以张南垣和计成想法一样，担心作品不能传世，他对吴伟业说："吾惧石之不足留吾名，而欲得子文以传之也。"[95] 张南垣熟谙南北宗画统，在黄宗羲文中，称张琏"学画于云间之某，尽得其笔法"。[96] 他又和董其昌和陈继儒等画坛、文坛巨匠有过往，他们都称赞张南垣的假山深通画法之传承，其土石堆叠的方式和黄公望、吴镇所追求的笔意相合，在吴文中写道："华亭董宗伯玄宰、陈征君仲醇亟称之曰：'江南诸山，土中戴石，黄一峰、吴仲圭常言之，此知夫画脉者也。'"[97] 也曾效仿荆浩、关仝的笔墨掇山，他曾在友人的书房前按二者山水画笔意模仿垒造假山，两山对峙，左曲右平，向上直矗已过四丈，不作一点曲折，忽然将几块山石在顶部交错，使得整座假山马上灵动起来，"所谓他人为之莫能及者，盖以此也"[98]。所以他赖以成名是因其创造性地把山水的笔墨精神注入"土石相间"的堆叠之中，以土寻求笔墨波折之势，以石加入皴擦之肌理，而这些是前人不曾做到的：

> （张南垣）久之而悟曰："画之皴涩向背，独不可通之为叠石乎！画之
> 起伏波折，独不可通之堆土乎！今之为假山者，聚危石，架洞壑，带以飞梁，
> 矗以高峰，据盆盎之智以笼岳渎，使入之者如鼠穴蚁垤气象，蹙促此皆不
> 通于画之故也。且人之好山水者，其会心正不在远。"于是为平冈小坂、陵
> 阜陂陁，然后错之石，缭以短垣，翳以密篠，若是乎奇峰绝嶂，累累乎墙
> 外，而人或见之也。其石脉之所奔注，伏而起，突而怒，犬牙错互，决林
> 莽、犯轩楹而不去，若似乎处大山之麓，截溪断谷，私此数石者为吾有也。
> 方塘石溆，易以曲岸回沙，邃阁雕楹，改为青扉白屋，树取其不凋者，石
> 取其易致者，无地无材，随取随足。当其土石初立，顽石方驱，寻丈之间，
> 多见其落落难合，而忽然以数石点缀，则全体飞动，若相唱和。[99]

　　吴伟业文中对张氏造园次第有所总结，很像张南垣自己说的话，可以
和计成造园方式有所对比：

> 初立土山，树石未添，岩壑已具；随皴随改，烟云渲染，补入无痕。
> 即一花一竹，疏密欹斜，妙得仰俯。山为成，先思著屋，屋未就，又思其
> 中之所施设；牖櫺几榻，不事雕饰，雅和自然。[100]

　　张琏造园掇山追求的是风雅淡然的趣味，这和他自身的审美以及交游
密切相关，他和晚明清初文坛巨擘交好，《张处士墓志铭》称张琏与钱谦益
(1582 —1664 年)、吴伟业 (1609—1672 年)、王时敏 (1592 —1680 年) 往还相
知："虞山钱宗伯、娄东吴祭酒、王太常，并以文章翰墨知名海内，君皆与
往还，称相知。三公别业据一时之胜，皆君所经营，手为指画；今所传拂
水山房、梅村书屋、东园西田者是也。"[101] 张琏和吴伟业年纪相仿，钱谦益、

吴伟业是清初诗坛虞山派和娄东派的领袖，王时敏师董其昌为嫡传弟子，"方之禅室，可备传灯，一宗真源嫡派，烟客实亲得之"，其幼子又娶王时敏次女，王董结为儿女亲家，因而王时敏也时时以"南宗"正脉自居，后人更称赞他是三百年间得董其昌"衣钵正传"者，仅此一人。王时敏为"四王"之首，张琏和他趣味相投，宗法南派，实际上其掇山意宗的来源应出于董源、黄公望、王蒙、董其昌等人的平远法和笔墨皴法。计成掇山以石为主体，假以"半土"，成就山势，受"荆关"影响颇深，古朴隽永，讲究气韵，追求高远气象；张琏以土为主体，错之以石，强调山势的连绵连贯气脉，和周边山势萦绕回转，强调笔墨气韵，视域平远为主。

从山水画到造园叠石的转化，虽有相通之处，但还是需要完全不同的物质基础和空间建构以及组织协调能力的，而清代叠山能够得"山水之法"的开创者，应该首推张琏，所以黄宗羲说："至于山水，能、妙、神、逸、笔墨之外，无所用长，未有如人物之变而为塑者，则自近日之张涟始。"[102]这个评价或受人之托，有过誉之嫌。叠山之难，在于"另有一种学问"，张潮说："其胸中丘壑，较之画家为难。盖画则远近高卑，疏密险易，可以自主。此则必合地宜，因石性，物多不当弃其有余，物少不必补其不足。又必酌主人之贫富，随主人之性情，犹必藉群工之手，是以难耳。况画家所长，不在蹊径，而在笔墨。予尝以画上之景作实境观，殊有不堪游览者，犹之诗中烟雨穷愁字面，在诗虽为佳句，而当之者殊苦也。若园亭之胜，则止赖布景得宜，不能乞灵于他物，岂画家可比乎？"[103]丘壑从图像转换成身之盘桓的艺境，造园家除了自身需要高度的文化修养、因地制宜、熟谙石性等专业能力外，最大的难度是不能画家一样"自主"，更需要"主人解事者"，才可以"不受促迫，次第结构"[104]。

在王朝时代，求仕似乎是文人唯一的出路，张琏却说："念古人拙于时不得行其志，即托于技术中，轶伦超群，亦可不朽。吾性嗜山水笔墨之余，别穿巨灵五丁，生云坞于草阜，幻奇峰于庭户，亦前人所未有。既已自喜，因欲以传之子孙。”[105] 张琏有四子，皆能造园叠山，次子然，字铨侯，号陶庵，三子熊，字叔祥，最为知名，还有一侄张鉽，字宾式，也能传南垣之术。张然蒙皇恩受宠优渥，服务清廷前后历时三十余年，张然随父一起入京，参与皇家园林的项目更多、工作更加深入，结识京中达官很多，并且其后子孙继续供奉内廷，在清代北京皇家园林营建中，成为非常重要的团队和流派，被称为“山子张”，和“雷家样”齐名，“山子张”从明万历年间一直活动到20世纪中叶前后。王士祯(1634—1711年)的《居易录》提及张然。《居易录》多记录王士祯自己的见闻，是书乃其康熙己巳（1689 年）官左副都御史以后，至辛巳(1701 年)官刑部尚书以前，十三年中所记，其中卷三记：

　　大学士宛平王公，招同大学士真定梁公、学士涓来兄〔泽弘〕游怡园。水石之妙，有若天然，华亭张然所造也。然字陶庵，其父号南垣，以意创为假山，以营丘、北苑、大痴、黄鹤画法为之。峰壑湍漱，曲折平远，经营惨淡，巧夺化工。南垣死，然继之。今瀛台、玉泉、畅春苑，皆其所布置也。唐杨惠之变画而塑，此更变为山水平远，尤奇矣。[106]

　　《居易录》以《日历起居注》体编年纪月，王士祯康熙二十九年(1690 年)二月记录此事，此时张南垣已经去世，文中大学士宛平王公应是王熙(1628—1703 年)，其父王崇简(1602—1678 年)，康熙二十一年（1682 年）拜保和殿大学士，兼礼部尚书，父子俱登保傅，位极人臣，二三百年间所未有，可见当时张家父子对士族文人的影响力。文中王士祯把瀛台、畅春园都归于张然名下。王崇简、王熙所建怡园，《宸垣识略》：“怡园在横街西七间楼，康熙中大学士王熙别业。”就在北京城宣武区半截胡同南端至米市胡同一带，为清初具有江南宅第园林特色的名园之一，王熙曾请内廷著名画家焦秉贞[107]绘《怡园图》(见图 3)，清初思想家王源[108](1648—1710 年)《居业堂文集》中有《怡园记》：

图 3　《怡园图》　清 · 焦秉贞　绢本　纵约 94.5 厘米，横约 160 厘米　浙江省博物馆藏

今相国太傅公为园里第之西，曰："怡园"。垒石为山，巉岩透邃，路盘回，窅然而深，层台飞楼，错峙亭榭，隐见辉映。中为堂，堂右曲室，缥缃万卷，回廊幽院，雅静闲洁。前后嘉树异卉千本，郁然荟勃，公退朝即燕息其中……盖公立身廊庙，栖志岩壑，故能静以御物，量广而识明，遇事凝然，一言而群疑坐定……堂前为池，激水悬流，自山潺湲下，凡四五，汇焉；山之坳，廉之曲，洞之阻，无不同，泠泠互响。而登堂必自池中履石，接山麓石梁然后达。源向游锡山'秦园'，规模与此别，而致则一。[109]

王源的这篇园记写于康熙丁丑年，即康熙三十六年（1697年），到了清乾隆年间，怡园毁废，房屋拆卖殆尽，空地全盖官房。显然张南垣一脉虽然在北京和江南等地营造了诸多园林，但伴随时光老去，人事变迁，山林岩壑大都化为冷烟，或损毁、鞠为茂草，或有遗存散落，因后多次重修，亦难辨其真意。只有上文中提到锡山"秦园"尚存，"秦园"即是寄畅园，康熙廿三年至四十六年(1684—1706年) 六次南巡，乾隆十一年至四十九年(1746—1774年) 六次南巡，均驻跸于此园。寄畅园为张氏一脉作品，今天尚存，形态完整，园中山水格局基本秉承了盛期面貌，假山亦可窥见当年的面貌。寄畅园不是张南垣亲自动手的作品，其时张翁年近六旬，精力应该尚可，但也正是其造园忙碌时候，不能事事躬亲，实际主持造园的是其侄儿张鉽。寄畅园和怡园规模形制不同，但是情致相同，可见张南垣开创的造园一脉在张然、张鉽手里得到了很好的传承。

清初天主教文人许缵曾《宝纶堂稿十二卷·卷九·蚁城》中讲道："吾郡张鉽，以叠石成山为业，字宾式。数年前为余言，曾为秦太史松龄叠石凿涧于惠山。"[110] 秦燿请来松江的张鉽来给寄畅园造园叠山，可谓相互正得其人。寄畅园初名"凤谷行窝"，由北宋秦观十七世孙秦金于嘉靖六年(1527年) 年间创建，"行窝"是指随意简朴的居所，"凤谷"是秦金对先祖设馆授徒的铭记之意。嘉靖三十九年（1560 年），秦瀚（1493—1566 年）接手荒芜十多年的"凤谷行窝"，依白居易的《池上篇》生活志趣，初步提升了园林庄园的格局格调。万历二十年（1592 年）四十九岁的秦燿被黜还乡，返回"凤谷行窝"，把心思都放到园林的修葺改筑上面，王穉登（1535—1612 年）《寄畅园记》记：

> "寄畅园"者，梁溪秦中丞舜峰公别墅也，在惠山之麓……秦公之园，得泉多而取泉又工，故其胜遂出诸园上。园之旧名，曰："凤谷行窝"……中丞公既罢开府归，日夕徜徉于此，经营位置，罗山谷于胸中，犹马新息聚米然，而后奋锸斧斤、陶冶丹垩之役毕举，凡几易伏腊而后成……辟其户东向，署曰："寄畅"，用王内史诗，园所由名云。[111]

文中王内史即大书法家王羲之（303—361 年），"寄畅"取自其诗"取欢仁智乐，寄畅山水阴。清泠涧下濑，历落松竹林"（《答许掾》）。秦燿找到了张鉽实施造园的时候大约在康熙四年（1665 年），康熙六年（1667 年）前后建成。园成后共得二十景，秦燿每景题诗一首，写下《寄畅园二十咏并序》。明万历时宋懋晋绘《寄畅园五十景》，清康熙年间王翚绘《寄畅园十六景》。寄畅园从创建到深入完善再到定型经历了几代园主：从尚书秦金、诗人秦瀚、布政使秦梁到中丞秦燿，最终在秦燿和张鉽的"重构"下成为一代历史名园，绵延不衰。秦家作为北宋著名词人秦观（1049—1100 年）[112] 的后人，明清时期出了三十四名进士，七十多名举人，三十四名进士中有十三人点了翰林，"一门三探花"，逐渐发展为江南一大望族。秦家守护园林四五百年，相比于隔壁邹迪光创制的名园愚公谷只传承了两代，就幸运的多，而私家名园由一姓之家传承，寄畅园可谓园林史上的奇迹，在整个园林史上也仅此一例。王穉登（1535—1612 年）感叹："园之主虽三易矣，然不易秦也，秦不易则主不易耳。"[113] 崇祯年进士王永积《锡山景物略》

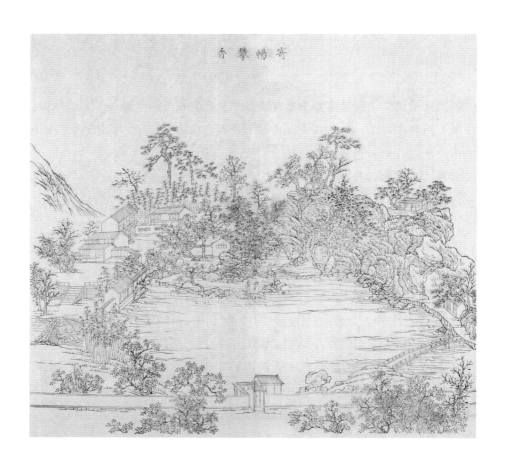

图 4 《寄畅攀香》 清·麟庆著 《鸿雪因缘图记》插图

也感叹：“山川风月，本无常主，二百余年不更二姓，子孙世守，莫有秦园若者。”或许王穉登和王永积也没有想到，秦氏家族坚守名园，又持续了整整有清一代直到民国结束，后捐赠给国家。其间只是在雍正朝中断十四年，是因为寄畅园主秦德藻的长孙秦道然(1658—1747年)卷入了宫廷皇位之争，被捕入狱，寄畅园没官，乾隆元年(1736)秦道然的儿子蕙田殿试中进士甲第三名探花，授翰林院修撰，入直南书房；向乾隆上疏陈情，愿以官职赎父之罪，乾隆恩准，秦道然免罪释放，寄畅园同时发还，乾隆二十三年赐“孝友传家”匾额给秦家。秦氏家族为应对宫廷争斗变革，把寄畅园改建成双孝祠，因祠产不能充公，寄畅园以“孝道”得以永保。浦起龙[89]《秦氏双孝祠记》中记：

　　物于宇宙，成毁变灭，能据而终有者渺矣，独忠孝之施，引而愈长，发而愈光……夫一游观之区传至三百年不易姓，江表未有，姓不易支，更未有，独秦氏有之，又重振起之。

　　美国学者秦家骢在他的《祖先：一个家族的千年故事》一书中，从历史中钩沉了九百多年间家族的变迁和家国的命运，从他的三十三世祖秦观开始，叙述秦家历代祖先的生平，家族小历史中映射出近千年中国大历史。《华盛顿邮报》评论此书，“读完这本书，明显感觉到研究中国历史的出发点不应该是朝代和皇帝，而应该是以家族为本位的社会之中的一个家族”，就中国园林的历史来说，一个家族守护一座园林，秦氏和寄畅园所承载的历史记忆是文化造就的奇迹。寄畅园秦家先祖秦观从一代巨匠苏轼游，与黄庭坚、晁补之、张耒合称“苏门四学士”，身陷“元祐党祸”，在官场上屡受打击，痛遭流贬之苦，秦观去世后，其子秦湛始于南宋绍兴初年将其棺自高邮迁至无锡，与夫人徐氏合葬于惠山之坡，葬于南坡支脉蔡龙山上。秦观与惠山深深的缘分始于其师苏轼，东坡居士琴棋书画诗酒茶样样精通，作为茶痴，其钟情于惠山泉水是自然不过的事情，徽宗赵佶的《大观茶论》中称宜茶之水"惠山为上"，东坡在《惠山谒钱道人烹小龙团登绝顶望太湖》诗中写道："独携天上小团月，来试人间第二泉。"北宋元丰二年（1079年）四月十二日苏轼携秦观、僧参寥游惠山，每人都写三首以记此行，惠山二泉下漪澜堂即出自苏轼诗《游惠山》："还将尘土足，一步漪澜堂。"秦少游留下《同苏子瞻僧参寥和三唐人惠山诗》，与师友畅游使其沉醉于山水之间，"涓涓续清溜，靡靡传幽香。俯仰任登览，悠哉身世忘"，而当他吟到"缅彼人间世，鸟瞻阅青旻。记得踵三隐，岩阿相与邻"的时候，或许他已经想到与身后这片山水共眠了吧，"死去何所道，托体同山阿"，一代词人们已经将他们的行迹风雅深深地融入了山水之间，而园林史上众多名园园主曾立言后代延续祖先园居的理想，只有在秦家得到了坚守。

康熙、乾隆以及朝廷大员也喜欢来惠山茶饮和游历寄畅园，康熙诗称："朝游惠山寺，闲饮惠山泉。漱石流仍洁，分池溜自圆。松间幽径辟，岩下小亭悬。聊共群工濯，天真本浩然。"[114]《乾隆南巡盛典》和麟庆[115]（1791—1846年）的《鸿雪因缘图记》（见图4）均有记寄畅园图，嘉庆十四年，麟庆游寄畅园，在其书《鸿雪因缘图记》卷一中录《寄畅攀香》图文，文中写道：

> 惠山在无锡县西，上有九峰，下有九涧，寺在东麓，其右有泉，唐陆羽品为天下第二，甃以石，池方圆各一，建亭覆之。圣祖南巡，携寺僧性海所藏竹缸，然火煮茗，泉名益重。秦园亦在山左，初本僧寮，曰南隐，又曰沤寓，前明尚书秦金得之，辟为园，名凤谷行窝，子孙增葺，易名寄畅，康熙乾隆间屡邀睿赏。一峰卓立，本号美人，赐名介如……秦园九老，则以乾隆间诸生孝然等接驾，赐诗有"近族九人年六百，耆英高会胜香山"句也。[116]

文中提到的"竹缸"和"介如"峰，一为品茗煮水用的茶炉，一为奇石，都是文人癖好之物，尤其是"竹缸"，即是大名鼎鼎的"惠山竹炉"，是中国茶文化中最为显赫的"尤物"，自从明初性海和尚创制以来，著名画家王绂绘《竹炉图咏卷》后，竹炉虽屡次消失，又屡次找到归还听松庵，其中离不开秦氏秦夔、秦旭、秦道然和碧山诗社的护佑，其延绵七百年之久，明清以来百余位文人、僧人甚至是皇帝皆以此竹茶炉煮惠山二泉，留下二百余篇诗文，十余幅绘画与书法墨迹，以及四部专著，惠山听松庵竹茶炉烹泉煮茗，茶文化和山水文化双璧辉映，史上著名茶会多次，也使得惠山和寄畅园底蕴更加丰厚，可见所谓名园空间营造固然重要，名人和名物的加持也必不可少。

寄畅园等江南名园也影响了清代皇家园林的营造，乾隆帝第一次南巡(乾隆十六年〔1751 年〕)，驻跸寄畅园，有诗《寄畅园》："轻棹沿寻曲水湾，秦园寄畅暂偷闲。无多台榭乔柯古，不尽烟霞飞瀑潺。近族九人年六百，耆英高会胜香山。松风水月垂宸藻，昔日卷阿想像间。"[117] 高宗字面上怀念圣祖，实则为借寄畅造惠山，高宗游历江南回京后，于清漪园仿寄畅园造惠山园，《题惠山园八景·序》记：

> 江南诸名墅，惟惠山秦园最古，我皇祖赐题曰寄畅。辛未春南巡，喜其幽致，携图以归。肖其意于万寿山之东麓，名曰惠山园。一亭一逕足谐奇趣。得景凡八，各系以诗。[118]

八景分别为"载时堂""墨妙轩""就云楼""澹碧斋""水乐亭""知鱼桥""寻诗径""涵光洞"八景分别为一堂、一轩、一楼、一斋、一亭、一桥、一径、一洞，可见高宗营造惠山园是对寄畅园只是"肖其意"，并非全然模仿，从惠山园开始了自己对江南山水和园林的理解，并开始了圆明园、避暑山庄、盘山静寄山庄、中南海北苑等大规模的造园，而其中掇山是他最感兴趣的，

图 5　寄畅园局部景观照片　清康熙年间·张南垣作品

其灵感和原型都来自江南。

寄畅园其时盛景亦可从《寄畅攀香》图中领会，寄畅园从万历时期就保持了南宅北园的格局，位于锡慧二山之间，多苍松古木，西靠惠山、东南锡山，所以西北构筑案墩假山接惠山之形势，盘踞如白虎，左清御廊蜿蜒如青龙，东南引山泉成一池水塘，一山一池，山池塔影映带其中，建筑作为点缀，布局疏朗明净，这方池水唤作"锦汇漪"，又被几座桥分裁，奇石搭成的假山形成池水中一座漂亮的岛，和远处锡山顶的龙光塔遥相呼应，张鋐的改筑是在整体布局上，因势利导更变了建筑的位置和假山的塑造，使山水建筑布局关系臻于精致，在山体的营构上充分体现了黄宗羲文中概括的"平冈小坂、陵阜陂陁"的作风，西岸的黄石与土堆叠，中部隆起，首尾两端渐，首迎锡山、尾向惠山，延续真山之余脉，"若似乎处大山之麓，截溪断谷"，假山古树参天、灌木丛生，浓荫如盖，盘根错节，与山林景色融为一体，引惠山之泉，泉流穿山而入，跌落山堑，犹如空谷回音，名"八音洞"，八音为"金、石、丝、竹、匏、土、革、木"等八种材料制成的乐器发出的声音，比拟高山流水的音色之美。驳岸"方塘石洫，易以曲岸回沙"，庭院曲径之中又散落布置了石块堆叠成的独立奇石，貌似随意，更加天然。

童寯认为"清初张南垣不以模仿自然山水为然，他喜爱自然界的偶然性和不规则性，以极少石块突出山的本质或隐喻其存在"[119]。山子张一脉主张就地取材，以顽石为笔墨，展现了具有胸有丘壑、随心所欲、已入化境的能力，在自然环境优美的真山深林场地，细腻地把山、石、水、泉处理得多样丰富又层次分明，胜在浑然一体、旷远廓落、古朴自然、不以一亭一榭为奇的特色。《钦定四库全书》收清大学士、礼部尚书张英（1638—1708 年）《吴门竹枝词二十首·十三》，称赞这种艺术风格：

名园随意成丘壑，曲水疏花映小峦。
一自南垣工累石，假山雪洞更谁看？

今天，寄畅园、谐趣园两处园林都还"幸存"，实际上比起盛期在形貌和细节上已经损失了很多"趣味"。尤其是惠山园，嘉庆改名谐趣园后，咸丰十年（1860 年），清漪园被英法联军全部破坏，光绪中叶，慈禧复建更名为颐和园，重修谐趣园，已经和高宗八景完全貌似神离了。而时间带来的园林主体的变化，也必然使主人的痕迹淡化，同时士人和皇家的园林即便形似意交，就其深层的意象还是大相庭径的。推及今日，在不同的观者眼中，其中呈现的志趣每个阅读者得到的也都有所不同，或许只有身心浸润笔墨精髓和历史情境之中，才能深解其趣。

| "真"山环秀

假山，假借之山也，以假借真之意也。计成造园生涯始于营造假山，他在《园冶·自序》中写道："不佞少以绘名，性好搜奇，最喜关仝、荆浩笔意，每宗之。游燕及楚，中岁归吴，择居润州。环润皆佳山水，润之好事者，取石巧者置竹木间为假山，予偶观之，为发一笑。或问曰：'何笑？'予曰：'世所闻有真斯有假，胡不假真山形，而假迎勾芒者之拳磊乎？'或曰：'君能之乎？'遂偶为成'壁'，睹观者俱称：'俨然佳山也。'遂播名于远近。"[120] 文中的"壁"，意指直立的山崖或营垒，而在道家神仙文化中视石壁为暗藏自然之玄机，《神仙传》记："帛和入西城山，王公令熟视石壁二年渐觉有文字，三年得神丹方及五岳图。""石壁"和神话的语源学关联，而这种视角可以看成是计成和张琏的另一个分野之处。"石壁"可视为"丘壑"作为"原型"发展出来的一个"类型"，"原型"的英文是"archetype"，源自希腊文"archity-pos"；"archi"有原始、开始之意，"typos"为痕迹、印记之意，和中文的"迹"有相通的意思。"丘壑"作为原型发展出多种意象、母题和模式，涉及园林文化的思想、心理和神话学等因素。瑞士心理学家卡尔·荣格（Carl G. Jung,1875—1961 年）认为，人类祖先的经验经过后世不断重复再现以后，便会在族群的心灵上产生"原始意象"(the primordial image)；它们被保存在种族成员的"集体无意识"里，世世代代沿传不止。在中国文字的源头，甲骨文的问卜中，就可以看到，生者企图和祖先同在的认知，所有的卦辞都是问向祖先，而非彼岸的神灵，道家之神仙亦为祖先之化身，生者与逝者在"同一个世界"之中，这似乎可以理解成丘壑的原始意象通过转译存在于"假山"的营构之中。王世贞[121](1526—1590 年)在《弇山园记》中记录访客对于他构筑的假山问道："世之目真山巧者，曰'似假'，目假者之混成，曰'似真'，此壁不知作何面目也？"[122]并且他把这座假山起名为"紫阳壁"，透露出取自道家神仙说的来处。从原型到类型的过程中，"转译"的过程就是从"真"到"假"的过程，而"笔墨"的感受是营造转译所津津乐道的，又回到从"假"到"真"的实现。计成身为画家，旁涉亭园，擅长笔墨与文字，对于山水文化熟练通达，叠石为山，"假"山化身为"佳"山，而所谓"真假"，计成认为掇山之法在于"有真为假，做假成真；稍动天机，全叨人力"。[123]

　　画者审美感觉超于他人，来自山水画意和笔意，笔墨才是绘画的本体所在，所以，计成的"真假"颇具哲学意味。千年山水画的发展以笔墨、皴法为核心，则如董其昌在其《画旨》一文中曾说："以境之奇怪论，则画不如山水；以笔墨之精妙论，则山水绝不如画。"[124]山水绘事的笔墨启发了园林中的掇山造景，阚铎在《园冶识语》中说计成："其掇山由绘事而来。盖画家以笔墨为丘壑，掇山以土石为皴擦，虚实虽殊，理致则一。"[125]皴法是真正具有生命精神的艺术语言形式，清中期画家蒋骥 (1714—1787 年)《读画纪闻》说："古人皴法不同，如书家之各立门户。其各成一体，亦可于书法中求之……唯善绘者师其宗旨而意气得焉。"皴法有"以书入画"的特点，笔法是其核心的审美价值，"古人皴法不同，如画家之各立门户。其自成一体，亦可于书法中求之。如解索皴则有篆意，乱麻皮则有草意，工雨点则有楷意，折带可用锐颖，斧劈可用退笔，王常石多棱角，如战掣体，子久皴法简淡，似飞白书。惟善会者师其宗旨，而意气得焉”。

　　笔墨皴法所蕴含的“一”与“多”，即一画生发的千波万皴，具有建筑学特征的抽象性、构造性，其奇怪生焉的内部生发出无穷的阅读经验，赋予感觉的真实和创造以原动力，其衍生的类型足以成为启发掇山的粉本，皴法之于假山的营造，从建筑学的角度来看，皴法暗合了掇山的尺度、形态、肌理、洞口、光线、运动、构造、材质等一些重要的因素，使得原型中一些抽象的深层结构涌现出来，而掇山的方式方法取决于对“石性”的阅读经验，计成说：

　　取巧不但玲珑，只宜单点；求坚还从古拙，堪用层堆。须先选质无纹，俟后依皴合掇。多纹恐损，无窍当悬。古胜太湖，好事只知花石；时遵图画，匪人焉识黄山。小仿云林，大宗子久。块虽顽夯，峻更嶙峋，是石堪堆，便山可采。石非草木，采后复生，人重利名，近无图远。[126]

　　皴法是丘壑缩影的类型学语法，从对彼岸世界遥望到深入其肌肤毫发，隐身、浸润，假山是丘壑想象的寄托，老子说：“大曰逝，逝曰远，远曰反。”在园林构筑的情景中，它实现了现实中“小”对理想中“大”的实体化和还原，从皴擦笔触的“一”到情态纷至的“多”的统一，在小大、真假之间去接近感觉的真实，而非现实的真实。可以说皴法是丘壑实现缩影的核心手段。皴法在假山的世界是一个褶皱的世界，其中皴法的“一”具有包裹（打褶）和展开（解褶）的潜能，而“一”带来的“多”则既与其被包裹时所形成的褶子不可分，又与它在被展开时所呈现的解褶不可分。每一个皴擦都将世界作为一个无穷小的无穷级数而包含着它。而无论是正襟危坐的观看，还是盘桓其间的游赏，物质化的皴褶和身心往复的现象皴褶，两者不断地折叠、展开、重折，构成一个多重皴褶式的鸿蒙世界。皴法创造了一种把握世界的特殊方式，自然之真在未被体验为充盈的给予性之前为假，假山提供了还原的充分性后超越了分离在主体之外的伪真，与丘壑同在乃是一种幸福的在手，一种对生命和心性感知的真实性。清人孙士伦《寒岩草堂序》感慨生命对于此种的领悟："或又曰：古人于真假，每互举以相况。江山如画，丹青逼真，见于题咏者，纷纷不一淇景卢，谓以真为假，以假为真，均属妄境。人生万事如是，无足系怀，其所见不更超欤？余曰：此又说之，惝恍遁入于释老者。在吾儒则以凡物皆有可观，领其趣，悟其理，比拟其情形，俱期有益于心性而已矣！"

计成作品没有流传下来，张南垣作品从寄畅园中大致可知其方式喜用土石堆叠，与计成的堆石、张南垣的平远之法有所不同，戈裕良另辟蹊径，他擅长用湖石勾连，创造的"钩带法"使假山浑然一体，既逼肖真山，又可坚固千年不败, 钱泳 [127]（1759—1844 年）记："近时有戈裕良者，常州人，其堆法尤胜于诸家，如仪征之朴园，如皋之文园，江宁之五松园，虎邱之一榭园，又孙古云家书厅前山子一座，皆其手笔。尝论狮子林石洞皆界以条石，不算名手，余诘之曰：'不用条石，易于倾颓奈何？'戈曰：'只将大小石钩带联络，如造环桥法，可以千年不坏。要如真山洞壑一般，然后方称能事。'余始服其言。至造亭台池馆，一切位置装修，亦其所长。" [128] 在他革新了当时洞穴的以条石跨越作为顶盖的方法，以湖石拱成穹壁，酷似天然洞穴，湖石表面的风化和冲洗是时间的雕琢，使得假山发展为内外空间更加浑然天成、洗练脱俗、臻于完美的"佳构"。环秀山庄戈裕良（1764—1830 年）出生于武进县城（今常州市）东门，字立三。家境清寒，年少时即帮人造园叠山。青年时以画谋生，中年后以种树、垒石为业，善做盆景。好钻研，师造化，戈裕良最早的作品在嘉庆初，最晚的作品到道光初。是清代继张南垣以后又一位出类拔萃的造园叠山专家，见于记载的戈裕良的作品大致有以下几处：苏州虎丘榭园，嘉庆三年（1798 年）初建，在嘉庆七年至嘉庆十一年(1802—1806 年)的两次改建中，戈裕良都曾参与，扬州秦氏小盘谷，约建于嘉庆三年到十年间，还有江苏如皋汪氏的霖文园、绿净园，南京孙星衍的五松园、五亩园，江苏仪征朴园等作品。

戈裕良曾为清代著名学者洪亮吉（1746—1809 年）的西圃营造泉石，洪亮吉也是历史学家和人口论创立者，是"中国的马尔萨斯"。乾隆五十五年 (1790 年) 四十四岁时殿试乾隆点榜眼，以一甲第二名考中进士，授翰林院编修，充国史馆编纂官。嘉庆三年 (1798 年)，洪亮吉上疏数千言，直陈白莲教由吏治腐败而起，帝读疏后大怒，洪亮吉借弟弟病故为由，辞官归故里避祸。就在这个时间，他开始修建"西圃"。《更生斋文集·西圃记》记载："西圃者，余所居西偏隙地。岁戊午，自京师乞假归。"因为原有空间窘迫，"因即其地扫屋三椽，随牖之南北而六之。前疏为水池，环以峭石，牖之北则列竹焉，今澹香斜月西堂是也。"[110] 可知洪亮吉在 1798 年开始营造西圃，戈裕良为他叠山理水，但是工程一年后中断。因为嘉庆四年 (1799 年) 乾隆驾崩，大学士朱珪又召他出来做官，任实录馆纂修。其时又上书万言《乞假将归留别成亲王极言时政启》，并请成亲王转呈嘉庆帝，再次激怒嘉庆帝，本拟斩立决，后"从宽免死，发往伊犁"。仅过了百天，嘉庆帝为粉饰自己可以纳谏，又将洪亮吉平反，下令保宁将军将洪亮吉赦回原籍。所以洪亮吉在文中说："又远戍绝域，往返者两年。既归，杜门省愆，不更远出。"这次回来，他决定归隐田园，于是重新开始修建西圃小园，并把旁边的废园也买过来，扩大规模，北起楼台借周边胜景，南修书斋、藏书轩，书斋命名为"更生斋"，自号"更生居士"，中间叠石小山，种植十多种植物，这样，两年前的小园扩大为前池后院，洪亮吉视"西圃"为坎坷人生的"收帆港"。园记文中曰："楼之后架平台，以眺东北隅巽宫楼、玉梅桥及杨园、陆园诸胜，名台曰曙华，名楼曰卷施阁，名楼以下曰红豆山房。楼前皆叠石为小山，石径曲折，栽莳古梅及红豆、金粟、春桐、紫薇共十数株，春秋二时可慰岑寂。迤西南得平屋二层，因其旧而新之，名其北曰更生斋。斋有后楹，列架藏所著地理书木刻于内，名曰墨云轩。墨云轩之右复道以通于南，亦二楹，名收帆港，盖于惊涛

图6　环秀山庄局部景观照片　清乾隆年间·戈裕良作品

骇浪中得归藏息于此，是以名也。"[130] 小园因为戈裕良的营构，颇有新意，洪亮吉忍不住自己的喜悦之情，《更生斋诗卷第七》作诗"近筑西圃将次落成偶赋八截句"，诗曰："旁人莫笑闲居早，五岳游完住此楼。作达时时忆乐天，尚嫌七十始归田。一丘一壑吾应足，不更描摩池上篇。"[131] 并为戈裕良连作三首诗，对戈裕良和张南垣大加赞誉，诗的题目颇长："同里戈裕良世居东郭，以种树累石为业，近为余营西圃泉石，饶有奇趣，暇日出素箑索书，因题三绝句赠之"：

> 奇石胸中百万堆，时时出手见心裁。
> 错疑未判鸿蒙日，五岳经君位置来。
> 知道表迟欲掩关，为营泉石养清闲；
> 一峰出水离奇甚，此是仙人劫外山。
> 三百年来两轶群，山灵都复畏施斤；
> 张南垣与戈东郭，移尽天空片片云。[132]

　　戈裕良创作这些假山的时间大致都在嘉庆初年到道光初年。可惜的是，西圃和戈裕良营造的假山今天基本都已不存，戈裕良现存假山据考证除了环秀山庄（见图 6），常熟燕园也归于其名下，但观其现状，品质不高，绝非原貌。作为戈裕良代表作，环秀山庄是仅存巨构，也是我国现存假山中的神品。民国《吴县志·卷七十九杂记二》记："戈裕良籍毗陵，侨吴……尝为孙古云家画厅前堆山石一座，入其中，几在深山绝涧之境，今为汪耕荫义庄园林，颜曰环秀山庄。"清俞樾[133]（1821—1907 年）言环秀山庄："丘壑在胸中，看叠石流泉，有天然画本；园林甲吴下，愿携琴载酒，作人外清游。"刘敦桢认为："苏州湖石假山，当推之为第一。"陈从周说："环秀山庄假山，允为上选，叠山之法具备。造园者不见此山正如学诗者未见李、杜，诚占我国园林史上重要之一页。"

就艺术的高度而言，环秀山庄的假山无疑是遗存至今的明清假山营造的最高水平，环秀山庄此山虽占地仅三百余平方米，高不足七米，但蕴含了群山奔注、伏而起、突而怒之气势，表现了峰之险峭、岭之平迤、峦之圆浑、崖之惊兀、涧之潜折、谷之深远等山形胜景，为崇山峻岭名山大川之缩影。人的意识会自动将具有相似特征的事物归为一类，并形成对此类事物的整体认识；中国文化对山水的记忆中，塑造了无数的类型，把这些类型整合在一起，是造园对山水和生活世界的心灵图像。这个过程的发展是漫长的，来源于集体潜意识的心理认知，因此，如果在假山中转译出符合集体认知的山水映像，就能契合长期受山水和笔墨陶养的心理认知经验。相比于张南垣对于偶然性的趣味，戈裕良更倾向于一种对于类型的综合性，是对于内部力量的生长和外部形态转变的双重隐喻；从作品来看，对于二者的"灵感"而言，张南垣偏向于直觉型的，而戈裕良则更倾向于分析型的；张南垣关注体量的知觉，戈裕良则注重于对材料的触觉的把控，他发展出来的形式更加复杂，其中蕴含的时间性是对更多未知经验的探索。民国王培棠在《江苏乡土志》中称："戈氏所堆假山极著名，不落常人窠臼，乃直接取法于洞府，而能融泰、华、衡、黄、雁诸奇峰于胸中，布置于堆假山，使人恍若登泰岱、履华岳，入山洞疑置身粤桂，已忘其尚在苏州城中，诚奇手也。"[117] 可见戈裕良叠山的方法，有着很强的创造性，并不限于对于自然的模拟，也不拘泥于绘画的某家某派，而是饱游沃看，搜尽奇峰，在创作中制造出某种对自然的超越性。

环秀山庄是一座全石的假山，造型充满想象力，戈裕良通过其精湛的技艺给普通的石块赋予了生命和活力，它的构思以实体、空间、符号并重，实现了空间的构筑感、实体的强烈存在感和轮廓符号化的三重统一性，把各地名山的性格融汇在一座组合变化复杂的结构之中。环秀山庄其造型取掩合之势，前后山之间两道幽谷，高深逼仄，一自西北而东南，一自南而北，使得前后山气势连绵，浑然一体；山景空间多变，崖峦耸翠，池水映碧，深谷幽壑，势若天成。假山以大块竖石作为结构的骨架，叠成垂直状石壁，峰态倾劈，有出挑江上的磅礴之势，有山水画中的劈皴法笔意，刚健矫挺，表层就单块叠石材料来讲并无特别之处，但由于"胸有丘壑"，所以其石块的纹理、色泽、体形选择和巧妙拼接，暗藏着笔墨的画意，做到了以石代笔，出挑悬崖正如画师大胆落墨披皴，显得卷云自如，峰自皴生，悉符画本，山体笔意兼宋元山水画之长，湖石钩带而出，增加了更为险峻的形势，悬崖用湖石钩带而出，浑然天成。大的叠石关系整体峭拔，在细部上以小石掇补，承石涛造山之余绪，以拼镶对缝之法，小心根据湖石纹理进行组合，且将粘合石块的灰浆都隐于石缝之中，所以缝痕宛转多姿，浑若天成，非但没有零乱琐碎之感，更增添一种古朴沧桑的情趣。山根和池水相接，岸脚上实下空，变幻万千，和国画的皴法颇有神似，有涡、有洞、有透、有漏，形成一个个小穴，形成明暗深淡的光影变化，宛如天然水窟，又似一个个泉源，给大的雄浑的山体带来生动自然的情态。山势的组合外合内分，外观凝重厚实，整体合一，以形势取胜；内部则蕴含多种空间形式，诸如洞穴、峡谷、曲桥、飞梁、磴道、涧流、石室、危径、线天、崖壁等等，其间的动线主要以两条幽谷呈人字形会于山中，将山分为三部分，并引水而入。沿峭壁散置步石，洞水潜流其间，山幽谷深，水流淙淙，两面石壁直插云天，形成一线天，使人顿生险之寒意；最精绝处为石梁架于谷上，在下面望，似天桥凌空飞渡，盘桓而上，则可极目远眺；在幽谷行至深处，突现山洞洞口，洞内有一透出点点光斑的石室，地有石凳石桌，可供茶饮、坐息、对弈，石洞深处忽现水面，上下天光，折返洞中；洞顶用穹窿顶法或拱顶法，如天然喀斯特溶洞，逼真而坚固且一气贯通。出洞可沿磴道拾级而上，山道有山林险要之感，身体随山径盘旋，忽上忽下，忽开忽合，忽明忽暗，忽聚忽散，忽断忽连，忽内忽外，路径长达六七十米，恍如在深山老径，顿生"山林深邃"之感觉。这样一个假山的空间蜿蜒曲折，中藏洞室，内贯涧流，仿佛神山洞室的微缩空间再现，时间被压缩在这个神奇的物质语境中，盘桓期间，身心俱悦。从计成、张南垣到戈裕良，山水和假山融汇发展，三个阶段都有特点，晚明风格存宋元古意，意简多取奇石之法，虽叠一丘一壑，但对台、洞、磴道、亭榭等精确落位，不落俗套，景象裁新，雅隽如晚明小品文体，风雅奇崛。康熙时，张翁远承元人笔墨，近接董思白、王世明，风格平远自然，至乾嘉则气象扩大，尺度雄健硕秀，土石构山技艺成熟，也是造园史文人向皇家园林高度渗透的时期。而戈氏回到纯粹，运石似笔，简练挥洒自如，以一代万，法备多端，实为艺术史叠山之总结者。童寯认为环秀山庄"假山石洞，小而精巧，远胜狮子林之巨堆，并可用作密斯'少就是多'之完美例证"。绵延千年的山水文化以及画法，在明清的造园掇山实践中得到了归纳和发展，终于在假山空间和形体的营造上发展出了完美的园中丘壑。

如同隐居文化释放了被礼制文化压抑的部分，假山释放了被建筑木构法式压抑的部分，在假山空间营造中，虽然围合的界面和地面的关系一直存在，但是它们的垂直／水平特征已经消失，它们实际上已被多义的空间的反复折叠所贯穿。建筑空间观中界面的实现，是通过空间挤压形成平面，以便再现某个水平断面空间，是一种抽象于现象之外的几何客体。这种情形在假山对多重语义的还原中被消解了，在语义和运动中将重复折叠一种前几何的存在，单一的平面也不再可能，空间形象混淆于三维真实折叠空间之间的联系之中。对于竖向维度而言，简单的数学关系也不复存在了，绘图基准面与三维环境之间也将是某种复杂的函数关系，这种三维空间的运动错位也开始对视觉形象产生错位，并最终创造了一种空间的新尺度，这种尺度象征着差异共处、普遍和谐与回转迭合。这是一种把身体带入感知生成的差异化空间，并且与多重时间观念相关联：假山的褶皱被持续展开和继续压缩，展开意味着不同性和流变性取代了同一性和稳定性，压缩意味着一种力量的显现；展开和压缩在皴法中找到了平衡，皴法既是空间的挛缩也是空间的膨胀，同时拉紧和放松了空间，在时间上还意味着某种对于无意义的逃遁，存在之恶被生命意义上的进与退抑制了，而形象被打褶进入抽象和具象的双重性之中。假山有异质和异形两重变化，其空间动态戏剧性背后是自然生机的深层还原，其背后孜孜所求的是摆脱对主体压迫性的颠覆、解构和重构。在这样一个小小的空间环境里，我们入山林，观天性，而忘吾有四肢形体，山体和身体之形无论呈现为外在形貌还是展示运动之情态，都处于与天地自然的关联之中，身体在拓展丘壑的观看和为丘壑所包裹的复合情态中呈现。而在园中出现的假山，表现了这不仅仅是个别主人的爱好，这种丘壑和主人并置的欲望，来源于深层的文化结构，而不只是审美的需要。在园林的开始出现的假山，是园林首先呈现给观看的给予者，假山使得日常的时间坍塌，假山凝视着观者，引导着观者要超越它。洞中的阴暗闪烁着不可见性，同时引发了身体的欲望；在阴暗的深处恰恰是太阳照耀它的地方，其若隐若现的洞口，交错着可见性和不可见性；掩映着园林的胜景，昭示着一个生命循环复生的世界。

注释

1. 计成，晚明杰出的造园家，善诗画，以世界上最早的造园学专著《园冶》闻名于世，生前所造的三处名园为：常州吴玄的东第园、仪征汪士衡的寤园和扬州郑元勋的影园。实物虽已不存，但尚存相关文献记载，内涵极为丰富。《园冶》一书，有计成自撰跋语云：崇祯甲戌岁，予年五十有三。以此反推，计成生于明万历十年，为公元 1582 年。计成生平事迹，从《园冶》的自序自跋，以及书中自叙事迹、阮大铖《冶叙》、郑元勋《题词》等，以及交友释文中略见梗概。计成还是一位诗人，时人评价他的诗如"秋兰吐芳，意莹调逸"，但诗作已散佚。

2. 朱启钤（1872—1964 年），字桂辛，晚年号蠖公，祖籍贵州开州，清末军机大臣瞿鸿机的外甥。1913 年 8 月代理北洋政府国务总理，支持洪宪帝制，政途错走一步，1918 年当选为安福国会参议院副议长。1919 年任南北议和北方总代表。主政期间主持改造北京旧城，改北京西苑为新华门，拆千步廊为天安门广场，开通了京城南北交通，建北京环城铁路及东西火车站，开辟城南公园，主持创办北京故宫博物院前身古物陈列所。1930 年 2 月在北平正式创立中国营造学社（The Society for Research in Chinese Architecture），任社长。

3. [明] 计成 . 园冶注释 [M]. 陈植 , 注释 . 杨伯超 , 校订 . 陈从周校阅 . 北京：中国建筑工业出版社，1988：22.

4. 桥川时雄（1894—1982 年），日本汉学家，民国十一年（1922 年）进入《顺天时报》社，后辞职（1927 年）创办《文字同盟》，编纂《续修四库全书提要》，著作有《满洲文学兴废考》《敦煌曲写本书影》《中国文史学序说第一篇读骚篇》等，翻译冯至著作《杜甫诗与生涯》。

5. 大村西崖（1868—1927 年），首个在高等学府开设中国美术史课程的教授，也是运用近代观念和考古材料研究中国美术的开创者。1893 年成为东京美术学校雕塑专业第一届毕业生，1902 年任东京美术学校东洋美术史教授。1921 年 10 月—1926 年 5 月，曾先后五次访问中国，足迹遍及大半个中国。出版有《中国绘画小史》(1910)、《中国美术史·雕塑篇》(1915 年)、《中国美术史》（即《东洋美术史》中国部分，1924 年)、《中国古美术图谱》(1925 年) 等。

6. 陈植（1899—1989 年）著名林学家，造园学家，是我国杰出的造园学家和现代造园学的奠基人，与陈俊愉院士、陈从周教授一起并称为"中国园林三陈"。从 20 世纪 50 年代起就开始进行《园冶》一书的注释工作，还与许多知名学者，如南京工学院建筑系刘敦桢、建筑科学院的刘致平、同济大学建筑系陈从周及杨超伯等，相互切磋，分别增补、订正，为《园冶》注释和研究有开山之功。

7. [清] 阚铎（1874—1934 年），安徽合肥人，号无冰，中国营造学社早期的核心成员之一，红学学者，著有《红楼梦抉微》《无冰阁诗》《金石考工录》等，以及发表在《中国营造学社汇刊》第一、二卷若干文章。营造学社成立初期侧重于文献研究，阚铎任文献主任，与陶湘、傅增湘、罗振玉等人参与校订了宋代《营造法式》，1925 年付梓刊行。阚铎撰写的《仿宋重刊〈营造法式〉校记》，为后世确立了营造学文献校勘、取舍的原则和方法，发凡起例，可谓营造学社文献研究的开山之作。

8. 本多静六（1866—1952 年），日本造林学、造园学奠基人，东京大学农学部教授。在大学任教的同时，曾先后担任日本庭园协会会长、国立公园协会副会长、帝国森林会会长等职。理论与实践方面建树颇多，著有造林学著作多种，除造林学前论、造林学本论、造林学后论、造林学各论等。

9. [明] 阮大铖 1586—1646 年），阮大铖（1586—1646 年），字集之，号圆海、石巢、百子山樵。南直隶安庆府桐城县 (今安徽省枞阳县) 人。明万历四十四年 (1616 年) 中进士。明朝末年大臣，戏曲作家。阮大铖以进士居官后，先依东林党，后依魏忠贤，崇祯朝以附逆罪去职。明亡后在福王朱由崧的南明朝廷中官至兵部尚书、右副都御史、东阁大学士，对东林、复社人员大加报复，南京城陷后降于清，后病死于随清军攻打仙霞关的石道上。所作传奇今存《春灯谜》《燕子笺》《双金榜》和《牟尼合》，合称“石巢四种”。

10. [明] 郑元勋（1598—1645 年），字超宗，号惠东去，明歙县（今属安徽）人，家江都（今江苏扬州），明末画家，江左名流，影园园主。工诗善画，善山水，宗于吴镇，尤工山水小景。崇祯十六年（1643 年）进士，任兵部职方司主事，顺治二年，“因悍镇分地临扬，欲纾难而出语小误，为众击惨死，时论惜之，卒年四十七”。(徐沁《明画录》卷五记载)。著有《影园诗钞》，辑有《媚幽阁文娱》。

11. 韦雨涓. 造园奇书《园冶》的出版及版本源流考 [J]. 南京: 中国出版, 2014 (03)：63，64.

12. [清] 李渔. 闲情偶寄 [M] 上海: 上海古籍出版社, 2015: 206.

13. [明] 计成. 园冶注释 [M]. 陈植, 注释. 杨伯超, 校订. 陈从周, 校阅. 北京: 中国建筑工业出版社, 1988: 17, 23.

14. [明] 计成. 园冶注释 [M]. 陈植注释. 杨伯超 校订. 陈从周校阅. 北京: 中国建筑工业出版社, 1988: 47.

15. [明] 宋应星, 天工开物 [M]. 钟广言, 注释. 广州: 广东人民出版社, 1976: 1, 4.

16. [明] 文震亨. 长物志 [M]. 陈植注释, 杨伯超 校订. 南京: 江苏科学技术出版社, 1984: 10.

17. 郑元勋工诗善画, 善山水, 宗于吴镇, 尤工山水小景, 措笔洒落, 士气得韵。传世作品有《临石田山水图》轴, 纸本, 水墨, 纵 125.2 厘米, 横 52 厘米, 右边有行楷书款署“郑元勋”, 钤“超宗氏”白文印, 左上角有董其昌题跋：“沈启南自题画山水云：诗在大痴画中, 画在大痴诗存。恰好百二十年翻身出世作怪, 吾于超宗此图亦云然。其昌。”现藏苏州市博物馆。又有崇祯七年 (1634) 作《山水册》（八开）现藏南京博物院。

18. [明] 计成 . 园冶注释 [M]. 陈植，注释 . 杨伯超，校订 . 陈从周，校阅 . 北京：中国建筑工业出版社，1988：37.

19. 陈荣捷 . 王阳明传习录详注集评 [M]. 台北：台湾学生书局，1983：217、218.

20. 陈荣捷 . 王阳明传习录详注集评 [M]. 台北：台湾学生书局，1983：37.

21. 陈献章（1428—1500 年），字公甫，别号石斋，人称白沙先生，广州府新会县白沙里人。明朝杰出的思想家、哲学家、教育家，岭南地区唯一从祀孔庙的大儒、明朝从祀孔庙的四人之一、心学的奠基者，后世尊为"圣代真儒""圣道南宗""岭南一人"。明代心学发展的基本历程可以归结为：陈献章开启，湛若水完善，王阳明集大成。

22. 湛若水（1466—1560 年），字元明，号甘泉，广东广州府增城县甘泉都（今广州市增城区新塘）人，明代著名的思想家、哲学家、政治家。湛若水在继承陈献章学说的基础上，以"随处体认天理"为宗，提出"格物为体认，天理与为学，先须认仁，仁与天地万物为一体"的理念，创立了"甘泉学派"，终至自成理学的一大门派，与王阳明的阳明学被时人并称为"王湛之学"。

23. [清] 张廷玉，等 . 明史 [M]. 北京：中华书局，1974：7266.

24. 袁珂 . 山海经校注 [M]. 上海：上海古籍出版社，1980：294.

25. 何宁 . 新编诸子集成：淮南子集释 [M]. 北京：中华书局，1998：328.

26. [汉] 毛亨，[汉] 郑玄，[唐] 孔颖达 . 十三经注疏：毛诗正义 [M]. 李学勤，主编 . 北京：北京大学出版社，1999：235—236.

27. 何宁 . 新编诸子集成：淮南子集释 [M]. 北京：中华书局，1998：1226.

28. [清] 王先谦 . 庄子集解 [M]. 北京：中华书局，1936：23.

29. [斯洛文尼亚] 斯拉沃热 · 齐泽克 . 自由的深渊 [M]. 王俊，译 . 上海：上海译文出版社，2015：91.

30. 袁行霈 . 陶渊明集笺注 [M]. 北京：中华书局，2011：76.

31. 袁行霈 . 陶渊明集笺注 [M]. 北京：中华书局，2011：59.

32. 谢鲲，陈郡谢氏士族，谢衡子，生卒约当晋武帝太康元年至晋明帝太宁元年（280—323 年），字幼舆，陈郡阳夏（今河南太康）人，谢安的伯父，两晋名士，弱冠知名，有高识，不修威仪，好《老子》《易经》，能歌，善鼓琴，谢鲲由儒学入玄学，追随元康名士，是谢氏家族社会地位变化的关键。

33. 余嘉锡 . 世说新语笺疏 [M]. 北京：中华书局，1983：722.

34. [明] 陈继儒 . 小窗幽记 [M]. 陈桥生，译注 . 北京：中华书局，2008：280.

35. 王心一（1572—1645 年），字纯甫，一作元绪，号玄珠，又号半禅野叟，吴县（今江苏苏州）人。王心一于崇祯四年（1631年）曾购入一座园林，并名其为"归田园居"，此园林即是今天拙政园的东部。

36. 陈从周，将启霆 . 选编《园综》[M]. 赵厚均注释 . 上海：同济大学出版社，2004：233.

37. [明] 沈复 . 浮生六记 [M]. 张佳玮 译 . 天津：天津人民出版社，2015：185.

38. [德] 马丁·海德格尔. 林中路 [M]. 孙周兴，译. 上海：上海译文出版社，2004:94.

39. [德] 汉诺·沃尔特·克鲁夫特. 建筑理论史 [M]. 王贵祥译. 北京：中国建筑工业出版社，2005：189.

40. [英] 约翰·伯格. 观看之道 [M]. 戴行钺 译. 桂林：广西师范大学出版社.2005:11.

41. 喜仁龙（Osvald Sirén,1879—1966 年），瑞典艺术史学家。1918 年到日本讲学，并于 1920—1921 年旅居中国，开始密切关注东方艺术与建筑。1956 年获得第一届查尔斯·朗·弗利尔奖章，世界公认的中国艺术史研究集大成者，代表著作有《北京的城墙和城门》（1924 年）、《中国北京皇城写真全图》（1926 年）、《中国雕塑》（1925 年）、《中国早期艺术史》（1929 年）、《中国绘画史》（1929—1930 年）、《中国园林》（1949 年）等。

42. [瑞典] 喜仁龙. 中国园林 [M]. 陈昕，邱丽媛，译. 北京：北京日报出版社，2021:4.

43. 童寯（1900—1983 年），字伯潜，著名建筑学家、建筑教育家，中国第一代杰出建筑师，中国近代造园理论和西方现代建筑研究的开拓者，被公认为“中国建筑四杰”之一，融贯中西、通释古今的大师。在 20 世纪 30 年代初，进行江南古典园林研究，是中国近代造园理论研究的开拓者。

44. 童寯. 江南园林志 [M]. 北京：中国建筑工业出版社，2000:8.

45. [德] 汉诺·沃尔特·克鲁夫特. 建筑理论史 [M]. 王贵祥，译. 北京：中国建筑工业出版社，2005：188.

46. 马国贤（Matteo Ripa，1692—1745 年），意大利那不勒斯人，传教士。于 1710 年（康熙四十九年）抵达澳门，随之北上京师在宫中供职，擅长绘画、雕刻，很得康熙皇帝的赏识。康熙四十九年（1711 年），马国贤随康熙帝一起到了避暑山庄，受命必须完成刻制铜版的工作。在木刻版的《避暑山庄诗图》尚在绘制的时候，谕旨马国贤雕刻避暑山庄的铜版画。他同时教授给中国工匠铜版画的知识和技能，为乾隆时铜版画在中国宫廷中的大规模制作奠定了基础。马国贤后来还与其他的欧洲传教士共同以铜版印制了《皇舆全览图》，这是中国地理史上第一部有经纬线的全国地图。此后，马国贤共镌刻中国地图 44 幅，并应康熙之邀，将雕刻铜版技术传授给中国人。这是铜凹版印刷术最早传入中国的情况。马国贤于雍正元年（1723 年）回国。

47. [意] 马国贤，李天纲，译. 清廷十三年：马国贤在华回忆录 [M]. 上海：上海古籍出版社，2004:55.

48. 法兰西皇家地理学家 Le Rouge.Georges Louis 出版于 1776—1778 年的《Détails des nouveaux jardins à la mode》（《园林风尚设计荟萃》）园林铜版画集，是对十八世纪世界园林流行的平面图、照片、建筑立面图的收集，收录了 97 幅中国皇家园林的铜版画，亲身游历过中国的英国建筑师威廉·钱伯斯（William Chambers），1757 年出版的《中国人的房屋、家具、服装、机器与器皿之设计》

(Design of Chinese Buildings, Furniture, Dresses, Machines and Utensils) 和 1773 年出版的《东方园艺论》(A Dissertation on Oriental Gardening)，这些研究当时都在欧洲产生了很大影响，为中国热的兴起起了极大的推动作用。

49. 威廉·钱伯斯 (William Chambers 1723-1796 年)，英国乔治时期最负盛名的建筑师。为当时帕拉第奥式建筑的先导者之一。主要作品为伦敦的萨默塞特住宅 (1776 年)之一、爱丁堡的达丁斯顿住宅 (1762—1764) 和萨里郡丘园内的建筑 (内有中国式塔，1757—1762 年) 等。他反对古典主义园林，也批评自然风景园，而认为景色如画的中国园林则是英国长期追求而没有达到的，他主张在英国园林中引入中国情调的建筑小品可增添情趣，形成图画式园林。他主持的丘园设计中 (1757—1763年)，模仿中国园林手法挖池、叠山、造亭、建塔，特别是中国塔在欧洲引起轰动，王公贵族、富商巨贾，纷纷仿制中国的亭、阁、榭、桥及假山等，成为英国图画式园林区别于自然风景园的重要标志。

50. 童寯. 东南园墅 [M]. 童明，译. 长沙：湖南美术出版社，2018:91.

51. 杨寄林. 太平经 [M]. 北京：中华书局，2013：395, 398, 418.

52. [清] 李渔. 闲情偶寄 [M] 上海：上海古籍出版社，2015：150.

53. [德] 马丁·海德格尔. 尼采 [M]. 孙周兴译. 北京：商务印书馆，2003：108.

54. 姚春鹏. 皇帝内经 [M]. 北京：中华书局，2010：1347.

55. 杨伯峻. 孟子译注 [M]. 北京：中华书局，1988：302.

56. 陈荣捷. 王阳明传习录详注集评 [M]. 台北：台湾学生书局，1983：37.

57. 王叔岷. 钟嵘诗品笺证稿 [M]. 北京：中华书局，2007：47.

58. [清] 李渔. 闲情偶寄 [M]. 上海：上海古籍出版社，2015：17、18.

59. 汤漳平，王朝华. 老子 [M]. 北京：中华书局，2014：49.

60. 汤漳平，王朝华. 老子 [M]. 北京：中华书局，2014：217.

61. 方勇. 庄子 [M]. 北京：中华书局，2010：296.

62. [法] 莫里斯·梅洛·庞蒂. 知觉现象学 [M]. 姜志辉，译. 北京：商务印书馆，2005：145, 200.

63. 黄俊杰. 东亚儒家思想传统中的四种"身体"类型与议题 [J]. 孔子研究 2006 (5)：20—35.

64. 顾学颉. 白居易集 [M]. 北京：中华书局，1999：1544.

65. 顾学颉. 白居易集 [M]. 北京：中华书局，1999：492.

66. [元] 陶宗仪. 南村辍耕录 [M]. 北京：中华书局，2004：80.

67. 陆烜 (1737—1799 年)，字子章，一字秋阳，号梅谷，又号巢云子，浙江平湖人。清代乾隆年间的藏书家、书画家、校勘家。性嗜山水，乡试不售即弃去，兼通岐黄，以医自给，锐意著述，陆烜的主要作品有：《巢云子传》《人参谱》《梅谷文稿》《梅谷偶得》《梦影词》和《春雨楼集》。浙江平湖陆家本是名门望族：明代唯一一位三公 (太师、太傅、太保) 兼任三孤 (少师、少傅、少保) 的官员——陆炳便出自该家族，陆炳生母为嘉靖帝的乳母；康熙年间礼部侍郎陆荣和理学儒臣陆陇其，也均出自该家族。

68.《梅谷十种书》第四卷梅谷偶笔，清乾隆时期平湖陆氏写刻本，哈佛大学图书馆藏本第 15—16 页。

69. 杨寄林. 太平经 [M]. 北京：中华书局，2013：307.

70. 张松辉. 抱朴子内篇 [M]. 北京：中华书局，2011：35.

71. 顾学颉. 白居易集 [M]. 北京：中华书局，1999：1544.

72. [明] 计成. 园冶注释 [M]. 陈植注释. 杨伯超 校订. 陈从周校阅. 北京：中国建筑工业出版社，1988：212.

73. [晋] 葛洪. 西京杂记全译 [M]. 成林，程章灿，译注. 上海：贵州人民出版社，1993：1.

74. [晋] 葛洪 集. 西京杂记全译 [M]. 成林，程章灿，译注. 上海：贵州人民出版社，1993：34，35.

75. [唐] 杜甫. 杜诗详注 [M]. 仇兆鳌，注. 北京：中华书局，1999：1994.

76. [西汉] 司马迁. 史记 三 [M]. 韩兆琦，译注. 上海：贵州人民出版社，2010：2298.

77. [晋] 葛洪. 西京杂记全译 [M]. 成林，程章灿，译注. 上海：贵州人民出版社，1993：82、100.

78. [北魏] 郦道元. 水经注全译 [M]. 陈桥驿，叶光庭，叶扬，译注. 上海：贵州人民出版社，1996：573.

79. [唐] 杜甫. 杜诗详注 [M]. [清] 仇兆鳌 注. 北京：中华书局，1999：28.

80. 陈从周，将启霆. 园综 [M]. 赵厚均 注释. 上海：同济大学出版社，2004：56.

81. [宋] 周密. 癸未杂识 [M]. 吴启明点校. 北京：中华书局，2010：14、15.

82. 许嘉璐. 二十四史全译 宋史第三册 [M]. 上海：汉语大辞典出版社，2004：1679.

83. 钱泳（1759—1844 年），原名钱鹤，字立群，号台仙，一号梅溪，清代江苏金匮（今属无锡）人，长期做幕客，足迹遍及大江南北，工诗词、篆、隶，精镌碑版，善于书画，作印得三桥（文彭）、亦步（吴迥）风格，画山水小景，疏古澹远。有仿赵大年《柳塘花坞图》，藏于北京故宫博物院。著有《履园丛话》《履园谭诗》《兰林集》《梅溪诗钞》等，辑有《艺能考》。

84. [清] 钱泳. 履园丛话 [M]. 张伟点校. 北京：中华书局，2006：320.

85. 赵尔巽，等. 清史稿 第四十六册 [M]. 张伟点校. 北京：中华书局，1977：13925.

86. 谢国桢（1901—1982 年），字刚主，晚号瓜蒂庵主，是著名的历史学家、文献学家、版本目录学家、金石学家、藏书家，且嗜诗词书法。1925 年考入清华国学研究院，名列榜首，师从梁启超、王国维等先生。在明清史、文献学、金石学和汉代社会等领域都取得了令人瞩目的业绩。

87. 谢国桢. 明清笔记谈丛 [M]. 上海：上海古籍出版社，1981：297.

88. 戴名世（1653—1713 年），字田有，一字褐夫，号药身，别号忧庵，晚号栲栳，晚年号称南山先生，江南桐城（今安徽桐城）人。康熙四十八年（1709 年）己丑科榜眼。戴名世 20 岁授徒养亲，27 岁所作时文为天下传诵。清康熙二十二年（1683 年）

应试。二十六年，以贡生考补正蓝旗教习，授知县，因愤于"悠悠斯世，无可与语"，不就；漫游燕、赵、齐、鲁、越之间。康熙四十一年 (1702 年)，戴名世的弟子尤云鹗把自己抄录的戴氏古文百余篇刊刻行世。由于戴氏居南山冈，遂命名为《南山集偶抄》，即著名的《南山集》。康熙五十年 (1711 年)，左都御史赵申乔据《南山集·致余生书》中引述南明抗清事迹，参戴名世"倒置是非，语多狂悖""祈敕部严加议处，以为狂妄不敬之戒"——由是《南山集》案发，被逮下狱。五十二年二月初十 被杀于市，史称清初三大文字狱之一的"南山案"。

89. [清] 戴名世 . 戴名世集 [M]. 王树民 ，编校 . 北京：中华书局，2000 : 198.

90. [清] 乔莱 . 石林集 // 清代诗文集汇编第 158 册 [M]. 上海：上海古籍出版社，2010 :684.

91. [清] 戴名世 . 戴名世集 [M]. 王树民 ，编校 . 北京：中华书局，2000 : 198.

92. [清] 乔莱 . 石林集 // 清代诗文集汇编第 158 册 [M]. 上海：上海古籍出版社，2010 :684.

93. [清] 乔莱 . 石林集 // 清代诗文集汇编第 158 册 [M]. 上海：上海古籍出版社，2010 :684.

94. [明] 计成 . 园冶注释 [M]. 陈植注释 . 杨伯超 校订 . 陈从周校阅 . 北京：中国建筑工业出版社，1988: 206.

95. [清] 涨潮 . 虞初新志 [M]. 王根林校点 . 上海：上海古籍出版社，2019 :70.

96. [清] 黄宗羲 . 黄宗羲全集 第十册 南雷诗文集（上）[M]. 沈善洪 主编 . 杭州：浙江古籍出版社，1985 :570.

97. [清] 张潮 . 虞初新志 [M]. 王根林 ，校点 . 上海：上海古籍出版社，2019 :69.

98. [清] 张潮 . 虞初新志 [M]. 王根林 ，校点 . 上海：上海古籍出版社，2019 :70.

99. [清] 黄宗羲 . 黄宗羲全集 第十册 南雷诗文集（上）[M]. 沈善洪 主编 . 杭州：浙江古籍出版社，1985 :570、571.

100. [清] 张潮 . 虞初新志 [M]. 王根林 ，校点 . 上海：上海古籍出版社，2019 :70.

101. [清] 乔莱 . 石林集 // 清代诗文集汇编第 158 册 [M]. 上海：上海古籍出版社，2010 :684.

102. [清] 黄宗羲 . 黄宗羲全集 第十册 南雷诗文集（上）[M]. 沈善洪 ，主编 . 杭州：浙江古籍出版社，1985 :570.

103. [清] 张潮 辑 . 虞初新志 [M]. 王根林校点 . 上海：上海古籍出版社，2019 :70、71.

104. [清] 张潮 辑 . 虞初新志 [M]. 王根林校点 . 上海：上海古籍出版社，2019 :70.

105. [清] 乔莱 . 石林集 // 清代诗文集汇编第 158 册 [M]. 上海：上海古籍出版社，2010 :684.

106. [清] 王士祯 . 居易录 // 景印文渊阁四库全书第 869 册 [M]. 台北: 台湾商务印书馆，1983 :343.

107. 焦秉贞 (生卒年不详)，字尔正，山东济宁人，康熙时官钦天监五官正，供奉内廷。清代宫廷画家。焦秉贞是天主教传教士汤若望的门徒，通天文，擅长画肖像。尝奉诏绘《耕织图》四十六幅，村落风景，田家耕作，曲尽其致。称旨，旋镂版印赐臣工。康熙二十八年(1689 年)尝写池上篇画意，雍正四年(1726 年)曾为张照写像，蒋廷锡补景。《列朝贤后故事》册(12 页)，辑入《国朝院画录》《池上篇画意图》轴，辑入《石渠宝笈》。传世作品有：《张照肖像》轴，蒋廷锡补景，现藏于故宫博物院；《怡园图》，现存浙江博物馆；《秋千闲戏图》册页，辑放《中国绘画史图录》下册。

108. 王源(1648—1710 年)，字昆绳，号或庵。直隶大兴(今属北京)人，清初思想家，"颜李学派"学者。王源为人以"实"自许，处世以"敬慎"为主。早年著有《兵法要略》《舆掌指图》，晚年著有《平书》等，所著各书大都散失，现存《居业堂文集》二十卷。

109. 陈从周，蒋启霆. 园综 [M]. 赵厚均，注释. 上海：同济大学出版社，2004：173.

110. [清] 许缵曾. 宝纶堂稿十二卷 // 续修四库全书·一四零玖·集部·别集类 [M]. 上海：上海古籍出版社，2002 :651.

111. 陈从周 蒋启霆. 园综 [M]. 赵厚均，注释. 上海：同济大学出版社，2004：175.

112. 秦观，(1049 年—1100 年)，字少游，一字太虚，号淮海居士，别号邗沟居士，高邮(今江苏省高邮市)人。北宋著名词人，与黄庭坚、晁补之、张耒合称"苏门四学士"，为北宋婉约派重要作家。词作婉丽清华，情韵兼胜，被尊为婉约词派一代词宗。书法形质劲健，神韵飘逸潇洒，有颜真卿和苏轼的影响和韵味。

113. 陈从周，蒋启霆. 园综 [M]. 赵厚均 注释. 上海：同济大学出版社，2004：175.

114. [清] 玄烨. 御制文集四十卷 // 清代诗文集汇编 191 册 [M]. 上海：上海古籍出版社，2010 :475.

115. 麟庆，完颜麟庆(1791—1846 年)，清代官员、学者。字伯余，别字振祥，号见亭，满洲镶黄旗人。金世宗完颜雍的第二十四世孙。麟庆的七世祖达齐哈以军功"从龙入关"，被誉为"金源世胄，铁券家声"。嘉庆十四年进士。道光间官江南河道总督十年，蓄清刷黄，筑坝建闸，后以河决革职，旋再起，官四品京堂。麟庆生平涉历之事，各为记，记必有图，称《鸿雪因缘记》，又有《黄运河口古今图说》《河工器具图说》《凝香室集》。

116. [清] 麟庆. 鸿雪因缘图记第一册 [M]. 汪春泉等绘. 北京：北京出版社，2018.

117. [清] 弘历. 御制诗二集一至卷四十 // 清代诗文集汇编 320 册 [M]. 上海：上海古籍出版社，2010 :478.

118. [清] 弘历. 御制诗二集一至卷四十 // 清代诗文集汇编 320 册 [M]. 上海：上海古籍出版社，2010 :478.

119. 童雋. 园论 [M]. 天津：百花文艺出版社，2006 :7.

120. [明] 计成. 园冶注释 [M]. 陈植注释. 杨伯超 校订. 陈从周校阅. 北京：中国建筑工业出版社，1988：42.

121. 王世贞(1526—1590 年)，字元美，号凤洲，又号弇州山人，南直隶苏州府太仓州(今江苏省太仓市)人，明代文学家、史学家，官至南京刑部尚书，卒赠太子少保。

王世贞与李攀龙、徐中行、梁有誉、宗臣、谢榛、吴国伦合称"后七子"。李攀龙故后，王世贞独领文坛二十年，著有《弇州山人四部稿》《弇山堂别集》《嘉靖以来首辅传》《艺苑卮言》《觚不觚录》等。

122. 陈从周，蒋启霆．园综 [M]．赵厚均 注释．上海：同济大学出版社，2004：137.

123. [明] 计成．园冶注释 [M]．陈植，注释．杨伯超，校订．陈从周校阅．北京：中国建筑工业出版社，1988：206.

124. [明] 董其昌．画禅室随笔 [M]．济南：山东画报出版社，2007：120.

125. [明] 计成．园冶注释 [M]．陈植，注释．杨伯超，校订．陈从周，校阅．北京：中国建筑工业出版社，1988：24.

126. [明] 计成．园冶注释 [M]．陈植，注释．杨伯超，校订．陈从周，校阅．北京：中国建筑工业出版社，1988：223.

127. 钱泳（1759—1844 年）原名钱鹤，字立群，号台仙，一号梅溪，清代江苏金匮（今属无锡）人，长期做幕客，足迹遍及大江南北，工诗词、篆、隶，精镌碑版，善于书画，作印得三桥（文彭）、亦步（吴迥）风格，画山水小景，疏古澹远，有仿赵大年《柳塘花坞图》，藏于北京故宫博物院，卒年八十六岁，著有《履园丛话》《履园谭诗》《兰林集》《梅溪诗钞》等。

128. [明] 钱泳．履园丛话 [M]．张伟，点校．北京：中华书局，2006：546.

129. 130. [清] 洪亮吉．履园丛话 [M]．刘德全，点校．北京：中华书局，2001：1016.

131. [清] 洪亮吉．履园丛话 [M]．刘德全，点校．北京：中华书局，2001：1377.

132. [清] 洪亮吉．履园丛话 [M]．刘德全，点校．北京：中华书局，2001：1378.

133. 俞樾（1821—1907 年），字荫甫，自号曲园居士，浙江省德清县城关乡南埭村人。清末著名学者、文学家、经学家、古文字学家、书法家。俞樾后受咸丰皇帝赏识，放任河南学政，被御史曹登庸劾奏"试题割裂经义"，因而罢官。遂移居苏州，潜心学术达 40 余载。治学以经学为主，旁及诸子学、史学、训诂学，乃至戏曲、诗词、小说、书法等，可谓博大精深。海内及日本、朝鲜等国向他求学者甚众，尊之为朴学大师。所著凡五百余卷，称《春在堂全书》。

134. 童寯．东南园墅 [M]．童明，译．长沙：湖南美术出版社，2018:91.

第二章　梦：弱光下的幽人

寄残云剩雨蓬莱，也应梦见。

——吴文英《瑞鹤仙》

徒然地，你的身影走向我
却不能走进我，唯一能显现它的我；
转向我，你便能发觉
在我的凝视之墙上，你那梦幻一般的阴影。
我如同那微不足道的镜子
能映射但不能观看；
我的眼睛空洞如那镜子，如它们一般
映射着你的缺席，以显示它的盲视。

——阿拉贡《对题》

超幻觉来自极端的清晰，而非来自神秘和混沌。
精确是最终的梦境。

——罗伯·格里耶

园主与"友"

嘉靖十二年癸巳（1533 年）五月，一本厚厚的册页，经多年绘制累积而成，它是描绘一座朋友王献臣[1]园林的诗文书画的集萃，放在文徵明玉磬山房的几案上。

文徵明的一生，大部分时间都是在众多的师生朋友相伴中度过的，王献臣出仕较早，王氏父子都曾为监察御史，其父王瑾在朝"受命十年"，为皇帝言臣，"内廷恭谢，先臣瑾一人而已。"[2]其时文徵明已经与王献臣相识三十余年，交情深厚，王氏父子同为皇帝宠贵，因此文徵明为王献臣儿子起名"锡麟"，他说："侍御王君敬止，曾被麟服之赐，名其子锡麟，昭君恩也。"[3]王献臣明法守轨，有直臣之风，弘治六年（1493 年）进士，文徵明称他为"奇士"，可惜"为东厂辑事者所中，下诏狱，命杖，谪上杭丞"[4]。弘治十三年（1500 年）王献臣将赴杭丞，取道还吴，文徵明等一众文人好友与之相叙，文称赞王献臣怀忧天下，"君以圣天子耳目之臣，奉使边徼，其任不为不重。而辽阳国家要害，不得不慎。苟为避喜事之名，因循自恕，以侥幸塞责，则循习之弊，将久而益滋。而一旦事出非料，则其祸之所遗，岂独一身一家而已哉。故操切屏捍，惟法之循。至于得罪以去，固非所乐，而实亦所不暇计。其心诚不欲以一身之故，而遗天下之忧"[5]。王献臣仕途不如其父顺利，在官场几度陷入绝境，终罢官归乡居。

明正德四年（1509 年），王献臣选大弘寺址，拓建营园，为陂池台榭之乐；在这一年，文徵明为王宠[6]（1494—1533 年）取字"宠"曰"履仁"；同年，文徵明的恩师沈周辞世，徵明艺术得沈周指授，相期诚挚，他感叹"未遂感恩酬死志，此生知己竟长违"[7]。次年王瑾辞世，王献臣撰碑文徵明手书。此时的文徵明，渴求功名之志，但仕途未就，并有家室食指之忧，时常靠笔墨丹青为生计。此后二十余年间，文徵明少年时的好友，陆续过世，挚友徐祯卿（1479—1511 年）早逝，他有诗悼："呜呼昌谷……昔在苕年，颖拔而出。排俗违时，蹈古而癖……呜呼昌谷，在昔家食，不妄交游。惟吾二人，心乎分投。……岂无他人，孰如君故。"[8] 少年好友唐寅（1470—1523 年）于文在京做官的头一年的年底过世；祝允明（1460—1527 年）嘉靖六年于贫病中离去，文徵明还在辞官返乡的途中。大明的朝廷没有给这些旷世的艺术天才们多少经世的机会，文徵明曾经正德十年（1515 年）上书同乡吏部尚书陆完（1458—1526 年），文曰《三学上陆冢宰书》，陈述苏州生员和贡、举两途的所取名额之少："略以吾苏一郡八州县言之，大约千有五百人。合三年所贡不及又二十，乡试所举不三十。以千五百人之众，历三年之久，合科贡两途，而所拔才五十人。"[9] 三年之内，三十分之一的希望，大多数求仕之人"顾使白首青衫，覉穷潦倒，退无营业，进靡阶梯，老死牖下，志业两负"[10]。文徵明和朋友的才情只能挥洒在乌丝阑间的水墨纵横之中，唐寅（1470—1523 年）留下这样的诗句："不炼金丹不坐禅，不为商贾不耕田。兴来只写青山卖，免受人间作业钱。"[11]

　　嘉靖十二年（1533 年），王献臣经营二十余载的拙政园建成，而文徵明从北京返回苏州七年了，同年四月，他们刚刚送走了挚友雅宜山人王宠。王宠是艺术上的同道，如今为王宠巨构《关山积雪图》（25.3cm×445.2cm），去年刚刚完成，王宠却仙逝了。在此之前同样是赠与王宠的《松壑飞泉》（1527—1531 年）也是一幅历经数年绘成的作品，且可见二人情谊的深厚以及文徵明对于朋友间情谊的重视。嘉靖六年（1528 年）冬，文徵明与王宠借宿在江苏上方山的楞伽寺，逢大雪，王宠出佳纸索画，文花费五年时间为友人画成，画跋云："……曩于戊子冬，同履吉寓于楞伽僧舍，值飞雪几尺，……履吉出佳纸索图，乘兴濡毫，演作《关山积雪》，一时不能就绪，嗣后携归，或作或辍，五易寒暑而成。……

然寄情明洁之意当不自减也。因识岁月以归之。"[12] 王宠，"字履吉，别号雅宜，少学于蔡羽，居林屋者三年，既而读书石湖。由诸生贡入国子，仅四十而卒，行楷得晋法，书无所不观。"[13] 其为人高朗明洁，砥节而履方，书法有魏晋流韵，文徵明推其书法为"当朝第一"。王宠的书法老师蔡羽，文徵明与其十六岁订交，王宠参与了以文徵明、蔡羽等人的文人团体，他们常一同出游，寻幽访胜，组成"东庄十友"，并与"金陵三俊"——顾璘、陈沂、王韦交深。王宠文学上得大学士王鏊[14]（1450—1524 年）指点，"自负甚高，文法先秦、两汉"，诗文书法深受其师长们的影响。文徵明与王宠正德三年（1508 年）折辈交游，引为同道，亦师亦友，"君自卯角，既与余游，无时日不见。见则有所著，日异而月不同，盖浩乎未见其止也"[15]。其间二十五年，栖居山林，和诗文，共书画，宠鹤归仙乡，文徵明的心境并不轻松。

老朋友日渐稀少，文徵明时常回忆起与王献臣的相识与交游，这些记忆在文徵明的诗画书文中曾留下印迹：

弘治十三年（1500 年），王献臣被贬离京经吴，徵明与一众好友践行，并作《送侍御王君左迁上杭丞序》。

弘治十六年（1503 年），为王侍御手书扇面："江湖去去扁舟远，莫道丞哉不负君。恋关怀亲无限意，南来空得见浮云。"又题所藏元赵雍画马图："莘莘才情与世疏，等闲零落傍江湖。不应泛驾终难用，闲看王孙骏马图。"[16]

正德二年（1507 年），王献臣迁永嘉知县，徵明有诗《寄王永嘉》："曾携书策到东瓯，此日因君忆旧游。落日乱山斜带郭，碧天新水净涵洲。从知地胜人偏乐，近说官清岁有秋。西北浮云应在念，乘闲一上谢公楼。"[17]

正德三年（1508 年），徵明和恩师沈周观王献臣藏赵孟𬒅书《烟江叠𪩘歌》，并各补一图，用米元晖法染绘。

正德九年（1514 年）春天，饮于王献臣园池，"爱名园依绿水，还怜乳燕蹴飞花。"[18]

正德十年（1515年），秋天，《次韵王敬止秋池晚兴》："竹色雨余净，孤花及秋荣。方池带高柳，落日寒蜩鸣。临流忽有会，仰见西山明……芙蓉被曲渚，欲折已愁生。"[19]

正德十二年(1517年)，园池已定名拙政园，文有诗："流尘六月正荒荒，拙政园中日自长。小草闲临青李帖，孤花静对绿荫堂。遥知积雨池塘满，谁共清风阁道凉。一事不经心似水，直输元亮号羲皇。"[20]

正德十四年（1519年），正月登拙政园梦隐楼，"开门春雪满街头，

图7　《拙政园图咏·八景·倚玉轩》
明·文徵明　纸本　纵约 26 厘米，横约 30 厘米　美国纽约大都会艺术博物馆藏

短屐冲寒觅子猷。逸兴未阑须见面，高情不浅更登楼。银盘错落青丝菜，玉爵淋漓紫绮裘。起舞不知天早暮，醉看琼阙上帘钩。"[21]

嘉靖六年（1527年），与王献臣泛舟七里山塘，登虎丘，"宿雨初收杜若洲，新波堪载木兰舟。不嫌频涉山塘路，辛苦还家为虎丘。家居临顿挹高风，更着扁舟引钓筒。自笑我非皮袭美，也来相伴陆蒙龟"。[22]

嘉靖七年（1528年），三月为王献臣作《槐雨亭图轴》（此图后收入清宫内府，《石渠宝笈》38卷第65页），题诗："会心何必在郊垌，近圃分明见远情。流水断桥春草色，槿篱茅崖午鸡声。绝怜人境无车马，信有山林在市城。不负昔贤高隐地，手携书卷课童耕。"[23]此诗在册页中亦出现，题于第一幅若墅堂次页。王宠有诗和："薄暮临青阁，中流荡画桥。人烟纷寂寞，天阙敞寥寥。日月东西观，亭台上下摇。深林见红烛，侧径去迢遥。"[24]

嘉靖八年（1529年）秋，与王槐雨饮茶于园中，作《席上次王敬止韵》："高士名园万竹中，还开别径着衰翁。倚楼山色当书案，临水飞花当钓桶。老去不知官爵好，相遇惟愿岁年丰。秋来白发多幽事，一缕茶烟飏晚风。"[25]

嘉靖十年（1532年），为王献臣题《拙政园诗三十首》。

嘉靖十一年（1532年），三月过拙政园，临苏轼《洋洲园池诗》，并手植紫藤一支于园中。

嘉靖十二年（1533年），五月既望，《拙政园诗画册》成，前面已题三十景，又增加一景"玉泉"，各系以诗，且为之园记一篇。

在王献臣结束宦游返乡二十多年后，文徵明才实现其入朝求仕的理想，但是并未如其所愿，只是一段短暂的仕途生涯。一直以来，"心"和"理"的分裂始终困扰着士人，明代是继宋代程朱之后理学发展的又一个高峰时期，代表人物首推"心学"巨子王阳明。而把宋代理学家同王阳明进行比较，便可以发现理学发展的一个重要特点：宋代的理学家是以万物之理为天命，把"为天地立心，为生民立命"视为自我的使命感，实践上专注于"格物致知"，从自然现象中抽象出超越论的道德说教，立论虽然很高而在现实中极难实现；王说则强调"知行合一"，他的想法是把形而上的道替换成个体的社会实践同道德实践结合起来，王阳明著名的"四言教"为："无善无恶心之体，有善有恶意之动，知善知恶是良知，为善去恶是格。""心学"把个体的行动和认知抬到道德之上，从理论上给了人自我选择的自由，但是明代的社会却并未给士人以主体身份自我选择的条件和可能，从而更加造成了身份分裂的精神症候，这个精神症候影响了明中期以后的思想界，对士人产生了巨大的震动，也使得他们陷入出仕和内心追求自由无法一致的困境。以文徵明为代表的文人正是处在这样的时代病之下，在《病中遣怀》中，他写下这样的诗句："心事悠悠那复识，白头辛苦服儒科"。"潦倒儒官二十年，业缘仍在利名间。"

　明武宗皇帝去世后，因为无后，朝廷能找到最近的血缘，是武宗皇帝父亲宪宗弟弟兴献王的儿子，也就是嘉靖皇帝，而在拥戴嘉靖皇帝的老臣中，有文徵明父亲旧友林俊等，在权力交接的空当，这批老臣试图网罗有能力的文人，文徵明也就在林俊（1452—1527年）等人的帮助下，于嘉靖二年（1523年），未经殿试而以岁贡生的资格被推荐为翰林院待诏，翰林院是一个文人获得功名聚集的地方，待诏就是等待召唤，是一个从九品的史，其间参与了编撰正德时期（1506—1522年）实录一些工作。嘉靖政局的变化，使得老臣和拥戴小皇帝的新派之间产生巨大冲突和分裂，文徵明面对乱局，无从适应。对于皇家正统的"礼"和宗亲血脉的"孝"之间的产生宫廷争斗，他也很茫然困惑，虽有长技在身，整日仍受同侪排挤，所以终日郁闷，因此三度向朝廷请辞，最后在嘉靖五年（1526年），在京居官三年，当赴吏部，乞归，冬天获准还乡。文徵明说："吾束发为文之，期有所树立，竟不得一第，今亦何能强颜久居此耶。况无所事事，而日食太官，吾心真不安也。"[25]

　从京返乡后第六年，嘉靖十二年（1533年），五月既望，文徵明完成了《拙政园诗画图咏》。诗文虽表面上写景状物，但实为平生际遇的抒发，他感叹，"枕中已悟功名幻，壶里谁知日月长。回首帝京何处是，倚栏惟见暮山苍"。[26] 年过半百，他终于发现科举为官是一个虚幻的梦境，帝京并不是一个安身之所，回到自己能够安心的世界之中，终于可以看"落日下回塘，倒影写修竹"[27]，和他仰慕的陶渊明、王维、陆鲁望、皮袭美、苏子美、李龙眠、苏舜钦等先贤雅士，在诗文绘画和园居交游中共"一段幽踪"。在《拙政园图咏·小沧浪》（见图 8）的诗中，文徵明写道：

> 园有积水，横亘数亩，类苏子美沧浪池，因筑亭其中，曰小沧浪。昔子美自汴都徙吴，君亦还自北都，踪迹相似，故袭其名。

> 偶傍沧浪构小亭，依然绿水绕虚楹。
> 岂无风月供垂钓，亦有儿童唱濯缨。
> 满地江湖聊寄兴，百年鱼鸟已忘情。
> 舜钦已矣杜陵远，一段幽踪谁与争。

沧浪之水意味着时间之流的阅读，这个时候，我们会发现，造园的主人的身份变得模糊不清，主人是对过去的文字和景图进行复现的、后来时代的回忆者，而他回忆的古人也正在回望着更远的过去，回忆者是更远的忆者的影子，偶尔主人向前观望，发现未来的人们正在回忆着自己，真正造园在场的主人仿佛是一连串影子的影子，和他们"隐士"的称号非常相配，主人的主体身份是"复"写性的，是隐性、"缺席"的，"在场"的是那些叠影。文徵明重新回到他熟悉的历史，回到故乡吴门，这是他熟悉的风物文雅场所，文徵明似乎终于放下了压力，全心投入于艺术之中，他老来弥坚，在吴门之中，仿佛拙政园中飞虹一般，"横绝沧浪"之上。归田园的三十年，文手书不倦，终于迎来自己艺术和人生的

园有积水横亘数亩，蕨苏
子美沧浪池因筑亭其中
曰小沧浪昔子美自汴都
徙吴君尔还自北都踪蹟
相似故颜其名
偶倚沧浪构小亭依然绿水
远庐楹岂无风月供乘钓尔
有兒童唱濯缨满地江湖聊
寄兴百年鱼鸟已忘情寿欽
已矣杜陵远一段幽踪谁与
争

图8　《拙政园图咏·小沧浪》
明·文徵明
嘉靖十二年（1533年）
绢本设色
每开 纵23厘米，横23厘米

高峰，勤勉培育后学，酿吴门于有明一代之浩大声势。随意处于红尘中，"高情已在繁华外，静看游蜂上下狂"，心境平和而闲雅，"老来不作南柯梦，独自移床卧晚凉"。"月明悠悠天万里，手把芙蕖照秋水"。[28] 放弃了所有追求功名的梦幻泡影以后，他把全部的精力投入到艺术的创作中。由于对历史的深入钻研和深厚的人格修养，他的艺术散发出特殊的风韵和神采，成为其时当之无愧的吴门风雅教主。《明史》记："吴中自吴宽、王鏊以文章领袖馆阁，一时名士沈周、祝允明辈与并驰骋，文风极盛。徵明及蔡羽、黄省曾、袁袠、皇甫冲兄弟稍后出。而徵明主风雅数十年，与之游者王宠、陆师道、陈道复、王谷祥、彭年、周天球、钱穀之属，亦皆以词翰名于世。"[29]

关于拙政园的这本册页，有嘉靖十三年（1533年）文徵明手寄给张延僖手札"一向帖"提及："……曾托寄一书，并寄《黄庭经》《拙政园记》各一册，想已收得。今再送《拙政园》两纸，因吴复陆行，不能带装本也……徵明拜手，子美贤婿足下。"又有给王献臣手札："承兄桃实，领次感荷。适装拙政园记，辄奉二册。别奉未装者十本……"[30] 可见文徵明或有抄写复制多部用来馈赠师友。除了这本三十一景的册页之外，还有一本十二景的册页，嘉靖三十年(1551年)，文徵明已是八十二岁的高龄，想此时王献臣已不在世（因从文献推测王献臣比文徵明大十岁左右），文氏又于前册页三十一景中择其十二景重绘一册页，并以行书系以前册页所系之诗（该册页十二景今存其八，藏于美国纽约大都会艺术博物馆）。两组册页的成画时间相距十八年，和王献臣交好几十载，文徵明终于找到"自胜之道"。"沃然有得，笑傲万古"，这本现存于世的册页气息古雅，意境隽永，迥别于此前绘制的幽郁氛围，更有一种超脱、平静、安详的园林境界之美。（见图7）

嘉靖三十八年（1559年），先生九十高寿，元旦得诗："劳生九十漫随缘，老病支离幸自全。百岁几人登耄耋？一身五世见曾玄。只将去日占来日，谁谓增年是减年？次第梅花春满目，可容愁到酒樽前？”[31] 时人以其为异代人，谓其为仙且不死。二月二十日，为御史严杰母书墓志，执笔而逝，翛然若蜕。文成为当时和后世敬仰的大师，清宫内府《石渠宝笈》收录了文的书画作品达 209 件之多，其在明清绘画艺术史上的地位卓越，罕有人匹，董思白之前，一人而已。拙政园以万园之母传于世，以文徵明和王献臣的亲密关系，必参与营造意匠，从其诗文图画及逸事中看，文徵明熟谙园林，他和王献臣以及朋友们长期交游活动于拙政园中，并且文徵明的盛名始终出现在园林的拙政园背景中，成为园以人名的重要部分。而这样两本古典园林册页绘本，无论是时间跨度还是规模以及对后世的影响，在艺术史和园林史上都称得上巨制，绝无仅有。

龙眠山庄与辋川图

园林始于发现山水诗意，梦隐丘壑，为文人乐生之志所营造之场所；而园林的诗文景图，伴其发展，慢慢成为一种观看和叙事的范式，凝聚了文人与之的对话，诗文景图凝结成高度复杂化的文本，由于作者多是博览通识的全才，他们将丰富的知和情投射到园之迷宫之中，创作出充满感性的文本，而这些文本在解读的意义途中，它们既是作者的策划，也是阅读者的领悟，后来的作者通过读者的路径成为新的作者，又传递给后来观者一个可参悟摹写的前结构，对山水的元叙事在文本的阅读和重写之中，成为文本之间的无限链接。这些文本构成了中国园林文化的特质：一种非线性的组合，呈现多个山水断片和知识景象的复杂叙事手法，其中数不清的叙事线条涂抹着场地，这种叙事的结构似乎和园林营造的构成成为相互映射参照的部分。

在美术史上，传为王维 (699—759 年) 所作的辋川图和李公麟 (1049—1106 年) 的龙眠山庄图 (见图 9)，是山水园林穿越时间对话的范本，“《龙

图9 《李龙眠山庄图》局部   (传) 宋·李公麟 纸本墨笔   纵 41.69 厘米，横 822.08 厘米 台北 "故宫博物院" 藏

眠山庄》可以对《辋川图》是也",后人评李公麟绘画"创意如吴道子,潇洒如王维"。[32]《旧唐书·王维传》记:"维以诗名盛于开元、天宝间,昆仲宦游两都,凡诸王驸马豪右贵势之门,无不拂席迎之,宁王、薛王待之如师友。维尤长五言诗。书画特臻其妙,笔踪措思,参于造化,而创意经图,即有所缺,如山水平远,云峰石色,绝迹天机,非绘者之所及也。"[33]《辋川图》影响深远,后世多有临仿和对话,正是古代的文本之间的隔空对话,构成了山水景图持续书写的文本迷宫。唐宋文人很多宅第名园伴名山大川,王维构园辋川,李公麟隐修龙眠,续汉晋道家遗风,又纳佛家禅悦义理,为明清文人景仰和效仿。李公麟,字伯时,号龙眠居士,北宋舒州人。《宋史》有传,北宋熙宁三年(1070年)进士及第,历任南康、长垣尉、泗州录事参军、御史检法等官职,"仕宦居京师十年,不游权贵门,得休沐,遇佳时,则载酒出城,拉同志二三人访名园荫林,坐石临水,翛然终日","从仕三十年,未尝一日忘山林,故所画皆其胸中所蕴",他喜好古物收藏,博学善考证,"循名考实,无有差谬",并且识读很多奇字,王安石(1021—1086年)非常欣赏他,"与公麟相从于钟山,及其去也,作四诗以送之,颇被称赏"。《宣和画谱》称李公麟"文章则有建安风格,书体则如晋宋间人,画则追顾陆,至于辨钟鼎古器,博闻强识,当世无与伦比"。[34]《宋史》记载:元符三年(1100年),李公麟患疾风湿症乞退返乡,放游于龙眠山岩壑之间,"雅善画,自作《山庄图》,为世宝"。[35]文徵明作跋很多李公麟的绘画,称其画作"秀丽精研,变幻百出","观者非注目决眥,不能尽其妙,真五百年来无此扛鼎之笔也"。[36]

　　龙眠山庄是李公麟在放弃宫职之后返安徽舒城老家的隐居之所。徐邦达《古书画伪讹考辨》中考证:李公麟《龙眠山庄图》创作于元丰和元祐年间(1078—1093年),也就是说李公麟1078年左右,在朝为官之时就已在家乡开始营建龙眠山庄。有别于《文衡山拙政园诗文画册》的册页形式,《龙眠山庄图》采用的是横向的卷轴,画面的景区出现标示景点的文字，有观音岩、雨华岩、延华洞、璎珞厂、栖云室、玉龙峡等表示区域场地的名称。这样以文字点景的绘画，《龙眠山庄图》是沿承了王维《辋川图》的做法。而苏辙题诗二十首《题李公麟山庄图》，则是和应王维辋川二十咏，其诗序：

> 伯时作《龙眠山庄图》，由建德馆至垂云沜，著录者十六处，自西而东凡数里，岩崿隐见，泉源相属，山行者路穷于此。道南溪山，清深秀峙，可游者有四：曰胜金岩、宝华岩、陈彭漈、鹊源。以其不可绪见也，故特著于后。子瞻既为之记，又属辙赋小诗，凡二十章，以继摩诘辋川之作云。[37]

　　苏辙诗记录景名二十：建德馆、墨禅堂、华岩堂、云芗阁、发真坞、荟茅馆、璎珞岩、栖云室、秘全庵、延华洞、澄元谷、雨花岩、泠泠谷、玉龙峡、观音岩、垂云沜、胜金岩、宝华岩、陈彭漈、鹊源溪，二十组景咏既描述了文本空间视觉的图像，是对景胜的记录，同时又在图像之外由文字传达了一种思和忆，这意味着由自然所开启和昭示的，将通过图像和文字对自然结构的"聚焦"而转化为一种"内观"，诗人的自我可以说一部分在图卷的图像中，朝向自然，是一种"共同"的想象和回忆，而另一部分则在自我的感知视域之中。格哈德·里希特（Gerhard Richter）谈及艺术时认为："艺术致力于建立一种共同体（Community）。这种共同体用一种共同的视野和努力，连接了我们和他人。"[38]文人栖居山林，辨认丘壑，正是体悟人性与自然的至善，两组诗文中，酣畅淋漓地表现了丘壑形态之丰富性，在其间，坳、冈、岭、泮、垞、濑、泉、滩、垞、坞、岩、洞、谷、峡、沜、漈、溪显现出丘壑之灵晕，精致的分类使得山水之空间得到诗性的诠释，恩斯特·卡西尔（Ernst Cassirer，1874—1945 年）说："在言语的领域中，正是言语的一般符号功能赋予物质的记号以生气

图 10　《王维辋川图卷》（传）局部
　　　　宋·郭忠恕　明拓本反墨稿
　　　　纵 31.75 厘米，横 825.5 厘米
　　　　美国芝加哥东方图书馆藏

并'使它们讲起话来'。没有这个赋予生气的原则，人类世界就一定会是
又聋又哑。"³⁹言语和文字的书写中蕴含开启古人身心的能量，诗文和景
图就是一种外界与身心的链接，命名是对自然中不可见性的接纳，对丘
壑山水的观看开启了视觉主体的建构；中国古典园林的图绘伴随着山水
的命名，文字和图像成为主体直观的缠绕，而非简单的相互解释，图和
文的并置意在生发的传递和循环，因此园林景图也成为链接山水、诗歌、
园林和主体的模式中必不可少的一环。可见这种图示和命名，也足以成
为一种为"主人"获得意识伟大转变的源泉。在文化与自然、自我与他人、
生者与死者之间，诗文图景的叙述给予丘壑成为居所的可能性。明代文
学家王思任⁴⁰(1575—1646 年)《名园咏序》曰：

> 忽然而有我，忽然而呼我，于亿万千字之中执认一二，梦寐不诬，
> 所谓名也。随其心之所及，买天缝地，挝水邀山，相之以动潜，旺之以
> 馆榭，主人以为已有，而狂士瞿瞿于柳樊之外，则所谓园也。盖尝试言之，
> 善园者以名，善名者以意，其意在，则董仲舒之蔬圃也，袁广汉之北山也，
> 王摩诘之辋川二十景，杜少陵之空庭独树也。皆园也，无以异也。⁴⁰

　　园离开了命名，丘壑将成为荡丘荆棘丛生之地，丘壑由于主体意识
的出现而被唤醒，同时文人世界的整体性正是在生命的内视中得以存在
的。"辋川二十景"出自辋川图 (见图 10)，被王思任视为这种"园"之
所为"园"的诗文景图的原型。这幅画作是王维绘画中最受注目推崇得
以流传的一幅巨制，原作绘于长安清源寺壁上。张彦远(815—907 年)在《历
代名画记》中说王维在"清源寺壁上画辋川，笔力雄壮"。⁴¹也就是说，《辋
川图》最早是绘制于清源寺的墙壁上，后世临仿者甚多。王维作壁画显
然不止这一次，《历代名画录·卷三·记两京外州寺观壁画》记王维曾为
长安皇家寺院慈恩寺做壁画，位置在"大殿东廊从北第一院，郑虔、毕宏、

王维等白画”。[42] 后世都把王维当成伟大的山水诗人，他自己却不这么看，他在《题辋川图》吟咏：“老来懒赋诗，惟有老相随。宿世谬词客，前身应画师。不能舍余习，偶被世人知。名字本皆是，此心还不知。”[43]

王维中年之后半官半隐，与母身居山谷，在天宝三载（744 年）买下南蓝田山麓的别业，离开长安，开始经营辋川。在这一年唐玄宗任命平卢节度使安禄山兼任范阳节度使职务，为日后的“安史之乱”（755 年）埋下了祸根。李白被玄宗“赐金放还”赶出长安，王维与李白（701—762 年）年龄相当，但却未有往来，此年他们都四十四岁。《旧唐书》记王维：“妻亡不再娶，三十年孤居一室，屏绝尘累。乾元二年七月卒。临终之际，以缙在凤翔，忽索笔作别缙书，又与平生亲故作别书数幅，多敦厉朋友奉佛修心之旨，舍笔而绝。”[44] 王维的母亲及家人俱奉佛，居常蔬食，不茹荤血；晚年长斋，不衣文彩。清源寺本是王维的居第，他临终把宅第捐出，在王维上书皇帝的《请施庄为寺表》一文记：

> 臣亡母故博陵县君崔氏，师事大照禅师三十余岁，褐衣蔬食，持戒安禅，乐住山林，志求寂静。臣遂于蓝田县营山居一所，草堂精舍，竹林果园，并是亡亲宴坐之余，经行之所……当即发心，愿为伽蓝。[45]

《新唐书》也记王维：“母亡，表辋川第为寺，终葬其西。”[46] 文中的“山居”“辋川第”就是王维的辋川山庄，表明晚年的王维与母亲一心求道，已避居到山谷中。在其草堂精舍中，他用生命的最后时光绘制了《辋川图》的壁画。等到当晚唐张彦远在看到辋川图壁画的时候，此地是清源寺了。清源寺毁于唐末战乱，宋时重修，更名鹿苑寺，前为王右丞祠，后为鹿苑佛寺。寺和祠历史上曾多次重修，王右丞祠在清乾隆、道光年间知县捐俸重建修缮，一直到清晚祠、寺、王维母塔坟和墓碑尚完整存在。现今附近仍存王维当年手植的银杏树。明代中期文人陈文烛（1525 － ?）

曾实地踏访，作《辋川游记》：

> 出县南门，行八里，饶佳山水。至川口，两山壁立，下即辋峪河也。蓝水东南发源，北合灞水，达于渭河。蜿蜒数十里而下，如车辋然。其路凿山麓为之，有甚险者，俗号三里匾。徒步依匾而行，过此则豁然开朗，山峦掩映，似若无路，良田美地，鸡犬相闻，可渔可樵可牧。此第一区也。沿岸而南，有茅屋数家……稍南而东，转而西行数里，有人家，如南再转而北行数里，有人家，如东而西，野老乘新雨躬耕……行至飞云山，山前数里，为清凉寺，后改鹿苑寺，有右丞像，即故宅也……导出寺门，西数百步有坟，为母塔，右丞筑也。水浒有方石，其平如案，四角有孔，相去各数尺，或曰欹湖亭；石洞残缺者数处，或曰孟城坳。问南垞、北垞、文杏馆、斤竹岭，淹没不知，所游皆北岸也。望南岸，青林茂盛，多系桑柘桃竹之属……大都为区者十三，计路二十余里，环岸者水，环川者山，乃庄在山水之间耶……余爱白司马庐山草堂故址，乐天又爱乎此泉石膏盲同右丞焉。宋之问、钱起与王家邻，竟无遗迹，岂右丞专其胜与秦观览《辋川图》，可谓愈疾心窃过之，今爽然自失矣。[47]

可见明中期，此地人烟稀少，鹿苑寺中还有王维的塑像，除了欹湖亭和孟城坳尚可辨认其遗址，八百年的时光过去了，其余景观都"淹没不知"。文中借用陶渊明（352—427 年）的《桃花源记》文体，把寻访王维辋川遗迹描述成了当桃花源之旅，当他看见当地农民乘新雨躬耕的时候，他上前搭话："余呼问之，自言生平未出辋口，长在宏治，无论庆历年号，即正德，嘉靖不知也。"[48] 这片桃源离县城尚有二十余里，地貌变化丰富，也许只有在王维的文字和画笔下，它才逃离了荒野和田园的定义，幻化成一片诗情画意。陈文烛文中称宋之问（约 656—712 年）、钱起（722—780 年）与王维为邻，实际上王维隐居辋川，是先买下了宋之问的"蓝田山庄"。钱起算是王维的学生兼诗友，安史之乱后任蓝田县尉，作为王维诗风继承人，山水诗清逸可观，但多"赠别应酬、流连光景、粉饰太平"之作。《旧唐书》记："得宋之问蓝田别墅，在辋口，辋水周于舍下，别涨竹洲花坞，与道友裴迪浮舟往来，弹琴赋诗，啸咏终日。尝聚其田园所为诗，号《辋川集》。"[48] 王维的居第距离古城孟城不远，《辋川集·孟城坳》："新家孟城口，古木馀衰柳。来者复为谁，空悲昔人有。"裴迪和应："结庐古城下，时登古城上。古城非畴昔，今人自来往。"[49] 古城虽然荒废，但两人尚可登城墙眺望，王维诗中这个"昔人"即是宋之问，也是自指，而这里的"悲"不仅是悲伤以前的主人宋之问，也是感叹自己身后不知后面能否再有"如我"般的"主人"，《唐诗别裁》释义："言后我而来者不知何人，又何必悲昔人之所有耶！达人每做是想。"[50]

　　田园和政治、人生、历史一样无常，具有不决定性，他创造的辋川也最终成为一种园林的典范，深深地影响了后来的文人园居和精神生活，但同时这种在现实生活中对"仕"与"隐"的平衡，也是王朝社会造成的文人的一种人格上的精神分裂。在王维伟大诗人的光环背后，后世还是会对他现实的为人有反面的声音。元朝大儒,理学家、诗人刘因(1249—1293 年) 在《辋川图记》中说："维以清才位通显，而天下复以高人目之，彼方偃然以前身画师自居，其人品已不足道。然使其移绘一水一石一草一木之精致，而思所以文其身，则亦不至于陷贼而不死，苟免而不耻，其紊乱错逆如是之甚也！岂其自负者固止于此，而不知世有大节，将处己于名臣乎？斯亦不足议者。"[51] 刘因以礼教思想来看，王维投降安禄山叛军，在人品上有大大的瑕疵，八年安史之乱出任伪官，成为王维清高才华背后的阴影。王维知道只有在诗画中，才可以把人性和自然的最美的融合展现出来。他陶醉于山壑林泉之间，同孟浩然、裴迪、钱起等诗友良朋"模山范水"、"练赋敲诗"、泛舟往来、鼓琴唱合，为辋川风景写下了几十首五言绝句，取名《辋川集》。王维的《辋川集》记：

余别业在辋川山谷，其游止有孟城坳、华子冈、文杏馆、斤竹岭、鹿柴、木兰柴、茱萸泮、宫槐陌、临湖亭、南垞、欹湖、柳浪、栾家濑、金屑泉、白石滩、北垞、竹里馆、辛夷坞、漆园、椒园等，与裴迪闲暇，各赋绝句云尔。[52]

组诗中主题多侧重以山水地貌和植物景致命名，清幽的自然激发了诗人的画意，《辋川集》以欹湖为中心，构成了一个完整的空间整体。朱景玄在《唐朝名画录》里描述《辋川图》说："山谷郁盘，云飞水动，意出尘外，怪生笔端。"[53] 辋川山水相依环绕，川水与两岸山间的几条小河同时流向欹湖，"辋"本指车轮外周同辐条相连的圆框，从图卷上看每处景观都有曲水环绕，以及"孟城坳""辋口庄"圆环形的围墙，都呼应了"辋"的意象。正是在对自然和历史的观看中，诗人找到安顿生命的方式，发现自我的主体意识，在诗画中焕发出光彩。《辋川图》流传于世有众多摹本，日本圣福寺藏唐代摹本，一说元代摹本，重彩设色，有唐代金碧山水大小李将军画法的影子，画面为单幅，描绘山庄建筑主体辋口庄，和美国西雅图美术馆藏本相近，山石多钩斫，少皴擦，风格朴拙。故宫博物院藏的宋人佚名摹本，水墨长卷，构图和宋郭忠恕（活动于 10 世纪中）摹本明代万历年间石刻拓本相近，图卷基本可以对应于王维二十景诗作，景名略有增减。《辋川图》长卷取景距离较远，于山水林壑之间，根据山形高下，穿插布置了二十余个限定性的空间，空间的边界以围墙、栅栏、林木、回廊、建筑、院落等划分，在画面多个角度俯视下，画面以绵延的山峦水系连接了山城、果园、河水、竹林和庄园的建筑群的不同介质的空间，其中和丘壑直接发生空间关系的是建筑及构筑物，人物则出现在建筑中，而建筑的透视暗示了投向风景的视点，多角度的透视方向说明图卷出现多个视点，是一种"扫视"的方法，而非单一视点的空中鸟瞰图。

　　《辋川集》《辋川图》、辋川别业各以诗、图、园即地命题，即景于自然生发随机的侧面，这种艺术形式是前无古人的，诗人构园避居，性情心境折射于其间，二十景对二十首绝句，展现游观山水中折射的心灵轨迹。王维的辋川诗记录的是山居生活，但却脱离了田园生活的乡土气，有一种超拔的审美品格，比如《竹里馆》：“独坐幽篁里，弹琴复长啸。深林人不知，明月来相照。”[54] 诗人终于逃脱世俗纷乱的社会，辋川已经过滤为一种抽象的意象美。《山居秋暝》：“空山新雨后，天气晚来秋。明月松间照，清泉石上流。竹喧归浣女，莲动下渔舟。随意春方歇，王孙自可留。”[55] 诗句流畅自然，清丽飘逸，将现实复杂沉郁的情绪，都化作“寂静”和“清幽”，诗人用“净土”的信仰，将景物清洗成一个一尘不染的纯美世界，自然山水提升成为一种超现实的灵境，辋川诗、图、园共同形成的空间，是一个缓解治疗心灵创伤的居处，图卷中出现极少的人是图解和符号化，而非现实性，“无人之境”构成了辋川的主体之境。

　　《龙眠山庄图》与之不同，图卷中出现大量直接和丘壑发生关系的人，每个景观景都以人和丘壑对话为主题，整体上以丘壑的肌理为画面的统一语言，相比之下，建筑只有秘金庵与几栋稀疏的茅屋建筑，画面中出现的建筑形象的尺度，和人物相比尺度是失真的，从物与人的尺度上看是失去了准确性的，屋舍似乎只是个地图中的标记，是某种让位于丘壑的现世生活的符号，建筑的渺小加强了画面的超现实感。显然，《山庄图》的主题，已经不同于《辋川图》的再现场景，如果说王维的空间还带有“居游”的主题，那么李公麟的空间则是“隐修”的空间，已经远离城市的郊野，到了深山之中，它所关注的已经把王维少量尚存浪漫的田园气息完全去掉了。李公麟对自然和社会的观看更加深入，对于“有为”而言，都是如梦如幻，不执着于无常，就个性而言，李公麟更接近唐代隐居嵩山的卢鸿，王维和卢鸿有交往，对前辈高洁人品充满敬佩，卢鸿对后世画家诗人影响深远，从绘画形式来看，卢鸿的《草堂十志图》[56]和《山庄图》的关联更加紧密，都带有强烈的观念性和表现性。苏轼为《山庄图》题跋《书李伯时山庄图后》：

　　或曰：龙眠居士作《山庄图》，使后来入山者信足而行，自得道路，如见所梦，如悟前世。见山中泉石草木，不问而知其名，遇山中渔樵隐逸，不名而识其人，此岂强记不忘者乎？曰：非也。画日者常疑饼，非忘日也。醉中不以鼻饮，梦中不以趾捉，天机之所合，不强而自记也。居士之在山也，不留于一物，故其神与万物交，其智与百工通。虽然，有道有艺。有道而不艺，则物虽形于心，不形于手。[57]

　　苏轼的眼中山庄图不仅仅是一个视觉的文本，景图揭示的是个体通往自然之道的开悟之旅，其中物与主体生发的"天机"，蕴含道和艺的直观呈现，也是身体知觉对于外物的体认。老子在《道德经》中有论述："人法地，地法天，天法道，道法自然。"混沌初开道为先，道之玄机与人及万物的关系相当密切，这里的自然是非客体化的，在于日常生产的身心之外，梦的前体验以及给予对道之上身的敞开可谓息息相通，梦企图揭示的却是道之玄机，天一大宇宙，人一小宇宙，人生一大梦是也。《黄帝内经·素问·宝命全形论》云："夫人生于地，悬命于天，天地合气，命之曰人。人能应四时者，天地为之父母；知万物者，谓之天子……能达虚实之数者，独出独入，呿吟至微，秋毫在目。"[58]隐居之士独与天地往，知阴阳虚实，为天之子，每个王朝时代这样的"世外"高人都有受到崇敬的。

　　唐代卢鸿就是这样的人，《历代名画录》《唐朝名画录》称其隐于嵩山，博学工书、画，工山水树石，得平远之趣。笔意位置，清气袭人，与王维相埒。开元中屡征不起，《新唐书》记："（开元）五年，诏曰：'鸿有泰一之道，中庸之德，钩深旨微，确乎自高。诏书屡下，每辄辞托，使朕虚心引领，于数年。虽得素履幽人之介，而失考父滋恭之谊，岂朝廷之故与生殊趣邪？将纵欲山林，往而不能反乎？礼有大伦，君臣之义不可废也。今城关密迩，不足为劳，有司齐束帛之具，重宣兹旨，想有以翻然易节，副朕意焉。’”唐玄宗认为卢鸿虽然得到道法和清誉，但是不侍奉朝廷，就是没有“礼”，没有“君臣之义”，卢鸿这次没有推辞，“鸿至东都，见不拜，宰相通事舍人问状，答曰：‘礼者，忠信所薄，臣敢以忠信见。’帝召升内殿，置酒。拜谏议大夫，固群。复下制，许还山，岁给米百斛、绢五十，府县致其家，朝廷得失，其以状闻。将行，赐隐居服，官草堂，恩礼殊渥。鸿到山中，广学庐，聚徒至五百人。及卒，帝赐万钱。鸿所居室，自号宁极云。”[59]卢鸿以自身对道的“忠信”保持和“礼教”的距离，他自绘胜地《草堂十志图》，并作十体书题诗其上，以水墨绘成十景，相间以十景志词，十景为：草堂、倒景台、樾馆、云锦淙、期仙磴、涤烦矶、洞玄室、金碧潭等十景，谓之“玄居十志”，每幅之前各书景名并题咏。《宣和画谱》称：“颇喜写山水平远之趣，非泉石膏肓，烟霞痼疾，得之心，应之手，未足以造此。画草堂图世以比王维辋川。草堂盖是所赐，一丘一壑，自己足了此生。”[60]《山庄图》的画法更接近《草堂十志图》，而其中描绘的是丘壑之间的文人，也仿佛是卢鸿聚徒修行的嵩山草堂再现，在山庄里，文人或谈经论道，或展卷观书，或面壁静坐，或饮茶小憩，或拄杖伫立，或聆听飞瀑；身体被包裹在复杂的空间之中，岩壁特殊的肌理强化了一种力量的凸显，暗示了“道”的出场，如“宝华岩”是一圈圈同心圆放射状的岩壁，岩石的造形十分特殊，脚下自然形成山石平台，一群文人坐在石头上讨论，所谓山庄，并无山庄，山庄就是自然景观，对于自然的物用，并非自行强造的“物”，这样的场所，才称之为“道场”，非日常营营苟且之所，身体因此被解放了社会性的压迫。道场为寻道而存在，两匹马出现在宝华岩的巨树岩石旁边，暗示了来自现实的他处。人在这样一个空间里，与其说是一种“隐居”，不如说是一种“参悟”，

夢隱樓在滄浪池之上南
直若野堂其高可望郡外
諸山君嘗乞靈於九鯉湖
夢隱隱字及得此地為戴
顒陸番望故宅因築樓以

識

林泉入夢意茫茫　旋起高樓
凝退藏魯望五湖原有宅洞
明三徑未全荒枕中巳悟功
名句畫裡誰知日月長回首
帝京何處是倚欄惟見暮山蒼

图 11 "梦隐"和场所
《拙政园图咏·梦隐楼》
明·文徵明
嘉靖十二年（1533 年）
绢本设色
每开 纵 23 厘米，横 23 厘米

居于其中的时候"其神与万物交"，而离去的时候却"不留于一物"。

画家把场景塑造成一种"精神空间"，画卷里出现一个山石耸立、洞穴纵横、飞瀑垂下的自然景观，这是龙眠山庄的主体。一幕幕山水好像是人的舞台背景，这样夸张的山石造形、离奇的地貌被主体意识唤醒和照亮了，每个山崖、石洞、飞泉，似乎都是为这些丘壑之间的人所要进行的某些行为仪式而存在；而丘壑于人之作用，在于其自然活泼的生机，开启了主人泯然忘身的可能性，使身体处于"醉"和"梦"中，丘壑去除了人后天的"强记"，激发了艺术的自由之境。而艺术家作为独特的见证者，其伟大在于把无法呈现之物给予通往的路径，否则，虽然能够认识到道的存在，外物虽形于心，却不能形于手。在卢鸿、王维、李公麟的心里，风景反射着他们自己，回归于"天之子"的自己，思考着自己，他们把它塑造出一种特殊的存在，固定在画卷上，给后来者指示。这些图卷本身所拥有的独特气质，是迥异于山水画的，在某种意义上说，它虽然和后来园林在视觉元素上非常不同，但是在观念上却更加接近园林的"现象世界"，它们不是要表现可以被看见的东西，而是要让其中的某些不可见之被看见，目的也是把不可见的力量变为可见之物的尝试，即将自然、符号、神话、表象、诗歌变换成可见之物，并在这一情境中展示场域的能量化生空间的奥秘。

 | 梦的转向：私人场所的欲望

在《拙政园图咏·梦隐楼》（见图 11）的副页中，文徵明题诗文：

梦隐楼在沧浪池之上，南直若墅堂，其高可望郭外诸山。君尝乞灵于九鲤湖，梦隐"隐"字，及得此地，为戴颙、陆鲁望故宅，因筑楼以识。

林泉入梦意茫茫，旋起高楼拟退藏。

鲁望五湖原有宅，渊明三径未全荒。

枕中已悟功名幻，壶里谁知日月长。

回首帝京何处是，倚栏惟见暮山苍。[61]

在文徵明的生平文献中，他是一个标准的儒者，孔子说，"子不语怪力乱神"，"敬鬼神而远之"。文嘉曾记，文徵明的父亲文林精于术数，曾经要教给他术数的知识，而文徵明拒绝学习，可见文徵明对超现实神秘的事情的态度。在他的文集里，尤其是他所做的传记、行状、墓志铭、碑刻撰文中，他都是以儒家思想作为价值取向，凡是为政认真负责，能为百姓谋福利的官吏，不论地位高低，他都愿意详细记述并加以表彰，品评人物时，也经常会出现"儒风""儒业""儒学""儒吏"等字眼。例如文徵明的《企斋先生传》："兴顾瞻咨咻，以'儒吏'称之，无所怜……民用绥集，儒业以兴，州以大治。"[62] 在文徵明的文字中谈到神异的事情基本没有，在这里出现了他关于"梦"的叙述，这个"梦"在册页的开篇第二张就出现，一定是有着叙述的另外深层含义的。弗洛伊德（Sigmund Freud，1856—1939 年）说："在我们的梦中，它完全表现作一种意志的冲突（conflicti of will），一种否定（a denial），根据我们潜意识的目的。"[63] 实际上"梦"在这里，不应解读为只是对于王献臣在九鲤湖乞灵神怪故事的讲述，事实上，这是"清醒"的自我向"非清醒"的自我的一种主动进入，自我需要一个能够接纳他的背景域，自我的建立在体验之流中，如果现实性受阻，能够自我完善的主体必然朝向一个"能够进行"的方向。

在深层的观念上"梦"意味着园林世界的进入，梦之为梦，不在于其超于日常的怪诞，梦在园林中揭示的是一种心理的厚度，梦本身是社会失误动作的调整，主动把生命形式和现实结构调整的变形和折衷。从第一张《若墅堂》的画面上，我们可以在景图传达的意义象征上得到验证，

图 12 《楼居图》　明・文徵明
纸本设色　纵 95.2 厘米，横 45.7 厘米
1543 年作　美国纽约大都会艺术博物馆藏

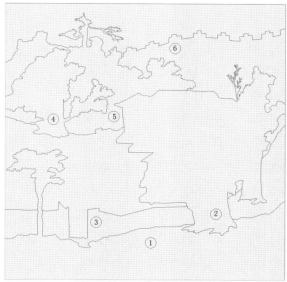

图 13　画面构图和"避居"意象
《拙政园图咏·若墅堂》
明·文徵明　嘉靖十二年（1533 年）
绢本设色　纵 23 厘米，横 23 厘米

《若墅堂》的画面和册页里面的大多数小景绘画构图上有区别，它更多地和流行的明代吴派或苏州画派中的山庄居画很相似。沈周、文徵明及其门生画了很多的这类画，文徵明后来在1543年画的《楼居图》（见图12）和此图很像，这类图都是为友人退政后闲居而作，造别墅、楼阁在自家"林泉"之中享受"栖逸之志"。文徵明于画中题曰：

> 南坦刘先生谢政归，而欲为楼居之，念其高尚可知矣。楼虽未成，余赋一诗并写其意以先之。它日张之座右，亦楼居之一助也。时嘉靖癸卯秋七月既望。

仙客远来好图居，窗开八面眼眉舒。

上方台殿隆隆起，下界云雷隐隐虚。

隐几便能窥日本，凭栏真可见扶余；

总然世事多翻覆，中有高人只晏如。[64]

这是一张有趣的园居图，为相识了三十余载的友人刘麟（1474—1561年）[65]八十大寿而作，刘麟致仕后，因为官清廉，无力满足其园居之志，在文徵明以画意构之。《明史》称其："晚好楼居，力不能构，悬篮舆于梁，曲卧其中，名曰神楼。文徵明绘图遗之。"[66]以绘画实现隐居的志趣，在《楼居图》中，房子被分割在一系列障碍物比如水、墙、树林后面，楼居掩映在树林和远山之间，这一道围墙是尘俗世界和隐居世界的划分，《楼居图》的视点是从外部世界窥视内部世界，这是暗示着一个"未建成"的世界，是一个"未来"的梦。而在《梦隐楼》和《若墅堂》图中，则是从内部世界遥望外部，则是一个正在"进行时"的梦，其中的观看背景一个是山，一个是城墙，一方面文徵明赞赏此地"绝怜人境无车马，信有山林在市郊"；另一方面还要感慨"回首帝京何处是，倚栏惟见暮山苍"。从中看出，文徵明的园居绘画无论是现实的还是想象的，都是作为人生的梦象，也是其园居概念的复制；概念是本原，视象仅仅是附属的。确定了此原则之后，造园就可依循其概念的行程，着手对梦的组织进行分析。而人生的不连贯性就可由此解决，最为神奇的事件也会变得简单而符合逻辑。无疑，造园者是善于分析的人，能把最古怪的梦解释得有条有理。出现在《若墅堂》画面里的城墙，是现实平江古城城墙的提示，因为在拙政园应该是可以看到城墙的，在明人王心一（1572—1645 年）的《归田园居》文中，他写道："西与州之'拙政园'连林靡间，北则齐女门雉堞半控中野，似'辋川'之'孟城'，东南一望，烟树弥漫，惟见隐隐浮图插霄汉间……"[67]可见在拙政园中是可以看到齐门的雉堞的，同时城墙在心理上也是一种对于帝京的暗示，对于文徵明和王献臣都有过在北京为官的经历，城墙对于他们应该隐喻了一种权力的边界，因此，这样的画面结构映射了文徵明及其朋友们的内心处境，并把他们的现实的生活环境和"梦隐""避居"的理想以艺术的形式再现了出来。（见图 13）园使得在世之自我在走向梦的同时也退出了万物，自我即内在性，在世之自我有着一个内部和一个外部。主体之路即自由之路，而自由之路反复被证明的是，只有返回自我的内部才能实现，内部有着巨大的空间和时间的给予性，梦是明显意义和潜在意义的连接。

"梦"，梦是通往内心世界的门，作为每一个孤独的梦想者都知道，当他闭上眼睛的时候，他用另一种方式在看这个不真实的世界。他需要思索另一种观看的方式，在外部他丧失了视觉的焦点，由于观看视域的因素，孤独的梦想者经验的范围分成焦点（focus）与边际（margin）两部分，在文徵明的诗歌中，我们看到了，"帝京"和"壶中"的两种经验空间。在枕中，也就是在梦中，已知道自我与功名世界的不和谐，回到"壶中"，自己的内部世界就打开了，重新对焦视觉，带来心理的创伤的事物在不知不觉中淡向边际之外，因为不在焦点范围之内，于是进入了比现实真实的"梦"的世界。当梦想者需要聆听内心的声音，同时也需要写出诗的句子来表达思想的"深处"时，于是"梦"出现在园记中。美国比较神话学大师约瑟夫·坎贝尔（Joseph Campbell，1904—1987年）说："神话是公众的梦，梦是私密的神话"。（'the myth is the public dream and the dream is the private myth）祈梦是主体主动地探寻自我深度的需要，九鲤湖祈梦，发轫于唐，勃兴于宋，鼎盛于明，衰落于晚清。明代，九鲤湖乞梦的风气更是盛况空前，影响所及"由莆而闽，而天下，靡不闻风而翘想之；士大夫宦游兹土，莫不函疏叩关而至"[40]。（明郑纪《仙梦辨》），"九鲤有人争乞梦"（即中陈宜泰诗），"夜夜游人问梦频"（祥符杨元述诗），"长老传闻多说梦"（衡阳朱炳如诗），"人间车马皆因梦"（桐城方以智诗）。明代江南士大夫文人多祈梦九鲤湖，王献臣梦"隐"归乡，始建拙政园，缘此决意守拙田园终老一身。在给计成《园冶》作序的郑元勋《影园记》文中也有"梦"的参与，郑元勋在造园前，他的母亲曾经梦见园林的示现："先是老母梦至一处，见造园，问：'谁氏者？'曰：'而仲子也'。时予犹童年及是鸠公，老母至园劳诸役，恍如二十年前梦中，因述其语，知非偶然，予即不为此，不可得也。然则玄宰先生题以'影'者，安知非以梦幻示予，予亦恍然寻其谁昔之梦而已。……梦固示之，性复成之，即不以真让，而以幻处，夫孰与我？"[68]明清江南园林的构筑和命名多和梦相关联，这是园林世界的现象，梦幻泡影的主题和园林非常亲密，那么梦意味着什么样的空间？是现实的预兆？抑或是现实的变形？我们来看梦的字义：

𦦮（甲骨文）𡨄（小篆文）：

梦，不明也。从夕，瞢省声。——《说文》
乃占我梦。——《诗·小雅》

以日月星辰占六梦之吉凶，一正梦、二噩梦、三思梦、四寤梦、五喜梦、
六惧梦。

——《周礼·春官·占梦》

昔者庄周梦为蝴蝶，栩栩然胡蝶也。俄然觉，则蘧蘧然周也。

——《庄子·齐物论》

一切有为法，如梦幻泡影，如露亦如电，应作如是观。

——《金刚经》

从梦的字体我们看出，梦字是一个会意字。小篆字形，由"宀"(房子)、
"爿"(床)、"梦"(不明也) 三字合成。意为夜间在床上睡觉，眼前模糊
看不清，即作梦。"梦"由"苜"(mò，眼看不清)、"宀"(人的变形)、
"夕"(晚间) 三字会意。本义：睡眠中的幻象。因此，梦首先是和观看
有关，但是观看的时间在夜晚，因为这种观看是在很弱的光线下，所以
物象呈现得不清楚；其次，和家宅是密切关联的，房子和床都是一种个
人化的私密空间，梦的意象带给我们的是内心柔软的"家宅"。园林首先
是隐居之所，是家、宅、花园，是私人的领域和空间。"主人"的园比起
居住，更加私密，其居住的空间还带有"礼教"的制约，而园作为私人
空间可称其为"私人天地"(private sphere)，所谓的'私人天地'，是指"主
人"一些列物、经验以及选择性活动，它们属于一个独立于社会天地的
主体，"主人"要创造一个私人空间，宣告"梦"的溢余和游戏是必需的。
"梦"包孕在私人空间 (private space) 里，而私人空间既存在于我的"意"
之中，也开放给能够激发和创造"意"的连续性交流的"圈子"，所以不
受公共世界的干扰影响。这种"意"的传递中无疑诗歌文学是最好的方式，
文人的园林生活与文学创作的密切关系，由园林提供了给诗人们一片私
人天地，"私人天地"是一处没有完全被社会和政治整体所吞没的行为与
体验场所，安放诗情创作之天地 (sphere) 需要一个空间 (space)，这个

空间，在诗人看来首先就是园林，园林带来的是强烈的"地点感"，因为地点感（sense of place）视地方不只是一个客体，它被视为一个强烈的意向，而感觉到世界的价值，园把梦视作一种精神场域，这个问题在造园中有着极为广泛的认知。从今天我们已知的对园的物质形式的看法，到认为梦可能具有对园的实质影响，迄今为止尚未揭示价值的预计。事实上，直至"主人"具有一个置梦生活远在清醒生活能力之上的能力的出现，去发现动人的、有感情所附着的聚焦，空间如何转成意义的场所，是由主人的自我活动的涉入，经由主人对场所的亲密性及记忆的累积，经由意象、想象、观念及符号等意义的给予，经由想象和再造的真实的经验，身体、梦境、语言结构以及欲望结构对空间的充盈，使得园的实质特征便是可以把一处空间转型为时间上绵延充分被理解的自我的场所。

梦墨亭：桃花庵里悟真如

梦墨亭是唐寅（1470—1523 年）园林中的一处景观，他是文徵明的好友，明四家之一，字伯虎，更字子畏，号六如居士。他的园林桃花庵以及他后来的名号"六如"一样均表现了"梦"的主题。梦、丹青、诗文在园林中更能敞现人生所期许的超越性，而丹青被唐和他的友人们言说为梦墨的事件。

祝允明（1460—1526 年）[69] 在《唐伯虎墓志铭》记唐寅："尝乞梦仙游九鲤神，梦惠之墨一担，盖终以文业传焉。"[70] 而梦墨亭，就是为唐寅纪念在九鲤湖得梦神赠墨而构筑的，为此还特请祝允明作文记之。明代文坛的巨子祝允明曾为好友唐寅作《梦墨亭记》，以"梦墨"为主题叙述唐寅的亭园迷梦和丹青神话，在文中对"梦墨"有所深入的阐释："……比自四方而归，结亭阊门桃花坞中，目之曰：梦墨，章神符也。谓独余为可记，陈前故以来请，于乎！子畏自以为志畅矣，神符章矣。余忖度之，其果谓之然哉。"[71] 在桃花坞,唐寅找到了一种意向,可以释放情怀的场所,所谓"志畅",乃是唐寅自认为发现了梦墨事件的真正所指,这个时间的"志"已非昨日之志。

只是祝允明以他的人生阅历还不能完全理解挚友的内心,于是他有疑问:"吁乎!然而不尽者也。往老王子安尝梦墨而以文章名,余亦尝梦墨未知以何名,审子畏之梦墨,其果以画名哉。墨之用独画哉?子畏之文岂特余等?亦岂特欲勃等第哉?"[72] 可见,他和唐寅对于梦墨这个符号的理解有所不同,文业是文人的事业,画能是文人一生所向吗?文人以文立业,能以画立业吗?但他同时也敬佩唐寅的自我身份的自觉转变,于是在文中他感慨:"子畏不谓符文,以为符画,子畏格气乃果独是哉。以为符文,余且谓不尽而又卑于文者哉。子畏以文自居,余犹进之有尽墨之用者,犹为非子畏志之真也,又以画余肯为之真哉。设余第徇子畏云尔。已矣!当不畏人笑失伦,又不畏神怒忽略苟且阿人哉。神之祥子畏不唯也,必然矣。然而人之志最易止,止子畏之志,无亦果本尔乎。或是则不可,不可必进以从余,如子畏不然,又何系以余文为哉。"[73] 在这段文字里,同样是"梦墨",理性和直觉成为人生判断的不同准则,"何者为墨符"是从我和非我的反复考量中产生的。而自我的认识建立亦需要来源于认识他者,以及他者的接纳和丰富的可感知性,这样也将使生命获得一种存在形式自我立法的合理性。

《梦墨亭记》这类园记是通过山水从自然大道转向对"私密神话"的描写,强化了园林空间的记忆性和先验的合法性,梦意味着未来已经成为现实,过去和现在以及未来都在梦中的不可知的时间点坍塌,园记是伴生着园林的文本,园记使得园林从空间之物变成了时间绵延的叙事,主人通过时间的叙事而与园林同时在场,从而成为园的神话修辞的一部分;园林从来不是客体,客体会驱逐主体的在场,以虚假的自明性压制不可见的呈现,而园的还原是必须要求主体的在场的。园林的可见性在凝视的梦境中，梦又是对可见性的颠覆，梦开启的是不可见性，不可见性创造了一种物性界限的消解，梦中的山石、云雾在观看中，没有本质的差异，石润气晕则云生，在凝固坚硬和瞬间即逝之间，既是同一的又是差异的。梦未必是彼岸的世界，但是梦一定能带给我们日常生活之外的另一种观看，在日常经验之焦点上，通常是我们所比较关注的清楚明晰的事物，因为我们对于这些事实加以注意，因此它们能够从我们的经验背景当中突出。在边际内的另一部分事物我们虽然也知道，但有欠明晰。此外，还有另一部分的事物在不知不觉中淡向边际之外，因为不在我们注意范围之内，当时于是没有被我们所知晓。在日常生活的经验域以外，我们的实际知觉还有潜在意识。事实上，当我们的感官对真实的现象、景物、声音起作用之时，它们会从现实领域里被转送到精神里，而在精神里，已然变成心灵事件，其最终性质并不可知。

因此，任何一个经验包含数目不定的不可知因素，每个具体的物象在某种特定情况下何尝不是不可知，因为我们无法知道“物自身”的本质。这样说来，一定有某些事件我们并没有意识地注意到，换句话说，它们留在意识下面，其实这些事件已发生过，但它们被潜在意识吸引，我们只是一点也没察觉而已。我们只有在直观的刹那或一连串的苦思后，才会逐渐注意这类事件，而且最后知道它们一定已发生过，也许起先忽视它们对情绪和维持生命的重要性，但事后会从潜意识中涌出，成为一种回想。事实上，它可能以梦的形式出现。一般而言，任何事件的潜意识层面都在梦中向我们显现，当然，显现出来的并非理性的思考，而是象征的意象。唐寅等以其自身的天才禀赋和独特的人生经历，让自己拥有了直观自然的自由，身心的感受可以做出与外物契合的反应，借助诗书画、园林建构落花感伤、连诗惆怅、抱眠山水等各种不同的文本述说，留下的园林诗篇（绘画、书法），让后人看到心的迹化，这也许是梦对主人的最大要旨。而在以丹青为家业的画者眼中，以“墨”运观万物，则是受山水最佳的"蒙养"方式。从这个角度说,园林和山水画都是水墨的涵化,一种灵晕,一种心性的迹化。以笔墨论绘画,文徵明赞誉唐寅:"子畏画本笔墨兼到,理趣无穷,当为本朝丹青第一。白石翁虽苍劲过之,而细润终不及也(文徵明《题唐子畏江南烟景图》)"。[74] 以才情论文章,祝允明对唐寅评价极高:"子畏天授奇颖,才锋无前,百俊千杰,式当其选。"[75]

　　唐寅是姑苏趋里人,生于明成化六年庚寅年(1470年),和文徵明同年生人,唐寅二月四日生,文徵明十一月六日生,所以唐寅比文徵明大九个月。唐寅出身于一个小商人家庭,自幼天资聪敏,熟读《四书五经》,博览《史记》《昭明文选》等史籍。喜爱绘画,稍长即拜名画家周臣为师。父亲唐广德因家道中落在姑苏吴趋坊皋桥开酒店,当时文徵明父亲文林(1445—1499年)去酒店喝酒,见唐寅才学过人,决定让唐寅与文徵明一起拜吴门画派宗师沈周为师。文徵明和唐寅性情大异,次子文嘉在《先君行略》中记:"南濠都公穆博雅好古,六如唐君寅天才俊逸,公与二人者共耽古学,游从甚密,且言于温州(文徵明父亲,时任温州知府)使荐之当路,都竟起家为己未进士,唐亦中南京戊午解元。时温州在任,还书诫公曰:'子畏之才宜发解,然其人轻浮,恐终无成。吾儿他日远到,非所及也。'"[76] 可见都穆(1458—1525年)、文徵明和唐寅三人少年关系亲密,志趣相投,都喜好古文,并且文林很早预料到了他们未来的人生,都穆比两人大十二岁,三人命运因其性情不同,轨迹极不相同。唐寅二十四岁突逢人生大变,弘治六年(1493年),父母、妻子和唯一的妹妹相继离世,剩下兄弟二人,"嘉时修苾枣,涕泪徒流连","抚景念畴昔,肝裂魂飘扬"。[77] 在朋友祝允明和前辈文林等人的帮助下,他重新振作精神,以科举为志业。

　　弘治十年(1497年),唐寅参加录科考试,其间唐寅与友人张灵宿妓喝酒,放浪形骸,加上唐寅好古文辞,令提学御史方志十分厌恶,判唐寅落第。文林惜才,将唐寅的诗文拿给苏州知府曹凤看,才有了录遗考试,总算取得参加乡试的资格。第二年，主考官大学士梁储(1451—1527年)对唐寅的才学很欣赏，认为他是异材，将他定位第一，唐寅二十九岁乡试第一，成了南京解元，从此唐解元名扬四方，文林的朋友吴宽(1435—1504年)在公卿间常常称赞他，使他名声传遍京城。但是踌躇满志的唐寅没想到等待他的将是一场"弘治春闱案"，彻底击碎了他的出仕之梦。

　　弘治十二年(1499年)冬，唐寅坐船经大运河抵京，准备参加次年二月举行的礼部会试。祝允明记："时傍郡有富子，亦已举于乡，师慕子畏，载与俱北。"[78]所说"富子"就是江阴人徐经(1473—1507年)，家富藏书，梧塍徐氏所筑"万卷楼"中藏有大批从宋、元幸存下来的古文献，其中有不少天文、地理、游记之类的著作。徐经与吴郡文士多有交往，与唐寅最为莫逆，以才名相引重。至京后唐寅拜访了前辈吴宽(1435—1504年)、王鏊(1450—1524年)、恩师梁储，梁储为了提携他，又引荐他拜访了礼部大学士李东阳(1447—1516年)和礼部右侍郎兼学士掌詹事府事程敏政(1446—1499年)。这是当时文人官场、学界通常的社交模式，是"门生"的模式。是年十二月，梁储出京正使，唐寅"持帛一端诣敏政乞文钱"，即出钱请程敏政为恩师写一篇文章饯行。程敏政写了《赠太子洗马兼翰林侍讲梁公使安南诗序》一文，文中还洋溢着对唐寅的赏识。时间到这里，唐寅的人生还是完美的，他的才华得到了文林、吴宽、梁储、王鏊、程敏政等前辈的认可，但是，过犹不及，弘治十二年(1499年)年二月会试开考，朝廷钦定的主考官竟然是李东阳和程敏政，这使得一切发生了巨变。明史·文苑传·唐寅传》载：

　　敏政总裁会试，江阴富人徐经贿其家僮，得试题。事露，言者劾敏政，语连寅，下诏狱，谪为吏。[78]

　　这是官方的最后定论，其中间是非曲直已经淹没在历史之中，但是以当事三人来看，冤案无疑，徐经家境虽巨富，但亦是书香门第，其祖父徐颐中书舍人，在京任职期间与李东阳为友，其后人徐霞客（1586—1641 年）被称为"千古奇人"，门风名节端正，唐寅以其才情更是没有"买题"的可能性。以程敏政的人品才学，卖题之事绝无可能，其出狱后因过于冤屈悲愤仅四日即因痈毒不治而亡，死后交代后世永不出仕。而所谓卖的"题"，是一道出自那个批评王维的刘静修《退斋记》中的冷僻文字，据说士子本就不满，而徐、唐二人却考后大喜，而阅卷中，在封卷的情况下，程敏政认为两个贴题的卷子为二人所答，这引起了很多人的不满和怀疑。所以户科给事中华昶，以"风闻"奏学士程敏政会试漏题后，程、徐、唐即被投入狱中，后奏本者华昶也被投入狱中。唐寅在《与文徵明书》诉说个中经过乃至于狱中所受之苦："墙高基下，遂为祸的。侧目在旁，而仆不知；从容晏笑，已在虎口。庭无繁桑，贝锦百匹；谗舌万丈，飞章交加。至于天子震赫，召捕诏狱。身贯三木，卒吏如虎，举头抢地，泧泗横集。"[79] 而身边"侧目"就是都穆，他的告发最终的结果，是所有牵涉其中的人都深受其害，程敏政再次被勒令致仕，徐经、唐寅，士籍除名，黜充吏役，而告状的华昶降职南京太仆寺庙主簿，为华昶求情的人也不同程度地受到惩罚。

　　都穆虽然中了进士，做了官，身边的朋友不齿其为人，大多疏远。与都穆形成反差的是文徵明、吴宽等师友，唐寅《又与文徵仲书》中的回忆充满情感："比至京师，朋友有相忌名盛者，排而陷之；人不敢出一气，徵仲笑而斥之。"[80] 上海博物馆藏有吴宽《致欧信为唐寅乞情札》，欧信是唐寅即将充吏的地方长官，吴宽向他乞情请他与同僚善待于他，信中说唐寅是因为"妒其名盛者"加以毁谤，及至下狱充吏，"此事士大夫间皆知其枉，非特乡里而已"。唐寅意料之中地拒绝充当吏役，但是吴宽等师友的爱重和关怀，对唐寅是极其温暖的。从文徵明和唐寅后来的诗文集中，可以发现两人把和都穆有关的内容都去掉了。徐经返家后，闭门

图 14
《桃花坞写生图》（局部）
明·唐寅
弘治年十八年（1505 年）
绢本设色
纵 161 厘米，横 35 厘米

读书，并作《贲感集》以明志，文徵明为其做序。明孝宗死，徐经盼望新天子的赦令，北上京师，不胜劳顿，于正德丁卯（1507 年）客死京师，年止三十有五。对徐、唐两人来说，出仕就像一场不堪回首的噩梦，唐寅晚年作诗《梦》回首当年："二十年余别帝乡，夜来忽梦下科场。鸡虫得失心尤悸，笔砚飘零业已荒。自分已无三品料，若为空惹一番忙。钟声敲破邯郸景，仍旧残灯照半床。"[81] 在追求功名仕途的道路上，祝允明与唐寅同病相怜，他们中年以后的思想由追求功名、经世治国而都转向了狂狷不羁、游戏人生的态度。祝允明在《再挽子畏》诗中有"少日同怀天下奇，中年出世也曾期"之句，两人少年学文期望治世求宦，中年后又先后出世，各归于佛道。唐寅，出世后自号"六如居士"，皈向佛门；而祝允明自号"枝山道人"，归向道家。六如亦称六喻，来源于《金刚经·应化非真分》："一切有为法，如梦幻泡影，如露亦如电，应作如是观。"他将自己的屋舍称为庵，即桃花庵，将精神寄予在佛家和隐居文人的出世精神之中。唐寅《落花诗》感叹：

剎那断送十分春，富贵园林一洗贫。
借问牧童应设酒，试尝梅子又生仁。
若为软舞欺花旦，难保余香笑树神。
料得青鞋携手伴，日高都做晏眠人。
夕阳黯黯笛悠悠，一霎春风又转头。
控诉欲呼天北极，胭脂都付水东流。
倾盆恨雨泥三尺，绕树佳人绣半钩。
颜色自来皆梦幻，一番添得镜中愁。……[82]

　　唐寅于弘治十八年（1505 年）开始在苏州城北桃花坞营造桃花庵别业，原废墟曾为宋人章楶（1027—1102 年）别墅，桃花坞地处苏州城北，历来荒芜与繁华兼容，市井与风雅并存，这很符合唐寅的要求，在《桃花庵与祝允明、黄云、沈周同赋五首》中，他描述了自己造园的意匠：首先要有山野之气，"茅茨新卜筑，山木野花中"，周边山势雄奇，有名山气质，"匡庐与衡岳，仿佛梦相通"；其次，他不是独自避居，一定要邀友聚会，"啸声多伴侣，何惜一陶然"；当然重要的是园林别有洞天，"地缩武陵脉，轩开蔚蓝天"[83]，作为画家、诗人、仕途失意者、居士回到"避秦世界"，造了一座山野式的别墅。存世《桃花坞写生图》（见图14）传为唐寅作，有意思的是画上有题款为"弘治乙丑春三月写于桃花庵，吴郡唐寅"，为1505年，而据考桃花坞中大部分建筑是在正德丁卯年（1507年）建成的，若此作为真，则画中的景物建筑似乎为唐寅对于园林的设想图。唐寅山水初学法于南宋李唐、刘松年，后参入己意，线条变斧劈皴为细长清劲线条皴法，此画兼及元文人画温润之气息。他造的这个园林和王献臣拙政园不同的是，规模虽然不大，但环境胜过城郊，周围山峰环绕，树木葱荣，几间雅致草堂、几个竹亭，掩映在山水之间，使得园林融入于山水之中。他为这些亭堂题写了室名：学圃堂、梦墨亭、竹溪亭、蛱蝶斋。园外一曲清溪蜿蜒流过，溪外一株柳树一株桃。因为唐伯虎最喜欢桃花，辟了药栏，疏浚后的双荷池，种了荷花，养了池鱼。《桃花庵歌》写于明朝正德二年（1507年），三十七岁的唐寅在别墅落成以后，取名为"桃花庵"，自号桃花庵主，弘治十八年（1505年），这一年，离唐寅科场遭诬已六年，他作了一首《桃花庵歌》：

> 桃花坞里桃花庵，桃花庵里桃花仙。
> 桃花仙人种桃树，又折花枝当酒钱，
> 酒醒只在花前坐，酒醉还需花下眠。
> 酒醉酒醒日复日，花开花落年复年。
> 但愿老死花酒间，不愿鞠躬车马前；

车尘马足贵者趣，酒盏花枝贫者缘。

若将富贵比贫贱，一在平地一在天；

若将贫贱比车马，他得驱驰我得闲。

别人笑我忒疯癫，我笑他人看不穿；

不见五陵豪杰墓，无花无酒锄作田。[84]

　　这首诗里面用了十二个"花"字和七个"酒"字，王世贞曾嘲笑这首诗"如乞儿唱莲花落"，但也服膺感慨其"似怨似适，令人情醉"的诗风，在设色典雅的文人诗词中，《桃花庵歌》显得"另类"，唐寅最喜爱的"花"是"桃花"，其盛开之时犹如一片绚丽灿烂熊熊燃烧的烟霞，但其花落也快，瞬间而绚丽，有着和酒一样的烈度，和唐寅以及明中期这些洒脱的才子命运，何其相似，唐寅童髫中科第一，四海惊称之，其后又乡试第一，三十岁进京会试，牵连徐经科场案下狱，四十四岁应宁王朱宸濠之聘，看穿宁王谋反面目，次年佯装疯放返故里，其艺术家的性格常含傲岸不平之气，情真意挚，但残酷的现实下，越名教而放任自然是他唯一的希望和选择，虽然有"龙虎榜中名第一"的才气，但是像他和张灵、祝允明等才子放浪不羁的性格，和现实终究屡屡碰壁。桃花庵本身含有一种对主人自我边缘角色认证的意识，他在幽暗深夜的庭院中，回荡着两种不同的旋律或不同的声音，一种曲调是叙写主人和自然交融的性情之乐，一种是主人对于功名未成的自言心志。"志"是士人含混的主体欲望，混杂了孔子所说的"志于道"和世俗所谓的富贵功名，"栖逸之志"，是主体寻找逃逸的出口，包含了主人在世、出世、情调及道德操守等在内的一种复杂内在意识，这两种旋律声音代表了主人分裂的不同的我，而"疯癫"的行踪成为一种从外部回到内部的"陶醉"。唐寅用"花"和"酒"来加以类比个体的人生，透露出中国式的狄奥尼索斯式的激情，在礼教儒学的重压下得到刹那间的"绽出"。这首诗明显受到其师沈周的影响，沈周弘治七年九月（1494 年）作《九月无菊》：

> 今日九月九，无菊且饮酒。
> 明年九月九，有菊亦饮酒。
> 有花还问酒有无，有酒不论花无有。
> 好花难开好时节，好酒难逢好亲友。
> 一杯两杯长在手，六印何消金握斗。
> 三杯五杯不离口，万事莫谈瓶且守。
> 瓶云罄矣我即休，载欲谋之已无妇。
> 天应私我身独在，天不全人花乃后。
> 迟之明日兴还存，紫蕊青苞得开否。
> 倘看烂漫即重阳，借酒东墙恼邻叟。[85]

两首诗歌相隔十余年，作这两首诗的时候唐寅三十八岁、沈周六十八岁，相比于自己的生命长度，都到了晚期，也是艺术和人格的成熟期，这些吴门有成就的大师，无论际遇如何示现，都在人生的不同阶段、不同方向和程度上转向了对于内在生命本体的参悟，构建了东方式的文艺复兴的艺术主体，就有了醉酒和清醒之间的对话者，"醉翁之意不在酒，在乎山水之间也。山水之乐，得之心而寓之酒也"。这样的人被欧阳修（1007—1072 年）描述为"醉能同其乐，醒能述以文者"[86]，免于自身遗忘的焦虑便是呈现传世之文。而对于沈周"教外别传"开创的大俗大雅的文体，当时艺术修养不高的文人所不能够理解，"都穆《南濠诗话》称其"咏钱""咏门神""咏帘""咏混堂"咏杨花""咏落花"诸联，皆未免索之于句下。"[87]《四库全书·石田诗选·提要》认为"然周以画名一代，诗非其所留意。又晚年画境弥高，颓然天放，方圆自造，惟意所如。诗亦挥洒淋漓，自写天趣，盖不以字句取工。徒以心邱壑，名利两忘。

风月往还，烟云供养，其胸次本无尘累。故所作亦不琱不琢，自然拔俗，寄兴于町畦之外，可以意会而不可加之以绳削"。[88] 汲汲于功名的都穆当然不能理解，"盖穆于诗所得不深，故所见止是也"。[89]

对于唐寅的出世入世，明朱国桢 [90](1558—1632 年) 对其名号"六如"有其独特的解读，《涌幢小品卷三》说："苏门公啸有六如：一如深溪虎，一如大海龙，一如高柳蝉，一如巫峡猿，一如华丘鹤，一如潇湘燕。唐子畏号六如，取佛书之说，不如前说更为潇洒，有意趣。或者当时所取在此，而更托之彼；使人不可测耶？"[91] 长啸、饮酒都是一种生命的陶醉状态，尼采 (Friedrich Wilhelm Nietzsche,1844—1900 年) 指出艺术和审美只有两种状态：陶醉和梦幻，在两种状态下能够给"艺术家"带来的狂喜状态，"艺术犹如人身上的一种自然力量出现于其中的两种状态"。[92] 园的空间经过了文人的诗和酒就变成了梦境，梦境唤起了物性的本源和生命的狂喜，梦是体制化的人的对于自然的回归和对于心物一体的重新回归，物一旦摆脱了具体时空的限制，心便有希望归于宁静的本体，可以避开营营苟苟，趋向一个的光风霁月的审美世界。

唐寅的后半生基本上在桃坞别业中度过，他在自己的桃花源中找到了归处，好友文徵明、祝允明、王宠、黄云、老师沈周、王鏊等人经常来饮酒作画题诗，"高隐不求轩冕贵，且将踪迹寄烟萝"[93]，无论是各种境遇下的人生忧患，还是哲学意义上所说的人生本质的苦恼，都可以在酒的沉醉中忘却。酒醒处花开心定，心定就是认清现实，接受现实，与现实相处，尼采说："你达到你自身的方式，亦即当你控制住自己，在本质性的意志中把你自身纳入这种意志之中并且因此获得自由时，你就达到你自身。"[94] 沈周、文徵明、唐寅等吴门宗师，人生失之仕途，却在山水笔墨中开创了一番新天地，共同开创了吴门画派，其群体性的诗画风雅，深深地影响了后世山水园林文化。

唐寅生命的终结亦有梦的暗示，正德丙寅（1506 年）他再赴九鲤祈梦所得"中吕"二字，时年三十七岁，当时不得其意；在十七年后，嘉靖癸未年（1523 年），拜访其师王鏊山中，见其壁有苏轼《满庭芳》词，其图赫然有"中吕"二字，唐寅认为其中词句"百年强半，来日苦无多"。是梦中谜底，惊诵其词，"默然归家，疾作而卒，年五十四，果应百年强半之语"。[95] 对唐寅来说，梦是预言，其中有人生的转机，也给梦者带来了终结。就梦来喻唐寅的人生，《一亭考古杂记》评："世目唐子畏为轻薄浪人，不曾得子畏真身也……至于其为乞儿，为傭奴，为募缘道士，大丈夫不得志，聊寄其性情于幻梦中耳。庄周梦蝶，可得谓蝴蝶即庄周耶？"[96] 而唐寅最终以桃花般绚丽接受人生的暴雨惊雷，参透的是"前程两袖黄金泪，公案二生白骨禅。老后思量应不悔，衲衣持钵院门前"[97]。正如苏轼所云："蜗角虚名，蝇头微利，算来著甚干忙。事皆前定，谁弱又谁强。且趁闲身未老，须放我、些子疏狂。百年里，浑教是醉，三万六千场。"[98] 唐子畏、唐寅、唐伯虎、六如居士……在后人的视线中，被演绎成一个文情四溢的天才少年，乃至一个狂放不羁的情种，唐寅的宿命无疑是那个见诸艺术史的大师，但是他又说："后人知我不在此。"[99] 也许六如居士其实才是那个梦墨亭的主人，狂放与才情也，潇洒沉静的山水世界，都是他的"梦蝶"，在不可自主和自主之间成长是生命的本质，这或许是唐寅最动人的开悟。园林所代表的外在观念是由集体潜意识形成，它既有中国文化的对于万物和谐的大美的追求，同时也是在现实社会存在裂痕的映射，因而主人的"志"在被现世的存在之恶滞后与延误时，就会产生对时间流逝的焦虑，这也就是为什么在文徵明《拙政园图咏》诗篇中始终有对外物变化的哀挽，对光阴变迁感伤的原因，同时这也是在历代士人一直反复吟唱的主题。"最怜明月夜，凉影共悠悠"，园是和社会主体的断裂，也是有效的联系，园之梦诉说的是关于自然修复自我的"神话"，是一种救赎。

诗人在园林的想象里，可以更轻易地进入梦境，所以诗人更喜欢在园中梦想。就在自我的天地里面，诗人发现了一种微小的变形，这一变形将扩散到宇宙当中，在诗人的引领下，梦想着通过移动世界的脸庞来更新他的世界，在园的缩影里，梦想着让一个世界出现。梦想着强迫世界作最不合理的显现，梦想者让非现实的波动流淌在原本现实的世界之上，整个一致性的外部世界在这个独一无二的场所面前转变为一个可以随意变幻的影子。园子是一种对纷乱的遮蔽，是不可言明的，是梦居住的地方。从实用的角度来说，园只是为人提供可以使用的空间，但从人生或艺术的角度来说，园的"主人"应当是一个将自身存在和园林空间本质反省于心，并将园林空间事物与园林空间意识之间的关系了然于胸中的人。梅洛·庞蒂 (Maurice Merleau-Ponty，1908—1961 年) 认为："在对知觉进行分析的我和有感觉能力的我之间，始终存在一段距离。但在反省的具体活动中，我跨过了这段距离，我通过事实证明，我能知道我感知的东西，我在实际上超越了两个我的不连续性。"[100] 主人通过绘画、诗文更新了园中的世界以及其中的景物，并因此而成为特定意义上的风景的给予者；而风景也通过主观的世界在其中的显现，而成为特定意义上的具有精神指向的象征关系；观者则还可以更进一步去把握在园林世界中起作用的某种现象的还原，从而成为特定意义上"主人"的补席者。也就是说，梦变移现实空间原有的色、形和情调、氛围，在现实和梦境之间，园把主体的欲望整合到象征的层面，而主体的欲望在他者的在场的注视下，被充分确认、命名，一旦主体被充分确认，现实的压力被消解，主体与外界由对立转向对话的关系，将表达创造出深静、奇幽、古远的境界。

┃ "随"之时义

我们看到，园由"主人"兴，园从创造的那一天起，就被"主人"

命名了。因此，园既是一种物的空间，也是一种时间符号的投影，是一种存在的标记，是想象和物的结合体，物有消亡，想象却可以潜藏，等待下一次的直观、阅读和复写。主人在时间中投下自己的影子，是物的消隐，而文字、图像发出的幽光则是物的呈现，一欲隐蔽一切，一欲显示一切。它们总是与园相随，相辅而行。康熙年间，拙政园"百余年来，废为秽区，既已丛榛莽而穴狐兔矣"。直到乾隆三年（1738 年），新的主人"蒋司马葺旧地为园"，经营多年后，建成后重新取名为"复园"。[101]钱泳[102] 在《履园丛话》中叙述了园子二百余年的兴废变迁：

　　　　拙政园在齐门内北街，明嘉靖中御史王献臣筑，文待诏有记。御史殁后，其子好樗蒲，一夕失之，归于徐氏。国初为海宁陈相国之遴所得，未几，以驻防兵圈封为将军府。园内有连理宝珠山茶一树，吴梅村祭酒有诗纪之。迨撤去驻防，又改为兵备道行馆，既而为吴三桂婿王永康所居。三桂败事，乃籍入官。康熙十八年改苏松常道新署，旋复裁缺，散为民居，后归蒋太守，改名复园。春秋佳日，名流觞咏，有《复园嘉会图》。[103]

　　复园建成的时候，园主邀沈德潜[104]（1673—1769 年）于园中，其后两次复游，有诗文记之，文为《复园记》，现有嘉庆年的刻石存于园中；诗为《题蒋玉照复园图》。在诗文中，他提到于乾隆三年（1738 年）和乾隆五年（1740 年）两次来到复园，当时已经落成。后于乾隆十二年（1747 年）重游园子，称复园"丰而不侈，约而不陋"，园中"山增而高，水浚而深，峰岫互回，云天倒映"，在园中和"主人举酒酌客，咏歌谈谐，萧然泊然"[104]，这令人想起文徵明当年和王献臣的共游，其句"不离轩裳而共履闲旷之域，不出城市而共获山林之性"[105]，回应了文诗"绝怜人境无车马，信有山林在市城"的复现。他这样解释复园的命名，"旧观仍复，即以'复'名其园"[106]，旧观的"旧"意味深长，文中有意多次出现"复"

字，就好像过去就是现在的拓展，相比之下，未来并不包含多少的比例，未来仿佛是过去的含混的回望。他认为，作为存世的我们终有一天归于"乌有之乡"，那么，拙政废园而复之，除了"林庐息影，栖情颐神"。"主人用心，又不止此"，出于什么目的呢？沈德潜接下去替主人解释："主人承先人庇荫，本无籍于复业，而敛抑之怀，常有事于复德。则夫奉世泽而继述之，味道风而涵泳之，以修身之不远，复进于中行之独复，无悔之敦复，有日惓惓于寸衷而不能暂释者也，取以名园，其即谢康乐述祖德意乎？"[107]比起文徵明的三十一景，文中对景观的叙述几乎无新意可言，更无"不负昔贤高隐地"[108]的雄心，文中满是附庸风雅德行的敷衍，对照文徵明在拙政园册页槐雨亭的副题，则对拙政园的未来充满期许和情怀："亭下高槐欲覆墙，气蒸寒翠湿衣裳。疏花靡靡流芳远，清荫垂垂世泽长。"[109]这种希望传世的愿望，也被沈文中"德"的空洞口号替代，文中称赞主人修园立德，泽被后世，强调"复"园的目的不只是在于声色之乐，更在于修身，在于复德，复先祖之德。《复园嘉会图》成图于乾隆三年（1738 年），沈德潜于乾隆十二年（1747 年）再次看到，而在乾隆二十八年（1763 年）第三次看到时，年逾九十的他感叹道：

> 展图重似游花岛……唯余日月走惊电，人事奔波云变幻。离者渐合合复离，……前途万事殊茫茫，安分之余吾何有。卷图珍重归画禅，不知重来观画为何年。[110]

此时的拙政园似乎也失去了早期清远旷奥的风貌，随着主人的更替，园林的氛围有了改变。如果把拙政园建园的时间从正德四年算起，到今天有五百年了，复园刚好在中间的时间点上，这个"复"字，是很耐人寻味的。它映射了中国文化很特殊的一种心理结构，用到园子的命名上，不是偶然的，它启发了园林主人构建园林符号系统的结构性、变易性和重写性：对于景图的阅读，意味着一种新的重写，原初的文本始终向新的阅读时间开放，当新的文本产生，又将成为下一个阅读的对象，对于主人来说，过去的意义在于它必须向现在开放，它从未只是停留在 16 世纪的静止时间里，感通不是为提供一个历史注解的文本，而是注入新的诠释在"旧"的景园和"旧"的文本里面，在诠释化了的过去时间里，必须找到鲜活的体验，在时光留白处置入新的事件，在熟悉的温暖的"旧"中，"主人"才会发现那个过去曾经的"我"。

沈德潜是清朝大臣中的九老之首，活到九十七岁，而且位极人臣，官拜太子太傅，但作为"天子词臣"的他在一幅园林画卷面前，竟发出如此无奈的声音。沈德潜科考的经历和文徵明有些许相似，但入仕后便大不同了。他从二十二岁参加乡试起，四十多年间屡试落第，总共参加科举考试十七次，最终在乾隆四年 (1739 年) 中进士，时年六十七岁。乾隆七年 (1742 年)，他被授翰林院编修，称以"江南老名士"。"(乾隆) 八年，即擢中允，五迁内阁学士。乞假还葬，命不必开缺。德潜入辞，乞封父母，上命予三代封典，赋诗饯之。(乾隆) 十二年，命在上书房行走，迁礼部侍郎。"[111] 乾隆十三年 (1748 年)，沈德潜以齿衰病噎乞休，未准；次年，"复乞归，命原品休致，仍令校御制诗集毕乃行。谕曰：'朕于德潜，以诗始，以诗终。'"[112]

沈德潜退休前为乾隆编纂好了《御制诗集》，乾隆又给沈德潜的《归愚集》亲自作序，并认为他的诗学成就和高启 (1336—1374 年)、王士祯 (1634—1711 年) 在伯仲之间。乾隆帝对沈德潜的特殊宠幸还远没有结束，乾隆十六年 (1751 年)、二十二年 (1757 年)、二十七年 (1762 年)、三十年 (1765 年)，四次南巡，都接见了沈德潜，并加封礼部尚书衔、太子太傅，赐其孙维熙举人。皇太后六十万寿 (1751 年) 召赐曲宴，赐额曰"鹤性松身"；皇太后七十万寿 (1762 年)，复诣京师，为"致仕九老首"。沈德潜于乾隆三十四年 (1769 年) 以九十七岁高寿去世，生前可谓风光无限，变故发生于他死以后，《清史稿·列传·沈德潜》记："四十三年，东台县民讦举人徐述夔《一柱楼集》有悖逆语，上览集前有德潜所为传，称其品行文章皆可为法，上不怿。下大学士九卿议，夺德潜赠官，罢祠削谥，仆其墓碑。四十四年，御制怀旧诗，仍列德潜五词臣末。"[113] 乾隆和"江南老名士"之间的龃龉，由诗文而起，由诗文而终。作为御用文人，沈德潜强调诗为政治服务，提倡"温柔敦厚，斯为极则"（《说诗晬语》卷上），宣传儒家传统"诗教"。战战兢兢，惶恐九泉，"安分之余吾何有"是其心声，即便如此，他还是没有保住他闪烁其词的"德"，《复园记》满篇弥漫着身份的焦虑与复制，不能自主的我，实在不知观画为何年。而复园在蒋太守过世后，也失去了往日的繁盛景象。

时间的流转，观者和主人都是过客，真正能留下行迹的是那张描绘园林的文字和图画。《复园嘉会图》当时流传于世，今天不得而见，当年图中亦有袁枚[114](1716—1798 年)、张问陶 (1764—1814 年) 等题诗在，袁枚称赞："……一朝胜事成雅会，画图十载犹流传。……主人把图促我手，此中面目君知否。……我昔无画今有诗，人生聚散能几时。一床明月一双鹤，花开花落长相思。"[115] 张问陶在复园画册题诗道："鸥鹭丛中笑语亲，小红桥上小诗新。高车驷马惊邻里，祇觉相如是俗人。"[116] 可以推测，《复园嘉会图》大约描绘的是热闹的聚会场景，和文徵明拙政园册页描绘的宁静清新的情调已经不同。袁枚多次寄宿园中，复园园主蒋荣雅好藏书，当时复园中拥书楼藏书万卷，文人雅集觞咏，极一时之胜，袁枚赠诗："人生只合君家住，借得青山又借书……青山颜色主人恩，相别能教不断魂。水竹风情花世界，恰曾消受几黄昏。"[117] 比起沈德潜的《复园记》，袁枚的诗既富有文采，又充满情感。他主张诗写性情，要从性情真实感受出发，倡导的"性灵说"，主张诗文审美创作应该抒写性灵，要写出诗人的个性，表现其个人生活遭际中的真情实感。清代学术，以对中国传统学术的整理和总结为特征。考据风气之开，到《四库全书》编纂时期盛行。

绵延到诗歌，以王士禛 (1634—1711 年) 的神韵说和沈德潜 (1673—1769 年) 的格调说以及翁方纲 (1733—1818 年) 的肌理说为代表，袁枚针对指出："人有满腔书卷，无处张皇，当为考据之学，自成一家；其次，则骈体文，尽可铺排。自三百篇至今日，凡诗之传者，都是性灵，不关堆垛。"[118] 他在《答蕺园论诗书》说：

> ……《论语》曰："古之学者为己，今之学者为人。"著作家自抒所得，近乎为己；考据家代人辨析，近乎为人。此其先后优劣不待辨而明也……诗者，由情生者也。有必不可解之情，而后有必不可朽之诗……若夫迁袭经文，貌为理语者，虽未尝不窃名儒林，然非顽不知道，即窃不任事，臟私诏谀，史难屈指。[119]

可见他对于说教、假道学的极度厌恶，他称赞古人为学出乎己意，而当下为文则看人眼色，在考据盛行、八股成风、附庸皇权为主流的清代，袁枚算是奇人，袁枚在《所好轩记》中自称："袁子好味，好色，好葺屋，好游，好友，好花竹泉石，好圭璋彝尊、名人字画，好书。"[120] 他自己亦是园林的主人，园内所好轩内藏三十万卷图书，江宁 (今南京市) 小仓山随园是其归隐之所。《清史稿卷四百八十五·文苑二》记袁枚："乾隆四年，成进士，选庶吉士。改知县江南……卜筑江宁小仓山，号随园，崇饰池馆，自是优游其中者五十年。时出游佳山水，终不复仕。"[121] 小仓山为清凉山余脉，地势绝佳，自然人文底蕴丰厚，"凡称金陵之胜者，南曰雨花台，西南曰莫愁湖，北曰钟山，东曰冶城，东北曰孝陵，曰鸡鸣寺。登小仓山，诸景隆然上浮。"他感叹："凡江湖之大，云烟之变，非山之所有者，皆山之所有也。"[122] 袁枚还认为《新唐书·李白传》中的"悦谢家青山，欲终焉"，即是此处，谢家乃东晋太傅名仕谢安 (320—385 年)，此处亦是李白向往归隐之处。袁枚在《戊子中秋记游》中描写过隋园的周遭山水及"谢公墩"："从园南穿篱出，至小龙窝，双峰夹长溪，桃麻铺芬。一渔者来，道客登大仓山，见西南角烂银垒涌，曰：'此江也。'江中帆樯，如月中桂影，不可辨。沿山而东至虾蟆石，高壤穿然。金陵全局下浮，曰谢公墩也。余久居金陵，屡见人指墩处，皆不若兹之旷且周。窃念墩不过土一抔耳，能使公有遗世想，必此是耶？就使非是，而公九原有灵，亦必不舍此而之他也。"[123] 小仓山周围金陵山水环绕，胜景浮现其四周，于小仓山巅可览江湖云烟，发思古之幽情。袁枚把园林定名为随园，是因为从前这里叫隋园，而易名"隋"为"随"，取《易·随卦》"天下随时，随之时义大矣哉"之意。

　　隋园主人为原江宁织造隋赫德，是雍正皇帝的宠臣，正是他抄查了康熙包衣家臣曹寅（1658—1712 年）家业，曹家林园随之也变成了"隋园"，隋赫德后因"谋逆""钻营"之罪被抄家而罚没。之后，隋园坍塌荒废，花卉荒芜凋谢，年久失修，破败不堪。袁枚主政江宁时，乾隆十年（1745 年），他花三百金买下废园，袁枚《随园记》："康熙时，织造隋公当山之北巅，构堂皇，缭垣牖，树之荻千章，桂千畦，都人游者，翕然盛一时，号曰隋园。因其姓也。后三十年，余宰江宁，园倾且颓弛，其室为酒肆，舆台嚾呶，禽鸟厌之不肯妪伏，百卉芜谢，春风不能花。余恻然而悲，问其值，曰三百金，购以月俸。"[124]《随园诗话》乾隆五十七年（1792 年）春刻本卷二记："康熙间，曹练亭（曹寅）为江宁织造……其子雪芹撰《红楼梦》一书，备记风月繁华之盛。明我斋读而羡之。当时红楼中有某校书尤艳，我斋题云：'病容憔悴胜桃花，午汗潮回热转加。犹恐意中人看出，强言今日较差些。'威仪棣棣若山河，应把风流夺绮罗。不似小家拘束态，笑时偏少默时多。'"[125] 袁枚这条诗话的主要目的是记载"明我斋"的诗歌，却无意中把"随园"和"大观园"的渊源带了出来，"明我斋"即明义，《绿烟琐窗集》的作者是富察明义，孝贤皇后的侄儿，书中有《题红楼梦》诗二十首，是现存发现的提及《红楼梦》的最早记录，袁枚引用的诗句正是其中的第十四、十五首。诗前有小引中写道：

> 曹子雪芹出所撰《红楼梦》一部，备记风月繁华之盛。盖其先人为江宁织府，其所谓大观园者，即今随园故址。惜其书未传，世鲜知者，余见其钞本焉。[126]

　　也许因为是考察了诗话转引的缘故，道光四年《随园诗话》的刻本在"繁华之盛"句后，把"中有所谓大观园者，即余之随园也"一句按原引意思又加了上去。清人裕瑞《枣窗闲笔·后红楼梦书后》中云："闻袁简斋家随园，前属隋家者，隋家前即曹家故址也，约在康熙年间。书中所称大观园，盖假托此园耳。"[127] 袁枚和曹雪芹并无交集，也并未读过《红楼梦》，而他的诗话成为关于大观园来处的最早"记载"，这也是园林和园林之梦交集最有趣的案例。从曹家林园到隋园、随园，再到大观园，在同一个场地上留下了主人不同的身影，无论是佳园还是佳文，都是时间流转中人的真性情使然，正如富察明义《题红楼梦》第一首诗所云："佳园结构类天成，快绿怡红别样名。长槛曲栏随处有，春风秋月总关情。"[128]

　　袁枚从三十三岁时修建随园，从三十三岁到五十四岁写了六篇园记，在乾隆十四年（1748 年）、乾隆十八年（1752 年）、乾隆二十二年（1756 年）、乾隆三十一年（1765 年）、乾隆三十三年（1767 年）、乾隆三十五年（1769 年）分别写下了《随园记》《随园后记》《随园三记》《随园四记》《随园五记》《随园六记》。《易·随·象》曰："随，刚来而下柔，动而说，随。""随"指相互顺从，己有随物，物能随己，彼此沟通。随必依时顺势，有原则和条件，以坚贞为前提。他是园林的主人，也是园林文本的作者，在二十余年乃至五十年的时间之流中，袁枚在诗学和园林上，都强调"真"和"我"，他不停地完善随园，也在其中发现自我，而精神化的园林也慢慢与主人有着同一的实在性，作为主人的我成为园林和自我的直观。在六篇园记中，袁枚从不同角度解读了"随"的奥义，在《随园记》中，他首先讲了处理场地随地形而为的方法：

> 随其高，为置江楼；随其下，为置溪亭；随其夹涧，为之桥；随其湍流，为之舟；随其地之隆中而欹侧也，为缀峰岫；随其蓊郁而旷也，为设宦窦。或扶而起之，或挤而止之，皆随其丰杀繁瘠，就势取景，而莫之夭阏者，故仍名曰随园，同其音，易其义。[129]

此时袁枚对于能拥有多长时间随园也是没有把握的，他说："然则余之仕与不仕，与居兹园之久与不久，亦随之而已。夫两物之能相易者，其一物之足以胜之也。余竟以一官易此园，园之奇，可以见矣。"[130] 在"园"与"官"之间，他此时还有随"时"而动的意思。

第二篇《随园后记》袁枚在文中强调了园与"我"的关系。他在随园住了三年后，带着任命的文书去了陕西。不满一年，又告退归来。此后，在"园"与"官"之间，他不再有随意的选择，五十多年的余生都选择了园林。此时，园内种植的花卉都已枯萎，瓦片滑落压倒了梅树，屋顶的灰掉在房梁上，已到了不能不翻修改建的地步。于是他就率领工匠仆役清除杂草、乱石，察看地势，增加高敞明亮的建筑。修建它已经有一年了，耗费千金还没有完工。造园是个费时费力的事儿，有人问他，花这多钱，去买什么样的高大房屋得不到呐？为什么您却偏偏喜欢这荒凉偏僻的地方？袁枚回答说：

> 夫物虽佳，不手致者不爱也；味虽美，不亲尝者不甘也。子不见高阳池馆、兰亭、梓泽乎？苍然古迹，凭吊生悲，觉与吾之精神不相属者，何也？其中无我故也……惟夫文士之一水一石，一亭一台，皆得之于好学深思之余，有得则谋，不善则改。[130]

　　从此，袁枚出仕之心终于安定下来，他说："五代时，傅檀利宴宣德楼叹曰：'作者不居，居者不作。'余今年裁三十八，入山志定，作之居之，或未可量也。"园居、官场显然不能两全，袁枚"乃歌以矢之曰：'前年离园，人劳园荒。今年来园，花密人康。我不离园，离之者官。而今改过，永矢勿谖！'癸酉七月记"。[131] 这一篇他其实讲的是园居的志向，在《随园后记》中，袁枚没有像沈德潜在《复园记》那样大谈道德，他以切身的体悟，确立起园居的知识话语权利，隐者的神话、有道有德的化身，被开启自身内在世界本质力量取代，"随心"才能找到自我、"真"我。和文徵明五十七岁后的放弃一样，他在三十八岁的选择是他一生成就的开始，朝廷少了一位底层官吏，文坛又崛起一位特立独行的领袖。

　　于是袁枚进入人园共修共进的领悟中，在第三篇《随园三记》中，开篇语为："园林之道，与学问相通。藏焉修焉，不增高而继长者，荒于嬉也；息焉游焉，不日盛而月新者，狃于便也。"[132] 园林的经营和学问一样，都需要勤勉，但是学问不足可以继续精进，园林如是荒于巧思的话，那就不仅会浪费钱财并且会损害整体空间规划，造园要和做学问一样，知道何者可为，何者不可为。"孟子亦曰：'人有不为也，而后可以有为。'吾于园则然。弃其南，一椽不施，让云烟居，为吾养空游所；弃其寝，哆剥不治，俾妻孥居，为吾闭目游所。山起伏不可以墙，吾露积不垣，如道州城，蒙贼哀怜而已；地隆陷不可以堂，吾平水置桌，如史公书，旁行斜上而已。人寿不如屋，吾穿漏液楠，宋廇小于狙猿之杙，如管、晏法，期于没身而已。"[133] 从中可以看到，袁枚致力把"形而下"的构园屋之事上升到"形而上"的高度来处理，发展出了自己的一套空间哲学，很多地方和《园冶》是意趣相同的，不同的是，他除了是设计者外，还是使用者、园子的拥有者，他的生命会和随园相伴下去，因此，他意识到：

　　使吾力常沛然有余，而吾心且相引而不尽。

此治园法也，亦学问道也。[134]

园林作为理想的世界，是一种和主体的亲近关系，自然以阴阳昏晓变体交错的时间直流方式，紧紧地缠绕在主体的周围，主体无法抽身而去，这是一种"幽玄"的哲思。这种本真自我以诚意仁心无限对万物和他人的贴近为根本特征，"我"的无限觉润是在"与物无对"的方式下，无时无处不以满腔关切与爱意投向一切，润泽万物。而万物相对于此种意义下的"我"，便不复仅具有物的身份，而开启出了其自在的意义，和它存在价值的向度，作为一种生命存在进入了"我"的生命存在，与"我"共同构成了一个统一的意义共同体。随时而"为"，放弃了那个预设的令人惊怖的未来之谜，主人把目光停留在当下的"观看"本身，"观化而化及我"，主人的在场，充盈着不断被时间侵蚀的意象和记忆。

当袁枚写下《随园四记》的时候，他已经在园中居游近二十年，他在这篇文章中效仿辋川，探讨了"观看"和"身体"的关系，他写道："人之欲，惟目无穷。耳耶，鼻耶，口耶，其欲皆易穷也。目仰而观，俯而窥，尽天地之藏，其足以穷之耶？然而古之圣人受之以'观'，必受之以'艮'，'艮'者，止也。"[135]袁枚对"观看"的解读是和对礼教的解读是有区别的，周易·观卦的《象》为："风行地上，观；先王以省方观民设教。"[136]礼教的"观"是权力对个体的监控，而袁枚把"观看"的主体还给了个体的欲望。园林不仅是观看的对象，也是保身全生之道，"园悦目者也，亦藏身者也"。[134]袁枚看到身居二十载的园林，他心满意足：

今视吾园，奥如环如，一房毕复一房生，杂以镜光，晶莹澄澈，迷乎往复，若是者于行宜。其左琴，其上书，其中多尊罍玉石，书横陈数十重，对之时偶然以远，若是者于坐宜。高楼障西，清流洄洑，竹万竿如绿海，惟蕴隆宛暍之勿虞，若是者与夏宜。琉璃嵌窗，目有雪而坐无风，若是者与冬宜。梅百枝，桂十余丛，月来影明，风来香闻，若是者与春秋宜。长廊相续，雷电以风，不能止吾之足，若是者与风雨宜。是数宜者，得其一差强人意，而况其兼者耶？[137]

　　《鸿雪堂因缘图记·随园访胜》（见图15）文中摘录了上面的文字，麟庆探访随园时，"今太史往矣，园虽荒而景如故……寻径抵园，则见因山为垣，临水结屋，亭藏深谷，桥压短堤，虽无奇伟之观，自得曲折之妙，正与小仓山诗文体格相仿"。[138]生命是有限的，《易经》上说："无往不复，天地际也"。"天地与我并生，万物与我为一"。袁枚以随园创造了他自我天地的边际，也可以说随园是他的另一个"身体"，因而"观"不是目极无穷，而是"返身而诚"，在这里获得更新的含义，园中"万物皆备于我"，正是在这个意义上揭示出了物我的"我—你"关系状态，因此事物的变化是以边界的交叠产生的，而主人津津乐道的"行迹"意味着自我与外界事物的交融变化。袁枚为园中景作《随园二十四咏》，咏叹了随园中的"二十四景"。这"二十四景"是：仓山云舍、书仓、金石藏、小眠斋、绿晓阁、柳谷、群玉山头、竹请客、因树为屋、双湖、柏亭、奇礌石、回波闸、澄碧泉、小栖霞、南台、水精域、渡鹤桥、泛杭、香界、盘之中、嶻山红雪、蔚蓝天、凉室。诗文如下：

　　　　小人有老母，仓山多白云。奉母居山中，板舆常欣欣。
　　　　看花与山共，采药与山分。　　　　　　（仓山云舍）
　　　　聚书如聚谷，仓储苦不足。为藏万古人，多造三间屋。
　　　　书问藏书者，几时君尽读？　　　　　　（书仓）
　　　　不见古人面，需见古人手。广搜金石文，欧赵所未有。
　　　　何物为之邻，璜琥尊罍卣。　　　　　　（金石藏）
　　　　秋斋号小眠，空廊无响屧。读倦偶枕书，书痕印满颊。

图 15　《随园访胜》　清·麟庆著　《鸿雪因缘图记》插图

不知窗外花，飞过几蝴蝶。　　　　　　　（小眠斋）

朝阳耀高阁，万绿一齐晓。虚窗聚景多，宿云出檐早。

翠微西山低，白塔东城小。　　　　　　　（绿晓阁）

宅西颜柳谷，义取尚书词。未必康成识，差免虞翻讥。

春痕摇水痕，满池如沤丝。　　　　　　　（柳谷）

梅花杂玉兰，排列西南峰。素女三千人，乱笑含春风。

我记相别时，瑶台雪万里。　　　　　　　（群玉山头）

卢仝所思客，乃命竹竿请。何繇 知非仆，长教此君等。

美人来不来？立断风鬟影。　　　　　　　（竹请客）

银杏四十围，叶落瓦无缝。主持小仓山，唯吾与汝共。

更借屋上荫，招宿丹山凤。　　　　　　　（因树为屋）

我取西子湖，移在金陵看。时将双镜白，写出群花寒。

前湖饶荷叶，后湖多钓竿。　　　　　　　（双湖）

种柏成一林，屈折为庭宇。奚须文杏梁，已遮碧瓦雨。

翠禽居之安，日座亭中语。　　　　　　　（柏亭）

到公有奇石，曾向华林补。千年幽人得，风月一齐古。

当作石交看，摩挲日三五。　　　　　　　（奇礓石）

不放流水流，清池嫌太满。常放流水流，新荷尚嫌短。

建闸唱回波，劝水行缓缓。　　　　　　　（回波闸）

山头峰百层，山下泉一尺。叶落水面青，月落水光白。

此水淡无言，泠泠终日碧。　　　　　　　（澄碧泉）

万事不嫌小，但问能成家。我有一间屋，公然类栖霞。

绝壁屋前山，天香屋后花。　　　　　　　（小栖霞）

筑台望云物，雕栏尽南向。天空星可摘，木落山献状。

露叶如水明，前峰新月上。　　　　　　　（南台）

玻璃代窗纸，门户生虚空。招月独辞露，见雪不受风。

平生置心处，在水精域中。　　　　　　　　　　（水精域）

白鹤欲过湖，照水不得路。十月舆梁成，羽客含芦渡。

新霜铺玉勺，何人试初步。　　　　　　　　　　（渡鹤桥）

不负一池水，招招学舟子。君觉歌口香，知在藕花里。

画桡莫荡公，水动鸳鸯起。　　　　　　　　　　（泛杭）

佛家有香界，旃檀焚诸天。我家有香界，幽兰种溪边。

能闻而知之，鼻在耳目先。　　　　　　　　　　（香界）

盘意取屈曲，旋转无定区。我意亦做此，乃筑蜗牛庐。

纡行勿直行，公等来徐徐。　　　　　　　　　　（盘之中）

王母宴瑶池，蟠桃开似海。酒罢落花飞，散作诸天彩。

造屋居其间，红颜长不改。　　　　　　　　　　（嶒山红雪）

琉璃付染人，割取青云片。终朝非采蓝，仿佛天光现。

客来笑且惊，都成庐杞面。　　　　　　　　　　（蔚蓝天）

避暑如避客，一室阴悄悄。高梧拒日多，曲涧引风早。

热中人偶来，也觉此间好。　　　　　　　　　（凉室）[139]

　　随园"二十四景"的每个景观，都鲜活生动，都有作为园林的主人袁枚的情思心迹在其中。袁祖志 (1827—1898 年)《随园琐记》也对园景有详细描述。《随园二十四咏》的诗境，可以归为王国维在《人间词话》中的"有我之境"，"有我之境，以我观物，故物皆著我之色彩"。[140] 诗中的"我"，在某种意义上说，又是和所"观"之物对照而存在的，而所"观"之物也被"我"所接纳的"他者"所"观"，所以这个"我"也是对历史和时间的观照，园林的"主人"是作为"千古幽人"而存在。因此，园林必须放在一种在历史文本中和主人融合，主人无法全然地告别过去。吾土、故土都是主人的空间记忆，《随园五记》接下去描述了袁枚在随园中放入杭州和西湖的由来，因为那里是他的故土、家乡，他在园林上"乐操士风"就有兴趣对西湖结构和元素加以模仿和借鉴：

> 余离西湖三十年，不能无首丘之思。每治园，戏仿其意，为堤为井，
> 为里、外湖，为花港，为六桥，为南峰、北峰。[141]

"戏仿"完成后，他感到比居住在家乡还好，"使吾居故乡，必不能终日离其家以游于湖也。而兹乃居家如居湖，居他乡如故乡。"[142] 比起白居易，袁枚是幸福的，白居易在《吾土》中说："身心安处为吾土，岂限长安与洛阳。水竹花前谋活计，琴诗酒里到家乡。荣先生老何妨乐，楚接舆歌未必狂。不用将金买庄宅，城东无主是春光。"[143] 尽管自然的春光是无私的，也是温暖和煦的，但是白居易也只能在城外的春光中去变成自己的"主人"，再次证明"官"和"园"是不能两全的。多数造园者"或为而不居"，或"居而不久"，而袁枚"二十年来，朝斯夕斯，不特亭台之事生生不穷，即所手植树，亲见其萌芽拱把，以至於蔽牛而参天，如子孙然，从乳哺而长成而壮而斑白，竟一一见之"[144]，他在变化往复的幽玄的园林时空中，体悟到了生命律动的节奏。

袁枚在最后一篇《随园六记》中，他把园视为自己的最后归处，并把归葬于园作为"随"之意的拓展，他说："尝读《晋书》，太保王祥有归葬、随葬两议，方知'随'之时义，不止向晦入宴息而已也"，"而'随'之时义通乎死生昼夜，推恩锡类"[145]，不单是自己，包括自己的父母、家人乃至仆人都随主人葬于随园的四周，他认为这种做法"亦随其地之便、心之安而已。"[146] 袁枚对人、园如此，对诗文亦是如此，《随园诗话·卷十三》："李穆堂侍郎云：'凡拾人遗编断句，而代为存之者，比葬暴露之白骨，哺路弃之婴儿，功德更大。'何言之沉痛也！余不能仿韦庄上表，追赠诗人十九人。乃录近人中其有才未遇者诗，号《幽光集》，以待付梓。"[147] 他在《<幽光集>序》中说："人能诗，畴不欲传其诗。虽然，有天焉，

未可必也……惟夫苦吟终身，而且贫，且贱，且死，且无后，则所矜矜自抱者，岂不如轻风飘云之澌灭哉！当其赏一句之奇，搜一字之巧，何尝不渺弃万有，指千秋以为期……取昌黎'幽光'二字为其集名。"[148] 他自己也认为这些事情是非常有意义的，"中间抒自己之见解，发潜德之幽光，尚有可存"（《与毕制府》）。袁枚辞世前，自己知道，自己的文字是可以留下的，但是随园要想长存下去是非常困难的，他嘱托两个儿子，如果能日日洒扫光鲜，照旧庋置，使往日宾客、师友来者见园，"依然如我尚存"，如此能撑持三十年，随园老人就心满意足了。袁家后人从嘉庆二年（1797 年）袁枚病逝，到咸丰三年（1853 年）近六十年时间里，一直守护着随园，直到太平军攻占南京。袁枚的孙子袁祖志见证了毁于战火的随园和周边名园的命运："然除妙相庵巍然独存外，他如吾家之寓园、邢氏之缘园、汪氏之蔚园、张氏之陶谷、汤氏之狮子窟琴隐园、孙氏之五松园，皆一例劫灰，殊堪慨叹耳。"（《随园琐记》）随园的命运最终和大观园一样归于想象的虚空之中，"莫问金姻与玉缘，聚如春梦散如烟。石归山下无灵气，总使能言亦枉然"。[149]

如同这些精美的诗文，园林泛着一种形容不出来的恬静的幽光，主人到这儿，就好像红楼梦中的魂游太虚之府，园林作为一种文化的符号形式，这种符号形式不仅建构着人的视觉的知觉方式，建构着人的空间感受，而且建构着对于时间的认识，通过对外物的感怀建构着人对世界和自身的认知，这缕"幽光"甚至可以被定性为园林符号形式的一种，其中精神的意义附着于一种历史中的晦暗，并内在地赋予这个氛围中的物以意义。同时正是这种"幽光"在"人"与"物"之间设置了一道"遮蔽"的屏障，这一屏障保证了"物"之"物性"不丧失，在某种程度上是"物之为物"的一种规定性。这份保留在"物"的角度，以梦境的诗意保留了"物"的内在本性，在"主人"的角度则是唤醒了人之于时间主体的尊重和交流，"人不仅是在睡眠里，而是常常梦着；但醒时的梦多半被理性的尖锐的光所眩惑着”[150]。我们看到造园思想的主流，没有建立绝对的理性，对此的回避，或许因为古代文人思想的产生于激烈的社会高压之中，与造园家们从内心试图避免对立与冲突有关，对于饱经磨难的人生，其意义在于运用“梦”的诗意去构建和表达自我。富察明义《题红楼梦》之十八首云：“伤心一首葬花词，似谶成真自不知。安得返魂香一缕，起卿沉痼续红丝？”[151] 在园林的体系里，诗性将纷繁、碎裂的能指和所指重新整合起来，形成新的整体性，并构成了一个新的能指符号，指向新生意义的所指，直指心性就在观看的当下，“这些无数的形象，这些臆想的过程，这些广阔的风景，除掉‘从我们自己’还会从哪里来呢？”[152] “卷图珍重归画禅，不知重来观画为何年”，幽深的园子里，在柔和的月光下布满窗花光影的几案上，当主人展开古雅沉着的册页，凝视宁静充满感性的景图时，景图形成了一个半透明半反射的镜屏，在主人的凝视之前，反射着“前”主人的凝视，闪烁的幻相通过前主人的凝视暂时填充了所指的意义，园林也将自身的主体建构在从那里接受的能指的所指的循环之流中，“主人”将徘徊隐身于园里一串串叠影之中。

注释

1. 王献臣，字敬止，号槐雨，弘治六年（1493 年）进士，初授行人司行人之职，得圣上赏识，继而擢升为巡察御史。后被东厂告发，贬为上杭丞。又因张天祥案在弘治十七年(1504 年)，被谪广东驿丞。正德元年(1506 年)武宗继位，迁任永嘉知县，后罢官家居，于正德四年开始在家乡苏州营造园林，嘉靖九年经营出"广袤二百余亩，茂树曲池，胜甲吴下"的一代名园拙政园。

2. 周道振.文徵明集上 [M].上海：上海古籍出版社，2014：485.

3. 周道振.文徵明集上 [M].上海：上海古籍出版社，2014：507.

4. [清] 张廷玉，等 . 明史 [M].北京：中华书局，1974：4801.

5. 周道振.文徵明集上 [M].上海：上海古籍出版社，2014：441.

6. 王宠(1494—1533 年)，明代书法家，字履仁、履吉，号雅宜山人，吴县 (江苏苏州) 人。青年时代苦读书 20 年，建越溪庄，设有"采芝堂""御风亭""小隐阁""大雅堂""辛夷馆""铁观斋"等收藏书画之所，读书练字、作画于湖上，后以诸生入国子监，诗文书画皆精。书法初学蔡羽，后规范晋唐，楷书师虞世南、智永；行书学王献之，融会贯通。小楷尤清，简远空灵，其名与祝允明、文徵明并称。何良俊《四友斋书论》评其书："衡山之后，书法当以王雅宜为第一。盖其书本于大令，兼人品高旷，改神韵超逸，迥出诸人上。"著有《雅宜山人集》。

7. 周道振 . 文徵明集 上 [M].上海：上海古籍出版社，2014：204.

8. 周道振 . 文徵明集 中 [M].上海：上海古籍出版社，2014：560，561.

9. 周道振 . 文徵明集 中 [M].上海：上海古籍出版社，2014：574.

10. 周道振 . 文徵明集 中 [M].上海：上海古籍出版社，2014：574.

11. 周道振 . 唐寅集 [M].上海：上海古籍出版社，2014：610.

12. 此图后收入清宫内府，《石渠宝笈》2 函 13 册 95 页，现藏于台北故宫博物院。

13. [清] 张廷玉等撰 . 明史 [M].北京：中华书局，1974：7363.

14. 王鏊 (1450 —1524 年)，字济之，号守溪，晚号拙叟，学者称其为震泽先生，吴县 (今江苏苏州) 人，明代名臣、文学家。王鏊博学有识鉴，经学通明，制行修谨，文章修洁。善书法，多藏书 。成化十一年 (1475 年) 进士，授翰林编修。明孝宗时历侍讲学士、日讲官、吏部右侍郎等职。明武宗时任吏部左侍郎，入阁拜户部尚书、文渊阁大学士。次年，加少傅兼太子太傅、武英殿大学士。追赠太傅，谥号"文恪"，世称"王文恪"。王守仁赞其为"完人"，唐寅赠联称其"海内文章第一，山中宰相无双"。

15. 周道振 . 文徵明集 中 [M].上海：上海古籍出版社，2014：686.

16. 周道振 . 文徵明集 上 [M].上海：上海古籍出版社，2014：395.

17. 周道振 . 文徵明集 上 [M].上海：上海古籍出版社，2014：190.

18. 周道振 . 文徵明集 中 [M]. 上海：上海古籍出版社，2014：855.
19. 周道振 . 文徵明集 中 [M]. 上海：上海古籍出版社，2014：759.
20. 周道振 . 文徵明集 中 [M]. 上海：上海古籍出版社，2014：865.
21. 周道振 . 文徵明集 中 [M]. 上海：上海古籍出版社，2014：872.
22. 周道振 . 文徵明集 中 [M]. 上海：上海古籍出版社，2014：1064.
23. 周道振 . 文徵明集 下 [M]. 上海：上海古籍出版社，2014：1171.
24. 苏州市地方志编纂委员办公室，苏州市园林办公室编 . 拙政园志稿 .1986:111.
25. 周道振 . 文徵明集 下 [M]. 上海：上海古籍出版社，2014：1725.
26. 周道振 . 文徵明集 下 [M]. 上海：上海古籍出版社，2014：1171.
27. 周道振 . 文徵明集 下 [M]. 上海：上海古籍出版社，2014：1173.
28. 周道振 . 文徵明集 下 [M]. 上海：上海古籍出版社，2014：1172、1176、1172.
29. [清] 张廷玉，等 . 明史 [M]. 北京：中华书局，1974：7363.
30. 周道振 . 文徵明集 下 [M]. 上海：上海古籍出版社，2014：1658.
31. 周道振，张月尊 . 文徵明年谱 [M]. 上海：百家出版社，1998：696.
32. 韩放 主校点 . 历代名画记 [M]. 北京：京华出版社，2000：349.
33. 许嘉璐 . 二十四史全译 · 旧唐书第六册 [M]. 上海：汉语大辞典出版社，2004：4343.
34. 韩放 . 历代名画记 [M]. 北京：京华出版社，2000：349.
35. 许嘉璐 . 二十四史全译 · 宋史第十五册 [M]. 上海：汉语大辞典出版社，2004：9641.
36. 周道振 . 文徵明集 下 [M]. 上海：上海古籍出版社，2014：1193，1275.
37. [宋] 苏辙 . 苏辙集 [M]. 陈宏天，高秀芳，点校 . 北京：中华书局，2017：312.
38. 朱其 主编 . 形象的模糊 [M]. 长沙：湖南美术出版社，2007：7.
39. [德] 恩斯特 · 卡西尔 . 人论 [M]. 甘阳 译 . 上海：上海译文出版社，1997：46.
40. 陈从周，蒋启霆 . 园综 [M]. 赵厚均注释 . 上海：同济大学出版社，2004：437.
41. 韩放 . 历代名画记 [M]. 北京：京华出版社，2000：77.
42. 韩放 . 历代名画记 [M]. 北京：京华出版社，2000：32.
43. [唐] 王维 . 王维集校注 [M]. 陈铁民，校注 . 北京：中华书局，2017：520，1197.
44. 许嘉璐 . 二十四史全译 旧唐书 第六册 [M]. 上海：汉语大辞典出版社，2004：4343.
45. [唐] 王维 . 王维集校注 [M]. 陈铁民 校注 . 北京：中华书局，2017：456.
46. 许嘉璐 . 二十四史全译 新唐书 第七册 [M]. 上海：汉语大辞典出版社，2004：4343.
47. [清] 吕懋勋 . 中国方志丛书 蓝田县志 [M]. 台北：台湾成文出版社有限公司，1969：843-846.
48. 许嘉璐 . 二十四史全译 旧唐书 第六册 [M]. 上海：汉语大辞典出版社，2004：4343.

49. [日] 入谷仙介.王维研究（节译本）[M].卢燕平，译.北京：中华书局，2005：236.

50. [唐] 王维.王维集校注 [M].陈铁民.北京：中华书局，2017：456.

51. [元] 刘因.静修集 // 景印文渊阁四库全书第 1198 册 [M].台北：台湾商务印书馆，1983：559.

52. [唐] 王维.王维集校注 [M].陈铁民 校注.北京：中华书局，2017：453.

53. 韩放.历代名画记 [M].北京：京华出版社，2000：308.

54. [唐] 王维.王维集校注 [M].陈铁民，校注.北京：中华书局，2017：466.

55. [唐] 王维.王维集校注 [M].陈铁民，校注.北京：中华书局，2017：494.

56. 世界现藏此图本有台北故宫博物院、大阪市立美术馆、北京故宫博物院藏绘卷三种。

57. [宋] 苏轼.苏轼文集 [M].孔凡礼 点校.北京：中华书局，2017：2211.

58. 姚春鹏.皇帝内经 [M].北京：中华书局，2010：230.

59. 许嘉璐.二十四史全译 新唐书 第七册 [M] 上海：汉语大辞典出版社，2004：4192.

60. 韩放.历代名画记 [M].北京：京华出版社，2000：360.

61. 周道振.文徵明集 下 [M].上海：上海古籍出版社，2014：1171.

62. 周道振.文徵明集 下 [M].上海：上海古籍出版社，2014：630.

63. [奥] 弗洛伊德.梦的释义 [M].张燕云 译.沈阳：辽宁人民出版社，1987：231.

64. 周道振.文徵明集 下 [M].上海：上海古籍出版社，2014：1566.

65. 刘麟（1474—1561 年），字元瑞，号南坦，饶州（今江西鄱阳）人，家金陵（今南京）。绩学能文，与顾璘、徐祯卿并称江东三才子。嘉靖四十年卒，年八十八。赠太子少保，谥清惠。有《刘清惠集》。书法宗二王，醇古简足，可砭今人好古作异之病。

66. [清] 张廷玉，等.明史 [M].北京：中华书局，1974：5153.

67. 陈从周，将启霆.《园综》[M].赵厚均，注释.上海：同济大学出版社，2006:233.

68. 陈从周，将启霆.《园综》[M].赵厚均，注释.上海：同济大学出版社，2006:90.

69. 祝允明（1460—1526 年），字希哲，号枝山。因生而右手有六指，自号枝指生。明代文学家、书法家，长洲（今江苏苏州）人。当时与徐祯卿、唐寅、文徵明号称吴中四才子。曾任南京应天府通判，擅长诗文和书法，特别是其狂草颇受世人赞誉，王世贞在《艺苑卮言》中评价道："天下书法归吾吴，祝京兆允明为最，文待诏征明、王贡士宠次之。"著作有《怀星堂集》等。

70. 周道振，张月尊.文徵明年谱 [M].上海：百家出版社，1998：348.

71. [72] [清] 黄宗羲.明文海 卷三百三十三 // 景印文渊阁四库全书 第 1456 册 [M].台北：台湾商务印书馆，1983：660.

73. [清] 黄宗羲.明文海 卷三百三十三 // 景印文渊阁四库全书 第 1456 册 [M].台北：台湾商务印书馆，1983：660、661.

74. 周道振.文徵明集 下 [M].上海：上海古籍出版社，2014：1334.

75. [清] 黄宗羲.明文海 卷三百三十三 // 景印文渊阁四库全书 第 1456 册 [M].台北：台湾商务印书馆，1983：660.

76. 周道振 . 文徵明集 下 [M]. 上海：上海古籍出版社，2014：1724.

77. 周道振，张月尊 . 唐寅集 [M]. 上海：上海古籍出版社，2018：13.

78. [清] 张廷玉，等 . 明史 [M]. 北京：中华书局，1974：7352.

79. 周道振 张月尊 . 唐寅集 [M]. 上海：上海古籍出版社，2018：222.

80. 周道振 张月尊 . 唐寅集 [M]. 上海：上海古籍出版社，2018：225.

81. 周道振 张月尊 . 唐寅集 [M]. 上海：上海古籍出版社，2018：89.

82. 周道振 张月尊 . 唐寅集 [M]. 上海：上海古籍出版社，2018：374.

83. 周道振 张月尊 . 唐寅集 [M]. 上海：上海古籍出版社，2018：42，43.

84. 周道振 张月尊 . 唐寅集 [M]. 上海：上海古籍出版社，2018：21.

85. [明] 沈周 . 石田诗选 // 景印文渊阁四库全书第 1249 册 [M]. 台北：台湾商务印书馆，1983 :567，568.

86. [宋] 欧阳修 . 欧阳修文集 [M]. 李逸安 点校 . 北京：中华书局，2001 :577.

87.88.89. [明] 沈周 . 石田诗选 // 景印文渊阁四库全书第 1249 册 [M]. 台北：台湾商务印书馆，1983 :559，560.

90. 朱国桢 (1558—1632 年)，字文宁，号平涵，浙江吴兴 (今湖州南浔) 人，明朝后期大臣、学者。史称其"处逆境时，独能不阿，洁身引退。性直坦率，虽位至辅伯而家业肃然"。晚年遭李蕃弹劾，称病辞官，魏忠贤谓其党曰："此老亦邪人，但不作恶，可令善去。"加少师兼太子太师，晋吏部尚书兼建极殿大学士，托病归隐著书。曾担任《国史》《实录》总裁。著有《明史概》《大政记》《涌幢小品》《皇明纪传》等。

91. 周道振，张月尊 . 唐寅集 [M]. 上海：上海古籍出版社，2018：596.

92. [德] 马丁·海德格尔 . 尼采 [M]. 北京：商务印书馆，2003：106.

93. 周道振，张月尊 . 唐寅集 [M]. 上海：上海古籍出版社，2018：98.

94. [德] 马丁·海德格尔 . 尼采 [M]. 北京：商务印书馆，2003：390.

95. 周道振，张月尊 . 唐寅集 [M]. 上海：上海古籍出版社，2018：561.

96. 周道振，张月尊 . 唐寅集 [M]. 上海：上海古籍出版社，2018：605.

97. 周道振，张月尊 . 唐寅集 [M]. 上海：上海古籍出版社，2018：81.

98. 邹同庆，王宗堂 . 苏轼词编年校注 . [M]. 北京：中华书局 .2002：458.

99. 周道振，张月尊 . 文徵明年谱 [M]. 上海：百家出版社，1998：348.

100. [法] 法·莫里斯·梅洛·庞蒂著 . 知觉现象学 . [M]. 姜志辉，译 . 北京：商务印书馆 ,2005:71.

101. 陈从周，蒋启霆 . 园综 [M]. 赵厚均 注释 . 上海：同济大学出版社，2004：226，227.

102. 钱泳 (1759—1844 年)，清学者、书法家。字立群，一字梅溪，号梅花溪居士，金匮县泰伯乡西庄桥 (今无锡市鸿山镇后宅西庄桥) 人。长期做幕客，足迹遍及大江南北。工诗词、篆、隶，精镌碑版，善于书画，作印得三桥 (文彭)、亦步 (吴迥) 风格。钱泳交友甚广，一生结识了很多名士，如翁文纲、王昶、孙星衍、洪亮吉、章学诚、袁子随、包世臣等学者。著有《履园丛话》《履园谭诗》《兰林集》《梅溪诗钞》等。这本古代笔记以内容丰富、资料翔实、文笔流畅而著称。全书分24卷，堪称包罗万象，蔚为大观。钱泳晚年潜居履园，"于灌园之暇，就耳目所睹闻，自为笔记"，自谦其为"遣愁索笑之笔"。他自序《履园丛话》，是清道光十八年七月，时年八十。

103. [清] 钱泳 . 履园丛话 [M] . 张伟 点校 . 北京：中华书局，2006:523、524.

104. 沈德潜（1673—1769年），字确士，号归愚，清代大臣、诗人、学者。长洲县（今苏州市）人。初学诗于吴江、叶燮，四十余年的教馆生涯。授翰林院编修，曾为乾隆帝校《御制诗集》，深受赏识，称为江南老名士，其论诗主格调说，拘于温柔敦厚的诗教。其诗学深邃，曾选编《古诗源》《唐诗别裁集》《明诗别裁集》。

105. [106] [107] 陈从周，蒋启霆 . 园综 [M] . 赵厚均 注释 . 上海：同济大学出版社，2004: 226、227.

108. 周道振 . 文徵明集 下 [M] . 上海：上海古籍出版社，2014: 1171.

109. 周道振 . 文徵明集 下 [M] . 上海：上海古籍出版社，2014: 1176.

110. 苏州市地方志编纂委员办公室、苏州市园林办公室编 . 拙政园志稿，1986:118.

111. [112] [民] 赵尔巽, 等, 撰 . 清史稿 第三十五册 [M] . 张伟 点校 . 北京：中华书局，1977 : 10511.

113. [民] 赵尔巽, 等 . 清史稿 第三十五册 [M] . 张伟 点校 . 北京：中华书局，1977 : 10512.

114. 袁枚（1716—1797年），清代诗人、散文家，字子才，号简斋，别号随园老人，时称随园先生，钱塘（今浙江杭州）人，曾官江宁知县有政绩，四十岁即告归。在江宁小仓山下筑随园，吟咏其中，广收诗弟子，女弟子尤众。袁枚是乾嘉时期代表诗人之一，与赵翼、蒋士铨合称乾隆三大家，又与赵翼、张问陶并称性灵派三大家，为清代骈文八大家之一，文笔又与大学士直隶纪昀齐名，时称南袁北纪。

115. 苏州市地方志编纂委员办公室，苏州市园林办公室编 . 拙政园志稿，1986:118、119.

116. 苏州市地方志编编纂员办公室，苏州市园林办公室编 . 拙政园志稿，1986:122.

117. 苏州市地方志编纂委员办公室，苏州市园林办公室编 . 拙政园志稿，1986:119.

118. [清] 袁枚 撰 . 随园诗话 [M] . 顾学颉 点校 . 北京：人民文学出版社，1987 :146.

119. [清] 袁枚 著 . 小仓山房诗文集 [M] . 周本淳 标校 . 上海：上海古籍出版社，1988: 1802、1803.

120. [清] 袁枚 . 小仓山房诗文集 [M] . 周本淳 标校 . 上海：上海古籍出版社，1988: 1802、1775.

121. [民] 赵尔巽, 等 . 清史稿 第四十四册 [M] . 张伟 点校 . 北京：中华书局，1977 : 13383.

122. [清] 袁枚 . 小仓山房诗文集 [M] . 周本淳, 标校 . 上海：上海古籍出版社，1988 : 1405.

123. [清] 袁枚 . 小仓山房诗文集 [M] . 周本淳, 标校 . 上海：上海古籍出版社，1988 :

1414.

124. ［清］袁枚 著．小仓山房诗文集 [M]．周本淳 标校．上海：上海古籍出版社，1988 : 1406.

125. ［清］袁枚．随园诗话 [M]．顾学颉，点校．北京：人民文学出版社，1987 :42.

126. ［清］富察明义，等．绿烟琐窗集 枣窗闲笔 [M]．上海：上海古籍出版社，1984 :105.

127. ［清］富察明义，等．绿烟琐窗集 枣窗闲笔 [M]．上海：上海古籍出版社，1984 :175，176.

128. ［清］富察明义，等．绿烟琐窗集 枣窗闲笔 [M]．上海：上海古籍出版社，1984 :105，106.

129. ［清］袁枚．小仓山房诗文集 [M]．周本淳，标校．上海：上海古籍出版社，1988 : 1406.

130. 131 ［清］袁枚．小仓山房诗文集 [M]．周本淳，标校．上海：上海古籍出版社，1988 : 1407.

132、133、134. ［清］袁枚．小仓山房诗文集 [M]．周本淳，标校．上海：上海古籍出版社，1988 : 1408.

135. ［清］袁枚．小仓山房诗文集 [M]．周本淳，标校．上海：上海古籍出版社，1988 :1409.

136. 杨天才，张善文．周易 [M].北京：中华书局，2011 : 191.

137. ［清］袁枚．小仓山房诗文集 [M]．周本淳，标校．上海：上海古籍出版社，1988 : 1409.

138. ［清］麟庆．鸿雪因缘图记第二册 [M].汪春泉，等 绘．北京：北京出版社，2018.

139. ［清］袁枚．小仓山房诗文集 [M]．周本淳，标校．上海：上海古籍出版社，1988 : 350-354.

140. ［清］况周颐，王国维．蕙风词话 人间词话 [M]．徐调孚，注．北京：人民文学出版社，1962 : 191.

141、142. ［清］袁枚 著．小仓山房诗文集 [M]．周本淳，标校．上海：上海古籍出版社，1988 : 1409.

143. 顾学颉．白居易集．[M]. 北京：中华书局，1999：642.

144. ［清］袁枚．小仓山房诗文集 [M]．周本淳，标校．上海：上海古籍出版社，1988 : 1411.

145. ［清］袁枚．小仓山房诗文集 [M]．周本淳，标校．上海：上海古籍出版社，1988 : 1411，1412.

146. ［清］袁枚．小仓山房诗文集 [M]．周本淳，标校．上海：上海古籍出版社，1988 : 1412.

147. ［清］袁枚．随园诗话 [M]．顾学颉，点校．北京：人民文学出版社，1987 :429.

148. ［清］袁枚．小仓山房诗文集 [M]．周本淳，标校．上海：上海古籍出版社，1988 : 1396.

149. [清] 富察明义，等 . 绿烟琐窗集 枣窗闲笔 [M] . 上海：上海古籍出版社，1984 :109.
150. [德] 瓦尔特·赫斯 . 欧洲现代画派画论选 [M] . 宗白华，译 . 北京：人民美术出版社，1983 :179.
151. [清] 富察明义，等 . 绿烟琐窗集 枣窗闲笔 [M] . 上海：上海古籍出版社，1984 :109.

152. [德] 瓦尔特·赫斯 . 欧洲现代画派画论选 [M] . 宗白华，译 . 北京：人民美术出版社，1983 :179.

第三章　园者：画之见诸行事也

"宣物莫大于言，存形莫善于画，此之谓也。"

——唐·张彦远《历代名画记·卷第一》

"夫画，天下变通之大法也，山川形势之精英也，古今造物之陶冶也，阴阳气度之流行也，借笔墨以写天地万物，而陶泳乎我也。今人不明乎此，……我之为我，自有我在。古之须眉，不能生在我之面目；古之肺腑，不能安入我之腹肠。我自发我之肺腑，揭我之须眉。纵有时触着某家，是某家就我也，非我故为某家也，天然授之也，我于古何师而不化之有？"

——石涛《画语录·变化章》

"虽曰幻景，然自有道观之，同一实境。"

——龚贤《戊辰秋杪画跋》

"游之亦可以观万物之无常，览时之倏来而忽逝也。"

——李格非《洛阳名园记》

| 宛如画"意"

园林，幽深，如梦似幻，一直被某种灵晕笼罩着，园林空间形式是游居的限定者，但同时也提示着在这些限定的空间之外还存在着超越的其他的形式。园林通过梦境、想象弥漫着，我们仿佛在空隙和空洞中，被引入一个身在其中又不确定于其中的世界，古人把游园常常比成画中游，因而园这个世界既是物质的也是图像化和文学化的，这种关系制造了物的某种变形，把观者引入持续的并置和重叠的景象中，园通过"画"的规定性表现了它自身。从计成的文字中可以看到这一点，计成参与营造的园林在记载中有吴玄的"五亩园"（东第园）、汪士衡的"寤园"、郑元勋的"影园"。五亩园见于计成《园冶自序》：

适晋陵方伯吴又予〔于〕公闻而招之。公得基于城东，乃元朝温相故公（吴玄）得基于城东，乃元朝温相故园，仅十五亩。公示予曰："斯十亩为宅，余五亩可效司马温公独乐制。"予观其基形最高，而穷其源最深。乔木参天，虬枝拂地。予曰："此制不第宜掇石而高，且宜搜土而下，令乔木参差山腰，蟠根嵌石，宛若画意；依水而上，构亭台错落池面，篆壑飞廊，想出意外。"落成，公喜曰："从进而出，计步仅四里，自得谓江南之胜，惟吾独收矣。"别有小筑，片山斗室。予胸中所蕴奇，亦觉发抒略尽，益复自喜。[1]

这里的"宛若画意"指向了"画"成为造园的一种"概念"，"画"与"园"有着相生相连的关系，前文提到的王思任说"善园者以名，善名者以意"，计成则进一步把"意"充实为"画意"，"画意"在"园"的形式构建上有着决定性的力量，这意味着一种能力，是将对于自然的感知摄入心灵

图 16　《观梅图》
明·唐寅
纸本设色
纵 108.6 厘米，横 34.5 厘米
北京故宫博物院藏

的能力，并且能够创建出再现这种形式的力量。因而对于造园者来说，"画意"即是造园一般性的概念，也是具体的概念，概念这个词来自拉丁语动词"concipere"，它意指把握或抓住真实。从一般性来说，它将涉及主体和客体、形和象、虚和实、有和无，从具体性来说，它是对一个情境或事件进行概念化，也就是对其文脉的可能性进行提炼。因而"园"是"画意"的物质呈现，"画意"是一种历史常量，也是具体事件的构想，当其作为物质化呈现出来的时候，往往"想出意外"，将顽石树木以画意重塑于园林中，表现了园林将"画之真"带入的欲望，而这种真并不是自然物质的真实，而是制造出"充满生气"的画面感，它通过一种构造视觉的装置，使得观看主体通过感觉知觉而身体性地与世界的关系性存在。（见图 16）所以"画意"的概念不是用来限定园林的形式，而是启发了园林形式。画意赋予了某种秩序，而观看和体验亦使得秩序的无限可能性生发出来。文人园林多由文人画家参与营造设计，园林创作很自然受到山水画论的浸润，非常多的画家参与主持设计了园林，他们都擅长丹青，同时又兼及造园的实践，所以造园的历史也是园画交融的悠长历史，《园冶》的出现，在画和园的叙事上有了较为直接和完整的总结。

从张彦远（815—907 年）的《历代名画记》中来看，中国古代绘画从政治教化开始，礼教、理学是其根基，卷一《叙画之源流》说："夫画者，成教化，助人伦，穷神变，测幽微。"[2] 画同时又和书联系在一起，有书画同源的说法，传仓颉"有四目，仰观垂象。因俪乌龟之迹，遂定书字之形"[3]。字形成后，天机就倾泄下来，所以天降大雨；字符一出，神力之下，"灵怪不能遁其形，故鬼夜哭"[4]。这个时候，书和画还没有分家，是一体的。张彦远："是时也，书画同体而未分，象制肇创而犹略，无以传其意，故有书；无以见其形，故有画。"[5] 从古代书画来讲，书画都是"图"，一般来说，书是侧重于传达内在意义的，画是表现外在的形体的，颜光禄云："图载之意有三：一曰图理，卦象是也；二曰图识，字学是也；三曰图形，绘画是也。”⁶从造字的源头来看，“画”的概念要比“绘画”的概念外延更宽泛，《广雅》云：“画，类也。”《尔雅》云：“画，形也。”《说文》云：“画，畛也。象田畛畔所以画也。”《释名》云：“画，挂也。以彩色挂物象也。”⁷“画”所涉猎的宽广视野，似乎无法拥有一个自身的实在性，并不是一个有明确轮廓的客观轮廓（格式塔），它更像是一个正在进行的分类、界限以及一些未完成的结构，“画”既是名词，也是动词，这造成了其语义的含混不清，而“画”正是这片恍兮惚兮的未分化中展开的。

也许用图画形容中国早期的绘画更合适一些，这些图画把记传、歌赋和图像结合起来，具有教化、伦理的功能，是礼教宣扬道德、维持社会秩序的手段，而此功能从周朝以礼乐治国以后，一直为宫廷文化所用。张彦远认为：“图画之制，所以兼之也。……图画者，有国之鸿宝，理乱之纪纲。是以汉明宫殿，赞兹粉绘之功；蜀郡学堂，义存劝戒之道。马后女子，尚愿戴君于唐尧；石勒羯胡，犹观自古之忠孝。岂同博奕用心，自是名教乐事。”⁸图画比诗歌等单一的文学手段更为形象，更能直观地表现出皇权至上、三纲五常的礼法制度。上古三代至秦汉，玉器、铜器、漆器发达，对自然形象多有提炼使用，宫殿、明堂壁画有山川云气的描绘，仙山文化对后世的造园有深远影响。山水画和园林兴起的初期创立到成熟阶段，发生在魏晋到唐代，“山水”在绘画上的独立，始于顾恺之（约348—407年）。近代山水大家傅抱石（1904—1965年）说：“关于千余年来中国古代的山水画史观，实不外上述的‘二李说’（唐），‘六朝说’（宗炳）和‘东晋说’（顾恺之）三种。”⁹他通过对顾恺之《画云台山记》等早期画论的研究，发现在4世纪的东晋时期，“中国山水画业已相当可观的了”¹⁰。随着山水诗、山水画的出现和发展，魏晋同期还出现了早期的山林别业文化，在《园冶》中郑元勋提到的“华林”和“金谷”，就是魏晋皇家和贵族庄园与山林结合的园林类型。

魏晋时期，绘画种类已经完备，《历代名画记》中说：“顾恺之曰：‘画人最难，次山水，次狗马，其台阁，一定器耳，差易为也。'斯言得之。"[11]
此时，山水画地位已经仅次于人物画，"山水"的观念和"观看"方式已
经完成，其中不单是以后山水画的脉络，也是后来文人造园园居乃至"卧
游"的一种"范式"。刘宋宗炳 (375— 443 年) 的《画山水序》云：

　　圣人含道映物，贤者澄怀味像。至于山水，质有而趣灵。是以轩辕、
尧、孔、广成、大隗、许由、孤竹之流，必有崆峒、具茨、藐姑、箕首、
大蒙之游焉，又称仁智之乐焉。夫圣人以神法道而贤者通，山水以形媚
道而仁者乐，不亦几乎！余眷恋庐衡，契阔荆巫，不知老之将至。愧不
能以凝气怡神，伤戊石门之流，于是画像布色，构兹云岭。夫理绝于中
古之上者，可意求乎千载之下；旨微于言象之外者，可心取于书策之内。
况乎身所盘桓，目所绸缪，以形写形，以色貌色也。
　　且夫昆仑山之大，瞳子之小，迫目以寸，则其形莫睹；迥以数里，
则可围于寸眸，诚由去之稍阔则其见弥小。今张绡素以远映，则昆阆之
形可围于方寸之内，竖划三寸当千仞之高，横墨数尺体百里之迥。是以
观画图者，徒患类之不巧，不以制小而累其似，此自然之势。如是则嵩
华之秀，玄牝之灵，皆可得之于一图矣。夫以应目会心为理者类之成巧，
则目亦同应，心亦俱会，应会感神，神超理得，虽复虚求幽岩，何以加焉。
又神本亡端，栖形感类，理入影迹，诚能妙写，亦诚尽矣。于是闲居理气，
拂觞鸣琴，披图幽对，坐究四荒，不违天励之丛，独应无人之野，峰岫峣嶷，
云林森眇，圣贤映于绝代，万趣融其神思，余复何为哉畅神而已。神之所赐，
孰有先焉。[12]

　　在中国文化中，"山水"之发现是一个最为重要的事件，其中孕育着
人性的灵性和追求："山水"启蒙了"人"的精神，成就了社会关系和宇
宙之间的构成意识。中国山水画中很大很重要的一部分，是用于文人静

观、游观、追求内心世界的体现，或为了表达对某种宇宙自然规律（order）的理解，或是在隐喻的世界里，映射了中国文人的社会政治理想，因而山水画也体现了艺术家所处的社会的情境和要求。山水画自其形成以来，便在中国绘画艺术中渐趋主导，它的这种主导地位，是大量文人士大夫参与的结果。既然向往青山白云的境界，那就身居离俗隐居的园林世界。听松观瀑、流连烟云的情趣，是魏晋六朝以来文人士大夫所标榜追求的，不妨形诸笔端，于是山水画独受钟情。山水画和造园之法都始于山水的“观看”之法，观看是一种普遍的、深思的、创造性的观察，不仅仅以视线接触人或事物，或对视网膜映像的简单机械复制，而是一种宏观把握物象的企图，是微观审视和宏观的哲思。“以小观大”的观看智慧，就是先建立人观看山水的视觉经验的前图式，然后以贮存的视觉经验图式，去类比观照内心和社会，存“真”“善”于山水中，以期获得整体的、动态的、有机的山水意象。宗炳文中说：“余眷恋庐衡，契阔荆巫，不知老之将至。……身所盘桓，目所绸缪，以形写形，以色貌色也。”古代画家的视点，是观看之“思”，所以是游走的，他们“饱游沃看”“目识心记”，创作时不临粉本草稿，打破人眼有限的视域，“心期于大”，因而“可居、可游、可行”的空间就具备了一种先验的结构。而在造园上，他们运用自己的视觉思维智慧和经验，创造性地把视觉的“真山之法”转换为空间画面的“山水之法”，此“山水之法”不是指山水画具体再现的描绘方法，而是指成就中国山水画独特图式的思维之法；这种方法在造园中直接表现为非模拟真山水，而是胸中丘壑的具体的可实践的造园方法。这两种艺术形式的基础和方法无疑是一致的。而建立绘画的原则和方法要等到“谢赫六法”的出现。稍晚于宗炳的南齐 (479—502 年) 谢赫在《古画品录》中提出：

六法者何？一，气韵生动是也；二，骨法用笔是也；三，应物象形是也；

四，随类赋彩是也；五，经营位置是也；六，传移模写是也。[13]

"六法"构成了中国绘画的本质，成为"绘画"之所以为"绘画"的规定性，既是画家的方法，也是批评家的基础。在张彦远的时代，他也是以这个标准来要求画家的，《历代名画记卷一·论画六法》里面，他深入强调了"气韵"的价值，并以其为准绳评价优劣：

> 彦远试论之曰：古之画，或能移其形似，而尚其骨气，以形似之外求其画，此难与俗人道也；今之画，纵得形似，而气韵不生，以气韵求其画，则形似在其间矣。[14]

"六法"设立其时，主流仍在人物绘画，到了唐代，人物画已是巍然壮丽、法度俱备，道及鼎盛，名家辈出。张彦远认为，绘画用笔是"气韵"的关键，所以传移模写"乃画家末事"，确立了"形似之外求其画"的标准。从人物画到山水画的转向，也在唐代。"山水之变，始于吴，成于二李"，张彦远在《论画山水树石》中说：

> ……由是山水之变，始于吴，成于二李。树石之状，妙于韦鶠，穷于张通。通能用紫毫秃锋，以掌摸色，中遗巧饰，外若混成。又若王右丞之重深，杨仆射之奇赡，朱审之浓秀，王宰之巧密，刘商之取象，其余作者非一，皆不过之。近代有侯莫陈厦、沙门道芬，精致稠沓，皆一时之秀也。[15]

从张彦远列举的唐代画家名单里，可以看出山水画在当时已经非常兴盛，面貌多样，滕固 (1901—1941 年) 认为："山水画在取得独立地位的当初，即向多方面展托；势之所趋，成了中国绘画的本流。上述吴道玄在佛教画上集大成而为格式，当系事实。但他的山水画，除了佛寺画壁的怪石崩滩和大同殿的蜀道山水之外，余无所闻。恐怕他对于山水画，只是‘但开风气’而已。至于踔为师匠汇作绘画本流，则赖有同时代李思训父子、卢鸿、郑虔、王维辈的纷起。”[16] 他把山水画初期的面貌归为三种：李思训“装饰的”，吴道子“豪爽的”，王维则是“抒情的”。[17] 朱景玄（约 785—848 年）《唐朝名画录》中，吴道子是被列为神品上唯一的一位，李思训为神品下七人之一，王维列妙品上八人之一。宋代也把李思训视为唐代山水画第一人，或者更准确地说，他应该是“着色山水”的第一人，而他师承的是隋代 (581—618 年) 的展子虔，而此时的山水画，其势正炽而方兴未艾。隋代展子虔《游春图》（见图 17）承上启下，拉开了其后千余年来中国山水画不断创新变革的序幕，山水画之所以长盛不衰，是因为历代山水大家都钟情丘壑之志，悠游山水之乐，好古并不废新，因而在情韵立意上、笔墨技法上、构图章法上，不断赋予山水画新的活力。比对于“着色山水”，王维被后世尊为“水墨”山水画的开山始祖，在中国的艺术史上，他是诗画高度结合的创始者。王维之后，文人对世界的思考走向了“水墨”的形式，面对自然风景抒发心灵感受，山水画成为文字、书写对于主体表达情志的综合手段。

张璪师承王维，在唐代张的画坛地位很高，张彦远文中作“张通”，在《唐朝名画录》中作“张藻”，和李思训同列神品下，在绘画上当时高于王维的画坛地位，比王维的“妙品”要高一个等级。张璪，字文通，朱景玄记其绘画事迹，说张璪“尝以手握双管，一时齐下，一为生枝，一为枯枝。气傲烟霞，势凌风雨，槎丫之形，鳞皴之状，随意纵横，应手间出。生枝则润含春泽，枯枝则惨同秋色。其山水之状，则高低秀丽，咫尺重深，石尖欲落，泉喷如吼。其近也，若逼人而寒；其远也，若极天之尽……精巧之迹，可居神品也”[18]。唐代文学家符载《观张员外画松石序》也称赞张璪：

图17　《游春图》　隋·展子虔　绢本设色　纵43厘米，横85厘米　北京故宫博物院藏

观夫张公之艺，非画也，真道也。当其有事，已知夫遗去机巧，意
冥玄化；而物在灵府，不在耳目；故得于心，应于手；孤姿绝状，触毫
而出。气交冲漠，与神为徒。若忖短长于隘度，算妍蚩于陋目；凝觚舐墨，
依违良久，乃绘物之赘疣也，宁置于齿牙间哉！[19]

《宣和画谱》记御府收藏了张璪六件作品，并记录了同时代画家毕
宏，他们应该都是盛唐之后的"变法者"。张彦远说毕宏，"树木改步变古，
自宏始也"。[20]毕宏落笔纵横，变易前法，"谓画松当如夜义臂，鹳鹊啄，
而深坳浅凹，又所以为石焉"。[21]推测他们改变了早期山水较为平板的画面，
增加了视觉强度，重要的是他们开始注重绘画方式和材料，有些部分接
近于行动绘画（action painting）和偶发性的表演，而这一切变通，均"意
在笔前，非绳墨所能制"。[22]张璪还著有《绘境》一书，可惜没有流传下来，
为世人留下的只有八个字："外师造化，中得心源。"从"气韵生动"到"形
似之外求其画""意在笔前"和"外师造化，中得心源"，山水绘画独立
的同时，也发展出作为主体的观看方式，凭借山水作为"得于心"的"内
在的人"的内向颠倒，完成了对绘画之起源（礼制空间历史性）的遗忘，
并因此促成"山水主体之发现"。五代后梁(907—923年)山水大家荆浩，
在后世认为真伪参半的《笔法记》中，继"六法"之后提出"六要"，并
从笔墨角度，提出绘画"真实性"的问题，他说：

夫画有六要：一曰气，二曰韵，三曰思，四曰景，五曰笔，六曰墨。曰：
画者，华也，但贵似得真，岂此挠矣。叟曰：不然，画者，画也，度物
象而取其真。物之华，取其华，物之实，取其实，不可执花为实。若不
知术，苟似可也，图真不可及也。曰：何以为似？何以为真？叟曰：似者，
得其形，遗其气。真者，气质俱盛。凡气传于华，遗于象，象之死也。

谢曰：故知书画者，名贤之所⋯⋯曰：自古学人，孰为备矣。叟曰：得之者少。谢赫品陆之为胜，今已难遇亲踪。张僧繇所遗之图，甚亏其理。夫随类赋彩，自古有能。如水晕墨章，兴吾唐代。故张噪员外树石，气韵俱盛，笔墨积微，真思卓然，不贵五彩，旷古绝今，未之有也。麹庭与白云尊师气象幽妙，俱得其元，动用逸常，深不可测。王右丞笔墨宛丽，气韵高清，巧写象成，亦动真思。李将军理深思远，笔迹甚精，虽巧而华，大亏墨彩。项容山人树石顽涩，棱角无䂓，用墨独得玄门，用笔全无其骨，然于放逸，不失元真气象，元大创巧媚。吴道子笔胜于象，骨气自高，树不言图，亦恨无墨。陈员外及僧道芬以下，粗升凡格，作用无奇。笔墨之行，甚有形迹。今示子之径，不能备词。[23]

　　荆浩看来，随类赋彩这类绘画在唐之前都已存在，只有以单纯的水墨渲染，是唐代和以往绘画不同的地方，绘画是寻找抛弃与物的表象相似性的道路，"超以象外"意味着一种由外激发的对内在的超越。这种"不似之似"成为最高的美学，米芾说："大抵牛马人物，一摹便似，山水摹皆不成，山水心匠自得处高也。"[24] 到了宋以后，山水画的地位取代人物画成为最高的了。元代汤垕的《画鉴》说：

　　山水之为物，禀造化之秀，阴阳晦冥，晴雨寒暑，朝昏昼夜，随形改步，有无穷之趣，自非胸中丘壑汪洋如万顷波者，未易摹写。如六朝至唐初，画者虽多，笔法位置，深得中古意，自王维、张璪、毕宏、郑虔之徒出，深造其理；五代荆、关，又别出新意，一洗前习。迨于宋朝，董源、李成、范宽三家鼎立，前无古人，后无来者，山水格法始备。三家之下，各有入室弟子二三人，然终不逮也。[25]

　　山水画至宋代董源发展出新的风貌，米芾《画史》云："董源，平淡天真多。唐无此品，在毕宏上。近世神品格高，无与比也。峰峦出没，云雾显晦，不装巧趣，皆得天真。岚色郁苍，枝干劲挺，咸有生意。溪桥渔浦，洲渚掩映，一片江南也。"[26] 米芾笔墨从董源，继续"舍形得意"，从米点山水开始，笔墨既是传递雾雨濛濛的云山烟树景象，也是用水墨点染对于"墨戏"的诠释，同时其书写性摆脱了景观和文字的具象性，而带有绘画本体表现的神韵之趣。此种形式的方向，为苏轼等提出"文人画"所尚，影响了山水文化的探索。明末董其昌以"参禅入画"的方式，重新阐释了"山水画是什么"的命题，为了使画成为笔墨本体在全新的境界中生长的思想方式，董其昌还"重造"了"南北二宗"的绘画谱系，他在《画禅室随笔·画源》论南北二宗画：

> 文人之画，自王右丞始。其后董源、巨然、李成、范宽为嫡子。李龙眠、王晋卿、米南宫及虎儿，皆从董、巨得来。直至元四大家，黄子久、王叔明、倪元镇、吴仲圭，皆其正传。吾朝文、沈，则又远接衣钵。若马、夏及李唐、刘松年，又是大李将军之派，非吾曹当学也。
>
> 禅家有南北二宗，唐时始分。画之南北二宗，亦唐时分也。但其人非南北耳。北宗则李思训父子，著色山水，流传而为宋之赵干、赵伯驹、伯骕；以至马远、夏圭辈。南宗则王摩诘，始用渲淡，一变钩斫之法，其传而张璪、荆、关、董、巨、郭忠恕、米家父子，以至元之四大家。要之，摩诘所谓云峰石迹，迥出天机，笔意纵横，参乎造化者。东坡赞吴道子、王维画壁，亦云："吾于 维也，无间言。"知言哉！[27]

董其昌的这个"谱系"在美术史家的眼中，并无足够的依据。从六朝到唐代，王维在画史的地位没有诗歌上的地位高，但是王维参禅、作诗、绘画、造园都有自己独特的面貌，因而比较对后世文人的胃口，这样就成了文人绘画的南宗之祖师。明代文坛继文徵明、沈周之后，董其昌、陈继儒为其时领袖。董其昌"字思白，号玄宰，华亭人。由进士官至大宗伯，晋官保，谥文敏。诗文有容台集。以书法重海内。画山水宗北苑、居然，秀润苍郁，超然出尘。自谓好画有因，其祖母乃高尚书克恭在(1248—1310年)之云孙女，所来者有自也"[28]。董其昌对晚明乃至清代画坛的影响很大，龚贤等大家都是他的学生，"四王"之首的王时敏既是他的学生，又是他的亲家，清代皇帝多是他的拥趸，因而董其昌的南北说能在晚明至清代乃至近代成为主流。造园在晚明和清代达到鼎盛时期，其中的造园大家计成、张南垣也都间接受到过董其昌的指教，这样晚明之后的江南园林，自然也就受到董其昌南宗说的影响了。文学家茅坤[29]之孙明末扬州儒将茅元仪[30]，看到郑元勋新筑的"影园"，认定"画"是构园的根本，他在《影园记》一文中写道：

　　士大夫不可不通于画，不通于画，则风雨烟霞，天私其有。江湖丘整，地私其有。逸志冶容，人私其有。以至舟车榱桷、草木虫鱼之属，靡不物私其所有。而我不得斟酌置之。即文人之笔，诗人之咏，亦我为彼役，而彼之造化，不得施其力，雨露雷霆所不得施其巧，经营力构，点缀张设所不得施其无涯之致者，我亦不得风驱而鬼运之。故通于画，而始可与言天地之故，人物之变，参悟之极，诗文之化，而其余事可以迎会山川、吞吐风日、平章泉石、奔走花鸟而为园。故画者，物之权也；园者，画之见诸行事也，我于郑子之影园而益信其说。[31]

　　茅元仪为友人郑元勋影园作记，开篇提出了"画"对于经营园林的绝对意义，这样的提法，甚至超越了园林"宛若画意"的提法。对于园的营造来说，其中的"通于画"就是窥见万事之理、万物之性，计成在《园冶》中颇费笔墨地强调"主人"的问题，也是强调造园者需要有不同于"匠人"的视野，也就是要有足够的绘画视觉经验；从画法造园，突破了一般性对于画的定义的，画不仅仅是视觉图像的问题，更涉及对世界的"观看"哲学。强调以"画"意造园在于世界是通过经验，在我们的观看中交互激淌，通过我们的经验和他人的经验相互交流，通过经验与经验相互作用而显现的意义。我们要了解世界意义显现的来由，并以这种意义显现的过程来理解自我与他人、自我与世界的关系，也要了解到这层关系是奠基在自我经验的基础上发展起来的。在世界未被当成"画"观看的时候，世界是以"事物"外在于观看的一个既定的存在，在我们的观看的内容当中呈现的世界，一旦这种呈现是一种"画之意"，就是一种"心领神会"的亲密关系。"画"在视觉艺术里是司空见惯的名词，近乎于透明、空洞的一般叙诉，在园林的营造世界里，获得了创作方式和品鉴标准的具体鲜活的特质。

"一画"

造园是释放本我，找到自我的行为。计成认为造园是"从心不从法"，而石涛（1642—约1708年）说"夫画者，从于心者也"[32]，可见无论是园还是画，都要从心的自我感知开始。自我意味着主体的自觉塑造以及和客体、物质世界之间的凝视，以内在的世界涌现出对外在世界的延伸。苏舜钦（1008—1049年）在《沧浪亭记》中说："人固动物耳。情横于内而性伏，必外寓于物而后遣。寓久则溺，以为当然；非胜是而易之，则悲而不开。惟仕宦溺人为至深，……是未知所以自胜之道。"疲惫的功名路没有终点，浸染其中的时间长了，就会抑郁不能释怀。而绘画和园林在一定程度上把仕人从抑制及分裂变态性格中解放出来，"画"的作用也在于"自胜之道"，董其昌的"以禅入画"实则也是晚明文人一种精神拯救的方法，"画"和"园"的关系乃是建立在对回归自然和本我的热爱之上，因而计成提出的"主人"本质上关心的是人的"拯救"问题。

汉字"一"字

王羲之草书"一"字

周易六十四卦符号矩阵

图 18 空间的基础："一"画作为视觉和空间形式的基础

　　弗洛伊德说："哪里有本我，哪里就有自我。"本我由未实现的意识能量所构成，完全处于无意识水平中，是固着于体内的心理积淀物，是被压抑的非理性的、无意识的本能冲动和欲望的心理能力。而这个被压抑的"本我"才是自我以及绘画、园林的最终基础，而我们一般所谓的造园动机等等从来就不是必然存在、唾手可得的，它们只能存在并显现于"主人"与"本我"的交互作用中，并且，首先是压抑的，是某种潜意识与作为记忆痕迹的语词表象相关，而这种记忆痕迹又直接与知觉意识相连接，因此，自我就能通过这种中介成为有意识的。与自然记忆的关联是观看中的元叙事，在中国古代书画论中，"一画"就表现为这种中介，有着深刻而隐晦的含义。"吴门画派"的先驱之一、沈周的老师杜琼（1396 —1474 年）在《赠刘草窗三十韵》中，从"一画"到"六法"和山水画法的变迁云：

　　　　　　河图一画人文始，书画已在羲皇时。
　　　　　　鸟迹蝌蚪又继作，象形取义日以滋。
　　　　　　肖形求贤文商世，书画从兹分两歧。
　　　　　　秦汉画工可指数，笔迹已远不可追。
　　　　　　顾陆张吴后先出，六法尽得夸神奇。
　　　　　　山水金碧到二李，水墨高古归王维。
　　　　　　荆关一律名孔著，忠恕北面称吾师。
　　　　　　后苑副使说董子，用墨浓古皴麻皮。
　　　　　　巨然秀润得正传，王诜宝绘能珍琦。
　　　　　　乃至李唐尤拔萃，次平仿佛无崇庳。
　　　　　　海岳老仙颇奇怪，父子臻妙名同垂。
　　　　　　马夏铁硬自成体，不与此派相和比。
　　　　　　水精宫中赵承旨，有元独步由天姿。

雪川钱翁贵纤悉，任意得趣黄大痴。

净明庵主过清简，梅花道人殊不羁。

大梁陈琳得书法，横写竖写皆其宜。

黄鹤丹林两不下，家家屏障光陆离。

诸公尽衍辋川脉，余子纷纷奚足推。

予生最晚最爱画，不得指引如调饥。

幸逢圣世才辈出，且得遍扣容追随。

友石先生具仙骨，落笔自然超等夷。

葵丘烂漫文鼎润，独醉独数寒林枝。

绵州寓意最深远，数月一帧非为迟。

我师众长复师古，挥洒未敢相驱驰。

涸缣浣楮且不厌，写就一任傍人嗤。

刘君识高颇见录，往往披对心神怡。

且云惨澹有古意，口不即语心求之。

我有鹭瓢富题咏，欲得长句须君为。

十年不与岂有待，以彼易此何嫌疑。

我诗我画既易得，请君不吝劳心思。[33]

　　杜琼指出"一画"是中国书画发端，诗中也出现了日后董其昌倡导的"南北宗"说法，认为王维后之荆浩、关全南宗值得效法，"诸公尽衍辋川脉，余子纷纷不足推"。提倡"以书入画"，研习"真迹"，接通气脉，在董其昌之后，石涛在其名著《画语录》中又提出了"一画之法"，可见明代整个艺术史的主线同时也是有意识地建构艺术"主体性"的过程，同时"一画之法"也不仅仅指向绘画，它蕴含了"园""画"深层内在"同一性"的联系。如果说造园是主体赢得自我的外部行为的话，"一画"则在分裂的本我和自我之间建立了一座精神桥梁。"一画"中的"一"本身意味着

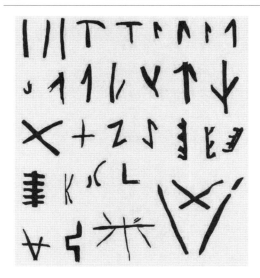

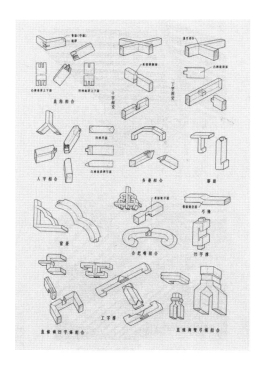

图 19 "一"画的书写作为视觉常量和建筑结构形式基础的类比

一种对总体性的命名，"一"保留了主体之前世界的整体性意义生成的能力，并且在生成时间中"一"防止物走向语义的完全抽象化。对于这个"一"，《老子道德经》第三十九章说："昔之得一者，天得一以清，地得一以宁，神得一以灵，谷得一以盈，万物得一以生，侯王得一以为天下贞。"[34] 魏王弼注："昔，始也。一，数之始而物之极也。各是一物之生，所以为主也。物皆各得此一以成，既成而舍以居成，居成则失其母，故皆裂、发、歇、竭、灭、蹶也。各以其一，致此清、宁、灵、盈、生、贞。"[35]"一"是汉字笔画中最简单的，也是最本源的，"一"通于"壹"，被设定含有万物生化的奥秘，许慎在《说文解字》上说："惟初太极，道立于一，造分天地，化成万物。"[36]"壹，䥐，嫥壹也。从壶吉声。凡壹之属皆从壹。"[37] 这样"壹"取象于"壶"，而"壶"又通于"瓠"，是葫芦的意思，它比喻了一种万物混沌未开的状态，"壶"专指"专一"，不强调数字，是不可分割的，这种混沌之魅，后来被中国的山水画发挥得淋漓尽致。

　　从字源上看，园和"壹"的关系更加密切，园林在中国的别称为"方壶""壶中天地"，园就是"壹"的空间敞现，是世界时空未分的本体。(见图 18、19) 而"一画"中的"画"字本身带有很强的结构和空间性。"画"古文为"畫"，上面是"聿"，形象以手执笔的样子，是"笔"的本字；下面为画出的田界。整个字形，像人持笔画田界之形。因此，画的本义为划分、划分界线的意思。从广义上来看，从设计的角度来说，画本身有"计"划和"策"划的意思，而在英文里和轮廓关联的词 Diagram、Pattern、Scheme，也和设计 design 有联系；从空间结构的角度来说，"画"是处理边界，处理边线、轮廓线，在园林中边线可以处理为围墙、屋宇、池水、草木等围合方式，产生迥然不同的空间和气氛。童寯在《江南园林志》给"园"的定义是："园之布局，虽变幻无尽，而其最简单需要，实全含于'园'字之内。今将'园'字图解之：'囗'者围墙也。'土'者形似屋宇平面，可代表亭榭。'口'字居中为池。'夵'在前似石似树。日本'寝殿造'庭院，屋宇之前为池，池前为山，其旨与此正似。园之大者，积多数庭院而成，其一庭一院，又各为一'园'一字也。"[38] 从园林图像上看，江南园林从晚明开始，园林中墙和回廊等要素比之从前，确是有所增加，成为空间划分的主要硬质元素，这种"园"的理解最接近于晚明之后江南园林的形式空间结构。

"□"代表了一种对应于"一画"形式的结构，这是一种对于场地的围和和控制，美国景观建筑师查尔斯·莫尔（Charles W.Moore）等著的《风景——诗化般的园艺为人类再造乐园》一书中称之为围封："围封（与融入相对）也是一种适应当地环境并从中获取一部分的方法。"[39] 他们认为围合是进行场地再处理的一种手段："要么与之相撞，要么控制它，接受它或反对它，驯服它或者强化它。每一种行为都是一种社会的行为，欢迎还是排除，夸耀还是谨慎从事。"[40] 莫尔文中这里的它是指场地，显然围合是为了"控制"，围合空间的实体要素有很多种：属于建筑实体要素的包括墙体、走廊、列柱以及建筑物等，属于非建筑实体要素的包括植物、水体、山石等。对于中国园林来说，场地中存在着自然的原型空间，在古典园林中水体为阴，陆地为阳，反映到造园中，则建筑实体为阳，庭院为阴。这种阴阳的关系处于不断转化的过程当中。老子在《道德经》中言："将欲歙之，必固张之；将欲弱之，必固强之；将欲废之，必固兴之；将欲取之，必固与之。是谓微明。"[41] 围合以及阴阳变易的方法体现在园林的营造中参与了环境结构，使得景观空间的连续性成为前提，园林的形态从来就不是大地表面兀然站立的几何体，而是以其连绵起伏伸展的形体与大地形态走向融合，并且创造性地重构了大地形态，这其中树木的大量运用使得园林将其自身的完备性整合和统一于景观系统中。而场地是先于场地设计之前的存在，并且对设计有着先天的约束，园是要保留这样的场地记忆，同时把高度的想象力赋予在形态层面上，这就很大程度地调和了园林、大地和存在的三元异质性，保持、留存和发展了"一画"的深层记忆和个人想象的连续性。

"一画"指向自我主体精神的建构，《画语录·画章》开篇曰："太古无法，太朴不散。太朴一散，而法立矣。法于何立？立于一画。一画者，众有之本，万象之根。见用于神，藏用于人，而世人不知。所以一画之法，乃自我立。"[42] 余剑华先生认为"一画乃绘画中最原始、最重要的元素"[43]，而"在皴法、境界、蹊径、林木、海涛、四时等六章里，是说明一画的具体方法"[44]。余先生的观点很容易让人觉得绘画是一种描摹性的生产，相比之下，王逊先生则认为"石涛提出'一画'这个概念，指一个完整的形象世界的创造"[45]，这似乎接近石涛所构建的绘画过程："信手一挥，山川人物，鸟兽草木，池榭楼台，取形用势，写生揣意，运情摹景，显露隐含，……盖自太朴散而一画之法立矣，一画之法立而万物著矣。"[46] 但是石涛在"尊受""蒙养""氤氲"等概念中，他似乎更关照这个世界的生成过程，以及在这种方式中找到"自胜之道"，"用是以为胜焉"。在笔墨之中，是自我和世界的调适性的过程，"自我的世界"在某种意义上是"遮蔽"的，笔下的"万物"是现象展开的世界，正如唐代朱景玄在《唐朝名画录》序中云："画者，圣也。盖以穷天地之不至，显日月之不照。挥纤毫之笔，则万类由心，展方寸之能，而千里在掌。"[47] 对于主体来讲，这是一个与自我世界对话的时机："立一画之法者，盖以无法生有法，以有法贯众法也。"[48] 因此石涛说："笔锋下决出生活，尺幅上换去毛骨，混沌里放出光明。……化一而成氤氲，天下之能事毕矣。"[49] 如果说画家是"笔锋下决出生活"，那么造园家便是计成在《园冶》中所称"使大地焕然改观"，"别现幽灵"，日本人把《园冶》称为《夺天工》，主人在园的天地里，就是"一画"的代言人，都强调自我叙述和生成世界的能力，时间和空间不是独立的、绝对的，而是相互关联的、可变的，因而时间性的叙事始终是和园林空间的营造关联在一起的，无论是对于场地的记忆和身体的运动，时间因素都给空间带来强烈的改变。

　　石涛的"一画"和书法的历史叙事"点画"亦联系密切，当代人以线条度量书法，多不合书法历史上的评价标准。王羲之《自论书》"意转深，点画之间皆有意，自有言所不尽。得其妙者，事事皆然"。[46] 唐张怀瓘在他的《评书药石论》里形容王羲之的用笔说："一点一画，意态纵横，偃亚中间，绰有余裕。然字峻秀，类于生动。幽若深远，焕若神明，以不测为量者，书之妙也。"[50] 孙过庭《书谱》："一画之间，变起伏于锋杪；一点之内，殊衄挫于毫芒。况云积其点画，乃成其字；……任笔为体，聚墨成形"。《说文解字》："点，小黑为点。"又曰："灭字为点。""点"是"画"的起收，点在书写的状态下是没有形的，但它是"画"之母，是阴阳划分的开始和结束，一点一画就是中国人理解空间的根本。狭义上来看，在中国文化中，"画"不单指绘画，而是书和画的合体，书画同源，书通于画，以书入画。当绘画在走入文人画阶段以后，绘画不是再现性和描绘性的了，绘画在书法的基础上带有强烈的表现性和抒情性，书法的用笔审美给中国空间艺术带来了独有的节奏。17世纪的书论中，王文治（1730—1802年）对笪重光（1623—1692年）的《书筏》推崇备至，以为和《书谱》媲美，《书筏》云："笔之执使在横画，字之立体在竖画，气之舒展在撇捺，筋之融结在纽转，脉络之不断在丝牵，骨肉之调停在饱满，趣之呈露在勾点，光之通明在分布，行间之茂密在流贯，形势之错落在奇正。"[51] 节奏是书法中非常重要的一个内容，点画的情态有主观的、个人化和情绪化的因素，但是它的本质是与书体相表里的一种笔意，点画结构和形式样态就对应着相应的内在节奏。因此，"画"从本源上说，是对于布局的一种节奏的安排，同时，"画"的质量决定了空间的质量，"画能如金刀之割净，白始如玉尺之量齐""人知直画之力劲，而不知游丝之力更坚利多锋"[52]，在一个基本的空间中，点画间与其周围边界的关系非常微妙，笪重光要求画要像金刀那样利落，分割出来的空白才会干净，点画的任何微妙变化，其周围空间都会有受力之后的开放收合之变，因此，

图20　拙政园东部（补园）水上曲廊照片及实测平面图（图片引自刘敦桢《苏州古典园林》）

阴阳鼓荡，互为形势，生生不已。童寯先生著名的三境界"疏密得当""曲直尽致""眼前有景"，皆因经营精妙，比合此法，视为位置之法："斯园亭榭安排，于疏密、曲折、对景三者，由一境界入另一境界，可望可即，斜正参差，升堂入室，逐渐提高，左顾右盼，含蓄不尽。其经营位置，引人入胜，可谓无毫发遗憾者矣。"[53] 计成在营造寤园的曲廊时，提及了在造园中对于书法意趣的援引，《园冶》卷一《屋宇·廊》有记：

　　　　今予所构曲廊,之字曲者,随形而弯。依势而曲。或幡山腰,或穷水际,通花渡壑,蜿蜒无尽。斯寤园之"篆云"也。[54]

　　寤园见于阮大铖《冶序》称："銮江地近，偶问一艇于寤园柳淀间，寓信宿，夷然乐之。乐其取佳丘壑，置诸篱落许。北垞南陔，无可易地，将嗤彼云装烟驾者汗漫耳！兹土有园，园有'冶'，'冶'之者松陵计无否，而题之'冶'者，吾友姑孰曹元甫也。"[55] 在计成《园冶·自序》谓："时汪士衡中翰，延予銮江西筑，似为合志，与又予公所构，并骋南北江焉。"[56] 计成为吴玄所造园在江南，为汪士衡所造寤园在江北，故称"并骋南北江焉"。计成在这里提到的"篆云"二字，是指书法中如行云流水的"篆书"，而之字曲者，是像"之"字形的曲折回复的廊子，这种空间原型无疑来自书法。王羲之说："每作一波，常三过折笔……真书及行书，皆依此法。……若欲学草书，又有别法。须缓前急后，字体形势，状如龙蛇，相钩连不断……其草书亦须篆势八分、古隶相杂。"[57] 这种曲折之法，如在园回廊中应用恰当，也会有书法的意趣。曲廊和园墙构筑保持一定的空隙，廊做两坡顶；与墙若即若离，空间自然通透，形体和空间上虚实相生，路径曲折自由，地面起伏连绵，两侧或开洞借景，或开敞亲水。寤园今已不见，拙政园东部的水面凌波的曲廊，体态优美，应和计成的"篆云"意蕴相当。（见图 20）园林中曲廊的运用可以视为书法绘画和造园艺术借鉴融合的一个典范，"一画"的视域始终把身体、语言、文字的深层结构和观看紧密相连在一起，"一画"决定了"观"景和"景"观的发生机制。

《园冶》中最频繁出现的文字即为"景"字，共出现了 28 次，也就是计成对造园最为关心的主题，在"一""画"和"景"的语义结构之间，存在着形式语法的深层结构。最简单的"画"为"一"，万物始于"一画"。"一画"在形的体系之外，还有一个"类"的思维体系，"一画"除了表征文字、书画外，还有一套以术数排列产生秩序的体系，就是周易八卦的体系，"近取诸身，远取诸物，于是始作八卦""是故君子居则观其象而玩其辞，动则观其变而玩其占，是以自天佑之，吉无不利"。抛去其玄学的外表，"一画"在视觉形式上，建立了三套精致的结构：语言的、书画的以及易象的。多元复杂的符号系统把世界投射成为一个随机变易的景观。"景"的字形由日和亭组成，"景"通于"影"，"景"是太阳在高大亭台上投下的影子，景观的行为本意就是观天象的特殊感知方式，这种感知方式随着文字的潜在形式意义部分被埋藏在园林的形式构建中，园又称为亭园，观景也就有了感受宇宙的变易节奏的深意。景是节奏的呈现，"易与天地准，故能弥纶天地之道"，这个可以理解的景观是变易之中的景观，所以计成说"景到随机"。"一画"生成的语言结构深刻地影响了观看世界的方式，而东西方语言结构的不同形式隐藏了对于世界不同的观看方式。《华严经》说"一花一世界，一叶一如来"，英国诗人威廉·布莱克（William Blake，1757—1827 年）有一首意思"相近"的诗《天真的预言》：

To see a world in a grain of sand, And a heaven in a wild flower, Hold infinity in the palm of your hand, And eternity in an hour.

翻译过来："一粒沙里看出一个世界，一朵花里藏着一个天堂，把无限放在你的手上，永恒在刹那间收藏。"这无疑和《华严经》所说有着相近的意思。就在这样相近意思的诗歌里，依然可以看出语言深层结构对于自然认识的差别。这两首诗在语言结构上，中文只是把花和世界、叶子和如来并置起来，形成一种框景的状态，而英诗则把动词加进去，指向沙子和花朵的内部构成。在中文里自然的"自"原意从鼻子，引申为自己的意思，然是样子、状态，自然是自己的样子和状态，自然虽外在于我，但是通过我身体感知，通过绘画、谈话、在场传递出一种在手的态势，在运动和场的变化中，东方的意义是由能指并列的间隙产生，"众鸟高飞尽，孤云独去闲。相看两不厌，只有敬亭山"，物象的能指分布产生了强烈的形式美感，就连花和叶子这样微小的物依然成为自然中最壮观的景致，而这样的景致是由能指的完美形式唤起的。同样是关注花和叶子，西方一定要强调主体主导地位的"看"，进而发现"藏"的事物，这和西方认识的 Natural 是一致的，Natural 本身就带有性质的意思，Natural 可以用于代表大自然，也用来表示物的"本质，特征，性质"，也可用来指人或物的"性格"，这明显指向事物的抽象性，走向分析和逻辑，能指的表象不能满足理性所要求的深度，所指无限的分裂和探寻将冲破景致的表面，这在现代主义绘画的初期就已经成为绘画主体的诉求，从印象派到塞尚、立体派，景致是分析化的。

而中国园林在"一画"的整体语境中，自然的景致可以阐释为事物自身本然的存在，其自身的情态存在于自身的存在和变化的逻辑之中，只有和外物保持警觉或能恢复其自如的态势，抑或是说，自然的景致不等于存在抑或变化，但是通过对存在抑或变化自身关系的描述，景致才可以揭示出某种性情的存在样式和状态。在中国山水的哲学话语中，景致言说趋向于一种关系—环境—景观的建筑学，体现为状态化的和表形的、写意的认知态度，又由于汉字、书法和绘画上的景观同源，以及经

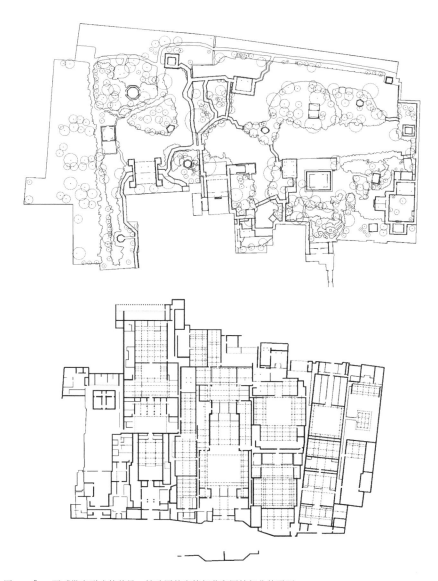

图 21　"一画"带来形式的差异：拙政园的宅第部分和园林部分的平面

常搭构—搭配，构成由搭建的方式—策略，从而整个“山水世界”在形意层面和状态层面形成了共生性—生态性。或者说，通过形意直观，“能指”并不直接关联“所指”，“能指”更多描述了状态—景观，但是“所指”是对景观的并置和直观后回旋的空间。景致形式空间的组成并非具有各种属性的自足的自然实体，相反其与自然的关系，与天空大地的关系，与工具的关系，与其历史的关系，与文化的关系等等，都是景致随机生发的表达。一般的设想，自然表面的特征为连续、无限伸展、三维、均匀、各向同性和可度量性，是假定的一种绝对存在，但是园林的景致则是从直观的视域出发，没有对自然的凝固化的欲望。景致表现出一定的“反”概念性，是一种在概念之外的感受性：不连续、片段、转折、非向同性，最终传递的是一种不可测量深度的整体性。这种生发即是普遍可感知的同时存在感知的差异，这种差异造成了不同的“差异的时间”(Heterochronies) 和“差异的地点”(Het-erotopias)，是山水与主体的互文，继而在景致中通过不同的层级结构，营造出园林的诞生地点。

　　从“一”到“万物”，就是“一”到“多”的过程，“一”是极少，也是极繁，“一”通过“画”可以往复与世界的这个两极，景致则随机发生，“一画”构成了中国园林文化和空间形式的基础。“一”可以是非常有秩序的结构，也可以是非常含混不清的一片混沌，《类编》这样解释“一”：“于真切，音殷。与絪氲通。”从“一”开始回到“一”，从身体观看万物回到身体本身，这样一种循环往复，园林寄予了在时间的流逝中生命空间的意象。查尔斯·莫尔（Charles W.Moore）谈到他对中国古典园林的空间感受时，他说：“整齐划一的儒家思想在这里变成一团迷雾，自然的气息徐缓进出。”[58] 查尔斯·莫尔有着建筑师对于空间的敏感，他体会到了作为儒家思想指导的宫殿、宅第和园林在空间形式上的差异，但是又有着同一性的视觉常量基础。（见图 21）而这种差异出现在中国文化环境中，通常被称为儒道的互补。中国古代建筑的空间形制，千年来变化不大，在宫殿、寺院、民宅上具有高度的同一性，舍宅为寺，改寺为宅第的情况很常见，例如拙政园就是在大弘寺的基础上修建的。总体上说，"一"具有在两级之间的"变易性"，它可以表现出极端的整齐划一，出现一座城市是一个巨大的矩阵的情况，比如保存较好的苏州古城、北京的明清故宫；它也可以表现出极端的复杂和自由，比如苏州的私家园林和皇家的苑囿，呈现出还原自然近乎混沌的空间形式。

"一画"视域下的山水景图是案头小小的册页或卷轴，陈设于幽斋磊石旁，与木石同居，却又无限广阔，它是世界的迷雾，山水是一种现象学的透明，笔墨呈现空间的重叠与复杂的特性，高度压缩现象的皴法，实际上是对世界模糊性的把握，山水世界是一种非因果的宽容，山水世界是接受未知的手段，而非现实呈现的直接功利性。发现是一种反复和印迹，"一"与"多"是世界的实相，千波万皱蕴含了抽象性、构造性，其内部生发出无穷的阅读经验，赋予感觉的真实和创造以原动力，其衍生的类型足以成为启发山水阅读的经验，世界的差异与重复、简单与复杂、低级与高级、分裂与缝合都不断地体现着自然山水之"真"的性质和功能，园林意味着主体所揭示的是一种复杂的秩序，而这种秩序在阴阳缠绕、进退往复的观念的下面，把空间追回到一种混沌原初的时间中去营造，从中主体获得一种凝视和沉思，在词与物之间，超越二元对立的迷思，产生纯粹朴素、清明寂静无际无量的生命空间体验。

"三远"

在山水的结构认识上，中国在每个时代都有深入的发展，若以西方的艺术史观看中国绘画，或对于西方学者来说，最重要的困惑就是中国的艺术家缺乏对自然的模仿，这是因为中国山水画的目的不仅仅是对客体的再现，从魏晋顾陆到唐宋王维、荆关、董巨，从元四家黄吴倪王到

图22　山水的“观看”
《拙政园诗文图咏·意远台》
明·文徵明
嘉靖十二年（1533）
绢本设色
每开　纵23厘米，横23厘米

明清的吴门沈唐文仇、松江画派董其昌乃至清代石涛、八大山人、龚贤等巨匠，他们开启的不仅仅是山水之画，更深层的是山水之观看方式，所以他们的山水绘画不是以再现性为目的。从未停止的是山水之思，这在文字和图像的并置中可以证明，山水画的任务不仅仅是绘画，也是一种山水的文本，文本探求山水的不可见性，即如何在笔墨的可见性中寻求自然之谜，主体从中产生了自我和山水世界的觉察。绘画通过书写在场展示出自我力量的构造，对抗规训化使主体焕发生机。文徵明在《拙政园诗画图咏·意远台》（见图 22）景图的对页题诗："闲登万里台，旷然心目清。木落秋更远，长江天际明。白云渡水去，日暮山纵横。"[59] 在山水以及园林世界提供了对存在的"深度"感知，代表一种和"日常"的距离，其间退让和超越并存。"结庐在人境"就是日常生活，而"心远"则能"地自偏"，这是一种对日常生活的超越。文徵明正是在陶渊明这"远"的境域中超越，这种超越不是在山林田野的隐匿，而是通过"意远"实现当下即刻的"旷然心目清"。而老庄的玄览、坐忘、卧游、居游在山水文化中则是随时随地可以做到的，这成为山水画中追求"远"的内在精神要求。推及园林空间是对于世界的自我省察，对于身体在空间的知觉的超越，这种观看创造了一种把握世界的特殊方式，园和画是心和印象、印迹的交融，主人寻求的是一种不说自明性，寻找的是语言之前的表征。文徵明指出"意远"是主体和世界作为他者相处的方式，是一种园居世界带来的"清""明"的幸福感。

　　和西方现代主义空间观念来源于现代绘画的观念相似，园林的视觉基础是中国传统的文人山水画，中国山水画隐含了中国人"观看"（seeing）世界"空间"的文化意义，中国古典山水画并非一种固定角度的自然再现或观照模式，而是对于山水的多重角度的"观望"，绘画自然成为一种"心"画。英国艺术史家诺曼·布莱森（Norman Bryson）把这种观看方式称为"扫视逻辑"（the logic of the Glance），以区别于单一视点的"注视"

（Gaze）。"扫视性的绘画诉诸观察主体在持续时间性中的视觉；它既不试图排除观看的过程，在本身的技巧上也不掩盖劳动中身体的痕迹。"[60] 中国山水画和园林最直接的视觉感受就是这种观看的连续"运动"，而这种视觉带来的是现象学感知上的透明性，而非物本身的实体性或透明性。清代画家恽南田（1633—1690 年）自题《拙政园图》云："壬戌（康熙二十一年，1682 年）八月，客吴门拙政园，秋雨长林，致有爽气。独坐南轩，望隔岸横冈，叠石崚嶒，下临清池，磴路盘纡。上多高槐、柽、柳、桧、柏，虬枝挺然，迥出林表。绕堤皆芙蓉，红翠相间，俯视澄明，游鳞可数，使入悠然有濠濮间趣。自南轩过艳雪亭，渡红桥而北，傍横冈，循磴道，山麓尽处，有堤通小阜，林木翳如。池上为湛华楼，与隔水回廊相望，此一园最胜地也。"[61] 园的空间的流动性是显而易见的，布局疏密得体、开合有序是流动的节奏，加之四季流转的时间性，皆成不同境界奇观之图画性。同时，运动带来了观看的深度，动词化的要素融合在园的嵌套结构中，如上文的："坐""望""临""盘""绕""俯""入""过""渡""傍""循"，这些动词既带来了园林空间的深度，同时也指向知觉感知的深度，深度即便是当时在场的感受，也并不能单单属于观看者个体，观看者显然不是一个孤立的主体，深度同时连接着世界的现象域。在这个维度上，园和画激发了主体对存在的感知，王文治（梦楼）（1730—1802 年）在恽寿平《拙政园图》画幅上隔绫题云："余同年友许穆堂侍御，寓居吴门蒋氏，余数得过从，因畅游拙政园。今观此图，如再到也。古人作画，不必求似；及其似处，竟与真无以异。然则作画贵似耶？不贵似耶？愿与知禅者参之。"[62] 这种"似"与"不似"来自中国山水文化的观看方式，山水画和园林都蕴含了关于观看运动以及连续性的主题，而实现这个主题又以"三远"乃至"六远"为主要方法。北宋郭熙在《林泉高致》中总结了三远：

自山下而仰山颠，谓之高远；自山前而窥山后，谓之深远；自近山而望远山，谓之平远。高远之色清明，深远之色重晦；平远之色有明有晦；高远之势突兀，深远之意重叠，平远之意冲融而缥缥缈缈。其人物之在三远也，高远者明了，深远者细碎，平远者冲淡。明了者不短，细碎者不长，冲淡者不大。[63]

北宋韩拙在《山水纯全集》中又扩展到"六远"，增加了阔远、迷远、幽远："有近岸广水，旷阔遥山者，谓之阔远。有烟雾暝漠野水隔而髣髴不见者，谓之迷远。景物至绝而微茫缥渺者，谓之幽远。"[64] 大约韩拙认为郭熙给出的只是视点的变化，还是一个方法论的层面，而从他所增加的"三远"中，明显加进了主体感受的成分，是对山的氛围具体化，是对山水本体的穷究，他强调的山体和人的关系，"以上山之名状，当备画中用也。兼备博雅君子之问，若问而无对为无知之士，不可不知也。或诗句中有诸山名，虽得名即不知山之体状者，恶可措手而制之"。[65] 他接下去说：

凡画全景者山，重叠覆压、咫尺重深、以近次远，或由下增叠分布、相辅以卑次尊各有顺序，又不可大实，仍要岚雾锁映、林木遮藏、不可露体，如人无依乃穷山也。且山以林木为衣，以草为毛发，以烟霞为神采，以景物为妆饰，以水为血脉，以岚雾为气象。画若不求古法，不写真山，惟务俗变采合虚浮，自为超越古今，心以自蔽变是为非，此乃懵然不知山水格要之士，难可与言之。[66]

和山水画的动机相仿，园林中许多重要的空间大都为了达到某一种"远"的效果和氛围。《重修扬州府志卷三十一·古迹》记："真赏楼康熙平山堂十三年落成……汪舍人懋麟拓堂后地为楼，五楹取欧公'遥知为我留真赏'之句……平楼即平远楼，栖灵寺地藏殿之左，有小轩三楹，

图 23   园林风景观看的平面性和空间深度的双重性示例

轩之左，拾级而登平楼在焉。并雍正十年，凡七楹，而敞其南东两面，介海之山隐然在望，郭熙山水训云：自近山而望远山谓之平远，平远之意，冲融而缥缈，因以'平'楼名之。"[67] "三远""六远"目的在于"造境"，园林也是如此。游园在动态中，随着游览路线从一个局部走向另一个局部，移步换景，则有隐有显，远近掩映，或浅或深，而风雨雾霭以及时令的变幻，使得这种一景接一景连续出现的风景布局，如山阴道上行走，山川自相应发，在时间之流中应接不暇。这些景象在观者的内心会带来"并置"和"重叠"的感觉，有意思的是，这种视觉形式在对运动的关注上和近代西方绘画立体派有接近的地方，在《透明性》一书中提到，包豪斯学院的教授拉兹洛·莫霍利·纳吉 (Laszlo Moholy Nagy,1895—1946 年) 认为，某种形式的交叠"超越了时空限定。它们将不起眼的个别事物转化充满意义的综合……交叠的透明也常常暗示着上下文的透明性，揭示了事物中曾被忽略的结构特征"。[68] 而在现代空间和现代绘画中，这种运动是有意识地被网格控制的。通过对塞尚的绘画研究，"我们发现两套坐标体系同时存在，形成网络。一方面，斜线和曲线的组织暗示了空间在对角线方向上的纵深；另一方面，一系列的水平线和竖直线的存在表明绘画者对平行透视的暧昧态度。总的说来，斜线与曲线都有着某种自然主义的含义，而直线则代表着几何化的倾向，成为对平面图画的重申。两种坐标体系都在延伸的空间和图画的平面两方面描述形体方位；可是它们穿插、它们叠合、它们相互关联作用，并组成更大的、变动不居的形体，从而引发了典型的、兼具多重含义的立体主义主题。"[69] 多个网格的并置和重叠是西方现代主义绘画视觉的革命，在《透明性》一文中，柯林·罗 (Colin Rowe，1920—1999 年) 把它定义为"现象学的透明性"。山水画带来的是更加复杂的"透明性"，园林的观看背后是不同于网格化的视觉主体，多重网格化的空间仍然是多个单点透视的叠加，而园林的这种视觉还是来源于身体和时间的铭刻之同时的在场性，观看本身意味着主体不是以和客体的绝对对立而建立的，而是一种在时间之流中“穿透”的目光，这种目光没有完全停留在物体的一个“侧面”上，而是在寻求物——身的“全面”关系上。在这里，可以用“运动”“平面”“深度”的概念来简单分析一下，一旦引入这三个概念，就会把“透明性”（transparency）、“空间—时间”（space—time）、“共时性”（simultaneity）、“互渗”（interpenetration）、“交叠”（superimposition）、“矛盾”（ambivalence）等现代空间的这些词汇与之关联起来，而把这些近似的词汇拿来，当作分析的工具，这样的想法也须是基于语言和空间的时效性，有助于把在某些相似的观看方式中所包含的不同意义显现出来。

　　平面性是绘画艺术本身物质性的特点，而透视法是以物体轮廓的变形为基础再现空间的深度。而中国绘画之所以没有停留在固定视点的透视法上面，这恐怕是因为涉及一个空间心理认知的本源的问题，中国山水意识的觉醒始于魏晋时期的隐居文化，而山水画观念的起源则见于南朝宗炳的《画山水序》，其中指出画山水的目的在于“圣人含道映物，贤者澄怀味象”。因而，山水画出现伊始就带有形而上的意义。山水为“大物”，意味着一种形而上的存在，而其要抵达这种存在，须“以形媚道”“以小观大”，他说：

　　　　夫以应目会心为理者，类之成巧，则目亦同应，心亦俱会。应会感神，神超理得，虽复虚求幽岩，何以加焉？又神本亡端，栖形感类，理入影迹，诚能妙写，亦诚尽矣……况乎身所盘桓，目所绸缪。以形写形，以色貌色也……如是，则嵩、华之秀，玄牝之灵，皆可得之于一图矣。[70]

　　首先，对中国绘画不是以再现为目的的，而认为对于世界一切外在的特征有一个总体的“类”，而这个“类”不是分析性的，西方绘画立体派等现代绘画还是分析类型的，所以画面多是多个碎片的组合，而中国文化语境的"物"，从未成为完全客体化之"物"，"物"一经分析，感觉这个整体性就丧失了，中国绘画还是要保持这个"类"要"感""会""应"，这就超出了视觉思维的范畴，古人并不在于将自身沉潜到外物中，也不在于从外物中玩味自身，而在于将外在世界的单个事物从其变化无常的虚假的偶然性中抽取出来，并用近乎完形的心理形式使之永恒。通过这种方式，他们便在现象的流逝中寻得了安息之所，以期把握现象之神秘的混沌，在世界的外显现象中所看到的始终是"理入影迹"的那种朦胧光采。在中国绘画的早期这种平面性更是显而易见的，再向前溯源，早期的器物比如玉器、青铜器都是以平面化的造型因素为基础的。在沃林格的《抽象与移情》中，他认为：

人们之所以趋向于对平面的表现，主要原因在于，三维空间阻碍了于对象本身材料的封闭个性中去把握对象。这一则是因为，对具有三维空间的对象，必须以连续的知觉活动去感知它，而在这个连续的知觉活动中，对象自身所具有的封闭特性无形之中便被消除掉了；二则是由于，在绘画艺术中，空间的深度只能用远近法和阴影来表现，而领会这种表现则完全取决于理解力和习惯的通力合作。基于这两点理由，对象的实际特性难免要受到主观的损害，因此，古代文明民族所致力的就是尽可能地去避免三维空间。[71]

从艺术史来看，艺术的早期形式的发展和构成都呈现某些相似性，在更多的时候平面性带有艺术的"原始性"特征，山水绘画亦带有这种"原始性"，从早期的神话给出的"仙山"形式，到在自然中发现"仙山"，从集体想象的神话到山水叙事成为个体精神的觉醒，文人对山水的叙事是"栖形感类"的需要，是对于万物的"理"的认识。宗炳说："且夫昆仑山之大，瞳子之小，迫目以寸，则其形莫者，迥以数里，则可围于寸眸。

诚由去之稍阔，则其见弥小。今张绢素以远，则仑之形，可围于方寸之内。竖划三寸，当千仞之高；横墨数尺，体百里之迥。"[72] 南朝姚最《续画品录》录萧贲云："尝画团扇，上为山川，咫尺之内而瞻万里之遥，方寸之中乃辩千寻之峻。"[73] 唐代王维《论画三首》："展或大或小之图，写百里千里之景。东西南北，宛尔目前；春夏秋冬，生于笔下。"[74] 明代唐志契《绘事微言》："盖山水所难在咫尺之间，有千里万里之势。"[75] 山水是基于对宇宙的结构的感应，山水是对于世界整体性和理想图示的映射。这样，单一的视点就显得"所见不周"，不能够表现出对于山水的连续感知，这里面的"平面"性就提出了对空间的双重要求，既要求连续运动，又要求"类"形轮廓的封闭性和完整性。（见图23）因此，平面和深度两者处于对立又调和的状态，这是由上文所提到的关于身体的在场性运动的结构方式决定的："于是闲居理气，拂觞鸣琴，披图幽对，坐究四荒。不违天励之丛，独应无人之野。峰岫嶤嶷，云林森渺，圣贤映于绝代，万趣融其神思。余复何为哉？畅神而已。神之所畅，孰有先焉？"[76] 它们涵括了空间意识和空间结构两方面，而前者根植于独特、博大宏富的中国传统文化，后者即传统画论所谓的"经营位置""置陈布势"的深入发展。

方闻（1930—2018年）在《心印：中国书画风格与结构分析研究》一书中，把中国山水画的图绘性表现分为三个阶段。第一阶段，大约始于公元700年，持续到公元1050年：构图的程序从前至后分成三个断裂的层次，个别的山和树形的轮廓与造型都自成一体。画面的前景、中景与远景三个分离的层面，各自都有其后退的角度。这些层面存在于三个平行的面上，每一层都以其本身提示的地面向观众呈现不同的斜度。第二阶段，大约从1050年到1250年：在一个统一的空间延续中集聚山水形象：这些形象大量地运用墨染，将概念化的画面柔化以揭示气氛，连绵不绝的形象由前至后形成一个不间断的序列。有所进步的空间关系仍然没有描述真实的地面。山形仍然是正面的和孤立的。它们以平行的垂直面在空中张开，好似一副纸牌。互不相干的山形轮廓线巧妙地消失在环绕于山脚周围的烟云之中，给人以统一视象的印象。最后是第三阶段，从公元 1250 年到公元 1400 年左右：山水已经作为特别整体的、具体的环境被描绘。发现了按透视缩小，各种要素不再沿着垂直画面重叠加上；越过前面的景物望去，背景山水遥隔千里。笔墨混合为明暗与色调，融汇并渲染造成一个富有气氛的画面。地面连续后伸，实际上连接了各山水要素。[77] 方闻通过对作为基准绘画作品的形式分析，因之而展开山水画的"形式序列"（formalsequences）和"连环传承"（linked solutions），建立中国山水画"视觉"转换机制的结构分析，其中对"分层"的组织揭示了山水的观看之道。实际上这种绘画组织空间的方法在古代画论中业已被古人总结，"分层"的方法在明清山水画论中几乎是共识，即平面向深度的递进是通过分"层"来实现的。清代沈宗骞(1736—1820 年)《芥舟学画编·卷四》总结：

> 凡画当作三层，如外一层是横，中一层比当多竖，内一层又当用横；外一层用树林，中一层则用栏楯房屋之属，内一层又当略作远景树石以别之。或以花竹间树石，或以夹页间点叶，总要分别显然。夫画虽有数层，而纸素受笔之地，又是一层，是在细心体会……便可使玩者几欲跃入其中矣。[78]

沈宗骞在这里把景物进行了归类，归为垂直和水平性的两类，在叠加中去组织景物的进退关系，从而使得观者可以进入空间之中，这和西方以光影明暗去区分远近关系是有着区别的。石涛也在寻找这种空间的连续性，对山水画通常构图"三叠两段"的方法提出了自己的意见，他在《画语录·境界章第十》说：

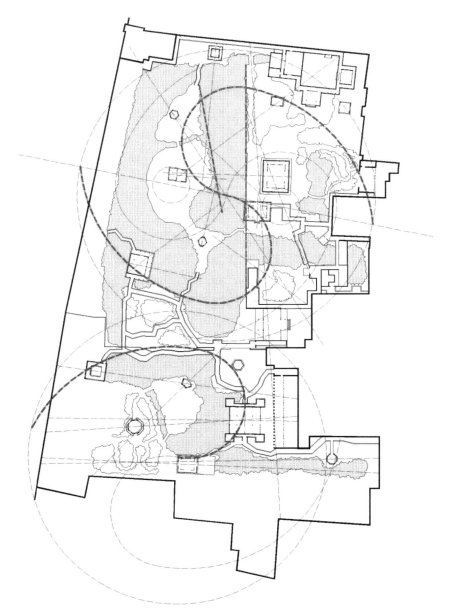

图 24　拙政园总平面图的空间结构、水岸通景线"推"法、藏露关系

　　分疆三叠两段，似乎山水之失。然有不失之者，如自然分疆者，"到江吴地尽，隔岸越山多"是也。每每写山水，如开辟分破，毫无生活，见之即知。分疆三叠者：一层地，二层树，三层山，望之何分远近？写此三叠奚翅印刻？两段者：景在下，山在上，俗以云在中，分明隔做两段。为此三者，先要贯通一气，不可拘泥分疆。三叠两段，偏要突手作用，才见笔力，即入千峰万壑，俱无俗迹。为此三者入神，则于细碎有失，亦不碍矣。[79]

　　石涛的意见是在画面分层之后，要加强三者之间的联系，而在造园中，也存在同样的问题，园林的架构既要有分开层次、独具匠心，也要免于细碎、彼此缺乏联系。拙政园的整体布局，与此法合，整个园子的间架貌若松散随意，实则以一池两岸为其中心结构，偃仰向背，构思缜密，精神密集。先以一池两岸隔断布局，再用池水上之桥梁通其脉络；先以墙垣划分空间，再有长廊逶迤、虚实曲折；池中两岛土山，映其顾盼，岛屿间隔小溪，溪上架桥相连；西边一山较大而坡度平缓，上筑长方形的雪香云蔚亭与之相应；东边土山较小而高耸，则设六角形的待霜亭。（见图 24）《园冶》曰："池上理山，园中第一胜也，若大若小，更有妙境。"[80]两山遍植树木花竹，从远处遥望，整个山林莽莽苍苍，青翠欲滴，浓荫蔽日，宛如置身山野之间，为园中最胜处；"极目所至，俗则屏之，嘉则收之"[81]，既有"分疆"之趣味，又得"贯通一气"之面貌。中国山水在处理形式运动的主题上花了近千年的时间，来逼近和完成对于一个视觉和心理的真实。与立体派相比，中国山水画更强调的是心理和视觉的关联和连续性，两者都关注视点的运动，但在莫霍里—纳吉提出的有关"事物中曾被忽略的结构特征"问题上，并不相同。在深层上，两者的时空意识不同，立体派在空间构图中包含了被切分了的时间的因素，但中国的山水空间是在多重时间中展开的空间，着眼点不同，立体派注重的是在运动中剖析客体的结构，中国注重在时间中找到一种"类"和"群"流变的节奏。就关注事物的结构特征而言，山水和园林都是在时间中展开的艺术，所以都关注事件的开始和结束。怎样开始，怎样结束，是时间性艺术组织结构的重要命题。

在中国山水画论和园林设计中这个共同主题就是运动的节奏，传统把它命名为"起承转合"，视觉上最终呈现的图像始终是"生成性的结构"的：这个结构指向对立的二元性的转化，比如把运动的开始称为"起"或"开"；把运动中的结束称为"结""合"，正是起 / 结、开 / 合构成了运动的节奏。清代沈宗骞在画论中说："……千岩万壑，几今浏览不尽然作时只须一大开合，如行文之有'起''结'也。"[82] 在山水画布局中，不论分多少段落，多少布局；不论结构如何复杂，画面如何宽阔深远，必须"起""结"分明，一"起"一"结"，成为全局的统帅，清代"小四王"之王昱（1714—1748 年）在《东庄论画》中说得非常生动明确："……一起如奔马绝尘，要勒得住而又有住而不住之势；一结如众海归流，要收得尽，而又有尽而不尽之意。"[83] 董其昌说："米海岳书，无垂不缩，无往不收。此八字真言，无等之咒也。然须结字得势，海岳自谓集古字，盖于结字最留意。"[84]"襄阳少时，不能自立家，专事摹帖，人谓之集古字。已有规之者曰：'复得势，乃传。'正谓此。"[85] 明代画家赵左也说："画山水大幅，务以'得势'为主。山得势，虽萦纡高下，气脉乃是贯串；林木得势，虽参差相背不同，而各自条畅；石得势，虽奇怪而不失理，即平常亦不为庸；山坡得势，虽交错而自不繁乱。"[86]"势"是中国艺术中的一个特殊的形式论，它包含了"力量"（power）、"位置"（situation）、"姿态"（posture）、"时机"（opportunity）等内容，好的节奏被称为"得势"，这种形式论的目的不是发明一种形式，而是从形式中获得力量，绘画的目的是把看不见的力量表现出来。明清时的山水画处于集大成的历史阶段，很多关键性的问题在画论中得到了重视和发展，这也使造园得以有巨大的基础和迅速发展的条件。清代沈宗骞在《芥舟学画编》中总结：

时有春夏秋冬自然之开合以成岁，画亦有起先后自然之开合以成局。若夫区分缕析，开合之中复有开合，……则知作画道理，自大段落以至一树一石，莫不各有生发收拾．而后可谓笔墨能与造化通矣。有所承接而来，有所脱卸而去，显然而不晦，秩然而有序，其于画道庶几矣。……"势"也者，往来顺逆而已；而往来顺逆之间，即开合之所寓也。生发处是"开"，一面生发即思一面收拾，则处处有结构而无散漫之弊；收拾处是"合"，一面收拾又即思一面生发，则时时留余意而有不尽之神。[87]

沈宗骞在这里讨论了关于山水画动态布局中结构的交接关系，从一个层级结构演进到另一个层级结构，如何承接脱卸，如何过渡演替，都作了详尽的分析，他所归纳的"开""合"，在园林中很容易转化成空间的语言，而常见的园林的"嵌套"结构就是"开合之中复有开合"的转译。这种动态布局的规律通常被称为"取势"，"欲收先放，欲放先收之属，皆开合之机"。虚实相生是开合的变化之道："将欲虚灭，必先之以充实；将欲幽遂，必先之以显爽——凡此皆开合之为用也。"[88] "取势"同时也把山水客观物象的结构视为"主"和"客"之间的对话，"势"来自主人和客人之间的礼让关系，对于山水画的韵律和动势的演进，清代笪重光提出：

一收复一放，山渐开而"势"转；一起又一伏，山欲动而"势"长。背不可睹，侧其峰势；恍面阴崖，坳不可窥，郁其林丛，如藏屋宇。山分两麓，半寂半喧；崖突垂膺，有现有隐。近阜下以承上，有尊卑相顾之情；远山低以为高，有主客异形之象。[89]

在这里山水三维的空间结构界面，通过形和面的转折处理而组织动态结构布局，出现了音乐一样具有节奏的空间，形势的一收一放、一起一伏，交替地反复演进而重新形成一个有复杂秩序的结构。他又说："得势则随意经营，一隅皆是；若失势则尽心收拾，满幅都非。"[90] 从上面看出，山水画的理论已经进入非常细致的细节的研究中，并且正是这些认识促使明清园林的掇山理水达到高峰。我们从上面可以看到，从"三远"到"六远"，从"竖划三寸，当千仞之高；横墨数尺，体百里之迥"到"三叠两段"，从"开合生发"到"主客异形"，中国山水绘画始终是把人放入空间中来研究的，而表现出主体客体之间的"互文性"。对比一下现代绘画的分析立体主义（analytical cubism），我们会发现两者都是对于线性时空的断裂和扰乱，但是还是有所区别：立体主义改变了固定视点的透视，带来的自由表现为对于客观实物的无尽的分析和研究，因此，立体主义的画面表现为平行透视、压缩景深、收缩空间、反透视和轮廓叠加等方式，网格系统的逻辑仍然清晰强烈，多有斜线与直线网格并置以及从中心向周边发展的倾向，并且物象之间的组织带有偶发和拼贴的特点，以表现出"物自体"的无时间性；而中国山水画则表现为对于山水结构之间动态关系的永恒兴趣，于结构中趋向时间化发展的倾向，区别于立体主义对于结构抽象性的兴趣，中国山水画加强了对于结构感知性的认识。清代王原祁把山水画的山水结构动势的节奏称为"龙脉"，他说：

　　画中龙脉开合起伏，古法虽备，未经标出。石谷阐明，后学知所矜式，然愚意以为不参体、用二字，学者众无入手处。龙脉为画中气势，源头有斜有正，有浑有碎，有断有续，有隐有现，谓之体也。开合从高至下，宾主历然，有时结聚，有时澹荡，峰回路转，云合水分，俱从此出；起伏由近及远，向背分明，有时高耸，有时平修欹侧，照应山头山腹山足，铢两悉称者，谓之用也。[91]

在这段文字中，王原祁把山水画中根据视点运动而安排的动态布局的多样统一节奏和规律，作了具体而明白的阐述，他提出山水地形林木的结构布局，在大的气脉中有浑然一体的大体量，也有分散的小体量，群体的联系有断有续，走向有斜有正，景物有隐有现。在空间开合组织上，随着峰回路转及水面的分合，表现出结构的层级：或封闭结聚，或开朗澹荡，宾主分明。山形的起伏，或高耸，或平缓，主次、阴阳、向背分明，动势起伏均匀，比例恰当。以此观山水风景的韵律及动态布局规律，就不再是玄虚神秘和不可理解的了，这些原则和方法渗透到造园地景的处理中有相当的意义，地形地貌、水体、林木、楼台亭榭都可视为王原祁所谓的"体"，而空间的组织则为"用"，计成所说的"景到随机""步移景易""巧于因借"都是在"体用"得到深入的认识之后才能够有所发挥的。华琳则把处理空间结构动势节奏的方法称为"推"法，华琳曰：

假使以离为推，致彼此间隔，则是以形推，非以神推也。且亦有离开而仍推不远者，况通幅丘壑无一间隔之理，亦不一可无离开之神。若处处合成冲片，高与深与平，义皆不远矣。似离而合，无遗蕴矣。[92]

这种关于"推"的方法太重要了，解决了平面性和空间深度的双重要求，这是对于山水画法的一个精彩的总结。"推"的路径又以环视为基础，所以会出现"藏"的境界，园林和绘画都有"景愈藏，景界愈大"的原则。如明代唐志契在《绘事微言》中说：

丘壑藏露：更能藏处多于露处，而趣味无尽；盖一层之上，更有一层，层层之中，复藏一层。善藏者未始不露，善露者未始不藏。藏得妙时，便使观者不知山前山后，山左山右，有多少地步。……若主露而不藏，便浅而薄。……景愈藏，景界愈大；景愈露，景界愈小。[93]

以拙政园为例，看景致的藏露。整个园子的中部布局以水池为中心，水面有聚有分。主体建筑远香堂北面的主池以辽旷见长。池中叠土山成两岛，把水面划分为南北两部：山南水面开阔，山北溪涧清流。主池西南分支导为水院，则以幽深曲折取胜。另有支流或断或续，萦回于亭馆丘林之间。水体处理变化自然，多样的亭桥廊树，既分隔变化，又贯通串连各个景区，使园内“隐现无穷之态，招摇不尽之春”均求其迂回曲折，一览趣味不尽。林木墙垣都用于隐蔽，临水多植垂杨，都是这个意思。拙政园全部的通景线（Vista Line），都是层级和肌理的更替交织，池水和园地交错，一重地景，一重水景，重重相映。池水与陆上植栽景观相映衬，层层叠叠，空明通透，树树皆成水中倒影，建筑物于植物隐显之中疏疏落落，不求其聚，亦不觉其散，我们看到，其结果造成的“景”一方面发展出对“观看”连续性、流变性的极致追求，另一方面，又试图在复杂的“观看关系”中独立出一幅幅静止的“画面”，园林“景色”包含了双重含义，表现出园林空间在“深度”和“平面”之间奇特的同一性，刻意经营的“画面”，是观者在空间的运动，是通过想象、记忆的填充、堆叠间接地表达来暗示，而达到一种在场的“真实性”，这是画家所孜孜不倦追求的“真”的一种“还原”，山水园林通过“还原”触发感知的深度，把主体带到事物最初的统一的可感知的象征性之中，同时这个观看主体是通过一系列“感觉的逻辑”清晰地构建出来的。我们来看沈复（1763—1832 年）《浮生六记卷二·闲情记趣》的一段文字及林语堂的英文翻译：

若夫园亭楼阁，套室回廊，叠石成山，栽花取势，又在大中见小，小中见大，虚中有实，实中有虚，或藏或露，或浅或深。

As to the planning of garden pavilions, towers, winding corridors and out-houses, the designing of rockery and the training of flower-trees, one should try to show the small in the big, and the big in the small, and provide for the real in the unreal and for the unreal in the real. One reveals and conceals alternately, making it sometimes apparent and sometimes hidden. [94]

在这里沈复展现了一系列成对的语素并置和相互进入，通过交错，沈复把观者的目光变成了一个可见的变量，用关系取代了对象（objet）。对象通过关系交换了肉身，它把主体推向了一种缠绕之中，视觉从这一缠绕之中生长出来。从林语堂的英译可以帮助我们接近和触摸这种关系，他把这四对语素翻译成"小"（the small）与"大"（the big）、"虚"（the unreal）与"实"（the real）"藏"（conceal）与"露"（reveal）、"浅"（apparent）与"深"（hidden），而在强调关系时，林先生用了"in"和"and"，前两组"大中见小，小中见大""虚中有实，实中有虚"他翻译成"the small in the big""the big in the small"和"the real in the unreal""the unreal in the real"；后两组"或藏或露""或浅或深"翻译成"reveals and conceals""sometimes apparent and sometimes hidden"。这种转译帮助我们发现沈复是在通过提出对"物"的"位置"和"状态""遮蔽"和"开放"，制造了"这是什么"的问题：什么是在场，景物"里面"是什么，"谁"站在景物的外面？显然这些形式开创了园林的空间模式，这意味着园林把主体的在场和主体的觉察（consciousness）、感觉（feeling）联系在一起，这种空间既带有反身性也带有自反性，园林既折射也透明。文震亨在《长物志》中说：

石令人古，水令人远。园林水石，最不可无。要须回环峭拔，安插得宜。一峰则太华千寻，一勺则江湖万里。又须修竹、老木、怪藤、丑树交覆角立，苍崖碧涧，奔泉汛流，如入深岩绝壑之中，乃为名区胜地。[95]

园林中"石""水"是形成"小"（the small）、"大"（the big）、"虚"（the unreal）、"实"（the real）关系的最重要元素，理水叠石堆山，需要山石、水体经营得体，在周围景物的映衬下，即使是一块山石，其体型也能引起对名山大川的联想，成为崇山峻岭的缩景，引水奔流，产生使进入者如临名山大壑的感觉。园论和画论都强调小中见大，以大观小，虚实相生。这种观看被"压缩"在一个具体的空间环境里，创造出"虚"（the unreal）与"实"（the real）的张力。《园冶》讲："凡掇小山，或依嘉树卉木，聚散而理。或悬岩峻壁，各有别致，书房中最宜者。更以山石为池，俯於窗下，似得濠濮间想。"[96] 沈复接下去对实现的方法详加描述，他说：

> （园林）不仅在"周回曲折"四字，又不在地广石多徒烦工费。或掘地堆土成山，间以块石，杂以花草，篱用梅编，墙以藤引，则无山而成山矣。大中见小者，散漫处植易长之竹，编易茂之梅以屏之。小中见大者，窄院之墙宜凹凸其形，饰以绿色，引以藤蔓；嵌大石，凿字作碑记形；推窗如临石壁，便觉峻峭无穷。虚中有实者，或山穷水尽处，一折而豁然开朗；或轩阁设厨处，一开而通别院。实中有虚者，开门于不通之院，映以竹石，如有实无也；设矮栏于墙头，如上有月台而实虚也。贫士屋少人多，当仿吾乡太平船后梢之位置，再加转移。其间台级为床，前后借凑，可作三塌，间以板而裱以纸，则前后上下皆越绝，譬之如行长路，即不觉其窄矣。[97]

林语堂把园林中"浅"的空间现象转译成"apparent"，即是可见性，由于墙、廊、亭的开窗开洞的大量运用，取景物保持了视觉的平面性和单纯性的错觉，而其布置基本与主要视线垂直，保证了洞口形式轮廓的完整性，洞口内的景物由于和前景的对比关系，而呈现"浅"空间的效果，令人想起古代玉器、瓷器和青铜器上的浅浮雕的空间类型趋势。

而框景的同时，又遮挡了洞口以外的事物，出现了不可见的事物，因而林语堂把园林中"深"的空间现象转译成"hidden"，园林空间上表现出"或浅或深"，浅深交错的深度特点。"the small in the big""the big in the small"中的"in"表现了一种"嵌套"的结构，计成说："多方胜景，咫尺山林"，"大观不足，小筑允宜"。"大"和"小"、绘画和园林都指向一个"山水"的叙事，而这种叙事本事带有临时性和反射性，它承认自身的虚构，并且直接让主体接受虚构性的现实，而把"深度"和"透明性"交给了身体"运动"和"感觉"的参与，运动不仅仅是多个视点的简单叠加，也是身体在多个山水之物的印迹交错，因而出现了山石既是主体之身的外部参照，同时也是主体之身运动和游戏的场所。在园林中，对"真"的触摸依赖于一系列主体化的客体的空间形式，这种感知结构带到园林景观的设计中，景观的经营路径就要曲折多变，节点上要预留空白和空隙，以主动创造山水和主体交融后的不可预知性，产生想出意外的效果。它成就了一个特殊的现象事实，就是主体客体之间的渗透，所谓步移景易、景到随机、周回曲折、大中见小、小中见大，都是在完成触摸的深度和完整性，触摸不仅仅和观看者相关，并且本来就是世界肉身的属性，因而这样的体验也就拒绝了世界的抽象化，保持了一种淡淡的自然属性，如同空气和光影的流动，形成了雾一样朦胧悠远的迷思。

蹈虚揖影

方士庶（1692—1751 年）在《天墉庵随笔》里说：

山川草木，造化自然、此实境也。因心造境，以手运心，此虚境也。虚而为实，是在笔墨有无间，衡是非，定工拙矣……故古人笔墨具此山苍树秀，水活石润，于天地之外，别构一种灵奇。或率意挥洒，亦皆炼金成液，弃滓存精，曲尽蹈虚揖影之妙。[98]

在中国文化中，山水画是对自然反复的阅读和思考，"真"的命题是其中最重要的命题，同时也产生了中国山水文化独特的角度，进而形成了绵延不断的山水精神。文人对于绘画的研究，产生于"身即山川"中对山水的观照，绘事发端于置身其间的感应，方士庶提出"虚而为实""蹈虚揖影"的路径。同样是对"影"的关注，我们可以比较一下埃德加·坡（Edgar Allan Poe, 1809—1849 年）的一段话，他说："我想象，每个阴影，随着太阳西下，越来越西下，含着遗憾同曾使它降生的树干分离，继之被溪水所吞没，而其他的树阴又每时每刻从树中降生，取代已亡的先者。"[99] 这是西方的一种"悲剧意识"，阴影意味着时间的逝去和死亡，是对上帝的"偿还"，树和影在当代西方则被诠释为一种现象学的生命本体符号，挪威建筑家斯维勒·费恩（Sverre Fehn）指出："树干把天空带到地面，树冠把天堂带到人间。"在这里，树木强烈地暗示了另外一个世界的出场。中国山水画受惠六朝山水诗歌、画论的观念与理论上的进展，但绘画语言和空间表现上，直至唐才把山水树石完整地构成一个体系，《历代名画记》专有一篇《论画山水树石》，他说"树石之状，妙于韦鸥，穷于张通。"[100] 韦鸥是诗人韦应物的堂兄，张通就是张璪，"外师造化，中得心源"是其理论的代表性言论，树石在山水画中完成定型化，成为建构园林空间的图示基础。树木是江南古园最重要的要素之一，无论从其形式构成还是图像语义上来说，树石都深刻的影响了园林。从空间上来说，边界关系基本都是由树木来围合划分的，在《王氏拙政园记》中，文徵明写道："居多隙地，有积水亘其中，稍加浚治，环以林木。"[101]"林木"很重要，它确定了一个特殊空间的边界，在外观上尽管园林边界元素通常被看作墙体，但是在内部的空间里面，正是因为大量的花草树木的出现，导致边界的模糊和多重性也是显而易见的，而边界随着时令和光线带来的随机变化，构成

图 25　《安晚帖之十九·水仙图》
明·八大山人
1694 年
纸本水墨
纵 27.5 厘米，横 31.5 厘米
日本泉屋博古馆藏

图 26　《墨竹图》
明·文徵明
1535 年
纸本水墨
纵 75 厘米，横 41 厘米
吉林省博物馆藏

了园林空间特殊的多义性。

万物产生阴影，树荫和树木相伴随，它们共享着生命的神秘，是这个世界的“实境”的一面，文人的笔墨是另一面为“虚境”，在花草树木的阴影之外生气盎然。树木在阳光下，产生层层叠叠的阴影，在古文字中，景与影通，《说文解字》中对“景”字的释义是“景，光也”。阴影与光，现在看来是截然相反的两种事物，中国的古人的智慧洞悉其本源为一。《颜氏家训》中解释说：“凡阴景者，因光而生，故即谓为景。”古文阴景就是阴影。在山水绘画中，“影”是对“形”的过滤和多次重复书写，并不追逐物本身的“形”，更强调其在世界“多面性”，是幽深世界之“投影”，“影”被视为“真形”。郭熙在《林泉高致·山水训》中解释道：

　　学画花者，以一株花置深坑中，临其上而瞰之，则花之四面得矣。学画竹者，取一枝竹，因月夜照其影于素壁之上，则竹之真形出矣。学画山水者何以异此？盖身即山川而取之，则山水之意度见矣。[102]

在郭熙看来，外物的视觉形象只是表象，“看山水亦有体，以林泉之心临之则价高，以骄侈之目临之则价低”。[103] 郭熙的“林泉之心”实际上是先秦诸子的“游观”的继承，列子说：“取足于身，游之至也；求备于物，游之不至也。”[104] 物、身、心三者完整构成“游”的互文性主体。从这个角度我们可以发现，在文徵明和八大山人等大师的笔下可以看到，他们更关注花竹的“影”的内涵，是基于外物和它的影的一种“倒置”，“影”的含义远远地超越了外在的“形”，“影”是身心获得的一种释放和解脱，也代表了一种本心，归于“不生不灭”的宇宙本体意识。（见图25、26）石涛给八大山人《水仙》题诗中，“花”成为本体的“化身”：“金枝玉叶老遗民，笔砚精良迥出尘。兴到写花如戏影，分明兜率是前身。翠裙依水翳飘摇，光艳随风讵可描。妒煞几般红粉辈，凌波丰骨压春娇。”这种

图 27　芭蕉槛、听松风处、槐幄、玫瑰紫、倚玉轩
《拙政园图咏》　明·文徵明
嘉靖十二年（1533 年）　绢本设色
每开 纵 23 厘米，横 23 厘米

形影论从陶渊明到苏轼一直是在追问之中的，这种诗人与影子的游戏，和绘画的"墨戏"也是一脉相承的。苏轼《和陶影答形》曰："君如火上烟，火尽君乃别。我如镜中像，镜坏我不灭。虽云附阴晴，了不受寒热。无心但因物，万变岂有竭。醉醒皆梦而，未用议优劣。"[105] 诗人把我寄托于影子，凝视虚空并非为看清物理空间之虚无，影子带来的是主体之沉醉，影子带来的是观看的不断深入，影像的边界一旦清晰，就使主体观看的距离凝固，使主体失去朝向深度游戏；而画意的显现，授予不可见之显现于深度的路径之上。董其昌（1555—1636年）曰："东坡诗曰：'论画以形似，见与儿童邻；作诗必此诗，定知非诗人。'余曰：此元画也。晁以道诗曰：'画写物外形，要物形不改；诗传画外意，贵有画中态。'余曰：此宋画也。"[106] 因此宋画重"理"，元画得"趣"。"以境之奇怪论，则画不如山水；以笔墨之精妙论，则山水决不如画。"[107]

　　在董其昌对南宗的推崇之后，笔墨成为山水画的核心，笔墨是画家对心的表述，是对光和物的敞现，并将白和黑赋予了最大丰富的意味。白非全然的白色或无物，黑亦非阴影对物的全然吞噬。黑在山水画中为晦暗，黑如晦也；晦者，冥也；冥者：幽也；幽者，深也；黑是深入世界的本源性的。同样，白也不是简单的空白，空白是弥漫性的，激发诗情画意的现象域。清代文人张式的画论《画谭》曰："右丞谓画以水墨而成，能肇自然之性。黑为阴，白为阳，阴阳交构，自成造化之功……烟云渲染是画中流行之气，空白、非空纸，空白即画也……从一笔贯到千笔万笔，无非相生相让，活现出一个特地境界来。"[108]

　　华琳《南宗抉秘》亦云："……画中之白，并非纸素之白，乃为有情。……禅家云：'色不异空，空不异色。色即是空，空即是色。'色真道出画中之白，即画中之画，亦即画外之画也。"[109] 白和黑都是色，色和空是影像的真相。光促使影之呈现，影之呈现虽然必须有黑白的图底关系，但是光连接黑白的两极，而非分裂，中国山水画的光，是一种光气，是非写实的"光气"

定义的，是气化了的光。山水之光，不是和时间、万物分离的光，不是抽象的光，不是和黑夜决裂的光，这种光是全时段的，是和节气相通的光，每个时段传递出不同的温度和气息。春光："不愁陌上春光尽，亦任庭前日影斜"（白居易《任老·不愁陌上春光尽》）；夏光："谡谡厌夏光，商风道清气"（李贺《昌谷诗五月二十七日作》）；秋光："红板桥头秋光暮，淡月映烟方煦，寒溪蘸碧，绕垂杨路"（柳永《迷神引·红板桥头秋光暮》）；冬光："厚冰无裂文，短日有冷光"（孟郊《苦寒吟》）。光不只是简单地给物投射出阴影，其自身也是物质的一部分，"明月照高楼，流光正徘徊"（曹植《七哀》）。

　　光指向物，也指向自身，"返景入深林，复照青苔上"（王维《鹿柴》）；光是反复渗透、折射的生成，把山石、树木、清泉、磊石和世界本源的深度紧密地联系在一起。而最契合这种光影表现的是月光下物象的朦胧和深幽，"松际露微月，清光犹为君"（常建《宿王昌龄隐居》），夜宿友人宅园，松树梢头掩映一点点明月正升起，那些清光犹如主人在空寂的园中现身，园林隐逸清高之气息顿显。常建眼中的光影通向的不是物象，而是心性，《题破山寺后禅院》诗云"曲径通幽处，禅房花木深。山光悦鸟性，潭影空人心"，更加揭示了影子指向的是世界的外光经过投射泛起的物性，以及和从"心"发出的光之间的交织。李白说"举杯邀明月，对影成三人"，诗人站在自己的影子上面，在淡淡的月光和长长的影子中间，诗人追问自我的存在，"月既不解饮，影徒伴我身"，月光投射万物的自身，影是诗人自身也是他者，"我歌月徘徊，我舞影零乱。醒时同交欢，醉后各分散。永结无情游，相期邈云汉"。[110]

　　在园林的世界里，淡淡的光影最得主人心意，笔墨、景致自然也就透出这种恬淡的往复上下黯然的神秘，因为其中有山水之"真"，包含了宇宙无限的信息和多样性，山水产生的情境是无穷和不可预知的，影是这种复杂的多重信息的映射，是生发画家情感的原点，每个时代的画家都可以在其中找到主体的感受性，虽然画的物质性是不能和自然山水相比的，但是笔墨对于性情的抒发是身心的更高级的参与，和物保持了一定的开放性和间断性，其带来的是主体表达感觉的差异化，保留了个体感受性的真实。从山水游历，到诗歌和绘画，推而至经营造园空间，求自然真意是其中主线。董其昌在董源《潇湘图卷》以行书跋文：

　　此卷余以丁酉（1597 年）六月得于长安，卷有文寿承题，董北范字失其半，不知何图也。既展之，即定为潇湘图，盖宣和画谱所载，而以选诗为境，所谓洞庭张乐地、潇湘帝子游耳。忆余丙申持节长沙，行潇湘道中，兼霞渔网，汀洲丛木，茅庵樵径，晴峦远堤，一一如此图，令人不动步而重作湘江之客。昔人乃有以画为假山水，而以山水为真画者，何颠倒见也。董源画世如星凤，此卷尤奇古荒率。僧巨然于此还丹，梅道人尝其一脔者，余何幸得卧游其间耶。董其昌题。乙亥（1599 年）首夏三月。[111]

　　六年后他又再次草书题跋文："余以丙申（1596 年）持节吉藩，行潇湘道中，越明年，得此，北苑潇湘图，乃为重游湘江矣，今年复以较士湖南，秋日乘风，积雨初霁，因出此图，印以真境，因知古人名不虚得，余为三游湘江矣忽忽已是十年事，良可兴感。万历乙巳（1605 年）九月前一日书于湘江舟中。董其昌。"可见"画"与"山水"之"真境"的关系，在董其昌那里有很深的思考，"六法"中还包含的"氤氲用墨"之法，被董其昌提升到"笔墨"可以呈现超越"自然"的审美，墨法代表的作品的整体生命，即画之本质乃人的心印，墨法被上升到更高的表现形式，在园林营造中把"影"发展成"画"通往"真"的路径。在《影园自记》的开篇，郑元勋（1598—1645 年）说自己从小就喜欢山水竹木，喜爱画卷中俊俏挺拔的山峰奇石，因为生在江北见不到真正的大山，就在心中揣摩，时间久了，居然作山水画无师自通了。他"出郊见林水鲜秀，辄留连不忍归，故读书多傥居荒寺。年十七，方渡江，尽览金陵诸胜。又十年，览三吴诸胜过半，私心大慰，以为人生适意无逾于此。归以所得诸胜，形诸墨戏"。又记：

> 壬申（1632 年）冬，董玄宰先生过邗，予持诸画册请政，先生谬赏，以为予得山水骨性，不当以笔墨工拙论。[112]

现存赵左（1573—1644 年）《溪山无尽图卷》画卷（1612—1613 年）作，手卷设色纸本，画心 28 厘米 ×605 厘米；题跋 28 厘米 ×127 厘米，北京保利 2018 年春拍），上面题跋可以见证郑元勋和董其昌这次的会面，此作由董其昌、郑元勋、吴昌硕先后题跋；郑元勋、郑侠如兄弟、戴植、严信厚、沈剑知先后递藏。郑元勋题跋："壬申（1632 年）元月，又得此卷，结构之工，笔法之妙，可谓倾海出珠矣。时董宗伯舟泊邗关，与叹赏竟日。"董跋所云："赵文度初为小景，以元季为师。及游长安，尝过余苑西邸舍，观所收董巨、宋人名迹，遂翻然一变。此图殆尽其伎俩，今亦不可复得矣。"对赵氏艺术渊源血脉与个人风貌做出了最知根知底的介绍与褒扬赵左"一生本领，尽于此卷"。董其昌十七岁学书，二十三岁学画，嗜好参禅论道。三十岁步入仕途，1589 年入京会试得二甲第一名进士，授翰林院庶吉士，官至南京礼部尚书，以太子太保致仕。其间曾多次告退，赋闲居家达二十余年。他曾收藏的名迹有董源《潇湘图》《龙宿郊民图》，赵令穰《江乡清夏图》，赵孟頫《鹊华秋色图》，黄公望《富春山居图》等。著作有《画禅室随笔》《容台集》《画旨》《画眼》等。董其昌三十五岁走上仕途，八十岁告老还乡，其中三起三落，为官十八年，归隐二十七年，在出仕与归隐之间，与同乡先贤陆机崇奉"士为知己者死"相比，董其昌则选择了审时度势，进退保身。他以科举入仕进入精英阶层，既结交东林派、公安派，又与反东林党人惺惺相惜，其谥号"文敏"就来自阮大铖。崇祯五年（1632年）也就是与郑元勋见面的这一年，七十七岁的董其昌第三次出仕，"起故官，掌詹事府事"。两年后，辞官归乡。

董其昌论山水以是否有"骨性"来看，应出于谢赫的六法"骨法用笔"的发挥，"骨法用笔"在谢赫的六法中排在第二位，骨是支撑人体的主干，故"骨"可引申而指人的心、魂、品格或气质等；还可指文学作品的理论和笔力。东汉思想家王符（78—163年）《潜夫论·相列》："诗所谓'天生烝民，有物有则'。是故人身体形貌皆有象类，骨法角肉各有分部，以着性命之期……人之有骨法也，犹万物之有种类、材木之有常宜。巧匠因象，各有所授。曲者宜为轮，直者宜为舆，檀宜作辐，榆宜作毂，此其正法通率也。"[113]古人论书多以人的品性来比喻，骨法是书法，也是为人之道，《卫夫人笔阵图》说：

善笔力者多骨，不善笔力者多肉；多骨微肉者谓之筋书，多肉微骨者谓之墨猪；多力丰筋者圣，无力无筋者病。[114]

荆浩《笔法记》中把笔画和人的生命体征联系在一块：

凡笔有四势，谓筋、肉、骨、气。笔绝而不断，谓之筋；起伏成实，谓之肉；生死刚正，谓之骨；迹画不败，谓之气。故知墨大质者，失其体；色微者，败正气；筋死者，无肉；迹断者，无筋；苟媚者，无骨。[115]

王羲之要求作书时："每作一点，常隐锋而为之；每作一横画，如列阵之排云；每作一戈，如百钧之弩发；每作一点，如高峰坠石；屈折如钢钩；每作一牵，如万岁枯藤；每作一放纵，如足行之趣骤。"[116]亦为书之骨力的要求。但同时，我们不能忽略，骨法的另一面并非一味地刚猛，蔡邕

《笔论》："书者，散也。欲书先散怀抱，任情恣性，然后书之；若迫于事，虽中山兔毫不能佳也。夫书，先默坐静思，随意所适，言不出口，气不盈息，沉密神采，如对至尊，则无不善也。"[117]蔡邕还奠定了书法的三个重要概念，即"力""势"和"藏"。《九势》曰："夫书肇于自然，自然既立，阴阳生矣，阴阳既生，形势出矣。藏头护尾，画在其中，下笔用力，肌肤之丽。故曰："势来不可止，势去不可遏，惟笔软则奇怪生焉。凡落笔结字，上皆覆下，下以承上，使其形势递相映带，无使势背。"[118]他把笔法总结为"转笔""藏锋""藏头""护尾""疾势""掠笔""涩势""横鳞"九势。书法伴随了中国文化两千年，书道中最神秘的"笔法""笔性"，最终是以人品论书品。所谓骨力，即书者之挺身于世内在力量的外化，进而融入了诗画园林的血脉。董其昌提倡"以书入画"，集前人之大成，融会贯通，洞察画坛时弊，以禅喻画，提出并倡导"南北宗论"，在实践上充分加以印证，开创了中国文人画理论史上又一高峰，翻开了文人画创作的新篇章。其后诸如清初四僧、四王、吴恽、金陵画派、新安画派等，乃至晚清、近代三百余年的画坛，大都在其理论辐射下而成就，形成了一个群体性的文人画创作高潮。元代以降，具备自出机杼、承上启下地位的主要为赵孟頫与董其昌二人，故称"画史两文敏"。继承董其昌画学思想的朱耷、王原祁、石涛等一大批优秀艺术家，皆属得以升堂入室、进入艺术自由王国之彼岸者，董氏开辟了艺术史批判性研究的新路，个中董氏指点迷津、金针度人之用，可谓功德无量，其挚友陈继儒评董："狮子一法乳，散为诸名家。"

郑元勋少而颖异，陈继儒称他"好侠嗜义，能文章，为磊落伟丈夫"。工诗善画，善山水，悠游受教于董其昌、陈继儒、倪元璐等大家，天启四年(1624年)领应天乡试第六，但是在造园时未有功名，是比较落寞和焦虑的，自叙"年过三十，所遭不偶，学殖荒落"。郑元勋为其园林取名请教董其昌先生，先生问周围是否有山？郑回答："无之，但前后夹水，隔水'蜀冈'蜿蜒起伏，尽作山势，环四面柳万屯，荷千余顷，蓬莴生之，水清而多鱼，渔榷往来不绝。春夏之交，听鹏者往焉。以衔隋堤之尾，取道少纤，游人不恒过，得无哗。升高处望之，'迷楼''平山'，皆在项背，江南诸山，历历青来，地盖在柳影、水影、山影之间，无他胜，然亦吾邑之选矣。"[119] 对于郑园的三影"柳影""水影""山影"，董其昌认为"是足娱慰"，并题书"影园"二字相赠，"影园"的主题，无疑是董其昌绘画思想的延伸。《扬州画舫录》中称影园"营造逾十数年而成"，和郑元勋《影园自记》叙造园经过大致相符："盖得地七八年，即庀材七八年，积久而备，又胸有成竹，故八阅月而粗具。"[120] 准备工作花了很长时间，但是真正造园只用了一年的时间，正是因为有造园大师计成主持，"是役八月粗具，经年而竣。尽翻陈格，庶几有朴野之致。又以吴友计无否善解人意，意之所向，指挥匠石，百不一失。"[121] 园取址幽静，"前后夹水，隔水蜀冈蜿蜒起伏，尽作山势，柳荷千顷，莋莴生之。园户东向，隔水南城脚岸皆植桃柳，人呼为'小桃源'"。"入门山径数折，松杉密布，间以梅杏梨栗。山穷，左荼蘼架，架外丛苇，渔罟所聚，右小涧，隔涧疏竹短篱，篱取古木为之。"[122] 影园内柳影、水影、山影，恍恍惚惚，影与观者相伴，景观带给主人与物相嬉后的喜悦。

影园舍形悦影，"以天地为师"，而又不为"造物所役"，是要突出层层叠叠的影像，突出物性在气化了的弱光下的审美价值，郑元勋给予"故无毁画之恨"的高度评价。"影园"之"影"的观念和诠释，也和影园本身一样具有价值，或甚而过之。可以说，一个"影"字，映射了董其昌晚年对山水乃至亭园的理解，契合了计成等造园大师依此发挥的空间，也是园主郑元勋等一代晚明"奇士"的心灵状态。影园建成，主人邀画坛、文坛师友同好游玩其间，留下诗文翰墨无数，收录在郑元勋的《影园诗稿》《影园瑶华集》《媚幽阁文娱》等文集中。影园建成后，郑元勋邀请亲友题匾额或石刻，家冢宰元岳先生为他题"玉勾草堂""淡烟疏雨"、社友姜开先题"菰芦中"、鸿宝倪师题"漈翠亭"、陈眉公（陈继儒）题"媚幽阁"，他还广邀友人为其园作文，除了自己的《影园自记》外，还有陈侗《影园自记跋》、黎遂球（1602—1646年）《影园赋》、茅元仪《影园记》、徐世溥《影园诗序》、钱谦益《瑶华集序》以及其中数百首诗文。其中很多文字都对"影"的主题有所感悟，徐世溥（1608—1658年）为影园诗歌作序，言及自己虽然未到过现场，但他深知园林和诗文的产生多是"主人"与"友"互动的结果，他说："郑子乃自志之，来属余记，他日又以诗一编、画一卷，致书曰，子必为我园记、若赋、且序我诗。夫园则郑子自记详之矣，予未尝至广陵，如徒安记为赋，是重影也。于是读其诗，前后数百首，则凡园之四望与时物及往来园中者，益详焉，乃知郑子所以工诗者，古之文人多在山水之间，而朋友助之。"[123] 他又以自己在万茂先湤园、吴石臣亭中体会，解读"影"和园林的关系：

予尝坐万茂先湤园，日哺微霞西窗，五六尺间疏帘交光，众柳飐而映之。褯以风蕉绿影，赤气交荡，混为异形，若金在冶，濛濛溶溶，涌漾不已。常欲为诗貌之，经年不得，今夏客楚，数坐吴石臣亭中，园花负城，每夕阳华影在壁，城上人行者，车盖荷担摇扇状，马皆参没花影中，人影大倍于常，淡于花而迅于飞鸟，因思诗固非影之所能尽。而影有非诗之所能传者也。[124]

茅元仪《影园记》"园"和"画"的关系提到了前所未有的高度，认为"士大夫不可不通于画，不通于画，则风雨烟霞，天私其有；江湖丘壑，地私其有；逸态冶容，人私其有；以至舟车槟榔、草木鱼虫之属，靡不物私其有，而我不得斟酌位置之"。[125] 他认为没有绘画的基础，是没有办法把万物放到自我的世界之中的，造园必有"因借"，"凡园必有所因，而扬州繁茂，如雕墙绮阁，中惟平山苍莽浑朴，欲露英雄本色，而一堂据之，苦于易尽，易尽则不可因”。[126] 他在文中深入解读了园中景物安置的因借之理法，对园中“玉勾洞天”“半浮阁”“泳庵”“媚幽阁”“一字斋”各个主体所“因”详加阐述，并对影园造园特色总结为：

> 独以柳为衣，苇为裙，城阴为骨，蜀冈为映带，而即以所因之园，为眼为眉，互相映，而歌舫舞艇，游衍往返，为其精神。[127]

这篇小文如果和《园冶·借景》一起通读，可以作为更加详细的影园案例借景篇解析。茅元仪在文末赞美了影园达到的境界。“仙乎？人乎？吾不知其际也。董元宰颜之曰‘影园’，以柳影、水影、山影，足以表其胜。而郑子曰：‘安知其非梦影乎？’茅子曰：‘夫大地山河，孰非梦影哉！而烦子私焉！’吾尝徘徊于琼花之下、智井之间，求其玉勾洞天者而不可得。子于尺幅之间，变化错纵，出人意外，疑鬼疑神，如幻如屋，吾焉知其非玉勾之影耶？子以名其堂，亦有感于是夫！”对于董其昌和郑元勋的“影”，茅元仪给出的回应更加接近计成造园核心理念：“构园无格，借景有因。”陈倗则在《影园自记跋》进一步强化了“影”“真”和“因”：

> 物生而影具之矣，影者，万物之天也。日月影物不舍昼夜。五行惟火全天之为。是故，灯影同功日月。曰水不影乎？水，天光也，影者，万物之真也，谓影不详，迺审厥像或塑焉或绘焉。有似不似矣。亲莫若鉴，鉴不似者恒有之，夫人为营营，大真炎炎，以物仅似为我至巧，其可哉。知道之上修其真，不修其影。存厥影以听天真。世人多为多营，离物求似。貌貌愈似，去真愈远。是依人之多也。郑子超宗求真悟影，游志体园，以影名园，时俗罕前记之千言，用告刘子，刘子读之绡仿然耳目。夫治指趾，错贸未身至园也，见所作者卜筑自然，因地、因水、因石、因木、即事其间，如照生影，厥惟天哉，记曰毋梦是园，园成惟肖。刘子曰，梦影

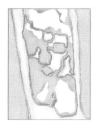
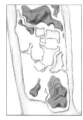
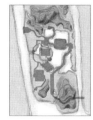
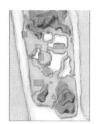

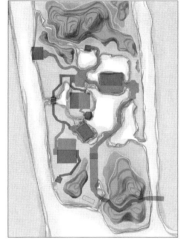
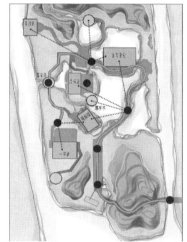

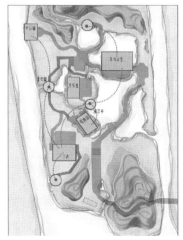
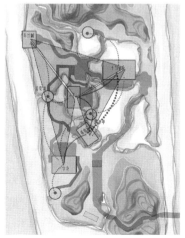

图 28 影园空间结构分析

园耶，影无先贤之理，园影梦耶，觉有坚寐之。相园叹影，数其未有归也，谓夫我园而我影之为，愈乎彼影而我园之者也，郑子超宗其知道乎？[128]

　　陈侗认为园中之"因地、因水、因石、因木"，使得园中之境"如照生影"，而郑元勋的"求真悟影，游志体园"，正是前人造园之所未曾出现的命题，其中光影的敞现，使得"影"成为"真"的反射。茅元仪、陈侗对"因"的反复讨论，让我们更清楚地看到，计成造园理论的形成并不完全是个人天赋的闪现，而是 17 世纪文学、绘画的成就和艺术史反思造就了《园冶》的横空出世。计成说："夫借景，林园之最要者也。如远借，邻借，仰借，俯借，应时而借。然物情所逗，目寄心期，似意在笔先，庶几描写之尽哉。"[129]园林的景致是一种"因"的截取，是一种应对策略，是一种对山水、景致、书写、叙事的因借，因此关照自然对于主体的濡养和激发。景致作为力的表达，离开习惯的预设形式，由于偶发、日常的甚至随机的各种差异地点，仍未被制度化，为人本的多种不可见的力量所构造，而正是在这种多重力量展现中景致可以建构出对历时性的转译，展现出园林具有应对存在焦虑的策略。（见图 28）黎遂球在《影园赋》中指出影园的各个景观的"因借"，以及对"形""影""神"的解释：

　　今夫形如幻也，影为真也。……是以陋金谷之石崇，拟攀舆之潘岳。舟楫若武夷，九曲桃津之蔽亏；杖屦若神秀，二奇石屏之荦确。铁桥剑池，况其翱翔；焦谷璞墓，供其浣濯。虎阜千人，坐于堂坳；瑶草三神，睨乎题榜。盖莫不命新丰之巧匠，写形神而相学。[129]

　　在《影园赋》里，"形"和"影"是视为"幻—真"的意象，影是一片清光中的形，闪耀着灵性，可追为风景的"真切"；影是从物象产生又剥离掉的痕迹，影代表了物的表象之外宇宙真实的力量，相比之下，物之形是短暂脆弱的。而这种图正是世界本源性真性的流露，真性是秉受于自然激发的意义。山水绘画就"似"与"真"的持续关注，产生了丘壑、笔墨的虚幻之影。画意舍形求影，"真"排斥形似，"似"只得外在的形貌，丢掉了气质，而气质、气息、气韵的呈现是求"真"的目的。显而易见，形体如果复杂和纷扰，就会干扰了观看的主体，而只有内心的平静才能带来深入时间的阅读，影摒弃了庞杂的细节和枝脉，保留了一片无法彻底看清的世界的某种根源性，山水文化没有赋予空间全然纯粹的透明性，因为外部的世界的不可理解，所以自我世界必须在意义的延迟中解读，事实上主体成功地创造这样一个背景化、模糊不清的未完全现实化的空间，而在这种未完全彻底空间化的空间中，是来自主体体验与空间主体悬置的悖论。对"影"的关注凸显了晚明以来对于宋代诗文再审视倾向，它所展示的是和董其昌对绘画史的反思相同的路径，不啻是对宋一代诗文批判性的接受，从一定意义上看，也是其时文士圈表现在知识接受和主体精神诉求上，要求突破明中期的价值观念的某种异动。可以说，晚明文坛"崇尚苏学"现象的发生，促进了造园主体审美的变迁和形成，著名的学者、晚明最大的私人藏书家、李贽（1527—1602 年）的好友焦竑（1540—1620 年），在撰于万历二十八年（1600 年）的《刻坡仙集抄引》中云："古今之文，至东坡先生无余能矣。引物连类，千转万变，而不可方物，即不可之状与甚难显之情，无不随形立肖，跃然现前者，此千古一快也。"[130] 正是对苏轼的诗文的接受与多重诠释中，晚明的思想得到重新型塑，从而也更突破文人入仕困境中不同凡常的典范意义。焦竑是一位站在了"与时俱进"的晚明思想顶峰上的人，万历二十七年（1599 年），李贽与焦竑首次会见意大利人、天主教传教士、学者利玛窦，开始接触西方思想。焦竑承接与发展了晚明"泰州学派"的思想革新运动，"泰州学派"是帝制中国的第一个启蒙学派，它倡导的"人皆可以为尧舜""人皆可为圣人"，把"百姓"和"圣人"放在等同的地位，对于治学，焦竑提出：“学道者当扫尽古人刍狗，从自己胸中辟出一片天地。”袁宏道(1568—1610 年)《识雪照澄卷末》对苏轼的“率尔无意”的“小文小说”大加赞赏：“坡公作文如舞女走竿，如市儿弄丸，横心所出，腕无不受者。公尝评道子画，谓如以灯取影，横见侧出，逆来顺往，各相乘除。余谓公文亦然。其至者如晴空鸟迹，如水面风痕，有天地来，一人而已。”[131]“以灯取影”“水面风痕”，奇诡与率意背后深藏着“主人”的面目。苏轼诗《钱道人有诗云直须认取主人翁作两绝戏之》云：

> 首断故应无断者，冰销那复有冰知。
> 主人苦苦令侬认，认主人人竟是谁。
> 有主还须更有宾，不如无境自无尘。
> 只从半夜安心后，失却当前觉痛人。[132]

　　主人在凝视观看自然中创造了参差的边缘境域，指向思考的深度，探求影像背后之“真”的出场，栖形感类，理入影迹，这最终的境界是一种“无我之境”。主人把变换的影子重新掷回虚空，敞开光照的深度，指给他者，把未见者带到光的幽深之处，主人力图让更多的东西显现，空白处意义的延迟正是随类而感的生发，伊人何在，烟水茫茫，填充空白的不是已经预想的充实，而是敞开一种没有预想的出乎意外的发生，寄“影”与园指向主人寄托求“真”的场所。

｜影园盛会

　　明清的扬州以造园享誉吴中，是一个充满亭园画意的一个地方，清人刘大观说：“杭州以湖山胜，苏州以市肆胜，扬州以园亭胜，三者鼎峙，不可轩轾。”[133] 影园名列当时扬州园林之首，其名声之大主要原因不完全出于计成造园之精妙，还仰仗董其昌之名声、郑家之名望、财力，以及影园盛会使然，而其盛会又非简单的"娱慰"，而是深藏着一群江南士人精英的社会理想。郑元勋家族郑氏祖籍歙县长岭村，万历四年（1576年）郑氏家族迁入扬州，从业盐事业，长龄郑氏家族是侨居扬州的徽州大盐商。曾祖郑良铎为迁扬一世祖，其子郑景濂携其母程氏与其弟国宝、景淳迁居扬州，各派子孙以景濂为二世祖。陈继儒有《洁潭郑翁传》记录郑景濂及其家族，文中提到郑景濂居住之地"里有龙潭，其深不测，其清可鉴，须眉公常游而乐之，自号洁潭翁"[134]。而其先祖亦家世显赫："自宋文显公始，文显公登王十朋榜进士、官迪功郎、为诸王宫讲。今王龟龄赠言，以及符玺诰敕，一一宝藏于家。传及胜国公卿，缨绥累累不绝，至洪武首科、郑道同登第、授河南道监察御史、复与其叔征君参政郑居贞同死建文之难。详双忠祠记中。"[135] 后郑元勋影园修建于两祠旁，《重修扬州府志卷三十一·古迹》记："园在城西湖中，长屿上古渡禅林之北，旁为郑氏两忠义祠。"[136] 建文帝被朱棣篡位，郑道同、郑居贞因忠于建文帝而家族罹难："尔时洁潭翁之嫡祖，痛念同堂兄弟，忠而受戮，遗戒后人舍读而耕者几百年，至洁潭翁始以诗书课督其子。"郑景濂重振郑家，"翁独谓盐策可以起家，饶智略干局，坐筹贵贱赢缩之征，如指掌上，诸曹耦幅辏归之，悉听部署"[137]。景濂次子郑之彦（字仲隽，号东里，1570—1627年）是长龄郑氏最有成就的一位商人，被众盐商推为"盐荚祭酒"，是名副其实的盐商领袖。之彦有四子：元嗣（字长吉）、元化（字赞可）（接手盐商）、元勋（字超宗，1603—1644年）（崇祯十六年进士）、四子侠如（字士介，号俟庵，1610—1673年），郑氏兄弟四人皆以词章意气倾海内，并筑园赡母待客，元嗣建嘉树园、元化建五亩之园、元勋建影园、侠如建休园，文人过从者甚众。清初许承家《重葺休园记》云"明崇祯末，天下习于晏安，士大夫争驰骋好游，虽宇内有寇贼之警，若无当其顾虑者，于是家居则谋登眺游息之所，园亭往往而盛，而扬州尤称佳丽地……当时郑氏为扬

州最著姓……而郑氏之园已甲于扬郡一时……"诗人方象瑛《重葺休园记》
云"水部当明季时，与兄长吉、超宗、赞可三先生，文章声气，重于东南，
各为园亭以奉母。长吉公有'五亩之宅、二亩之间'及王氏园，超宗公有'影
园'，赞可公有'嘉树园'。"[138] 郑元勋营造影园，并非隐居自娱，他在影
园做了两件文化盛事，一个是《媚幽阁文娱》的编撰，一个是的影园诗
会。（见图 29）崇祯三年 (1631 年) 刊刻《媚幽阁文娱初集》九卷，崇祯
十二年 (1640 年) 再刻《二集》十卷，《媚幽阁文娱自序》中说："夫人情
喜新厌故，喜慧厌拙，率以为常，而新与慧之中，何必非至道所寓？晏子、
东方生以谐戏行其谲谏，谁谓其功在碎首剖心之下！"[139] 并提出文娱说：
"文者奇葩，文翼之，怡人耳目，悦人性情也。若使不期美好，则天地产
衣食生民之物足矣，彼怡悦人者，则何益而并育之？以为不得衣食不生，
不得怡悦则生亦槁，故两者衡立而不偏绌。"[140] 文集共收录五十七个作
家的一百七十篇作品，主要有倪元璐二十三篇、王思任十二篇、陈继儒
十一篇、沈承十一篇、黄道周十篇、姚希孟七篇、徐世溥六篇、钟惺六篇、
虞淳熙五篇、朱国祯五篇、张明弼五篇等，为晚明三大小品选本之一。《媚
幽阁文娱》在崇祯三年 (1630 年) 刊刻出版，陈继儒和唐显悦分别为之作序，
郑元化则为之作跋，言明作者皆是"通人达士"：

　　幽滞者之不可与言小品也，故览是集者宜通人达士、逸客名流，犹
必山寮水榭之间、良辰奇怀之际，蒸香品泉、卧花谓月，则忧可释、倦可起、
烦闷可涤、可排。若仅置之寒膻措大间，以当攒眉咿唔之一消，不足报
五经四书之效也。[141]

　　《媚幽阁文娱》是郑元勋"搜讨时贤杂作小品而题评之"的结果。郑
元勋深刻地认识到小品是他的时代的特别的产物，唐显悦在《媚幽阁文
娱序》中转引郑元勋的观点称："小品一派，盛于昭代。幅短而神遥，墨

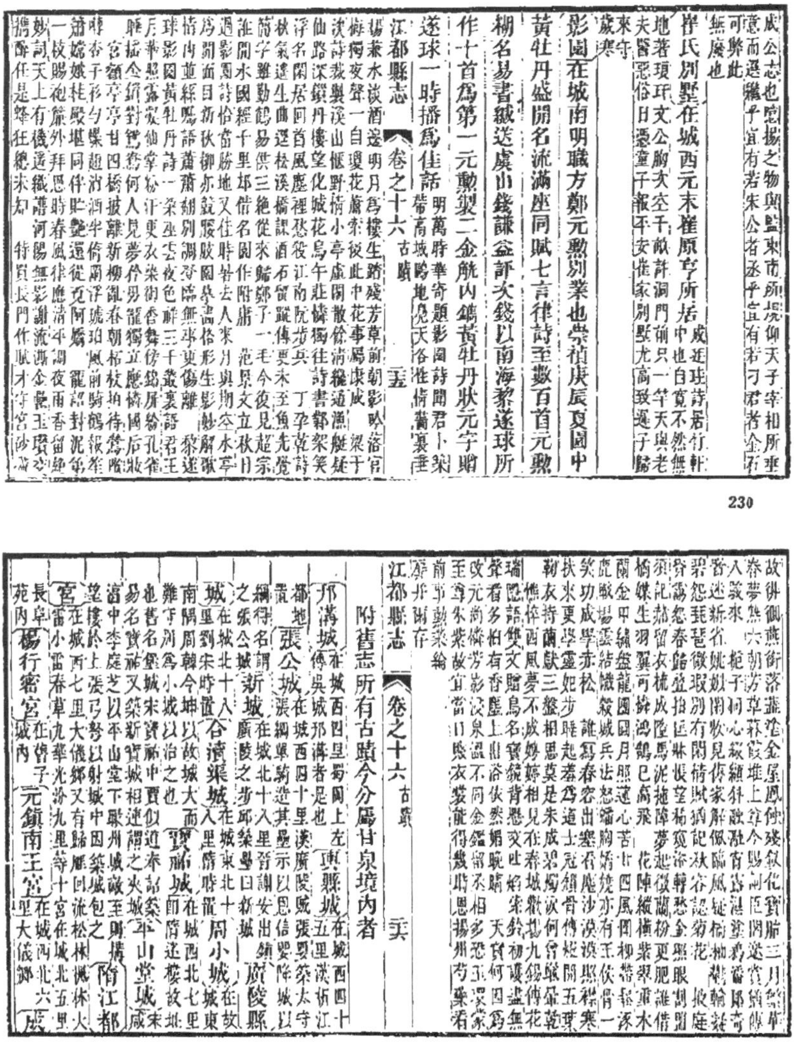

230

图29　《江都县志·卷十六·古迹》　明·郑元勋·影园诗会记载

希而旨永。"[142] 陈继儒《媚幽阁文娱序》中转述郑元勋的观点，认为这些小品"皆芽甲一新，精彩八面。有法外法、味外味、韵外韵"，是"隆、万以来气候秀撰之一会"[143]。这种"品外品、味外味、韵外韵"的审美和"贵新""崇奇""尚情"的性灵思潮，也极大地在文人中传播，对于造园的影响不言而喻，计成作为郑元勋老友，想必《园冶》写作也受到了直接影响。影园诗会于影园建成后六年后，崇祯十三年（1640 年）夏季，园里黄牡丹盛开，恰巧参加北京春闱的文士南返，郑元勋邀请冒辟疆共同主持（这是冒辟疆所参与的两次重要集会之一，另外一次是二十年后的顺治十七年主持的水绘庵修禊雅集），黎遂球、万茂先、茅元仪（止生）、陈曼昭等名士相聚影园赛诗会，共得七律之作数百首，"糊名易书"，寄给文坛领袖钱谦益（1582—1664 年）请其评定。经钱评定，以南海黎遂球（美周）十首为第一，元勋赠以特制金杯二，黎美周被称为"黄牡丹状元"，郑超宗在其与冒辟疆信中提及此会，一曰："黄牡丹诗俱已糊名易书，即求尊札，遣一疾足至虞山恳牧斋先生定一等次。得黄牡丹诗状元者，弟已精工制金杯一对，内镌‘黄牡丹赏最’待之。"二曰："得牧斋先生手札，知其赏心在美周，即以杯赠之。"当时的影园豪举震动海内外，清乾隆《江都县志》卷十六《古迹》记：

> 影园在城南，明职方郑元勋别业也。崇祯庚辰夏（崇祯十三年，即1640 年），园中黄牡丹盛开，名流满座，同赋七言律诗至数百首。元勋糊名易书，缄送虞山钱谦益评次。钱以南海黎遂球所作十首为第一。元勋制二金就，内镌黄私丹状元字赠遂球，一时播为佳话。[144]

冒襄晚年曾回忆盛会，《郑懋嘉中翰诗集序》记（《同人集》卷一）：

> 忆前丁卯（天启七年）（1627 年），与超宗（郑元）、龙侯（李元介）

结社邗上，后缔影园，在南城水湄，琴书横陈，花药分列，清潭泻空，秀树满目。余与超老络绎东南，主持文事，海内巨鸿，以影园为会归。庚辰（崇祯十三年）（1640 年）影黄牡丹盛开，名士飞章联句。余为征集其诗，缄致虞山定其甲乙。一时风流相赏，传为美谈。[145]

冒襄《影梅庵忆语》中，曾叙及"庚辰(1640) 夏，留影园"。《影园瑶华集》是影园牡丹诗会的文集，《影园瑶华集》卷上所收录的黄牡丹诗作者：黎遂球、梁云构、万时华、徐颖、冒襄、陈名夏、梁应圻、顾尔遇、梁于涘、王光鲁、李陈玉、程嘉燧、马是龙、姜垓、李之本、陈丹衷、李之椿、姜承宗，共十八人，钱谦益作《瑶华集序》："姚黄花世不多见，今年广陵郑超宗园中，忽放一枝。淮海、维扬诸俊人，流传题咏，争妍由邮诗卷以诧余，俾题其首……今此花见于广陵，为瑞博矣，宜作者之善颂也。虽然，花以人瑞也……世有欧阳公《续牡丹》之《谱》，知作者之志，不在于妖红艳紫之间矣。是则可书也。庚辰（1640 年）六月序。"[146] 杭世俊(1695—1773 年) 在乾隆二十八年（1763 年）《重刻影园瑶华集》作《影园瑶华集序》再 记此会经过云："当胜国时，广陵郑职方超宗缚茅于蜀冈之南，……园中黄牡丹忽放一枝，一时硕彦咸就 玩赏，有诗百余章，职方悉糊名易书，送虞山钱蒙叟评定甲乙。南海黎美周遂球实为之冠，职方益汇园中题咏之作，刊布远近，题曰《瑶华集》……岁久散佚，其元孙开基复梓以传，请余序其首。"[147] 黎遂球有画作《牡丹诗文图咏》传世（见图 30），《莲须阁集二十六卷·卷七》收录《扬州全诸公社集郑超宗影园即席咏黄牡丹十首》，第一首为：

> 一朵巫云夜色祥，三千丛里认君王。
> 月华照露凝仙掌，粉汗更衣染御香。
> 舞傍锦屏纷孔雀，睡摇金锁对鸳鸯。

图 30　《牡丹诗文图咏》　明·黎遂球　绢本设色　纵 93.6 厘米，横 38.4 厘米 私人收藏

何人见梦矜男宠，独立应怜国后妆。[148]

　　黎遂球（1602—1646年），字美周，为明末卓有成就的岭南诗人之一，其传世作品以描写吴中、扬州一带与作者家乡美丽风光和赏心乐事者为多，特别是描写家乡粤东的诗章既多且佳。诗风风流绮旎、风致嫣然，如徐世溥在《莲须阁诗集序》中所言："始得黎子诗读之，如春风骀荡、夏云崔嵬，如坐百花，杂陈箫韶，美人剑客，翾动左右……"[149] 其代表作品《南国篇》《春望篇》《同陈秋涛、黄逢永诸公社集南园作》，皆能体现这种风格。遂球也有一些痛快淋漓之作。屈大均（1630—1696年）《广东新语》云："美周诗，五古最佳，有《古侠士磨剑歌》云：'十年磨一剑，绣血看成字。字似仇人名，难堪醉时视。'《结客少年场》云：'生儿未齐户，结客少年场。借问结交时，不属秦舞阳。泣者高渐离，深沉者田光。醉者名灌夫，美者张子房。感恩思报仇，相送大道旁。'其困守虔州，临危时，击剑扣弦，高吟绝命。有云：'壮士血如漆，气热吞九边。大地吹黄沙，白骨为尘烟。鬼伯舐复厌，心苦肉不甜。'一时将士闻之，皆为之袒裼争先，淋漓饮血，壮气腾涌，视死如归。"[150] 这些作品反映了其为社稷毁家纾难壮士之情怀。《莲须阁集》在岭南诗史上有重要地位。清人陈田《明诗纪事》认为广东诗歌至于美周，方才不仅能为清艳之词风致嫣然，更时有壮健之篇。黎美周六次赴京应试，均不第而归，经影园诗会，成为中国文化史上唯一的民间"黄牡丹状元"，民间结社文人自我评价造成的文坛轰动效应，比之真正科举意义上的状元，更加具有积极的意义，从中也可以看出造园的意义，"主人"已经从明中期的"避世"，走到了积极影响社会文化风气的层面，"主人"也从个体的觉醒，走到去争取一个群体的价值观认同的社会场域中。这样的园林盛会在明晚已不多，后来顺治十七年（1660年），王士祯、冒襄等人水绘庵修禊雅集，堪与之相比，冒襄所辑之《同人集》存有"乙巳上巳修禊倡和"诗，陈维崧、杜濬分别为之作《水绘庵乙巳上巳修禊诗序》，冒襄作《水绘庵修禊记》以纪之。修禊当晚，宾主还一起观赏了冒氏家乐演出的《紫玉钗》和《牡丹亭》，王士禛逗留如皋数日间，六集冒襄水绘园，良辰美景，赏心乐事，可谓文坛盛事，令人企羡。但是改朝换代之后，经历了亡国、家变后，新旧文人各有各的愁苦之处，不复影园诗会之欢娱和壮怀激烈。

　　《园冶》、“影园”同年问世，意味着明代园林在17世纪中叶理论和实践上都达到了巅峰。这一年，董其昌八十岁，陈继儒七十七岁，计成五十三岁，影园诗会主裁钱谦益五十三岁，资助计成刊行《园冶》的阮大铖四十九岁，《影园记》作者茅元仪四十一岁，倪元璐（1594—1644年）四十一岁，在影园诗会中夺得“黄牡丹状元”的黎遂球（1602—1646年）三十三岁，郑元勋三十七岁，《影园诗序》作者徐世溥（1608—1657年）二十七岁，后和郑元勋一起主持影园诗会的“明末四公子”之冒襄（1611—1693年）时年二十四岁，酝酿造园“变法”的张南垣二十七岁。是时明清易代的十年前，文坛泰斗仍在，中年已结硕果，青年英姿勃勃，影园见证了晚明最后奇丽的文化景象。但尔而后十年中，董其昌“影”字一语成谶，这些江南文士笔墨下柔和的山云和清幽的园林，将化为淬火兵器的激烈，在飘然消逝的时间光影中，沉淀的园林文化曾经之存在的深度，饱含着生命的尊严和沧桑的力度，穿过清雅的诗文画卷和幽深的亭园，重叠映现在柳影、水影、山影之间。而今天人们记得影园和郑元勋，倒是仰仗计成和他的造园名著《园冶》。黄牡丹诗会后三年，郑元勋于崇祯十六年（1643年）和侄子郑为虹双双获得进士，又一年后，崇祯死，在《园冶》题词中的“剩水残山”已成事实。而在《影园自记》结尾所叙，尤为耐人寻味。在《影园自记》文末，郑元勋把董先生的审美话题转移到对于人生的感慨上面，他说：

　　然则玄宰先生题以“影”者，安知非以梦幻示予，予亦怃然寻其谁昔之梦而已。夫世人争取其真而遗幻，今以园与田宅较之，则园幻；以灌园与建功立名较之，则灌园幻，人即乐为园，亦务先其田宅、功名，未有田无尺寸、宅不加拓、功名无所建立，而先有其园者；有之，是自薄其身而堕其志也。然有母不逞养，有书不逞读，有怡情适性之具不逞领，灌园累乎？抑田宅、功名累乎？我不敢知，虽然，亦听于天而已。梦固示之，性复成之，即不以真让，而以幻处，夫孰与我？[151]

郑元勋在这里反复掂量，以田园和宅第相比，以灌园和建功立名相比，又纠结在"身"和"志"之间，养母、读书和怡情适性是不是造园的目的呢？一切如梦幻泡影，听之于天命，我还能如何选择呢？郑元勋认为自己造园未有功名，是薄身堕志的行为，丈夫处世当立功名，立功名以慰平生，这是读书人的平生之志。郑元勋崇祯二年（1629 年）参加复社，崇祯九年（1636 年），他与李之椿、梁于涘等人在扬州共结竹西续社。崇祯十一年（1638 年），由吴应箕起草、冒襄、郑元勋等复社 140 余人具名声讨阮大铖的《留都防乱公揭》在南京公布。有意思的是，尽管冒襄等反对阮大铖，但对他的戏剧却如痴如醉。冒襄等人有去过计成设计的仪征汪园，在《梅影庵忆语》记录崇祯壬午年（1642 年）中秋节，一批复社社友在秦淮桃叶渡水阁庆贺冒辟疆与秦淮名妓董小宛团圆，名妓顾眉、李香君也列席，在汪园观看了《燕子笺》，《影梅庵忆语》第二卷记：

秦淮中秋日，四方同社诸友，感姬为余不辞盗贼风波之险，间关相从，因置酒桃叶水阁。时在座为眉楼顾夫人、寒秀斋李夫人，皆与姬为至戚，美其属余，咸来相庆。是日新演《燕子笺》，曲尽情颜，至霍、华离合处，姬泣下。一时才子佳人，楼台烟水，新声明月，俱足千古。至今思之，不异游仙枕上梦幻也。銮江汪汝为园亭极盛，而江上小园，尤收拾江山盛概。壬午鞠月之朔，汝为曾延予及姬于江口梅花亭子上。长江白浪拥象，

姬轰饮叵叵罗，觞政明肃，一时在座诸妓，皆顇唐溃逸。姬最温谨，是
日豪情逸致，则余仅见。[152]

　　冒襄对汪园很是赞赏，称"江上小园，尤收拾江山盛概"。在园林中，
欲望和理想、社会现实和政治变迁，和着戏曲，一切交织在一起，如梦如幻，
如影相随，这是汪园风流生活的写照，文中"銮江汪汝"应为汪士衡后人。
同年郑元勋与李雯等人谋划重振复社，明季的文社团体首家当推太仓人
张溥、张采天启四年（1624 年）创办的"应社"。其次是吴江的计名、吴
翽、吴允夏、沈应瑞等人在崇祯元年（1628 年）肇办的"复社"。1632 年，
张溥、郑元勋等联合匡社、端社、质社、应社等团体，组成复社。次年
在苏州虎丘举行大会。南明弘光时，复社受马士英、阮大铖等人打击。
复社列名成员多达 2000 余人，参加者多为生员，且其中汇集了大量的精英
人物，如张溥、陈子龙、黄宗羲、吴伟业、钱谦益等人。复社的影响在晚
明十分巨大，他们继承东林的政治思想，讥弹时事，臧否人物，干涉朝政。
清军南下，复社中很多人曾参加抗清，清初部分人致力于反清复明。1652
年，复社被清政府取缔。崇祯十六年（1643 年）郑元勋中进士，会试第三，
官至清吏司主事，假归。崇祯十七年（1644 年），京师失守，郑元勋闻变，
出资招集义师，对抗闯军。郑元勋生命的终结更令人唏嘘不已，而当命
运的大限到来之际，郑如何选择呢？纵情山水园中的浅吟高歌还在耳边，
转眼明朝京城沦陷，大军压进扬州城下，郑元勋的生命最后的背影消失
于混乱的扬州。戴名世（1653—1713 年）《弘光乙酉扬州城守纪略》记：

　　高杰抵达扬州，其兵不戢，扬州人恨之，登陴固守，而四野共遭屠
杀无算。江都进士郑元勋，负气自豪，出而调停。入往杰营，饮酒谈论
甚欢，杰酬以珠币。勋还入城，气益扬，言于众曰："高将军之来，敕书
召之也。即入南京，尚其听之，况扬州乎！"众大哄，谓元勋且卖扬州

楊戍而揚民則額以爲誅楊戍乃乃誅戮揚城也延撫
傑心折曰前事特別將楊戍爲之耳亡出令退令且誅
可敵當閗以七羨引退海端卽望騎入傑营說之
攻之人情淘淘莫如所措元勳曰傑非叛也且梟猛不
劉悍難制會常分蕭徽欲得揚州民腐間不納傑怒九
江北宜拒黃河議格不行乃老翁怒將
申闖變出家資募俠貼晉當迫圖江南宜守江北学
抱僂略好策天下半延按德督交鷁之以毋老不趕甲
鄭元勳字超宗先歙人家江都崇禎末進士性倜儻
止費二十餘萬金朝延嘉其廉幹據本部郎中

江都縣志【卷之二十亮績】（至）

莞金工部尚書到定國疏鳳陽陵葆初賢工役未三藏敚工
改南工部時流寇毁鳳陽陵裝赴期事建佐費四十餘
徐葆初字元赤崇禎甲戌上例授郎中主事以親老乞
獨任之笑慶爲其忠直天性然也
往汝梅獨省爲錡貧爲提騎所發歸貲百餘金以贍又
初汝梅舉於鄉時如府劉錡以許婦魁闈被逮入莫敢
署門自戒不預外事授陽教谕历官清慎擢刑部主事
閒汝梅宇和陽布政使士選子也崇禎辛未成進士卽
老在谏垣前後上八十餘疏皆昌言讜論時望歸焉

等方會議汭城模元勳至下馬入座爲言城外事由楊
成誚未罪衆謹爲遠升悽撥刃害之肎師史可法白其
瓷誚卿斬倡亂者三人頭以祭三日後有兵部職方之
命而元勳巳及於難年僅四十有二所著有文娛集卷

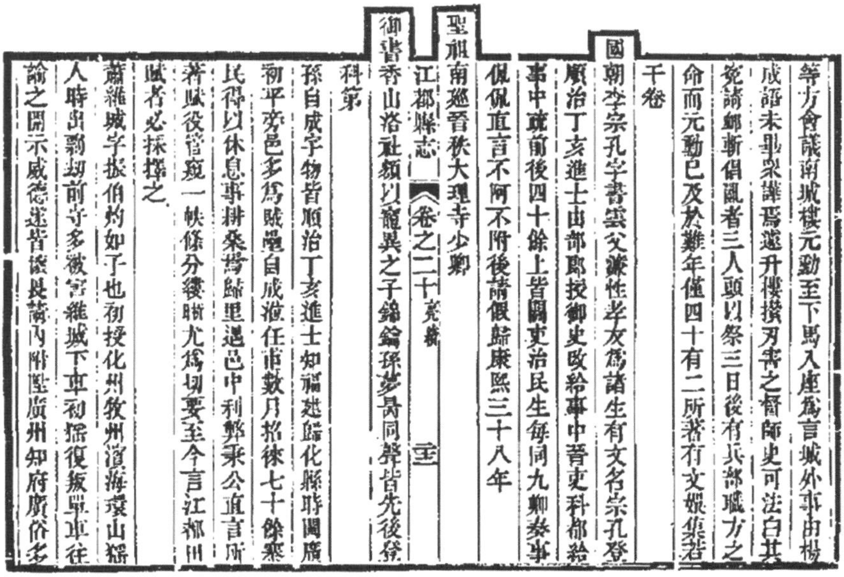

千卷

國朝李崇孔字青雲父廉性孝友爲諸生有文名崇孔登
順治丁亥進士由部郎授御史改給事中菁吏科都給
事中疏前後四十餘上皆關吏治民生每同九卿奏事
侃侃直言不阿不附後補假歸康熙三十八年

御書香山洛社額以寵異之子錦綸孫夢閔同舉皆先後登

科第

江都縣志【卷之二十亮績】（至）

孫自成宇物皆順治丁亥進士如福逝歸化縣時圖廣
初平齊邑多爲賦瘋自成涖任書數月招徠七十餘寨
民得以休息事耕桑齊歸里遇邑中利弊乘公直言所
荐者必採捑之
蔣賦役管窺一帙係分發時尤爲切要至今言江都田

賦者必採捑之
蕭雜城字振伯豹如了也初授化州牧州濱海家山猺
人時出覬覦切前守多微宇維城下車初搖復飯畢軍往
論之開示威德逖皆膝長葡內附醫廣州卿府廣俗多

图31　乾隆《江都县志》卷二十《亮绩》记郑元勋事迹

以示德，共杀之，食其肉立尽。[153]

　　《乾隆江都县志》卷二十《亮绩》记郑元勋"性偶傥，抱伟略，好策天下事"，对于国变的主张："甲申（1644 年）闻变，出家资，募勇侠，贻书当道，固江南宜守江北，守江北宜拒黄河，议格不行。"[154] 各藩镇挟兵乱，瓜分领地，高杰欲得扬州，而扬州人便把城门紧闭，不让他进城。这可使高杰大怒，声言定要攻打扬州。扬州"人情汹涌"，郑元勋认为："杰非叛也，且枭猛不可敌，当开以大义。"告知巡抚黄家瑞，单骑入高杰军营去做说客，力图说服高杰。高杰竟然被元勋一番话所打动，出令退舍，并说："以前种种，乃别将杨成所做，现已下令退回，诛杨成便是。"扬州城人误把高杰所说"诛杨成"听成诛杀"扬城"人民。当天巡抚诸官员正在南门城楼开会商讨，郑元勋也到，"下马入座，为言城外事由杨成，语未毕，众哗焉，逮升楼攒刃害之"。[155]（见图 31）李斗《扬州画舫录卷八·城西录》补充了一些细节，高杰兵临扬州城：

　　公曰：事急矣，吾不惜此身以排乡人之难。单骑造之，家僮蒋自明遮马谏，勋叱之曰：扬民安，虽丧身何伤！遂入杰营，晓以大义，且责其剽掠状，杰为心折，曰：前事特我裨将杨成为之耳。出令退舍，且诛杨成，更出其通商符券数百张纳公袖中，而敛兵五里外，城中之门于西北者，因得暂启以薪粟。勋遇人辄举袖呼而与之券，且行且给，至半途而符券尽，后索者不能得，则谓公有所吝，或惊疑告人曰：高杰以免死牌与郑某矣，非其亲昵不得，非贿不得，有死尔。语一夕遍。适鸣以矢石暗中杰兵，杰兵憾甚，日逼城下哗噪，如将攻者。城者中夜狂噪，称郑某果贼党，又讹传诛杨成为扬城。露刃围之数重，顷刻刃起，遂及于难。义仆殷起，奋身以殉。事见《扬州府志》及陆麟度《仪征县志》，元和杭堇浦《道古堂集》，言之尤详。[156]

在这个版本里，郑元勋根据需要来分发高杰送给的通商符券，因为很快就发完了，导致后到的人的失望和怨恨。于是设计种种行为不利于郑公，并使城里一片混乱。针对郑元勋的谣言蜂起，传郑姓的人是匪党，高杰承诺的惩治"杨成"，不是要惩罚他自己的部下，而是要惩罚"扬城"。一群武装起来的暴徒包围了郑元勋并向他发起攻击。郑元勋罹难，他的仆人殷起也殉身于刀兵之中。关于郑元勋的为人，杭世俊《影园瑶华集序》把他与元末的顾阿瑛[157]（1310—1369 年）相比，盛赞其正气长存。他说："惟顾阿瑛丁，元末造四海沸腾，淮张窃据中吴，玉山在其境，不能自拔，蹉跎而死。职方亦值明季，凌夷团练，义勇保障乡里，悍镇鸱张，策骑注说，谕以逆顺，使之回心，易向孤城，得以保全。而群情疑凶，谓公将翻城应冠，狂炎涨天，竟罹非命……而职方忠贞之志，乃如青天白石，暴白显著于天下……范（范景文）[158] 刘（刘同升）[159] 二公竟殉社稷，而美周毁家纾难，毕命虔州，与职方后先辉映……以视玉山诸人，安燕雀之处堂，效蚍蜉之穴树，大厦已倾，瞻乌谁屋？而珠盘玉敦，争长于风云月露之场，其轻重大小何如也？"[160] 郑元勋虽然死于清军南下之前，实际原因是弘光内部争斗，但以官修县志、杭世俊和李斗文观，郑元勋是以义士和臣子的社会特征入世，公私两方面的虔敬行为，他的复社身份和至交师友的忠烈，也都帮助他身后确立了在当地文化中无可动摇的忠义之士的形象。园以人传，影园作为晚明扬州最出名的园林，从晚明到康熙年间，也延续了盛名。郑元勋去世后，冒襄七十六岁曾作四首诗曰《挽郑超宗职方》，怀念影园及老友：

影园终日共君行，二十年来吊古情。
忧切庙堂时拍案，事筹桑梓太悲鸣。
须知自古无兹死，差胜如今有此生。

补日浴天徒郁结，经纶何处见分明。[161]

　　逝者已去，幸有后来者相随。冒襄康熙二十六年（1687 年）撰文《郑懋嘉中翰诗集序》：“二十年后，再过广陵，兵灾之余，（影园）已为寒烟茂草。晤起老弟水部公，相与感慨久之。未及，而水部公子侍御公成进士，蜚声与蓬山枫殿之间，家门鼎盛，海内指为人宗。水部公葺休园以娱志，优游泉石，重与余二十年觞咏其间，固自乐也，又几何时归道。丙寅，余年七十有六矣，复过广陵，则晤懋嘉……以影园休园胜事相询，进而兴之，言温温踏踏……”[162]《扬州画舫录》记扬州：“郡城以园胜。康熙间有八家花园，王洗马园即今舍利庵，卞园、员园在今小金山后方家园田内，贺园即今莲性寺东园，冶春园即今冶春诗社，南园即今九峰园，郑御史园即今影园，条园即今三贤祠。《梦香词》云‘八座名园如画卷是也’。”[163] 文中影园主人郑御史即郑元勋，影园在康熙初期仍存在，影园并未毁于战火，但是郑氏家族门祚寝衰，园林已经易主，于郑元勋去世二十年后荒废。清初文学家吴绮 (1619—1694 年)《题郑超宗九峰雪霁图》诗云：“荥阳当日顾厨间，点染云溪意独闲。一自影园花落尽，更无名士爱青山。”[164] 影园建成于崇祯七年（1634 年），只存在了五十余年，方象瑛《重葺休园记》称：“即如超宗先生‘影园’称极盛……转眄五十年间，园林易主，台榭荒芜，近且不知其处。”[165]《扬州画舫录卷八·城西录》中记乾隆年间影园已沦为遗址：

　　……公自记其园亭之胜如此。百余年来，遗址犹存，《江都县志》云在城南，《扬州府志》云在城东，按今园址，自当以县志为是。而影园门额久已亡失，今买卖街萧爽门上所嵌之石，即此园物也。[166]

　　相比之下，休园要比影园传承地久，流传“五世沿革”，郑侠如初建，

传郑为光、郑熙绩、郑玉珩、郑庆祜，四次修葺均有园记流传。郑士介
是郑元勋四弟，名侠如，字士介，号休囤，明崇祯十二年(1639年)贡生，
授工部司务。"迨超宗死难，士介徒步入应天，哀泣上书得白"，可知其与
二哥郑元勋最为相善。四弟的"休园"营造最晚，入清后郑侠如归里，
郑侠如，字士介，号俟庵，筑"休园"，当时扬州诗文之会，以马氏小玲
珑山馆、程氏筱园及郑氏休园为最盛。清顺治初年，"休园"之"休"取
自号"四休居士"的宋代太医孙昉的典故，包含了追求平和心境的意思
(计东《休园记》)。黄庭坚《四休居士诗序》中具体阐述了"休"的四种
状态："粗茶淡饭饱即休，补破遮寒暖即休，三平二满过即休，不贪不妒
老即休。"[167]《扬州休园志》卷首列出了休园的三十二景，分别是：休园、
空翠山亭、蕊栖、挹翠山房、琴啸、金鹅书屋、三峰草堂、语石堂、樵
水、墨池、湛华、卫书轩、含清别墅、定舫、来鹤台、九英书坞、古香斋、
逸圃、得月居、花屿、云径绕花源、玉照亭、不波航、枕流、城市山林、
园隐、浮青、止心楼、耽佳、碧广(庵)、植槐书屋、含英阁。休园分为
住宅和园区两部分，住宅在东部，园区在西部；一条街道穿越园区和住
宅之间；宋介三的《三修休园记》记：

　　在所居后，间一街，乃为阁道，遥属于园东，偏离游者亦不知越市
而过也，阁道尽而下行如坂，坂尽而径，径尽而门。门而东行有堂南向
者语石堂也。堂处西偏，而其胜多在东偏。然是园之所以胜则在于随径
窈窕，因山行水。堂之东有山障绝，伏行其泉于墨池。山势不突起，山
麓有楼曰空翠。山趾多穴，即泉源之所行也。楼东北，则为墨池，门联
董华亭书，屏王孟津书。阁右有居曰樵水者，亦墨池之所注也。池之水
既有伏行，复有溪行，而沙渚蒲稗，亦淡泊水乡之趣矣。溪之南，皆高
山大陵，中有峰峻而不绝，其顶可十人坐。稍小于顶，有亭曰玉照……
此园雨行则廊，晴则径。其长廊，由门曲折而属乎东，其极北而东，则

图 32　《休园图》局部 清·王云　每开 纵 54 厘米，横 129.5 厘米 旅顺博物馆藏

为来鹤台，望远如出塞而孤。亦如画法，不余其旷则不幽，不行其疏则不密，不见其朴则不文也……[168]

可见，休园继承了影园以画法造园的传统，但最可贵的是还有园林图卷流传，清王云绘有《休园图》，全图十二段。画面采用分段取景，局部特写的艺术手法，表现了明末清初位于扬州的著名私家园林——"休园"的四季景观。所画楼台殿阁、曲院长廊、碧水亭榭、假山怪石无一不玲珑透剔，各尽其致。末段画面署款"康熙乙未六月至庚子清和图成"。据此而知此图绘制时间为康熙五十四年（1715 年）至五十九年（1720 年）共计四年零十个月。引首有郑来篆书"休园图记"，尾纸有清人彭白云跋文及郑来各种书体抄录的重修休园记。钤"汉藻""王云之印"二印。（见图 32）康熙间，侠如以其子郑为光贵，赐翰林院庶吉士。乾隆帝南巡扬州，其游览线路上尚有郑家园林：《扬州画舫录》记："乾隆辛未、丁丑南巡，皆自崇家湾一站至香阜寺，由香阜寺一站至塔湾，其蜀冈三峰及黄、江、程、洪、张、汪、周、王、闵、吴、徐、鲍、田、郑、巴、余、罗、尉诸园亭，或便道，或于塔湾纤道临幸，此圣祖南巡例也。"[169] 虽然文中郑园亦在其游览路线之中，但为郑家之"休园"，并非影园。《扬州休园志》是郑庆祐清乾隆三十八年编纂刻本出版的。清代《扬州画舫录》对影园的记载颇详，这本书乾隆六十年（1795 年）刊出，作者李斗（1749—1817 年），字北有，号艾塘，为江苏仪征人，从乾隆二十九年（1764 年）开始，他用了三十年的时间考察扬州风物，著成《扬州画舫录》。李斗没有见过影园，其中的文字改编自郑元勋《影园瑶华集·影园自记》，世事沧桑巨变，影园的细节已经模糊，李斗并不知道造园家计成其人以及参与营造影园，像李斗这样立足研究扬州的学者都不知晓计成，可见《园冶》在清代几乎没有什么影响力。而李斗的文中对于影园名称、造园经过、以及园中诸景，都出自《影园自记》记录，从中亦可知道郑元勋《影园瑶华集》并不在乾隆禁书之列。清代早期大量的废园都和园主的命运相关，影园呈现的迷离的形象，摇曳在郑元勋以身殉于残山剩水幻影中；郑元勋试图以一介书生的"骨力"，为民挺身实现其志。而每逢社会发生急剧变化时，文人如何安顿身心就是个大问题，其中对于精通笔墨的精英尤为艰难，在园林中风流偶傥易，在民族大义上牺牲难，阮大铖与钱谦益等人文章才华出众，人品却被后人不齿。计成《园冶》公之于世，得力于曹元甫和阮大铖两人的鼎力支持，郑元勋亦积极推广，他预言："今日之国人，即他日之规矩""安知不与《考工记》并为脍炙乎？"[170] 然则有清一代，《园冶》沉寂近三百年，这和士林不耻于阮大铖的为人有关，阮大铖既为明的奸佞，又是清的降臣，计成《园冶》受阮氏资助出版，在其恶名下长期湮没，今天想来令人惋惜。至于郑元勋和他的朋友们，则见证了在温柔的水乡书和剑曾经的关系，从吴越的尚武到苏中重文的重大变化，极柔只是个外在的相。位于虎丘山顶云岩寺塔下方的虎丘申公祠，馆内高悬"剑气禅心"的匾额，在深邃幽静的园子中那文笔生花的几案上，依然落着壁悬三尺青峰的长长的影子。在山水温润的吴中大地，我们很少看到凌厉的急流，水静静地沁润着草木山石，所谓"士"者，以字形而言，由"一""十"两部分组成，寓之"始一终十"，孔夫子说："推十合一为士。"不过，现实"士"后面总是跟着"大夫"，使得"士"必然走向分裂，尤其在乱世，"道术将为天下裂"，大部分"士"都放弃对"真"的追求，而一股脑地扎进污浊不堪的政治。因此，真正不忘初心的"士"，才配得上园林的"主人"，"得山水骨性"。

奇山奇人

崇祯甲戌七年 (1634 年)，影园初建成；同年，计成的《园冶》初版刊行，书有阮大铖 (1586—1646 年) 序；计成自序三年前自己就写好了（崇祯四年辛未，1631 年）；一年后，崇祯乙亥八年（1635 年）郑元勋为书题词。《园冶》书中提到了五个人，即吴玄、汪士衡、郑元勋、阮大铖、曹元甫，前三个人是计成的业主，成就了计成设计的三座名园，即东第园、寤园和影园；后两位是计成造园艺术的知音、推介人和赞助人，阮大铖资助计成刊印了《园冶》，计成亦为阮家扩建了偎园。《园冶》这个书名，是在寤园主人汪士衡的朋友曹元甫的建议下修改而成。计成在书末尾《园冶·自识》中说，"崇祯甲戌岁（崇祯七年，1634 年），予年五十有三，"[171]从而推测应生于万历十年（1582 年），计成字无否，号否道人，江苏吴江松陵人。计成称："不佞少以绘名，性好搜奇，最喜关仝、荆浩笔意，每宗之。"[172]中年归吴便"择居润州"，镇江古称润州，地处长江、京杭运河的交汇处，有"天下第一江山""连山如画"的美誉，吴中文人都喜欢游金山、焦山、北固山，以"三山"为代表的镇江沿江景致与杭州西湖、无锡太湖一起被称为江南三大著名景观。山水是文人最好的老师，米芾在镇江定居四十年，被南山"云气弥漫，冈岭出没，林树隐现"的山林所启发，创造出"米氏云山"。他除了海岳庵、宝晋斋以外，还在镇江南郊黄鹤山建有别墅山林堂，有"城市山林"石碑存世（现存焦山碑林），而这个称呼后来成为园林的别称。计成称"环润皆佳山水"，"金山""焦山"都有"浮玉"的美称，明代《京口三山志》把金山、焦山、北固山这三座山描述为一处令人向往的名胜，也成为一处可以亲身抵达的"仙山"。《考盘余事》作者屠隆（1543—1605 年）曾在登览京口三山之际，感悟到天地宇宙的结合变幻之妙，并体会到京口三山犹如海上三仙山：他说："东方朔《神异经》所传蓬莱方丈瀛洲三山在大海中……而所谓北固金焦三山在润州灵奇空阔，庶几大海三山之亚。"文徵明曾作《金山图》（传），上有乾隆皇帝（1711—1799 年）御题诗：

不到江天寺，安知空阔奇。携将亲证取，当境固如斯。辛未南巡，行笈中携待诏此帧。二月既望，坐金山江阁因题御笔。[173]

乾隆帝在 1751 年正月十三日由京师出发南下，历经一个多月后，于金山江天阁上，一边观览京口一带的景色，一边拿出随身携带的此件《金山图》轴比对，感慨此地实际景观正如绘画所示。对于身居此地的文人来说就更加幸运，无需车舟劳顿，就可以常年浸润在这山水之间。与计成同时择居镇江的文人潘一桂，文名颇盛，钱谦益《〈钱集之遗稿〉序》："密纬肆力于辞赋，潘江陆海，沾丐一时。集之羁贯轩翥，海内艳称之以为王叔师、文考再见于世。"[174]《列朝诗集》称他："卜居京口，览江山之胜，与友人钱玄密纬，以辞赋相镞砺，作'东征''昌言'诸赋，为时所称……无隐诗多弘丽，今集为史弱翁所定，多取其肤立者。赋则为西极文太青所推。太青以扬马自负，目无一世，见无隐诸赋曰：'我心折气涩矣。'无隐之可传者，其在斯乎！"[175]史弱翁为史玄，避清圣祖讳作史元，字弱翁，徐崧师，明诸生。史玄、徐白、沈自然、俞南史与潘一桂称"松陵五才子"。史玄弟子徐崧曾与好友张大纯合辑《百城烟水》九卷，可见山水文化在吴中风气和传承，《中清堂集》李维桢、邹迪光、姚孟希、文翔凤为其作序。潘一桂交游广泛，曾陪同"石痴"米芾后人米万种游赏镇江，《中清堂集》卷六《同米友石、周承明、钱密纬游石簰山》记："怒石负波立，四面临苍茫。遥瞻但一壑，众妙不可详。缅怀丘中士，一诵游丘章。"[176]可见当时在长江中石簰山的壮观。随着沧桑变迁，长江易道，清咸丰四年始，金山开始逐渐与南岸连接。至光绪末年（1908 年），金山全部与陆地相连；天下第一泉，云根岛也随金山上陆。潘一桂是湖南永州黄溪人，中年后定居镇江京口，他和计成两人同在镇江，都归隐优游山林。计成在镇江至少生活了二十余年，计成以其文思才华必留下诗画，但都没有流传下来，虽然《园冶》中留有余痕如鸿雪泥爪，所幸潘一桂有一首与计成春游的诗，收录在《中清堂集》卷五《初春与张人林、钱密纬、计无否游石簰山》：

春风振颓气，踊跃展吟眺。

咿呀荡游橹，参差指江峤。

奇山与高人，一见若同调。

孤亭但拳石，勃苹藏众杪。

平沙净如雪，不忍轻跋踔。

岩萼千百重，负涛挺雄峭。

支峰与赘峣，稠叠互屈桥。

刻镂泯霜文，玲珑吐风窍。

赤霞乱不妆，依波绘晴照。

古色接大荒，幽光起潜奥。

瞻奇与弥健，履险足难踔。

济胜缺勇功，退缩来讪笑。

夕阳挂遥壁，千江散灵曜。

促景尼奇踪，夷犹理归棹。[177]

　　潘一桂与计成游历的时间在寤园建成之后，大约是在天启四年（1624年）的春天，从诗题知与潘一桂结伴的三人，其中张人林应为军人将领，钱密纬是其密友，《中清堂集》中写给钱密纬的诗最多，计成排在最后，或许结识稍晚，计成字无否，潘一桂字无隐，从自号中看两人志趣性情颇为投缘。潘一桂诗中称："奇山与高人，一见若同调。""奇山"指石簰山，"高人"应该是指风水祖师、《葬经》的作者郭璞，清刘名芳编《金山志》："郭公墓，在山之西石簰山"。石簰山又名云根山，位于金山脚下，宋代大诗人陆游《入蜀记》中记载"二十八日，（宋乾道六年，1170 年）夙兴观日出。江中天水皆赤，真伟观也。因登雄跨阁，观二岛。左曰鹘山，旧传有栖鹘，今无有。右曰云根岛，皆特起不附山，俗谓之郭璞墓"。顾炎武《日知录》

中称"金山西北大江中，乱石中有丛薄，鸦鹊栖集为郭璞墓"。清帝乾隆也作诗曰"石簰万劫埋仙魄"。郭璞断定金山脚下有条"大水龙"，于是叮嘱儿子郭骜"我卒，可葬于金山脚下"。金山，第一泉，云根岛的形成都和江中岩石有关。这种岩石是一种火成岩，是由地下的岩浆侵入地壳逐渐冷却后形成的。这些岩石出露地表并形成了金山主要的山体。根据历史记载，金山寺始建于东晋明帝时期，初名泽心寺。天下第一泉又称中泠泉，据史料记载，以前泉水在长江之中，受到山石的阻挡，水势曲折流转，形成三个水曲，分为南、中、北三泠，中间一泠名中泠泉。唐代名仕刘伯刍评此泉为"天下第一"。云根岛的主体原也是长江中的一组奇石，云根岛又名云根石，石排山，笔架山，和三岛等。所以在潘一桂的笔下，石簰山像自然历经时间雕琢而成的大块奇石，"刻镂泯霜文，玲珑吐风窍"。而这种仙山意象也正是明中期园林假山营造的粉本。计成《园冶·掇山》云："池上理山，园中第一胜也。若大若小，更有妙境。就水点其步石，从巅架以飞梁；洞穴潜藏，穿岩径水；风峦飘渺，漏月招云；莫言世上无仙，斯住世之瀛壶也。"[178] 这里面显然有镇江京口三山文化对他的影响。计成长期熏染于山水之间，时常有造园的激情，终于在常州吴玄又予、仪征汪士衡中翰的宅园中，他发挥了"胸中所蕴奇"，曹元甫先生"称赞不已，以为荆关之绘也"。

东第园的主人吴玄（1568—1644 年）为江南名门望族，一家都是进士出身，祖父吴性，嘉靖乙未进士。父吴中行，隆庆辛未进士。兄吴亮，万历辛丑进士。兄吴奕，万历庚戌进士。堂弟吴宗达，万历甲辰进士。常州洗马桥吴氏为常州明清两代世家望族，吴家又是文献世家，目前已发现明清著作数十部，吴氏家族集造园世家、文献世家、收藏世家和紫砂世家于一身，堪称中国"文化世家"的典范。吴中行自己曾在青山门外建有嘉树园，他的八个儿子皆淡于仕进，先后在城内城外建筑园林，吴亮建止园，吴奕建罗浮园，吴玄建东第园、吴兖建兼葭庄、吴襄建青山庄，

图 33　《止园图册》　明·张宏　纸本设色　每开 纵 32.07 厘米，横 34.61 厘米　洛杉矶郡立美术馆藏

各园或以水胜，或以形胜，或以构胜，在当时和后世均有盛名。其中，止园和东第园在中国园林史中有着重要地位。吴亮（1562—1624 年）于万历三十八年（1610 年），聘请苏州造园家周廷策在家乡常州建造“止园”，吴亮《止园记》卷五有《小圃山成赋谢周伯上兼似世于弟二首》，称赞周廷策“一丘足傲终南经，莫使移文诮滥巾”。卷六《周伯上六十》，为其贺寿：“雀门垂老见交游，谁复醇深似大周。彩笔曾干新气象，乌巾争识旧风流。每从林下开三径，自是胸中具一丘。况有晚菘堪作供，用君家味佐觥筹。”诗中周伯上即是周廷策，止园面积约为五十亩，取名意在“急流勇退，止于当止”。天启七年（1627 年）张宏（1577—1652 年后）绘有二十幅《止园图》（见图 33），从景图看，园中叠山风格受到弇山园的影响，有某些相似性和延续性，而其中很多假山命名和叠石如飞云峰、螃蟹峰、青羊石，来自弇山园叠山、置石风格的延续，吴亮甚至在螃蟹峰上面镌刻了王世贞的绝句。王世贞在少年与文徵明忘年结交，青年时期“一再侍文先生”，在诗文书画和山水游历上受到一代大家的亲身指教熏染，中年后主领文坛，直接接过文徵明的衣钵和传承。王世贞与文徵明祖孙三代都有交游，曾受文彭次子文元发所托为文徵明撰写《文先生传》。

周廷策是造园家学传承于周秉忠，周秉忠是文徵明孙子文元发（1529—1605 年）继室周氏的哥哥，周氏为文震孟生母。张凤翼所著《处实堂集》中《敕赠彭周二孺人祔葬墓志铭》，说明文母的曾祖为周诏，《苏州府志》：“周诏字希正，长洲人……睿宗之国选为伴读……每进讲古义，附时事为劝，上为悚听……”云云，作为嘉靖帝的老师，周、文两家也以有这么一位帝师为荣。周诏于成化十六年中举，三年后，在嘉祥县学做了九年教谕。其间吴宽曾作《送周希正教谕赴嘉祥》：“心系慈闱里，名题乙榜前。治装初北上，奉檄又南旋。得禄家无累，横经席可专。此行应暂屈，拔擢在他年。”吴宽还为周诏父亲作《故乐会知县周君墓表》，文徵明为周诏作《送太常周君奉使》，大约在弘治三年（庚戌，1490 年）、弘治八年（乙卯，1495 年）间，唐寅为周诏作《贞寿堂图卷》（北京故宫博物院藏），表彰周母"孀居矢节"教子成名，周诏遍征吴中士人为《贞寿堂图卷》题诗，李应祯作《诗序》，后有唐璡、沈周、杜启、吴一鹏、吴传、陈谟、陈沃、夏永、吴宽、钱腴、谢缙、尉淳、唐寅、濮裕、文璧、楼翰共十六家的题诗。文徵明其时名文璧，题诗曰："萱亲在鲁子居吴，甘旨难承旦晚娱。彩侍夜常形梦寐，人生八十过须臾。霜归短发浑垂白，花映慈颜不改朱。春酒一杯遥致祝，肯谇千里涉崎岖。"[179] 题诗时文徵明二十岁前后，周诏五十岁左右，大概两家的缘分始于此画，但是两人应该不会想到，后来周诏的曾孙女嫁给文徵明孙子做继室，两个家族及后人对吴门、江南乃至中国的园林文化产生巨大影响。

周秉忠是文震亨、文震孟的舅舅，也是吴门继文徵明后又一个艺术巨匠，精绘事、擅塑像、仿古瓷、烧陶印，治木、铜、漆物件，《遵生八笺》《妮古录》《味水轩日记》《韵石斋笔谈》对他高超精绝的仿古制瓷赞叹不已，隆庆万历之时，于景德镇设窑烧造，人称"周公窑"。他善于仿定窑的文王鼎、炉、兽白戟、耳彝等器物，每一名品都被富人以重价收藏，一时名气之盛，无出其右者，作为一个艺术巨匠全才，他亦是造园圣手，疏泉叠石，尤能匠心独运，点缀出人意表，当时吴中名园多出其布画。周家先祖因为帝师而联翩簪组，满门辉映。到了周秉忠这一代，不再从仕，或醉心于诗文山水，或造物营园，修身于佛仙之境。文震孟在《药园文集卷十五·周春沂赞》中提到了母亲的家族：

　　盖中兴之际，帝师周公寔予母氏之曾祖，嗣是以还，世济蝉联，床盈袍笏之际，而门满簪组，惟春沂翁名位不逮前人，而德望堪与为伍。三仕为尹，而家徒四壁，清风照于衡宇。云林高卧，读书赋诗，拔新领异，于谈尘以为隐论。正笏垂绅，绥若若而容俟俟，以为轩冕道范，脩然疑逍遥于紫霞之苑，而注籍于阆风之谱。德厚以光泽，而长紫芝歌兮，灵凤舞昌炽兮，纯嘏以绳祖武，以笃周祜，灵椿八千载庄囿。[180]

　　文震孟初名从鼎，字文起，号湘南，别号湛持，在这篇短文中，他强调了周家先祖曾作为帝师，就是周诏当过嘉靖帝的老师，但是周家的后人似乎对入仕并不感兴趣，决意止步于官宦仕游。这位周春沂公大概是周秉忠的兄弟，现在台北故宫博物院收藏有一件"周丹泉造"款的娇黄釉锥拱兽面纹鼎瓷器。从款识字迹看，和文震孟小楷非常相像，作为文震孟兄弟舅舅，周翁修仙习佛、造物营园，对他兄弟二人以及外甥姚希孟的影响很大。《明史·姚希孟传》："姚希孟，字孟长，吴县人。生十月而孤，母文氏励志鞠之。稍长，与舅文震孟同学，并负时名。"通过姚希孟，女婿徐树丕（1596—1683 年）对周氏父子有所了解，他写的《识小录》记载周秉忠及其子周廷策：

　　丹泉名时臣，少无赖有所假，于淮北官司捕之，急逃之废寺。感寺僧之不拒，与谋兴造。时方积雪盈尺，乃织巨屦于中夜，遍踏远近凡一二十里，归寺则以泥泞涂之金刚两足，遂哄传金刚出现。施者云集，不旬日得千金，寺僧厚赠之而归。其造作窑器及一切铜漆对象，皆能逼真，而妆塑尤精。老时口喃喃念佛如蜂声不可辨，亦能究心内养，其运气闭息，使腹如铁，年九十三而终。末年尚有龙阳之好，亦奇人也。

　　一泉名廷策，实时臣之子。茹素，画观音，工叠石。太平时江南大家延之作假山，每日束修一金，生息至万。晚年乃为不肖子一掷，年逾七十，反先其父而终。[181]

　　可见周秉忠父子巧思过人，于造物意匠无一不精。现在苏州留园、惠荫园尚有周秉忠堆叠假山的遗痕，当年吴县县令袁宏道（1568—1610 年）

游玩徐同卿园后，盛赞他非凡的造园技艺，万历二十四年（1596 年）《锦帆集之二·游记杂著·园亭纪略》记述：

近日城中，唯葑门内徐参议园最盛。画壁攒青，飞流界练，水行石中，人穿洞底，巧逾生成，幻若鬼工，千溪万壑，游者几迷出入，殆与王元美小祇园争胜。祇园，轩豁爽垲，一花一石，俱有林下风味，徐园微伤巧丽耳。王文恪园，在阊胥两门之间，旁枕夏驾湖，水石亦美，稍有倾圮处，葺之则佳。徐同卿园，在阊门外下塘，宏丽轩举，前楼后厅，皆可醉客。石屏为周生时臣所堆，高三丈，阔可二十丈。玲玲峭削，如一幅山水横披画，了无断续痕迹，真妙手也。堂侧有土坢甚高，多古木。坢上有太湖石一座，名"瑞云峰"，高三丈余，妍巧甲子江南，相传为朱勔所凿。才移舟中，石盘忽沉湖底，觅之不得，遂未果行。后乌程董氏购去，载之中流，船亦覆没，董氏乃破之募善泅者取之，须臾忽得，其盘石亦浮水而出，今遂为徐庆有。范长白又为余言，此石每夜有光烛空，然则石亦神物矣哉！拙政园，在齐门内，余未及观，陶周望甚称之，乔木茂林，澄川翠干，周围里许，方诸名园，为最古矣。[182]

周时臣这座石屏令人想到计成《园冶·自序》称其："偶为成'壁'，靓观者俱称：'俨然佳山也。'"[183] 计成出身吴门，应该去过这些园林，或许和周家以及徐家有过交往。"奇山与高人，一见若同调"，这用在周翁身上倒是最合适的。袁宏道万历二十三年（1595 年）十二月到任吴县知县，在吴县两年间，游览过苏州不少名胜古迹，如虎丘、天池、灵岩，东西洞庭、姑苏台等，作为地方长官《园亭纪略》就是他眼中苏州城内的五座名园：徐参议园就是徐廷裸园，徐廷裸是明嘉靖三十八年进士，至浙江布政司参议，万历初年，在吴宽东园基础上扩至百余亩，时称东园，袁宏道有诗："古径盘空出，危梁溅水行。药栏斜布置，山子幻生成。欹仄天容破，玲珑

图 34 《纪行图册·小祇园》 明·钱穀 纸本设色 纵 28.5 厘米，横 39.1 厘米 台北"故宫博物院"藏

图 35 《弇山园》 明·王世贞著 《山园杂著》插图 美国国会图书馆藏

石貌清。游鳞与倦鸟，种种见幽情。"[184] 王元美的小祇园，是文徵明后文坛领袖王世贞的园子，弇山园的前身，王文恪园即是王鏊真适园，徐囧卿园即徐太仆泰时东园（今留园），拙政园此时也归于徐家。

嘉靖三十八年（1559 年），此年二月，一代书画巨匠文徵明逝于苏州；而已在文坛声名大噪却仕途偃蹇的青年王世贞，则在七月间，辞官与弟王世懋赴京救父，翌年，父亲王忬（1507—1560 年）被处死，王世贞的人生轨迹也骤然转向，从专注于举业、著述、仕途转为徘徊于隐与仕之间，小祇园成为其逃避俗世的精神家园。小祇园的择址与计成《园冶·相地》"郊野地"非常接近，在建园初始面貌简朴，具有"俱有林下风味"，后逐步扩建为三弇的弇山园，变得非常复杂绮丽。《弇山园记》说："园之中为山者三，为岭者一，为佛阁者二，为楼者五，为堂者三，为书室者四，为轩者一，为亭者十，为修廊者一，为桥之石者二，木者六，为石梁者五，为洞者为滩若濑者各四，为流杯者二。诸岩磴涧壑，不可以指计。竹木卉草，香药之类，不可以勾股计。此吾园之有也。园亩七十，而赢土石得十之四，水三之，室庐二之，竹树一之。此吾园之概也。"[185] 绘于万历二年（1574 年）钱穀的《小祇园图》（见图 34）和收录在《山园杂著》中的木刻弇山园景图（见图 35），记录了其园中图景。其晚年《山园杂著》简述了弇山园和为园做文记的缘起：

余治离薋园最先，而又最小，且不能远嚣然以亡它适。故时时托迹焉，其后治弇山园，乃始有山水观，几徙家之半实之所，与客咏酬十于离薋园，已推离薋园于敬美弟，已徙处景阳观之丙舍己。敬美治淡圃，余闲有所还往于淡圃弇园，月不能一于离薋，岁不能一乃各为之记它。岩濑岫台馆亭榭之类，亦各有标咏。而弇独详，最后为客所迹逐亡己转之村中。故居而儿子骐筑培塿疏污邪而栖，斗室其上，强名之曰约圃。而余亦姑为之记而咏之，忆余在弇时，客过必命酒酒半，必策杖相兴穷弇之胜,而见质曰:此某水此某丘余甚苦应接不暇,今者业谢客,客亦不时过,即过无兴为主无可质者,故理此一编,分卷为上下,以代余答而已。余老矣,能后余存者诸园也。弇最大饶石而广水,能后诸园存者弇也。弇即后存,当亦竟废。今世人不厌薄奈文辞,而时味之,然则能后弇存者是编也。夫兰亭之为亭也,赤壁之为壁也,具胜不能如其名,然叹百千年而有胜色者,则会稽之书而眉山之赋也。是编也吾不敢窃比于二贤,以不遂泯泯若金谷绿野者则庶几哉。[186]

　　自罹家难后,从嘉靖四十年（1561 年）起,王世贞在老家太仓六年,闲居离薋园,这是一座"东西不能十余丈,南北三之"的小园,但假山、池藻、怪石、名卉一应俱全。嘉靖四十五年（1566 年）左右,王世贞在太仓隆福寺之旁开始兴建小祇园,四年后（1570 年）,丁忧里居的王世贞又开始了小祇园的扩建,他将自己购得的族兄"麇泾山居"旧石尽数搬运于此,改称弇山园。"园所以名弇山又曰弇州者何?始余诵《南华》,而至所谓'大荒之西,弇州之北',意慕之而了不知其处。及考《山海·西经》有云:'弇州之山,五彩之鸟仰天,名曰鸣鸟,爰有百乐歌舞之风。有轩辕之国,南栖为吉,不寿者乃八百岁。'不觉爽然而神飞,仙仙偬偬,旋起旋止。曰:'吾何敢望是!始以名吾园。'"[187]占地 70 亩的弇山园于万历四年（1576 年）完工,弇山园以浪漫的想象力和惊人的造价,成为江南园林之冠,即使如此,王世贞还是认为弇山园将来能够被后人记住,只能是靠文字,在《山园杂著》中,他将刻印了园图和题咏文字汇聚,以期为后世导游。弇山园落成至万历二十一年（1590 年）王世贞去世,这座园林目睹了王氏和社会名流诗酒酬唱、雅集宴游。园中三个大假山群被称为"三弇",象征神仙世界海上仙山,弇山园叠山参杂了奇石、仙山、神仙文化的审美影响,弇山园之"三弇"为分中弇、西弇和东弇,中弇以湖石作假山,嵌空透漏、象形比附仙山盛景,《弇山园记六》:"大

抵中弇以石胜，而东弇以目境胜。东弇之石不能当中弇十二，而目境乃
蓗之，中弇尽人巧而东弇时见天趣，人巧皆中撅而天趣多外拓。时有二
山师者，张生任中西弇，吴生任东弇，余戏谓，二弇之优劣即二生之优劣，
然各以其胜角莫能辨也。"[188]

对于造弇山园的匠人，王世贞文中没有给出名字的张生、吴生，分
别是张南阳和吴谅，陈所蕴《张山人卧石传》记："维时，里中潘方伯以
豫园胜，太仓王司寇以弇园胜。百里相望，为东南名园冠，则皆出山人手。"[189]
陈所蕴造日涉园，《同治上海县志·卷二十八》收录了他写于万历癸丑（1613
年）的园记《日涉园记略》，提及张、吴二人：

> 具茨山人雅好泉石，先后所衰太湖、英石、武康诸奇石以万计，悟
> 石山人张南阳以善叠石闻东南隅，有废圃可二十亩，相与商略，茸治为
> 园。时三楚江防治兵促急，不得已以一籍授山人。经始，山人营十有二年，
> 山人物故。后有里人曹生谅者，其伎俩与山人抗衡，园盖始于张而成于
> 曹也。[190]

日涉园营造消耗了大量财力、时间和人力，在曹谅之后还有一位顾
山师，这位顾性没有留下名字，他是朱姓山师家奴，陈所蕴文集中有《赠
朱山人碧山》一诗，为了修建日涉园，陈所蕴和多位山师交往。顾山师
偷学其主之技，可见叠山技艺一般是不对外人传授的。《日涉园重建友石
轩五老堂记》："山师故朱氏奴子，幼从主人醒石山人垒诸园石，稍稍得
其梗概，而胸中故别具丘壑，高出主人远甚。出蓝胜蓝，信不诬也。"顾
山师得到了很高的评价，《记》所云："石既奇绝，山师以转丸扛鼎手为之
曲折，变幻若出鬼工，巨峰五，小峰数十，溪壑、岩崖、磴道略具。"日
涉园之叠山，"盖始于张山人卧石，继以曹生谅，最后乃得顾生某"。陈所
蕴对三人的评价是："人言张如程卫尉，曹如李将军，顾于程、李可谓

兼之，亦庶几仿佛近似矣。"(《竹素堂集》卷十八）明代嘉靖万历时期的上海，潘允端建豫园、陈所蕴筑日涉园、顾名世造露香园，合称为上海三大名园。日涉园建成于明万历二十四年（1596 年），有竹素堂、濯烟阁、友石轩、来鹤轩、茶漪亭、浴凫池馆、五老堂、啸台诸胜，曾绘有三十六景图，现只存十幅，描绘园中水石之胜，其中一幅左上角有落款"日涉园，林有麟写（印）"，画面以水池为中心，中间大片留白，围绕水池四周则有小石拱桥、回廊轩、梅柳、奇石、假山，近景右边则以湖石叠山。上面还有两处题诗，一为"会心在林泉，双屦足吾事。朝斯夕于斯，不知老将至。子有。"子有，即园主陈所蕴之字。另一首为和诗："为圃与为农，岂是公卿事。园林最近家，不妨日一至。"

陈所蕴《张山人卧石传》中形容张南阳叠山"高下大小，随地赋形，初若不经意，而奇奇怪怪，变幻百出"[191]。这种形式和手法在日涉园、弇山园运用颇多，一方面和湖石材料有关，且比较好的形态的湖石可看成为古董。陈所蕴喜欢收藏奇石，"太湖英石武康诸奇石以万计"，所以在营造假山时候，利用巧思和技巧把这些奇石堆叠起来，王世贞的弇山园，一部分也是把父亲废园中奇石买下来造"弇山"的。他的园子荒废了后，一些奇石又被王时敏拿去造他的南园和东园去了。但是这些奇石不同的处理手法产生不同的视觉景象，这些叠山大师和园主通晓绘画，所以对画意和画境的理解也推动了叠山的发展。张南阳是在父亲的指导下开始绘画的，"父某以善绘名，故山人幼即娴绘事。闲从塾师课章句，惟恐卧至，儒毫临摹点染，竞日夕忘寝食，用志不分，乃凝于神，遂擅出蓝之誉矣。"张南阳把山水画的经验转换成叠山之法，"居久之，薄绘事不为，则以画家三昧法，试累石为山，沓拖透迤，截嵘峰磋峨，顿挫起伏，委宛婆婆。大都传千钧于千初，犹之片羽尺步。神闲志定，不窃文人之承绸"[192]。对绘事用于叠山，陈所蕴归为张南阳的"智"，他说："天官氏曰语：有之人巧极其天工，错其山人之谓耶？山人始以绘事特闻，具有丘壑矣，彼亦一丘壑，此亦一丘壑，斯与执柯、伐柯何异？取则不远，犹运之掌耳，宜其技擅一时无双无两也，若乃避祸若惊，辞荣若浼，此其智有大过人者，又进于技矣。"[193]

陈所蕴还为张南阳作诗《赠张卧石》："曾向青山拟结缘，梦游天姥踏云烟。芙蓉落枕三千尺，小有人间亦洞天。"[194] 弇山园和日涉园的湖石假山，与唐宋文人激赏奇石有关，也带有皇家宫苑"艮岳"的影子，关系更为密切的是道家的"洞天"文化。园主希望把神仙的洞天地府放在日常生活里面，"行望居游于壶中"。这在周秉忠为惠荫园修造的"小林屋"里体现得最为充分，惠荫园最初是明代嘉靖年间归湛初的宅园，后属胡汝淳，名"洽隐山房"。清顺治六年（1649 年），复社成员韩馨得园，修为栖隐之地，名"洽隐园"。康熙四十六年（1707 年）园毁于火，只存水假山。乾隆十六年修复，蒋蟠漪篆书"小林屋"洞额。其间，园子的主人一度曾是安徽人倪莲舫，改称"皖山别墅"。同治年间，江苏巡抚李鸿章在此创立安徽会馆，重修园林取名"惠荫园"。"小林屋"是一座"水假山"，仿西山洞庭林屋洞所作。姚承绪说："西山，一名林屋山，山有林屋洞。又名包山，以四面皆水包之；又以包公居此得名……其称洞庭，则以湖中有金庭玉柱。左太冲赋云：'指包山以为期，集洞庭而淹留。'是也。"[195] 林屋洞在西山镇东北部，在林屋山西部。据《云笈七签》等道教经典记载，林屋洞为三十六小洞天第九洞天，一称"左神幽虚之天"，别称"天后别宫"。洞体似龙，又称"龙洞"，林屋山亦俗称龙洞山。林屋洞为石灰岩地下厅式溶洞，其最为独特之处是洞内广如大厦，立石成林，顶平如屋，故称林屋。洞中路平水静，人行其间，似闲庭信步；抬头仰望，虽有钟乳倒挂，但从整体看，则如石板一块，有鬼斧神工之疑。洞中有洞，洞洞相连，时而狭窄，时而开阔，既幽且深，既曲而折，深幻莫测，扑朔迷离。原有雨洞、丙洞、旸谷洞三洞会于一穴，因建国后开山采石，现仅存雨洞及旸谷洞两个洞口。民国清理洞穴淤泥，出土大量文物，有梁天监二年（503 年）记载 20 名道士居洞生活的石碑一块。唐代皮日休《太湖诗·入林屋洞》称："金堂似铸出，玉座如琢成，前有方丈沼，凝碧融人睛。云浆湛不动，璚露涵而馨。漱之恐减算，酌之必延龄。"[196] 清代姚承绪《吴趋访古录卷二·附林屋洞》附："(林屋洞) 在洞庭西山。洞有三门，同会一穴，中有石室、银房、金庭、玉柱等异。吴阖闾使灵威丈人探之，行七十日下穷而返，得素书三卷上之，相传即禹书也。"诗曰："石室瀚云气，地轴殷湖声。中空百怪集，诡状难具名。金庭与玉柱，万古留真形。"[197]

周秉忠为惠荫园修造的"小林屋"是一件"写实"之作，韩是升《洽隐园文钞》有《小林屋记》：

予家世居陆墓，万历初，六世祖苏台府君，始迁宫巷，有存诚斋、竹石居著声。明代再由宫巷迁娄门，高叟黄岩府君分二宅，曾王父贞文府君授居东宅，曾叔祖诵先公授居西宅，即今开云堂也。申酉之际，土寇焚掠，宅成毁炉。值马阮与复社构怨，曾王父名在党籍，尝忤阮，自度不免偕顾。孝靖先生天朗晦迹徐庄，顺治六年，复入城，购归氏废圃为栖隐地。云壑幽邃，竹树苍凉，堂曰"洽隐"，往来觞咏皆遗民逸士，龙门之游，甘陵之部，世艳称之。康熙丁亥春，弗戒于火，凡法书名画与花亭、月榭，同付祖龙。存者惟东南半壁奇峰秀石，湮没于雨垣风栋间。先君子追溯钓游，不胜今昔盛衰之感。乾隆辛未，茸二楹于古石洞口地，不满十笏，积书供静玩以娱晨夕。蒋丈蟠猗篆书"小林屋"三字，额之洞。故仿包山林屋，石床神钲，玉柱金庭，无不毕具。历二百年苔藓若封，烟云自吐，碧梧、银杏、紫荆、翠柏、春夏之交，浓阴蔽日，时雨初霁，岩乳欲滴，有水一泓，清可鉴物，嵌空架楼，吟眺恣适，游其中者几莫辨。为匠心之运石林，万古不知署，岂虚语哉？越三载，先君即世升，与伯兄读书其中，俯仰流连，每念先贞文运，丁阳九流，离播迁先君鼎新末久，遽归道山，则此昆明片石，何莫非先灵，呵护遗我子孙，抚嘉树而思，遣泽席无忘，龟勉佑启后人。一邱一壑，宁徒为游观之地耶？按郡邑志，园为归太学湛初所，筑台榭池石皆周丹泉布画，丹泉名秉忠，字时臣，精绘事，洵非凡手云。[198]

惠荫园、弇山园、日涉园的假山和当时文人兴起的求仙成道的三教合一文化关系密切，王世贞拜昙阳子（1558—1580 年）为师，《山园杂著》记述弇山园毗邻昙阳观，其实也有王世贞修道的目的。"昙阳子"俗名王焘贞，为明代宰辅王锡爵次女，也是苏州徐园园主徐廷裸儿子徐景韶未过门的妻子，被王世贞称为"昙阳大师"。王世贞《昙阳大师传》一文详述昙阳子的仙化事迹，从昙阳子弟子前后达百人之多，王锡爵、王世贞、王世懋、屠隆、王百谷、赵用贤、瞿汝稷、冯梦祯、沈懋学、汪道昆、陈继儒、徐渭等名流都是其弟子。以昙阳子事件为开端，最终发展为提倡三教融合的新兴的文人宗教流派，在以王世贞、王锡爵等文人为中心的江南文人和士人圈中广泛传播。昙阳文本传播带有强烈的文人宗教特点，弇山园造园文化与其文本的创作之间同样保持着密切的互动关系，也影响了作为嘉靖万历时期园林形象的最终呈现。王世贞带给造园文化的除了弇山园和其大量的园记外，还有其对"实境"的理解。在《艺苑卮言》他说："近事毋俗，近情毋纤。拙不露态，巧不露痕。宁近无远，宁朴无虚。有分格，有来委，有实境。一涉议论，便是鬼道。"[199] 他委托钱榖（1508—1579 年）、张复（1546—1631 年）绘制的《纪行图》册与《水程图》册都是实境山水画，映射了画家亲历山水的丰富体验与直观感受，同时把"实境"山水用来造园，通过直观、亲历山水创造园林图景。但是，在"自然山水"和这种过于夸张的奇石假山之间，对于弇山园和这种全景式假山奇石的奢靡和烦琐的象形审美的质疑，当时文人已初露微词，王思任（1574—1646 年）《记修苍浦园序》说："予游赏园林半天下，弇州名甚，云间费甚，布置纵佳，我心不快。"[200] 弇州指弇山园，云间指豫园，其中假山都出自张南阳。在郑元勋为计成《园冶·题词》说："仅一委之工师、陶氏，水不得潆带之情，山不领回接之势，草与木不适掩映之容，安能日涉成趣哉？"[201] 古人作文，草蛇灰线，多有曲笔深意，这似乎是对张南阳所造日涉园的异议。按照徐树丕的说法，"瑞云峰"这样的奇石代表了一种不祥之气，并且像徐参议园徐廷裸园，非但"微伤巧丽"，还因为园林过于招摇，主人及家奴言行不够检点，以至于招来毁园之祸患。

在晚明，文人与文臣、道学家、奇士之间，存在一种互相渗透、互相影响的关系，晚明士人主体意识的高涨，士人生活的渐趋活跃，造园文化的多姿多彩，无不与这些文人有关，安顿身心和儒家或道学空谈无涉，"实证""实修"得到赞许宣扬。姚希孟记《松瘿集卷二·题丹泉翁遇仙册》："昨岁余从京师归，访丹泉先生于陶宝堂先生，年八十六矣，碧瞳炯炯，颧颊须眉间皆有道气，坦腹示余，叩之铿然，其坚如石，知其于谷神玄牝之旨所得遂矣，亡何有传，先生遇仙者近以还履记，属余跋记，述颇详，读者诧为奇，不知仙踪出没、展对相度常事耳，何奇耳。"[202] 三教合一在晚明广为接受，成为王阳明"心学"后一股新的社会思潮，就胜义谛言，三教合一的内在理据归于"心性之学"。周秉忠曾写下《明心近道》歌，文震孟《药园文集·题玄觉卷》记：

> 玄觉头陀，吾舅氏丹泉翁所自号也，今年九十矣。聪明强健，不减壮年，子孙满前，皆年六十、五十余，长兄亦几望八，见者皆谓陆地神仙也。乃舅氏则凤通禅理，言简意尽，痛快直截。虽穷年参究者未能或之过焉，《明心近道》一歌亦见其槩。览之使人通身汗下，细细紬绎，细细玩味，不知负却几许人身。至忠孝廉节，尤直揭本心，不牵枝叶，真入世出世之金针法砭也。[203]

这卷有多人题跋，姚希孟《凤唫集卷六·周丹泉明心近道卷跋》记：

"玄觉头陀今九十矣，两眼如青玉，腹坚如石，握拳叩之，铿然有声。尝从事于玄学而有得者也，近乃皈心佛乘。口中喃喃西方圣号不休，复著《明心近道歌》以度群迷。"[204] 张大复（1554—1630 年）的《梅花草堂集·卷十三·杂文·题周丹翁明心近道偈》：

周丹翁，有智人也。运其巧慧，游戏人间者几百年，一朝彻悟，著有斯编。吾每想其搬涉云霞，卷舒山海，可谓起妄，实诸所无，《明心》之作，乃如断际升堂，五内修爽，毋其摄妄而归之真耶。古来仙人，其游行必有所托，如煮石、牧羊、懒睡，乃至决机军旅，其后得仙；若黄石海蝉之流，是皆乘兴而来，兴尽而去，羽翼大乘，未之有闻。独寒山拾得懒残诸人，吟风嘲月，无非佛智。翁岂若人之徒欤？嬴螺子言：翁腹如石，日从其家老，自有竿头之步，何以明之？明心是道，亦无心可明，试举问翁，向上更转一语否，即不然，如偈所云："智及之矣！"人间岁月，翁又呜呼知之。崇祯元年（1628 年）长至日书于息庵。[205]

从文震孟、姚希孟、张大复三人文字中，我们知道周秉忠就是周丹泉，并自号玄觉头陀，三人都给《明心近道歌》手卷题跋，张大复的这篇跋文标注了书写时间为崇祯元年（1628 年），所以周秉忠大约出生于嘉靖十七年（1538 年），张大复文中说周秉忠"搬涉云霞，卷舒山海"，含蓄地指出其卓越的造园叠山才能。晚明的园林叙事一样以"以画入园"为转向，绝不单是审美叙事所能涵盖的。晚明"尚奇"，汤显祖在《序丘毛伯传》中说："天下文章所以有生气者，全在奇士。士奇则心灵，心灵则能飞动，能飞动则下上天地，来去古今，可以屈伸长短生灭如意，如意则可以无所不知。"[206] 陈继儒《奇女子传序》道："其间有奇节者、奇识者、奇慧者、奇谋者、奇胆者、奇力者、奇文学者、奇情者、奇侠者、奇癖者、种种诸类，小可以抚掌解颐，大可以夺心骇目。"[207] 这种"奇"发生于艺术领域，对造园的影响巨大而深远。周秉忠，正是这样的"奇人"，他全面的艺术修养在造园文化上起到了承上启下的作用，按照时间顺序，从拙政园、紫芝园、惠荫园、弇山园、日涉园、止园、药圃、东第园、寤园、影园到寄畅园，其中叠山理水有着清晰的发展脉络，从文徵明、周秉忠、张南阳、文震亨、计成到张南垣，造园的思路也悄然发生变革，走出了文人"以画意掇山"的理路。

幽石画屏

文氏兄弟家族雅好林泉，加之有这样一个舅舅，受家学熏染，亦以园林为尚好。文震亨撰《长物志》十二卷，成书约在明天启元年（1621 年）前后，《长物志》卷三论水石，"广池"篇主张园林："凿池自亩以及顷，愈广愈胜。最广者，中可置台榭之属，或长堤横隔，汀蒲、岸苇杂植其中，一望无际，乃称巨浸。若须华整，以文石为岸，朱栏回绕，忌中留土人，如俗名战鱼墩，或拟金焦之类，池傍植垂柳，忌桃杏间种。中畜凫雁，须十数为群，方有生意。最广处可置水阁，必如图画中者佳，忌置簟舍。于岸侧植藕花一，削竹为阑，勿令蔓衍，忌荷叶满池，不见水色。"[208] 吴亮的止园以水见长，文震亨对造园的理解一定有来自周秉忠父子的部分，周廷策营造止园，文震亨描述的"广池"和止园理水相近，《止园集》卷十七《止园记》说："余性复好水，凡园中有隙地可艺蔬，沃土可种秫者，悉弃之以为湾池，故兹园独以水胜。"马之骐的《止园记序》称："园胜以水万顷，沦涟荡胸灌目，林水深翳，宛其在濠僕间。楼榭亭台位置都雅，屋宇无文绣之饰，山石无层叠之痕，标弇州所称缕石铺池，穿钱作垺者夐然殊轨。"水面加强了园林的"图画"感，更富于文人气息，和止园、弇山园比起，文氏兄弟所修建的园子都是小园，虽然在城市里，但是也有山林的自然气氛，为晚明园林注入一股清新气息。文震孟万历四十八年（1620 年）从袁祖庚（1519—1590 年）后人手里购得醉颖堂，改名药园，这是一座藏身深巷的精巧园林，也是"凡结林园，无分村郭，地偏为胜"的代表，潘一桂有《题文湛持太史药园二首》：

开林结石岫，石岫奇而安。
霞心结绮撰，疏密无遗观。
虹檐挂珠帘，轻绡障修栏。
清波荡虚帷，碧光鉴幽寒。

随曰接华郭，萧疏如山樊。
淡月散芳邻，林光鉴城垣。
雨过时荷锄，删茅护芳荪。
体和芝术润，意寂神理存。
睹兹静者乐，乃识幽人尊。[209]

当时的园子布局简练开阔，里面有占地五亩左右的池，一池碧水，满院春光。池塘南部的假山高耸，垒石为五老峰，高二丈。水池里还有一座六角亭，亭名浴碧，池北并没有今日的水榭延光阁，而是主堂世纶堂所在，堂前种有五棵大柳树。还有生云墅、猛省斋、石经堂、凝远斋、岩扉等建筑物。药园也称药圃，初建于明嘉靖三十七年（1558 年），时任浙江按察副史的袁祖庚遭贬官，年方四十致仕归隐。在苏州阊门西侧筑园，名为"醉颖堂"。万历末年，首次易主于文震孟，"药"字在《楚辞》中指香草"白芷"，在此取其清幽、高洁、脱俗之意，和其弟香草垞意思相近，令人想起曾祖文徵明拙政园三十六景中的"瑶圃"。天启二年（1622 年），文震孟状元及弟；崇祯三年（1630 年）年遭罢官，后复职、官至礼部左侍郎兼东阁大学士；崇祯八年（1635 年）再次遭罢官，二次返乡后，次年卒于药圃，后追谥为文文肃公。文震孟故后，药圃传于文震亨。文震亨去世后园子由是亲家周顺昌之子周茂兰照顾。清顺治十六年（1659 年）夏，姜垓（1607—1673 年）从周茂兰手中购得药圃，更名为"敬亭山房"，其子姜实节（1647—1709 年）修葺增饰，更名为"艺圃"，与众诗友酬唱其间。

康熙十六年（1677 年），吴绮（1619—1694 年）过艺圃，作《艺圃诗为姜仲子赋》四十首，汪琬（1624—1691 年）作《艺圃记》，并请王士禛（1634—1711 年）同和，王士禛作序文并《艺圃诗为姜仲子作》十二首。宋荦（1634—1714 年）读前诸先生诗文有和，《西陂类稿卷六》记："艺圃为吴郡文文肃公别墅，崇祯时，莱阳姜贞毅先生以言事获罪，流寓江南，得是圃而终老焉。今先生之子，学在读书其中，钝翁阮亭诸公皆有圃内杂咏，伏而读之，如见文肃贞毅之高风。"[210] 艺圃三代园主袁氏、文氏、姜氏都具刚直气节，王士禛说："戊午秋，尧峰僧来，得钝翁（汪琬）书寓所为《艺圃记》，及圃中杂咏十二章。予方卧疾，读之洒然良已。已而慨然念文肃、贞毅二公之流风余韵，庶几于此圃见之。"[211] 汪琬、王士禛均作《艺圃十二咏》，十二景为：南村、隼柴、红鹅馆、乳鱼亭、香草居、朝爽台、浴鸥池、度香桥、响月廊、垂云峰、六松轩、绣佛阁，园居虽小，但是十二景格局清朗，各具深意。其中《朝爽台》为园内高台假山，王士禛咏："崇台面吴山，山色喜无恙。朝爽与夕霏，氤氲非一状。想见挂笏时，心在飞鸟上。"[212] "朝爽"颇具深意，可拆解为"大明"，也暗示"大明"现在被刀兵挟持。汪琬对艺圃情有独钟，著有多篇诗文，如《姜氏艺圃记》《姜子学在园池》《艺圃采莲曲》《艺圃竹枝歌》《再题姜氏艺圃》等，《艺圃十二咏》中《垂云峰》描写了假山前的湖石，汪琬咏："兹峰洵云奇，本自太湖选。位置小山间，亭亭似孤献。何人旧题名，遗墨蚀苍藓。"[213] 宋荦（1634—1713 年）唱和二人，《朝爽台》："朝遊上崇台，吴山何突兀。雨余岚气生，氤氲遍城阙。白鸟去翻然，相看坐超忽。"[214]《垂云峰》："孤峰擢片云，谁截洞庭秀。菱溪谢崝嶬，雪浪愧比耦。青天揖丈人，咫尺风雷走。"[215] 从中可以看出，假山和"奇石"有所分离，假山的功用成为登高观远望的高台，奇石则是纯粹观赏的对象，符合文氏兄弟"清爽"的气息。汪琬《再题姜氏艺圃》形容其环境："隔断城西市语哗，幽栖绝似野人家。"[216] 这和潘诗"随曰接华郭，萧疏如山樊"意境相符。

文震亨有曾祖遗风，为一时风雅，文震亨有三绝：琴艺、山水画、造园，因而名声很大，吸引很多名流来访。被称为"诗妖""深幽孤峭之宗"的钟惺（1574—1624 年）倾慕文氏家族家风，作《过文启美香草垞》："入户幽芳小径藏，身疑归去见沅湘。一厅以后能留水，四壁之中别有香。木石渐看成旧业，图书久亦结奇光。君家本自衡山出，楚泽风烟不可忘。"[217] 顾苓（1609—1682 年）在他的《塔影园集·武英殿中书舍人致仕文公行状》中称赞文震亨的园林成就："所居香草垞，水木清华，房栊窈窕，阛阓中称名胜地。曾于西郊构碧浪园，南都置水嬉堂，皆位置清洁，人在画图。"[218] 潘一桂有《题文启美香草垞二首》，其一：

> 高惊眷幽情，茸宇简而爽。
> 结构饶心意，疏凿散玄赏。
> 连榭改颓制，豁然快仰俯。
> 方池挺清流，虚亭立其上。
> 古木有高韵，幽禽无噪声。
> 深我丘壑情，宁知在闬井。[219]

诗中首先强调了香草垞简朴高格调，潘一桂对其中的连榭、虚亭、方池的创新别裁给予了描绘。对"方池"的做法，文震亨在《长物志》里说："阶前石畔凿一小池，必须湖石四围的，泉清可见底，中畜朱鱼、翠藻，游泳可玩，四周树野藤、细竹，能掘地稍深引泉脉者更佳，忌方圆八角

诸式。"[220] 潘一桂还在第二首诗结尾称赞文震亨："览物有深意，岂曰有
闲情。"说明他已知晓文震亨编撰《长物志》。钱谦益《牧斋初学集》有
提及香草垞的别开生面，有《文三启美次余除夕元旦诗韵见寄·叠韵奉
答兼简文起状元》一诗："奇石名花错盎盆，清言竟日寡寒温。停云家世
红栏里，邀笛风流白下门。芳草闲庭新度曲，桐华小院别开尊。廿年游
迹如前梦，每向空斋屈指论。"[221] 计成《园冶·立基·亭榭基》说："花
间隐榭，水际安亭，斯园林而得致者。""亭安有式，基立无凭。"[222] 这些
原则和想法与潘诗对香草垞的描写相一致，后来在寤园中有所发展，发
展出"依水而上，构亭台错落池面，篆壑飞廊"的格局。潘一桂为香草
垞作诗时，园内还没有出现假山，后来出现在文震亨《陆俊卿为余移秀
野堂前小山》诗中，诗云：

> 重移岩岫借潺溪，总在经营意象间。
> 半壁笑人俱减样，一春与我共消闲。
> 生成不取玲珑石，裁剪仍非琐碎山。
> 君向尔时真绝技，分明画本对荆关。[223]

可见文震亨也是逐步经营园子，值得注意的是，这种叠山意匠已经
不同于弇山园等湖石假山，并提出叠山应取法"荆关之绘"。秀野堂为文
震亨香草垞建筑主体，从"生成不取玲珑石"一句看出秀野堂前小山明
确不是湖石，这种山的堆叠方法和止园、弇山园是不同的意趣，比较整
体大气，诗中之"壁"，在计成《园冶》中也提到过，他说："厅前一壁，
是以散漫理之，可得佳境也。"[224] 这种手法在计成的影园中也有沿用，在
在媚幽阁的前面，"一面石壁，壁立作千仞势，顶植剔牙松二……"[225] 计
成出于吴中，与文震亨年龄相仿，或许他也去过香草垞、药圃，"荆关
之绘"的提法受到了文震亨、潘一桂的影响。潘一桂写了不少关于园林的诗，

其中很多包含着造园想法，也有一些关于山地园林和假山的诗。如《题李侍御山池三首》其一：

> 卜筑背山郭，究此山川阜。
> 驱石表岩薮，因车开浦溆。
> 孤栋立危墼，骈梁茸丛藋。
> 璇台与连榭，参差互灵丽。
> 逶迤穷环泛，邅回眩疑似。
> 登涉讵能殚，宛转曷可即。²²⁶

诗人表达了在园林中的亲身体验，园林空间充满了假山、璇台、楼宇其间的穿插环绕，构成了一个令人眩晕迷幻循环往复的路径，这类园子和计成后来的东第园、寤园已经很接近。计成为吴玄所造的园子在城东宅基十五亩，是元朝宰相（参知政事）温迪罕秃鲁花的旧园。约于天启三年（1623 年），吴请计成去，要求十亩为宅，五亩为园，希望仿照宋代司马光所建"独乐园"的格局建造傍宅园林，吴玄《率道人素草·上梁祝文》称："梁之中独乐名园环堵宫，王公奕叶三槐植，窦老灵株五桂丛。""梁之上龙成六彩光千丈，显子桥头坡老翁，狮子巷口元丞相。"²²⁷计成仔细踏勘了场地，保持土山与水面之间高低落差，遍植满山乔木，造真山模样，再挖深池塘增高落差，让参差的乔木位于半山腰，土石相依、缝中露出盘根错节的古树，沿着池塘依山构筑亭台，中间用曲折的假山洞和飞檐长廊连接。这样，整个园林宛如一幅山水画卷，给人以一种全新的感觉。园子建成后，吴玄喜不自禁，认为计成是把江南胜景都搬进了自己的园中。

吴玄《率道人素草》卷四《骈语·东第环堵》云："维硕之宽且莲，半亩亦堪环堵；是谷窈而曲，一卷即是深山。"²²⁸这样的对园林的想法和文震亨论水石高度一致："一峰则太华千寻，一勺则江湖万里。"[229] 意味着以局部代全貌的思路，使得全景式的假山叙事逐渐被替代，从对"形"的模仿，转向到对"意"的追求，这也是后来张南垣广泛的实践路数。《骈语·白眼看它》又云："看云看石看剑看花，间看韶光色色；听雨听泉听琴听鸟，静听清籁声声。世上几盘棋，天玄地黄，看纵横于局外；时下一杯酒，风清月白，落谈笑于樽前。"[230] 可见吴玄的"环堵"即"壶中天地"，成为一种自然美景的汇集，而非仙界的期望。这和计成以"扈冶"命名书斋号也有相同的意义，"扈冶"见于《淮南子·俶真训》曰：

> "有无者，视之不见其形，听之不闻其声，扪之不可得也，望之不可极也，储与扈冶，浩浩瀚瀚，不可隐仪揆度而通光耀者。有未始有有无者，包裹天地，陶冶万物，大通混冥，深闳广大，不可为外，析毫剖芒，不可为内，无环堵之宇而生有无之根。"[231]

"俶"指时间的开始阶段或空间的初始状态，即宇宙的初始；"真"，纯真、真一、真朴、本真，真是"道"的内函的主要素质，是"道"的精华。"俶真"指宇宙初始混一质朴的美好状态，即道的本真面目。《齐俗训》："率性而行之谓道，得其天性谓德。"[232] 吴玄自号"率道人"，又给自己的园林起名"独乐名园环堵宫"，都是回归本我的意思；阮大铖的"俶园"应该亦取自此典，计成号"否道人"，书斋"扈冶堂"也出自其中。

计成中年在择居镇江后，虽然"时事纷纷，隐心皆然"，但并不甘心无所建树，和友人们的交往互相切磋，促进了他对造园的变革。晚明常州园林远胜苏州园林之上，其主要是吴氏家族的推动作用，计成能为吴玄造园，并且一出手造东第园就大获成功是不容易的。从江南造园风气和圈层文化看，他必定出身世家，否则仅凭只言片语的认识，必难取得吴玄这样的造园世家的信任和高度认可。那么之前，计成出于吴门苏州，对造园的认识一定出自家学，也一定和文家、周家诸如文震亨、周秉忠、周廷策等名家有所交流，以《园冶》的诗文修养以及对绘画的认识和卓越的造园能力，计成和周秉忠性情行径最为相像，或许有所传承，如此计成造园才能开一代新风，轰动一时。计成汲汲追求"荆浩笔意"，其中的核心便是"储与扈冶"之真。荆浩在《笔法记》中建立了以"真"为核心的绘画美学体系"六要"：气、韵、思、景、笔、墨，《笔法记》中的几组命题，基本上都是围绕着如何才能实现"忘笔墨而有真景"，达到"图真"的精神境界而展开的。荆浩隐居于太行山洪谷"太行山……因惊奇异，遍而赏之。明日携笔复就写之，凡万本方如其真"[233]；"图真"就是预留了世界在发生中这一事实，因从事物需要从知觉的空白处进行填充，要观看者去感受发现自然山水和难以完全把握的与整体相关联的生命状态。文中借老叟口传要诀：

气者，心随笔运，取象不惑。韵者，隐迹立形，备仪（一作遗）不俗。思者，删拔大要，凝想形物。景者，制度时因，搜妙创真。笔者虽依法则，运转变通，不质不形，如飞如动。墨者，高低晕淡，品物浅深，文采自然，似非因笔。[234]

对于绘画的标准，谢赫就提出过"六法"，第一法即为"气韵生动"。董其昌无我之境也认为："气韵不可学，此生而知之，自然天授，然亦有学得处，读万卷书，行万里路，胸中脱去尘浊，自然丘壑内营。成立郛郭，随手写去，皆为山水传神。"[235]山水之道在日常中是被遮蔽的，对自然求真的阅读方式同时是对社会约束解构中断性的通道。这里的"老叟"仿佛"世外高人"，令人想起庄子笔下的渔父，他讲："礼者，世俗之所为也；真者，所以受于天也，自然不可易也。故圣人法天贵真，不拘于俗。"[236]自然不易实际暗示自然存有和非自然的断裂，自然存真，求真在于去掉表面俗气的虚假连续性，去掉在社会礼教中的虚伪整体关系。礼是实现空间彻底秩序化的需要，主体被暴露无遗地置于政治空间秩序前，从而成为空间权利下的客体化和无深度的悬置，而这种彻底空间化了的空间，使得空间丧失了深度，而空间的深度是回到世界根源性的主要方式。主人效法自然，天真趣味。珍贵本真，不拘于世俗。画法六要没有直接提及光影，但都指向画法呈现光影的手段，荆浩"六要"的精神实质，是指向显像和本源真相的深度，影之真意的重要环节和基本途径，就是填入主体的在场之思。气、韵、思都是寻求自我与山水之间的填充，而景、笔、墨则产生影像对山水的独特表达。

赞许计成"荆关之绘"的曹元甫，是阮大铖密友和亲家，安徽当涂人，曹氏为江南望族。阮大铖称："无否人最质直，臆绝灵奇，侬气客习，对之而尽。所为诗画，甚如其人，宜乎元甫深嗜之。"[237] 曹元甫为造园定下调子，认为造园本是诗情画意的凝集和提炼，帮计成把原来的书名《园牧》改为《园冶》。曹元甫名履吉，元甫是他的号，别号博望山人，人称"光禄公"，在茅元仪的《石民四十集》中有万历四十七年（1619年）《寄曹元甫进士书》，文中称"元甫以文章领袖东南"。曹生于明万历十四年（1586年），和阮大铖同岁，都比计成小四岁，万历三十四年（1606年）在乡试中考中举人，四十四年登进士，历官户部主事、工部曹储，后任河南签判，协理郡政，兼管文牍。寻升河南提督学政，学政俗称"大宗师"，颇有政声，后调回京都，官至奉政大夫、光禄少卿。后致仕返乡，寄情山水。曹履吉回到家乡当涂建三台阁，供奉文昌君，曹氏家族人才辈出，风雅相继，曹履吉之孙曹洛禋雍正年间出仕，从国子监到翰林院，历内廷几达40年，深孚众望，晚年始乞休归里。曾结庐白下（今南京江宁），常与卜居白下小仓山的随园主人袁枚等觞咏其中，寻幽揽胜，相与赠答。后世子孙曹忠文被乾隆钦点中了状元，像文家、吴家、秦家、郑家、曹家这样的世家都崇尚山水园林之学，促进了造园风气的流传，也正是有这样的眼光和积淀，才有神采飞扬的园林诗文存留下来。崇祯七年（1644 年），曹履吉《博望山人稿》二十卷亦成，其中有很多园居诗咏，其中有两首诗歌提及汪氏寤园。《信宿汪世衡寤园》，诗云：

> 自识玄情物外孤，区中聊与石林俱。
> 选将江海为邻地，摹出荆关得意图。
> 古桧过风弦绝壑，春湖化雪练平芜。
> 分题且慎怀中简，簪笔重来次第濡。[238]

还有一首《题汪园荆山亭图》，诗云：

> 斧开黄石负成山，就来盘溪险置关。
> 借问西京洪谷子，此图何以落人间。[239]

这两首诗实际上是在评价计成的寤园的"园冶"之法，曹的第一首诗中"选将江海为邻地"，是介绍寤园的位置邻水，"摹出荆关得意图"说的正是计成造园所追求的方法和形式，计成在《园冶·掇山》中说，"深意画图，余情丘壑""理者相石皴纹，仿古人笔意"[240]。曹元甫亦擅笔墨丹青，两人对"荆关之绘"都颇感兴趣，他欣然为计成著作命名，两人对于山水画意和园林的认识达成强烈的共鸣，所以阮大铖讲："兹土有园，园有'冶'，'冶'之者松陵计无否，而题之'冶'者，吾友姑孰曹元甫也。"[241]阮大铖在《园冶冶序》中说，"銮江（仪征）地近，偶问一艇于寤园柳淀间，寓信宿，夷然乐之"[242]，可见访寤园是要坐上小舟去的，在《园冶·相地·江湖地》的描绘中，也可以窥见计成当初造寤园的立意，文中说：

> 江干湖畔，深柳疏芦之际，略成小筑，足征大观也。悠悠烟水，澹

澹云山，泛泛鱼舟，闲闲鸥鸟，漏层阴而藏阁，迎先月以登台。拍起云流，
觞飞霞仁，何如缑岭，堪偕子晋吹箫？欲拟瑶池，若待穆王待宴。寻闲是福，
知享既仙。[243]

　　瘗园中“漏层阴而藏阁”的主体是“湛阁”，阮大铖《同吴仲立张损
之周公穆集汪士衡湛阁》记：

> 久暄霜气惰，月白烟冥冥。
> 萝筱饮江色，飒然延秋声。
> 媚以觞咏率，宾之池馆清。
> 冲意理音乐，官视开檐楹。
> 瘗鹊察孤光，夜定匪一鸣。
> 飞星落寒淑，潜鱼啜其英。
> 触物忽舒叹，偶影谁能并。
> 赖有樽中香，为怡千古情。[244]

　　阮大铖作为晚明交游最多的文人，在《咏怀堂诗集》中，收录了阮
大铖与潘一桂父子、杜退思父子、叶灿、马士英、方孔炤、曹履吉、朱大典、
何如宠、范景文、周延儒、顾起元、冯铨、王铎、王思任、钱谦益、吴伟业、
方拱乾、瞿式耜、史可法、董其昌、袁中道、文震亨等一大批明末政坛
要人诗酒唱和的诗歌。其中与叶灿、曹履吉、潘一桂、范景文、马士英、
王思任唱和诗最多。从诗集看复社文人眼中他的那种奸诈形象，应该不
完全是真实的阮大铖，因为史可法等名臣仍与他有诗文唱和，如果真的
与阮大铖有血海深仇，是不可能交往的。“忠”“奸”这一具有明显沉重
伦理意涵的政治伦理信仰和要求，更需要历史的检验来审视道德神话的
叙事。阮大铖多次留访瘗园，以文会友，聚会清谈，与友宴乐，留下多

首诗文，寤园是阮大铖、曹元甫、张损之等人常去聚会的场所，阮诗涉及寤园的有《杪秋同李烟客周公穆刘尔敬张损之叶孺韬刘慧玉宗白集汪中秘士衡寤园》《同吴仲立张损之周公穆集汪士衡湛阁》（以上《咏怀堂诗集》卷二）、《客真州喜杜退思至即招集汪氏江亭》（《咏怀堂诗》卷三）、《罗绣铭张元秩从采石泛舟真州相访遂集寤园小酌》二首（《咏怀堂诗外集》乙部）等。其中《宴汪中翰士衡园亭四首》：

其一

大隐辞金马，多君撰薜萝。

圣游宾汉野，倒景烛沧波。

虑澹烟云静，居閒涕笑和。

鸾情复何极，高咏出层阿。

其二

桃源竟何处，将以入青云。

众雨传花气，轻霞射水文。

岩深虹彩驻，淀静芷香纷。

讵遣渔舸至，灵奇使世闻。

其三

神工开绝岛，哲匠理清音。

一起青山寤，弥生隐者心。

墨池延鹊浴，风筱泄猿唫。

幽意凭谁取，看余鸣素琴。

其四

缩地美东南，壶天事盉簪。

水灯行窃月，鱼沫或蒸岚。

自冠通人旨，慵教尚子谙。

祇应佩芳草，容与尚江潭。²⁴⁵

曹、阮两人对于计成才华的认识，都是从寤园开始的，两人对计成的为人和才情都非常欣赏，要知道，曹、阮二人都是当时诗文成就非常高的文坛领袖，可见计成无论人品还是诗文绘画都应达到了很高的水准。所以阮大铖把寤园的营造称为"神工""哲匠"所为，而令二人最称奇的是，计成把"荆关之绘"的"画意"在寤园中通过造园的方式展现了出来，所以阮诗中的"鸾情复何极，高咏出层阿"，是说计成叠山之极高的情致；曹的第二首诗中着重强调说计成用黄石垒山，做成险绝的姿态，让人感到似乎是把荆浩的山水图放入了仪征的寤园。三人都通晓山水画的图式，所以可以明确计成掇山的意趣，是荆浩、关仝笔下北方比较厚重的北方山水。《园冶》的写作，其实践的基础主要是吴玄的"东第园"和汪士衡的"寤园"，因为书成稿的时候，影园还没有开始营建。从计成的描述中，吴园"不第宜掇石而高"，因为地势较高，所以"宜搜土而下"，从高处逐渐走入山腰，在其间"令乔木参差山腰，蟠根嵌石"，而在接近水面处"构亭台错落池面，篆壑飞廊"，形成"步移景异"的效果，所以吴园的山势是因其地势来营建的。

真正实现计成"最喜关仝、荆浩笔意"的园子，应该是汪园，这和计成在《园冶》中屡屡提到的"黄石"相符，他说："黄石是处皆产，其质坚，不入斧凿，其文古挫。如常州黄山，苏州尧峰山，镇江图山，沿大江直至采石之上皆产。俗人只之顽夯，而不知奇妙也。"他喜好关仝、荆浩之笔意，除了观看画卷外，他还要去北方身临其境，"游燕及楚"，揣摩大山构造，体悟荆浩、关仝作品中出现的云中山顶、四面峻厚、峰峦质朴的特点，所以他才能运用得"奇妙"，随心所欲在"咫尺山林，妙在得乎一人"。他对山的认识非常全面，所以在《掇山》一章，才可能细分出十七个类型：园山、听山、楼山、阁山、书房山、池山、内室山、峭壁山、山石池、金鱼缸、峰、峦、岩、洞、涧、曲水和瀑布，这些应该是计成造园时的假山环境要素，是在两个园子实践基础上的总结。通过他在峭壁山的做法可以明了他造境的用心，他说："峭壁山者，靠壁理也。藉以粉壁为纸，以石为绘也。理者相石皴纹，仿古人笔意，植黄山松柏、古梅、美竹，收之圆窗，宛然镜游也。"[246] 这种假山营造在对山水的"饱游沃看"和"物性"的领悟下，以借景、取景、框景的方式呈现，使得园林充满"画意"，深深地打动了曹、阮二人。阮大铖《咏怀堂诗外集》乙部收有《计无否理石兼阅其诗》一首，诗云：

无否东南秀，其人即幽石。
一起江山寱，独创烟霞格。
缩地自瀛壶，移情就寒碧。
精卫服麾呼，祖龙逊鞭策。
有时理清咏，秋兰吐芳泽。
静意莹心神，逸响越畴昔。
露坐虫声间，与君共闲夕。
弄琴复衔觞，悠然林月白。[247]

阮诗中的"一起江山寱"就是指计成陪曹、阮二人游寱园，而园中耳目一新的面貌，使得见多识广的阮大铖赞许计成"独创烟霞格"。园中缜密的规划，计成一定绘制了园林图，曹履吉的《题汪园荆山亭图》，或许是题在计成的寱园画卷上的。

计成擅画，阮大铖诗中记录他与画家张损之张修交游。张修，字损之，明末清初人吴门长洲人，后迁居金陵，成为清初金陵画坛的重要成员，他曾经给阮大铖的《咏怀堂新编十错认春灯谜记》画过几开人物画插图。周亮工"金陵八家"的最初版本中他被推为八家之首，《读画录》有记载张修："张损之修，其先吴门人，家秣陵。性狷介，自开三径于鹫峰寺侧。篱落幽然，花竹静好，偶然欲画，伸纸为数笔，倦则弃去，最不耐促逼也。工山水、花草、虫鸟，更好绘藕花，人争购之。君常独坐鹫峰钟楼，反扃其户，不闻声息，遐想云外，肃然吮笔，宜其落纸皆非凡近也。"[248]《咏怀堂诗集》中提及张损之的有三十多首，其中卷二中有一首《早春怀计无否张损之》，诗云：

> 东风善群物，候至理无违。
> 草木竞故荣，鸿雁怀长飞。
> 二子岁寒俦，睇笑屡因依。
> 殊察天运乖，靡疑吾道非。
> 凿冰弄还楫，春皋誓来归。
> 兹晨当首途，遥遥念容辉。
> 园鸟音初开，篱山青且微。
> 山烟日以和，及时应采薇。
> 古人无复延，古意谁能希。[249]

　　诗中说两人为乱世中的俦侣，天道无常，但是泛舟山水间，还是其乐融融，在 17 世纪画坛中心开始向金陵转移，诗中说计成和张修"二子岁寒俦，睇笑屡因依"，两人应该交情不错。阮大铖交游中有很多秀才布衣等未有官职者，如杜退思父子、潘一桂父子、张损之、计成等等，潘一桂才气颇高，阮大铖《咏怀堂诗集》写给他的诗有多达二十余首。阮

大铖与潘一桂交情极深,在《咏怀堂诗集》中酬唱应和诗篇多达二十余首,
潘一桂故去,阮多次作诗追忆,痛惜失去知己,"平生山水思,悽断子期
弦"。(《哭潘木公四首·其一》)。为《中清堂诗》作序的有文坛领袖李维
帧(1547—1626年),惠山"愚公谷"主人、书画家邹迪光(1550—1626年),
文家后人、文震孟的外甥姚希孟(1579—1636年),诗人、理学家文翔凤
(1577—1642年),所以潘一桂与阮大铖、计成、文震孟、文震亨、姚希孟、
汪士衡等人都有交往,对香草垞、药圃、寤园亦了如指掌。

　　潘一桂《中清堂诗》卷三也记有寤园,题为《寄题汪士衡新园》:

> 名园自辟烟霞色，浦叙楼台远近明。
> 花屿倚云同窈窕，草亭开翠俯凄清。
> 梧桐深巷围金屋，杨柳小窗调玉笙。
> 何日从君分半席，哀丝豪竹荐新声。[250]

　　诗中肯定了寤园开辟出一条园林新面貌,虽然没有直接提及计成,
但是诗中"梧桐深巷""杨柳小窗"和《园冶·借景》"半窗碧隐蕉桐,
环堵翠延萝薜"[251]有相同意境。我们看到,造园实践都是基于园居生活
以及友人雅集、书画诗文的唱和的积淀,计成的《园冶》和文震亨的《长
物志》成书,计成和文震亨的很多思想都呈现一致,这令人不禁猜想两
人是否有直接的交集。计成除了出现在三座园林和《园冶》中以外,在
文献中就杳无踪影,明代计姓的文人有计大章(1605—1677年)、计名、
计东(1624—1675年)等,他们的家族中并无名为计成者;在写作《园
冶》的时候,计成和阮大铖、曹元甫、吴玄、潘一桂、张修等人过从密
切,这里面只有潘一桂和计成是苏州人,在吴门文家一直雅好造园,那
么也许如果计成是化名的话,他也一定是和潘一桂、文震亨相熟识的友人,
在文震亨的《长物志》中有没有和两人同时来往密切的文人呢?

《长物志》十二卷，每卷的卷首注明有一位审定人，共十二人，这些人就是和文震亨学术交流最多和最亲近的人，其中除了兄震孟之外，王留、赵宧光为文家世交兼姻缔：王留审校了两卷，其父亲为文徵明弟子王稚登（1535—1612年），王稚登主导吴中词翰数十年，他和师门联姻，把女儿嫁给了文徵明孙子文元善，把孙女嫁给了文徵明曾孙文震亨，所以王留算是文震亨的叔丈人。赵宧光（1559—1625年），江苏太仓人，为宋太宗第八子赵元俨之后。赵宧光妻子陆卿子为文徵明弟子陆师道（1510—1573年）之女，以诗文著称，子赵均工篆学，娶文徵明玄孙女著名女画家文淑。赵宧光山居寒山“千尺雪”天下闻名，依山造园，叠石理水，自辟千尺雪、飞鱼峡、千眠浦诸景，摩崖题名。乾隆皇帝六次南巡，均临幸寒山，在盘山、避暑山庄两处引流叠石写仿“千尺雪”。除了这三人，苏州本地的就只有周永年了，在文震亨的友人中如果有可能改称计成的人，最大的可能就是周永年。

钱谦益（1582—1664年）评价周永年（1582—1647年）“其人乐易通脱，超然俊人胜流也”，他们是少年时候密友，在《牧斋有学集卷四十九·书吴江周氏家谱后》他说：“余少壮取友于吴江，得周子安期及从弟季侯，皆圭璋特达君子雄骏人也。”[252] 周永年字安期，为周宗建季侯（1582—1626年）堂兄，长三个月，自少两人形影不离。三人同年生人，周宗建为阉党所害，同高攀龙、周起元、缪昌期、黄尊素、李应升并称东林“后七君子”。周永年父闻讯，叹曰：“得死所矣，胜老人槁项牖下也。”[253] 周永年父周用之孙，“少而工文为名士，长而称诗为诗老，晚而负经济修长者之行为乡先生。其殁也，崇祯十三年七月廿九日，享年八十有六……君少游袁了凡、王龙之门，知有性命之学。长师事达观可公，观神姿严重，钳锤棒喝，如雷风之狎至……研精相宗，终其身不拈禅宗只字。母薛夫人，蚤修净业。君闻毗舍半偈之义于本师，归为母覆说，证合于《圆觉普眼》一章，母繇是发悟。丁亥秋，持佛名号三十昼夜，泊然坐脱，君提唱之力为多……复古刹，刻《大藏》，立忏饭僧，皆竭蹶以从事。小筑太湖之滨，架木为阁，徜徉其间。客至，不裹头，不布席。晚尤矍铄，僧杖而却扶。临终示微疾，从容燕语，吉祥而逝。"[254] 钱谦益评价周永年父："府君之令德，不可以悉数。白乐天有言：'外以儒行修其身，内以释教治其心，旁以山水、风月、歌、诗、琴、酒乐其志。'此三言者，庶几尽之矣。"[255] 正是这样的家风陶冶了周永年。

　　钱谦益引领文坛长达五十年之久。在政治上钱被视为东林党或复社人士。明朝时四次出仕，官至礼部尚书。后在南京降清，任礼部侍郎五个月，受诬"贰臣"。辞官后投入反清复明运动，为遗民义士接纳，更成为联络东南与西南抗清复明势力的总枢纽。后钱谦益的诗文被乾隆帝下诏禁毁。陈寅恪认为其是"复国之英雄"，"应恕其前此失节之愆，而嘉其后来赎罪之意，始可称为平心之论"，并称钱与其妻柳如是的诗文足以"表彰我民族独立之精神，自由之思想"。和周永年交往密切的钱谦益喜好造园，崇祯二年（1629 年），钱谦益被再度罢官，回到故乡，移家至拂水山庄。不久，他就邀请老友"嘉定四先生"之程嘉燧来山庄"偕隐"人，在山庄内建"藕耕堂"给程嘉燧，自己住在"明发堂"，意为结伴同耕。钱谦益在拂水山庄叠山筑台，有《戏为拂水筑台歌赠嘉定夏生华甫》：

> 拂水山高屋庳下，况复蒙茸隔林莽。
> 墙外青山自矗立，招邀未肯入庭户。
> 徙倚观山意未惬，何繇收揽得十五？
> 今年叠石为此台，面势轩敞恣所取。
> 向背数步藏曲折，位置群山就仰俯。
> 剑门阊扇手可排，石城雉堞指能数。
> 此山与我非生客，欣然故人觌眉宇。
> 蜿蜒似可下枕席，傲兀颇欲分笑语。

登台四顾咸叹息，问谁筑者夏华甫。

夏生豁达侠者流，酒后槎牙出肺腑。

为山一篑虽细事，如登将台握齐斧。

山氓蚩蚩园丁笨，转圆斗筊类抟土。

刻漏立表各命工，能驱市人束部伍。

舆谔声阗畚筑罢，独提巨石手撑拄。

不烦执椠争用命，日盱奋迅逾亭午。

又如大将督战陈，身先士卒共甘苦。

人言夏生筑台好，生也俯躬但伛偻。

指麾幸有松圆老，敢贪天功僭旍鼓。

此意迕逌人岂知，说礼惇诗闻自古。[256]

……

这首诗是钱谦益写给为他叠石的夏华甫的，因为拂水山庄地势的原因，需要筑高台才能见到墙外的青山，青山依旧，但是乱军血洗卢沟桥，狼烟四起，在诗的结尾，他感慨夏生如此身手，该平虏效忠国家。晚明进入超级不稳定的社会，士人在欲望和理想、归隐和出仕之间挣扎。程嘉燧也为这位巧匠赠诗，《赠夏华甫五十》："种杉编竹引柴荆，凿涧通篱放沼平。野隼来时同饮啄，篸蜂分后少经营。吾庐总破欢颜足，何肉都忘嗜味轻。渐老并抛鱼佃业，香炉瓦钵究无生。"[257]程嘉燧工诗善画，通晓音律，和周永年、钱谦益在绘画上多有交流。在周永年流传下来很少的诗歌中，还有一首《次韵牧翁题沈启南奚川八景卷》，他说："……此图久失忽复出，直从秣陵归海隅。展卷如闻古香动，坐观不敢卧毡毹……"[258]程嘉燧也有《和牧斋题沈石田奚川八景图歌》记录观画情形："……画走那知六丁索，图出定有神明扶。石田先生上仙久，飘然八景来坐隅。焚香盥手再拂拭，袭以锦段红氍毹……"[259]钱谦益多次修葺山庄，都以八景为限命名，这和沈周这张图卷有关系，《石田翁画奚川八景图歌》诗序：

"奚川八景图，石田翁为七世祖理平公及其兄理容公作也。二公家世畊读，隐于奚川，撮其胜槩，厘为八景。学士大夫咸歌咏之，石田为补图而系之以诗。"[260] 拂水山庄有《新阡八景诗》《山庄八景诗》并序，"新阡八景"为："拂水回龙、湖田舞鹤、石城开嶂、箭阙朝宗、沓石参天、层湖浴日、团桂天香、紫藤衣锦"。"山庄八景"为："锦峰晴晓、香山晚翠、春流观瀑、秋原耦耕、水阁云岚、月堤烟柳、梅圃溪堂、酒楼花信"[261]。在每首诗前有序，解释了景点的命名和由来，如：《水阁云岚》序："秋水阁负山面湖，山庄实经始于此。今兹丙舍，尽改旧观，独此阁岿然如故。"[262]《石城开嶂》序描述了山庄独特的山势："拂水岩之西，崖石削成，雉堞楼橹，形状备具，所谓石城也。列屏列嶂，尊严耸起，阡之主山也。故曰石城开嶂。"[263]《沓石参天》这首诗序介绍了夏华甫为拂水山庄筑台："三沓石与石城诸峰错峙，沓石虚危，拂水悬流其上，又曰三台石，亦主山之侍从也。故曰沓石参天。"[264] 诗曰：

<blockquote>
拂水高岩近斗魁，下临沓石倚崔嵬。
漏穿岚彩晴飞雨，喷薄泉流蛰起雷。
岭驻龙车云滃郁，峯邀蟾驾月低廻。
绿章拟奏三阶事，午夜悬厓礼上台。[265]
</blockquote>

这种叠石和假山在外部的区别在于其顶部是平台，《园冶·屋宇》："释名云：'台者持也。言筑土坚高，能自胜持也。'园林之台，或掇石而高上平者；或木架高而版平无屋者；或楼阁前出一步而敞者，俱为台。"[266] 而此时程嘉燧已离开耦耕堂，钱谦益《耦耕堂集·序》，详细记录了拂水山庄这个时期的面貌，以及两人十余年结伴山庄的情形：

耦耕堂在虞山西麓下，余与孟阳读书结隐之地也。天启初，孟阳归自泽潞，偕余栖拂水，涧泉活活循屋下，春水怒生，悬流喷激，孟阳乐之为亭，以踞涧右，颜之曰"闻咏"。又为长廊，以面北山，行吟坐卧，皆与山接。"朝阳榭""秋水阁"次第落成，于是"耦耕堂"之名遂假孟阳以闻于四方。既而从形家言，斥为墓田，作"明发堂"于西偏，而徙耦耕堂于丙舍，以招孟阳。庐居比屋，晨夕晤对，其游从为最密。辛巳（1641年）春，约游黄山首涂，差池归舟，值孟阳于桐江，篝灯夜谈，质明分手，遂泫然为长别矣。此集则自天启迄崇祯，拂水卜居，松圆终老之作。总而名之曰"耦耕"者，孟阳之志也。余与孟阳相依于耦耕堂者，前后十有余载。[267]

　　从诗中可以看到拂水山庄次第落成的经过，并且从钱谦益的诗文中看出他喜欢反复改建山庄，如果身边有造园的匠人，就会更加方便，《初学集》有一首召请叠石老人张某做邻居的诗，也许就是这个目的吧。《云间张老工于累石许移家相依赋此招之二首》曰：

> 百岁平分五十春，四朝阅历太平身。
> 长镵短屐全家具，绿水红楼半主人。
> 荷杖有儿扶薄醉，缚船无鬼笑长贫。
> 山中酒伴更相贺，花发应添爱酒邻。
>
> 不是寻花即讨春，偏于忙里得闲身。
> 终年累石如愚叟，倏忽移山是化人。
> 无酒过墙长作恶，有钱挂杖已忘贫。
> 明年肯践南村约，祭灶先须请比邻。[268]

　　这两首诗作于崇祯九年（1636年），被一些学者认定为钱谦益为张南垣所作，如果按前文我们看到的，清史所记，张南垣曾被康熙招去建畅春园，后归家，卒年八十，那么文中"百岁平分五十春，四朝阅历太平身"并非张南垣，此时正是崇祯朝，钱谦益经历了万历、泰昌、天启、崇祯四朝，此年五十五岁，这应该是指自己年事已高，希望有友人相配，找个酒伴做邻居，并规劝张老工不要再忙于"终年累石"，希望能来和他作伴。在钱谦益留下所有的诗文中都没有出现张南垣，吴伟业、戴名世关于张南垣造拂水山庄的记录尚待考证。

在钱谦益诗文中，没有出现叫作计成的人。周永年虽然是他的挚友，但此时也没有参与造园的记录，并且在他为永年作《周安期墓志铭》中没有提及周永年有造园的经历，他强调了周永年的身世，并说在周宗建罹难后（1627 年），他们的关系更加亲密："故太宰吴江周恭肃公有曾孙二人，曰永年，字安期；宗建，字季侯。与余俱壬午生，以书生定交。余与季侯同举万历丙午，相继中甲科。季侯入西台，忤奄，拷死，赐谥忠毅。而安期为老生自如。季侯殁，安期视余兄弟之好，益亲，故予知安期为详。无子……以季弟之子人收为后，生四女，皆适士人。"[269] 这段文字指出周永年"无子"，有四个女儿，宗建有子六人，其中廷祚（1604—1677 年）、廷祉、廷禧为原配申氏所出，住松陵，但是周宗建为阉党迫害致死后，永年把周宗建的儿子"收为后"。《崇祯长编》记："苏州府吴江县生员周廷祚、周廷祉，疏讼故父御史周宗建死瑠冤惨，旨令从优恤荫，免所诬坐赃。"

清末吴江县人费善庆纂有《垂虹识小录》，书中记周宗建长子周廷祚：

"周廷祚，字长生。崇祯初入都，请其父宗建恤典。时郭巩以宗建被逮，实由己发，因托所知，属公无言，当以一第及万金相报。公曰：'父馘，即死不避！富贵可饵我耶？'遂疏劾巩，得拟辟。时法以许显纯、田尔耕、崔应元先世军功上拟，后公赴法司堂，大叫曰：'此辈惨毙诸忠，尚不拟辟，岂尔辈犹贪重贿耶？’法司悚然，皆正典刑。私谥孝节。”[270]

　　《明史·列传·第一百三十三》有周宗建传，记：“忠贤败，诏赠宗建太仆寺卿，官其一子。福王时，追谥忠毅。”[271] 廷祚（长生）后娶明代思想家袁黄了凡孙女、袁俨女儿为妻，两家都笃信佛法，都与紫柏真可（1543—1603 年）大师因缘深厚，袁家医儒并行，精通佛学禅理，周永年“安期禀承父叔，刻藏饭僧，誓终紫柏。付嘱穷老尽气，若营其私。盖能以儒修梵行、称其家风者也。晚年撰《吴都法乘馀》百卷，蠹简蠡翰，搜罗旁魄，其大意归宗紫柏一灯，标此土之眼目”[272]。紫柏大师、袁了凡于明万历七年（1579 年）曾共同发起《径山藏》的刊刻，雍正元年（1723 年），正藏、续藏、又续藏全部刊竣，历时近 145 年。袁黄父袁仁（1479—1546 年），以医为业，以贤能闻名，与沈周、唐寅等为诗文好友，与王艮（心斋）、王畿（龙溪）等有交往。《吴江赵田袁氏家谱》记：

　　三世袁仁，字良贵，号参坡，明诰赠文林郎，宝坻县知县……生五子：袁、襄（王出）、裳、黄、袠（李出）……

　　四世袁黄，原名表，字坤仪，号了凡，明万历丙戌进士，直隶宝坻县知县，晋兵部职方司主事，东征赞画，加四品服，追赠尚宝司少卿，……生一子：俨，沈氏生。

　　五世袁俨，原名天启，字若思，号素永，明天启乙丑进士，广东高要县知县，卒于官，崇祀嘉善、吴江乡贤祠。万历辛巳年生，天启丁卯年（1627 年）卒，年四十七岁。配嘉善陈氏，万历丙戌进士福建按察使司讳于王公之女，合葬嘉善思四区北道圩沙塔浜，《传》载邑乘。生五子：嵩、徽、祚鼎、崧、祚充。女一，适吴江周忠毅公长子，荫难生，讳廷祚，字长生。[273]

　　计成《园冶》文末说："暇著斯'冶'，欲示二儿长生、长吉，但觅梨栗而已。"[274] 周永年为兄抚养的长子亦名"长生"，如果这两个"长生"为同一个人，那么计成就是周永年。有没有这种可能？天启二年(1622年)，周宗建痛斥魏忠贤"千人所指，一丁不识"，被东厂视为"第一仇人"。那么周永年躲避阉党的追杀，改名变换身份是有可能的。从周宗建与阉党斗争到周廷祚为父赴京恤典，从天启年初到崇祯初年，这个时间和计成出现在镇江、扬州一带的时间大致相符。从文中看，计成并没有明确的传技与后代的意思，只是告知激励后人而已，后来在阮大铖、曹元甫、郑元勋的资助、鼓励、推行下刊行出来。如果计成和周永年是一个人，那么为什么改为计姓呢？作为《长物志》审校人，周永年出现在卷十一《蔬果》，上面写着"汝南周永年定"，显然他的先祖出自"汝南"，这是因为其曾祖周用 (1476—1547) 为天官府周家，先祖在汉代时封于汝南，因称"汝南周氏"。第五代周澳迁山阴周桥，周澳与原配胡氏所生寿一居吴江烂溪。寿一名进德，为吴江周氏一族始祖，四世至"南园叟"周昂 (1455—1509年)，入赘于烂溪计氏，生两子名计用、计同，一女名计素正。计用，于明弘治十五年 (1502年) 中进士，归宗复姓周，改名周用。周用在外为官，其正妻施氏所出子孙居烂溪、五牛等处。周永年父亲周祝，钱谦益《周府君墓志铭》："君讳祝，字季华，太子少保吏部尚书谥恭肃讳用之孙，国学生讳乾南之季子……生三男子，长即永年，永言、永肩其次也。二女子，嫁杨士修、金之。"[275] 周用工诗文，善书画。他"喜为诗，每画必题"，书风俊逸，绘画师沈周，"布置渲染，备极高雅，山水遒劲缛密，远近斐叠，气韵蔼然"。有《悼石田沈翁周》怀师。周用对园林也很有兴趣，对造园亦有关注和研究，《周恭肃公集》收有《石壁》一诗：

中园俯光景，石壁何屏颜。

积雨沁奇骨，摩空生锈斑。

秋高不可极，爽气凌三山。

后上支白日，仙人翘绿发。

动觉岁月古，莫许猿猱攀。

方壶岂云远，而今在人间。

南望发长啸，浮云天际还。

有时出山曲，神明恣摩荡。

不尔亦冈陵，讵肯平如堂。

故迹销寒星，荒区谢秋莽。

置酒得广筵，鸣琴落清响。

主人有佳致，文字仍标榜。

珍重廊庙姿，高怀转萧樊。

坐我当何时，哦诗答幽赏。[276]

　　从周用的"石壁"到周秉忠"石屏"、文震亨的"秀野堂假山"可以看到周氏家族文化对造园的风雅的延续，而计成如果就是周永年的话，《园冶》中"壁观"显然来自家族文化的传承。两家周氏都是以文兴家，两个家族都出过显赫的人物，周永年的曾祖周用、周秉忠的曾祖周诏，都与吴宽、沈周友，亦与晚辈文徵明、唐寅有交往，两个家族应该很有可能是出自同族同宗。从治印这种需要亲身示范才能准确传承的艺术上，也能看出文家和两个周家的密切联系，文徵明长子文彭为明代篆刻开山大师，周秉忠擅治印，周用曾孙周应愿（1559—1597 年）有《印说》传世，王穉登 (1535—1612 年) 激赏《印说》并为之作序，是明代最有影响的一部印学著作，陈继儒《眉公先生晚香堂小品 卷十七》曾为周应愿作《松陵烂溪周孝廉传》："周公谨讳应愿，松陵烂溪人也，其祖恭肃公为肃皇帝名臣，四传而生公谨。"周秉忠、周应愿在印学上应该有交流，后来的印学家杨士修、顾苓也与周应愿后人姻亲。周永年生长在这样的世家氛围里，艺术的修养极高，对造园的技艺也很谙熟。在他留下的的诗文中，在写给张世伟的诗中也有提到造园，诗收录在《列朝诗集》中，周永年《寄张异度》云：

> 拥书应不废生涯，艺圃知堪纪岁华。
> 乌臼远疑枫染叶，荻芦犹待雪飞花。
> 但凭高阁收诸胜，莫判邻园作两家。
> 我有行藏君信否，半营五亩半三车。[277]

《列朝诗集》是清初钱谦益编选的明代诗歌总集。全书共八十一卷，分乾集两卷、甲集前编十一卷、甲集二十二卷、乙集八卷、丙集十六卷、丁集十六卷、闰集六卷。其编辑体例以诗系人，以人系传，入选诗人达一千六百余家。钱谦益曾邀请周永年和他一起编纂，所以周永年对自己诗文的挑选一定是有原因的，这首诗是否暗示了他在造园上的成就呢？张世伟（1569—1641年），字异度，江苏吴江人一，与同里周顺昌、文震孟、姚希孟、朱陛宣，称吴门五君子，也是姚希孟的授业恩师，名列沧浪亭五百名贤祠中，善写文章，曾得王世贞和王锡爵赏识，"每叹息以为国器"。《垂虹识小录》记："张世伟，字异度，移居郡城来远桥东寿宁巷。性慧，善文。幼丧母，朝夕上食号恸，塾中生皆为流涕。祖基殁六十年，公表暴其遗行，得赠官、立祠。万历十四年（1586年），举于乡，累试不第，谢公车，卜吴门之渌水园，诛茅灌畦，却扫诵读。当道荐举贤良方正，力辞不就。邦邑有大利害，必先自公发之。为古文，取裁韩、柳。所著《自广斋集》行世，卒年七十四。"[278] 万历四十年（1612年），举顺天乡试，以贤良方正不就。崇祯十四年（1641年）卒于泌园书舍。钱谦益《初学集卷五十四·张异度墓志铭》记："君讳世伟，字异度，南安府太守讳铨之曾孙，乡贡士赠翰林院侍詔讳基之孙，太学生讳尚友之子也。君总角明惠，善属文。太学君携之游娄江，弇州、太原两王公叹息以为国器。久之，其声籍甚……吴中以名行相镞砺者，文文起其执友也，姚孟长则其高弟，周忠介、朱德升其后辈也。忠介遭奄祸，周旋经纪……"[279] 张异度是文震孟志同道合的知心朋友，姚希孟是其门下高足，并与文震孟、周宗建相交甚深，周宗建殁后，做多篇祭文。张异度为吴门做了很多文化事业，钱谦益称"'文、姚即殁，风流益长，奚其为政？' 斯可以兴矣"。[280] 周永年与张异度一度交往密切，他在诗中说"拥书应不废生涯"，诗中还提到文震亨的"艺圃"以及王留的"飞絮"园。张异度晚年归家造沁园，有《沁园记》一文称："万历甲寅（1614 年）之夏，张子从京归……以三百金酬陆，尚余二百金可徐为垦辟位置也，其二十亩中大率屋一之、地三之、水六之，乃居将二十五载而粗有宁宇焉，于是涉笔为记。"[281] 周永年或许得到张异度的园记，所以周永年寄去诗文，告诉张自己也曾经造"五亩园"，计成《园冶》中并未称吴玄"东第园"，而是称为"五亩园"，"公示予曰：'斯十亩为宅，余五亩，可效司马温公独乐制。'"[282] 在周永年留下的诗文中，《天启崇祯两朝遗诗 · 存殁口号选二十首》，记录友人行迹及其园第：

> 徐邈遗铛张翰杯，广池深树傍城隈。
>
> 寿宁巷合称通德，三十年来俗驾廻。
>
> 张世伟异度所居沁园即徐应雷声远旧隐，巷则陈太史继故里也。
>
> 八袠白民思谛底，七旬德摻学将雏。
>
> 自然蔬食终身乐，朝国都能却杖扶。
>
> 朱鹭白民历年孤居莲子峰，晚忽入都欲献甘露，颂进建文书法，拟王人鉴德操，累世茹素，年七十始举一子。
>
> 程李从来并擅名，画师词客癖遊情。
>
> 南翔蜕骨先成道，拂水听泉别结盟。

嘉定有娄唐程李四家之目，程嘉燧孟阳与李流芳长蘅尤以诗文书画
齐名，李齿与阳人中最少而最先逝。

......

三岔河口故将军，七幅庵中旧主人。

豪爽风流相得甚，道山闽海几回春。

茅元仪止生向从孙高阳出关，今戊闽傅汝舟远度有七幅庵等集。

气豪湖海潘无隐，疾痼烟霞史弱翁。

半世相知文已定，秀才端只老江东。

潘一桂无隐弃诸生不半载旋卒，其遗记史弱翁为之编定。

......

随兄文子偏兼画，过父王朗独在诗。

飞絮园殊香草宅，芳丛欢乐古杨悲。

文震亨启美宅名香草，王留亦房之尊甫百毂徵君园名飞絮。[283]

......

口号诗，即不用笔起稿、随口吟成的诗歌。这种诗始于南朝梁代的简
文帝萧纲，口号诗大多为即兴即景成诗，意即没有经过起草和构思。这和
周永年的性情相符，口号诗创作难度自然更大，它既离不了诗人的兴会
和敏捷才思，又离不开诗人对诗律娴熟的把握和遵循，周永年还在每首诗
后配有自己的释文，每首诗人物成对出现，一生一死，或言及其园第主
人更迭，或言及交游友情事迹，其中有涉及《长物志》的文震亨以及审
定人王留、李流芳和陈继儒、程嘉燧、茅元仪、潘一桂、史弱翁、朱鹭
等师友，像周永年这样集束式地以口号诗反映园第的变化、主人的变更，
在明诗中似乎还不多见。钱谦益《有学集卷三十一·周安期墓志铭》评
价周永年："为诗文多不起草，宾朋唱酬，离筵赠处，丝肉喧阗，骊驹促数，
笔酣墨饱，倚待数千百言，旁人愕眙惊倒，安期亦都卢一笑。以是叹其敏捷，

而惜其不能深思，徒与时人相骋逐也。"[284] 他在《姚叔祥过明发堂共论近代词人戏作绝句十六首·其十四》评价周永年和徐元叹：

> 安期下笔无停手，元叹捻毫正苦心。
> 赢得老夫双眼饱，探箱拂壁每长吟。[285]

可见周永年才思敏捷，落笔飞快，相比之下，徐波（字元叹，1590—1663 年）则是苦心经营。徐泰时女婿、徐小淑丈夫范允临（1558—1641 年），《输廖馆集》有一首《徐元叹内弟五十得八韵》，从题目可知徐波是苏州徐氏家族的后人。《清史稿·文苑传》有徐元叹小传云："徐波，字元叹，吴县人。少任侠，明亡后，居天池，构落木庵，以枯禅终。诗多感喟，虞山钱谦益与之善，赠以诗，颇推重之。有《谥箫堂》《染香庵》等集。"[286] 这两位都是钱谦益的好友，尽管他戏称二人为诗文状态的不同，但是他又非常欣赏二人，钱谦益贬低竟陵诗派，对于徐波却惺惺相惜，《有学集》卷十《徐元叹劝酒词十首》云："皇天老眼慰蹉跎，七十年华小刧过。天宝贞元词客尽，江东留得一徐波。（其一）"[287] "落木庵空红豆贫，木鱼风响贝多新。长明灯下须弥顶，雪北香南见两人。（其九）"[288] 元叹于明遗民中，最为老寿，诗名震一时。明遗民晚年为保名节，多出世归于佛老，参禅悟性。

江南晚明多受四大高僧：云栖袾宏（1535—1615 年）、紫柏真可（1543—1603 年）、憨山德清（1546—1623 年）和藕益智旭（1599—1655 年）的影响，紫柏大师与汤显祖、焦竑、袁宏道、董其昌等文人雅士过从甚密，传法说教，风靡一时，受士大夫们的顶礼膜拜。《楞严经》流行于文苑，张异度《自广斋·跋文湛持书楞严经》："佛门施无畏法，最能保护一切，降服自心。陡遇患难惺提，更为得力。此卷书于丁卯六月（天启七年 1627 年）。时节因缘，故而耶首尾十言，一笔不懈，应作是观，去今八年所矣。痛定思痛，何能勿思，庵主其宝藏之，他日以质太史。"[289] 可见当时经历剧烈变动的士人为了安顿身心，对《楞严经》的皈依。而所谓"汝身、汝心，皆是妙明真精妙心中所现物"，即事而真的思想与其亦颇多应合，诗人心灵的自然裎露与高简闲淡的园林也与禅家的宗趣颇多相通，禅家机锋给了文人造园自然天成的诗意提供了借鉴。诚如诗僧贯休所云："诗心何以传，所证自同禅。"紫柏的文字般若打开了存在和世界的通道，他《礼石门圆明禅师文》说：

> 文字，波也；禅，水也。如必欲离文字而求禅，渴不饮波，必欲拨波而觅水，即至昏昧，宁至此乎？[290]

紫柏禅的文字禅实际上就是文本，是一种开放的话语与世界的敞开互为变式地同一的，从人的存在来说，禅和园林诗画也是互为变式地同一的。董其昌曾师紫柏，他的以禅入画受到其师的深刻影响，他曾把他的书斋命名为"画禅室"和"墨禅轩"。《明史·董其昌传》："性和易，通禅理，萧闲吐纳，终日无俗语。"[291] 董其昌《画禅室随笔》载："达观禅师初至云间，余时为诸生，与会于积庆方丈。越三日，观师过访，稽首请余为思大禅师大乘止观序。曰：王廷尉妙于文章，陆宗伯深于禅理，合之双美，离之两伤。道人于子有厚望耳。余自此沉酣内典，参究宗乘。复得密藏激扬，稍有所契。"[292] 对于绘画，紫柏真可明确指出："夫画本未画，未画本于自心。故自心欲一画，欲两画，以至千万画，画画皆活，未尝死也。……未画画之母，无心天地万物之祖。既知其母，复得其祖。"[293] 由此可见，"一画"的影响出自禅宗以及《楞严经》的影响。憨山德清也强调"心"在绘画创作中的本体地位。他在《送仰崖庆讲主画诸祖道影序》中说："心如工画师，画出诸形象。"[294] 紫柏真可指出："夫由心生形，由形生影。而善反（返）者，由影得形，由形得心，由心得道。"[295]（《广诸祖道影疏》）禅门曹洞宗第三十三世祖师、鼓山涌泉寺住持清僧道霈(1615—

1702 年）曾谈及"法身"与绘画的关系：

> 尝观佛祖众生亲从法身方现起，都是个影子。而丹青者，又于影上现影。虽展转虚寂，要之真本无影，而影不离真，总以法身为定量，惟在智者能深自观耳。（《鼓山诸祖道影记》）[295]

画家笔下的各种形象都是"心"的产物，都是由"心"幻化而成的。汪砢玉撰《珊瑚网》卷二八《米元晖水墨云山卷》：

> 《首楞严经》云："不知色身外泊，山河虚空，大地咸是妙明心中之物。"由是则知画工以毫端三昧，写出自己江山耳。不然何曲尽其妙也耶？观此图者当作如是观可也。[296]

钱谦益、徐波、周永年三人思想都受《楞严经》影响，"恍然生身色界上"，并与佛教人士多有往来，钱谦益七岁时遇华严宗大师雪浪和尚，十五岁研读僧肇的《维摩洁经注》，十八岁读《楞严经》，钱谦益终生师事憨山德清，并自称紫柏"私淑弟子"，后来还编纂了《紫柏尊者别集》五卷。徐波、钱谦益都为诗僧苍雪大师《南来堂诗集》题辞，周永年整个家族笃信佛法，"盖能以儒修梵行、称其家风者也"，钱谦益说周永年"家世奉佛，王母薛夫人禅定坐脱，安期禀承父叔，刻藏饭僧，誓终紫柏"，晚年著《吴都法乘馀》《邓尉圣恩寺志》，致力于佛教事务。徐波《落木庵诗集·槎山庵寻碧上人不遇》有"客来灯是主，叶落寺无邻"句，和周永年《存殁口号》遥对，都是人事生死的感叹，这种时间上和空间上的对应关系，以及主人的踪迹观察，隐含的是对有限与无限、此时与彼时、看与看见的思考，这是诗、书、画、园和禅理交织的视野和视角。死亡不可知，但在他们眼中，带来的并不是完全与世界分离的恐惧，他在他曾经在世的踪迹里仍然存在，存／殁的调和而非对立，是对于世界的环视，一种在手的生命感知的真实性，渗透在山水与性情的持久对视中，产生了明代中晚期独抒胸臆、自由地抒写自我的丘壑之墨戏和亭园闲居。

《园冶》的文字充满了禅风，世界的"本来面目"在于主人在有限中观照无限，再从无限中回归有限，这个圆环保持的是一种和山水世界的沟通，造园可视为紫柏真可的"善返"，实现的是一种对自然现象学式的还原。山水之园被看作是主人所特有的进入世界"本来面目"的入口，山水是意识、身体与自然世界的交接口。山水世界的潜在性提供了主体存在感知，建立了世界对主体真正开敞的可能性。《园冶》曰："有真为假，做假成真；稍动天机，全叨人力。"[297] 主体寻找世界立足的起点这种可能性不是一蹴而就的完成式的，而始终是在生发进行式中的，其指向了一种无限变化的可能性。山水之为丘壑，在于其乃为可能活动的系统，不在于其作为一种既定的物质的总和，在于它能为经由主体行为而不断地向世界开显和生成的一种生生不已的活动。对于主体来说，"视域"的边界是永远无法达到的。因此，也是基于这样一种无限可能的生命活动，在中国古代绘画和园林里丘壑已不再被局限于具体山水的草木山石之躯，而是以"动与万物共见"的方式向无尽无穷的大千世界开放，乃至形成山水文化这样一个伟大的传统，是一种既表现自然山川造化之妙又能为人心寻求寄托的空间形式。山水画的长卷、立轴、册页、镜心等形式都表现了不同的阅读方式，对于园林之境来说，笔墨和造园都是观看或开启主体自我意识的方式，绘画、笔墨更多地奠定了造园文化中激发身体、运动和力量的空间感知，造园主人需要将在这种文化濡养下的感知，通过具体形式把氛围、情绪诉诸时间、空间的肌理微妙变化之中，形成相互缠绕、互相激发的关系，园林从表现山水形式的载体走向自我释放的主体间性化，是一种"水波"之影，一种激活自我主体隐含意义之鲜活的"影上现影"。

注释

1. [明] 计成. 园冶注释 [M]. 陈植，注释.杨伯超，校订.陈从周，校阅 .北京：中国建筑工业出版社，1988：42.
2. 3. 4. 5. 6. 7. 韩放.历代名画记[M].北京：京华出版社，2000：9.
8. 韩放 .历代名画记[M].北京：京华出版社，2000：10.
9. 傅抱石 .中国古代山水画史的研究 [M].上海：上海美术出版社，1960：11.
10. 傅抱石 .中国古代山水画史的研究 M].上海：上海美术出版社，1960：35.
11. 韩放.历代名画记[M].北京：京华出版社，2000：17.
12. 郑昶 .中国画学全史[M].长沙：岳麓出版社，2010：72、73.
13. 韩放.历代名画记[M].北京：京华出版社，2000：3.
14. 韩放.历代名画记[M].北京：京华出版社，2000：17.
15. 韩放.历代名画记[M].北京：京华出版社，2000：18.
16. 腾固.唐宋绘画史// 陈辅国.诸家中国美术史著作选汇 中[M].吉林：吉林美术出版社，2000：988.
17. 腾固.唐宋绘画史// 陈辅国.诸家中国美术史著作选汇 中[M].吉林：吉林美术出版社，2000：994.
18. 韩放.历代名画记[M].北京：京华出版社，2000：306.
19. 郑昶 .中国画学全史[M].长沙：岳麓出版社，2010：132.
20. 韩放.历代名画记[M].北京：京华出版社，2000：79.
21. 22. 韩放.历代名画记[M].北京：京华出版社，2000：362.
23. 郑昶 .中国画学全史[M].长沙：岳麓出版社，2010：167、168.
24. 于安澜 .画品丛书[M].上海：上海美术出版社，1982：192.
25. 中村不折.中国绘画史// 陈辅国.诸家中国美术史著作选汇 上 [M].吉林：吉林美术出版社，2000：445.
26. 于安澜 .画品丛书[M].上海：上海美术出版社，1982：191.
27. [明]董其昌.画禅室随笔[M].济南：山东画报出版社，2007：52.
28. [清] 徐泌.明画录八卷// 明代传记丛刊第七十二册[M].台北：明文书局，1991:71.
29. [明]茅坤(1512—1601年)，字顺甫，号鹿门，浙江湖州府归安县(今浙江吴兴)人，明代散文家、藏书家。茅坤文武兼长，雅好书法，提倡学习唐宋古文，反对"文必秦汉"的观点，至于作品内容，则主张必须阐发"六经"之旨。编选《唐宋八大家文钞》，对韩愈、欧阳修和苏轼尤为推崇。茅坤与王慎中、唐顺之、归有光等，同被称为"唐宋派"。有《白华楼藏稿》，刻本罕见。行世者有《茅鹿门集》。
30. [明]茅元仪(1594年9月17日—1640年)，字止生，号石民，又署东海波臣、梦阁主人、半石址山公，归安(今浙江吴兴)人，文学家茅坤之孙。自幼喜读兵农之道，成年熟悉用兵方略、九边关塞，曾任经略辽东的兵部右侍郎杨镐幕僚，后为兵部尚书孙承宗所重用。崇祯二年因战功升任副总兵，治舟师戍守觉华岛，获罪遣戍漳浦，忧愤国事，郁郁而死。家富藏书，并与曹学佺、董其昌、汤显祖等学者和藏书家往来颇密。编撰有《九学十部目》，分为经学、史学、说学、小学、兵学、类学、数学、外学。茅元仪能够以学术为分类标准，开目录学研究之新。刻书亦多，天启元年(1621年)自编自刻有《武备志》240卷，被后人称之为"军事学的百科全书"。刻宋、元、明人著述10多种。

31. [明] 郑元勋 .媚幽阁文集初集九卷二集十卷 // 四库禁毁书丛刊集部第172册 [M].北京：北京出版社，1997 :359.

32. [清] 道济 .石涛画语录[M].余剑华，注释 .北京：人民美术出版社，1962: 3.

33. [清] 钱谦益 .列朝诗集乙集卷七 // 四库禁毁书丛刊集部第95册[M].北京：北京出版社，1997 :611.

34. 高明 .帛书老子校注 [M].北京：中华书局，1996: 9.

35. [魏] 王弼 .老子道德经校释[M].楼宇烈 校释 .北京：中华书局，2008: 106.

36. [汉] 许慎 .说文解字注 [M].[清] 段玉裁 注 .上海：上海古籍出版社，1981: 22.

37. [汉] 许慎 .说文解字注 [M].[清] 段玉裁 注 .上海：上海古籍出版社，1981: 883.

38. 童寯 .江南园林志 [M].北京：中国建筑工业出版社，2000:7.

39. [英] 查尔斯·莫尔 , 威廉·米切尔，威廉·图布尔.风景——诗化般的园艺为人类再造乐园 [M].李斯译 .北京：光明日报出版社，2000: 39.

40. [英] 查尔斯·莫尔 ,威廉·米切尔,威廉·图布尔 .风景——诗化般的园艺为人类再造乐园 [M].李斯译 .北京：光明日报出版社，2000: 40.

41. [魏] 王弼. 老子道德经注校释[M].楼宇烈 校释.北京：中华书局，2008: 89.

42. [清] 道济 . 石涛画语录[M].余剑华 标点注释 .北京：人民美术出版社，1962: 3.

43. 吴冠中 .我读石涛画语录[M].北京：荣宝斋出版社，1997: 46.

44. 吴冠中 .我读石涛画语录[M].北京：荣宝斋出版社，1997: 54.

45. 吴冠中 .我读石涛画语录[M].北京：荣宝斋出版社，1997: 59.

46. 吴冠中 著 .我读石涛画语录[M].北京：荣宝斋出版社，1997: 1.

47. 韩放.历代名画记[M].北京：京华出版社，2000: 301.

48. 吴冠中 .我读石涛画语录[M].北京：荣宝斋出版社，1997: 1.

49. 吴冠中 .我读石涛画语录[M].北京：荣宝斋出版社，1997: 14.

50. [清] 孙岳颁，等.佩文斋书画谱 卷五// 景印文渊阁四库全书第819册 [M].台北：台湾商务印书馆，1983 :182.

51. [清] 孙岳颁，等.佩文斋书画谱 卷六// 景印文渊阁四库全书第819册 [M].台北：台湾商务印书馆，1983 :203、204 .

52. [清] 笪重光.画筌//黄宾虹，邓实.美术丛书初集第一辑[M].杭州：浙江人民美术出版社，2013: 3.

53. 童寯.江南园林志 [M].北京：中国建筑工业出版社，2000:8.

54. [明] 计成.园冶注释（第二版）[M].陈植，注释.杨伯超，校订.陈从周，校阅.北京：中国建筑工业出版社，2017：128.

55. [明] 计成.园冶注释（第二版）[M].陈植，注释.杨伯超，校订.陈从周，校阅.北京：中国建筑工业出版社，2017：51.

56. [明] 计成.园冶注释（第二版）[M].陈植，注释.杨伯超，校订.陈从周，校阅.北京：中国建筑工业出版社，2017：63.

57. [清] 孙岳颁，等.佩文斋书画谱 卷三// 景印文渊阁四库全书第819册 [M].台北：台湾商务印书馆，1983 :103.

58. 查尔斯·莫尔,威廉·米切尔,威廉·图布尔.风景—诗化般的园艺为人类再造乐园 [M].李斯译.北京：光明日报出版社，2000：30.

59. 周道振.文徵明集下 [M].上海：上海古籍出版社，2014：1173

60. 布列逊.视阈与绘画：凝视的逻辑 [M].谷李 译.重庆大学出版社,2019:125.

61. 拙政园志稿.苏州市地方志编纂委员办公室、苏州市园林办公室编，1986:145－146.

62. 拙政园志稿.苏州市地方志编纂委员办公室、苏州市园林办公室编，1986:146.

63. [北宋] 郭熙，鲁博林.林泉高致 [M].南京：江苏凤凰文艺出版社,2015:134.

64. 65. 韩拙.山水纯全集 // 文渊阁四库全书 第 813 册 [M].台北：台湾商务印书馆,2008:317.

66. 韩拙.山水纯全集 // 文渊阁四库全书 第 813 册 [M].台北：台湾商务印书馆,2008:317 318.

67. 江苏古籍出版社.嘉庆重修扬州府志 // 中国地方志集成 江苏府县志辑41.[M]南京：江苏古籍出版社,1991:506.

68. [美]柯林·罗,斯拉茨基.透明性 [M].金秋野,王又佳,译.北京：中国建筑工业出版社,2008:25.

69. [美]柯林·罗,斯拉茨基.透明性 [M].金秋野,王又佳,译.北京：中国建筑工业出版社,2008:27.

70. 韩放.历代名画记[M].北京：京华出版社，2000：55.

71. [德]威廉·沃林格.抽象与移情 [M].王才勇译.北京：金城出版社,2010:17－18.

72. 韩放.历代名画记[M].北京：京华出版社，2000：55.

73. 黄宾虹,邓实.美术丛书 三集第六辑 [M].杭州：浙江人民美术出版社，2013：115.

74. [唐]王维撰.王右丞集笺注 [M].[清]赵殿成笺注.上海：上海古籍出版社，1961：489.

75. [明] 唐志契 绘事微言// 景印文渊阁四库全书第816册 [M].台北：台湾商务印书馆，1983 :226.

76. 韩放.历代名画记[M].北京：京华出版社，2000：55.

77. [美]方闻,李维琨，译.心印：中国书画风格与结构分析研究[M].西安：陕西人民美术出版社，2004：21－23.

78. [清] 沈宗骞.芥舟学画编·卷四 // 续修四库全书·一零六八·子部·艺术类 [M].上海：上海古籍出版社，2002 :557.

79. 道济.石涛画语录[M].余剑华，注释.北京：人民美术出版社，1962：49.

80. 明·计成.《园冶注释》[M].陈植，注释.杨伯超，校订.陈从周，校阅.北京：中国建筑工业出版社，1988：212.

81. 明·计成.《园冶注释》[M].陈植，注释.杨伯超，校订.陈从周，校阅.北京：中国建筑工业出版社，1988：48.

82. [清]沈宗骞.芥舟学画编·卷四//续修四库全书·一零六八·子部·艺术类[M].上海：上海古籍出版社，2002：509.

83. [清]王昱.东庄论画//续修四库全书·一零六七·子部·艺术类[M].上海：上海古籍出版社，2002：12.

84. [明]董其昌.画禅室随笔//丛书集成三编·第031册·艺术类[M].台北：新文丰出版公司，1997：386.

85. [明]董其昌.画禅室随笔//丛书集成三编·第031册·艺术类[M].台北：新文丰出版公司，1997：392.

86. [清]姜绍书.无声诗史//续修四库全书·一零六五·子部·艺术类[M].上海：上海古籍出版社，2002：533.

87. [清]沈宗骞.芥舟学画编·卷二//续修四库全书·一零六八·子部·艺术类[M].上海：上海古籍出版社，2002：53－535.

88. [清]沈宗骞.芥舟学画编·卷二//续修四库全书·一零六八·子部·艺术类[M].上海：上海古籍出版社，2002：535.

89. 黄宾虹，邓实.美术丛书 初集第一辑[M].杭州：浙江人民美术出版社，2013：10.

90. 黄宾虹，邓实.美术丛书 初集第一辑[M].杭州：浙江人民美术出版社，2013：22.

91. [清]王原祁.雨窗漫笔//续修四库全书·一零六五·子部·艺术类[M].上海：上海古籍出版社，2002：210

92. 陈洙龙.山水画语录类选[M].北京：人民美术出版社，2008：32

93. [明]唐志契.绘事微言//景印文渊阁四库全书第816册[M].台北：台湾商务印书馆，1983：230.

94. [清]沈复.浮生六记[M]林语堂，译[北京：外语教学与研究出版社，1999：96 97.

95. [明]文震亨.长物志[M].陈植，注释.杨伯超，校订.南京：江苏科学技术出版社，1984：102.

96. [明]计成.园冶注释[M].陈植，注释.杨伯超，校订.陈从周，校阅.北京：中国建筑工业出版社，1988：211－212.

97. [清]沈复.浮生六记[M]林语堂，译.北京：外语教学与研究出版社，1999：96 98.

98. [清]方士庶.天慵庵笔记//王云五.丛书集成初编 第1639册[M].上海：上海商务印书馆，1935：2.

99. [法]加斯东·巴什拉.水与梦：论物质的想象[M].顾嘉琛，译.长沙：岳麓书社，2005：61

100. 韩放.历代名画录[M].北京：京华出版社，2000：18.

101. 陈从周，蒋启霆.园综[M].赵厚均 注释.上海：同济大学出版社，2004：223.

102. [宋] 郭熙.林泉高致集·山水训// 景印文渊阁四库全书第812册 [M].台北：台湾商务印书馆，1983 :575.

103. [宋] 郭熙 林泉高致集·山水训// 景印文渊阁四库全书第812册 [M].台北：台湾商务印书馆，1983 :574.

104. 韩猛，译注.列子[M].济南：山东画报出版社，2012 : 102.

105. [清]王文诰.苏轼诗集 [M].孔凡礼 点校.北京:中华书局,1982 : 2307.

106, 107[明]董其昌 画禅室随笔[M].济南：山东画报出版社，2007： 120.

108. 于安澜.画论丛刊 [M].北京：人民美术出版社，1989： 120.

109. 于安澜.画论丛刊 [M].北京：人民美术出版社，1989： 120.

110. [清]王琦 注.李太白全集[M].北京:中华书局,1999 : 1063.

111. [明]董其昌.画禅室随笔[M].济南：山东画报出版社，2007： 185.

112. 陈从周，蒋启霆.园综[M].赵厚均 注释.上海：同济大学出版社，2004： 87.

113. [清] 孙岳颁.佩文斋书画谱 卷三// 景印文渊阁四库全书第819册 [M].台北：台湾商务印书馆，1983 :102.

114. [东汉]王符.潜夫论// 景印文渊阁四库全书第696册 [M].台北：台湾商务印书馆，1983 : 405 – 406.

115. [唐] 荆浩 撰 画山水赋 笔法记// 景印文渊阁四库全书第812册 [M].台北：台湾商务印书馆，1983 :424.

116. [清] 孙岳颁，等.佩文斋书画谱 卷三// 景印文渊阁四库全书第819册 [M].台北：台湾商务印书馆，1983 :103.

117. [清] 孙岳颁，等.佩文斋书画谱 卷三// 景印文渊阁四库全书第819册 [M].台北：台湾商务印书馆，1983 :176.

118. [清] 孙岳颁，等.佩文斋书画谱 卷三 // 景印文渊阁四库全书第819册 [M].台北：台湾商务印书馆，1983 :101.

119, 120. 陈从周，蒋启霆.园综[M].赵厚均 注释.上海：同济大学出版社，2004: 87 88.

121. 陈从周，蒋启霆.园综 [M].赵厚均 注释.上海：同济大学出版社，2004: 90.

122. 陈从周，蒋启霆.园综[M].赵厚均 注.上海：同济大学出版社，2004: 88.

123, 124. [明] 郑元勋 .媚幽阁文娱二集 // 四库禁毁书丛刊集部.第172册[M].北京：北京出版社，1997 :281.

125, 126. [明] 郑元勋 .媚幽阁文娱二集 // 四库禁毁书丛刊集部第172册[M].北京：北京出版社，1997 :359 .

127. [明] 郑元勋 .媚幽阁文娱二集 // 四库禁毁书丛刊集部第172册[M].北京：北京出版社，1997 :359 – 360 .

128. [明] 郑元勋 .媚幽阁文娱二集 // 四库禁毁书丛刊集部第172册[M].北京：北京出版社，1997 :317.

129. [明] 黎遂球.莲须阁集二十六卷 // 四库禁毁书丛刊集部第183册[M].北京：北京出版社，1997： 47.

130. [宋] 苏轼.坡仙集:16卷.明万历二十八年[1600].继志斋 刻本

131. [明] 袁宏道.袁宏道集笺校 [M].钱伯城，笺校.上海：上海古籍出版社，1981：1219.

132. [清] 王文诰.苏轼诗集 [M].孔凡礼 点校.北京:中华书局，1982:2525.

133. [清] 李斗.扬州画舫录 [M].北京：中华书局，1997:151.

134. 135. [明] 郑元勋.媚幽阁文娱二集 // 四库禁毁书丛刊集部.第172册[M].北京：北京出版社，1997:127.

136. 嘉庆重修扬州府志（一）·中国地方志集成·江苏府县志辑41[M].南京：江苏古籍出版社，1997:521.

137. [明] 郑元勋.媚幽阁文娱二集 // 四库禁毁书丛刊集部第172册[M].北京：北京出版社，1997:127.

138. [清]郑庆祐撰 扬州休园志 // 四库禁毁书丛刊史部第041册[M].北京：北京出版社，1997：492 490.

139. [明] 郑元勋.媚幽阁文娱二集 // 四库禁毁书丛刊集部第172册[M].北京：北京出版社，1997:7 8.

140. [明] 郑元勋.媚幽阁文娱二集 // 四库禁毁书丛刊集部第172册[M].北京：北京出版社，1997:8.

141. [明] 郑元勋.媚幽阁文娱二集 // 四库禁毁书丛刊集部第172册[M].北京：北京出版社，1997:244.

142. [明] 郑元勋.媚幽阁文娱二集 // 四库禁毁书丛刊集部第172册[M].北京：北京出版社，1997:6.

143. [明] 郑元勋.媚幽阁文娱二集 // 四库禁毁书丛刊集部第172册[M].北京：北京出版社，1997:2.

144. 乾隆江都县志·中国地方志集成·江苏府县志辑66[M].南京：江苏古籍出版社，1997:230.

145. [清]冒襄.同人集十二卷 // 四库全书存目丛书·集部第三八五册 [M].济南：齐鲁书社，1997:41.

146. 147. [明] 郑元勋.[清] 郑开基.重刻影园瑶华集.乾隆壬午年[1762].拜影楼藏板.

148. [明] 黎遂球.莲须阁集二十六卷 // 四库禁毁书丛刊集部第183册 [M].北京：北京出版社，1997：93.

149. [明] 黎遂球.莲须阁集二十六卷 // 四库禁毁书丛刊集部第183册 [M].北京：北京出版社，1997：7.

150. [清] 屈大均.广东新语 // 续修四库全书七三四·史部·地理类 [M].上海：上海古籍出版社，2002：633.

151. 陈从周，蒋启霆.园综[M].赵厚均 注释.上海：同济大学出版社，2004:90.

152. [明]冒襄.影梅庵忆语 // 闲书四种 [M].武汉：湖北辞书出版社，1995：29 - 31.

153. [清]戴名世.戴名世集[M].北京：中华书局，1986：351.

154.155. 乾隆江都县志·中国地方志集成·江苏府县志辑66[M].南京：江苏古籍出版

社，1997 :266.

156. [清]李斗.扬州画舫录 [M].北京：中华书局，1997 :178.

157. 顾瑛（1310—1369年），又名阿瑛，字仲瑛，又字德辉，号金粟道人，元朝文人、音乐家，其家"声伎之盛甲于天下"。昆山人，家境富裕，懂音律，会弹阮。中年修建玉山草堂（玉山佳处），其"亭馆凡二十有四"，畜有家伎"天香秀、丁香秀、南枝秀、小蟠桃、小瑶池、小琼花、小琼英"等十几人，与高则诚、杨铁笛、倪瓒、柯九思、李孝光、顾敬、顾坚、张雨、于彦、成琦及元璞等人有来往。

158. 范景文（1587—1644年），字梦章，号思仁，又号质公，直隶吴桥县（今河北吴桥县）人，明朝政治人物，同进士出身。官至兵部尚书兼东阁大学士，人称"二不尚书"：不受嘱，不受馈。不依魏忠贤，亦不附东林党，尝言："天地人才，当为天地惜之。朝廷名器，当为朝廷守之。天下万世是非公论，当与天下万世共之。"崇祯十七年（1644年）李自成破宣府，烽火逼京师，众臣请帝南幸，景文劝帝"固结人心，坚守待援"，不久京师陷落，明思宗自缢。景文留下遗书曰："身为大臣，不能灭贼雪耻，死有余恨。"后前往双塔寺旁的古井下自杀。赠太傅，谥文贞。清朝追谥文忠。

159. 刘同升（1587—1645年），字晋卿，又字孝则，江西吉水人，明朝状元。弘光元年（清顺治二年，1645年）南都破。江西诸郡，惟赣州独存。唐王升其为国子祭酒。自雩都至赣，与翰林杨廷麟共谋兴复，巡抚南赣。绍宗隆武元年（1645年）因劳而卒，谥文忠。

160. [明]郑元勋 .[清] 郑开基 .重刻影园瑶华集.乾隆壬午年[1762] .拜影楼藏版 .

161. [清]冒襄.巢民诗集 // 续修四库全书一三九九·集部·别集类 [M].上海：上海古籍出版社，2002：530.

162. [清]冒襄.同人集十二卷 // 四库全书存目丛书·集部第三八五册 [M].济南：齐鲁书社，1997 : 41 42 .

163. [清]李斗.扬州画舫录 [M].北京：中华书局，1997 :22 – 23

164. [清]吴绮.林蕙堂全集卷二十二 //景印文渊阁四库全书第1314册[M].台北：台湾商务印书馆，1983 :673.

165. [清]郑庆祐.扬州休园志 // 四库禁毁书丛刊.史部.第041册[M].北京：北京出版社，1997 : 490 .

166. [清]李斗.扬州画舫录 [M].北京：中华书局，1997 :177.

167. [宋]黄庭坚.山谷诗集注 [M].[宋]任渊，史容，史季温，注. 黄宝华，点校 [M].上海：上海古籍出版社，2003：462.

168. [清]郑庆祐.扬州休园志 // 四库禁毁书丛刊.史部.第041册北京：北京出版社，1997 : 496 .

169. [清]李斗 .扬州画舫录 [M].北京：中华书局，1997 :3 .

170. [明]计成 .园冶注释[M] .陈植，注释.杨伯超，校订.陈从周，校阅.北京：中国建筑工业出版社，1988：38.

171. [明]计成 .园冶注释[M] .陈植，注释.杨伯超，校订.陈从周，校阅.北京：中国建筑工业出版社，1988：248.

172. [明]屠隆.三山志序 // [清] 陈梦雷.古今图书集成 · 方舆汇编山川典第191册[M] . 北京：中华书局，1940：34.

173. 《金山图》，明 · 文徵明，纸本设色70cm×23.8cm，台北故宫博物馆藏。

174. [清]钱谦益撰 .牧斋初学集[M] . [清]钱曾 笺注 .钱仲联 标校 .上海：上海古籍出版社，1985：965.

175. [清]钱谦益.列朝诗集八十一卷 // 四库禁毁书丛刊.集部.第096册[M].北京：北京出版社，1997：490 .

176. [明]潘一桂.中清堂集 刊本 明泰昌元年序 刊 日本内阁文库 卷六 ：25.

177. [明]潘一桂.中清堂集 刊本 明泰昌元年序 刊 日本内阁文库 卷五 ：32.

178. [明]计成 .园冶注释[M] .陈植，注释.杨伯超，校订.陈从周，校阅.北京：中国建筑工业出版社，1988：212

179. 贞寿堂图(卷)，明 · 唐寅，纸本，墨笔，28.3cm×102.2cm，北京故宫博物院藏，画上款署："吴门唐寅"。铃："吴趋"朱文印、"伯虎"朱文印、"唐子畏图书"朱文印。引首有李应祯撰《贞寿堂诗序》，尾纸即为沈周、吴宽、文徵明、唐寅等十七家所作《贞寿堂诗》。据此可知，此图乃唐寅应嘉祥学谕周希正之弟希善之请，为祝其母八十大寿而作。《过云楼书画记》卷四著录。 鉴藏印："顾子山秘箧印"朱文印。

180. [明]文震孟.药园文集 // 罗氏雪堂藏书遗珍第11册[M] . 北京：全国图书馆文献缩微复制中心，2001：547.

181. [明]徐树丕.识小录.徐武子手稿本 // 涵芬楼秘笈第一集[M].上海：涵芬楼，1916：1020.

182. [明]袁宏道.钱伯城，笺校.袁宏道集笺校[M] . 上海：上海古籍出版社，1981：180 181.

183. [明]计成.园冶注释[M] .陈植，注释.杨伯超，校订.陈从周，校阅.北京：中国建筑工业出版社，1988：42.

184. [明]袁宏道.袁宏道集，笺校.[M] . 钱伯城笺校 .上海：上海古籍出版社，1981：129.

185. [明]王世贞.弇州续稿卷 //景印文渊阁四库全书第1282册[M].台北：台湾商务印书馆，1983 :653.

186. [明]王世贞.弇州续稿卷 //景印文渊阁四库全书第1282册[M].台北：台湾商务印书馆，1983 :767.

187. [明]王世贞.弇州续稿卷 //景印文渊阁四库全书第1282册[M].台北：台湾商务印书馆，1983 :768.

188. [明]王世贞.弇州续稿卷 //景印文渊阁四库全书第1282册[M].台北：台湾商务印书

馆，1983 :776.

189. [明]陈所蕴.竹素堂序稿卷九 //明别集丛刊第四辑第66册[M].合肥：黄山书社，2016:297.

190. [清] 俞樾,方宗诚,等.同治上海县志卷二十八.同治十年[1871] .

191. 192. [明]陈所蕴 .竹素堂序稿卷九 //明别集丛刊第四辑第66册[M].合肥：黄山书社，2016 :296.

193. [明]陈所蕴.竹素堂续稿卷九 //明别集丛刊第四辑第66册[M].合肥：黄山书社，2016 :297.

194. [明]陈所蕴.竹素堂续稿卷九 //明别集丛刊第四辑第66册[M].合肥：黄山书社，2016 :465.

195. [清]姚承绪 .吴趋访古录[M] .南京：江苏古籍出版社，1999: 19.

196. [唐] 皮日休，陆龟蒙 .松陵集十卷// 景印文渊阁四库全书第1332册[M].台北：台湾商务印书馆，1983 :188.

197. [清]姚承绪 .吴趋访古录[M].南京：江苏古籍出版社，1999: 19.

198. [清] 韩是升. 洽隐园文钞卷一 .清道光二十八年[1848]元和韩氏宝铁斋木活字印本 :3435.

199. [明]王世贞. 艺苑卮言 // 续修四库全书一六九五·集部·诗文评类 [M].上海：上海古籍出版社，2002 : 444.

200. [明] 郑元勋 .媚幽阁文娱二集 // 四库禁毁书丛刊集部第172册[M].北京：北京出版社，1997 :78.

201. [明]计成.园冶注释[M] .陈植注释.北京：中国建筑工业出版社，1988: 42.

202. [明] 姚希孟.松瘿集卷二.四库全书存目丛书集部第三八五册 [M].济南：齐鲁书社，1997 :262 .

203. [明]文震孟 药园文集 // 罗氏雪堂藏书遗珍第11册[M] .北京：全国图书馆文献缩微复制中心，2001: 582 583.

204][明] 姚希孟.清閟全集·凤唫集卷六:25.明崇祯张叔籁.陶兰台刊本.

205][明]张大复 梅花草堂集 // 续修四库全书一三八零·集部·别集类 [M].上海：上海古籍出版社，2002 : 568.

206. [明]汤显祖撰.汤显祖诗文集[M].徐朔方笺校.上海：上海古籍出版社，1982 : 1080.

207. [明] 郑元勋. 媚幽阁文娱二集 // 四库禁毁书丛刊集部.第172册[M].北京：北京出版社，1997 :50.

208. [明] 文震亨.长物志[M] .陈植，注释.杨伯超，校订.陈从周，校阅.南京：江苏科学技术出版社，1984：102－103 .

209. [明]潘一桂.中清堂集 .刊本 .明泰昌元年序刊.日本内阁文库卷四:1920.

210. [清] 宋荦.西陂类稿卷六 // 景印文渊阁四库全书第1323册[M].台北：台湾商务印书馆，1983 :63.

211. 贺琴.王士禛集外诗文辑考[J] 南昌：图书馆研究，2018/01: 116.

212. [清]王士禛, 袁世硕.王士禛全集（二）诗文集[M].济南：齐鲁书社，2007：895.

213. [清] 汪琬.钝翁序稿卷二 // 四库全书存目丛书·集部第二二八册 [M].济南：齐鲁书社，1997 :91.

214. [清]宋荦.西陂类稿卷六 //景印文渊阁四库全书第1323册[M].台北：台湾商务印书馆，1983 :63.

215. [清]宋荦.西陂类稿卷六 //景印文渊阁四库全书第1323册[M].台北：台湾商务印书馆，1983 :64.

216. [清] 汪琬.钝翁序稿卷二 四库全书存目丛书·集部第二二八册 [M].济南：齐鲁书社，1997 :91.

217. [明] 钟惺 .隐秀轩集 // 四库禁毁书丛刊集部.第48册[M].北京：北京出版社，1997 : 241 .

218. [明] 文震亨. 长物志 [M].陈植，注释.杨伯超，校订.南京：江苏科学技术出版社，1984: 426 .

219. [明]潘一桂 中清堂集 刊本 明泰昌元年序刊 日本内阁文库 卷四：6.

220. [明] 文震亨. 长物志 [M]陈植，注释. 杨伯超，校订.陈从周，校阅.南京：江苏科学技术出版社，1984: 104 .

221. [清]钱谦益.牧斋初学集[M] . [清]钱曾，笺注. 钱仲联，标校.上海：上海古籍出版社，1985: 142.

222. [明]计成.园冶注释[M] . 陈植，注释.杨伯超，校订.陈从周，校阅.北京：中国建筑工业出版社，1988: 76.

223. [清]陈济生 .天启崇祯两朝遗诗 [M] .北京：中华书局，1958: 1045.

224. [明]计成.园冶注释[M] .陈植注释 . 杨伯超，校订.陈从周，校阅.北京：中国建筑工业出版社，1988: 209.

225. 陈从周, 蒋启霆 .园综[M].赵厚均，注释.上海：同济大学出版社，2004: 89.

226. [明]潘一桂. 中清堂集. 刊本. 明泰昌元年序刊. 日本内阁文库. 卷四：7.

227. [228][明])吴玄.率道人素草.明崇祯十六至十七年刻本.卷四：骈语.

229. [明] 文震亨. 长物志 [M]陈植，注释 .杨伯超，校订.南京：江苏科学技术出版社，1984: 102 .

230. [明]吴玄.率道人素草.明崇祯十六至十七年刻本.卷四：骈语.

231. 何宁.新编诸子集成：淮南子集释[M].北京：中华书局，1998: 95.

232. 何宁.新编诸子集成：淮南子集释[M].北京：中华书局，1998: 759.

233. 234. [唐] 荆浩. 画山水赋 笔法记 // 景印文渊阁四库全书第812册[M].台北：台湾商务印书馆，1983 :424.

235. [明]董其昌.画禅室随笔[M].济南：山东画报出版社，2007: 5.

236. [清]王先谦. 庄子集解 [M].北京：中华书局，1936: 276.

237. [明]计成 .园冶注释[M]陈植，注释. 杨伯超，校订.陈从周，校阅.北京：中国建筑工业出版社，1988: 32.

238. [明]曹履吉.博望山人稿 // 四库全书存目丛书·集部第二二八册[M].济南：齐鲁书社，1997 :648 .

239. [明]曹履吉.博望山人稿 // 四库全书存目丛书·集部第二二八册[M].济南：齐鲁书社，1997 :665 .

240. [明]计成.园冶注释[M].陈植，注释.杨伯超，校订.陈从周，校阅.北京：中国建筑工业出版社，1988: 206、213.

241. 242. [明]计成.园冶注释[M].陈植，注释.杨伯超，校订.陈从周，校阅.北京：中国建筑工业出版社，1988: 32.

243. [明]计成.园冶注释[M].陈植注释.杨伯超，校订.陈从周，校阅.北京：中国建筑工业出版社，1988: 69.

244. [明]阮大铖.咏怀堂诗集 // 四库禁毁书丛刊集部第1374册[M].北京：北京出版社，1997 :374.

245. [明]阮大铖.咏怀堂诗集 // 四库禁毁书丛刊集部第1374册[M].北京：北京出版社，1997 :478.

246. [明]计成.园冶注释[M].陈植，注释.杨伯超，校订.陈从周，校阅.北京：中国建筑工业出版社，1988: 213.

247. [明]阮大铖.咏怀堂诗集 // 四库禁毁书丛刊集部第1374册[M].北京：北京出版社，1997 :476.

248. [清]周亮工.读画录// 续修四库全书一零六五·子部·艺术类[M].上海：上海古籍出版社，2002 : 614.

249. [明]阮大铖.咏怀堂诗集 // 四库禁毁书丛刊集部第1374册[M].北京：北京出版社，1997 :364、365.

250. [明]潘一桂.中清堂集.刊本.明泰昌元年序刊.日本内阁文库卷三： 50.

251. [明]计成.园冶注释[M].陈植，注释.杨伯超，校订.陈从周，校阅.北京：中国建筑工业出版社，1988: 213.

252. [清]钱谦益.牧斋有学集[M]. [清]钱曾，笺注. 钱仲联，标校.上海：上海古籍出版社，1996: 1602.

253. [清]钱谦益.牧斋初学集[M] .[清]钱曾，笺注. 钱仲联，标校. 上海：上海古籍出版社，1985: 1366.

254. [255][清]钱谦益.牧斋初学集[M] . [清]钱曾，笺注. 钱仲联，标校.上海：上海古籍出版社，1985: 1367.

256. [清]钱谦益.牧斋初学集[M] . [清]钱曾，笺注. 钱仲联，标校.上海：上海古籍出版社，1985: 278.

257. [明]程嘉燧.耦耕堂集 // 续修四库全书，第1386册.集部·别集类 [M].上海：上海古籍出版社，2002 : 11.

258. [清]钱谦益.列朝诗集 启祯遗诗//四库禁毁书丛刊集部.第097册[M].北京：北京出版社，1997 :538.

259. [明]程嘉燧.耦耕堂集 // 续修四库全书.第1386册.集部·别集类 [M].上海：上海古籍出版社，2002：18.

260. [清]钱谦益.牧斋初学集[M].[清]钱曾，笺注.钱仲联，标校.上海：上海古籍出版社，1985：312.

261. [清]钱谦益.牧斋初学集[M].[清]钱曾，笺注.钱仲联，标校.上海：上海古籍出版社，1985：443－452.

262. [清]钱谦益.牧斋初学集[M].[清]钱曾，笺注.钱仲联，标校.上海：上海古籍出版社，1985：450.

263. [清]钱谦益.牧斋初学集[M].[清]钱曾，笺注.钱仲联，标校.上海：上海古籍出版社，1985：444.

264. 265. [清]钱谦益.牧斋初学集[M].[清]钱曾，笺注.钱仲联，标校.上海：上海古籍出版社，1985：446.

266. [明]计成.园冶注释[M].陈植注释.杨伯超，校订.陈从周，校阅.北京：中国建筑工业出版社，1988：87.

267. [明]程嘉燧 耦耕堂集 // 续修四库全书.第1386册.集部·别集类 [M].上海：上海古籍出版社，2002：1.

268. [清]钱谦益.牧斋初学集[M].[清]钱曾，笺注.钱仲联，标校.上海：上海古籍出版社，1985：350.

269. [清]钱谦益.牧斋有学集[M].[清]钱曾，笺注.钱仲联，标校.上海：上海古籍出版社，1996：1138.

270. 吴江市档案局，吴江区方志局.垂虹识小录[M].扬州：广陵出版社，2014：47.

271. [清]张廷玉，等.明史 [M].北京：中华书局，1974：6359.

272. [清]钱谦益.牧斋有学集[M].[清]钱曾，笺注.钱仲联，标校.上海：上海古籍出版社，1996：1139.

273. [民]袁汝锡.赵田袁氏家谱一卷.清咸丰八年纂修民国增益.

274. [明]计成.园冶注释[M].陈植注释.北京：中国建筑工业出版社，1988：249.

275. [清]钱谦益.牧斋初学集[M].[清]钱曾，笺注.钱仲联，标校.上海：上海古籍出版社，1985：1366.

276. [明]周用.周恭肃公卷 一// 四库全书存目丛书·集部第五四册 [M].济南：齐鲁书社，1997：597.

277. [清]钱谦益.列朝诗集 //四库禁毁书丛刊集部.第096册[M].北京：北京出版社，1997：538.

278. 吴江市档案局，吴江区方志局.垂虹识小录[M].扬州：广陵出版社，2014：46.

279. [清]钱谦益.牧斋初学集[M].[清]钱曾，笺注.钱仲联，标校.上海：上海古籍出版社，1985：1361、1362.

280. [清]钱谦益.牧斋初学集[M].[清]钱曾，笺注.钱仲联，标校.上海：上海古籍出版社，1985：1362.

281. [明]张世伟 .张异度先生自广斋集十六卷卷一 //四库禁毁书丛刊集部.第162册[M].北京：北京出版社，1997 :173.

282. [明]计成 .园冶注释[M] .陈植，注释 .杨伯超，校订.陈从周，校阅.北京：中国建筑工业出版社，1988: 42.

283. [清]陈济生 .天启崇祯两朝遗诗 [M] .北京：中华书局，1958: 1083-1085.

284. [清]钱谦益 .牧斋初学集[M] . [清]钱曾笺注 .钱仲联标校.上海：上海古籍出版社，1985: 607.

285. [民] 赵尔巽，等.清史稿 第四十四册 [M] .张伟点校.北京：中华书局，1977 : 13323.

286. [清]钱谦益 .牧斋初学集[M] . [清]钱曾，笺注 .钱仲联，标校.上海：上海古籍出版社，1985: 350.

287. [清]钱谦益 .牧斋有学集[M] . [清]钱曾，笺注 .钱仲联，标校.上海：上海古籍出版社，1996: 489.

288. [清]钱谦益 .牧斋有学集[M] . [清]钱曾，笺注 .钱仲联，标校.上海：上海古籍出版社，1996: 492.

289. [明]张世伟 .张异度先生自广斋集十六卷卷一 //四库禁毁书丛刊集部.第162册[M].北京：北京出版社，1997 :330.

290. 故宫博物院 .紫柏老人集 卷14 //故宫珍本丛刊.第518册子部·释家[M].海口：海南出版社，2001 :247.

291. [清]张廷玉，等.明史 [M].北京：中华书局，1974: 7396.

292. 画禅室随笔卷四 //丛书集成三编第031册.艺术类[M].台北：台湾新文丰出版公司，1978: 411.

293. 故宫博物院 .紫柏老人集 卷14 //故宫珍本丛刊.第518册子部·释家[M].海口：海南出版社，2001 :351 - 352.

294. [明]憨山德清.憨山老人梦游集卷二十一.江北刻经处刻本.清光绪五年，1879.

295. 故宫博物院.紫柏老人集 卷14 //故宫珍本丛刊.第518册子部·释家[M].海口：海南出版社，2001 :351、227.

296. [明]霖道霈，兴灯，等.鼓山为霖禅师还山录卷四.万续藏第一二五册.康熙二十七年1688.

297. [明]计成 .园冶注释[M] .陈植，注释.杨伯超，校订.陈从周，校阅.北京：中国建筑工业出版社，1988: 206.

第四章　主人的神情：拙者、想象物和文本

你一说话，就从黑暗中创造了光，
使得水面上泛起粼粼波光。

——乔治·戈登·拜伦《该隐》

我们存在在世界中，这意味着意识是世界之本，任何对象都依照意识采取的态度并在意识的经验中得到展示和表达。但这也意味着这种意识是在一个已经秩序井然的世界中觉醒的。在这个世界中，意识是传统的继承人，是历史的获益者，而它自己又开开创着新的历史。

——米·杜夫海纳《审美经验现象学》

如果文化符号学明显关涉到那些表现出更多结构的、形式的和象征的特征的艺术活动，我们就可以说传统中国诗歌与艺术显示出更强的符号学倾向，中国人具有善于使各种不同媒体的文本结构化和形式化的心态。

——李幼蒸《历史符号学》

| "梦隐"：拙者的凸显

　　"赋归"（return）的记号总以最强烈的韵律发生在"主人"的生命中，苏舜钦（1008—1048 年）庆历五年（1045 年）罢官后流寓苏州，以四万钱购得孙氏池馆，作《沧浪亭记》曰："予爱而徘徊，遂以钱四万得之。构亭北碕，号'沧浪'焉……人固动物耳，情横于内而性伏，必外寓于物而后遣，寓久则溺，以为当然，非胜是而易之，则悲而不开。惟仕宦溺人为至深，古之才哲君子，有一失而于死者多矣，是未知所以自胜之道。"[1]"悲"是非心，非我本心，就是不是我的本我，即便我透过幻梦，也无法抵挡创伤带来的光阴。如果不能找到释放的方法，悲伤不能化解，那么找一块风物饶盛的场地，造一座园林，"思得高爽虚辟之地，以舒所怀"，这样才能免于在世的沉沦，这是园主人自胜的方式，主人在自己的私人空间中，才能找到真正创生世界的自信。

　　但是沧浪亭的主人三年后就离世了，园子被分割、易主、荒废……这似乎是所有园子的命运，苏舜钦也被欧阳修称为"废放"文风的代表。文徵明在《题苏沧浪诗帖》中说："所谓沧浪亭者，虽故址仅存，亦惟荒烟野草而已。"[2]但是沧浪亭并没有消失，康熙年间宋荦（1637—1713 年）抚吴，披图寻访得"沧浪亭遗址"，偶过所见"野水潆洄，巨石颓仆，小山聚黛于荒烟蔓草间，人迹罕至"[3]（宋荦《重修沧浪亭记》），于是重加修复，构亭于山上，于康熙三十五年（1696 年）二月落成，"得文衡山隶书'沧浪亭'三字，揭诸楣，复旧观也"[4]。和沧浪亭一样，拙政园虽然一直兴废起伏、园主交替更换，却总是能复生存在于世，这和园林的文本原叙事有着密切的关系。事实上每篇园记、每卷园林图卷，都在期望园林的流传，但又都知道园林的兴废无常是必然的。文徵明的《王氏拙政园记》，文千余字，《记》的前半部"取其园中景物，悉为赋之"，后面的文字为评议王献臣的造园目的和动机，"拙者"出现在文章最后，文徵明写道：

"王君之言曰：昔潘岳氏仕宦不达，故筑室种树，灌园鬻蔬，曰：'此亦拙者之为政也'；余自筮仕抵今，余四十年，同时之人，或起家八坐，登三事，而吾仅以一郡倅，老退林下，其为政殆有拙于岳者，园所以识也。"⁵

古人称出仕做官为"筮仕"，王氏经官场蹭蹬，出仕事略尝，沉浮宦海四十年，仅以高州通判（正六品）致仕，豪杰之志已灰，浩然之气已馁。恐取笑于同侪，因假潘岳口吻自嘲为拙于为政者，退守家业凋零，宜乎"筑室种树，灌园鬻蔬"，其又以信道教，因此以"守拙"相标榜。真正开始把"拙"和"田园"归隐连接起来成为一个固定形式的是陶渊明，为士人推崇的"守拙"来自《归园田居》：

少无适俗韵，性本爱丘山。
误落尘网中，一去三十年。
羁鸟恋旧林，池鱼思故渊。
开荒南野际，守拙归园田。
方宅十余亩，草屋八九间。
榆柳荫后檐，桃李罗堂前。
暧暧远人村，依依墟里烟。
狗吠深巷中，鸡鸣桑树颠。
户庭无尘杂，虚室有余闲。
久在樊笼里，复得返自然。⁶

后世出现很多"和陶"的诗文，园林诗文和园记中，也会经常出现"拙"

字，很多归隐的文人斋堂轩号都和"拙"字相联系，例如"用拙堂""拙存堂""拙庵""尊拙堂""拙斋""拙修堂""隐拙斋""用拙堂""敦拙堂""拙余轩""拙守斋""养拙居""补拙轩""守拙轩""养拙斋""抱拙斋"等等，蔚为大观；尽管和陶渊明的行迹并非一致，但在仕途受挫时，拿来"挪用"，既是自嘲，也是勉励，也是自我深层的人格标榜。杜甫说："衰颜甘屏迹，幽事供高卧""竹光团野色，舍影漾江流"，他把这种生活状态总结为"用拙存吾道，幽居近物情"。[7]（《屏迹三首》）最早对"拙"的推崇来自老庄，《老子道德经·第四十五章》："大成若缺，其用不弊。大盈若冲，其用不穷，大直若屈，大巧若拙，大辩若讷。躁胜寒，静胜热，清静为天下正。"[8]在老庄这里，至人之为真人，为"拙讷""大巧固自然以为器，不造为异端，故若拙也"，"拙"为"清静"，和社会制度、形式理性、工具理性保持距离，免于污染，因此孔子的"仁义"在《庄子·渔父》中受到质疑："仁则仁矣，恐不免其身；苦心劳形以危其真……真者，所以受于天也，自然不可易也。故圣人法天贵真，不拘于俗，愚者反此。"[9]但是"拙政"连接在一起作为园林的名字，在园林中出现是有些突兀的，隐居意味着什么？不是要远离政治吗？潘岳是真正的"拙者"吗？以潘岳之流看来，隐居是否意味着自我在场的另一种政治欲望？"拙政"是园居和政治的奇特的拼合，既然已经身离政治，又把政治凿凿于园名，这种命名令人不安，仿佛一种逻辑：一种主人宣布结果要说的东西是"非理性"的，不确定性的，因而"拙"是填补在需求寻找自我在场的缝隙中。

　　"拙"是相对于"巧"出现的，周敦颐（1017—1073年）在《拙赋》里把"拙"和"巧"对立起来看："巧者言，拙者默；巧者劳，拙者逸；巧者贼，拙者德；巧者凶，拙者吉。呜呼！天下拙，刑政彻。上安下顺，风清弊绝。"[10]光绪时期湖南道州知州张铭于光绪丁亥（1887年）做"拙榻"榜书石刻，现存刻于湖南永州道县的月岩崖壁小洞之内，他说："昔读《拙赋》四十字，知濂溪学问、事功皆在于此，虽《太极》《通书》世鲜能之，然志伊尹志、学颜子学，非巧也，仍守拙耳。"周敦颐之后，通过"二程"确定了其"理学"的开山地位，为后世文人千年产生了深远影响，苏辙说："古语有之曰：大辩若讷，大巧若拙。何者？惧天下之以吾辩而以辩乘我，以吾巧而以巧困我。故以拙养巧，以讷养辩，此又非独善保身也，亦将以使天下之不吾忌，而其道可长久也。"[11]

相比较于"守拙"政治立场的立调过高之难以推行，在绘画上"拙"可以说是大获成功，"拙"的引入开启了笔墨意识，主导了元明清的艺术史主流，顾九思（1532—1610 年）孙顾凝远在《画引》中说："工不如拙，然既工矣，不可复拙。惟不欲求工而自出新意，则虽拙亦工，虽工亦拙也。生与拙惟元人得之……元人用笔生，用意拙，有深义焉。"[12]拙则没有做作之气，故雅，所谓风雅人有深致也。傅山（1607—1684 年）说："作字先作人，人奇字自古。……宁拙勿巧，宁丑勿媚，宁支离勿轻滑，宁直率勿安排。"[13]（《作字示儿孙》）赵孟頫、董其昌的绘画有"拙"的成绩，但是在书法上，董其昌并不完全认可"拙"，《画禅室随笔》云："书道只在'巧妙'二字，拙则直率而无化境矣。"但是"巧"的弊病是入清之后，"巧"风之下，形成一个妍媚绵软的书风系统，以致后来蜕变为抹杀个性、毫无生气的馆阁体。傅山以自身的学书经历力主反对这种"书风"：

余弱冠学晋唐人楷法，皆不能肖。及获赵松雪墨迹，爱其圆转流丽，稍临之，遂能乱真。已而自愧于心，如学正人君子，苦难近其觚棱，降而与狎邪匪人游，日亲之自不觉耳。更取颜鲁公师之，又感三十年来为松雪所误，俗气尚未尽除，然医之者，推鲁公《仙坛记》而已。[14]

在这里傅山指出对于"巧"的易得以及流弊，进而将其和做人联系起来，可见"拙"以及推尔为人的不易，而这种艺术的美学和人生哲学之间似乎总是存在着必然的联系，对于两者不可调和的裂缝，"拙""巧"

之争是持续的，带来的问题是，在复杂的人生社会，做一个"拙者"果真能获得成功吗？或者说谁才是真正的"拙者"？如何成为一个"拙者"？

对于创建拙政园的王献臣，正史中的评价是正面的，出现在文徵明诗文中，尤其是早期诗文中的评价是肯定的，他是文徵明的"友"。王献臣其字敬止，号槐雨先生，生于明成化十年甲午公元 1474 年，卒年约在公元 1551 年后。依据明史，"王献臣，字敬止，其先吴人，隶籍锦衣卫。弘治六年举进士。授行人，擢御史"。御史品秩低但权既广而重，然而处事若有差失，惩办也极严厉。王氏性情疏朗峻洁，博学能文，遇事极有担当。巡按山西大同时，献臣疏劾怯懦丧师的边将，当大同、延绥旱灾频传之际，王御史则极力主张减免租税，以舒解边地军民的困境。出使朝鲜，巡按辽阳，都显示出他做事的干练和正直；然而，朝中的派系之争，以及他对于内宦的乱政的直言，也因此得罪了许多权贵。弘治十五年巡按辽东，因劾奏贪官，得罪东厂。弘治十六年，东厂告发他，"尝令部卒导从游山，为东厂缉事者所发，并言其擅委军政官"[15]。治以罪嫌，把王御史征下诏狱，廷杖之后，旋被谪为长汀府上杭县丞，这是他官场从政后第一次严重受挫和失意。文徵明和王献臣的交友是在文徵明的父亲文林的关心下促成的，而后几十年交往不断。王献臣赴任前曾回苏州，性格耿介的文徵明，闻知王献臣受贬，作《送侍御王君左迁上杭丞序》，感慨："……往岁先君以书问士于检讨南屏潘公，公报曰：'有王君敬止者，奇士也。是故吴人。'他日还吴，某以潘公之故，获缔好焉。及君以行人迁监察御史，先君谓某曰：'王君有志用世，其不能免乎？……而一旦事出非料，则其祸之所遗，岂独一身一家而已哉。'"文徵明称赞他以国家为重，是尽职尽责的"奇士"，吴中文人认可勉励他，"君将赴上杭，取道还吴，吴撻掖之士，聚诗为赠，而推叙于某。因叙君之所以得罪之故，而复推本其所存如此。虽然，天下之事，尚有大于此者，君当无以是自惩"[16]。王献臣在福建龙岩的上杭任上，治绩卓然，造文峰塔，建际留仓，修城隍庙以及桥梁、道路，在从政之余还为地方的后学们开堂讲学，娓娓不休。弘治十七年（1504年），王献臣又以张天祥事被东厂逮至北京，再次被贬为广东驿丞，贬至于琼州府崖州都许驿，从福建谪至海南，这是他官场从政后再一次降职外放，沈周、王宠等有诗文赠记。到正德改元之后，武宗立，才回迁为浙江温州永嘉知县，永嘉曾是文徵明父亲文林治辖之地，成化八年（1472年）进士。初知永嘉县，改知博平县，历迁南京太仆寺丞。后因病告归，复起为温州知府，文徵明曾随侍父到此地，为好友作诗《赠槐雨先生》：

> 曾携书册住东瓯，此日因君忆旧游。
> 落日乱山斜带郭，碧天新水静涵洲。
> 从知地胜身如隐，近说官清岁有秋。
> 西北浮云应在念，乘间一上谢公楼。[17]

王献臣在永嘉任上，在县学大成殿后创建奎光阁，上薄云烟，俯视江海，尽一郡之胜。正德五年（1472年），王献臣迁任高州通判。同年，王献臣父亲王瑾在苏州病故，丁忧回到苏州，守丧三年，期满不再复出。文徵明为王瑾作《王氏敕命碑阴记》，转述王献臣父子承蒙皇恩。王献臣告别了近二十年波澜起伏的官宦生涯，回归本籍，筑园自娱。关于拙政园选址，在《拙政园诗画册·三十一景》中文徵明记，"君尝乞灵于九鲤湖，梦得隐字，及得此地，为戴颙、陆鲁望故宅"。[18] 意为此地王献臣在永嘉为官时"梦隐"所见。九鲤湖何氏九仙以梦验灵异，在明代早已名闻京都。王献臣在永嘉任上，公务之余，便微服偕同一亲信，风尘仆仆，不远千里来到闽中九仙胜地九鲤湖观光和乞梦，祈求鲤仙为他指点迷津。是夜，王献臣住宿九仙祠，焚香叩拜之后，须臾间进入梦境。在梦中，仙人指点他到一处荒废的寺院，望见墙壁上隐隐约约书有"隐"字，周边清静而空旷，并赠诗提示他在城东边择宅居。王献臣辞官后带着地理先生，按九鲤湖梦示意境在姑苏城内外寻找，终于在城东附近找到一处地势平坦、水源充沛的废墟，这个废墟以前是一座元代的太弘寺，已是断壁残垣，此地曾是南朝高士戴颙和唐代诗人陆龟蒙的居处，眼前虽破落不堪，但印象颇似梦中所见的情景。于是,他买下了这块地。经过精心设计和营造，终于建成了一座山水相映、林木葱郁、古朴典雅的园林。为了记录仙梦之灵的启示,他特地在全园最高之处,构筑一座"梦隐楼"以纪念。从"直臣"到招贬，从仕途终结到"梦隐"归乡，到成为一个"拙者"，成功地造园享受山水之乐，《拙政园图咏》塑造了一个"高士"的形象。但这段历史在其他文本中是令人惊异的，徐树丕（1596—1683 年）在《《识小录》中记载的王献臣和拙政园是这样的：

　　拙政园在娄门迎春坊，乔木参天，有山林杳冥之，致实一郡园亭之甲也。园创于宋时某公，至我明正嘉间御史王某者，复辟之。其邻为大横寺，御史移去佛像、赶逐僧徒而有之，遂成极胜。相传御史移佛像时，皆剥取其金，故号剥金王御史。末年患身痒，令人搔爬不快，至沃以沸汤，如此踰年，溃烂见骨而死。其子即贫，孙某至于吊丧为业，余少时犹识之。当御史殁后，园亦为我家所有。曾叔祖少泉以千金与其子赌约，六色皆绯者胜，赌久呼妓进酒丝竹并作侫，其倦，阴以六面皆绯者，一掷四座大哗，不肖子惘然巨测。园遂归徐氏，故吴中有花园令之戏实昉之。此后人于清朝之十年，贱售与海宁陈阁老，仅得二千金云。[19]

　　在徐文中，王献臣的行径为人不耻，驱赶僧侣，强占"大横寺"，剥取佛金，至于结局也是不得善终，其后人更加不堪，先失家业，后沦为从事丧葬谋生，这和拙政园主人正面形象相去甚远。徐树丕是长洲（今吴县）人，苏州望族徐氏后人，字武子，自号墙东老人，又号活埋庵道人，明末秀才。同时也是复社成员，清吴山嘉《复社姓氏传略》十卷中《苏州府》有记："徐树丕，长洲（今吴县）人，少补诸生，姚希孟器重之，妻以女，屡试不利，益博览群籍，善楷书，兼工八分。年八十八卒。有《中兴纲目》《识小录》《杜诗注》。"[20] 前面我们说过姚希孟（1579—1636年）是文徵明的后人，文震孟是他的舅舅，他还给潘一桂的《中清堂文集》作过序文，在很多记载中，姚希孟列为东林党人，当然党祸使得他的仕途并不顺利。姚希孟为人耿介，他欣赏的徐树丕大抵也是如此，他们留下的文字大约也是可信的。在徐树丕的文中，提到"当御史殁后，园即为我家所有"，王献臣的不肖儿子和徐树丕的"曾叔祖少泉"赌博输掉了拙政园。按照徐文，徐家后人顺治十年买下拙政园把园子贱卖给陈之遴（1605—1666年），这期间拙政园都是徐家的产业。但从《吴梅村"咏拙政园山茶花并序"》《消夏闲记》、徐灿《拙政园诗余集》等相关文献参照，陈之遴是清顺治五年左右买下拙政园的，陈之遴夫人徐灿亦为徐家后人，《拙政园诗余集序》言徐小淑为徐灿祖姑，徐媛为"瑞云峰"主人徐泰时（1540—1598年）之女，所以拙政园在徐佳之后，仍和徐家有所联系，只是两人被发配流离，并未住过拙政园，此期间园林渐荒废。徐树丕同时为徐家后人和文氏家族的姻亲，他对拙政园的了解显然来自家人。但是他的文字显然大大地颠覆了王献臣的"拙者"的形象，而这似乎也可以解释文徵明为什么拿潘岳和王献臣相比，潘岳的名声在文人中并不好，在文徵明的内心恐怕也不是很认同的。那么拙政园归于徐佳之后如何呢？王世贞（1526—1590年）在他的《弇州续稿》中有一篇长文历数他所游历的园林，文章的名字叫《古今名园墅编序》，其中提到苏州当时的名园，他说：

　　若吾郡城中外所游，王文恪、孙太常有壬与徐封园，饶佳石而水竹不称；徐参议廷裸园因吴文定东庄之址而加完饰，饶水竹而石不称；徐鸿胪佳园因王侍御拙政之旧，以己意增损，而失其真。[21]

　　王世贞与文徵明祖孙三代都有交游，他曾受文彭次子文元发所托为文徵明撰写生平传记《文先生传》。王世贞万历十六年 (1588 年)、十七年 (1589 年) 游吴中诸园，文中提到了他游历苏州的五座园林：王文恪园、孙有壬园、徐封园、徐廷裸园和徐佳园。王鏊 (1450—1524 年)、吴宽 (1435—1504 年) 一个是探花，一个是状元，都是吴门最为杰出的大人物，同时也是文徵明父亲文林的好友，文徵明的老师。徐廷裸的园子是在吴宽“东庄”的基址上进一步整治而成；而徐佳园则是在“拙政园”的基础上改造的，但是失去了原有的风貌，“以己意增损，而失其真”。他提到的五座园林中竟然有三家是徐家的，可见在明中期徐家才是苏州造园的大家族，至于徐封园则是在《识小录》书中记录的紫芝园，开文他写道：

> 余家世居阊关外之下塘，甲第连云，大抵皆徐氏有也。年来式微，十去七八，惟上塘有紫芝园独存。盖俗所云“假山徐”正得名于此园也。因兄弟构大讼，遂不能有尽，售与项煜，煜小人其所出更微，甲申从贼，居民以义愤付之一炬，靡有孑遗，今所存者止巨石巍然旷野中耳。园创于嘉靖丙午 (1546 年)，至丙戌 (1586 年) 而从伯振雅，联捷至甲申 (1644 年)，正得九十九年，不意竟与燕京同尽。嗟乎！嗟乎！ [22]

　　徐树丕的上述文字至少说明了三点：徐家园居集中在苏州阊门外的下塘街，并且拥有大片宅园；徐家园林中以“假山”出名，有在园中造假山的传统；“紫芝园”的创建人正是文中徐佳的兄长徐封，为苏州下塘十四世徐焴所生，徐焴生三子：圭、封、佳。徐封 (1503—1587 年) 字子慎，别号墨川，为徐焴仲子。徐佳 (1525—1607 年) 字子美，号少泉，为三子，后更号古怀。文徵明返乡后与徐默川交游，嘉靖二十八年 (1549 年) 开始为徐默川作《千岩竞秀图》，两年成；嘉靖三十年 (1551 年) 又为徐默川作长卷《万壑争流图》；嘉靖三十一年 (1552 年) 文徵明又为徐封作《金

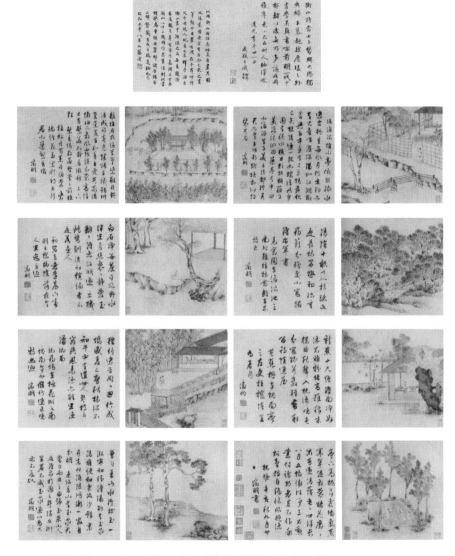

图36　《拙政园图咏·十二景·八景》　明·文徵明　嘉靖三十年（1551年）
每开 纵26.4厘米，横27.3厘米　纽约大都会艺术博物馆藏

阊名园图》。文徵明在《金阊名园图》题跋上写道："(徐)默川文学雅好游玩，构成名园于金阊。第宅之后，凡奇花异果、怪石芳池、华堂曲榭，极其精备，即所称金谷之胜，当不过也。余于暇时，常憩其中，因为图之。虽易寒暑而就，然终不能曲尽其妙。"[23] 这段题跋没有说徐封园的园名，只是说"名园"，但是文徵明和忘年交好友王宠经常和主人相聚其中，徐泰时女婿、徐小淑丈夫范允临（1558—1641 年）《太学生墨川徐翁暨配缪孺人传》一文介绍徐家以及徐封园：

　　自余垂髫，婿徐氏则闻墨川翁以隐德称家，饶园池花木之胜，盖比于素封。比长善，景文内兄为翁仲孙，乙酉同乡荐，乃益习翁行知，为雍容博大长者，太史公（文徵明）所谓富好行其德者也……翁讳封字慎别号墨川，其先系出南州孺子十三世而徙海虞为司教寿，又十二世而徙吴郡城，视为渊，渊生朴，所谓寻乐公者也，寻乐修祖业而息之，业始日益拓，朴生熵及耀，熵为南康府幕，翁所自出也，南康公举子三……中装为园城，西备泉石之致……乃以东雅其堂，谓孟尝多侠客而乏文，梁园饶文士而未雅，吾所愿欸于斯，聚于斯者大雅君子乎？以故一时名胜若文徵仲父子、王履吉兄弟、逮王子禄、汤子重辈，咸雅慕之。日登斯堂相与啸歌，竟日或至丙夜，犹闻敲灯落子声……自翁至景文三世而门始大，不于其身于其孙，其所培植深矣。[24]

　　文中出现的王宠嘉靖十二年（1533 年）就过世了，文徵明嘉靖六年（1527 年）辞官回到苏州，那么至少在嘉靖六年前他就和徐墨川有交游了，所以这座园林和"东雅堂"的存在时间早于《金阊名园图》约三十年前，而园林的经营也是一个漫长的过程，以图记园一般在主人认为园林大功告成的时候。这也记录了在文徵明返乡之后除了拙政园外，经常和友人聚游的还有徐默川的园子，相比于拙政园的清静高冷，徐园则是藏书、

图 37 《拙政园图咏 · 十二景》和《金阊名园图》的元素构成对比

古玩、歌咏的热闹之地。徐佳之父徐焴和徐树丕的高祖徐燿，是同胞兄弟，所以徐树丕称徐佳为"曾叔祖少泉"，在王献臣殁后，拙政园归于徐佳，但是文徵明为王献臣所作的诗文册页一直流传下来，在苏州市博物馆收藏清人书稿中，有清代海宁诗人吴敦文对此卷的描述："此卷为停云馆主神妙之品，书奉拙政园主人槐雨王君者也。前则园记及诗，写作并皆佳妙；后附数札，尽态极研。平阳外舅知余素嗜临摹，携以见示。如贫得宝，喜极欲狂，心追手模，迎月而就。虽不克得其神髓，未免遗笑捧心，而举墨工夫，非草草临池者比。具眼以为何如。识中尚有行书卷一册，不识藏子何所。如合而珍之，斯为全璧。惜哉其不遘也。道光二十八年（1848年）戊申六月既望，吴中吴敦临并识。"[25] 据现存文徵明书画作品可以知道，吴敦提到的"尚有行书卷一册"，为嘉靖三十年（1551年），文徵明在八十二岁高龄的时候，又于前册页三十一景中择其十二景重绘一册页，并以行书系以前册页所系之诗。该册页十二景今存其八，藏于纽约大都会艺术博物馆。（见图 36）文徵明与徐封的交游可能扩展及徐佳，那么这似乎可以成为拙政园十二景册页绘画动机的一种解释，册页中的景观和三十一景图已经有所不同，推测或是徐佳委托文徵明绘制的，或是追忆故人；而《拙政园图咏·十二景》和《金阊名园图》中的元素有相似之处，这种相似性是因为文徵明同时参与了两座园林的营造。文徵明亲身参与徐默川造园的记载，留在了徐家和文家的后人徐树丕的文字中。（见图 37）由于徐树丕自己并未亲身经历，因此他在后面完整地引用了文徵明的学生王稚登的一篇园记，他说"有百谷王征君记录之，以存吾宗"。这段园记颇长，我们先略去细节，摘录和园主以及文徵明的相关文字：

　　园创自太仆之祖默川翁……园初筑时文太史为之布画，仇实父为之藻绩。一泉一石、一榱一题，无不秀绝精丽，雕墙绣户，文石青铺，丝金缕翠，穷极工巧，江左名园未知合置谁左。默川翁晚岁，家渐旁落，……

凡若干年丙戌（1586年）以后，太仆君登高华涉清要，游者不敢阑入，而后园始复为徐氏有矣。[26]

徐默川邀请文徵明、仇英开始营建紫芝园，大约在嘉靖六年（1527年）后，嘉靖丙午（1546年）落成，后来家道中落，园渐荒芜。直到其孙徐元正（字景文1558一？年）考取进士（1586年），官至太仆少卿，才重振家风，徐元正别号"振雅"，抑或有重振先辈"东雅"之意。王穉登（字百谷）写《紫芝园记》是受徐景文之托，为重建的徐家园林"紫芝园"来作园记。文中详尽记录了紫芝园：

紫芝园者，太仆少卿徐君景文家园也。太仆家在上津桥，负阳而面阴，右为长廊数百步以达于园。园南向前，临大池跨以修梁，曰"紫芝梁"成而朱草生，故园因以名。循梁而入，有门翼然，堂曰"永祯"，文太史手书；堂东西各有门，其中门曰"揽秀"，余所名也；堂西有楼曰"五云"，题亦自太史；凭阑矫首北望三台，子牟安能忘魏阙哉；再入为"友恭堂"，许元复先生书额友恭；而后深房曲室、接栋连枅沉沉莫可窥矣。紫芝桥南叠石为峰，曰"五老"，余易名"仙掌巨灵"，奇迹纵非蜀道移来，亦彷佛汉宫承露金铜仙人，五指排空耳。左轩右楼，楼小于轩，轩名"迎旭"，楼名"延熏"，轩在东，楼在南也；稍西折而南，经一门名入林，梁石而渡名"卧虹"，堂曰"东雅"，文太史书；栋宇坚壮闳丽爽垲榱题，斗拱若雁齿鱼鳞，夏屋渠渠可容数百人。堂后小山二古松，一蚪枚偃寒盖数百年物；堂西书室，余名为"太乙斋"，火光荧荧出于杖首，主人于此修中垒之业乎？循池而右，楼名"白雪水"，槛名遣心皆出太史公。绿波鳞鳞、房廊倒影，何必太液，影娥乃称仙境；池右折，汇于东雅之前，岩岫参差、磴道屈曲，而登一亭，临池三峰，环列曰"浮岚"，左折而上，有峰如屏，下俯石洞曰"窥壑"，由洞右折而上，亭北向曰"瞻辰"渡石，一峰秀出，拾级而下，为"钓台"，天目奇松覆之，清风时来、枝闲声谡，谡如秋江八月，涛可以洗心、可以濯足，悠然有桐江一丝之想。俯而西过石门，曲径临流、飞岩夹道、峭石巑岏、钩衣而刺目者林立。南行入一洞，峰石皆锦川，双洞若环名曰"联珠"，清旷道明可罗胡床。十数石如天成，流丹染黛欲上，人衣其上为台曰"骋望"。山之最高处也，东望城阗千门万户，西望诸山羣龙蜿蜒，美哉！山河之固，遐想吴越霸图，不能不动英雄一慨矣！峯之最高名曰"标霞"，其它羣石，或如潜虬、或如跃兕、或狮而蹲、或虎而卧飞者，伏者、走者、跃者、怒而奔林、渴而饮涧者，灵怪毕集莫可名状。每当朝霏夕晖、烟横树暝、池光澄澄、冰轮浸魄，若深山大泽，含气出云，又如僊家楼阁、雾阁云窗、与琪花瑶草相映带，非复人间世矣！山势正与东雅相，向右过石门，名"排云"，石径折而下，古木奇峯，左右森列；过小石梁，临以碧沼，傍皆峯峦，岛屿大小凡五六径，尽有亭名"隔尘"，逶迤而入，修篁蔽日，暑气不到，楼在竹中曰"留客"，取杜少陵诗"竹深留客"句也。竹尽处一轩名"浮白"，过北穿径入水洞，广可三五寻，下寻幽涧，束腓仄趾而渡名"浮波"，折而上东向，一亭三峯在侧，曰"清响亭"，西皆竹也。石梁琴台在焉，山水清音绝胜丝竹，于焉持螯、于焉醉月，何惜梁州一石耶？园尽处，杰阁嵯峨曰"玄览"，登兹四望，一园之胜悉在眉捷，无复隐形。[27]

王稺登在园记文末说："园凡若干亩，居室三之、池二之、山与林木磴道五之、峰三十六、亭四、洞三、津梁楼观台榭岛屿不可计，创于嘉靖丙午（1546年），修于万历丙申（1596年），太仆索记之意，非徒侈游观言奈钜丽，盖欲不忘祖德，使后之人世守先业，无若赞皇氏之子孙云耳。"[28] 所以《金阊名园图》和《紫芝园记》间隔了五十年时间，一个是祖父创立时期，代表了初期风貌；一个是孙子重振家业的园林盛期，与徐氏东园(后改名留园)同期。并且紫芝园和留园都出自徐家的两个"太朴"

之手，徐氏东园园主徐泰时，号舆浦，曾为皇室主持修复慈宁宫，后建造寿陵，万历十七年（1589年）"旨令回籍听勘"，从此挂冠回到苏州阊门外下塘花步里（今留园路一带）家中，"一切不问户外，益治园圃"。当然他并非平地造园，而是在其曾祖父徐燿"始创别业"的基础上，"里有善垒奇石者，公令垒为片云奇峰，杂莳花竹，以板舆徜徉其中。呼朋啸饮，其声遏云。……人生如驹过隙耳，吾何不乐哉！于是益置酒，高会留连池馆，竟日忘归"[29]。（范允临《明太仆寺少卿舆浦徐公暨元配董宜人行状》）徐泰时请周秉忠营造徐氏东园（后改名留园）假山，今日"留园"中部和西部的假山，尚有当年余韵。袁宏道（1568—1610年）之《园亭纪略》，除盛赞徐氏东园内景色"皆可醉客"外，着重提到石屏与石峰。"石屏为周秉忠所堆，高三丈，阔可二十丈，玲珑峭削，如一幅山水横披画，了无断续痕迹，真妙手也。堂侧有垒甚高，多古木。垒上太湖石一座名瑞云峰，高三丈余，妍巧甲于江南。"[30]徐氏东园假山和湖石洵为镇园之宝，但是奇石、名园一旦遭遇变乱的时局，只能勉强维持其往日的光彩。艺圃前身、敬亭山房主人姜垛（1607—1673年）在清顺治十六年（1659年）作《秋日游徐氏东园四首》，慨叹"瑞云峰"以及园林的更废：

> 徐氏园林在，招寻独倚筇。
> 三吴金谷地，万古瑞云峰。
> 宿莽栖寒雁，澄潭伏蛰龙。
> 西园花更好，香帜起南宗。[31]

从徐泰时建园，到七十年后姜垛寻游徐园，徐家东园尚在，西园已经成为佛寺，朝代变迁，物是人非："烽烟迷古戍，花草转皇州。"易代之际，士人痛苦不堪："登临兴废眼，离乱死生身。"园外更是满目疮痍："乱石荒郊外，危桥废港边。白茅南国地，黄叶北风天。"园林伤逝，只有"拙者”的精神尚存，“我亦无家客，随风想岱宗”³²。乾隆四十四年（1779 年）皇上第五次巡幸苏州，巨石被移到“织造署行宫”内（今苏州第十中学）。徐家有“假山徐”的名号，正因“紫芝园”、东园等徐家园林的出现，紫芝园存在了九十九年，东园百年后也易主易姓，所幸易名后的留园今天依然还在。

徐泰时重修东园、徐景文重修紫芝园，两座园林明显开始和祖辈明早中期田园的风格拉开了距离。“紫芝园”把早期的基本格局和很多细节都保留了下来，同时增加了很多和留园相似的假山元素。“紫芝园”这个名字是王稚登起的，他说：“园初未有名，余名为‘紫芝’，纪瑞也。”³³但园中保留了文徵明对部分景观和建筑的命名，例如“永祯堂”“五云楼”“东雅堂”“白雪水楼”等，“卧虹”“钓台”等景名显然延续了拙政园的“小飞虹”“钓矶”的意象。王稚登还总结了紫芝园的造园主旨：“大都紫芝桥之内，宫室栋宇为政，政在靓深；桥之外，峰峦洞壑亭榭池台为政，政在秀野，此则经营位置之大概也。”³⁴从《拙政园图咏·三十一景》《拙政园图咏·十二景》到《金阊名园图》可以看出绘画表现形式以及园林空间的差异，从册页的分解空间到长卷对空间的组合，空间开始走向复杂化，增加了更多的路径、空间围合结构，《拙政园图咏》只用了些奇石点缀建筑和风景，在《金阊名园图》中假山开始出现，在进门处有聚奇石而成的假山，与此图卷相同的还有文徵明在嘉靖三十六年（1557 年）画的《真赏斋图》(国博本)，也是在入园林处，屏立而起以奇石聚集的假山，两图假山的形态和画法如出一辙。但是从细节来看，这个假山还是放大了的奇石，主要用来观赏、分隔和制造氛围，而到了园记时期，“山与林木磴道五之、峰三十六”，这意味着假山面积比例开始加大并类型化，并且和水体、植物、建筑多产生微妙复杂的对偶关系。假山开始成为主动划分区域的主要元素：紫芝桥以南名为“五老”峰、后易名“仙掌巨灵”，起到障景的作用；东雅堂后小山有古松相配，形成主体的背景；大片的假

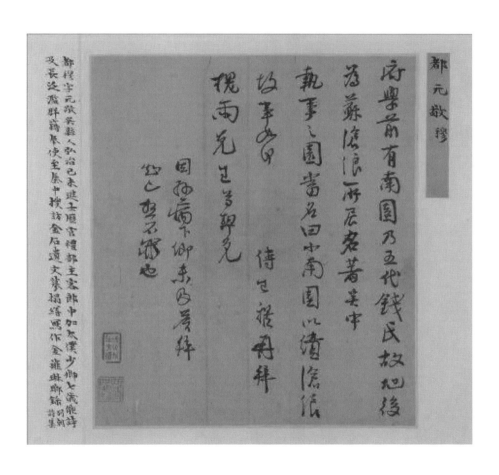

图 38 《都穆致槐雨札》 明·都穆 纵 15 厘米，横 16 厘米 北京故宫博物院藏

山石，位于东雅堂之南，由"浮峦"三峰，"窥壑"石洞，"瞻辰"渡石，临水"钓台"，有"联珠"双洞，有群石，有高台"骋望"，可以俯瞰整个紫芝园。可见，山、池、堂、亭、台、峰、洞、斋、轩、楼诸多元素，以高密度的空间构成了"观看"形式的转变。从《金阊名园图》中假山以单纯的"观"为主，开始尝试画意的融合，发展到紫芝园阶段，园林明显增加了"游"的成分，山体不再游离于空间结构之外，而是穿插交织在一起，从而创造出更奇特的"境"。如果说文徵明参与主持并确定了拙政园和紫芝园的早期风貌，那么紫芝园盛期和东园也是在周秉忠的支持下完成的，因而文氏、徐氏等家族显然一直是苏州造园文化背后重要的推手，并且这种情形一直发展到晚明，为计成所继承和总结，形成江南造园实践和理论的高峰。

辞之在山水

沿袭到今天的拙政园的名字，当时王献臣大概征求了很多友人的意见，"拙政"的名字究竟是谁起的，已不可考。《明清藏书家尺牍》有都穆致王献臣一札云："府学前有南园，乃五代钱氏故地。后为苏沧浪所居，名著吴中。执事之园，当名'小南园'，以续沧浪故事如何？侍生穆再拜，槐雨先生尊契兄。"（见图 38）可见王献臣曾遍问园名于吴中诸名士，但是最终不知道拙政园为何人所名。拙政园的名字最早出现在文徵明的一首诗中，正德十二年丁丑（公元 1517 年），文徵明四十八岁的时候，寄给王献臣的一首诗，《文嘉钞本》卷七记录《寄王敬止》：

> 流尘六月正荒荒，
> 拙政园中日自长。
> 小草闲临青李帖，

孤花静对绿阴堂。

遥知积雨池塘满，

谁共清风阁道凉。

一事不经心似水，

直输元亮号羲皇。[35]

　　这一年，距离王献臣选大弘寺址，拓建营园，为陂池台榭之乐已有九年。（拙政园被认为于正德四年始建）此时拙政园之名称已定名，这封寄给园主王献臣的信表现出他对于拙政园的留念，他推测六月多雨的江南，园中一定积雨满池塘，而在高阁之上，友人也一定思念自己。三年前拙政园还没有定下名字，文徵明还称为"名园"，在正德九年（1514年）曾作诗《饮王敬止园池》："篱落青红径路斜，叩门欣得野人家。东来渐觉无车马，春去依然有物华。坐爱名园依绿水，还怜乳燕蹴飞花。淹留未怪归来晚，缺月纤纤映白沙。"[36] 可见文徵明对拙政园已非常熟悉，是园中的常客。这一年的年初，他还去了恩师王鏊（1450—1524年）的园林，有诗《人日王氏东园小集》，称"驾言求友生，名园欣独往"。[37] 当时两位恩师王鏊、吴宽的园林的名字都很低调，称为"东园"和"东庄"，而王献臣似乎要在文辞上有所"作为"，九年中一直还没有最终定下园林的名字。最后还是在陶渊明这里得到灵感，以"拙政"命名园林，而这首诗就是文徵明为友人园林所作的注释。

　　文徵明这首诗中的元亮，就是东晋的诗人陶潜（365—427年）的字；羲皇，指伏羲，羲皇上人，陶潜常常把自己比作伏羲以前的人，在晋宋易代之际所作的一封家信《与子俨等疏》文中，他写道："见树木交荫，时鸟变声，亦复欢然有喜。尝言五六月中北窗下卧，遇凉风暂至，自谓是羲皇上人。"[38] 在历代隐者的眼中，陶元亮是作为文人隐居不仕的理想典范。宋范成大（1126—1193年）《次韵徐廷献机宜送自酿石室酒》之一：

"元亮折腰嘻已久,故山应有欲芜田。"[39] 陆游 (1125—1210 年)《书意》:"爱酒陶元亮,还乡贺季真。扁舟吾事毕,遗世亦遗身。"[40]《青李帖》又名《来禽帖》,《十七帖》丛帖第二十五通尺牍。又称《青李帖》,《宣和书谱》称《青李来禽帖》法帖:"青李、来禽、樱桃、日给藤子,皆囊盛为佳,函封多不生。"大意是:寄来青李、来禽、樱桃、日给藤的种子,以布袋装着较好,若封在信里,种下去往往不能发芽,《晋书》王羲之传载:晚年优游无事,修植桑果,率诸子,抱弱孙,游观其间,有一味之甘,割而分之。种果植树,是王羲之晚年的一项爱好。据英国学者柯律格 (Craig Clunas) 研究,王氏拙政园林木茂密,尤以果树为盛,可供应明代江南十分兴盛的果脯商,在拙政园里种植果树是王氏辞官后重要的经济来源。同时,王氏以其道教信仰,亦以食果为神仙象征。是以作为果园的拙政园对王氏而言乃是物质和精神双重的收益。文徵明把王献臣的生活和陶潜、王羲之相比是赞誉之词,也表达了他自己对于生活清闲自适的向往和欣赏。两年后,正德十四年己卯 (1519 年),正月二日,文徵明雪中登王献臣拙政园梦隐楼。有诗见于《文嘉钞本》卷八《新正二日冒雪访王敬止,登梦隐楼留饮竟日》:

开门春雪满街头,

短屐冲寒觅子猷。

逸兴未阑须见面,

高情不浅更登楼。

银盘错落青丝菜,

玉爵淋漓紫绮裘。

起舞不知天早暮,

醉看琼阙上帘钩。[41]

　　子猷，是晋王羲之的儿子王徽之的字，性爱竹，曾说："何可一日无此君！"菊、竹都是隐士高洁的符号，陆游《海棠图》曰："人间奇草木，天必付名流。菊待陶元亮，竹须王子猷。"[42]在南朝宋人刘义庆的《世说新语·任诞》中记，他居会稽时，雪夜泛舟剡溪，访戴逵，至其门不入而返。人问其故，则曰："本乘兴而行，兴尽而返，何必见戴！"[43]宋梅尧臣（1002—1060年）在《次韵和王景彝十四日冒雪晚归》曰："子猷多兴怜飞雪，向晚归时又见飘。拂马随人如著莫，舞空吹面亦胜消。闭门我作袁安睡，呵笔君为谢客谣。记取明朝朝谒去，氋裘重戴冷寥寥。"[44]这一次，子猷换成了文徵明，并且登上了拙政园的高楼梦隐楼，银盘错落、玉爵淋漓，日暮中透过窗子欣赏人间的仙境，竹子和雪正是文人身份高洁的象征，赏雪画雪是文徵明和朋友们的乐事。亨利·戴维·梭罗(Henry David Thoreau，1817—1862年)在《瓦尔登湖》里说："我时常看到一位诗人，在欣赏了一片田园风景中的最珍贵部分之后，就扬长而去，那些固执的农夫还以为他拿走的仅只是几枚野苹果。"[45]对园主来说，他当然希望风景中的最珍贵部分被诗人照亮，自己经营的园池和屋舍能够在友人的帮助下为世界所聚焦和发光。

　　嘉靖七年戊子（1528年）三月十日，文徵明为王献臣作《槐雨亭图轴》（此图后收入清宫内府，《石渠宝笈》38卷65页），《石渠宝笈》卷三十八《明文徵明槐雨园亭图一轴》录："会心何必在郊野？近圃分明见远情。流水短桥春草色，槿篱茅屋午鸡声。绝怜人境无车马，信有山林在市城。不负昔贤高隐地，手携书卷课童耕。"[46]这首诗后出现在《拙政园诗画册·三十一景》册页的若墅堂配诗文中，诗中昔贤高隐地在册页中得到解释："园为唐陆鲁望故宅，虽在城市而有山林深寂之趣。昔皮袭美尝称，鲁望所居，'不出郭郭，旷若郊墅'，故以为名。"[47]而文徵明也常常把自己和王献臣比作皮袭美和陆鲁望。皮、陆二人为密友，共同编了一部《松陵集》，其中有六百五十八首都是皮日休和陆龟蒙两人的唱和之作，而这些诗歌是在一年多的时间里完成的，清余成教在《石园诗话》卷二中称："晚唐诗人之相得者，以陆鲁望龟蒙、皮袭美日休为最……玩两公往复称颂之辞，皆有一种相视莫逆之心。"[48]由此看来，文、王也应该互相推赏，这是他们互相交契的重要原因，文徵明诗集有几首和王献臣唱和的诗，但奇怪的是王献臣似乎没有留下什么诗作。文徵明和王宠等人的往复酬酢倒是很多，在唱酬诗中皆称王宠为"履吉"，正德十一年（1516年）前两人有大量写给对方的诗。前文提到的《关山积雪图》（文徵明1528—1532年作，台北故宫博物院藏）卷后陆师道的跋道："衡翁（文徵明）与王履吉（王宠）为忘年交，意气相投，真所称金石椒兰。"王宠的诗文和书法有魏晋之风，尤以书名噪一时，行草精妙，小楷尤清古、简远空灵，其名与祝允明、文徵明并称，如果以艺术审美来看，王宠的书法诗文是周围人中最为接近"拙"的格调的。王宠与文徵明的长子文彭同受业于蔡羽，王宠与唐寅为亲家，王宠的儿子王阳娶了唐寅之女。所以文徵明、王宠、唐寅、仇英等人都是密友，也都为王献臣的拙政园作过诗文书画，王宠所作的《王侍御敬止园林四首·其四》：

> 薄暮临青阁，
> 中流荡画桥。
> 人烟纷窣窣，
> 天阙敞寥寥。
> 日月东西观，
> 亭台上下摇。
> 深林见红烛，
> 侧径去迢遥。[49]

　　在王宠的诗中，拙政园笼罩在一片薄薄的暮霭中，水面散发出幽寒的气息，楼台亭桥呈现出一片片叠影，仿佛曹操（155—220 年）的《善哉行》："寥寥高堂上，凉风入我室。"又似乎在太虚之境："恢恢太虚，寥寥帝庭，五座并设，爰集神灵。"（《魏书·术艺传·张渊》），天地皆广大清虚之貌，主人的心思如"巡陆夷之曲衍兮，幽空虚以寂寞"（《楚辞》）。寥寥远空，邈乎冥蒙，在深处的丛林中，一盏摇曳的孤烛，通向天之寥廓。王宠的才情发挥得淋漓尽致，比起文徵明平易直白的叙述，他渲染出了万物萌发的动态，更有一种古远的气韵，景物虚实相生，离形得似、不似而似胜在空间的处理上，园中模糊的景物奇妙地组织在一起。舍形而悦影，这是诗给予我们的真实：诗人耽爱梦想，梦想比现实更真实；诗人追逐幻影，以其超越现实，唐人司空图（837—908 年）《诗品》说："绝伫灵素，少迴清真。如觅水影，如写阳春。风云变态，花草精神。海之波澜，山之嶙峋。俱似大道，妙契同尘。离形得似，庶几斯人。"[50] 可见"舍形而悦影"得到古来不少诗人画家的钟爱，而同时这种很高的魏晋格调，是形成王宠朴拙风格的原因，"好古"和追求"奇"景的线索一直影响到晚明"影园"等园林，使其臻于成熟完美。而拙政园所留下的诗文作为标记、文本、踪迹和遗留物，铭刻在园林文本的记忆深处，它加入了对于园林的命名，指涉园林赋予自我的身份，诗文一旦被给出，它又将重新塑造园林后来的主体结构，召唤事件和想象，重构场地。相比于其他名园，拙政园创造出来"梦隐"幽深的气氛是比较突出的，诗人方太古（1471—1547 年）《十五夜饮王敬止园亭》描写了拙政园夜色下的"沧浪亭"和"来禽囿"：

　　　　　客子未归天一涯，沧江亭上听新蛙。
　　　　　春风莫漫随人老，吹落来禽千树花。[51]

明监察御史徐绅在《方寒溪先生行状》一文里，以"冥鸿游凤"来比拟方太古。"冥鸿"称谓出自汉扬雄《法言·问明》："鸿飞冥冥，弋人何篡焉。"李轨注："君子潜神重玄之域，世网不能制御之。"拙政园正是追求"冥鸿"、逃出"世网"的避世隐居之场所。

拙政园的经营颇费时日，文徵明在册页的题文引王献臣的话说："罢官归，乃日课僮仆，除秽植援，饭牛酤乳，荷舀抱瓮，业种艺以供朝夕、涘伏腊，积久而园始成，其中室卢台榭，草草苟完而已，采古言即近事以为名。献臣非往湖山，赴庆吊，虽寒暑风雨，未尝一日去，屏气养拙几三十年。"[52]可见经营造园是多么消耗时间、物质、人的精神和财力，既然园林是由诸多物质性要素所建构而成，在漫漫时间之流的冲蚀下，必然会因自然、社会、人为的因素而导致或园主易姓、或园林荒废，或从场地中被抹去。所以从明中期到明晚期，园林的主人开始认识到，园林只要有所新建，荒废消失的命运就不可免。在园林物质载体存在的时间上，必须以超越时间的园林书写找到通往另一种存在的路径，而后来确实出现大量的园林文本，其数量和认识深度远远超过其前的唐宋两代。文人不但正视园林空幻的问题，而且积极开展出一些对治幻化的方法。他们或者以转换园林存在的形态来避免园林的消失，或者以园林书写对抗对园林空幻的现实，但是园林不断消亡的事实依然触目惊心。所以徐树丕感叹徐氏园林"年来式微，十去七八"，紫芝园最后亦因族人构讼售卖他人，经甲申之变更是付之一炬，"止巨石巍然旷野中耳"。王世贞在《古今名园墅编序》中提到苏州当时的五座名园，至今只有拙政园存续下来。其中多数是因为时间流转，子孙无法守住园林，但徐廷裸的园林是其在世时被暴徒拆去，这使我们看到园林世界不安动乱的一面，蒋以化《纪败园》记录了整个过程，文中说：

余郡缙绅徐少浦讳廷裸，官至少参，原籍娄江，迁居吴郡，向以性傲不谐于乡，素为乡人侧目。雅好园林，与苏城觅一广地，累石莳花种竹，亭榭沼沚楼阁之胜冠于吴中，而精巧纤丽足压诸园，即弇州徦让焉。每早则命数苍头扫枯叶驱败株，拂苔藓，客人不能容一唾，守者甚苛，非得阿堵不与入。主人每至，如登金焦，履武陵溪涧间而佳木美竹等，即华胥蓬莱所不能兼也。会素不检苍头，其子太学又贵介，不谙世务，遇孝廉陈某，陈以少年气高，猝受辱于其奴，勃勃不能下；孝廉之弟青衿士也，复相与怒之往愬于少浦父子，倘父子知众怒难犯，少年之气未易平，亟提恶奴面治之以泄其忿，或可以免旦夕之祸，长守此园也。乃辞以某家素无此奴仍盛气待之，孝廉兄弟益忿忿，遂挟阖郡同辈生五十三人，共率家丁几百青衿生，复呼同袍百人，拥入园中，苏十年朝夕所累所莳所结构者，一时毁拆糜烂无一存，园无半丁相守，只见乱瓦残砖、榛莽丘墟，追思昔日之景，化为乌有。行路无不掉臂而入，徐氏父子退避不敢出，兢兢保其房闼足矣。邑令犹恐激变，复擒其奴拟配者六人，一时人心称快。而余过滁阳时得太仆常君言甚详，相与蹉吁，怃然曰：孝廉横至是哉！徐纵平日不法，罪不至讨及其园，惜乎！数十年主人之辛勤堕废于一旦！[53]

这里，园林本来应该是主人归隐、自我寻求田园之乐之地，但是过于追求"精巧纤丽"招摇于世，导致的却是灾祸，所以蒋以化说："以此反而思之人，何苦营营为目观以动人诟眦耶！"[54]而自然美景不为一人之私有，何必费劲心机却营造华丽的园林招人嫉恨呢？蒋以华感慨："吴中名山胜概不止一丘一壑，提觞挟盒，拉一二故人相与徜徉为乐，尽可自适此天地间，所自有之景，非人所得，予夺又何必铜池金谷，夸胜一时为哉。"[54]他同时为徐廷裸感到惋惜和不平："余不面徐少参，闻其名久矣！倘此园为陶氏日涉、为司马氏独乐，虽百孝廉吾知免矣！"[55]园林终究没有逃离人性的权势与倾轧，也不可能摆脱社会和政治的场域，从这个角度来看，成为一个真正的"拙者"也需要很强大的外部条件。

　　从"梦隐"到"自适"再到"昭显"，"拙政"园林的叙事仍然没有离开政治性，虽然幻想以"拙者"截断政治的侵扰，但园林的每一个标记都是一条裂缝，暗示着园林主体和社会政治整体的关联和分离，所谓的"山水"是在"山水"之外的，是外在的欲望碎裂而成的内化的场域。正是园林的这种易变性和脆弱性，需要以文记之。园之营造和命名、诗文、画册如影相随，园的历史同时也是"增补"的历史，"增补"不停地制造"意义"，同时又不被"意义"耗掉，它是场地和景观的"额外"部分，也是对逐渐空洞化景观的"填充"。王世贞《古今名园墅编序》文末诠释了名园为何需要记录："且夫世谓高岸为谷者，妄夫所云名山者，千万年而不改观者也。即何待文一牧暨樵子引之，而能指点以追得。其自若夫园墅不转盼而能易姓不易世，而能使其遗踪逸迹泯没于荒烟夕照间亡，但绿野平泉而已。"[56] 自然高山大川千年依然存在，而大量的园墅消失在了人们的记忆之外，绿野平泉之所以还能被人们记住，只是因为这些园林的文辞照耀了后来寻访者的路径。他接着说："后之君子，苟有谈园墅之胜，使人目莹然而若有睹，足跃然而思欲陟者，何自得之？得之辞而已，甚哉辞之不可已也。虽然凡辞之在山水者，多不能胜山水；而在园墅者，多不能胜辞；亡他，人巧易工，而天巧难措也？此又不可不辨也。"[57] 在时间之中，文辞既属于园林，也不属于园林，"增补"既不在场也不缺席，但是园林的主体却获得了在"增补"中得到映照的机会，因为园林主体从来不是既有之物，它不可接受，也不可获得；有的只会是在园的历史中永不休止、模糊不定、虚无幽幻的身份认同（identification），通过对园的命名、文辞使得主体永久在场。对于园林而言，"增补"是主体的幽灵，在其中发展了一种添加、和应、扮演和替代，而恰恰是园林这种特殊的文化、价值、共同体的生活方式，以及其表意系统与生活世界里的相互关联、反讽和对峙，其核心价值在于反思性和批判性的意义，而这价值使得"辞"是一个具有思辨意味的充斥着暂时、矛盾、焦虑、冒险的实验。

| "文之大观"

文徵明多次绘制拙政园的景图，出现在文献中有明确记录的为五次，时间分别为正德八年（1513 年）、嘉靖七年（1528 年）、嘉靖十年（1531 年）、嘉靖三十年（1551 年）和嘉靖三十七年（1558 年），对应文徵明的年龄为四十四岁、五十九岁、六十二岁、八十二岁和八十九岁，时间跨度近半个世纪，这在艺术史上是非常罕见的。文徵明正德八年的拙政园图著录在梁章钜（1775—1849 年）《退庵所藏金石书画跋尾》卷十六记：

> 款署正德癸酉（正德八年，1513 年）秋九月既望，文璧为槐雨先生写拙政园图，一有白文文璧印，幅上右有王宠楷书题五律一首，下有白文王履吉印，幅下右边有白文文仲子、朱文衡山两印，右角有朱文查莹鉴藏印。案，此正德癸酉，系衡山四十四岁所作。衡山本名璧，时尚未改名徵明也。拙政园在苏州城北，后归蒋氏名蒋园，今归吴崧圃协揆家，又名吴园。余任苏藩时欲游而不果，后得挥南田康熙壬戌（康熙二十一年，1682 年）所作拙政园图，乃挟图以游，已与图中情景迥异，此轴又在其前一百六十余年，不知几经移步换形，更非可以按图而索矣。道光壬寅（道光二十二年，1842 年），余由苏扶任引疾解组，疾稍闲与苏鳌石廷尉步游拙政园，次日王蒙泉郡丞养度携书画数十事来观，中有此轴，因稔余近事，留此为赠，亦游事墨缘之巧合者矣。案，余斋有衡山松菊轴，写祝听湖侍御七十寿者，款题正德戊寅，是后此五年衡山四十九岁所作，亦尚署名文璧也。[58]

梁章钜收藏的这张《文璧为槐雨先生写拙政园图》，是友人道光间荆门大藏家王养度赠送给他的，此时的拙政园为"吴园"，为河督吴璥吴崧圃所有。在拙政园的诗文书画中，这个图轴最早出现"拙政园"的名字，文徵明写给王献臣的诗则出现在四年后，嘉靖七年（1528 年），是以王献臣名字命名的《槐雨园亭图轴》，纸本着色，横 48.5 厘米，纵 122 厘米，今藏北京故宫博物院。《石渠宝笈》卷三十八记道：

　　明文徵明《槐雨园亭图》一轴（上等玉十四），素笺本着色。画款题云："会心何必在郊坰，近圃分明见远情。流水短桥春草色，槿篱茅屋午鸡声。绝怜人境无车马，信有山林在市城。不负昔贤高隐地，手携书卷课僮耕。嘉靖戊子（1528 年）三月十日，徵明为槐雨先生写并题。"下有"文徵明印""徵仲"二印。右方上有王宠题云："薄暮临青阁，中流荡画桥。人烟纷漠漠，天阙敞寥寥。日月东西观，亭台下上摇。深林见红烛，侧径去迢遥。王宠。"轴高三尺八寸，广一尺五寸。[59]

　　此图轴现藏于北京故宫博物院（编号：故 00004809），画幅上文徵明、王宠题字僵滞，画法工板拘谨，学者多质疑，或为旧仿本。嘉靖十二年癸巳（1533 年）五月既望，文徵明完成《拙政园诗画册·三十一景》，这个册页是陆续积累完成的，之前文徵明已经完成了三十景，最后又增加了一页玉泉诗图，共三十一景，各系以诗，且为之记。除了这本完整的图册外，文徵明曾多次抄录册页中的园记及题诗，作为王献臣馈赠友人的书册。嘉靖十三年（1534 年）文徵明曾为王献臣做书，见汪砢玉《珊瑚网》卷十五著录《衡山书拙政园记并诗长卷》，顾复《平生壮观》记："拙政园记一篇，诗三十一首，题园中三十一景小楷为王槐雨作题，园中十二图则中行楷也。"[60]卞永誉《式古堂书画汇考》卷二十四著录《衡山书拙政园记并诗卷》，卷后徵明跋曰："右拙作前有行书，已录似槐雨先生矣。先生因画乌丝精绝，命再书小楷一过，务欲尽其丑也。甲午(1534 年)

春二月望，衡山居士文徵明题。"[61]《弇州四部稿》称："其四拙政园记及古近体诗三十一首，为王敬止侍御作。侍御费三十鸡鸣候门，而始得之。然是待诏最合作语，亦最得意书。考其年癸巳是六十四时笔也，吾所缀缉，皆待诏中年以后书。真吉光翠羽，萃而为裘，后人慕临池者，其宝有之。"[62]
胡尔荥（1773—1826 年）《破铁网卷下》记：

《文衡山拙政园图》真迹，绢本，大册。案，园在长洲大宏寺基也，林木绝胜。王侍御槐雨以豪势夺之，拓为此园。凡分景三十有二。王侍御槐雨嘱文待诏一一绘之。画法疏秀，书兼四体。每景序其大略，系以小诗；后附园记。皆《甫田集》所未载。汪珂玉《珊瑚网》全录之，特缺林庭㭂前序一篇。此特有之诚希世之宝也。是册为桐乡金氏文瑞楼故物，内子自奁具中携归。吴槎客（吴骞）先生曾从余借观，并跋其后，兼录其诗刊于吾乡徐夫人灿《拙政园诗余》后。盖园于明季为陈素庵相国所有也。顷因无资已质于友人家，殊可叹耳。[63]

从胡尔荥文中知，这本册页在嘉庆年间是作为他夫人的陪嫁带到胡家，在此之前是桐乡金氏文瑞楼的旧藏。文徵明的《甫田集》并没有收入册页诗文，在此之前《珊瑚网》收录了全文，《拙政园诗余》则通过吴骞借抄录诗于诗集中。册页缺失了一篇林庭㭂所作的序文，但他的题跋尚在，时间在册页成后四年嘉靖十六年丁酉（1537 年）。册页最晚题书是光绪辛卯（1891 年）朴学大师俞樾引首次页篆书"文待诏拙政园图"，后行书"衡山先生此图画诗书三绝，自来未有题其端者，余不揣率尔题此，鬼腕不灵，佛头见秽惭愧惭愧"。胡尔荥是文献中最早著录收藏这本册页的，最晚出现的则是约光绪年间的吴庆坻在《蕉廊脞录》卷七中记录：

《文待诏拙政园图》，册子，嘉靖十二年癸巳五月画。图中诸景凡三十有一，曰若墅堂、梦隐楼、繁香坞、倚玉轩、小飞虹、芙蓉隈、小沧浪、志清处、柳隩、意远台、钓、水花池、深净亭、待霜亭、听松风处、怡颜处、来禽囿、玫瑰柴、珍李坂、得真亭、蔷薇径、桃花沜、湘筠坞、槐幄、槐雨亭、尔耳轩、芭蕉槛、竹涧、瑶圃、嘉实亭、玉泉。每一景系以一诗，诗有小引，述命名意。诗后，《拙政园记》一首，亦待诏作。园主人王敬止，字槐雨，又字献臣，以御史忤权贵建系，赦归。卷首有，林庭㭿小泉题识（署款曰"太子太保工部尚书恩赐骡舆驰驿致仕"），云："文子有声画、无声诗，两臻其妙。"又云："槐雨在诏狱，祸且不测，先文安官南铨冢宰，抗奏论救，始获从轻。"文安论救事，见《明史·本传》。小泉谥康懿。此图旧藏吴门蒋氏，后归海宁胡豫波，道光间归朱仲青中翰。有吴槎客骞、钱梅溪泳、查仲湛人偾、殷云栖树柏、文后山鼎、程伯庆华、苏厚子惇元、项芝生廷绶、顾兰厓翊、钱叔美杜、黄霁青安涛、徐子勉楙、陈登之延恩、张叔未廷济诸人诗跋，何子贞、张子祥、吴平斋诸公题识，最后子贞丈一诗并跋，云："此册归鄞县蒋君芝舫，则同治乙丑（1865年）春也。"册面钱梅溪书"衡山先生三绝册。""文待诏拙政园图"七字，为俞曲园师题。钱题之前，别有戴文节画《拙政园图》一帧（丙申七月），自题云："余平生所见文画，无如拙政园之多者，可谓极文之大观。"又云："予于文画爱之入骨，此偶尔兴发为之，自忘其陋。近时松壶、后山两先生皆深于文者，仲青倘能为予就正，则予于文或可得进步尔。"末署"文衡山私淑弟子戴熙"，则文节他画所未有也。[64]

按照吴庆坻的说法，这本图册先收藏于吴门蒋氏，然后才到胡豫波胡尔荣手中，但是按照胡尔荣自己的说法，这本图册是他的妻子从自己娘家"金氏文瑞楼"带到胡家的。这套册页在今天下落不明，最后一次现身是1922年出版《拙政园图 *An Old Chinese Garden*》，由英国人凯特·卡碧（Kate Kerby）夫人编辑，编者之子菲利普·卡碧（Phild Kerby）撰写绪言，

此书蓝色丝绒封面，内页尺寸为横 28.2，纵 31.6 厘米。从其中附印一封
给编者的信，可看到标署日期是"1922 年 12 月 8 日"。后上海、台北都
有珂罗版影印印刷出版，英文名字 *An Old Chinese Garden : A Three -
fold Masterpiece of Poetry, Calligraphy and Painting, by Wen Zheng
Ming* 一书，中文书名为《文待诏拙政园图》，是今天研究文徵明拙政园绘
画和诗文的基础文本。此册页在几百年的时间里，流传于民间的收藏家
手里，流传有序，收藏家皆宝之。《拙政园诗画册·三十一景》的收藏流
传有序，从题跋看从明清到民国均有脉络可寻，大致如下：

朝代	时间	收藏人	文献
明	嘉靖十年 1533 年	长洲 王献臣	《破铁网》称："……文衡山《拙政园图》真迹，绢本，大册。凡分景三十有二。王侍御槐雨嘱文待诏一一绘之。画法疏秀，书兼四体。每景序其大略，系以小诗；后附园记。皆《甫田集》所未载。"
清	嘉庆年间	海宁 胡尔荣 （胡豫波）	《莲子居词话》称："……文待诏为王御史所作《拙政园图》，设色细谨。笔法纵横变化，极经营惨淡而出之。凡三十有一叶。叶各系以古今各体诗。最后有记，皆待诏书。王宰一生，郑虔三绝，萃于斯矣。图成于御史始创，厥后辗转屡易，求如夫人时又不可得。抚是帧，为之三叹息也。待诏图今藏吾乡胡尔荣家。"
			见吴骞题跋："文待诏拙政园图，予凤昔慕想，以未得一见为怅。今为同邑胡君豫波（胡尔荣）所藏……"

清	道光年间	海昌朱仲青	见钱泳题跋："道光十有三年（1833年）中秋后七日，余自临安回，道出海昌，从风雨中奉访仲青中翰于长安里。遂出其所藏文待诏拙政园图见示，计三十一幅。……"
清	同治年间	鄞县蒋芝舫	见何绍基题跋："道光庚戌为朱仲清题是册，今同治己丑（1865年）春薄游吴门，册归歙县蒋君芝舫，时吴越已报肃清而十余年，烽火甫收，疮痍满目，不堪回想，适芝翁招饮出示，则附小诗，岂徒为一园一册慨乎？"
清晚	光绪－民国	南林蒋孟苹	吴庆坻（1848—1924年）在《蕉廊脞录》记载："此园二百年来兴废无常，云烟变幻，尤足为东吴掌故画矣，今为南林蒋孟苹以重值得之。"《蕉廊脞录》出版时间民国八年。

文徵明描绘拙政园的第四件作品出现在 1551 年（嘉靖三十年），时年八十二岁，又于此前三十一景中择其十二景重绘一册页，并以行书系以前册页所作之诗。张丑《清河书画舫》记："征仲太史拙政园图一册，计十二帧，精细古雅，为敬止侍御作，今在顾氏。"[65] 顾復《平生壮观》记："拙政园图十二册，绛色，绢本，方不盈尺行书对题。虽不离本色，亦妙。其‘待霜’‘来禽’更妙。"[66] 此册页与嘉靖十二年（1533 年）完成的作品相距十八年，同样采用册页的形制，材质为纸本，现散佚缩减为八页，藏于美国纽约大都会艺术博物馆。这八页的主题分别是"繁香坞""小沧浪亭""湘筠坞""芭蕉槛""钓矶""来禽囿""玉泉""槐幄"。诗文、图文疑为后来重新装裱，所有诗文均为行书，此册后有两人题跋：

成亲王（1752—1823 年）道光季冬二十一日	衡山诗当七子竞兴之际，独与归子慕超然尘埃之外，画学吴兴书，亦前一代中郁离以后无所多让，此册虽率意小品，正耐人"绸缪也。道光（1817 年）季冬二十一日。成亲王识，时年七十。
内藤虎昭和五年（1930 年）八月	此册衡山待诏为姓吴者画其园池，胜景园原已有名今已失之。画笔超妙，用墨古淡在子昂、仲穆父子之间，使人耽看不忍释手，洵为衡山画中致佳之品。每页题诗，最后题有辛亥字乃嘉靖三十年，衡山八十二岁时作，其书画法则比画稍逊焉。尝经安麓邨诒晋锡晋二邸袭藏，有成亲王跋足珍也已。昭和五年（1930 年）八月内藤虎。

　　文徵明的最后一件拙政园绘画为《拙政名园图卷》，出现在嘉靖三十七年（1558 年），已八十九岁高龄，是在他去世前一年完成。民国秦潜编辑《曝画纪馀》卷一著录：

　　绢本设色，卷高七寸半（25cm），长两尺一寸（70cm）。卷额署"拙政名园"四大字，隶书，下写"三桥并书"，押有阳文"文彭之印"图章。园之山石尽傅青绿，备极工细。右下角土坡上垂柳密排，一湾流水绕其前。迤左，草树环堤，湖石一叠，玲珑剔透，濒湖耸立。更左，则小池一方，莲花净植，前为丛竹、松槐、桐柏之属。树隙间露书屋两三楹，池后则有茅亭远树。屋左为桥，桥通隔堤，桥上三人迤逦而行。河之彼岸，又有敞轩一所，旁植垂柳一株也。至图之上部，由右而左，碧山作三四起伏。山后重重叠叠，尽是远峰，不可计数。左上端于杂树后面奇峰陡起，两侧凸而中凹，凹处有石梁跨之，瀑布奔流，恰落涧中也。图次纸本，文徵明重抄《王氏拙政园记》，并跋曰："槐雨先生所建拙政园，精妙过于华丽，索余图记，不觉经五年矣。余朽迈，有疏细楷笔墨，勉为此图书记，恐不足尽形妙端耳。嘉靖三十七年丙戌（1558 年）望后，长洲文徵明，时年八十有九。"[67]

秦潜为晚清"娄东画派"主要画家之一无锡秦氏秦炳文（1803—1873 年）曾孙，此卷曾藏于秦家。从秦潜的文中可以想见文徵明这张拙政园的绘画是一张手卷，图卷又回到了类似《金阊名园图》的表现形式，而此时拙政园似乎已经易主徐氏。从正德八年开始，文徵明绘画以拙政园为主题，几乎穷尽了他所有的对园林实验和表现的探索。期间，他还为很多友人做过园林绘画：45 岁为刘麟作《两溪草堂图》；49 岁为谢晋作《深翠轩图卷》；60 岁近 10 年间，为刘稚孙作《吉祥庵图》；60 岁为白悦作《洛原草堂图卷》；61 岁为徐申之作《东园图卷》；为正斋兄弟作《二宜园图》轴；为朝爵作《漪兰室图卷》《结草庵图卷》；为邦正作《闻德斋图卷）；65 岁为尤叔野作《九龙山居图》；为华云作《西斋画旧图》轴；66 岁为沈天民作《浒溪草堂图卷》；72 岁作《友山草堂图卷》；79 岁作《可菊草堂图》；80 岁为华夏作《真赏斋图卷》；83 岁为徐封作《金阊名园图卷》；85 岁为张意作《栋全轩图卷》；88 岁为华夏作《真赏斋图卷》。与这些单纯地为友人绘制园林图像不同，拙政园把图像和空间带入了复杂的文本系统中，并且为后世不断重写建立了一个范式，激发了园林空间的重建和阅读，如此拙政园才拥有园林历史上最多的诗文图卷。

而在岁月的变迁中，拙政园展现了园林何以拥有变化的园主，以及园林的文本与持有者的关系如何参与构建了园林主体的重构。虽然园林的外部变迁在时间之中，原始文本的存在在时间之内、也在时间之外，文本既强化同时又延迟了"外在化"的过程，但始终是在开放之中。昂贝多·艾柯（Umberto Eco）将文本划分为封闭性文本和开放性文本。封闭性文本讲究叙述结构和叙述风格，多少有些直露地告诉读者如何去理解人物、主题和环境，从而控制读者的理解；与之相反，开放性文本则

图 39　《拙政园图》　清·戴熙　《拙政园图咏·三十一景》跋图　尺寸不详

叙述清晰，力图释放出多种多样的联系和解释，它并不想传达出一个单一的信息，也不想把不同的读者都限定在同一种理解里面。罗兰·巴特（Roland Barthes）则区分出可读文本（readerly text）和可写文本（writerly text）的差别，可写文本鼓励读者参与文本的建构，邀请读者去创作无数个实体。文徵明为拙政园所作的诗文图咏正是这样一个开放的可写的文本，园子和主人是两个不断变化的变量，在不断地增减、置换、变化与重写，而景图则承担了一个符号系统的母本，一个开放的意向结构，保持着主人、园子如何与过去和当下发生关联的观念，在历史事件的流转中，重新生成不同的文化诠释与意义，作为隐逸文化的场所空间和精神符号获得持续的建构与书写。在文徵明为王献臣所绘的册页后面，清代画家戴熙[20]（1801—1860 年）于道光丙申（1836 年）阅《拙政园诗画册·三十一景》题跋：

　　余生平所见，夫画无如拙政园之多者，可诏极文之大观，仲青珍秘书画甚，此图盖爱逾手足，未尝借人，丙申之秋，挟之来湖上，索跋于余，余邀借观一夕，仲青竟慨然无知者以为奇。仲青之癖于画，余之见信于友皆之足传者因作拙政园全园全图赠书画，适于鉴者无以为妄。灯下展玩，数回觉园之大势恍然入目，因捉笔追摹图端，竟委三十一景，可于显晦中得之，无惟待霜亭，绎其文势画次或不当在坤隅，遂不从也。于文画爱之入骨，然颇为酬应所累，不能专意学也，此作偶尔兴发为之忘其陋，近时松壶后山，两先生皆深于文者，仲青当能为事就正，则予于文或可得进步尔。[68]

　　戴熙自认为是文衡山私淑弟子，向蒋仲青借《拙政园诗画册》观后，自己又作了一张拙政园山水。不同于文徵明的片段小景，戴熙画得很像一张鸟瞰图，从题跋中可知，戴熙试图把三十一景在心中还原成一个整

图 40 《拙政园图》
清·方士庶[98]
1732 年
纵 160 厘米，横 83 厘米
藏处不明

体，而此山水图似乎更接近于其安排的整体布局中主要的景观部分。图中在景物的表现上似乎是追求精确的，但是原来册页的情趣已失，生气全无，一片萧索孤寂，原来册页中强烈的在场感消失了，一副身在其外、冷眼观望的状态，想应是画法和时代使然，是园林绘画叙事方式悄然发生了变化。（见图 39）比起戴熙的《拙政园图》的清冷萧肃，方士庶的《拙政园图》（见图 40），显得生机盎然，有古木参天幽静深邃之趣。按其图上题词"壬子秋客吴门，有旧拙政园余寓住处，而夏末秋初雨晴爽气，独坐南轩……"，从文中看时间为雍正壬子十年（1732 年）所绘，但令人疑惑的是，方士庶这张图轴上的题跋，和恽南田康熙二十一年（1682 年）的《恽南田写拙政园轴》除了时间和开头文字外，后面几乎一字不差。恽南田这张图轴和文徵明的《文璧为槐雨先生写拙政园图》曾同时被梁章钜所收藏，道光壬寅二十二年（1842 年），与苏鳌石廷携恽南田图游拙政园，发现图园情景大异，此时拙政园已从蒋氏归吴崧圃协揆家，《退庵所藏金石书画跋尾》卷十八记：

　　恽南田拙政园轴，纸本。右恽南田写拙政园轴，自题云：

　　壬戌（康熙二十一年，1682 年）八月，客吴门拙政园，秋雨长林，致有爽气。独坐南轩，望隔岸横冈，叠石峻嶒，下临清池，涧路盘纡。上多高槐、柽、柳、桧、柏，虬枝挺然，迥出林表。绕堤皆芙蓉，红翠相间，俯视澄明，游鳞可数，使人悠然有濠濮间趣。自南轩过艳雪亭，渡红桥而北，横冈循涧道，山麓尽处有堤通小阜，林木翳如。池上为湛华楼，与隔水回廊相望，此一园最胜地也。南田恽寿平画并题。

　　幅上有王梦楼太守题云：记余同年友许穆堂侍御寓居吴门蒋门，余数得过从，因畅游于拙政园，今观此图如再到也，古人作画不必求其似及其似处竟与真无以异然，则作画贵似耶抑不贵似耶。愿与知禅者参之。梦楼王文治（1730—1802 年）记。

　　案，此康熙二十一年（1682年），南田四十九岁所作。布置极工细而具大观。宜梦楼先生叹其与真无异。忆道光戊子（1828年）偶与客微行过拙政园，为纨绔子弟所阻不得入。翼日有携此幅求售者如其价收之。客谓读画不啻涉园。先画而园，则翰墨之缘胜耳，抑当此图付园主人也。又一客谓，画易藏而园难守，闻不日园将易主，不如得园俟得其人归之，因重装而悬于壁。苏鳌石督部欲为据舷之请久矣。越十年（1842年），余与鳌石同解组作闲人復同游此园，鳌石因间笑理前说。时余已续得文衡山所作此园图，两美比合则愈难割爱也。[69]

　　恽南田图有王文治(1730—1802年)题跋，可见王文治曾游蒋棨"复园"，而梁章钜所游的是"吴园"，从梁章钜的描述中可以看出，"吴园"相比于"复园"变化已经是挺大的。按照时间，恽南田、方士庶图在蒋棨"复园"之前，那么恽南田图所绘的拙政园谁是园主呢？按照梁章钜所说恽南田图"布置极工细而具大观"，显然和方士庶图不是一个风格。拙政园自王献臣创园，到梁章钜游观，已经有三百三十余年，数易其主。王氏子失园后，徐氏五代持园百年；入清后，顺治五年(1648年)，"贱售与海宁陈阁老，仅得二千金云"，陈之遴大加修葺，园虽绮丽却一日无居，康熙元年（1662年），陈之遴被流放，拙政园被没收为公，先后为王姓、严姓两将军府。康熙三年（1664年），改为兵备道行馆，为安姓将军府。从陈之遴亲家吴梅村（1609—1672年）诗歌可以看出，拙政园基本旧貌依存，《咏拙政园山茶花》诗序云：

　　拙政园，故大弘寺基也。其地林木绝胜，有王御史者侵之，以广其宫，后归徐氏最久，兵兴，为镇将所据。已而海昌陈相国得之，内有宝珠山茶三四株，交柯合理，得势争高，每花时，钜丽鲜妍，纷披照瞩，为江南所仅见。相国（陈之遴）自买此园，在政地十年不归，再经谴谪辽海，此花从未寓目。余偶过太息，为作此诗。他日午桥独乐，定有酬唱，以示看花君子也。[70]

在诗中他还说："儿郎纵博赌名园，一掷留传犹在耳。后人修筑改池台，石梁路转苍苔履。曲槛奇花拂画楼，楼上朱颜娇莫比。"可见徐氏对王献臣的拙政园是有改动的，但是大的风貌和格局应该变动不大。而陈之遴继室徐灿为徐家后人，可惜两人未曾住园一日，诗中说："灌花老人向前说，园中昨夜零霜雪。黄沙淅淅动人愁，碧树垂垂为谁发。"[71]拙政园之后和徐家再无关系。康熙元年（1662年），陈之遴被流放，拙政园被没收为公，先后为王姓、严姓两将军府。康熙三年（1664年），改为兵备道行馆，为安姓将军府。清康熙五年（1666年），陈之遴病逝客死辽东；未几年，园复发还于陈氏，陈氏售与吴三桂女婿王永宁，王永宁字长安，生年未详，吴伟业有《王母徐太夫人寿序》称王永宁"吾友王太常烟客、王郡伯玄照，为余道其宗盟之长、额驸王公长安之贤，而盛推其能孝也。日公为人敦尚儒雅，好古博物，深自折节以交天下之英俊，其为贤也藉甚，君子以为此不足以尽公也"。[72]王时敏之子王抃（1628—1692年）《王巢松年谱》记录康熙十年（1671年）："八月中，吾父大庆……王长安（王永宁）祝大人寿，携小优来演剧，里中颇为倾动。尔时梅村夫子亦与集，岂知于冬底两公同时并去，真可骇也。"[73]可知其于康熙十年辞世。王永宁园居其时，对拙政园进行了比较大的改动。毛奇龄（1623—1716年）《西河集·卷二十三·二十九》：

平西额辅构园亭于吴，即故拙政园址也，因旧为之。凡长林修竹，陂塘陇坂，层楼复阁，雕坪曲屺，极崇闳靡漫之胜。予入观时，方籍入毁拆，非盛时矣。然一步一境，移人性情。但记其一名楠木厅者，大概九楹，皆楠木所构，四向虚栏，洞槅轩敞，高辟中柱。百余柱各有础，其础纵

图 41《江浙纪游图册·拙政园图》清·汪鋆 尺寸不详 南京博物院藏

图 42《拙政园图》清·吴俊 尺寸不详 《拙政园志稿》插图

横絜量，通约三尺而高齐人肾，墨石如鉴，雕镂之巧，龙盘凤转，锦卉错杂。询之皆故秦晋楚豫诸王府物，而车徒辇载，所费不亿，不足则复取具区石，购工摹仿以补之，其奢丽皆此类。[74]

王永宁之后，从康熙十八年到康熙二十二年，拙政园为苏松常道驻地，《江南通志·卷一百六》记："康熙二年……苏松常道移驻苏州。康熙六年裁省，九年复设苏松守道。二十二年复行裁，并归苏松粮道，兼管常州府……"参议祖泽深曾增修园林建筑。顾炎武的外甥徐乾学(1631—1694年)《憺园文集卷二十六·苏松常道新署记》云：

> ……入国朝以来三十余年，园凡数易主，而后今为官署。云始虞山钱宗伯尝构曲房其中，以娱所嬖河东君，而海宁相公继之，门施行马，海宁得祸入官。而驻防将军以开幕府禁旅，既还，则有镇将军某某者迭馆焉。亡何而前备兵使者安公，以为治所未暇有所改作，既而归于永宁。凡前此数人，居之者皆仍拙政之旧。自永宁始易置丘壑，盖以崇高雕镂，盖非复图记、诗赋之云云矣。滇黔作逆，永宁与凶渠有连，既先事死而园屋犹以藩本入官。……为之记使来考有考焉。成之日为康熙十八年月甲子。记之者某官昆山徐某也。[75]

从上文可知，恽南田康熙二十一年（1682年）所访拙政园，时为苏松常道署，康熙二十二年（1684年），玄烨南巡时曾来此园，但园景经过王永宁、道署这么一折腾，已经是"廿年来数易主，虽增葺壮丽，无复昔时山林雅致矣"。同年裁撤署，园林随散为民居。先后为王（皋闻）、顾（璧斗）、严（公伟）等富室或官僚所有。（康熙二十二年《长洲县志》）而方士庶《拙政园图》按照图上所题时间，在雍正壬子十年（1732年），正是散落为民居比较荒芜的时间。直到乾隆初年，园林再次复兴，但园

图 43 《八旗奉直会馆图》清·光绪二十七年（1901 年）尺寸不详 《拙政园志稿》插图

子已被割裂，中部为太守蒋棨所得，更名为"复园"，西部为太太史叶士宽所得，更名为"书园"。拙政园在清乾隆年间有《蒋玉照复园图》《复园画册》《蒋诵先复园宴集图》和大量诗文。嘉庆十四年（1809 年），蒋氏失园，园转售予以刑部郎中致仕的海宁人查世倓，查氏延用"复园"之名，并继续修缮园林，未几，园再转售予以礼部尚书致仕的协办大学士吴敬，更名"吴园"。"吴园"名称流传最广，所以内藤虎昭和五年(1930 年)得到文徵明《拙政园图咏·十二景》册页，误认为文徵明为园主吴敬所作。咸丰十年（1860 年），太平军进苏州，李秀成合西部汪氏硕甫宅、中部潘氏爱轩宅，以及两园的花园部分，拙政园园林短暂整合为忠王府，"工匠数百人终年不辍，工且未竣，城已破矣"。传今拙政园见山楼位置为其理事公务之所。同治二年（1863 年），李鸿章以忠王府为行辕，江苏巡抚衙门也在此，五年（1866 年），李鸿章行辕及巡抚衙门撤出，西部复还汪氏，十年后光绪三年（1877 年），汪氏以白银六千五百两售予张履谦，张氏造"补园"。同治十年（1871 年），巡抚张之万居中部宅，修复"吴园十二景"，对照拙政园写生作《吴园图十二册》，并邀李鸿裔题《张子青之万制府属题吴园图十二册》。与布政使恩锡、织造堂德寿、粮道朴英合议，出资成立"八旗直奉会馆"。"八旗直奉会馆"和"补园"奠定了今日拙政园的基本风貌。汪鋆、吴俊的《拙政园图》（见图 41、42），已经接近今天面貌，汪鋆笔下的《拙政园图》出自其《江浙纪游图》册页。后来的《八旗奉直会馆图》有了些更加现代建筑学图绘表现的意味。（见图 43）而在光绪三年，张履谦四下寻找文徵明的拙政园册页不可得的时候，拙政园三十一景的册页被"南林蒋孟苹以重直得之"，吴庆坻则在游"八旗直奉会馆"后记：

　　此园二百年来兴废无常，云烟变幻，尤足为东吴掌故画矣；今为南林蒋孟苹以重直得之。光绪中游吴门，曾访兹园，时已为八旗会馆，屋宇敝陋，而水石林木之胜，金阊诸园皆不逮也。园在明嘉靖间，王御史献臣筑，侵大弘寺基以辟之。其子与里中徐氏子博，一夕失之，归于徐氏。国初归海宁陈相国之遴。陈败时，方添设驻防兵，改将军府。驻防兵撤，又为兵备道行馆。既而吴三桂婿王永康居之，寻籍没入官。康熙十八年，改苏松常镇道官署。旋裁，园散入民居，郡人蒋太守棨得之，名曰复园。嘉庆中，查悼馀孝廉人俊购得之。道光中，家嵩圃相国又得之；至今虽屡易主，而谈者尚呼为吴园云。[76]

　　通常情况，园林都在其幽深宁谧的的情境中，展示着明照的生气和活力，但是事实上，园林在时间中也会呈现其衰落的景象，吴庆坻、方士庶游拙政园的时候，拙政园正是这个状态。但是，园林中依然散发出强大的力量，甚至代表了万法空幻的本质，历史愈久远的园林花木长得愈蓊郁深幽，所以即便人事变迁，不复有园匠照料，花木多半可以继续生长繁茂，依四季更迭展现时令美景，而这些花木正符合园林的幽深古朴、放任自然的审美，它使得整个场地充满了沧桑的感喟和领悟。这些兴废的经验深深地烙印在文士心中，以至于在园林创建和兴盛之时，已预见将来之荒废，从而在园林书写中，特意强调园林兴废的历史与过程。童寯先生当年造访拙政园时，园子也在荒颓状态，这些干涸的池塘、落叶、枯枝、残荷、繁茂的古树和退去鲜丽色彩的建筑，更具一种园林的本质。他在《江南园林志》中说："盖咸、同之际，吴中诸园，多遭兵火，今所见者，率皆重构。斯园得以幸存，数十年来，并未新修，故坠瓦颓垣，榛蒿败叶，非复昔日之盛矣。惟谈园林之苍古者，咸推拙政。今虽狐鼠穿屋，藓苔蔽路，而山池天然，丹青淡剥，反觉逸趣横生。正门内假山虽不工，而有屏障之妙。远香堂居中，四顾无阻。东北空旷，自多山林；而西南曲折，北望见山楼，实为全园点睛。布置用心，堪称观止。"[77]
　　中国园林的特殊在于，园的载体一方面是由诸多物质性要素所建构而成的，另一方面则有诗文图画所企图流传下去，在漫漫时间洪流的冲蚀下，必然会因各种因素而导致园林倾圮坏废和书画之不传。所以园林只要有所承接，"主人"的使命就不可免，而园林绘画和文本的动机，显然需要在历史地、现实地与他者交往和交锋的过程中，为了自我确认、自我肯定和自我扩张，其中所努力寻求的自我表达，内部都包含了一个充满曲折和否定环节的历史过程。因此，其中具体的文化或价值体系，在尚未进入同其他的文化或价值体系的历史性关系和冲突之前，根本上就不具有感知的特殊性，它的描绘也是一种空洞的抽象。拙政园幸运地拥有像文徵明这样的大师们，把园林绘画当作一种寻找和表达自我的方式，"不必求似，及其似处，竟与真无以异"，对于他们而言，把园林景色当作形象直接理解并不是园林绘画叙事的方式，在形象的建构后面参与阅读乃至思想的建构，则是园林形象所需要的更加深刻的变形，因此图像的某种变形和不确定，甚至是园林绘画主体本身的要求。因而园林的景图的特点是这样：它有自己的状物的对象，却又不完全以再现的目的去表现它，通过它可以感受烟云风雨的变换，可以居于楼阁亭台之中，可以寄情抒发性灵，可以隐喻社会的理想，画中因为有观看主体的心迹，有关照万物的文化心理积淀，它传达出来的是观看的种种体证。展现、绘画和书写的激情，不仅展现园子，并且让园子变成一种超凡的想象物，从而诞生了主人和可见者，图册创造了一次次面对面的镜像和折叠，而正是"文之大观"把"主人"带入一个自我创生的世界。

｜ 东庄册页

　　宋代书画册页这一装裱形式，是受到唐代经折装的影响而出现的，除了写经，唐宋还盛行将书法、佛像拓片剪成条分页装裱成册页。但是册页的形制成为文人绘画的主要形式始于宋代画院。徽宗把绘画视为"文治"的一种重要手段,梳理了艺术史的绘画,"上自曹弗兴（〔吴〕曹不兴）,下至黄居采（933—993 年后）,集为一百秩,列十四门,总一千五百件,名之曰《宣和睿览集》"[78],是《宣和画谱》著录的基本来源；同时亲自组织创作了一大批《写生珍禽图》类型的图册,都是写皇家园林寿山艮岳所见珍木异禽,"或戏上林,或饮太液",这就是《宣和睿览册》,其数量惊人,"增加不已,至累千册。各命辅臣题跋其后,实亦冠绝古今之美也"。[78] 在绘画上,宋代加强了"画—文"的紧密联系,册页,图像从明志、教化、写生到动植物志再到山水娱情和社会交往的功能转化,以及文字和图像的大量结合,被文人广泛使用在书画的创作上。明代继承了宋元绘画的传统,并以吴门绘画的兴起成为当时文人绘画的主流,其中明初率先使用册页形式创作园林绘画的画家,有吴派的前辈杜琼（1396 —1474 年）和其学生沈周（1427—1509 年）。杜琼山水宗董源,近法王蒙,多用乾笔皴擦,淡墨烘染,风格秀拔遒丽,开吴门画派的先声,承袭了元代文人画中诗、书、画的统一,诗文平正畅达,书法严谨秀逸,与其绘画风格完美地结合为一体,其画作大多以清静优雅的庭园景物为背景,表现出文人隐居、雅集生活的庭园小景。师徒都绘制过园林的册页,杜琼正统八年（1443 年）为其师陶宗仪（1329—1412 年）所绘图册十景,为《南村别墅》（见图 44）,图册为依据陶宗仪撰《南村别墅十景咏》景而图写,现藏于上海博物馆,分别为：竹主居、蕉园、来青轩、阆杨楼、拂镜亭、罗姑洞、蓼花庵（缺）、鹤台、渔隐（缺）、嬴室,计十幅,皴染缜密松秀,墨韵滋润苍茫,设色清淡明澈,图册前有明周鼎篆画题引首"南村别墅",册后有杜琼在正统癸亥（公元 1443 年）补录陶宗仪《南村别墅十景咏》言辞题跋,接其后,有明吴宽、杨循吉、文璧、周嘉胄、朱泰祯、李日华、陈继儒、董其昌、王铎等人题识。

　　沈周为"石交"好友吴宽私园绘制的《东庄图》（见图 45）二十一景,现藏于南京博物馆,《南村别墅》和《东庄图》这两本册页都是明代册

图 44　《南村别墅图》　明·杜琼
纸本设色　每开 纵 33.9 厘米，横 51.8 厘米
正统癸亥（公元 1443 年）作　上海博物馆藏

页描写园林的早期作品，可见册页的形构已经趋向完整和系统。《东庄图》对后世园林绘画影响很大，《东庄图》从吴宽家族散出后，在社会上广为流传，先后归文嘉、浙江长兴姚氏、江苏丹徒张觐宸收藏，清初从张觐宸之孙张孝思家流入扬州，乾隆时归耀卿、汪诣成收藏，嘉庆以后经冯秪生、潘仕成、潘延龄、罗天池、伍元惠、庞元济等人递藏，在民国年间，该册被誉为中国书画收藏当代第一人之称的庞莱臣所有，并著录在其《虚斋名画录》中，中华人民共和国成立之后由其家人捐给南京博物院。吴宽（1435—1504 年）字原博，号包奄，长州人，少年英才，正统十二年（1447 年）十二岁时就考中了秀才，以后的二十年，屡举不利，曾绝意仕进，不肯复应举。到了成化四年（1468 年），34 岁，吴宽在长辈敦促下第七次应试，不想中了举人，第三名。隔四年，成化八年（1471 年），连中两元，会试、廷试皆第一，授修撰，担任弘治帝朱佑樘师十五年。孝宗即位，迁左庶子，预修《宪宗实录》，进少詹事兼侍读学士，成为明武宗朱厚照正德皇帝的老师，官至礼部尚书。作为"两代帝师"，《明史》中对他的评价是："宽行覆高洁，不为激矫，而自守以正。于书无不读，诗文有典则，兼工书法。"[79]

　　沈周是吴宽的挚友，字启南，长洲人。如果现实中有"拙者"的话，沈周一定是最接近的那一个。其祖父、父亲皆为高隐之士。钱谦益在《列朝诗集小传》记载说："周，字启南，长洲人。祖孟渊（沈澄）、世父贞吉、父恒吉，皆隐居……其族之盛，不特资产之盛，盖亦有诗画礼乐以为之业。当其燕闲，父子祖孙相聚一堂，商榷古今，情发于诗，有唱有和。"[80]文徵明在《沈先生行状》中评价乃师："先生为人，修谨谦下，虽内蕴精明，而不少外暴，与人处，曾无乖忤，而中实介辩不可犯。然喜奖掖后进，寸才片善，苟有以当其意，必为延誉于人，不藏也。尤不忍人疾苦，缓急有求，无不应者，里党戚属，咸仰成焉。"[81]《明史·隐逸》记：

沈周，字启南，长洲人。祖澄，永乐间举人材，不就。所居曰西庄，日置酒款宾，人拟之顾仲瑛。伯父贞吉，父恒吉，并抗隐。构有竹居，兄弟读书其中。工诗善画，臧获亦解文墨。邑人陈孟贤者，陈五经继之子也。周少从之游，得其指授。年十一，游南都，作百韵诗，上巡抚侍郎崔恭。面试《凤凰台赋》，援笔立就，恭大嗟异。及长，书无所不览。文摹左氏，诗拟白居易、苏轼、陆游，字仿黄庭坚，并为世所爱重。尤工于画，评者谓为明世第一。郡守欲荐周贤良，周筮《易》，得《遁》之九五，遂决意隐遁。所居有水竹亭馆之胜，图书鼎彝充物错列，四方名士过从无虚日，风流文彩，照映一时。……有郡守征画工绘屋壁。里人疾周者，入其姓名，遂被摄。周曰："往役，义也，谒贵游，不更辱乎！"卒供役而还。已而守入觐，铨曹问曰："沈先生无恙乎？"守不知所对，漫应曰："无恙。"见内阁，李东阳曰："沈先生有牍乎？"守益愕，复漫应曰："有而未至。"守出，仓皇谒侍郎吴宽，问"沈先生何人？"宽备言其状。……周以母故，终身不远游。母年九十九而终，周亦八十矣。又三年，以正德四年卒。[82]

从文中可以看出，沈周有超脱、逸气、豁达、隐居不仕的理想化的精神特质，充满一种超脱世俗的气概和气度，同时沈周谦和内敛，为人与善，提携后学，人皆仰慕。这应该归于沈周受到家世的影响，祖父沈澄以诗名江南，精通书画鉴赏，与王蒙为好友，父亲和伯父都擅长诗文书画。洪武年间，苏州入仕途的人很少，到了宣德正德年间，苏州读书人纷纷参加考试，或者被举荐，开始入仕途，但沈周一直不为所动，虽然多次被人举荐，皆被其婉拒了。他从来不去应试，但是他并不排斥官员，比如像吴宽、李东阳这样的好友，并且他也经常鼓励朋友和学生去积极入仕。沈周这种出入自由的人生态度对文徵明出仕后的影响很大。

沈周绘制《东庄图》源于吴宽在京对自己在江南的山庄的思念，成

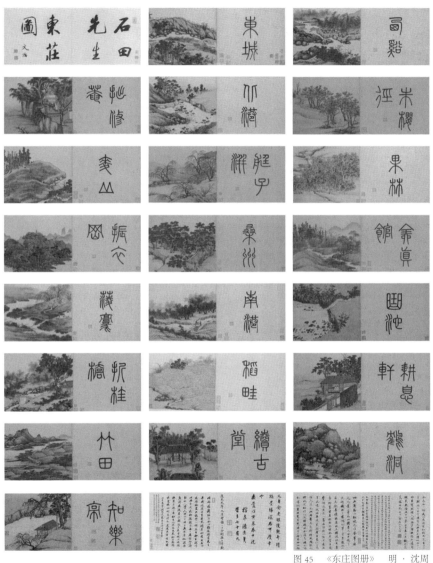

图 45　《东庄图册》　　明·沈周
纸本设色　每开 纵 28.6 厘米，横 33 厘米
1476 年作　南京博物院藏

化八年（1472 年）二月，在科举上坎坷二十载的吴宽，终于考中会试且
夺得第一名，又于三月的殿试中，夺得桂冠。继而入翰林，从此踏上了
北上从政的道路，此后三十年久居京师，"卒于任上"。吴宽在京师造园
名"亦乐园"，又名"一鹤园"，他在《园居六咏》中提到园景六处：海月庵、
玉延亭、春草池、醉眠桥、冷澹泉、养鹤阑。在京城，吴宽再次建立起
自身文化交往的圈子。但是身居京都，吴宽很是想念家园，这种追忆促
使他邀请沈周为东庄绘画，作为吴宽的挚友和东庄的常客，沈周被东庄
的风物所吸引，亦欣赏吴宽的为人和修养，所以当吴宽提出邀请沈周为
之描绘东庄图，沈周欣然命笔。

　　东庄在五代时为吴越国钱元璙、钱文奉父子的别业，后废为民居荒岗，
至明代，吴宽父亲吴融（1399—1475 年）在此修建别墅，占地六十余亩，
名曰"东庄"，是当时吴门文人士大夫曲水流觞、吟诗品茗的雅集之所。
成化十一年（1475 年）秋，吴融病重，吴宽请回，临行时请李东阳（1447—
1516 年）作《东庄记》，李氏时闻名京师，吴宽中状元、任翰林院编修，
曾得力于李极力举荐，可谓有知遇之恩。吴宽返回故里时，父亲已过世。《东
庄记》记录："苏之地多水，葑门之内，吴翁之东庄在焉。菱濠汇其东西
溪带，其西两港旁达，皆可舟而至也。由凳桥而入，则为稻畦，折而南，
为桑园，又西为果园，又南为菜园，又东为振衣台，又南西为折桂桥。
由艇子浜而入，则东为麦丘，由荷花湾入，则为竹田，区分络贯，其广
六十亩，而作堂其中，曰'续古之堂'，庵曰'拙修之庵'，轩曰'耕息之轩'。
又作亭于南池，曰'知乐之亭'。亭成而庄之事始备，总名之曰东庄……
岁拓时葺，谨其封浚，课其耕艺，而时作息焉。"[83] 东庄位于苏州相门与
葑门之间的城墙脚下，从《东庄图册》及李东阳的《东庄记》可见园林
的主要地貌特征是水乡田园，地势起伏自然，岗阜为主，溪河纵横，草
木繁盛，河岸多植杨柳、芦苇、竹林，山岗有松柏、蜡梅，池泽、河溪
中菖蒲、芙蕖、水菱，富有野趣，并以大面积的稻田、果园、桑园、樱

桃园等农业植被，营造出大尺度的田园地景，是江南鱼米农家的生态结合耕读、禅修以及道家返璞归真的自然观的融合，园中亭、轩、庵、堂等建筑散布在地形之间，茅屋草舍、青瓦木楹掩映在湖光山色之中，非常简练、单纯。东庄意味着明代"园林之发现"首先存在于风景作为一种隐喻，并开始呈现出历史化的园林谱系的复杂结构。作为园林的风景，和在此之前"作为风景的风景"是有所不同的，基于这样思考时，我们才可以发现"园林之发现"有怎样的多层意义，包含着自然的逐渐客体化和园林逐步通过视觉装置化实现主体的建构。风景是在时间中形成的社会历史性产物，《东庄图》包含对生活景象的关注，偏向对自然的道德化，带有自然浪漫主义气息，同时诗文的自然化，使得道德对于自然中的力量充满乐观主义，这是后来晚明以后园林文化慢慢丢失掉的东西。真正继承陶渊明精神气质的是陶宗仪、杜琼、沈周皆大雅隐居，他们的文学和绘画对于隐世哲学有了新的表现。作为主要的师承谱系，文徵明在学习前辈的同时，也面临着自我和时代的新的问题，在艺术上，如何在前辈先师的基础上建立自己的视觉图示体系，也许一直是他考虑的问题。吴门画派的画风与园林的风格有某种程度的互相影响，在《南村别墅》《东庄图》《拙政园诗画册》的演进中体现得更加明显。园林和绘画的结合，杜琼、沈周开创之功不可没。

《东庄图》的册页纸本设色，引首有王文治题"石田先生东庄图"行书七字，各景对页有李应桢（1431—1493 年）篆书其名："第一开东城、第二开西溪、第三开拙修庵、第四开北港、第五开朱樱径、第六开麦山、第七开艇子浜、第八开果林、第九开振衣岗、第十开桑州、第十一开全真馆、第十二开菱豪、第十三开南港。第十四开曲池、第十五开折桂桥、第十六开稻畦、第十七开耕息轩、第十八开竹田、第十九开续古堂、第二十开鹤洞、第二十一开知乐亭。"沈周两次绘《东庄图》，其一为二十四景，其二为十三景。张丑《清河书画舫》卷十二上记："文休承藏启南翁《东庄图》册，凡十三景，按题为吴孟融作。每景仿效一名家，复构小诗对题之，品格尤为佳绝。更兼收藏得地，纸墨如新，真天地间一名迹也。今在琅琊王氏。其别卷《东庄杂咏图》本今在予家。"[85] 斐景福《壮陶阁书画录》著录沈周《东庄十三景》作于弘治十五年秋月（1502年），两年后，吴宽卒，沈周已七十八岁，闻之痛哭不已，有诗曰："白头野老宜先死，翻向秋风泣所知。"从体例看，《东庄十二景》，一景对一页题诗，看上去更接近于《拙政园图咏》，但这本图册现不知去向。在沈周的《东庄图·二十一景》册页后有明李应祯、董其昌等人题跋：

朝代	题跋人	时间	内容摘要
清	王文治		"石田先生山庄图"
明	李应祯		■东城、西溪、拙修庵、北港、朱樱径、麦山、艇子浜、果林、振衣冈、桑州、全真馆、菱豪、南港、曲池、折桂桥、稻畦、耕息轩、竹田、续古堂、鹤洞、知乐亭
明	董其昌	万历四十五年（1617 年） 天启元年（1621 年）	■白石翁为吴文定公写东庄图二十余幅，李少卿篆，称为双绝……观其出入宋元，如意自在，位置既奇绝，笔法复纵宕，虽李龙眠山庄图、鸿乙草堂图不多让也…… ■白石翁为吴文定写东庄图，原有二十四幅，……后为修羽千方踪迹得二十一幅……
清	王文治	乾隆五十七年（1792 年） 乾隆五十八年（1793 年） 乾隆六十年（1795）	■此石翁动心骇魄之作，荟萃唐宋元人菁华，而以搏象之全力赴之……李少卿篆书直绍斯冰绝轨，其质直处，觉鸥波尚逊一筹，西涯、衡山无不远在下风。……原本廿四幅，今存廿一幅，或以为惜…… ■……此册为石翁最上乘之画，而李题董跋皆精妙无匹，前跋言之详矣。…… ■乙卯春二月，余客扬州诣成装池此册甫竟，将归之，夕又得重观，翰墨之缘，良非易事。文治。

清	张鉴	嘉庆十九年（1815 年）	■右白石翁为吴文定公所作东庄图也，……明六法者共赏之、叹之、题之、咏之……
清	潘奕隽	嘉庆戊寅（1818 年）	■……李少卿之题、董文敏之跋，当时称三绝。……
清	顾鹤庆	道光元年（1821 年）	■此册蕴藉骀宕，全以韵胜，脱尽先生平时峭厉本色。……
清	罗天池		■白石翁此册，每一展玩，令人寝食俱忘，可以夺神杪虑……
清	吴荣光	道光壬午（1822 年）	■春阳乍烈，满道歊尘，阅此如游极乐世界，一霎清凉，殊念故园五亩也……

　　从董其昌第二次的题跋可知，册页原有二十四幅，由于屡经递藏，辗转南北，散失了三帧，故现存二十一帧。此册页为对开形式，每幅描绘了一处东庄的景致，对页都有书法家李应祯的篆书题名，这件沈周为挚友吴宽（1435—1504 年）所作的东庄图，董其昌评为："观其出入宋元，如意自在，位置既奇绝，笔法复纵宕，虽李龙眠山庄图、鸿乙草堂图不多让也。"每幅对页均有祝允明岳丈李应祯的篆书题图名，李应祯篆书可谓煊赫一时，又后附董其昌的跋文，因此后人称为"三绝"。在诗文上，除了《东庄记》外，还有邵宝（1460—1527 年）作行书《匏庵先生东庄杂咏诗》卷，为园中分景赋诗。邵宝，字国贤，号二泉，南直隶无锡人。成化二十年（1484 年）进士，授许州知州，历户部员外郎、郎中，邵宝为李东阳门人，故诗文皆宗法东阳，文典重和雅，诗清和澹泊。他的书名亦重当时，此书用笔稳健，顿挫有致，笔墨浓郁温厚，气势沉实宽博。其笔画钩如屈铁，点如坠石，巧拙互用，作《匏庵先生东庄杂咏》二十首五言绝句。按照李东阳的《东庄记》记述中，他所描述的景物和顺序为：菱濠、西溪、两港（《东庄图》中的"南港""北港"）、凳桥、稻畦、果

图 46　《东庄杂咏诗》　明·邵宝
纸本设色　纵 25.8 厘米，横 231.5 厘米
北京故宫博物院藏

林、菜圃、振衣冈、鹤洞、艇子浜、麦丘、竹田、折桂桥、续古堂、拙修庵、耕息轩、桃花池、知乐亭共十九处景点。园记的叙述顺序和图册顺序不同，其中鹤洞、朱樱径、全真馆三景《东庄记》中未及，在图册中《东庄记》中提到的凳桥、菜圃、桃花池三景未见，《匏庵先生东庄杂咏》景物二十处基本和《东庄图》一致，只是三处略有区别，诗中东濠、芝丘、方田根据诗意推测应该和园记和图册中的菱濠、麦丘、稻畦相对应，缺图册中东城一景，按照董其昌给出的册页原有二十四幅的说法，那么遗失的图页有可能为凳桥、菜圃、桃花池三页，连同石田长跋散佚。（见图47）《东庄图》册页虽然没有沈周的款识和题跋，从风格和笔墨特征看应为中年"粗沈"的风格，沈周将书法运笔之法运用于绘画之中，很多画面的皴法借鉴自王蒙，比如"振衣岗""竹田""鹤洞"等图，明显具有王蒙披麻皴、解索皴的特点，勾皴笔道粗劲，运笔圆厚，以湿笔为主，也有他自己特有的力度和苍茫浑厚，带有探索自己语言和融合前人笔墨的特点，还没有到晚期"粗简豪放"的阶段，"曲池"描绘荷花的画法有沈周写意笔法的特征，册页表现了"东庄"田园宏阔平和的质感，选择"菱濠""稻畦""麦山""竹田"这些江南特有的农田风景，为册页增添了质朴浓郁的田野气息，从中可以看到明中期园林的特点还是比较自然化、地景化的，和明晚期以后的文人园林气质上有很大的区别。明中期以后园林绘画的形制、风格、题材等方面受到《东庄图》的影响，除了文徵明《拙政园图咏》，晚明沈士充（万历、崇祯间人）的《郊园十二景》、文伯仁（1502—1575年）的《园林十五景》、张宏（1557—1652年）的《止园册》等园林绘画都受到影响，均采用了册页的形式，册页也成了明清绘画在立轴、卷轴、镜心、扇面、屏幛等形式之外的一个重要选择。

　　吴宽、李应祯和沈周都是文徵明人生重要的老师、领路人和庇主，成化八年（1471年），吴宽中状元那一年，文徵明的父亲文林同榜考中进士，依靠父亲的宦友和人脉，文徵明开始他的学业和求仕生涯，《明史》

园记	图册	诗咏	诗歌内容
菱濠	菱濠	东濠	"东濠凡几曲，曲曲种菱窠。移船就菱实，兼听采菱歌。"
竹田	竹田	竹田	"楚云梦潇湘，卫水歌淇澳。吴城有竹田，亦有人如竹。"
续古堂	续古堂	续古堂	"别院青春深，嘉树郁相向。如闻杖屦声，升堂拜遗像。"
两港	南港	南港	"南港通西湖，晚多渔艇宿。人家深树中，青烟起茅屋。"
两港	北港	北港	"北港接回塘，芙蕖十里香。野人时到此，采叶作衣裳。"
西溪	西溪	西溪	"翠竹净如洗，断桥水清涟。道人爱幽独，日日到溪边。"
	朱樱迳	朱樱迳	"叶间缀朱实，实落绿成阴。一步还一摘，不知苔迳深。"
果林	果林	果林	"青江次第熟，百果树成行。未取供宾客，先供续古堂。"
麦丘	麦丘	芝丘	"芝出麦丘上，种麦不种芝。百年留世德，此是种芝时。"
稻畦	稻畦	方田	"秋风稻花香，塍间白昼静。主人今古人，田是横渠井。"
	桑洲	桑洲	"汲溪灌桑树，叶多蚕亦稠。云锦被天下，美哉真此洲。"
鹤洞	鹤洞	鹤峒	"老鹤爱云栖，石洞自天凿。秋风时一声，飞云散寥廓。"
知乐亭	知乐亭	知乐亭	"游鱼在水中，我亦倚吾阁。知我即知鱼，不知天下乐。"
拙修庵	拙修庵	拙修庵	"破屋贮古书，陶匏满前列。此心与道俱，甘为时所劣。"
耕息轩	耕息轩	耕息轩	"垄上阅畊罢，北窗清卧风。幽风读未了，梦已见周公。"
	全真馆	全真馆	"何处适余兴，寻师谈道经。隔桥云满屋，钟磬晚冷冷。"
折桂桥	折桂桥	折桂桥	"别墅桥边路，桥因旧所题。大魁还大拜，潮到觉桥低。"
振衣冈	振衣冈	振衣冈	"崇冈古有之，公独爱其顶。振衣本无尘，清风洒襟领。"
	曲池	曲池	"曲池如曲江，水清花可怜。池上木芙蓉，江映池中莲。"
艇子浜	艇子浜	艇子浜	"水上架高栋，四方无雨风。晚舟归宿处，不见济川功。"

图 47 沈周东庄的园记、图册、诗咏中景点名称的差异

记："徵明幼不慧，稍长，颖异挺发。学文于吴宽，学书于李应祯，学画于沈周，皆父友也。"文徵明弘治五年（1492 年）二十二岁时，跟父亲的好友、南京太仆寺少卿李应帧学习书法，于弘治八年（1495 年）从师沈周习画，次年，文徵明遵从父命从游于吴宽，学习作文之法，因此对于东庄和《东庄图》，他是非常熟悉的，从他《游吴氏东庄图》（见图48）和《花坞春云图》上的诗文（见图 49）中可以看到他是东庄的"常客"，《游吴氏东庄图》，立轴，纵七十二点八厘米，横三十四点四厘米，纸本设色。画于明武宗朱厚照正德八年癸酉(1513 年)，文徵明时年四十四岁，沈周已去世四年，吴宽去世九年，为赠先师吴宽之侄吴弈（嗣业）所作。文徵明携吴门同道、弟子等八人，同游苏州城东吴氏别业之东庄，有怀先师，归后所作。吴弈为吴宽侄子，此次郊游的东道主。《游吴氏东庄图》以诗文长题，书承赵文敏，而自出俊朗劲拔之意，笔法清雅秀逸，已略显文氏后期之风，题诗云：

> 相君不见岁频更，落日平泉自怆情。
> 径草都迷新辙迹，园翁能识老门生。
> 空余列榭依流水，独上寒原眺古城。
> 匝地绿阴三十亩，游人归去乱禽鸣。

文徵明文学吴宽，又常于吴氏东庄悠游澄怀，眼前风貌自然谙熟于胸。正德八年癸酉五月六日之故地重游，虽眼前景物同于往昔，而好友间诗酒唱和，则在于游目骋怀，想念故人，诗与画合，情之所寄，发人悠思。明初高启等十才子曾结为"北郭十友"，至明中期以文衡山为首的十位文人墨客又结为"东庄十友"，分别为：吴爟（次明）、文徵明（衡山）、吴弈（嗣业）、蔡羽（九逵）、钱同爱（孔周）、陈淳（道复）、汤珍（子重）、王守（履约）、王宠（履仁）、张灵（梦晋）。吴门艺术之所

图 48 《游吴氏东庄图》
明 · 文徵明
正德八年（1513 年）
纸本设色 纵 136 厘米，横 27.2 厘米
北京中拍 2007 秋拍

图 49 《花坞春云图》（局部题诗）
明 · 文徵明
嘉靖十一年（1532 年）
绢本设色 纵 136 厘米，横 27.2 厘米
安徽博物院藏

以有明一代影响巨大，这和吴中山水文化圈的形成关系密切，并在观念方式、意识方式、语言方式中逐渐形成、表现、传播出来。《花坞春云图》手卷款署"壬辰三月徵明"，钤"徵仲父印"白文印、"悟言室"朱文印，卷尾自题：

> 渺渺城郭见江乡，十里清明护草堂。
>
> 知乐漫追池上迹，振衣还上竹边冈。
>
> 东郊春色初啼鸟，前辈风流几夕阳？
>
> 有约明朝汛新水，菱濠堪着野人航。

从手卷的款署时间可知，这张画作是在嘉靖十一年（1532 年）的三月创作，文徵明六十三岁，诗中提到了"知乐（亭）""（曲）池""振衣（岗）""菱濠"，先师们已归道山，情由景生，独自怅息，但《东庄图》绘诗文风流仍在，仍然在影响着后辈，在《拙政园图咏》体例构思上，无疑是在其上既有所借鉴又有所发展创造的，这个月他还去过拙政园访友王献臣，"今日偶过槐雨先生拙政园，道及坡翁寄题与可之作，因出佳纸，遂命余录此"[84]。或许两人讨论了拙政园册页的表现方式，同时也在回忆和追念恩师造园的意匠。《拙政园图咏》显然在很多方面承袭了《东庄图》，从意境、笔墨上甚至有一部分构图参考了后者，画面高度取舍，形象疏密得体，简练留白，茅屋草亭清朗简拙，图中"芙蓉隈""深静亭"与《东庄图》的"曲池""北港"非常一致，"意远台"和"振衣岗"意趣相仿，"柳襖"中柳树的画法明显有"艇子浜"的影子，"来禽囿"和"果林"的画法也很相似。（见图50）两个册页都是为友人委托而作，都把自己和友人的日常生活感受上升到一种精神的展示，但因性情、时代的差异，区别也是明显的。沈周所开启的吴门画派上承宋元、下启明清，延续了文人绘画，对开创写意绘画的陈淳、徐渭等都有影响，"青藤白阳"对笔墨情趣、置阵布势等都有了新的建树和突破，在中国绘画史上起到了非常重要的承上启下的作用。

绘画、文字在园林这个汇聚之地得到最大的融合。"文人绘画"有宋一代被提出，在宋徽宗和士人积极参与之下，绘画的"文人化"被提到了前所未有的高度。邓椿在《画继》中说道："画者，文之极也！故古今之人，颇多著意。张彦远所次历代画人，冠裳太半。唐则少陵题咏，曲尽形容；昌黎作记，不遗毫发。本朝文忠欧公、三苏父子、两晁兄弟、山谷、后山、宛丘、淮海、月岩，以至漫仕、龙眠，或评品精高，或挥染超拔，然则画者岂独艺之云乎？难者以为自古文人，何止数公？有不能且不好者，将应之曰：'其为人也多文，虽有不晓画者寡矣。其为人也无文，虽有晓画者寡矣。'"[84] 所谓"文人画"，就是"士夫画"，元代画坛领袖赵孟頫与画家钱选的对话广泛被引用来说明区别："赵子昂问钱舜举曰：'如何是士夫画？'舜举答曰：'隶家画也。'子昂曰：'然观之王维、李成、徐熙、李伯时，皆士夫之高尚，所画盖与物传神，尽其妙也。近世作士夫画者，其谬甚矣。'"[85] 这被后来引用为"隶家画"，或为"隶书"，或为"书法入画"之谓。隶家原称戾家，与行家相对，指不在行、不当行的人，业余的意思，明代行家、利家之分，仍沿用宋元行家、戾家之说。利家，有时也称为隶家、逸家，都是戾家的同音之变。《四友斋丛说》论："我朝善画者甚多，若行家当以戴文进为第一。而吴小仙、杜古狂、周东村其次也。利家则以沈石田为第一，而唐六如、文衡山、陈白阳其次也。"[86] 在绘画上，宋元创造了画—文—书的相生相依关系，册页更是直接地继承和反映了这种画—文—书同置的关系。而这种关系更早起源于河图洛书，在宋代的史学家郑樵（1103—1162 年）《通志卷七十二·图谱略·索像篇》：

　　河出图，天地有自然之象。图谱之学，由此而兴。洛出书，天地有

芙蓉隈

文徵明 | 沈周

深静亭

意远台

柳隩

图 50 《拙政园图咏·三十一景》和《东庄图》的构图比较

自然之文。书籍之学，由此而出。图成经，书成纬，一经一纬，错综而成文，古之学者，左图右书，不可偏废。[87]

郑樵认为，要架构出完整的认知必须"置图于左，置书于右，索象于图，索理于书"。[88] 郑樵意在"实学"，明代一些号学者，如丘濬、杨慎、唐顺之、王世贞等人，都在自己著述中征引或评议郑樵某些学术观点，其在明代还是有所影响的。尤其到晚明，时艰世乱，王阳明心学空疏，狂禅于世无益，实学思潮遂因之涌起，一直到有清一代。郑樵作为一位杰出的文献学家，他是从"成学而非致圣"的角度来看待"文献"的价值的，这突破了"学问之士多徇于外物"所谓的儒家"为己"修身知识传统，反对"空谈心性""空言著书"，郑樵的《通志二十略》就正好体现了一个文献学家的"博物多能"，而在这个层面上，吴门的艺术大师们显然自觉地或迫于外部环境都趋向了郑樵倡导的学术路线。文、沈等人的园林册页，虽然和郑樵眼中的"多识于鸟兽草木之名"的"见闻之知"的花鸟册页截然不同，但是对于园林文化知识的积累与传播，也许在无意之间起到了文献的搜集与整理的极重要的作用。

从形式上看，文徵明的册页艺术比起老师沈周显然更加接近郑樵的"图谱"，更加成熟，构制更加复杂，有诗文、景图对应并后附园记。但是两者表现的内容开始发生了一些改变，《东庄图》表现的是田园、农庄的野趣、隐修，《拙政园图咏》表现的是城市园林、庭院、斋室。两者隐逸、超脱方式亦不同，沈周趋于单纯的逍遥归隐田园，追慕素朴自然、恬淡的野趣，求出世心境；文徵明则蕴含看穿政治、避世安世、情调高逸、求出世入世之间的复杂状态。沈周的笔墨率简朴厚，文徵明则萧散淡雅，但两者都呈现力图表现解决安放身心，归于内心的真实生活的问题。两者关于建筑占风景的比例和位置差别也很大，沈周的茅屋在田野中，和周边的关系"率略简易"，文徵明则有意识地把园林、庭院、斋室、屋宇为画眼，使得建筑、植物、山水、陈设放置在一种"观看"的关系之中。钱杜（1764—1845年）在《松壶画忆》中说："山水中屋宇甚不易为，格须严整，而用笔以疏散为佳，处处意到而笔不到。明之文待诏足以为法。"[89]又说："房屋，文衡山最精，皆从赵吴兴得来，而吴兴全自唐人画中酝酿而出。"[90]就是说文徵明学习了赵孟頫的画法，而源头是唐画中亭台楼阁画法，所以他笔下的园林更加"雅"，有"文气"，摆脱了荒野之气，文人园林的味道较之东庄更加讲究。但是在朴素质朴上，又逊于乃师，所以在嘉靖三十年（1551年），八十二岁的文徵明创作的《拙政园图咏·十二景图》，舍弃了青绿，完全回归了水墨。从传统绘画看来，与古为徒是取法乎上的学习之本，心摹手追古人，是艺术家毕生的事业，但决定一个人绘画成就的还是心源，古人谓之"天骨"，董其昌称为"无师智"，画如其人，文徵明继承了沈周一部分的山水图示，但笔墨显然自有门径，就沈周的平淡、质朴、浪漫的气质，在后期写意的陈淳、徐渭、八大等人传接的更多一些，虽然都出于吴门，但最终还是回归到各自"自我"的路上。

致仕与"避居"

《拙政园图咏·三十一景》中大量的场景，呈现出了近似南宋的绘画风格，如《钓矶》《嘉实亭》《桃花片》等画幅，简洁的偏角构图都出现和南宋山水画类似的布局，类似于曹昭（明洪武年间）在《格古要论》评马远画作：

> 马远师李唐，下笔严整，用焦墨作树石，树叶夹笔。石皆方硬，以大斧劈带水墨皴。其作全境不多，其小幅或峭峰直上，而不见其顶，或绝壁直下，而不见其脚，或近树参天，而远山低，或孤舟泛月，而一人

独坐，此边角之景也。[91]

　　但是，就在完成《拙政园图咏·三十一景》的两年前，文徵明刚刚创作了一件构图壅塞急迫的立轴，这幅《松壑飞泉》（见图 53）绘制的时间颇长，自嘉靖六年（1527 年）年归家后作，至嘉靖十年（1531 年）才完成。文徵明在画面题词自识中说明了这个过程："余留京师，每忆古松流水之间，神情渺然。丁亥归老吴中，与履吉话之，遂为写此。屡作屡辍，迄今辛卯，凡五易寒暑始就。五日一水，十日一石，不啻百倍矣。是岂区区能事，真不受促迫哉。于此有以见履吉之赏音也。"文中履吉指的是王宠，王宠十五岁那年，文徵明认为他"意度坦迤和天倪，祥麟一角世所稀"，遂折辈行与他订交，王宠比文徵明小二十四岁，是忘年之好，两人的仕途命运相似，文徵明科举十次不中，王宠八次不举，都无缘官场，文徵五十四岁赴京，王宠作《林翁蔡尊师、衡山文丈偕计北征辂车齐发敬呈四首》，此年王宠三十岁，书法册藏于中国台北故宫博物院，纵23.6 厘米，横 34 厘米。嘉靖二年二月廿四日，文徵明和尊师蔡羽同舟北上，王宠为他们作的五律诗四首，书法多力丰筋，道逸精妙，姿态迥异，清远深秀，如置身岩间，无一笔尘俗之态。其中一首曰：

> 祖帐桃花水，征旗枫树林；
> 山河千里且，师友百年新。
> 举世谁将假，离群自不禁；
> 南有黄飞鹄，侧翅一衷吟。[92]

　　比起为官求仕的艰难，文徵明在自己的小群体中诗文交游、丹青笔墨上更加游刃有余，辞官归隐，文徵明与王宠等至交旧友情谊得以再续，又可以一起放浪山水寄情于诗词书画了，这是他们之间亲密的交流方式。

石守谦在《嘉靖新政与文徵明画风之转变》一文中分析了《松壑飞泉》这幅作品，他把这幅作品和《燕山春色》（见图51）的抒情性做了对比，发现画家心境的变化导致了画风的转变，继而影响了整个苏州乃至明代中后期的绘画风格。《燕山春色》作于甲申年是嘉靖三年（1524年），此时文徵明已来京一年，文徵明于1495年至1522年近三十年间，经过了十次乡试失败后，文徵明在正德嘉靖换位之际，通过父亲旧交林俊（见素，1452—1527年）推介给巡抚吴中太守李充嗣，由于嘉靖新政的变化，父亲的旧僚至交林俊向李充嗣荐书："文徵明奔丧，却赙金几千许；宁庶人累招不赴，气节有如此者。其温猝之养，介特之行，深博之学，精研之笔法，皆眼中所少。一诸生，名动天下，苏人以为星凤。当意以潘南屏例荐之。"李充嗣成化二十三年进士，是一位在朝中地位显赫、颇有政声的人物，文徵明为时任吴中太守李充嗣举荐，于嘉靖二年（1523年）春天赴京任职，入朝后经吏部试，授翰林待诏。文徵明友人何良俊（1506—1573年）在《四友斋丛说》中有记载："林见素嘉靖初再起为刑部尚书，方到京，适文衡山应贡而至。见素首造其馆，遍称之为台省诸公。时乔白岩为太宰，素重见素，乃力为主张，授翰林待诏。见素曰：'吾此行为文征仲了此一事，庶不为徒行矣。'"[93]文家不是没有人脉关系的"寒士"，相反文家极在意和很多"名公"交往，"唐人有言，吾不幸生于末世，所不恨者识元紫芝。馀运命蹇薄，不得踔厉霄汉。然幸而当代诸名公每一相见即倾尽底里，许以入室。如顾东桥、文衡山、马西玄、聂双江、赵大周、王槐野诸公皆是"[94]。翰林院就是一个文人集中的地方，文徵明没有经过科场考试而直接入仕为官，并且受到林俊、乔宇、黄佐、李充嗣、陈沂等人的推重，文徵明还是很快地融入京中的文人圈并且与几位位高权重的名公保持良好的关系。居官三年后，按明例，可以参加吏部的考核，验其业绩，有无过失，然后任官。而文徵明不赴吏部，"逡巡不往，数次上书乞归"。终于在嘉靖五年（1526年）十月出京返乡。

图 51

《燕山春色图》

明 · 文徵明

1524 年

纸本设色

纵 147.2 厘米，横 57.1 厘米

台北"故宫博物院"藏

图 52

《青卞隐居图》

元 · 王蒙

1366 年

纸本墨笔

纵 140.6 厘米，横 42.2 厘米

上海博物馆藏

图 53

《松壑飞泉图》

明 · 文徵明

1531 年

纸本设色

纵 108.1 厘米，横 37.8 厘米

台北"故宫博物院"藏

文徵明致仕之原因，从《燕山春色》款识中可以看出：文徵明在北京并不愉快。画面款题云："燕山二月已春酣，宫柳霏烟水暎蓝。屋角疎花红自好，相看终不是江南。甲申二月徵明画并题。"在文中北京已初春，但是文徵明心情惆怅，孤身一人在京，遭到了很多正统同僚的排斥，《四友斋丛说·卷十五·史十一》记：

衡山先生在翰林日，大为姚明山、杨方城所窘，时昌言于众曰："我衙门中不是画院，乃容画匠处此耶？"惟黄泰泉佐（黄佐1490—1566年）、马西玄汝骥（马汝骥1493—1543年）、陈石亭沂（陈沂1469—1538年）与衡山相得甚欢，时共酬唱。乃知薰犹不同器，君子小人固各以其类也。然衡山自作画之外，所长甚多，二人只会中状元，更无馀物。故此数公者，长在天地间。今世岂更有道著姚涞杨维聪者耶？此但足发一笑耳。[95]

文徵明的耿介性格对于权臣没有来往，东桥（顾璘，号东桥居士）说："昨见严介溪（即严嵩）说起衡山，他道衡山甚好，只是与人没往来。"[96]文徵明所交往的多是有学问、有道德的官员，其中有黄佐、马汝骥、陈沂等人。黄佐，正德十六年（1521年）进士，师王守仁，《四库全书总目提要》评价："生平著述至二百六十余卷，在明人之中，学问最有根底。"马汝骥，正德十二年（1517年）进士，十四年与翰林舒芬等一同力谏明武宗南巡，被罚跪并受杖。嘉靖二十二年（1543年）卒于任内，追赠礼部尚书，谥文简。陈沂与马汝骥同年进士，官至太仆寺卿、工诗文书画。善书画，与顾璘、王韦并称"金陵三俊"。又与顾璘、王韦、朱应登并称"江东四大家"。但是与他们"进士出身"相比，文徵明的所长自然是绘画，明代善画的皇帝很多，嘉靖之前因为绘画进阶的不在少数，但可惜，嘉靖毕竟不是宣宗、宪宗或是孝宗，绘画不再成为官僚的资本，在这里反倒成为一个和正统举仕对立的矛盾，绘画本身成为文徵明被诟病的一个身份符号，他也因此得不到朝廷和同僚的认可，所以最终他还是辞官回到了家乡。这幅《松壑飞泉》就是返乡之后的画作，石守谦认为在《松壑飞泉》的画面中，原有的充满思乡想象的悠游生活，在仕途理想破灭归来后，彻底转向避居理想，画面一改原来的悠闲潇洒，加上繁密的叠山飞泉，变为沉重而幽深的避居形象。在结束了五十四岁到五十七岁短短三年的仕宦历程之后，文徵明的画作也完成了由《燕山春色》到《松壑飞泉》的风格的转变，他自北京居官至梦断还家这一段过程中，在心境经历变动的状况之下，笔下的山水意象出现以前没有的构图。从画面上看，上部的岩石结构复杂严密，山体挤压开始出现变形的趋势，这幅山水画，已不是现实世界的山水的再现，堆叠岩石显得沉重郁积，画幅空间略带着压迫性。山石的"肌理"和下部垂直树林空出的少量空白布局形成对比，画面上安排显示出一种抽象、冷峻、忧郁略带沉闷的感受，画面透露出隐隐不安的情绪，事实上，这种构图在形式上和王蒙的《青卞隐居图》（见图 52）有着承接关系，王蒙一生画过许多隐居图，内心始终徘徊在退隐和出仕之间，他的画气息不如黄公望、吴镇、倪瓒的作品那么平静超脱，所以在山水中传递出强烈的不安的情绪，王蒙以董源、巨然为本归，化出自家面貌：他的画法以繁密见长，笔法变化多变，《青卞隐居图》画面密布披麻皴、卷云皴、解索皴、牛毛皴和破笔碎点，使山石无论是结构还是组合，都显得变化多端，气势充沛，"似繁而简"；用墨上干、湿、浓、淡兼顾，并以干笔焦墨皴擦，沉郁深秀，浑厚华滋。明董其昌叹为观止，在诗塘上题曰"天下第一王叔明画"，下面又题："'笔精墨妙王右军，澄怀观道宗少文，王侯笔力能扛鼎，五百年来无此君。'倪云林赞山樵诗也。此图神气淋漓，纵横潇洒，实为山樵第一得意山水，倪元镇退舍宜矣。"文徵明在处理山势重叠、气脉贯通上继承了王蒙的画法，使整个画面感觉繁密而不窘迫，更加具有结构的特性，在笔墨上纤细秀丽、注重边线，去除了粗笔钝毫、焦墨枯笔粗率的皴擦，形成了个人绘画语言特征，而这种特质形成了他六十岁以后绘画形式，同时也影响了吴门画派后期的绘画路线和风格，一直到清中期都有影响。

《拙政园图咏·三十一景》这一套册页在视觉图示、情绪和笔墨特征上还是更接近于《燕山春色》的，并且在构图上显示了吴派仍然继承了浙派一些新的探索和表现的方向。实际上，杜琼与浙派的开创者戴进交往密切，吴浙两派的交流使得吴门绘画有着丰富的视觉实践，在文徵明的绘画中也有着明显的对于杜琼笔墨的继承。同时从画家的角度来看，大画和小画的画法是不同的，册页受画面尺寸的限制，显然画面的处理不能像《松壑飞泉》那样经营过于复杂的结构，较复杂的构图并不适合园景这样明确的主题，空一点的构图更可以删繁就简，聚焦独特的现场气氛，加深了观者在场的感受。学者高居翰在区别吴、浙两派画风时，提出了两种不同的视觉经验：吴派隐含着有条不紊，以及建筑般的构图法则，这些作品借着丰富而延长的视觉经验，为观者传出一种广大且普及之感，使得观者得以凭借想象遨游其间。这些作品似乎有延长时空的效果；而浙派画家的山水，往往沿袭南宋画风，构图精简化、集中，为让观者能立即明白画中景物及主旨。宋代册页画的作者几乎都是画院画家，马远一门五代相继供职于画院，以马远成就最高；夏圭，与马远同时稍晚，宋宁宗时供职于画院，任待诏，后世多以"马、夏"并称；林椿，宋孝宗时为画院待诏，由于画艺高超，受赐金带，所绘以花鸟、果品、草虫小品为多，当时赞为"极写生之妙，莺飞欲起，宛然欲活"。苏汉臣、陈清波、李嵩等都是史有记载的画院画家。它们的作品不是用来分段欣赏或研究的，其所提供的视觉经验是瞬间而强烈的。不同于北宋绘画壮阔大气的全景式构图，南宋绘画的"留白"是中国绘画史上非常惊人的成就，小景便于深入自然景物之中，精确表现出场地、季节、气候的特征，利用画面大片空白突出"凝视"，区别于"扫视"的复杂性，画面含蓄凝练，富有主题性，更适合文徵明表达记录拙政园三十多个不同的造园之境。

这两种有所区别的视觉形式来自不同的视觉经验，其背后隐藏了不同的主体诉求，雅克·拉康在《论凝视作为小对形》一文中说：

> 什么是绘画？显然它不是无所作为的东西。……图像的功能，主体就是以此来图绘自身的。……在图画中，有人告诉我，艺术家总想成为一个主体。绘画艺术不同于其他艺术，因为在作品中，作为主体，作为凝视，艺术家是有意把自己展现在我们面前的。对此，另外一些人的回答强调了艺术产品的客观方面。在这两种解释中，多少说得有一点儿沾边，但肯定不能回答那个问题……当然，在图像中，凝视的某物总要被表现出来。画家完全知道这一点——他的良知、他的研究、他的追求、他的实践，这些都是他应当保持的，也是他借以改变某种凝视的选择的东西。[97]

这段话说明图像表现形式的选择，在一定程度上反映了画家的某种观看凝视的心理，在图像中凝视的某物一定深藏在画家的追求和实践中，在凝视中某种他力图表现的主体会被呈现出来。这种主体，在中国山水和园林绘画语境中，被上升为归隐之道，它指向"我所看到的并不是图像本身"。就物的显隐而隐含主体的凝视，布颜图《画学心法问答》：

> 问夫子常论画山水必得隐显之势方见趣深？曰：吾所谓隐显者，非独为山水而言也，大凡天下之物，莫不各有隐显。显者，阳也；隐者，阴也。显者，外象也，隐者，内象也。一阴一阳之谓道。……唯留虚白地步，不可填塞，庶使烟光明灭，云影徘徊，森森穆穆，郁郁苍苍，望之无形，揆之有理，斯绘隐显之法也。[98]

从绘画风格上看，文氏及其门人多被归为"隐秀"，《文心雕龙·卷八·隐秀》："是以文之英蕤，有秀有隐。隐也者，文外之重旨者也；秀也者，篇中之独拔者也。隐以复意为工，秀以卓绝为巧。"[99]据罗常培记录《汉魏六朝专家文研究》刘师培在《论文章有生死之别》的讲题中说："刚者，以风格劲气为上，柔者以意秀为胜。凡偏于刚而无劲气风格，偏于柔而不能隐秀者皆死也。"《拙政园诗画册·三十一景》多取材园中"小景"，更充分地发挥了"隐秀"的特点。"小景"一词，初见于宋代郭若虚《图画见闻志》，谓高克明（11世纪前期）"京师人，仁宗朝为翰林待诏。工画山水，採撷诸家之美，参成一艺之精。团扇卧屏，尤长小景。但矜其巧密，殊乏飘逸之妙"。[100]僧惠崇（约965—1011年）"建阳僧慧崇，工画鹅、雁、鹭鸶，尤工小景。善为寒汀远渚，萧洒虚旷之象，人所难到也"[101]。在《宣和画谱》里也有论及小景画：

绘事之求形似，舍丹青朱黄铅粉则失之，是岂知画之贵乎？有笔不在夫丹青朱黄铅粉之工也。故有以淡墨挥扫，整整斜斜，不专于形似而独得于象外者，往往不出于画史而多出于词人墨卿之所作，盖胸中所得固已吞云梦之八九，而文章翰墨形容所不逮，故一寄于毫楮，则拂云而高寒，傲雪而玉立，与夫招月吟风之状，虽执热使人亟挟纩也。至于布景致思，不盈咫尺，而万里可论，则又岂俗工所能到哉？画墨竹与夫小景，自五代至本朝才得十二人。[102]

可见这种小景的创作，特别重视在小的画面中表现大的空间境界，"不盈咫尺"是指画面尺寸不大，这也是册页的先天条件，至于后来的园林营造，也出现了这样相似的背景时候，两者的契合也就顺理成章了。而这样的观念要在局促的尺寸里经营出万里可论的空间，对于园林、绘画或书法都是不易的，所以古人对绘画的布局原则是，大幅以气势胜，小幅以境界胜。明唐志契（1579—1651年）《绘事微言卷下·大小所宜》：

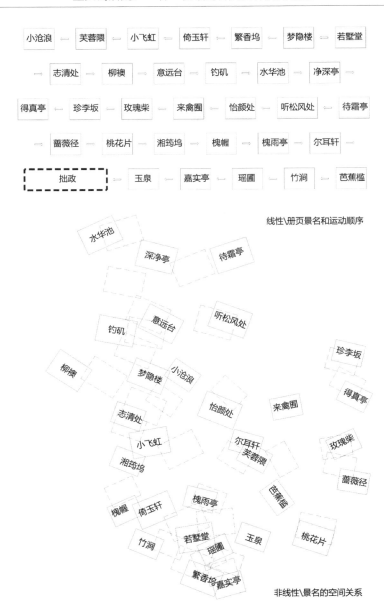

图54　《拙政园图咏·三十一景》册页的阅读

　　凡画山水，大幅与小幅迥乎不同。小幅卧看不得塞满，大幅竖看不得落空。小幅宜用虚，愈虚愈妙。大幅则须实中带虚，若亦如小幅之用虚，则神气索然矣。盖小幅景界最多。大幅则多高远，是以能大者每不能小，能小者每不能大。亦如书家之小字用手，大字用肘，细小运指者，然各各难兼也。[103]

　　园林山水画与册页形制结合，可说是明代隐居山水有别于其他时代的地方，册页在明代不只是一种装裱的形式，它意味着文人从独善其身到制造自我的社会交往，从隐修到文化的交换，从深山走到城市，已拥有了形式上的特殊语法。仿佛园林与册页已经结合成一套固定的模组，无法轻易拆解或变异。这同时说明了对山水和园林的视觉方式在明人中后期已经出现了大的变化，园林绘画方式出现了集大成的总结。吴门这些画家本质上还是士人、文人，他们的生命观实质上则为"外儒内道"，即现实中还是注重社会交往和自身的名利价值，而内心的理想中期盼超越俗世，寻求和构建满足自身的精神家园，而其最好的方式便是寄寓于绘画美感和诗文感怀。明代的士绅交往活动直接促进了明代诗画合璧的空间繁荣，画在造园文化中是如此地受欢迎，以至于成为造园的仪式之一；诗在园林中本身就是士绅交往的必需品，二者合一就是必然的，在园林的社交场合中，都出现了各式各样的诗画合璧作品。册页的出现建立在诗画合璧的基础上，同时在社交强调格调的雅致上独具特点，册页具备将绘画、书法、诗词和题跋融为一炉的、充满着高雅情调的独特形制，同时册页对于绘制的修养、审美和艺术功力的要求，比之一般的绘画要高得多，因而被自视风雅的宗师们所喜好也属必然。

　　文徵明在描绘拙政园的册页中是这种形制和观念的范式，以诗文与图画成对的装裱形式，淋漓尽致地发挥了册页的艺术效果，无论在文学、书法还是绘画上，他都继承了前人的探索，同时在规制和体量上表现出超越之前的想法。《拙政园诗画图咏》的画幅每一页是各自独立的，它是分景处理的，既可以独立成景，也可以连贯成为整体园林的表现。从文徵明的年谱上看，册页是陆续完成的系列创作的模式，但是应该从开始就有一个大的想法，从每一页的固定格式可以看出，而陆续完成的单元小景点，最终以文图并置的方式去组合成一个"拙者之政"的园林主题。册页带来了新的观看的效果，它不同于南宋绘画的独景，而是成一个系列，册页的观看方式把拙政园肢解成一个个零碎的单元，然后又通过册页的叙事把它们整合起来，这和园林造景的理念是同步的，所谓"剪裁"，在绘画和园林的观看方式中得到了统一，《园冶·园说》卷说："窗牖无拘，随宜合用；栏杆信画，因境而成。制式新番，裁除旧套；大观不足，小筑允宜。"[104] 而由于册页的每个画幅是独立风景，它没有卷轴所拥有的连续性或叙述性，因此，画家不必关照到景点间的连结组合，可将注意力集中于剪裁每个风景点的特色。这些被画家凝视的小景，对于观者有什么样的感受？这些小景的绘制与册页形制的一个重要特征有关，那就是近景特写的描绘，仿佛置身园中水岸、竹石、松柏、亭榭之间，凉风习习，令人发思幽古之情趣。册页所呈现的隐居地，没有广阔的地势，没有巍峨的山岳，它们只是一汪清池，一片竹林，一座流水古桥，一口古泉，这样的空间不是大尺度的、公共性的，而是小尺度的，只属于主人所有的。这样的空间是私人的隐居场所，规模适宜，主人可在私人的领地里尽情地享受空间私密性带给自我的自由。主人在这样的隐居场所里，化身为林泉之乐的文士，有时形单影支，有时友人、书童随侍在旁。在《静听松风》的山坡上，他静默地坐在参天的古树下，倾听松涛；在《钓矶》的岩石上，他又盘坐在岩石上，进入于静谧、清幽的太虚之境；在《槐幄》《湘筠坞》的画境里，主人与清泉竹石对话，万物寂寥，独身遗世，人就处在园子的一隅，思虑却在时间的长河中徜徉，就这样，看一个个清晨、一个个黄昏从天空中滑过。

　　拙政园册页不是为了情之所兴而创造的山水，它是一个园林的绘本，或许有些图曾用于造园的图式，但是又不仅仅停留于此，文字参与了册页的结构。它的题诗不仅仅是园林的图解，并且本身包含了人生际遇的抒发、造园的意匠和对于历史的哲思，此外这些文字不是抽象的声音符号，而是由充满书写意蕴的书法符号呈现的。在这个文字、书法、绘画交织在一起的符号文本世界下面，律动着拙政园的兴废变易和"主人"的频频更迭。当我们试图去理解或解读这个册页时，阅读已经成为一个参与的时间性事件，面临和作者、册页之间的关系，在研究上，册页奠定的是资料的基础性和事实的可靠性，在艺术史的时空中，册页将唤起交流的意义，册页超越了时间、空间的限制成为一个造园观念的元文本，我们对于册页的阅读从 16 世纪扩展到了 21 世纪，五百年的时间跨度还将被继续进行下去。从形式上看，《拙政园图咏·三十一景图》的时间是模糊的，是一团景观片段的烟雾，它的时间是平面的，似乎所有的时间都发生在一个遥远的平面上，片段之间并没有事件的连续性，这些事件跳跃在起伏的地景边线上，你可以顺着这条线读并且时时回溯温习，你也可以任意穿行、逆行、跳跃于这个地景表面、这个拙政园之上，正像在若墅堂、梦隐楼、倚玉轩、小飞虹之间凝视时间的流逝，你可以在芙蓉隈、小沧浪、柳隩、意远台之间踱步沉思，景名之间也没有特别必然的联系，册页的阅读可以从任何一个景图开始，也可以全部展开，或者折叠一部分，打开一部分，几个景图也有可能随机地出现在一个画面，这种多样的方式无形中会引起观者的阅读乐趣。（见图 54）册页形制用一页页独立的画幅把风景分隔开来，它把原本连贯的视觉经验切断，让片段的风景各自独立，在每个独立的画面中我们无法正确臆测整体的空间有多大。无形中这样一个册页形制，把拙政园这种玲珑狭小的江南庭园给扩展了，册页的现象就类似于园林的造景原理，它在观者心理上扩增了思考空间的容量。每一个页面就是一个框景，每一个页面就像一扇扇的窗，由窗户所见之风景是册页剪裁过的、取舍后的画面，而观者的脚步可以自由地在这些窗口前驻足、踱步、徘徊。册页虽然提供了一个结构，但是这个结构是半开放的，可以变通的，它形成了一种姿态和隐喻，邀请阅读者参与册页的续写，册页的补图、题跋，也证明了后来的好事者的参与。更有意思的是，拙政园的五百年兴废中，景园意匠绵延不断，后来园子的命名"复""补"字都强调了意义的连续，可以说册页和园林的深层审美心理上是同构的。册页强调了这样一个事实，园林对于主人的救赎来自于文字、场地和图像之间的对话。

　　出现在册页中的文字，具有点景、阐释、分离、互文等功能。在册页中"地名"扮演了非常重要的角色。在最早期的园林绘画《辋川图》中，我们看见这些景点名字，华子冈、孟城坳、辋口庄、文杏馆……就安插在横卷上方的空白处，它存在的作用就像一个个的标题，在一列不易辨认的地形加上提醒的标示，这些标示是人的场所痕迹，命名意味着对于荒野的告别，也提示着一种引导，这样的标示方法后来广泛被明代所继承，明代对"实学"的重新重视，从中叶开始，绘画领域里出现了一种特殊的图画形式"图引"，这一图画形式与文学有着密切的关系，其图像和诗文卷子构成了图解性的文本导引。图引的出现，直观地反映出明代图像和视觉文化的发达，绘画与文学在视觉层面上的前所未有的接近与交融，说明了明代绘画的表现空间大幅度从单一的抒发己见，扩展到广泛的社会传播。在明代园林风景绘画形制的发展中，诗歌文字扮演的角色越来越重，咏景诗出现在画面中，诗文加深了对于图像的阐释。册页上的这些文字，在图像叙事上同时起到了屏障的功能，它夹杂在场景中间，把连续的册页分隔成一个个有主题的场景。就如同文章中的章节，更换章节切断了文章连续的结构，但是给多主题的变换带来更大的方便。同时的诗文也增加书法的表现空间，扩展了视觉的多样性。册页中的文字

沧浪亭　　　　　　　　　1533 | 1551

倚玉轩　　　　　　　　　1533 | 1551

芭蕉槛　　　　　　　　　1533 | 1551

图55　《拙政园图咏·三十一景》和《拙政园图咏·八景》的相同景点比较 一1

又表现出诗画的互文关系，明代题画诗的诗画对应注重写意性、抒情性，诗画之间的关系是开放的，多义的，在明文人普遍追求生命的美感享受之下，题画诗成了满足他们内心需要的重要创作活动，为了满足其复杂的感受性，在处理文字的图像之关系也出现了新的意向，而呈现出若即若离的多义空间。

　　嘉靖三十年（1551 年），八十二岁的文徵明又创作了册页《拙政园图咏·十二景图》，此时与嘉靖十二年完成的作品内容相比，从三十一景缩减为十二景，现存世八页，分别为"繁香坞""小沧浪""湘筠坞""芭蕉槛""钓矶""來禽囿""玉泉"和"槐幄"对页，目前收藏于美国纽约大都会博物馆。对比两个册页，遗存的八张画面和对裱的诗文，有三处存疑，即"小沧浪""湘筠坞"和"繁香坞"根据诗文描述，似应该对应于"小飞虹""倚玉轩"和"若墅堂"，这样的话现存的册页存有十一景，即："繁香坞""小沧浪""湘筠坞""芭蕉槛""钓矶""來禽囿""玉泉""槐幄""小飞虹""倚玉轩"和"若墅堂"，应该还有一景，如果是怀念友人的主题的话，遗失的那一页可能是"槐雨亭"或者是"梦隐楼"中的一张。（见图 55、56）文徵明嘉靖三十年（1551 年）为徐默川作的《万壑争流图》，第二年又作《金阊名园图》，一幅立轴、一幅长卷，都是青绿淡墨设色，分层积染，清润幽雅，石色薄敷，不掩墨骨，属于文徵明晚年细笔青绿山水的风格，这种风格继承了元人的"院体"青绿山水，通过文徵明的细笔更加文人化，得到了吴门风雅的认可，也应和了文化交游和市场化的口味。《拙政园图咏·三十一景图》和这个方向基本是一致的。《十二景图》则不同，不仅在景观和构图上发生了变化，在画法上也完全和细笔青绿山水不同。在现存的文徵明作品中，《十二景图》画法和同为美国纽约大都会艺术博物馆藏的《潇湘八咏册》册页相似，没有设色，追求单纯墨色的清趣，极具书卷气，以水墨淡渲，粗笔点染，"潇湘八咏"诗歌收录在《莆田集》第十二卷，册页创作时间不明。这种风格也令人想起文的恩师沈周晚年

图56　《拙政园图咏·三十一景》和《拙政园图咏·八景》的相同景点比较一2

的《溪山长卷》,沈周于 1509 年谢世,画作未完全完成,嘉靖二十五年(1546年)文徵明点染补笔画终,间隔长达 57 年。文徵明在画卷后题识:

> 王君虞卿尝得石田沉公画卷联楮十有一幅,长六十尺,意匠已成,而点染未就。以徵明尝从游门下,俾为足之。自顾拙劣,乌足为貂尾之继哉。忆自弘治己酉(1489 年)谒公双娥僧舍,观公作《长江万里图》,意颇歔会。公笑曰:"此余从来业障,君何用为之,盖不欲其艺事得名也。"然相从之久,未尝不为余尽大意,谓画法以意匠经营为主,然必气运生动为妙,意匠易及,而气运别有三昧,非可言传。他日题徵明所作荆、关小幅云:"莫把荆、关论画法,文章胸次有江山。"褒许虽过,实寓不满之意。及是五十年,公殁既久,时人乃称余善画,谓庶几可以继公,正昔人所谓无佛处称尊也。此卷意匠之妙,在公可无遗恨,若夫气运,徵明何有焉。嘉靖丙午四月望后学文徵明识,时年七十有七。[105]

　　文徵明二十六岁从沈周学画,受到沈周的巨大影响,山水画三十岁至四十二岁左右为早期,与沈周的"古拙"相比,少粗犷而多恬静优雅,史称"粗沈细文"。《溪山长卷》中文徵明的完璧工作恰恰是追求"粗"的笔触,两人在晚年风格中,都选择这种对"气韵生动"要求极高的水墨笔意表现探索。沈宗骞《芥舟学画编》曰:

> 笔墨相生之道,全在于势……天下之物,本气之所积而成。即如山水,自重岗复岭,以至一木一石,无不有生气贯乎其间。是以繁而不乱,少而不枯,合之则统相联属,分之又各自成形。万物不一状,万变不一相,总之统乎气以呈其活动之趣者,是即所谓势也……故欲得势,必先培养其气。气能流畅,则势自合拍。气与势原是一孔所出,洒然出之,有自在流行之致,回旋往复之宜。不屑屑以求工,能落落而自合。气耶,势

耶，并而发之，片时妙意，可垂后世而无忝，质诸古人而无悖。此中妙绪，难为添凑而成者道也。[106]

在王稚登《吴郡丹青志》中"神品"只有沈周一人，称"先生绘事为当代第一，山水、人物、花卉、禽兽，悉入神品"[107]。文徵明列在"妙品志五人"中，他晚年绘画呈现出粗细两种风格，粗笔苍劲有力，细笔灵秀润奇。每一个艺术家风格形成的时候，都是他们艺术、文化修养达到一定层次自然生发的产物，技巧只是一个基础，所以沈周说"莫把荆、关论画法，文章胸次有江山"，沈周的教诲是让文徵明一直去寻找自己的绘画语言。文徵明也一直在探索实验，三个作品递进呈现出文徵明对水墨淡渲、勾线、点染的形式语言的纯化，以及试图在青绿山水之外建立个人风格的努力，同时通过其对乃师长卷的完善，也可以看出两人绘画的方法和路径。通过对元人笔墨的改造，到《十二景图》发展成把元代笔墨和宋画宁静渲染相融合的方式。我们看到《十二景》册页的绘画与写作，已经不是为了再现复制那里呈现的东西，而是为了展示绘画本体之不可见之"气"，正是"气"让主体在场悖论的奇迹得以可能。与《三十一景》中的场景相对照，在《十二景》中，"倚玉轩""芭蕉槛"尚有原来主人的影子，"倚玉轩"重现昨日的主客相见，"春风触目总琳琅"，朋友相伴，温暖而生气盎然；"芭蕉槛"中，主人则座于榻上，听秋声入枕，看晓色窗绿；"小飞虹"处，主人拄杖注目远处，似乎还在盼望友人来访；而曾经高朋满座的"若墅堂"，如今空无一人，城墙也从画面取消了，建筑从斜角透视变成了正立面的一点透视，溪水静静地从"小飞虹"桥下流去，传递出无言的静默和思念。

我们看到十八年后，册页的形制没有变化，但是每个景图的构图已经发生了变化，画面都提高了视角，树木和建筑的垂直感觉加强了，建筑和室内也不再遮掩，逝去的空间场景反而变得稳定和清晰，边角以及大面积留白的成分减弱了，增加了大面积的平涂，树木、屋舍、竹林等元素均质地分布在整个画面上，建筑的形体感以及每个局部场地的围合感突出了，从而凸显了某种纪念性，原来册页构图的不平衡感降低了，画面的不安感已消失，场地传递出一种"厅堂"气息和平静永恒的精神性。我们可以理解为文徵明步入生命尾声逐步从经营画面氛围的现象退离，更加精神化，排除感官阶段，园主或离形绝尘而去，于园外提高视点才可得其彷佛。这种趋近抽象的结构，是一种观看主体的消失。这显示出文氏晚年走入的境界，大多数大师晚期作品中都充斥着深刻的冲突和一种难以理解的复杂性，它们经常与当时流行的作品形成反差，事实上这套册页和吴门画派的风格已经拉开了距离。绘画的基调是对自己和前人笔墨的探索和总结，而非出于应酬委托的，因而绘画语言有了新的提升，但是可能一直藏于民间，没有对后来产生大的影响。对比前面的《东庄图》可以发现，文徵明已经完全摆脱了沈周册页的影响。册页平静中封闭起来的笔墨语言，事实上极为丰富，它们颤动、蔓延、落下，它们在接触纸的一瞬间，激起了园中的声音和空气，而这些都允许主体的幽灵进入。这是笔迹迎接园的映像并力求找到其路径，其路径通往园林深处的黯淡光辉，仿佛在盈尺小景的介质上，将漫长的一生完全"点染"出来。

　　我们也可以排除文徵明那些带有吴门画派风格的出于应酬社交之作，把这些纯水墨作品视为他的"晚期风格"，正如当代著名文学理论家与批评家爱德华·沃第尔·萨义德所定义的："人生的最后或晚期阶段，肉体衰朽，健康开始变坏……我讨论的焦点是伟大的艺术家，以及他们人生渐近尾声之际，他们的思想如何生出一种新的语法，这新语法，我名之曰晚期风格。"[108] 中国受儒家影响，以"人书俱老"为"体物之道"，孙过庭在《书谱》中说："仲尼云：'五十知命''七十从心。'故以达夷险之情，体权变之道，亦犹谋而后动，动不失宜;时然后言，言必中理矣。"[109]其或有言过其实之嫌，这令人想到"成熟是一切"（ripeness is all）的不合理处。孙过庭所举的人书俱老范例是王羲之，指"右军之书，末年多妙，当缘思虑通审，志气和平，不激不厉，而风规自远"[110]。画面上看，《十二景》在文氏作品中是独特的，同时册页重复着并加强了绘画语言。记忆的肉身并未逝去，笔墨的在场呼吸伴随隐居山水，树下论道、临流独坐、茶饮清谈，其呈现的正是生命消逝中的东西，萨义德认为："晚期风格之于当下，既即又离……晚期风格不承认死亡是底定不变的终止式：晚期风格里，死亡以折射的方式，以反讽的面貌出现。"[111] 这件册页已经不止于强调现实世界的风景，更多的是寄情抒发，画面中空空的"若墅堂"，如宗祠一样伫立在场地上，那一泉古井，依然清冽可饮，但是曾同行的朋友们的身形已一个个远去……这一年，九月十一日，他于横塘舟中小楷书书写了《归去来兮辞》……

｜ 王氏拙政园

在文徵明《拙政园诗文图册》的"梦隐楼""倚玉轩"和"小飞虹"中，还可以发现《若墅堂》不只是一个建筑单体，而是一个景观的组团，有竹、水、奇华古木环绕，是一个意趣盎然的叠套的景观开放结构：园景之所以可以生出"奇幻"，正是因为园中各种事物都处于一定的空间位置，它们彼此相互遮掩，从而在知觉主体里具有了一定的深度，正如前文所分析的，深度乃是园林空间本体的基础。这样的深度显然并不是建筑、花草树木自身所具有的，而恰恰是由景物与观者的身体之间的关系所决定的，正是由于这些关系在可见的层面是既是澄明又是遮蔽的，因此它才是有深度的。也正是由于深度乃又是园林各种空间维度的基础，因此寻找深度便成了画家的第一要务，在文徵明为王献臣所作的册页和文字中，我们可以发现文中对三十一个景致的描写，就是对"看者"和"可见者"深度的寻找和诠释。在《王氏拙政园记》文中，文徵明对王氏拙政园的

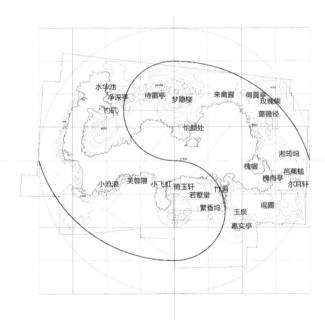

图57　根据文徵明《拙政园图咏》对王献臣拙政园的景观方位及构图设想

空间和其中三十一个景致的位置关系有翔实的叙述：

　　槐雨先生王君敬止所居，在郡城东北界娄、齐门之间。居多隙地，有积水亘其中，稍加浚治。环以林木。为重屋其阳，曰梦隐楼；为堂其阴，曰若墅堂。堂之前为繁香坞，其后为倚玉轩。轩北直梦隐，绝水为梁，曰小飞虹。逾小飞虹而北，循水西行，岸多木芙蓉，曰芙蓉隈。又西，中流为榭，曰小沧浪亭。亭之南，翳以修竹。经竹而西，出于水澨，有石可坐，可而濯，曰志清处。至是，水折而北，漭漾渺弥，望若湖泊，夹岸皆佳木，其西多柳，曰柳隩。东岸积土为台，曰意远台。台之下植石为矶，可坐而渔，曰钓矶。往北，地益迥，林木益深，水益清驶，水尽别疏小沼，植莲其中，曰水花池。池上美竹千挺，可以追凉，中为亭，曰净深。循净深而东，柑橘数十本，亭曰待霜。又东出梦隐楼之后，长松数植，风至泠然有声，曰听松风处。自此绕出梦隐之前，古木疏篁，可以憩息，曰怡颜处。又前循水而东，果林弥望，曰来禽囿。囿缚尽四桧为幄，曰得真亭。亭之后，为珍李坂，其前为玫瑰柴，又前为蔷薇径。至是，水折而南，夹岸植桃，曰桃花沜，沜之南，为湘筠坞。又南，古槐一株，敷荫数弓，曰槐幄。其下跨水为杠。逾杠而东，篁竹阴翳，榆樱蔽亏，有亭翼然，西临水上者，槐雨亭也。亭之后为尔耳轩，左为芭蕉槛。凡诸亭槛台榭，皆因水为面势。自桃花沜而南，水流渐细，至是伏流而南，逾百武，出于别圃丛竹之间，是为竹涧。竹涧之东，江梅百株，花时香雪烂然，望如瑶林玉树，曰瑶圃。圃中有亭，曰嘉实亭，泉曰玉泉。凡为堂一，楼一，为亭六，轩、槛、池、台、坞，涧之属二十有三，总三十有一，名曰拙政园。[112]

　　在文徵明如数家珍的园记中，"看"意味着观者与园中事物的互渗关系：文徵明用文字引导读者的视觉向着曾经存在的园林肌体展开，而随着文徵明的身体和眼睛寓于其中，正如主人导引客人并希望客人像主人寓于自己的家中一样，"载心载邀"于园中。其中叙事的空间性来源于自然、风景和身体的定位关系，这个身体作为景观的"参考界面"，因而空间的方向和次序是以"前""后""左""右""中"来定位的；而这个身体仿佛如幽灵般，既存在描绘者那里，也存在观者那里，因而这个身体不只是生物性的，也不只是社会性的，它应该是空间的主意识主体的"本己身体"，在这个身体中，形成了一个"园"，它随时随地将可见的部分与不可见的部分，诗文绘画世界、园林世界以及历史时间中的可见部分与不可见部分统一在一起，在其中，观者自然而然顺从着它，却不自觉。这和中国先民的空间观念是一致的，古代"十"字就是一竖，就是十，而一横一竖就是古代文字的"甲"字，甲乙丙丁的"甲"，"甲"字实际就是人们立表测影所得到的东西南北的四个方向，那么它的一横就表示东西，它的一竖就是表示南北，它要作为十个天干的第一个字，就是甲乙丙丁戊己庚辛壬癸的第一个字，而十二个数字中，奇数就是阳数，偶数就是阴数，这样就形成一种阴阳的思想，同时古人从整个宇宙星辰的运行规律中发现了地理定位的一套体系，把国家的九州分野和城市对应于天象和很多神秘的自然现象，因而并不存在绝对的客体空间，一切空间都是身体的空间。文徵明的图册和园记中的几个景点的方位采用了后天八卦的位置定位，后天八卦的坎卦在北方，离卦在南方，震卦在东方，震卦对面的西方是兑卦，东南是巽卦，东北是艮卦，西南是坤卦，西北是乾卦。在园记中"若墅堂"和"梦隐楼"，一北一南，为坎隅和离隅；"芙蓉隈"在西南，为坤隅；"水花池"在西北，为乾隅；"得真亭"在东北（得真亭在园之艮隅，植四桧结亭），为艮隅；"瑶圃"在东南，为巽隅；而在园记叙述的方位和观游路径上，"待霜亭"的位置似乎和文徵明的文字不符，或有可能文记错，或册页完成的时间和文记的时间有先后，景区的位置发生变化，在"待霜亭"册页的诗文中，文徵明写道："待霜亭在坤隅，傍植柑橘数本。"而在园记中，"待霜亭"在"水花池"的东侧，"听松风处"的西侧，因而推测"待霜亭"大致在园子的北偏西一点；而在戴熙的题跋中也关注到这个问题，他题到："余生平所见，父画无如拙政园之多者可诏极文之大观，……灯下展玩，数回觉园之大势恍然入目，因捉笔追摹图端，竟委三十一景，可于显晦中得之，无惟待霜亭，绎其文势画次或不当在坤隅，遂不从也。"[95] 我们还是可以通过文徵明的册页和园记以及后人对此相关的文献，大致探究一下王献臣的拙政园的大致风貌的。（见图 57）拙政园位于苏州城东北隅，是苏州存在的最大的古典园林，现状分为东、中、西三部分，占地七十八亩，园南为江南地区多进的格局传统民居。如果探寻明代王献臣的拙政园的复原平面的话，首先要探究的是占地面积和规模，其次是现状的建筑位置和册页的对应，以及水面形势大小和池岛、园中植物的形制等问题。

《王氏拙政园记》文中，文徵明并没有对拙政园的规模做具体的介绍，只是对其在苏州城的方位，以及基本的地貌特征进行概述，现在拙政园的东部在《拙政园志稿》中确定为明崇祯四年 (1631 年) 王心一的"归田园居"，现面积约三十亩，王心一写有《归田园居记》一文，文中介绍园中秋香楼、芙蓉榭、泛红轩、兰雪堂、漱石亭、桃花渡、竹香廊、啸月台、紫藤坞、放眼亭诸胜，荷池广四、五亩，园中多奇峰，山石仿峨眉栈道，但并未提及和拙政园有何关联，沈德潜《兰雪堂记》为王心一后人所作，"归田园居"的风貌延续了百年："园有山、有池、有台、有阁、有轩、有馆、有桥、有亭，矗者为峰，高者为冈，平者为陂，级而上者为磴，攀历易倦，有坐以休之，岩壑易尽，有洞以深之。"在其文中倒是明确了"归田园居"是"总为'拙政园'东邻云"[113]，并且就"归田园居"承袭百年不衰，表达了"唯园以人重"的观点。在沈德潜的另一篇园记《复园记》中则明确"复园"的前身就是拙政园，"吴中娄、齐二门之间，有名园焉，园以'复'名，蒋司马茸旧地为园而名之者也。前此为'拙政园'，创于王侍郎，归于陈相国，前后拘于王、严二镇将"。乾隆初年，当时园内荒凉满目，蒋氏经营有年，始复旧观。"山增而高，水浚而深，峰岫互回，云天倒映"，游者"不出城市而共获山林之性"[114]，从文中看出，太守蒋棨还是努力追求"旧观"的，而拙政园的中部还是比较好沿袭了明代中期的面貌。拙政园的西部，旧称"补园"，晚清张履谦（1838—1915 年）宅光绪三年（1877 年）购得，光绪五年（1879 年）入住，始建"补园"后花园，1892 年建成。在他的《跋文待诏＜拙政园记＞石刻》一文中，他写到"宅北有地一隅，池沼澄泓，林木翳翳，间存亭台一二处，皆欹侧欲颓，因少葺之，芰荑芜秽，略见端倪，名曰补园"，而他在修建"补园"的时候，得到好友顾若波（1835—1896 年）赠送的文待诏《拙政园记》石刻，但文徵明的拙政园景图册页他没有见到，所以只知道当初园中"胜处三十有一"，现状园中"旧观尽改，无复可证"，但是他发现手中这块园子原本应该是旧时拙政园的一部分："园之东，即故明王槐雨先生拙政园也，一垣中阻，而映带联络之迹，历历在目。观其形势，盖创造之初当出一手，后人剖而二之耳。"[115] 张履谦断定补园与拙政园本为一体，后来他在荒园中重修十景，由于场地的限制，比较拥塞逼仄，使得"补园"的景观和原来的拙政园意趣大异，加入了很多民国的气息和情志。其中以"与谁同坐轩"最为特别，张母善于制扇，"与谁同坐轩"临水向东南，平面形似折扇，又称扇亭，以此寓意张家之扇文化；而卅六鸳鸯馆和十八曼陀罗花馆组成的正方形鸳鸯厅则是张履谦"风雅之音"的昆曲场所，"绿意红情春风袅娜，高山流水琴调相思"，在书家高邕为昆曲戏厅题写的楹联中，可以看出张家的闲情雅致，张家和无锡的秦家、邹家的园林都是昆曲胜绝吴中。

从上面这些材料我们大体可以判断明代王献臣拙政园的范围应该包含现在拙政园的西部和中部，东部并没有明确的证据说明曾经是拙政园的一部分，至少从"归田园居"的园林景观命名和结构上没有直接的传承关系，结合现状的西部和中部大约四十亩，推测为明代王献臣拙政园的占地范围，或者说主景区应该在这个范围，和文徵明的图册和园记中的空间尺度大体相当，康熙年间的《长洲县志》记录的拙政园"广袤二百余亩，茂树曲池，胜甲吴下"，应该不实，有夸大的成分，四十亩左右如果加上园前宅院大致百亩左右，这样的规模和苏州的街巷尺度比较契合，从财力上与王献臣应该也最多大致如此吧。文徵明说："徵明漫仕而归，虽踪迹不同于君，而潦倒末杀，略相曹耦，顾不得一亩之宫以寄其栖逸之志，而独有羡于君"，四十亩相比于他的蜗居已经足够大了。而文氏后人在苏州的园林遗存艺圃也仅占地五亩，曾为文徵明曾孙文震孟所有，艺圃在文震孟时期名为药圃。文震孟是明代第八十二位状元，初主袁祖庚是明朝进士，文震孟为文震亨之兄，文震亨以弹琴、作画、造园闻名于天下，著有《长物志》《香草垞志》，多论及造园。《文氏族谱续集：历世第宅坊表志》中描述："药圃中有生云墅、世纶堂。堂前广庭，庭前大池五亩许。池南垒石为五老峰，高二丈。池中有六角亭，名浴碧。堂之右为青瑶屿，庭植五柳，大可数围。尚有猛省斋、石经堂、凝远斋、岩扉。"药圃里种的"药"，是指香草，与文震亨的私园香草垞异名同义，今天的艺圃大致延续着明代池、山、园、宅的格局，保持着自然质朴的风格，可以窥见文氏造园的意匠，"药圃"和"瑶圃"同音，而就其面积和位置经营似乎也有借鉴之处，从"世纶堂"观看五老峰的感觉，依稀可见从"若墅堂"观看"繁香坞""嘉实亭""瑶圃"和黄石假山的味道，而这种气息的熏染就是文化的传承，正如李渔《闲情偶寄》论道："唐宋八大家之文，全以气魄胜人，不必句栉字篦，一望而知为名作。书画之理亦然。名流墨迹，悬在中堂，隔寻丈而观之，不知何者为山，何者为水，何处是亭台树木，即字之笔划杳不能辨，而只览全幅规模，便足令人称许。何也。气魄胜人，而全体章法之不谬也。"[116]如果我们在造园的上下文中仔细品味《拙政园诗文图册》册页和诗文，所谓观看的"视差"，就会慢慢消失，正如梅洛·庞蒂在《知觉现象学》的前言所提到的"世界要从其绝对必要的统一性里进行理解”，在主人造园的意蕴中，统一性存在于每个观看主体的目光之中，每个目光都会与之中园的世界交融，每一个后来者的目光也都会在其中穿梭，借助“山水之眼”，它将观看者包围在了自己之中，凭着这样建立起的这样感觉，我们今天仍然能介入时间中的园林。

现今远香堂北面的主池水面保持了辽旷的感受，而池中叠土成山的两岛，在文徵明的图册和园记中没有见到，似乎应该是清中期之后所为，池岛把水面划分为南北两部：山南水面开阔，山北溪涧清流。主池西南分支导为水院，则以幽深曲折取胜。另有支流或断或续，萦回于亭馆丘林之间。曲折的水面，多样的亭桥廊榭，既分隔变化，又贯通串连各个景区，使园内“隐现无穷之态，招摇不尽之春”。在远香堂的南面，现存黄石假山一座，峻奇刚挺，纵横拱立，观造山之法似明代遗存，山上林木错落有致，一带翠嶂，这个位置有可能对应于文徵明册页中的“嘉实亭”，现远香堂南面黄石假山，通过有小池石桥、循廊绕池回抱于山池之间，和仇英《东林图》中近景山石亦有契合处。“玉泉”位于远香堂东南角，距今已有 500 年历史。据拙政园管理处通过多方考证，认为该井作为拙政园建园时留下的不多原物，组织专人修复了玉泉古井，并特地从居民老宅中购回了一只与之相配的明代青石高腰井栏圈，将当时文徵明手书“玉泉”二字刻在井栏圈上。该井下接泉眼，井水甘洌，文徵明在《拙政园诗文图册·玉泉》的题文中说：“京师香山有玉泉，君尝勺而甘之，因号玉泉山人。及是得泉于园之巽隅，甘洌宜茗，不减玉泉。遂以为名，示不忘也。”[99]文徵明认为井水水质与北京玉泉山泉水相似，因此取名“玉泉”，如果把“远香堂”和“玉泉”视为明代原址，那么根据图册和园记大致就可以还原王献臣时期的平面图。

从还原的王献臣拙政园的平面中可以看到，《王氏拙政园记》中观看的路径是围绕着“沧浪池”周行了一圈，这和戴熙复原的《拙政园图》基本上是一致的，“梦隐楼”和“若墅堂”基本位于园子的中轴线上，一

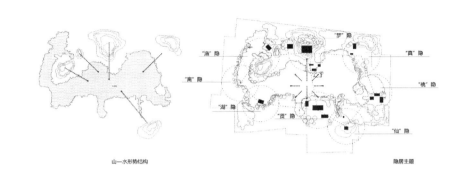

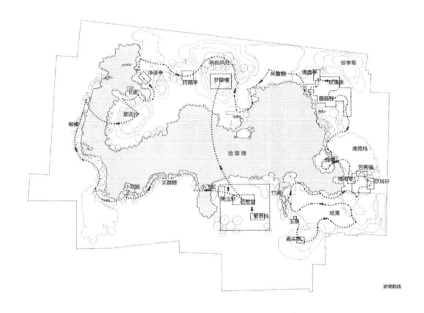

图58　根据文徵明《拙政园图咏》对王献臣拙政园的山水格局、隐居主题及游观路线复原设想

南一北，"重屋其阳"，"为堂其阴"；而"小飞虹"最容易引起误解，在一些研究中会把它当作　南北方向，通向"梦隐楼"，如此的话，"芙蓉隈在坤隅"就不好理解了，"梦隐楼"和"若墅堂"作为对景，作为园中地标建筑需要一定宽阔的水面视距，所以"小飞虹"应该是东西向的（见图 59）；园记和图册中对水的转折方向给出了几个重要节点，在西部水流在"志清处"转向北，"至是，水折而北"；"水花池"则是池水的西南角，而"待霜亭"和"听松风处"位于"梦隐楼"山后，"梦隐楼"山前是"怡颜处"；到此绕池水西部环行了半圈；而东部，则按照"来禽囿"—"得真亭"—"桃花沜"—"湘筠坞"—"槐幄"—"槐雨亭"—"竹涧"—"瑶圃"—"嘉实亭"—"玉泉"的次序游览了环行的另一半，其中"来禽囿"位置颇令人费解，按照叙述的次序，其位置在"怡颜处"之东，似乎按观游次序也应该在池的北岸，但在三十一景册页中，其标明"来禽囿在沧浪池南，北杂植林禽数百本"，在十二景册页中，又重写了一遍，在"南"字前面加了一个"之"字，因此推测"来禽囿"应该是一个小岛，"囿"本身是指养动物的园地，因而设在池中相对独立，动物在密林中，更具山林野趣。这样看来，整个园子"负阴抱阳，背山面水"，计成在《园冶》中提及"池上理山，园中第一胜也。若大若小，更有妙境"[100]，而《园冶·掇山》中列举的"园山、听山、楼山、阁山、书房山、池山、内室山、峭壁山、山石池、峰、峦、岩、洞、涧、曲水"诸多形态，在册页中均有原型对应：园子的西北、北、东北、东南、池中都营造了土石假山，西北有"意远台"，北侧有"梦隐楼"后山，东北有"珍李坂"，东南有"瑶圃"假山，池中有"来禽囿"，整体地势形成山石环护、上下映带、前有朝对、后有倚靠、朝案相对、左拱右抱之势，沧浪池水流迂回曲折，明堂平坦宽敞，林木围绕，疏朗平淡，幽静旷远。（见图 58）

　　文徵明在他的拙政园图像、诗文、文记中制造了一种时间上的"模糊暧昧"的主体，让观者在其中看到自然、历史、自我之间诗性的对话，感到"内在性"的无限可能。其中都暗含了"隐"和"藏"的主题，"梦隐楼"直接点题"梦隐"；"林泉入梦意茫茫，旋起高楼拟退藏"，"藏"则是对风景发生在观者自身的思考，也是一种造园的密码，从某种程度上来说，这种萌发和涌现正是园的诞生和文化的起源，因为这意味着由此建立了一种园林带来的人与物之间的互渗的形式，当观看主体将自身藏于风景之中，其自身也成为可见者，让自己变成既能够为先贤所见，也能够为他自己所见，我们可以说一个新的园的主人，在这一时刻诞生了，而园中的建筑、树木、花草、顽石、山体也成为"隐"者的空间化。《王氏拙政园记》的叙事是线性的，但是我们可以从复原的总图上分辨出景观结构的组团，其中关于"隐"的不同主题，大致可分为"贤隐""湖隐""离隐""渔隐""梦隐""野隐""真隐""桃隐"和"仙隐"（见图58），之所以这样分类，是可以让主人隐居"山水"的构成和构成的机制变得可见，册页中图像和文字"含混"调和着物我，"自爱芳菲满怀袖，不教风露湿衣裳"，册页中花木种类繁多，种植的方式也是多种多样，柳树、桃花、梅花、竹林都大片栽种，古木、奇石独立成景，但它们都以形、色、声、香使主人心灵进入寂静之迷思，"恻恻不忍置，悠悠心有伤"；风景疗愈政治带来的创伤，远离"机心"，"得意江湖远，忘机鸥鹭驯"；它们呈现出体积、参差、组合、重叠、连接的情态，与主人的世界交织、缠绕、转换，汇集成那个既非物亦非心、既是不可见的亦是可见的神秘统一界面，"中心秉明洁，皎然秋月光"；风景沉默，主人回到与原初的关联，"坐看丝袅袅，静爱玉粼粼"；在不确定性交织的地方，观看那沉默的影像，"空谷度飘云，悠然落虚影"；一座深园，数间亭轩，千竿修竹，置酒与琴，方寸之地中，主人触摸晦暗中的边界，"夹水竹千头，云深水自流"，雨夜遮蔽风景而又被主人接近，"短棹三湘雨，孤琴万壑秋。最怜明月夜，凉影共悠悠"。但是，当主人越是觉得接近它时，却又发现离它越来越远，"落日下回塘，倒影写修竹。微风一以摇，青天散灵渌"，最终，主人又被引回那个模糊的世界："瑶台玄圃隔壶天，远在沧瀛缥缈边。"

在册页的图像世界园里，所有的观看者都是主人，"中有遗世人，琴樽自容与"，把自己之身于园中，弹什么琴、喝什么酒自己做自己的主人，《林泉高致》曾提到："丘园养素，所常处也。"《庄子·刻意》则提到"能体纯素，谓之真人"。[101]《二十四诗品》中《洗炼》一品提到："空潭泻春，古镜照神。体素储洁，乘月返真。"[102] 丘园是主人"返真"的场所，一直以来主人似乎都在做着同一件事，把自己放进这个世界，然后把自己的再找出来，正如梅洛·庞蒂说的："在那里，思维，根本不制造概念，而是和其思想的风景打交道，在那里冒险，试图围着它来转动，并让自身通过它来绕转和翻转。"园、物、梦，与我隐于一处，处在一种无所见且无所言的状态之中，当世界呈现它的"真"容的那一刻，孕育了园的全部。

｜ 居游与卧游

仇英有两张为拙政园所绘的图卷，一张为《东林图》（见图 60），另一张为《园居图》（见图 61）。所绘园林《园居图》从图上应为拙政园主体"若墅堂"（见图 62）的景图，其中一张上有王宠题跋：

杜韦天尺五，归认海东偏。

玉尘开蓬社，金貂贯酒钱。

园居隐水竹，林观俯山川。

竟日云霞逐，冥心入太玄。

共有王猷好，同酣修竹林。

山光云几净，水色画堂备。

断续冬花吐，玲珑好鸟吟。

辋川如有待，明得恋朝簪。

里手把芙蕖弄秋水
从来高月明悠、天在水万世
我彷佛踏金鳌顾若眉霉世
光炯摇碧藻傑阁参
川才榱绝寒流引飞渡朱栏济
蜿蜒蟠忽腾着知君小试
晴波江山沉、时来雩仿影
墅堂北榱绝沧浪池
小飛虹在梦隐楼之前名

图59 《文衡山诗书画稿·小沧浪》
明·文徵明 嘉靖十二年（1533 年）
绢本设色 每开纵 23 厘米，横 23 厘米

图60 《东林图》 明·仇英 手卷 绢本设色 纵29.5厘米，横136.4厘米 台北"故宫博物院"藏

图61 《园居图》 明·仇英 手卷 绢本设色 纵27.8厘米，横84厘米 台北"故宫博物院"藏

王宠所书是他为王献臣拙政园所作诗歌，诗后落款：“此二作余为王敬止先生题其园庄诗也，今仇实甫画史绘为小卷，敬止暇中出示，命书旁录于后，时嘉靖壬辰夏四月六日。雅宜山人王宠识。”嘉靖壬辰年即是嘉靖十一年（1532 年），时间早文徵明《拙政园诗画册》一年，王宠书法极有才气，可惜一生八次应试皆不第，这一年是他最后一次应试，仅以邑诸生被贡入南京国子监成为一名太学生，世称王贡士、王太学，在给王献臣的诗中虽鼓吹淡薄功名、乐在丘壑，但仍然可以看到他流露出对“朝簪”（入仕）的渴望，可惜一年后就过世了。《东林图》和《园居图》所绘景观几乎完全相同，场景略大一点，视点偏后，图卷落款“仇英实父为东林先生制”，后分别有唐寅和张灵题跋诗：

> 抑抑威仪武肃支，乡吾同举学吾师。
> 百年旧宅黄茅厚，四座诸生绦帻垂。
> 灵出尾箕身独禀，器云瑚琏众咸推。
> 他年抚翼烟霄上，故旧吾当不见遗。
>
> 高轩时复贲编蓬，肝胆恒披国士风。
> 谦德不妨过揖让，道心惟在此冲融。
> 抚膺问学饶君富，屈指庚年愧我同。
> 行展经纶佐天子，鹪鹩何日附冥鸿。

王宠和唐寅是亲家，王宠之子娶唐寅之女，两人又都与文徵明过从甚密，因而为王献臣园林题诗祝贺，是很自然的事。张灵，字梦晋，苏州人，家贫，是唐寅的好友，生于成化，约卒于正德初，和王宠差不多，都是四十岁左右离世。张灵与唐寅为邻，两人志趣相投，茂才相埒。同为府学生员，故交谊最深。画作受唐寅影响极大，工诗文，祝允明弟子，少与祝允明、唐寅、文徵明齐名，并称"吴中四子"，文徵明的学生王穉登在《吴郡丹青志·妙品志》中的记载，将张灵与徐贲、唐寅、文徵明并列，言其"虽琼枝早折，然一鳞一角，要足为珍"[103]。张灵生卒无考，性情放荡不羁，有古狂士风，却以落魄早殇，思之令人扼腕。《吴越所见书画录》载："梦晋与唐六如、祝希哲同时友善，画更高于六如，死亦更早。"[104] 言张灵离世在唐寅（1470—1524 年）之前。徐祯卿《新倩籍》中有记张灵诗文，极尽悲悼哀悯之情。按徐祯卿卒于 1511 年，时唐寅四十二岁，而张灵必卒于徐之前，由此推知此题诗必早于 1511 年，王献臣正德四年（1509 年）返乡，他们之间交游倒是可能的。相比于《园居图》，《东林图》是否为仇英真迹，尚存疑问，仇英落款所题"东林先生"是否为王献臣，未见史料；但从唐寅和张灵的诗句中，看出对描述对象的恭维，倒也符合王献臣的经历和身份，因为王献臣为东厂"二代"，所以家世在苏州还是有地位的，虽然辞官，但曾为御史亲近皇帝，又代表国家出访，在地方还是有影响的，所以唐寅称赞他星宿下凡，张灵也誉他有国士之风，但从时间上看，拙政园建成之时，唐寅、张灵均去世，所以题跋应并非为仇英画作所题，也有可能是王献臣后来把画作和诗文另外托裱在一起的。

　　仇英的这两张园林画，如对照文徵明的图册中若墅堂，景物位置大体还是一致的，但是身份地位的不同，使得两个画卷的感受还是有差异的：文徵明和王献臣是多年的朋友，都出身官宦，仇英出身匠人，估计是出于委托为主人绘制园居，只是文徵明以"友"的身份身处其中，画面笔法简略，多托景直抒胸臆，和主人共享其乐；仇英则更多地从旁观者受委托的角度，细致描绘园景和主人；因而仇英应该落笔更加严谨一些，画面虽然匠气一些，但是有可能比较接近王献臣的拙政园实景。因而王宠题跋强调了仇英"画史"的特点，估计言外之意区别于文徵明的园林画，他评价"仇实父工于绘事，笔不妄下。树石师刘松年，人物师吴道子，宫室师郭忠恕，山水师李思训。其余唐宋名家无不摹仿，其妙以一人而

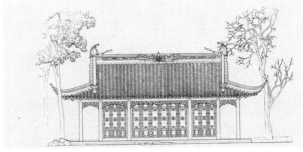

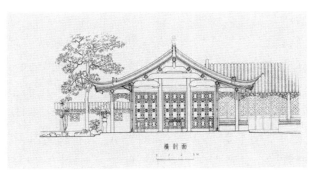

图62　拙政园远香堂实景、立面测绘图

兼众长"。

对于明人园林绘画和园林的关系，清代经学名臣阮元（1764—1849 年）《石渠随笔·卷二》对此评价：

> 宋人画司马温公独乐园，图书屋数楹，庭西畔一亭中有景屋，后又有屋两重，井亭西又一门，虚亭数楹，亭西花栏二亩，亭后有立石，玲珑与屋齐，又有间地画坪如棋局，前后柳榆槐柏甚多。又文徵明独乐园图，茅堂临水翘对，远山屋后竹柏松杉，掩照篱落。余读司马公传，家集中独乐园记及读书堂、钓鱼庵、采乐圃、见山台、弄水轩、种竹轩、浇花亭，六诗其布置，庭径宛然在目。高风古韵，慨然想见其人，又尝见温公画像，石刻面长须眉疏朗，尤足起人敬思。宋人图不知何以不依其文。画之而布置大谬，若此至文待诏则直写意而。已唐以前，人画宫室一门一径皆有考证。至宋此风渐替，至明更微于此。二画可见也此，亦如唐以前人讲经，一字一句皆有所本。宋以后全谈虚理，亦如文氏所画名为独乐园。不知谁氏之园矣！独乐园记云："读书堂南有屋，一区引水北流贯宇"。下又曰："筑台构屋，其上以望，万安轩辕，至于太室，命之曰见山台。"按苏东坡独乐园诗云："青山在屋上流，水在屋下坡。"公语皆有本岂，如画中率意挥写耶！[117]

阮元指出唐代以前，建筑和园林的绘画，每个细节都要讲求和实景相符合，就像讲经一样，每句话都要有所实证。到了宋朝，这个风气就衰落了，宋人以后全谈虚空不实在的玄理。到了明代，有些观点认为明代绘画变成一种庞杂的游戏，近人郑午昌曾言："我国绘画，大概唐以前，多注重形象之酷肖，宋则于理中求神；元于形理之外力主写意。至于明，总承现代之遗风，有主重形者，有主重意者；然主重理者极少，而主重形者又多为未尝习画以古道自泥者流；主重意者，则多为深于画学之士大夫。……总之，明人图画之思想杂，学术浑，美言之，可谓集前代之大成，毁言之，则为杂法前人，极无建树可言。"[118] 阮元擅长考证，精通经学，编纂《皇清经解》《十三经注疏》等，又修编地方志书数种。还著有《畴人传》等。又创编清史《儒林传》《文苑传》及《畴人传》，重修《浙江通志》《广东通志》。并购进四库未收古书一百余部，每得一书，则仿《四库全书总目提要》撰《提要》一篇。嘉庆初年，阮元搜集清代扬州学者1636 人的诗作，编刻为《淮海英灵集》《续集》。阮元又在浙江辑诗 3133 家，撰成《两浙輶轩录》。道光初年，阮元集清代前期诸家经说，汇为《皇清经解》一百八十余种，凡一千四百余卷。一时知名学者著述，多赖以刊行。自著为《研经室集》。王国维著《国朝汉学派戴阮二家之哲学说》，将戴震与阮元并举。侯外庐称：阮元"扮演了总结 18 世纪汉学思潮的角色"，"在汇刻编纂上结束乾嘉汉学的成绩"。胡适说："阮元虽然自居于新式的经学家，其实他是一个哲学家。"因此，在对园林绘画的态度上，他对于宋人以后乃至明代文徵明的看法是：他们虽然托名于绘画某家园林，实际上并没有以画史的严肃的态度对待，只不过借以发挥胸中逸气，"率意挥写"罢了。这种说法，实际上，道出了清中期学术的一种关键的态度，而从前面列举的清代园林绘画可以看出转向。但是，真正的古风也不是模仿就能够创造出来的，从乾隆的器物仿造前朝的形式看来，多食古未化。清代园林承明代文人建立的气质有所改变，今天我们看到的园林实物，多是乾嘉以后的遗存，乾嘉的学术风格间接影响了清中晚期的园林画风，明代的率意、明朗的风格现在苏州园林中也只能从局部的家具陈设、山体、书法中窥见一斑了。

仇英擅长楼阁山水，承宋人风貌，功力精湛，以临仿唐宋名家稿本为多，如《临宋人画册》和《临萧照高宗中兴瑞应图》，前册若与原作对照，几乎难辨真假。画法主要师承赵伯驹和南宋"院体"画，青绿山水和人物故事画形象精确，工细雅秀，色彩鲜艳，含蓄蕴藉，色调淡雅清丽，融入了文人画所崇尚的主题和笔墨情趣。虽然出身工匠，早年为漆工，兼为人彩绘栋宇，但以很高的绘画天分，结识了许多当代名家，为文徵明、唐寅所器重，仇英的好友彭年记载："十洲少既见赏于衡翁（文徵明）。"又拜周臣门下学画，并曾在著名鉴藏家项元汴、周六观家中见识了大量古代名作，临摹创作了大量精品。他的创作态度十分认真，一丝不苟，每幅画都是严谨周密、刻画入微。以仇英的《园居图》和文徵明的《拙政园图咏·若墅堂》可以对比，两者画的对象应该都是拙政园的主体建筑若墅堂，表现的若墅堂大的形体关系在两张图呈现的基本一样，只是文徵明比较写意，如果没有仇英的图，就只有一个茅草屋的印象，这是因为文徵明的画风为了笔墨和画面的整体需要作此变化。仇英应该是由文徵明引荐，得以进入这个交游的圈子的，而王献臣对于两人的画风要求也是不同的，从王宠对于仇英"画史"的评价，知道王献臣要在拙政园完工时，留下写实的场景，作为纪念。而仇英图中出现的两个长者，推测应该是王献臣和文徵明，而画中的童子，一个捧着装着古董的盒子过桥，一个在烧炉火煮茶，一个在拿青铜器布置在室外的石凳上，等待两位主人"真赏"，这些场景无疑是文徵明和王献臣日常生活交游场景的再现。

今天走进远香堂，明窗四面，眼前旷达开朗。堂北平台宽敞，池水清澈。夏日当窗，荷叶田田，荷风扑面，清香远送，故取宋周敦颐《爱莲说》"香远益清"句意，以为堂名。堂四周装置精美的玻璃长窗，显得华丽壮重。周围环境开阔，四面景物，各具情趣。举目四望，犹如观赏长幅画卷，中园景致尽收眼底。沈元禄《古猗园记》谓："奠一园之体势者，莫如堂；据一园之形胜者，莫如山。"[119] 对于厅堂，文徵明的玄孙文震亨在其著述《长物志》中记："堂之制，宜宏敞精丽，前后须层轩广庭，廊庑俱可容一席；四壁用细砖砌者佳，不则竟用粉壁。梁用球门，高广相称。层阶俱以文石为之，小堂可不设窗槛。"[120] 室内的装修陈设晚明文人非常讲究，"位置之法，繁简不同，寒暑各异。高堂广榭，曲房奥室各有所宜。

即如图书鼎彝之属亦须安设得所，方如图画云林清闭，高梧古石仅一几一
榻，令人想见其风致，真令神骨俱冷。故韵士所居入门便有一种高雅绝俗
之趣。若使之前堂养鸡牧逐，而后庭侈言浇花洗石，正不如凝尘满案，环
堵四壁犹有一种气味耳"[121]。厅堂的位置应朝向正南，"古者之堂，自半
已前，虚之为堂。堂者，当也。谓当正向阳之屋，以取堂堂高显之义"[122]。
对于厅堂的形制，计成《园冶·立基·厅堂基》说："厅堂立基，古以五
间三间为率；须量地广窄，四间亦可，四间半亦可，再不能展舒，三间
半亦可。深奥曲折，通前达后，全在斯半间中，生出幻境也。凡立园林，
必当如式。"[123] 图中若墅堂应该是五间，计成文中的"半间"非常令人困
惑，在明代的园林绘画作品中，文和仇氏可以为实证，是否计成所说"半
间"为厅堂的体形的变化，即文徵明和王献臣座谈的空间，所谓生出幻境，
是观看景致之处，现无明代实存，不能得出确定的答案。台北故宫博物
院收藏仇英的另一张《东林图》，似乎为《园居图》的半鸟瞰图，可以看
出若墅堂后面还有一个园子，园中有竹子等杂植。以此推测若墅堂主体
的厅堂应该是一个院子，而若墅堂即是今天的远香堂，从清代对拙政园
的园林绘画作品看，现存的形制和清吴俊所绘基本一致，体形已调整为
一个完整的矩形，屋顶的构造相对复杂，设计已经从对环境空间的关注
到单体形式的追求，明代朴实简洁的文人气息大大削弱了，原来结构形
式比较轻巧，现今的稍显厚重，和北京的清代建筑型制区别不大，江南
的秀丽之美不明显。从仇英园居图绘来看，若墅堂的南向都有一个较开
敞的空间和水面通过古树、石头、小桥、小岛过渡到大的水面，近景有
假山、瀑布，地面起伏，有自然天趣；文徵明的图中则出现篱笆、城垣
等图示，表现山野的意象，同时暗示了一种"避居"的存在。而两者的
厅堂主体都是多进深的院落组合，似乎计成所称"间"是指进深，而"半
间"为沿水面方向突出的多功能的空间部分，这种形体和空间的组合显
然是主人根据环境随机经营的，来汇集自然山石树木和水气光影的奇妙

变化，可谓生出"幻境"奇趣之处，尽管清代的拙政园因为园主变换频繁，趣味也失去平淡质朴的味道，从"若墅堂"到"远香堂"失去了一些有质感的细节，但是这些对园林环境精致的处理，隐约见于清代一些其他的名园之中。

吴骞于嘉庆己巳（1809 年）题于《拙政园诗文图册》如是感叹时间的流变，"园虽尚存，其中花木台榭，不知几经荣悴变易矣"。钱泳则认为通过图册可以"看见"当时盛景，他在道光十三年（1833 年）观文徵明图册后题跋：

余尝论园亭之兴废有时，而亦系乎其人。其人传，虽废犹兴也；其人不传，虽兴犹废也。惟翰墨文章，似较园亭为可久，实有不能磨灭者。今读衡翁之画，再读其记与诗，恍睹夫当时楼台花木之胜。而三百余年之废兴得失，云散风流者，又历历如在目前，可慨也已。[124]

钱泳这段话有几层意思。第一，园林的兴废，正如世间万物总是在一个变化中，无常是佛家的主要说法，世间法不长久，李维桢在《海内名山园记》中说："以其身所不得久有者，付之园，以园所不得久有者，付之名山，以名山所不得久有者，付之海内，以海内所不得久有者，付之造化，斯善用大者也。"[125] 从人身推至林园，进而名山，扩及海内，终归造化，"不得久有"是讲论的中心，也为人生寿夭、如梦烟云的认识体悟，一切可见实存的东西终将湮逝。所谓园子最后都会"乌有"，"乌有则一无所有矣。非有而如有焉者何也？雨化曰：吾尝观于古今之际而明乎有无之数矣。金谷繁华，平泉佳丽，以及洛阳诸名园，皆胜甲一时。迄于今求颓垣断瓦之仿佛而不可得，归于乌有矣。"[126] 因此，大量的园林文记在开篇都是以废园、古迹、废基开篇的，园址更多地被想象为一种空旷的空间，在那里有主人似乎熟悉的场，而作为一个"空"场，这种场地是通过可以触摸的建筑残骸来引发观者心灵或情感的激荡，这里凝结着历史记忆的不是荒废的建筑，一个特殊的可以感知的“现场”，这同时也是中国园林特殊的世间性的，在世间，亦在世外，亦非世间，亦非世外。因此，园林对于在世的短暂者的传承要求要高一些，园以人传，主人不传，纵使是绝代的名园，总要荒废，张廷济就在文徵明的册页上题诗：“如君真把园林寿，绝倒樗蒲一掷休。”就是说王献臣的儿子为不孝子，与里中徐氏绝赌一掷失名园拙政园。中国古代政治充满了不确定性，朝代更迭带来宫阙楼阁的湮灭无常，文人对此非常敏感，相对于物质性更强的建筑亭园，他们更愿意把翰墨文章看成更经得起时间考验的载体，一方面，诗画文章和园子确实伴生在一起；另一方面，他们对于变化的世界中求得相对永恒的希望交付给了文字和书画；再者，园林的胜迹不只是在现实的观看中，它同时存在于想象、回忆和现实中，这种情况非常有意思，绘画和文字不仅仅园林的设计基础，在现实条件不具备的条件下，绘画和文字就是建筑和园林，有素养的文人就在纸面上起楼台亭阁、珍木园景。明末陈弘绪《寒夜录》卷上记文徵明为友人纸上造楼居：

> 文衡山先生停云馆，闻者以为清闲，及见不甚宽敞，衡山笑谓人曰：吾斋馆楼阁无力营构，皆从图书上起造耳。大司空刘南坦公麟，晚岁寓长兴万山中。好楼居，贫不能建。衡山为绘《楼居图》，置公像于其上，名曰神楼，公欣然拜而纳之。……尝观吴越巨室，别馆巍楼栉比，精好者何限？卒皆归于销灭。而两公以图书歌咏之。幻常存其迹于天壤，士亦务为其可传者而已。[127]

这样的情形也许和今天对于物质文化的态度是迥然不同的，中国对于物质以及历史的态度，并没有把物等同于时间的不朽，同时，物本身和人的存在感是复杂的关系，心物之间，在于心的自由和愉悦，通过绘画来构建一个事实，其根源之于人拥有一种本源性的视觉能力，即通过视觉来形成自己的身体与事物之间的交流，钱泳记："吴石林癖好园亭，而家奇贫，未能构筑，因撰《无是园记》，有《桃花源记》《小园赋》风格，江片石题其后云：'万想何难幻作真，区区丘壑岂堪论。那知心亦为形役，怜尔饥躯画饼人。写尽苍茫半壁天，烟云几叠上蛮笺。子孙翻得长相守，卖向人间不值钱。'余见前人有所谓乌有园、心园、意园者，皆石林之流亚也。"[128] 乌有园的好处是：

　　园中之我，身常无病，心常无忧。园中之侣，机心不生，械事不作。供我指使者，无语不解，有意先承。非我气类者，望影知葸，闻声欲遁。皆吾之得全于吾园者也。吾之园不以形而以意，风雨所不能剥，水火所不能坏，即败类子孙，不能以一草一木与人也。人游吾园者，不以足而以目。三月之粮不必裹，九节之杖不必扶。而清襟所记，即几席而赏玩已周也。又吾之常有吾园，而并与人共有吾园者也。读《乌有园记》者，当作如是观。[129]

　　这种纯粹文字的观想，在明清的园林文字中占有一定的篇幅，而发展到极致的莫过于《红楼梦》中的大观园了，园林的魅力，在于真幻之间；名园终归以人为名，人亦以园传，和拙政园同时期大量绝佳的园林，后来都废掉了，拙政园的规划总体上留存了下来，和文徵明巨大的影响力有直接的关系，而《拙政园诗画图咏》也是功不可没的，这本精彩册页的确集园林绘画之大成，也应该是空前绝后了，规制之巨，文、画之浩瀚，意匠之多样，题跋之众多，后世再无出其右者。何绍基道光庚戌年（1850年）冒雨游拙政园的时候，园子在荒废中，"水石清幽，而亭屋颇多欹倒，主人皆官于外也"[130]。何绍基在观阅册页的时候亦慨叹："其画意精趣别，各就其景，自出奇理，以腾跃之故，能幅幅入胜。以余昨迹证之，多不能到画中妙处。盖人事地形,阅三百年,恐当日园中妙处,尚有画所不到者,未可知也。”[131] 三百年过去了，画册中虽然景致新奇，但是林园胜处恐怕也有画达不到的地方。他也注意到人事的变迁，使得园林不能长期呈现出应有的风韵，所以，园林荒废无常，不如画册历久弥新啊，他题道：“此园自王氏槐雨后，忽官忽私，屡易主，而至吴氏。忆余昨泊禾郡，游陈氏园，即岳倦翁故业。展转至国初，归曹倦圃，沿倦翁以自号也。又再传而属陈氏。以倦翁精忠之裔，不获使子孙长有此园亭，若槐雨者，又安能永占平泉草木乎？况陵谷变迁，必不能如此图之日久愈新，又必归于珍鉴之家也。”[132] 而更有意思的是，图册除了“可征当日之经营位置，历历眉睫”以外，还可当成“卧游”，“又如身人蓬岛阆苑，琪花瑶草，使人应接不遑，几不知有尘境之隔。”张廷济说：“恣读名篇当卧游，硬黄摹取付银钩。”而最为夸张的是，钱杜在抱病阅览册页后，病居然消退了，他在册页上题跋为：

　　仲青内翰来游湖上，与余野鸥庄相距咫尺，暇日携所藏文太史拙政园图册见示，图凡三十一帧，各有题咏，其丘壑布置，用笔敷色皆师松雪翁，而树石屋宇人物花草意态变化无一重复，观者如在山阴道上应接不暇，允称大家仆家旧藏太史真迹卷轴最多皆无出其右者，真稀世珍也。倪元镇观王右丞卢鸿草堂图题云：焚香展卷不独娱目，赏心兼可为吾辈进取之资。其真能读画者，仆则老病笔墨颓废，只可做云烟过眼观耳。然太史向所心折，又是册之精之妙，已蕴酿胸次不觉心摹手追，未使万一之取，摩挲相对，竟日不忍释手，时湖上雨晴，诸峰秀色与是册并周旋，窗几前病魔退避三舍矣。[133]

　　在钱杜的文中，他沉醉于现实的湖山秀色和画中景物交相映照之中，心摹手追，摩挲相对，不忍释手，忘情于境界中，结果病魔退避三舍。

而在记载早期绘画的文献中我们可以找到很多的例子，证明人们相信山水图像具有神奇的功效，例如：元祐丁卯年（1087 年）夏，时年三十九岁的秦观（1049—1100 年）在汝南郡担任学官，有肠癖之疾，好友高符仲携《辋川图》告知阅"阅此可以愈疾"，秦观甚喜，"余本江海人，得图喜甚，即使二儿从旁引之，阅于枕上"。（《淮海集》卷三十四）数日后，肠疾痊愈。高符仲取图时候秦观在其末题跋后归还，秦观《书摩诘辋川图跋》现藏台北故宫博物院，题跋写道：

> 余曩卧病汝南，友人高符仲携摩诘辋川图过直中相示，言能愈疾，遂命童持于枕旁阅之。恍入华子冈，泊文杏、竹里馆，与裴迪诸人相酬唱，忘此身之铍系也。因念摩诘画意在尘外，景在笔端，足以娱性情而悦耳目，前身画师之语非谬已。今何幸复睹是图，仿佛西域雪山移置眼界。当此盛夏，对之凛凛如立风雪中，觉惠连所赋犹未尽山林景耳。吁，一笔墨间，向得之而愈病，今得而清暑。善观者宜以神遇，而不徒目视也。五月二十日，高邮秦观记。[134]

秦观这种阅读山水卷的方式被称为"卧游"，卧而游之，最早可到追溯至南朝宋时期《画山水序》一文，宗炳所作，原文为："老疾俱至，名山恐难遍睹，唯当澄怀观道，卧以游之。"[135] 宗炳这一观念为历代画家文人所认可，在山水图像和真山水之间，体会绘画和山水以及身心的关照，感知自我主体的存在，参悟人生和世界。"卧游山水"的思想一直伴随着山水文化，在中国的万物泛神世界中延续至今。图像和山水自然之物之所以相联系不仅是因为图像再现或者表现了山水，两者之间更有着神秘的生命气息联系。郭熙曾写道："世之笃论，谓山水有可行者，有可望者，有可游者，有可居者。画凡至此，皆入妙品。但可行可望不如可居可游之为得，何者？观今山川，地占数百里，可游可居之处十无三四，而必取可居可游之品。君子之所以渴慕林泉者，正谓此佳处故也。故画者当以此意造，而鉴者又当以此意穷之，此之谓不失其本意。画亦有相法，李成子孙昌盛，其山脚地面皆浑厚阔大，上秀而下丰，合有后之相也，非特谓相兼，理当如此故也画亦有相法。"[136] 他相信山水画中地貌形式本身就是风水，龙脉的浑厚带给了画家子孙们的昌盛。陈继儒《妮古录·卷三》："黄大痴九十而貌如童颜。米友仁八十余，神明不衰，无疾而逝。盖画中烟云供养也。"[137] 董其昌也在《画禅室随笔·卷四·杂言》抄录了这段话，他把书画扩展为"般若"智慧，他说："大波罗般若经六百卷，此为经之心。般若有两种，所谓观照般若，须文字般若中入。亦观音圆通所云：此方真教体，清净在音闻也。余书此经，欲使观者皆观自在耳。般若经六百卷，此为之心，犹云般若心也。今以心经连读，失其义矣。般若有三，有观照般若；有宝相般若；有文字般若。文字亦能熏识趣无上菩提，故书此流布世间。使展卷者，信受诵读，种善知见。所谓一句染神，历劫不变也。"[138] 当我们考察关于园林图卷的"观看"方式的时候，我们就发现身体主体的范式在紧紧地围绕着我们，山水既表现为物的视觉，也同时为大通之道的路径，暗含阴阳之理，而身体在空明中可以接纳的时候，清虚之气会使得心神安宁。很多文人都描述通过观看山水园林图卷，于笔墨之间体味丘壑山林，是具有魔术般的治愈身心的作用。这种身体主体同时从一开始就表现出一种"超"时间性，身体和外部的际遇存在于特殊时间之中，区别于普通的日常，体验冥想可以使得身体获得这种弥漫于其中的力量。

　　这种不可思议的能量，古人认为是超越时间存在着的一种能量，"离形去知，同于大通"，通过自身虚静中心体与神奇丘壑体感知而获得。对于我国古代曾经为是否可以使用直尺画亭台楼阁，在宋代的画院里曾展开过大规模争论。张彦远《历代名画记·卷二·论顾、陆、张、吴用笔》中说："或问余曰：'吴生何以不用界笔直尺，而能弯弧挺刃，植柱构梁？'

对曰：'守其神，专其一，合造化之功，假吴生之笔向所谓意存笔先，画尽意在也。……夫用界笔直尺，是死画也。守其神，专其一，是真画也。死画满壁，易如污馒。真画一划，见其生气。'" [139] 中国古代文人绘制的园林绘画里，描绘建筑的线条多是徒手线条，虽然不那么直，但却包含了比用尺子划出来的线条更多的信息。从角度的倾斜、用笔的轻重，甚至画家手的颤抖所产生的弯曲里，都可以让人体悟到许多东西。所以"界笔直尺"才被排斥，用直尺画出来的画儿被称作"死画"。有趣的是，英国著名艺术史家和美学家，20世纪最伟大的艺术批评家之一罗杰·弗莱（Roger Fry，1866—1934年）也提到过"直尺"和"徒手线"的差别，在他最后的讲座中说："首先，我们所说的感性是什么意思？它对我们有何意义？我们可以做一个最简单的试验，就是在一道借助直尺画出的直线，与一条徒手线之间进行一下比较。直尺线纯粹是机械的，而且正如我们所说是无感性的。而任何徒手线必定会展现书写者的神经机制所独有的某种个性。这是由人手所画出并为大脑所指引的姿势的曲线，而这一曲线至少从理论上说可以向我们揭示：第一，艺术家神经控制能力的某种信息；第二，他的习惯性神经状况的某种东西；最后，在做出那个姿势的瞬间他的心智的某种状态。而直尺线除了两点之间最近距离这一机械的概念外，什么也不能表达……但是，如果我们像观看艺术品那样来观看一条徒手线，那么它就会告诉我们某种我们称之为艺术家的感性的东西。" [140]

张彦远与罗杰·弗莱隔空对话说明了什么？我们可以把文人山水看成书法式的（calligraphic）绘画，这一词在这现代绘画之后得到了高度的关注，而中国山水画家引以自豪的形式，不仅仅在于其图式和隐喻，这些都会导致雷同，令他们自豪的是他们拥有书法家的线条，这种线条的特质是一种令人震颤的生命强度，拥有一种令人痴迷的特有的韵律的和谐。那种独特书写的狂喜情绪，那种在观看笔墨中得来的兴奋意识，线条中存在着表现的可能性，其韵律也许拥有表现心境与情境的无限多样性的各种不同的表现类型。我们称任何这样的线条为书法，只要它所期求的品质是以一种绝对的确信来获得的。明代写意绘画的兴起，加强了对于生气的重视，气论占据了古代文人的精神世界，时人认为，沈周和文徵明因为天机超然，不事绳墨，烟云天真烂漫所以长寿，而工笔画家仇英执着工整细致则英年早逝，今人或以为此说偏于牵强，但我们应该看到，中国古代的精神世界是前现代的，今天我们以为被科学排除在外的世界，在当时就是合理的存在。历史中蕴含着当代的重新认识和解读，以单一的观点看某些中国文化的神秘处，还是无法蠡测的，这里面牵扯到中国画家对于文、画和自然之道相通的理解，并且在现代之后多元文化的参照下，反而使我们增加了回溯精神源流的兴趣。中国艺术以境界把握物我的关系，我作为主体或隐或显，"万物皆备于我矣"（孟子）、"视天下无一物非我"（张载）、"仁者以大地万物为一体，莫非己也"（程颖），我之主体显也。"圣人之情，应物而于物也"（王弼）、"应无住而生其心"（《金刚经》）、"圣人之常，以其情顺万物而无情"（程颖），我之主体隐于本体也。王国维在《人间词话》中写道："有有我之境，有无我之境。'泪眼问花花不语，乱红飞过秋千去''可堪孤馆闭春寒，杜鹃声里斜阳暮'，有我之境也。'采菊东篱下，悠然见南山''寒波澹澹起，白鸟悠悠下'，无我之境也。有我之境，以我观物，故物皆著我之色彩。无我之境，以物观物，故不知何者为我，何者为物。"[141]中国艺术与文化表现为积极的"人间性"，余英时说："中国古代之'道'，比较能够摆脱宗教和宇宙论的纠缠。中国没有古希腊那种追究宇宙起源的思辨传统。孔子以前中国有讲吉凶祝福的'天道'观，那是一种原始的宗教思想。但是这个天道观在'哲学的突破'前已经动摇了。中国'道'的人间性更有一个特点，即强调人间秩序的安排。"中国的诸子百家虽然不少，但基本都是解决生存层面的问题。司马迁在转述其父司马谈的意见时,认为诸子百家主要有六家,并对此六家之利弊得失进行了评论，《史记·太史公自序》曰：

> 易大传："天下一致而百虑，同归而殊途。"夫阴阳、儒、墨、名、法、道德，此务为治者也，直所从言之异路，有省不省耳。尝窃观阴阳之术，大祥而众忌讳，使人拘而多所畏；然其序四时之大顺，不可失也。儒者博而寡要，劳而少功，是以其事难尽从；然其序君臣父子之礼，列夫妇长幼之别，不可易也。墨者俭而难遵，是以其事不可遍循；然其强本节用，不可废也。法家严而少恩；然其正君臣上下之分，不可改矣。名家使人俭而善失真；然其正名实，不可不察也。道家使人精神专一，动合无形，赡足万物。其为术也，因阴阳之大顺，采儒墨之善，撮名法之要，与时迁移，应物变化，立俗施事，无所不宜，指约而易操，事少而功多。儒者则不然。以为人主天下之仪表也，主倡而臣和，主先而臣随。如此则主劳而臣逸。至于大道之要，去健羡，绌聪明，释此而任术。夫神大用则竭，形大劳则敝。形神骚动，欲与天地长久，非所闻也。[142]

司马谈的《论六家要旨》所论诸子六家，是先秦以来最有影响的几家，也奠定了之后两千年学术方向，《汉志》将之扩展到九家，称儒、道、阴阳、法、名、墨、纵横、杂、农九家，可以看出都是以经世致用为目的，鲜有超越"人间性"，"天道"被附庸为"人主"之道，所有的"理学"都用来解释其合理性，而司马迁所谓的"主倡而臣和，主先而臣随""如此则主劳而臣逸"，在现实社会究竟没有发生的可能，即便如此发生，仕人一定在营营苟且之"伪善"中。因而，仕人在缺乏"理性"现实的世界断无"超越"的可能，因为"道"本身的"绝对性"被世俗化，"主体性"很难建立起来，只是剩下一个虚无的姿态："六合之外，圣人存而不论；六合之内，圣人论而不议；春秋经世先王之志，圣人议而不辩。"只有在"山水"的世界才可能存在一个超越性世界，"山水"充当了想象世界的“绝对存在”，我们看到从《汉书·艺文志》到《四库全书》，“山水”成为中国的“形而上学”。但是它既和现实世界有着分化，但是却不是也不可能完全隔绝于现实，超越世界的“道”和日常现实世界的“人伦日用”之间是一种不即不离的关系，“画学高深广大，变化幽微，天时、人事、地理、物态无不备焉……大而一代有一代之制度，小而一物有一物之精微”[143]，必须承认，这两者和谐的统一始终是在一个理想的追求中，并没有达到完满的地步，而两者相互作用的现象却充满了文化史，而园林、绘画和主人的关系也缠绕在其间。郭若虚“心印”之说，讲绘画“六法”之中才“气韵生动”，是因为有“山水世界”的存在：“尝试论之，窃观自古奇迹，多是轩冕才贤，岩穴上士。依仁游艺，探赜钩深，高雅之情，一寄于画。”“本自心源，想成形迹，迹与心合，是之谓印。”[144] 唐岱《绘事发微·品质》：“古今画家，无论轩冕岩穴，其人之品质必高。昔李思训为唐宗室，武后朝遂解艺不仕。……放达不羁之士，故画入神品。”[145] 他讲的“艺成而下，道成而上”[146]。具体言之就是成就到“山水之道”的境界。绘画、文学、园林本身成为修身成道的一个路径，园林成为对自然和内心的双重关照，“会心处不必在远”，从对仙山的遥望到“濠濮之志”到造园绘图到“卧游”再到“纸上造园”，安放身心始终是以追求真实存在的存在者之诉求。

｜ 至“文”

文徵明的《拙政园诗文图咏》册页中层层叠叠的意象，隐隐约约地透露了园作为想象和物重叠的境况，园的世界不是一个完整意义上的对象客体，它虽然和外部空间保持着一定的边界，但其内部存在着大量的缝隙和孔洞，画景、文字和身体的运动撕裂了场地，使得园的场地从原始的连续性产生了大量的片段，而园的特定的场所感就在这些多孔的万物中，通过蜿蜒多义的路径，展现了深刻的思，或者说这种以意象思考的非连续性意识流，揭示了园林世界和身心的重新关联和建构，而身体、图像和文字的粘连将渗透到园林营造的每个角落，"枕中已悟功名幻，壶里谁知日月长"，当社会扭曲人性的幻象退居到知觉的边缘，园林世界延续了世界之"真"的可能性，能与日月共度时间的主人，在对场所的绵延阅读中涌现出与世界迷醉般的接近。主人观看着园林的册页和册页中浮现的"我"被"我"所观看，两个"我"相互交缠，但始终难以证明是形还是幻影，如此的在场源于对存在的渴求，也因为物性的隐身而保持着和物的距离。

今天，当我们进入拙政园中，清奇神秀之气扑面而来，放目环视，山林雅致、水木明瑟，确实有心胸涤荡的感觉。园中峰岫互回，云天倒映，游历其中，不出城市而获"山林之性"。然而这样一座山林不是自然的造化，却是来自历代主人的精心营构，如果我们再游历得细致一些，就会发现除了自然灵秀的风物映入眼帘外，我们实在是穿行在一片文字的辞海中，所有的亭台楼阁乃至山石树木都有文字的命名："兰雪堂""芙蓉榭""天泉亭""秋香馆""涵青亭""远香堂""雪香云蔚亭""待霜亭""小沧浪""志清意远""静深亭""玉兰堂""嘉实亭""绣绮亭""听雨轩""留听阁""浮翠阁"……游者如果雅兴所致，也会留下自己的文字："旧雨集名园，风前煎茗，琴酒留题，诸公回望燕云，应喜清游同茂苑；德星临吴会，花外停旌，桑麻闲课，笑我徒寻鸿雪，竟无佳句续梅村。"这对楹联悬于远香堂北面檐下的步柱上，而这样的典雅题对在园中几乎每座亭构和室内也都有。这些优美隽永的文字是由精妙的书法呈现的，在这些飞动的点画深处，寄予了书者观看园林的情趣和雅致，同时也是在以自身独特的"观"的物质性，参与构建了园的景致。正如《文心雕龙·物色》所描述的："物色相召，人谁获安？是以献岁发春，悦豫之情畅；滔滔孟夏，郁陶之心凝；天高气清，阴沉之志远；霰雪无垠，矜肃之虑深。岁有其物，物有

图63　《拙政园图咏》的"主人"形象

其容；情以物迁，辞以情发。"[147] 园林中主人也是被风景、"雅物"和文字紧紧地包围着的，明高濂（1532—1606 年）在《遵生八笺·起居安乐笺》中曾描述了主人的书斋：

高子曰：书斋宜明净，不可太敞。明净可爽心神，宏敞则伤目力。窗外四壁，薜萝满墙，中列松桧盆景，或建兰一二，绕砌种以翠云草令遍，茂则青葱郁然。旁置洗砚池一，更设盆池，近窗处，蓄金鲫五七头，以观天机活泼。斋中长桌一，古砚一，旧古铜水注一，旧窑笔格一，斑竹笔筒一，旧窑笔洗一，糊斗一，水中丞一，铜石镇纸一。左置榻床一，榻下滚脚凳一，床头小几一，上置古铜花尊，或哥窑定瓶一。花时则插花盈瓶，以集香气；闲时置蒲石于上，收朝露以清目。或置鼎炉一，用烧印篆清香。冬置暖砚炉一，壁间挂古琴一，中置几一，如吴中云林几式佳。壁间悬画一。书室中画惟二品，山水为上，花木次之，禽鸟人物不与也。或奉名画山水云霞中神佛像亦可。名贤字幅，以诗句清雅者可共事。上奉乌思藏鏒金佛一，或倭漆龛，或花梨木龛以居之。上用小石盆一，或灵璧应石，将乐石、昆山石，大不过五六寸，而天然奇怪，透漏瘦削，无斧凿痕者为佳。次则燕石、钟乳石、白石、土玛瑙石，亦有可观者。盆用白定官哥青东磁均州窑为上，而时窑次之。几外炉一，花瓶一，匙箸瓶一，香盒一，四者等差远甚，惟博雅者择之。然而炉制惟汝炉、鼎炉、戟耳彝炉三者为佳。大以腹横三寸极矣。瓶用胆瓶花觚为最，次用宋磁鹅颈瓶，余不堪供。壁间当可处，悬壁瓶一，四时插花。坐列吴兴笋凳六，禅椅一，拂尘、搔背、棕帚各一，竹铁如意一。右列书架一，上置《周易古占》《诗经旁注》《离骚经》《左传》，林注《自警》二编，《近思录》《古诗记》《百家唐诗》，王李诗，《黄鹤补注》《杜诗说海》《三才广记》《经史海篇》《直音》《古今韵释》等书。释则《金刚钞义》《楞严会解》《圆觉注疏》《华严合论》《法华玄解》《楞伽注疏》《五灯会元》《佛氏通载》《释氏通鉴》《弘明集》《六度集》《莲宗宝鉴》《传灯录》。道则《道德经新注指归》《西升经句解》《文始经外旨》《冲虚经四解》《南华经义海纂微》《仙家四书》《真仙通鉴》《参同分章释疑》《阴符集解》，《黄庭经解》《金丹正理大全》《修真十书》《悟真》等编。医则《黄帝素问》《六气玄珠密语》《难经脉诀,《华佗内照》《巢氏病源》《证类本草》《食物本草》《圣济方》《普济方》《外台秘要》《甲乙经》《朱氏集验方》《三因方》,《永类钤方》,《玉机微义》《医垒元戎》《医学纲目》《千金方》, 丹溪诸书。闲散则《草堂诗馀》《正续花间集》《历代词府》《中兴词选》。法帖, 真则《钟元常季直表》《黄庭经》《兰亭记》。隶则《夏丞碑》《石本隶韵》。行则《李北海阴符经》《云麾将军碑》《圣教序》。草则《十七帖》《草书要领》《怀素绢书千文》《孙过庭书谱》。此皆山人适志备览, 书室中所当置者。画卷旧人山水、人物、花鸟, 或名贤墨迹, 各若乾轴, 用以充架。斋中永日据席, 长夜篝灯, 无事扰心, 阅此自乐, 逍遥余岁, 以终天年。此真受用清福, 无虚高斋者得观此妙。[148]

　　可见, 为了成为园中真正的主人, 以及是自己的主人, 必须先称为“文人”,“彭泽琴书, 孤山梅鹤, 是以道德自足者也”。在园中, 在居室书斋厅堂之中,“景”也从来不是物象本身, 只有通过拥有“文”的观者之视角和视野,景观才能从一片混沌中截取出来。(见图63) 主人造园“借”景, 游园“寻”景, 聚会“赏”景, 提名“点”景, 书园“题”景。而文人其展示趣味的物质化呈现手段又是多样的, 有宣纸书法、木刻匾额、石碑铭文、玉石朱题、瓷器青花等等。在游园观赏这些书写时, 我们几乎忘记了,这些神奇的文字符号同时也是我们的祖先在“观看”世界之中“抽取”其丰富的意象创造的。“古者包牺氏之王天下也, 仰则观象于天, 俯则观法于地, 观鸟兽之文与地之宜。”上古的先人, 在“俯仰”的观看方式中, 找到了一种万物秩序和节奏的痕迹, 最后发展成文字。汉字目前公认最早的样本是在龟甲和牛骨上占卜时记录下来的卜辞，它的年代是四千年前的商代。四千年来，中国文字保留了古人观看世界的目光，这个变幻不居的世界，是通过书写被反复深入定义的时空。这种文字不仅仅用来表音表意，同时也保留了万物被提取了典型形象的痕迹，进而可以用来"观看"。四千年来，承载它的媒介从岩画到彩陶，从青铜器到瓷器，从绢帛到宣纸，蔚为壮观、连绵不绝。而这种文字，同时结合了景象和哲思，正如书画的共同工具毛笔，既柔软又具有弹性，既有清晰的笔画，又有想出意外的飞白和晕散，这样一种用动物的毛发做成的锥形体，依靠它，借助水墨在白色的宣纸或素绢上的运动，笔画就蕴生出奇特的活力，其中主人通过笔画的开放，调整淡泊的身心参与对景观的沉思，园中山林佳构焕发为意境幽远的风景。由此我们注意到园与自然的互文性，自然既是园的物质要素，也是被观察、取法的对象，激发了园的建构理法。

李渔在《闲情偶记》的第三卷《声容部·习技第四·文艺》中说：

学技必先学文。非曰先难后易，正欲先易而后难也。天下万事万物，尽有开门之锁钥。锁钥维何？文理二字是也。寻常锁钥，一钥止开一锁，一锁止管一门；而文理二字之为锁钥，其所管者不止千门万户。盖合天上地下，万国九州，其大至于无外，其小至于无内，一切当行当学之事，无不握其枢纽，而司其出入者也。此论之发，不独为妇人女子，通天下之士农工贾，三教九流，百工技艺，皆当作如是观。以许大世界，摄入文理二字之中，可谓约矣，不知二字之中，又分宾主。凡学文者，非为学文，但欲明此理也。此理既明，则文字又属敲门之砖，可以废而不用矣。天下技艺无穷，其源头止出一理。明理之人学技，与不明理之人学技，其难易判若天渊。然不读书不识字，何由明理？故学技必先学文。然女子所学之文，无事求全责备，识得一字，有一字之用，多多益善，少亦未尝不善；事事能精，一事自可愈精。予尝谓土木匠工，但有能识字记账者，其所造之房屋器皿，定与拙匠不同，且有事半功倍之益。人初不信，后择数人验之，果如予言。粗技若此，精者可知。甚矣，字之不可不识，理之不可不明也。[149]

李渔认为“文”是学习天下百技的基础，天下万物万事的理解和研究离不开“文、理”两个字，如何明理，必先学文，他列举了学文的种种好处，最后，他又把学文上升为明字后之“理”。李渔这段文字深入浅出，揭示了“文”在中国文化特殊中的地位。中国文化的特殊性表现在文字上，是在于其语言的和语义的组织上，是以“字中心”的一种书写系统，这样，书写形式在中文中，可以先于声音和意义形式。一个汉字作为单一书写单位，可以对应于或众多声音及相关的意义。此外，具有象形字根源的单字由于其基本笔画结构的稳定性，以及和物象的关联性，以及由此带来的书写性而保持着强烈的视觉形象性。同时伴随数千年书写传统延存下来，独立书写单位逐渐成为为一种“符号”，它可在不同语境中和选择不同声音后承载不同的意义。一个书写汉字不只是一个而可能是多个观念或概念的代表。这种一个视觉记号对应于多个意义的结构的结果，是单个汉字可用于以极其灵活和联想的方式来指称不同的对象和指示不同的意义，这种意义的多元性和复合性，给意象的境界论带来巨大的表现空间。对于造园和“文”的密切关系，钱泳有论：

造屋之工，当以扬州为第一，如作文之有变换，无雷同，虽数间小筑，必使门窗轩豁，曲折得宜，此苏、杭工匠断断不能也。盖厅堂要整齐如台阁气象，书房密室要参错如园亭布置，兼而有之，方称妙手。今苏、杭庸工皆不知此义，惟将砖瓦木料搭成空架子，千篇一律，既不明相题立局，亦不知随方逐圆，但以涂汰作生涯，雕花为能事，虽经主人指示，日日叫呼，而工匠自有一种老笔主意，总不能得心应手者也。[150]

这是说，主人深通"作文"的方法，既需要章法，也需要变化，但苦于匠人累于程式化的千篇一律，看上去面目可憎，不明白布局要随主题，只知道一味地雕花粉饰，陷入细节的工作里，好的主人一定会懂"文"法，他说："装修非难，位置为难，各有才情，各有天分，其中款奥虽无定法，总要看主人之心思，工匠之巧妙，不必拘于一格也。修改旧屋，如改学生课艺，要将自己之心思而贯入彼之词句，俾得完善成篇，略无痕迹，较造新屋者似易而实难。然亦要看学生之笔下何如，有改得出，有改不出。如仅茅屋三间，梁圬栋折，虽有善手，吾末如之何也已矣。汪春田观察有《重葺文园》诗云：'换却花篱补石阑，改园更比改诗难。果能字字吟来稳，小有亭台亦耐看。'"[151] 园对于主人的"文"要求也在于此，主人的想象力和现实的物质性，同样重要，因此陈继儒在《园史序》中说：

余尝谓园有四难：曰佳山水难，老树难，位置难，安名难。复有三易：曰豪易夺，久易荒，主人不文易俗。[152]

他游历过的名园，没过多久，再重新游的时候，"或花明草暗，而园主无暇至；即至掉臂如邮传归矣。或狭小前人制度，更辄而新之；园不及新而其人骨且腐矣。或转眼而售他姓，非大榜署门，则坚铢肩户矣。或研木作臼，仆石为础，摧栋败垣，如水旱逃亡屋矣"[153]。即使真的用心维持真树奇花，园主庸俗不堪，一字一句令人掩鼻而逃。他说："园者为酒肉伧父，一草一木，一字一句，使见者哆而欲呕，掩鼻蒙面而不能须臾留也。夫有之以为恨，讵若亡之以为快乎？"[154] 陈继儒甚至把"文"看得比主人还重要，能够为"文"的主人才会为园的传承留下不朽的印记，靠山园的与众不同不仅在于其绮丽炫目，还在于主人的"文辞"，语言文字是主人的符号与依托，正是相对不那么直观真切的语言文字以及延伸为书画和园林的这些符号性成果，使主人的想象力、逻辑思辨能力、记忆力、表述与传授能力和综合判断的能力发展到异于他人的水平。陈继儒回忆："吾昔与王元美游弇州园，公执酒四顾，咏灵运诗云：'中有天地物，今为鄙夫有。'余戏间曰：'惘川何在？盖园不难，难于园主人；主人不难，难于此园中有四部稿耳！'公乐甚，浮余大白。今吾于园史亦云。虽然，以无学之才品，当置之木天一席地。而乃使如椽之笔，退而修园史以寄傲，亦是悲已。知我者稀，无学而秘之。苟非文士，宁许窥园，不得轻许窥园史。"[155] 在陈继儒这里，"文"的地位还高于"主人"，假如"不文"，即使准许你进入秘密花园，也无法进入它神秘的时间维度。

那么，"文"到底意味着什么？我们先来看一下"文"的造字：

文：

文，错画也。象交文。今字作纹。——《说文》

五章以奉五色。——《左传·昭公二十五年》。注："青与赤谓之文，赤与白谓之章，白与黑谓之黼，黑与青谓之黼。"

美于黼黼文章。——《荀子·非相》

茵席雕文。——《韩非子·十过》

织文鸟章，白旆央央。——《诗·小雅·六月》

饰以篆文。——《后汉书·张衡传》

分文析字。——《汉书·刘歆传》

夫文，止戈为武。——《左传·宣公十二年》

经纬天地曰文。——《左传·昭公二十八年》

身将隐，焉用文之？——《左传·僖公二十三年》

物相杂故曰文。——《易·系辞》

物一无文。——《国语》

强弱相成，刚柔相形，故于文"人乂"为"文"。——《说文·通论》

中国文字的完整定型应始于殷商的甲骨文，在此之前，尚有器物上的刻画符号出现，多为借外物的抽象表征。同时，《庄子》和《周易》中都曾记载过上古先民结绳而治的内容。《周易·系辞》记："古者无文言。其有约誓之事，事大大其绳，事小小其绳，绳之大小随物众寡，各机以相考，亦足以相治也。"《周易·乐辞》中还有"上古结绳而治，后世圣人易之以书契"的记载。从结绳到书契的过程，可以从现存大量的考古发掘和探险寻到的陶文和岩画中发现文字创造的过程，它们应被称为"符号"性的前文字，在文字正式产生之前，它们被人类使用了相当长的时间，这些前文字自身与事物之间没有确定的联系，符号与符号之间也缺乏系统，具有很大的游移性。而要把文字符号和具体事物比较稳固地联系起来，把诸文字之间的关系作出具体规定，并非易事，恰如《荀子·解蔽》所说："好书者众矣，而仓颉独传者，一也。"

文和环境的依附关系从一开始就非常重要，几乎所有上古的壁画、岩画都选择了隐蔽特殊的场所。岩画是由原始性的祭礼仪式产生的对于空间的魅化，巫师断发文身主持仪式活动，王国维在《宋元戏曲史》中说："巫之事神，必用歌舞。"在岩画中，除了歌舞祭祀外，巫师把自己的身体投射到大地空间一起，把日常世界的空间激活，形成神性的场所，天、地、人、神聚集在一起，构成了世界的整体性。而纹饰对于空间的意义在于，完成了空间的超越日常情景的转换，纹饰的早期主要意义是人类学上的，后来人们把它赋予社会学的隐性的意义。而早期的儒，或称为巫师、术士，儒士的根源是巫的文化，而中国文化的巫是以知晓"文"之言为特征的，非完全鬼神之道，"文"的历史是探寻和发现未知空间意识和整体性的历史，而不是记录口语表征个体情感的历史，这是中国文言文独特的现象。人类空间的知觉源于洞穴，在大地上人首先栖居在洞穴中，在其中找到了与身体对应的边界，这些洞穴越过身体的边界，承担了肌肤之外的边界，这个边界可以更好地保护身体的能量，并且对自然进行有选择的互动，对光、水、空气、植物进行配置，而洞穴的形式和人类的母亲的身体有着密切的隐喻关系，在心理上延续着居住在母体空间上的感知，园林中假山的空间意象延续这种人的穴居的记忆。对于空间边界的建构，人类的经验主要来源于"身体—中心感"。心脏有节奏的跳动，是人普遍获得结构中心的感知，节奏和力量等一系列生命现象也由此显现。对于自身和外部空间的认同，人类的经验主要来源于"身体—纹饰"，李泽厚认为："在后世看来似乎只是'美观''装饰'而并无具体含义和内容的抽象几何纹样，其实在当年却是有着非常重要的内容和含义，即具有严重的原始巫术礼仪的图腾含义的。似乎是'纯'形式的几何纹样，对原始人们的感受却远不只是均衡对称的形式快感，而具有复杂的观念、想象的意义在内。巫术礼仪的图腾形象逐渐简化和抽象化成为纯形式的几何图案（符号），它的原始图腾含义不但没有消失，并且由于几何纹饰经常比动物形象更多地布满器身，这种含义反而更加强了。"[156]

在中国，纹饰的传统一而贯之，从上古的岩画到今天故宫建筑的绚烂的彩画，都是此类。据邓以蛰的解释："艺术之体，非天然形体之体，乃指人类手所制作之一切器用之体如铜器、漆器、陶瓷，石玉之雕琢，房屋之装饰以及建筑等皆是矣。是此体也，实导源于用，因用而制器，盖即器体之体耳，但必纯由人类之性灵中创造而有美观者方为艺术之体。……形唯观其变化之方式。"[157] 他还提出"三代铜器之花纹，汉代之陶器、石刻，魏晋六朝之画，皆为'画'之序统，其法一皆以中锋细描之'笔画'为主"[158] 的观点，并指出，唐宋元明之画实际亦属于此一序统所变化而出。在《画理探微》一文里，邓以蛰从艺术"形"与"体"的关系入手，认为商周乃艺术形体一致时期，秦汉为形体分化时期，汉至唐初为净形时期，唐宋元为形意交化时期。中国的绘画历经了一个"体—形—意—理"的发展过程。邓以蛰指出：汉代艺术，无论铜玉器之雕琢，陶漆之绘画，石刻型塑，一皆以生命之流动为旨趣……盖艺术至此不自满足为器用之附属，如铜器花纹至秦则流丽细致，大有不恃器体之烘托而自能成一美观；至汉则完全独立，竟为物理自身之幕写矣；又不满足纯形之图案既空泛而机械，了无生动，因转而拟生命之状态，生动之致，由兹而生矣。形之美既不赖于器体，幕写复自求生动，以示无所构束，故曰净形净形者，言体之无构束耳。而我们顺延此思路发展会发现，园林似乎又通过"文"的传统把"净化"过的"画"意，通过空间的形式重新组织起来了，而这不仅仅是简单的回归和还原，而是反复拣选锤炼的关于自然的自然，从而达到了一个既原始单纯又复杂高级的空间艺术。东汉许慎《说文解字》说："文，错画也，象交文。"《书经》中有"文贝"（stripedcowries），《诗经》中有"文茵"（patternedmat），在公元前五世纪到前一世纪之间的一些文献资料中，"文"用来指各种有形的记号或花纹，例如掌上的胎记、彩缎上的花纹及马车上的图案。在公元前四世纪的一些文献资料中，我们发现"文"大体上用以指书写下来的文字或文章。显然，汉语"文"之内涵，实际上还不止上述"文"的含义，刘师培（1884—1919 年）《左盦集·卷八·广阮氏文言说》中便做了如下概括：

　　故三代之时，凡可观可象，秩然有章者，咸谓之文。就事物言，则典籍为文，礼法为文，文字亦为文；就物象言，则光融者为文，华丽者亦为文；就应对言，则直言为言，论难为语，修词者始为文。文也者，别乎鄙词俚语者也。[159]

　　引而伸之，"文"代表了一种视觉的甄选，凡是有纹理和色彩相杂的事物，大自然的森罗万象，人类社会的丰富的文化，包括精神文明与物质文明，都可以称作文。诸凡道德规范、社会秩序、政治礼仪典章制度、诗歌、音乐、舞蹈、言辞、书籍、图画、雕刻等等，都可以归属文的范畴。也就是说，"文"带有相当广泛的空间和文化的象征性意义。"文"的内在核心在于揭示人和世界相关联性，中国的"文"是从甲骨的占卜术发展而来的，不仅仅是对于口语的记录，并且是对于未知力量的逻辑归纳呈现，汪德迈把它归结为一种"占卜理性"，这种理性把现象世界的无穷偶合化分为几种格式化的、付诸计算的知性。而它的发展早期经历了从龟占的类比理性到筮占的数理的阶段。六十四卦抽象的再现了时空万象变化的活力，都是"文"的具身化，而其中尤以"贲"卦"涣"卦更能发现其中超像之理。

☲，贲卦是《易经》六十四卦第二十二卦。这个卦是异卦（下离上艮）相叠。离为火，为明；艮为山为止。山下有火，一片艳红，花木相映，锦绣如文。喻男婚女嫁，国政家制，都有仪礼制度，构成了复杂的社会人文关系，用以维护现存的社会秩序。这正是所谓贤德君子"观乎天文，察乎时变"神道设教的结果。所以卦名曰贲。贲，《序卦》："饰也。"郑玄曰："贲，文饰也。离为日，天文也。艮为石，地文也。天文在下，地文在上，天地二文，相饰成贲者也。犹人君以刚柔仁义之道饰成其德也。刚柔杂，仁义合，然后嘉会礼通，故'亨'也。"王廙曰："山下有火，文相照也。夫山之为体，层峰峻岭，峭崄参差。直置其形，已如雕饰。复加火照，弥见文章。贲之象也。"贲卦象征文饰，可证明远古之人已对修饰之美有所重视了。贲卦是刚柔交错而成文的，或阴阳相应，或阴阳相比，因此文饰之义，首先在于不同性质的事物之相反相成。其实，《周易》在整体的观念上，就是主张阴阳相兼而为美的。正如《系辞下》所说："物相杂，故曰文。"这与《国语·郑语》所谓"声一无听，物一无文"，以及《左传·昭公二十年》所谓"相成""相济""和而不同"，均消息相通。它们无不孕育着中国古代美学的辩证精神。姚鼐（1732—1815 年）《海愚诗抄序》议：

吾尝以谓文章之原，本乎天地。天地之道，阴阳刚柔而已，苟有得乎阴阳刚柔之精，皆可以为文章之美。阴阳刚柔，并行而不容偏废。有其一端而绝亡其一，刚者至于偾强而拂戾，柔者至于颓废而阉幽，则必无与于文者矣。然古君子称为文章之至，虽兼具二者之用，亦不能无所偏优于其间，其故何哉？天地之道，协合以为体，而时发奇出以为用者，理固然也。[160]

"文"呈现在"物—我"和"物—物"成对的关系之中，清代著名学者、文艺理论家、语言学家刘熙载（1813—1881 年）《艺概》认为："文之为物，必有对也，然对必有主是对者矣。"[161]（《经义概》）《朱子语录》："两物相对待故有文'，若相离去便不成文矣。"[162]（《文概》）在诸多关系中去掌握其中变化，体悟主体的创生："'通其变，遂成天地之文'，'一合一辟谓之变'，然则文法之变可知矣。"[163] 又说"《国语》言'物一无文'，后人更当知物无一则无文。盖'一'乃文之真宰，必有一在其中，斯能用夫不一者也。"[164]（《文概》），都是"文"精神的所在。贲卦"山""火"相对，夜间山上的草木在火光照耀下，山峰形体轮廓清晰富有层次，直观大的形体关系，已经是一种美的形象。《象》曰："山下有火，贲。君子以明庶政，无敢折狱。""君子以明庶政"，是说从事政治的人要知道山下的火既可以带来美感，也可以山火蔓延，玉石俱焚，所以要使政治清明。所以说"无敢折狱"。这表明了中国文化追求整体性的倾向，把政治、美和艺术（纹饰）统一在整体的宇宙观下面。中国古代艺术对于贲卦美的阅读经历了由极繁到极简的过程，贲卦首先表现成雕饰的美，是刚柔、虚实相错杂的美感。但经火光一照，显现的是取舍精简，从而出现"文"的章法。这章法出现在山水画和山水诗萌芽的时代，从王廙上面的话，表明中国艺术已在贲卦看到一种新型的美，在反复叠复中即将出现平淡天真的美了，这是艺术思想的重要发展。由此发展而来的是，《贲卦》体现出它的一种崇尚朴素的倾向，如《杂卦传》所说："《贲》，无色也。"其初九"舍车"而不尚华饰，六四"白马"是以素白为美，上九更以"白贲"

而得"无咎",可谓饰终而归于无饰。这也许正是道家的返璞归真的自然美学思想的渊源所自。儒家则以"文／质"一对范畴来解释"贲",比如汉刘向《说苑·反质》云:"孔子卦得贲,喟然仰而叹息,意不平。子张进,举手而问曰:'师闻贲者吉卦,而叹之乎?'孔子曰:'贲非正色也,是以叹之。吾思夫质素,白当正白,黑当正黑。夫质又何也?吾亦闻之,丹漆不文,白玉不雕,宝珠不饰,何也?质有余者,不受饰。'"[165] 此说虽孔子质疑"贲"卦,却也反映了其倡导文尚质素的倾向,其实"贲"卦本身有其特殊性,"贲"卦中的"白贲",就反映了绚烂之极复归于平淡,因为贲本来是斑纹华采绚烂的美,但是发展到了一定阶段,贲卦走向了否定自己的一面,所以东汉象数易学的代表人物荀爽(128—190年)说:"极饰反素也。"山水画的发展就呈现了从极繁到极简练的过程,从青碧山水达到空灵的水墨,色彩和笔墨都趋于简练,所以《易经》杂卦又说:"贲,无色也。"这种转向流转了千年,包含了一个园林文化重要的美学思想基础,江南园林最终得以在空间上彻底实现这种理想,白贲之美才是文人心中真正的美,刘熙载《艺概·文概》说:"白贲占于贲之上交,乃知品居极上之文,只是本色。"[166] 就是这个意思。

　　䷺,涣卦是易经六十四卦中的第五十九卦。这个卦是异卦(下坎上巽)相叠。风在水上行,推波助澜,四方流溢。从《涣卦》的"风行水上"四个字当中,后世文论家领悟出了臻于自然之境的创造法则。文人推崇"涣"之道,以为心与物自然相感而著成文章,孟子《孟子·尽心章句上》:"观水有术,必观其澜。日月有明,容光必照焉。流水之为物也,不盈科不行;君子之志于道也,不成章不达。"[167]《说文》:"澜,大波也。"《说文》:"大波为澜,小波为沦。"毛公《诗传》云:"涟,风行水成文曰涟。"澜、沦、涟都是指风吹过水面,水自然形成的纹理,水为实体,风为虚体,《诗序》:"风,风也,风以动之,教以化之。承上文解,风字之义,以象言,则曰风;以事言,则曰教。"[168]宋魏庆之《诗人玉屑·卷十三》:"晦庵(朱

图64 《拙政园图咏·三十一景》水的情态
明·文徵明 嘉靖十二年（1533年）
绢本设色 每开 纵23厘米，横23厘米

熹）论六义：诗有六义焉：一曰风、二曰赋、三曰比、四曰兴、五曰雅、六曰颂。此一条乃三百篇之纲领管辖。风、雅、颂者，声乐部分之名也。风则十五国风、雅则大小雅、颂则三颂也。赋、比、兴则所以制作风、雅、颂之体也。赋者直陈其事，如葛覃、卷耳之类是也。比者以彼状此，如螽斯、绿衣之类是也。兴者托物兴词，如关雎，兔罝之类是也。盖众作虽多，而其声音之节，制作之体，不外乎此。"[169] 朱熹认为"学诗者必本之三百篇"，但是他对其强行拔高加以道学化，抹杀真挚情感，奉之为经学经典。但是诗歌的"经学意义"还是无法撼动其"文学意义"，风即是外物自然动也，风水之象就是以虚运实，化实为虚以成虚空的境界之美，拙政园空间叙事也多围绕水的主题展开。(见图64)明杨慎《丹铅总录》："杨诚斋（杨万里，1127－1206年）文有云：'风与水相遭也，为卷为舒，为疾为徐。为织文，为立雪。为涌山，细则激激焉，大则汹汹鞫鞫焉，不制于水,而制于风,惟风之听,而水无拒焉。'"[170] 袁宏道万历二十七年(1599年) 居北京，用徐文长所书"文漪堂"命名自己的书斋，路人问他京城喧嚣烟尘布满天空，白天也是模糊不清，而且这个堂中没有一点儿的水波池沼，为什么取名"涟漪"并每日看着它呢，他笑答"文漪"不是指现实生活中的水，这是一种比喻，当司马迁、班固、杜甫、李白、韩愈、欧阳修、苏洵、苏轼诸公的文章出在他的眼前，如同水的各种情态：

夫天下之物，莫文于水。……天下之水，无非文者。……取迁、固、甫、白、愈、修、洵、轼诸公之编而读之，水之变怪无不毕陈于前者。……故文心与水机一种而异形者也。夫余之堂中，所见无非水者。[171]

对于"文"的最高境界，"风"和"水"启示并不在于外部现象，而在于内部自然而然的"真"，在于"童心"，在于自我主体的建立，李贽(1527－1602年)《焚书卷三·杂说》："风行水上之文，决不在于一字一句之奇。

若夫结构之密，偶对之切，依于理道，合乎法度，首尾相应，虚实相生，种种瘴病皆所以语文，而皆不可以语于天下之至文也。"[172] 顾炎武（1613—1682 年）《日知录·卷十九·文章简繁》说："昔人之论谓：'风行水上，自然成文。'若不出于自然，而有意于繁简，则失之矣。"[173] 以"涣"观"文学"之道即文学创作的自然之道，追本溯源立意，始于《诗传》创于苏洵。明代著名文学家，明代三才子之首，杨廷和之子杨慎（1488—1559 年）《丹铅总录》认为"风水为文"说："本于苏老泉文云云，凡二百四十三字，变化奇伟，类《庄子》。其实本于毛公《诗传》云'涟风行水成文'一句，汉人五字一句，便可衍为后人数百言，古注疏良不可轻也。"[174]

　　苏洵（1009—1066 年）在《仲兄字文甫说》中提出了"风行水上"乃成"天下之至文"，对于文之意阐发得最为清楚透彻：

　　洵读《易》至《涣》之六四曰："涣其群，元吉。"曰："嗟夫，群者，圣人所欲涣以混一天下者也。盖余仲兄名涣，而字公群，则是以圣人之所欲解散涤荡者以自命也，而可乎？"他日以告，兄曰："子可无为我易之？"洵曰："唯。"

　　既而曰："请以文甫易之，如何？且兄尝见夫水之与风乎？油然而行，渊然而留，渟洄汪洋，满而上浮者，是水也，而风实起之。蓬蓬然而发乎大空，不终日而行乎四方，荡乎其无形，飘乎其远来，既往而不知其迹之所存者，是风也，而水实形之。今夫风水之相遭乎大泽之陂也，纡余透迤，蜿蜒沦涟，安而相推，怒而相凌，舒而如云，蹙而如鳞，疾而如驰，徐而如徊，揖让旋辟，相顾而不前，其繁如縠，其乱如雾，纷纭郁扰，百里若一，汩乎顺流，至乎沧海之滨，滂薄汹涌，号怒相轧，交横绸缪，放乎空虚，掉乎无垠，横流逆折，溃旋倾侧，宛转胶戾，回者如轮，萦者如带，直者如燧，奔者如焰，跳者如鹭，投者如鲤，殊状异态，而风水之极观备矣"！故曰："风行水上涣。"此亦天下之至文也。然而此二物者岂有求乎文哉？无意乎相求，不期而相遭，而文生焉。是其为文也，非水之文也，非风之文也，二物者非能为文，而不能不为文也。物之相使而文出于其间也，故曰："此天下之至文也。今夫玉非不温然美矣，而不得以为文；刻镂组绣，非不文矣，而不可以论乎自然。故夫天下之无营而文生之者，唯水与风而已。昔者君子之处于世，不求有功，不得已而功成，则天下以为贤；不求有言，不得已而言出，则天下以为口实。呜呼，此不可与他人道之，唯吾兄可也"。[175]

这篇文章本来是苏洵为其二哥苏涣命字曰文甫，但字面上看不出"文甫"和"涣"的关系，于是他就写了这篇洋洋洒洒的《仲兄字文甫说》，苏洵在这里揭示了"文"和自然现象的生发内涵，它是一种超验的现象学，是对宇宙万物直观的一种独特的理性，揭示了风和水的交互关系是易理的表征，是研究时空变化的类比逻辑。水在中国古代的哲学思想中，代表着一种集体的意识，是居于一个非常突出的位置上的。"天一生水"，水是世界的化生之源，在可见的世界里，只有地球这个星球表面覆盖蔚蓝色的水，中国古人从身心的体认上创立的阴阳五行学说，对水有着最为深刻的认识。中国艺术的形式之美，在于超验的宇宙美学，其中对于水的观看和体悟是重要的条件。

中国古典园林艺术的高峰出现在苏州、无锡、常州、杭州、扬州等江浙南方，其中和水的关系密切。它们和水有着天然的联系，它东濒大海，西临太湖，南接运河，北枕长江，有两万余条大小河道编成的密集水网，并且有四百多个大小湖荡连通的接天水域，因此人们习惯地把这里称作"水乡"。在中国思想史上，水有着特殊的意义，老子云："上善若水。"孟子比喻人之性善，"犹水之就下"。而文人在对现实世界水的感知中，对水也表达了一种特殊的感觉，水对于人，不仅是物，还契合了对世界切近的维度，《玄中记》曰："天下之多者水也，浮天载地，高下无所不至，万物无所不润。及其气流届石，精薄肤寸，不崇朝而泽合灵宇者，神莫与并矣。是以达者不能恻其渊冲，而尽其鸿深也。"[176] 润是中国文化品格中特殊的标准，苏洵在风和水的意象情态中，体察到"文"的特质。在阴阳五行中，水是阴性的，带有本源安全的意味，水会摇晃，风对水轻轻地吹拂，是身体感知外界一种和谐运动的安全体验，这又是一种水的女性特征：水像一位母亲那样摇晃，而"文字"本身就是母体的象征，按照造字的字体，"字"是"文"的孩子。文从水轻轻摇晃的形态中产生，这种摇晃使得观者从具体的事件和物质中脱身出来，离开了具体的时间和地点，得以体会一种"类"的感悟。

中国的艺术不曾离开过水，也没有哪一位艺术大师，不曾描摹过水。园林中的"曲水流觞"成为文人和水以"文"相亲近的场所。正因为有了长期的人文观照，自然之水，乃至园林之水，才产生了丰厚的文化内涵。而水把人类同宇宙神秘的力量联系在一起，是世界上的各种文化普遍的情况，人类都无一例外地把水当作了我们生存不可或缺之物。我们的心灵深处本能的知道：水是重生的象征，是一切生命的活力所在。法国现象学家加斯东·巴什拉说："尤其水是那种最利于阐明各种力量结合的主题。水吸收众多的实体。水吸引众多的要素。"[175] 正像水的特质集合了人类最原初的欲望、梦幻与渴望，那么在从中外到古今的园林建造过程之中，人类对不同形式水景的布置，则更为深刻地从物质的层面表述了水对于人类精神世界的安顿是任何东西也取代不了的。园林之中的确再也没有哪一种物质能够如水一般变幻莫测了，"舒而如云，蹙而如鳞，疾而如驰，徐而如徊，揖让旋辟，相顾而不前，其繁如縠，其乱如雾……"，无不是水之色相，"回者如轮，萦者如带，直者如燧，奔者如焰，跳者如鹭，投者如鲤，殊状异态，而风水之极观备矣"，这样变化不息的水性是如此生生不息，水之性就成了人关照宇宙的缩影，园林之水也就成了文人独有的直观之水、本体之水，成为重生的源泉。巴拉什说："人被运载，因为

图65　风、水之"至文"
《拙政园图咏·三十一景·志清处》
明·文徵明　嘉靖十二年（1533年）
绢本设色　每开 纵23厘米 ，横23厘米

他被支撑着。人朝天飞奔，因为他在幸福的遐想中变得轻盈了。当我们从一种极有活力的形象中受益时，当我以实体，以存在物的生命作想象时，一切形象都活跃起来了。"[178] 水面如镜，倒映出园林丘壑、古木、亭台的景观，而天空、白云、微风、细雨，使人置身于纯美的大千世界，水中的幻影映射在心中成为一种空灵的寂灭。水是生命的内在力量的最好呈现，在水的背景下，文的澄明得以敞现，文的潜在力量得以释放，人对于自身和自然得以完整地直观。文徵明在《拙政园图咏·三十一景图·志清处》（见图 65）写道：

志清处在沧浪亭之南稍西，背负修竹，有石磴，下瞰平池，渊深泓渟，俨如湖滗云：临深使人志清。

爱此曲池清，时来弄寒玉。
俯窥鉴须眉，脱履濯双足。
落日下回塘，倒影写修竹。
微风一以摇，青天散冷渌。[179]

　　一方曲池，却使得诗人产生亲临深深的潭水的感受，因为在自己的园中，一切可以存在于想象力对于现实超越世界之中，在想象和现实之间环绕，产生了人与自然的同一性，即人感到自己置身于自然界中，虽不完全了解自然，但就其所知的领域内，我们是它的一部分。而就这种同一性而言，自然界既不是认识的客体也不是改造的对象，而是与人类世界具有类比性的一个主体，把曲池比成寒玉，表示诗人和水、月、竹等外物都具有清冷雅洁的品格。园子的中心总是诗人正在阅读的某处景观，一点点向外扩展，而与世界、时间和其他星空相遇，池水也从自然之水，变成"家宅"中的水，它安全而无狂暴之气，但足以"容膝"，主人甘为自家园中"池中之物"。白居易的《四月池水满》云：

> 四月池水满，龟游鱼跃出。
>
> 吾亦爱吾池，池边开一室。
>
> 人鱼虽异族，其乐归于一。
>
> 且与尔为徒，逍遥同过日。
>
> 尔无羡沧海，蒲藻可委质。
>
> 吾亦忘青云，衡茅足容膝。
>
> 况吾与尔辈，本非蛟龙匹。
>
> 假如云雨来，只是池中物。[180]

　　水的隐喻是园林最重要的叙述原则，这种叙事具有主人的某种"内化的能力"，而内化最极端的表达方式就是同一性的表达，即 A 就是 B。比如说，对于景点的命名，这种命名的动机是使主人的心灵与园林世界发生关联并最终产生同一性的愿望，而在我们所谓的象征是个名词、名字，甚至是个日常生活熟悉的景象，可是在其传统和表面的意义下，还含有特殊的内涵。正如前文提到的《文心雕龙·隐秀》所云："隐也者，文外之重旨者也。"这意味文包含象征含有模糊而未知的东西，是一种本质，"夫隐之为体，意主文外，秘响旁通，伏采潜发"。当一个字或一个意象所隐含的东西超过显而易见和直接的意义时，就可说具有象征性，而且有个广泛的"潜意识"层面，谁也没法替这层面下正确的定义，也没法作充分的说明。在沉思和探讨象征时，思想会使用一些超出理性范围之外的观念。正如海德格尔所指出的，诗歌是对存在的第一次命名。"通过第一次对诸存在命名，语言首先将诸存在带入词语之中，带入显现。只有这种命名才使诸存在从其存有中进入存在……这种说就是一种澄明的投射，其中，说是由使存在进入敞亮的东西构成的……投射性的说就是诗。"[181]

卡西尔说："记忆乃是更深刻更复杂的一种现象，它意味'内在化'和强化，意味着我们以往生活的一切因素相互渗透。"[182] 园林的文本既是园林叙事对过去的某种深刻的记忆，同时也对未来寄予了某种生活想象，园林的符号化是一种过程，在这个过程中，文本不仅重复以往的经验，而且重建这种经验。想象成了真实的记忆的一个必要因素，想象是对某种力量的呼唤，园林总是提示场地之外的空间，或者说是允许复数的在场，从而构成了对场地的某种批判性和错置。园林诗文的叙事有些和场地并没有直接关联性，甚至和造园的观念也不直接发生关系。但是名字为场地召唤某种力量，作为显现和潜在的修辞和山水构建一种慰藉的精神性，在指涉了社会和生活中间裂缝的同时，消解了社会和政治对于园林的规诫。"文"正是透过营造的风景和内在的潜意识层次，给园林空间带来了诗性，给园林的场地带来了澄明。风吹皱一池春水，主人栖神幽遐于园中，涵趣寥旷，坐看袅袅的柳丝，静观郯郯天成之至文；于是乎通拈花之妙悟，穷非树之奇想，心动而不为沾滞之音矣；澄观一心，而腾掉万象；空潭印月，上下一澈，屏气养拙，清馨出尘，妙香远闻，参净因缘；澄观一心而一超直入，空谷中度去飘云，悠然素壁落下虚影。红尘不到眼底，白日相伴与永。拙者，在园子与他自身相遇，正是凭借对自身形象的书写，沉浸于更轻的世界的肉身之中。

注释

1. 陈从周，蒋启霆.园综[M].赵厚均注释.上海：同济大学出版社，2004：207.

2. [明]文徵明.文待诏题跋二卷 // 王云五.丛书集成初编 第1571册[M].上海：上海商务印书馆，1935 :24.

3.4.陈从周，蒋启霆.园综[M].赵厚均，注释.上海：同济大学出版社，2004：208.

5. [明]文徵明.文徵明集 下[M].周道振，辑校.上海：上海古籍出版社，2014：1235.

6. [晋]陶渊明.陶渊明集笺注[M].龚斌，校笺.上海：上海古籍出版社，1996：73.

7. [唐] 杜甫.杜诗详注[M].[清] 仇兆鳌，注.北京：中华书局，1999：882、883.

8. [魏]王弼注.老子道德经注校释[M].楼宇烈，校释.北京：中华书局，2008：122 123.

9. [清]王先谦.庄子集解[M].北京：中华书局，1936：276.

10. [宋] 周敦颐.周元公集 // 景印文渊阁四库全书第1101册·集部·别集[M].台北：台湾商务印书馆，1983 :448.

11. [宋]苏辙.苏辙集[M].陈宏天，高秀芳，点校.北京：中华书局，1990 :390.

12. [明]顾凝远.画引一卷 // 黄宾虹 邓实编 美术丛书 初集第四辑[M].杭州：浙江人民美术出版社，2013：22.

13. 傅山.霜红龛集 // 续修四库全书.第1395册.集部·别集类[M].上海：上海古籍出版社，2002：465、466.

14. 易宗夔.新世说 // 近代中国史料丛刊 第18辑 [M].台北：文海出版社，1968：410.

15. [清]张廷玉，等.明史[M].北京：中华书局，1974：4801.

16. [明]文徵明.文徵明集 上[M].周道振，辑校.上海：上海古籍出版社，2014：440、441.

17. [明]文徵明.文徵明集 上[M].周道振，辑校.上海：上海古籍出版社，2014：440、190.

18. [明]文徵明.文徵明集 下[M].周道振，辑校.上海：上海古籍出版社，2014：1171.

19. [明]徐树丕.识小录 徐武子手稿本 // 涵芬楼祕笈第四集[M].上海：涵芬楼，1916.

20. [清]吴山嘉.复社姓氏传略十卷 // 明代传记丛刊·学林类6[M].台北：明文书局，1991 :66.

21. [明]王世贞.弇州续稿卷四十六//景印文渊阁四库全书第1282册 [M].台北：台湾商务印书馆，1983 :601.

22. [明]徐树丕.识小录 徐武子手稿本 // 涵芬楼祕笈第四集[M].上海：涵芬楼，1916.

23. [明] 文徵明.金阊名园图（容庚教授捐献）.绢本设色，40.7cm，659cm 广州艺术博物院藏。

24. [明]范允临.输寥馆集//四库禁毁书丛刊集部第101册[M].北京：北京出版社，1997:295、296.

25. 《拙政园志稿》，苏州市地方志编纂委员办公室、苏州市园林办公室，1986:150.

26、27.、28. [明]徐树丕.识小录.徐武子手稿本 // 涵芬楼祕笈第四集[M].上海：涵芬楼，1916.

29. [明]范允临.输寥馆集//四库禁毁书丛刊.集部.第101册[M].北京：北京出版社，1997:316.

30. [明]袁宏道.袁宏道集笺校 [M].钱伯城，笺校.上海：上海古籍出版社，1981：180.

31、32. [明]姜埰 [清]姜安节.敬亭集 // 四库全书存目丛书·集部第一九三册 [M].济南：齐鲁书社，1997：579.

33.、34. [明]徐树丕.识小录.徐武子手稿本 // 涵芬楼祕笈第四集[M].上海：涵芬楼，1916.

35. [明]文徵明. 文徵明集 中[M].周道振，辑校.上海：上海古籍出版社，2014：865.

36. [明]文徵明. 文徵明集 中[M].周道振，辑校.上海：上海古籍出版社，2014：855.

37. [明]文徵明. 文徵明集 中[M].周道振，辑校.上海：上海古籍出版社，2014：50.

38. [东晋]陶潜. 陶渊明集笺注[M].龚斌 校笺.上海：上海古籍出版社，1996：441.

39. [宋]范成大 . 范石湖集 [M].富寿荪标校.上海：上海古籍出版社，1981：135.

40. [宋]陆游 . 剑南诗稿校注 [M].钱仲联校注.上海：上海古籍出版社，1985：4451.

41. 周道振，张月尊.文徵明年谱 [M].上海：百家出版社，1998：293、294.

42. [宋]陆游 . 剑南诗稿校注 [M].钱仲联，校注.上海：上海古籍出版社，1985：2301.

43. [南朝·宋] 刘义庆.世说新语[M].徐震堮，校笺.北京：中华书局.1984：408.

44. [宋]梅尧臣 . 宛陵集十八卷 //景印文渊阁四库全书第1099册[M].台北：台湾商务印书馆，1983 :140.

45. 亨利·戴维·梭罗.瓦尔登湖[M].上海：上海译文出版社，2006：72.

46. 47. [明]文徵明. 文徵明集 下[M].周道振辑校.上海：上海古籍出版社，2014：1171.

48. 郭绍虞.清诗话续编3[M].富寿荪点校.上海：上海古籍出版社，1983：1775－1776.

49. 《拙政园志稿》.苏州市地方志编纂委员会办公室、苏州市园林办公室编，1986：111.

50. [唐]司空图.诗品二十四则//[明]毛晋.津逮秘书 (25) .毛氏汲古阁.崇祯3年.

51. [清]钱谦益辑.列朝诗集.02.辰巳午未.八十一卷.毛晋刻本.清顺治九年.丙集第十三：26.

52. [明]文徵明. 文徵明集 下[M].周道振辑校.上海：上海古籍出版社，2014：1236.

53、54、55. [明]蒋以华.西台漫记// 四库全书存目丛书·子部第二四二册 [M].济南：齐鲁书社，1997：142－143.

56、57. [明]王世贞 .弇州续稿卷四十六//景印文渊阁四库全书第1282册 [M].台北：台湾商务印书馆，1983 :602.

58. [清]梁章钜 . 退庵所藏金石书画跋尾// 卢辅圣主编 . 中国书画全书 第9册 [M].上海：上海书画出版社，1993 :1088.

59. [清]梁诗正，张照撰.石渠寳笈四十四卷//景印文渊阁四库全书第 824 册 . 子部131·艺术类[M].台北：台湾商务印书馆，1983 :497

60. [明]顾复 平生壮观// 续修四库全书.第1065册.集部·别集类 [M].上海：上海古籍出版社，2002 :322.

61. [明]卞永誉 . 式古堂书画汇考卷二十四//景印文渊阁四库全书第 828 册 . 子部134·艺术类[M].台北：台湾商务印书馆，1983－53.

62. [明]王世贞 .弇州四部稿卷一百三十一//景印文渊阁四库全书第1281册 . 集部220·别集类 [M].台北：台湾商务印书馆，1983 :192.

63. [清]胡尔荥 . 破铁网卷下// 王云五.丛书集成续编 第84册·子部 [M].上海：上海书店

出版社，1994:219.

64. [清]吴庆坻 . 蕉廊脞录// 沈云龙. 近代中国史料丛刊 第41辑 [M].台北：台湾文海出版
　　社，1966：411－414.

65. [明]张丑 .清河书画舫十二卷//景印文渊阁四库全书第 817 册 . 子部123 · 艺术类[M].
　　台北：台湾商务印书馆，1983:478.

66. [明]顾復 平生壮观// 续修四库全书.第1065册.集部 · 别集类 [M].上海：上海古籍出版
　　社，2002:470.

67. [清]秦炳文，秦潜.曝画纪馀.梁溪秦氏，1930年.

68. 《文待诏拙政园图》.上海中华书局珂罗版影印本，1922.

69. [清]梁章钜 . 退庵所藏金石书画跋尾// 卢辅圣. 中国书画全书 第9册 [M].上海：上海
　　书画出版社，1993:1155.

70.71.[清]吴伟业.吴梅村全集[M].李学颖，集评标校.上海：上海古籍出版社，1990:262－263.

72. [清]吴伟业.吴梅村全集[M].上海：上海古籍出版社，1990：816.

73. [清]王抃.王巢松年谱//丛书集成续编第37册 · 史部[M].上海：上海书店出版社，1994：799.

74. [清]毛奇龄.西河集 · 卷二十三//景印文渊阁四库全书第 1320 册 . 集部259 · 别集类
　　[M].台北：台湾商务印书馆，1983:192.

75. [清]徐乾学.憺园文集卷二十六//续修四库全书.第1412册.集部 · 别集类 [M].上海：上
　　海古籍出版社，2002:641.

76. [清]吴庆坻 . 蕉廊脞录// 沈云龙. 近代中国史料丛刊 第41辑 [M].台北：台湾文海出版
　　社，1966：414、415.

77. 童寯 .江南园林志 [M].北京：中国建筑工业出版社，1984:28－29.

78、79.、80. [宋]邓椿 . 画继// 卢辅圣. 中国书画全书 第2册 [M].上海：上海书画出版
　　社，1993:704.

79. [清]张廷玉，等.明史[M].北京：中华书局，1974：4884.

80. [清]钱谦益.列朝诗集//四库禁毁书丛刊集部.第096册[M].北京：北京出版社，1997:10.

81. [明]文徵明. 文徵明集中[M].周道振，辑校.上海：上海古籍出版社，2014：584.

82. [清]张廷玉，等. 明史 [M]. 北京：中华书局，1974：7630、7631.

83. [明]李东阳 . 怀麓堂集 · 卷三十//景印文渊阁四库全书第 1250 册 . 集部6 · 别集类[M].
　　台北：台湾商务印书馆，1983:316

84. [宋]邓椿. 画继//卢辅圣.中国书画全书第2册[M].上海：上海书画出版社，1993:722.

85. [明]曹昭. 格古要论三卷//景印文渊阁四库全书第 871册 . 子部6 · 别集类[M].台北：
　　台湾商务印书馆，1983:90.

86. [明]何良俊 . 四友斋丛说三十八卷// 续修四库全书 · 第1125册 · 子部 · 杂家类[M].上
　　海：上海古籍出版社，2002:723.

87、88. [宋] 郑樵. 通志[M]. 北京：中华书局.1987：志八三七.

89. [明]钱杜. 松壶画忆// 黄宾虹 邓实编 美术丛书 三集第四辑[M].杭州：浙江人民美术
　　出版社，2013：65.

90. [明]钱杜. 松壶画忆// 黄宾虹，邓实. 美术丛书·三集第四辑[M].杭州：浙江人民美术出版社，2013：71.

91. [明]曹昭. 格古要论三卷//景印文渊阁四库全书第871册·子部177·杂家类[M].台北：台湾商务印书馆，1983:93.

92. [明]王宠. 雅宜山人集//四库全书存目丛书·集部第七九册[M].济南：齐鲁书社，1997:57.

93. [明]何良俊. 四友斋丛说三十八卷// 续修四库全书第1125册·子部·杂家类[M].上海：上海古籍出版社，2002:582.

94. [明]何良俊. 四友斋丛说三十八卷// 续修四库全书.第1125册·子部·杂家类[M].上海：上海古籍出版社，2002:618.

95. 96. [明]何良俊. 四友斋丛说三十八卷 // 续修四库全书.第1125册·子部·杂家类 [M].上海：上海古籍出版社，2002:613.

97. [法]雅克·拉康，等. 视觉文化的奇观：视觉文化总论[M].吴琼，译. 北京：中国人民大学出版社，2005：43.

98. [清]布颜图 .画学心法问答// 丛书集成续编第37册·史部[M].上海：上海书店出版社，1994：654.

99. [南北朝]刘勰，杨明照，等 .增订文心雕龙校注[M].北京：中华书局.2000：495.

100. [宋]郭若虚.图画见闻志// 卢辅圣. 中国书画全书第1册 [M].上海：上海书画出版社，1993 :482.

101. [宋]郭若虚.图画见闻志// 卢辅圣. 中国书画全书第1册 [M].上海：上海书画出版社，1993 :485.

102. [宋]佚 名.宣和书谱二十卷//景印文渊阁四库全书第813册·子部119·艺术类 [M].台北：台湾商务印书馆，1983:199.

103. [明]唐志契. 绘事微言二卷//景印文渊阁四库全书第816册·子部119·艺术类[M].台北：台湾商务印书馆，1983:227.

104. [明]计成 .园冶注释[M].陈植，注释.杨伯超，校订.陈从周，校阅.北京：中国建筑工业出版社，1988：51.

105. [明]沈周、文徵明合璧《溪山长卷》 1509 —1546年.《溪山长卷》几百年来流转于江浙两地，后归痴迷于石田书画之翁同龢所藏，现翁万戈先生转于美国纽约大都会艺术博物馆藏。

106. [清] 沈宗骞 .芥舟学画编·卷 // 续修四库全书·一零六捌·子部·艺术类 [M].上海：上海古籍出版社，2002:534、536.

107. [明]王稚登，吴郡丹青志// 卢辅圣 . 中国书画全书第3册[M].上海：上海书画出版社，1993 :918.

108. [美]艾德华·萨依德. 论晚期风格：反常合道的音乐与文学[M].彭淮栋，译 .台北：城邦文化小业股份有限公司，2010 :84.

109. [唐]孙过庭 书谱//景印文渊阁四库全书第812册 .子部118·艺术类 [M].台北：台湾商务印书馆，1983:34.

110. [唐]孙过庭 书谱//景印文渊阁四库全书第812册．子部118·艺术类 [M].台北：台湾商务印书馆，1983：34、35.

111. [美]艾德华·萨依德.论晚期风格：反常合道的音乐与文学[M].彭淮栋，译.台北：城邦文化小业股份有限公司，2010：106.

112. [明]文徵明.文徵明集下[M].周道振，辑校.上海：上海古籍出版社，2014：1234、1235.

113. 陈从周，蒋启霆.园综[M].赵厚均，注释.上海：同济大学出版社，2004：234.

114. 陈从周，蒋启霆.园综[M].赵厚均，注释.上海：同济大学出版社，2004：226、227.

115. 陈从周，蒋启霆.园综[M].赵厚均，注释.上海：同济大学出版社，2004：225.

116. [清]李渔.闲情偶寄·下[M].杜书瀛 译.北京：中华书局，2014：445.

117. [清]阮元.石渠随笔//丛书集成新编[M].台北：新文丰出版公司，1985：677.

118. 郑午昌.中国画学全史[M] 上海：上海书画出版社，1985：347

119. 陈从周，蒋启霆.园综[M].赵厚均注释.上海：同济大学出版社，2004：314.

120. [明]文震亨.长物志//景印文渊阁四库全书第872册·子部178·杂家类 [M].台北：台湾商务印书馆，1983：34.

121. [明]文震亨.长物志 //景印文渊阁四库全书第872册·子部178·杂家类 [M].台北：台湾商务印书馆，1983：76.

122. [明]计成.园冶注释[M].陈植，注释.杨伯超，校订.陈从周，校阅.北京：中国建筑工业出版社，1988：83.

123. [明]计成.园冶注释[M].陈植，注释.杨伯超，校订.陈从周，校阅.北京：中国建筑工业出版社，1988：73.

124. 拙政园志稿.苏州市地方志编纂委员办公室、苏州市园林办公室.1986：148.

125. [清]黄宗羲明.文海四百八十卷编//景印文渊阁四库全书第1456册·集部395·总集类 [M].台北：台湾商务印书馆，1983：719.

126. 陈从周，蒋启霆.园综[M].赵厚均 注释.上海：同济大学出版社，2004：490.

127. [明]陈宏绪.寒夜录三卷//丛书集成初编·文学类 第2953册 [M].上海：上海商务印书馆，1935：7.

128. [明]钱泳.履园丛话//笔记小说大观第25册 [M].扬州：广陵古籍刻印社.1983：154.

129. 陈从周，蒋启霆，选编.园综[M].赵厚均注释.上海：同济大学出版社，2004：491.

130. 131. 拙政园志稿.苏州市地方志编纂委员办公室，苏州市园林办公室编，1986：148.

132. 拙政园志稿（内部发行）.苏州市地方志编纂委员办公室、苏州市园林办公室编，1986：148、149.

133. [明]文徵明.文待诏拙政园图.上海中华书局珂罗版影印本，1922.

134. [宋]秦观，摩诘辋川图跋，现藏台北故宫博物院，行书，纸本，纵25.2厘米，横39.4厘米，共16行，每行字数不等，共174字。

135. 韩放.历代名画记[M].北京：京华出版社，2000：54.

136. [宋]郭熙.林泉高致//景印文渊阁四库全书第812册.子部118·艺术类[M].台北：台湾

商务印书馆，1983 :574.

137. [明]陈继儒. 妮古录//四库全书存目丛书·子部第一一八册[M].济南: 齐鲁社，1997:670.

138. [明]董其昌. 画禅室随笔卷四//丛书集成三编第031册.艺术类[M].台北: 台湾新文丰出版公司，1978：408.

139. 韩放.历代名画记[M].北京: 京华出版社，2000：54.

140. Roger Fry. *Last Lectures*[M]Cambridge University Press, 1939：22-23.

141. 况周颐，王国维.蕙风词话·人间词话[M].北京: 人民美术出版社，1960：191.

142. [西汉] 司马迁. 史记六[M].韩兆琦译注.上海: 贵州人民出版社，2010：7636、7637.

143. [清]唐岱. 绘事发微// 黄宾虹，邓实. 美术丛书·初集第五辑 [M].杭州: 浙江人民美术出版社，2013：53.

144. [宋]郭若虚 图画见闻志//景印文渊阁四库全书第 812册 . 子部 118·艺术类 [M].台北: 台湾商务印书馆，1983 :514.

145. [清]唐岱. 绘事发微// 黄宾虹，邓实.美术丛书：初集第五辑[M].杭州: 浙江人民美术出版社，2013：27.

146. [清]唐岱. 绘事发微// 黄宾虹，邓实.美术丛书：初集第五辑[M].杭州: 浙江人民美术出版社，2013：23.

147. [南北朝]刘勰、杨明照，等.增订文心雕龙校注[M].北京: 中华书局.2000：566.

148. [明]高濂. 遵生八笺//景印文渊阁四库全书第871册 . 子部 177·杂家类 [M].台北: 台湾商务印书馆，1983 :504、505、506.

149. [清] 李渔.闲情偶寄 上[M].杜书瀛，译. 北京: 中华书局，2014：340.

150. [明] 钱泳.履园丛话 // 笔记小说大观第25册 [M].扬州: 广陵古籍刻印社.1983 :97 .

151. [明] 钱泳.履园丛话 // 笔记小说大观第25册 [M].扬州: 广陵古籍刻印社.1983 :97、98 .

152、153.、154.陈从周，蒋启霆.园综[M]赵厚均注释.上海: 同济大学出版社，2004：489.

155. 陈从周，蒋启霆.园综[M].赵厚均注释.上海: 同济大学出版社，2004：490.

156. 李泽厚. 美的历程[M].北京:三联书店，2009：18.

157. 邓以蛰.邓以蛰全集[M] . 合肥: 安徽教育出版社，1998：198.

158. 邓以蛰.邓以蛰全集[M] . 合肥: 安徽教育出版社，1998：193.

159. 刘师培. 左盦集（四）.卷八.宁武南氏校印 . 民国二十五（1936年）.

160. [清]姚鼐. 惜抱轩诗文集[M].刘季高，标校.上海: 上海古籍出版社，1992：48.

161. [清]刘熙载. 艺概注稿[M].袁津琥校注 . 北京: 中华书局.2009：865.

162. [清]刘熙载. 艺概注稿[M].袁津琥校注 . 北京: 中华书局.2009：211.

163. [清]刘熙载. 艺概注稿[M].袁津琥校注 . 北京: 中华书局.2009：181.

164. [清]刘熙载. 艺概注稿[M].袁津琥校注 . 北京: 中华书局.2009：212.

165. [西汉]刘向 .说苑全译[M].王锳，王天海.贵州: 贵州人民出版社，1992：871.

166. [清]刘熙载. 艺概注稿[M].袁津琥，校注 . 北京: 中华书局.2009：202.

167. 杨伯峻. 孟子译注 [M].北京: 中华书局，1988：311 - 312.

168. [周]卜商 . [宋]朱熹 辩说. 诗序 //景印文渊阁四库全书第 69册 . 经部63·诗类 [M].台

北：台湾商务印书馆，1983 :5.

169. [宋]魏庆之 .诗人玉屑二十卷[M].王仲闻，点校.北京：中华书局，2007 :385.

170. [明]杨 慎. 丹铅总录//景印文渊阁四库全书第855 册 .子部161 · 杂家类 [M].台北：台湾商务印书馆，1983 :335.

171. [明]袁宏道 .袁宏道集笺校[M] .钱伯城，笺校.上海：上海古籍出版社，1981： 685－686.

172. [明]李贽. 李氏焚书六卷//四库禁毁书丛刊集部.第140册.[M].北京：北京出版社，1997 :240

173. [清]顾炎武 .日知录三十二卷 //景印文渊阁四库全书第858 册 .子部164 · 杂家类 [M].台北：台湾商务印书馆，1983 :825.

174. [明]杨慎. 丹铅总录//景印文渊阁四库全书第855 册 .子部161 · 杂家类 [M].台北：台湾商务印书馆，1983 :335.

175. [宋]苏洵.嘉祐集笺注 [M] .曾枣庄，金成礼，笺注 .上海：上海古籍出版社，1993： 412－413.

176. [晋]郭璞，[清]茆泮林.玄中记一卷// 续修四库全书第1264 册 · 子部 · 小说家类 [M].上海：上海古籍出版社，2002 :282.

177. [法]加斯东 · 巴什拉.水与梦：论物质的想象[M].顾家琛，译.长沙：岳麓书社，2005：104.

178. [法]加斯东 · 巴什拉.水与梦：论物质的想象[M] .顾家琛，译.长沙：岳麓书社，2005：147.

179. [明]文徵明.文徵明集下 [M].周道振，辑校.上海：上海古籍出版社，2014： 1173.

180. [唐]白居易.白居易集[M] .顾学颉，校点.北京：中华书局.1999： 655.

181. [德]]海德格尔.诗 · 语言 · 思. [M] .彭富春，译.北京：文化艺术出版社，1991 :69.

182. [德]恩斯特 · 卡西尔.人论[M].甘阳，译.上海：上海译文出版社，1997 :66.

第五章　在小亭方丈间：能主之人

在世界黑夜的时代里，人们必须经历并且承受世界之深渊。但为此就必需有入于深渊的人们。

——马丁·海德格尔《诗人何为》

从本质上说，存在是奇特的，它撞击着我们，如黑夜一般，……它就是存在之恶。……如果说，哲学不仅仅是这个诘问，那是因为，它可以让我们超越这个诘问，而不是去回答它。超越存在之诘问，所得到的并非一个真理，而是善。

——埃玛纽埃尔·列维纳斯《从存在到存在者》

君子之所以爱夫山水者，其旨安在？丘园养素，所常处也；泉石啸傲，所常乐也；渔樵隐逸，所常适也；猿鹤飞鸣，所常亲也；尘嚣缰锁，此人情所常厌也……然则林泉之志，烟霞之侣，梦寐在焉，耳目断绝。……此世之所以贵夫画山水本意也。

——宋·郭熙《林泉高致·山水训》

| 亭，民所安定也

在古典园林文献里，“园”经常和“亭”组合起来作为园林的特定指代，称为“园亭”或者“亭园”，可以说，“无园不亭”“无亭不园”。那么，在众多的园林符号里，为什么单单一个小小的亭子和园字构成特定的组合呐？亭子是一个简单的被观看的构筑物吗？或者提供一个观看风景的特定的取景框吗？如果是这样，那么，其他的台、楼、阁、榭、舫也有类似的作用，为什么用亭子来代表呢？或者说，亭是园的一种特殊的记号模式？如果说亭在时间之流中意味着一种“停顿”，那么在“停顿”的“瞬间”，尚有一个更为“广阔”的“天地”，被理解为存在就在此时空立足，而又具有“超越性”？从山水画看，亭子作为一个和山水固定搭配表现性的符号，出现在山川丘壑、云霞小径之间，从米芾的《春山瑞松图》中，我们似乎可以看到一些有关答案的内容。（见图68）米芾画中的亭子已和现在人们熟悉的样式别无二致，亭子为一个简单的原始茅棚形状，出现在近景半山腰的山地平坦处，远处有五峰隐于烟霭，山体依势作横点，山体以“墨戏”技法绘出，是米芾独有的“落茄点”法，把点法和皴法结合在一起，墨法参以积墨和破墨，干湿浓淡适宜，云雾润泽，气韵别具，表现了山水雾雨晦雾的景色。近景松树六颗，显三隐三，松树双勾，古朴苍劲，树叶用大小浑点。在米家山水简淡疏朗的笔墨下，亭子在画面大面积的留白处，所占面积虽小，却是画面主体的映现。

从营造园林上，亭子无疑是被景观景题咏得最多的对象。嘉靖十一年（1532年）的三月，文徵明六十三岁，也就是《拙政园图咏·三十一景图》完成的前一年，文徵明为王献臣临苏轼《和文与可洋川园池三十首》。宋神宗熙宁年间，文同在陕西省汉中市洋州（今洋县）任知州。文同在任中兴建园林，园中三十景：湖桥、横湖、书轩、冰池、竹坞、获

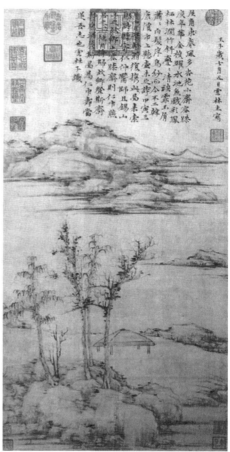

图 66　《高高亭图》　元·方从义
纸本设色　纵 62.1 厘米，横 27.9 厘米
北京故宫博物院藏
图 67　《容膝斋图》　元·倪瓒
纸本水墨　纵 144 厘米，横 89.7 厘米
北京故宫博物院藏
图 68　《春山瑞松图》　宋·米芾
纸本设色　纵 35 厘米，横 44.1 厘米
北京故宫博物院藏

蒲、蓼屿、望云楼、天汉台、待月台、二乐榭、灊泉亭、吏隐亭、霜筠亭、无言亭、露香亭、含虚亭、溪光亭、过溪亭、披锦亭、禊亭、菡萏亭、荼蘼洞、筼筜谷、寒芦港、野人庐、此君庵、金橙、南园、北园。文同以此景观逐一题咏，写了《守居园池杂题》诗作三十首，又称《洋州三十咏》，于熙宁九年（1076 年）寄予苏轼。苏轼逐一和诗，并以《和文与可洋川园池三十首》（洋川即洋州）为题回赠于文同。三十景中亭子占了十一景，其中《涵虚亭》：

> 水轩花榭两争妍，
> 秋月春风各自偏。
> 惟有此亭无一物，
> 坐观万景得天全。[1]

　　文人筑亭风雅的传统可追溯到六朝，亭在六朝时初现端倪，王羲之等人兰亭雅会已开后世文人临亭观景、诗文感怀之渐，两宋以降，亭大量出现在山林、城市和园林之中，矗立于湖畔、山腰、林间、桥头等风景绝佳之处，而亭与园深度的融合，成为园林中必有之物。或以一亭代指某一园，或以“园亭”指称园林，园和亭逐渐结合成为一个稳定的固定搭配结构。《释名》云：“亭者，停也。所以亭憩游行也。”计成《园冶》说：“亭安有式，基立无凭。”[2] 能够把“亭”和风景完美地结合在一起的自然是诗人，白居易和苏东坡等大诗人都喜爱亭，也喜欢作亭记，“地有胜境，得人而后发；人有心匠，得物而后开”[3]。无论是物质的还是文字的“亭”，都可以使得一片“无名”的风景成为名胜。白居易为湖州杨汉公作《白蘋洲五亭记》，因太湖得名的湖州，是江南有名的竹乡，文同因为擅画竹被称为“文湖州”，白居易和朋友“崔湖州”多有交游，这些文人在做地方长官的时候，推动了园林的发展，湖州园林的经营从颜真卿开始。“至大历

十一年 (776 年)，颜鲁公真卿为刺史，始剪榛导流，作八角亭以游息焉。旋属灾潦荐至，沼堙台圮。后又数十载，委无隙地。至开成三年 (838 年)，弘农杨君为刺史，乃疏四渠，浚二池，树三园，构五亭，卉木荷竹，舟桥廊室，泊游宴息宿之具，靡不备焉。观其架大汉，跨长汀者，谓之白苹亭。"诗人把其中的五亭和周边的风物相关："观其架大汉，跨长汀者，谓之白苹亭。介二园、阅百卉者，谓之集芳亭。面广池、目列岫者，谓之山光亭。玩晨曦者，谓之朝霞亭。狎清涟者，谓之碧波亭。"[4] 亭引向照亮的"诗意"："五亭间开，万象迭入，向背俯仰，胜无遁形。"[5] 可见亭子的安放和命名成为对一个地域场所性、历时性的汇聚；除了《白苹洲五亭记》外，白居易主政杭州期间曾作《冷泉亭记》，文中称赞前几任长官修筑的"亭"，盛赞前任构筑在杭州灵隐寺山下水中之"冷泉亭"，他说："东南山水，余杭郡为最。就郡言，灵隐寺为尤。由寺观，冷泉亭为甲。亭在山下，水中央，寺西南隅。高不倍寻，广不累丈，撮奇得要，地搜胜概，物无遁形。"[6] 相比于湖州白苹洲五亭，杭州的五亭是时间累积形成的，也代表了五任刺史的政绩，"杭自郡城抵四封，丛山复湖，易为形胜。先是，领郡者，有相里君造作虚白亭，有韩仆射皋作候仙亭，有裴庶子棠棣作观风亭，有卢给事元辅作见山亭，及右司郎中河南元藇最后作此亭。于是五亭相望，如指之列，可谓佳境殚矣，能事毕矣"。[7] 白居易和苏东坡更是冷泉亭的常客，并且都是杭州西湖的景观缔造者：白居易于长庆二年 (822 年) 赴任杭州刺史，前后三年，捍湖浚湖，重疏六井，奠定了西湖"三面云山一面城"的格局，工作之余经常在此亭休闲自得；北宋元佑四年 (1089 年)，苏轼任杭州知州，疏浚湖水，筑长堤，堤上建六桥九亭，遍种桃柳芙蓉，西子湖因长堤、桥与亭，这条全长近三公里长的大堤就是"苏堤"，并在湖水最深处立三塔，成为杭州著名的"西湖十景"之一的"三潭映月"，苏东坡经常在冷泉亭中饮宴赋诗和处理公务。在白居易、苏轼的亭园世界中，风景、政治和人格似乎完美地结合在一起。

在今天的洋县博物馆，还珍藏着苏轼的《洋州三十咏》诗碑。而王献臣、文徵明两人在为拙政园景观命名时，想必一定参考了苏轼的诗文，拙政园中亭子有六座，在园中三十一景仍然是占比最大的。（见图69）苏轼认为"水轩花榭"虽然热闹，但只有亭子因为其"空"，才更加"坐观万景"，文、王二人甚解其意，在拙政园中放置了很多的亭子。在山水画中，宋元之后，亭子成为重要的固定母题之一，而亭子真正成为一个独立的视觉符号语言，应该始于倪瓒。倪云林晚年每画山水，多置空亭，他有"亭下不逢人，夕阳澹秋影"的名句。董其昌《画禅室随笔·卷二》说："云林画，江东人以有无论清俗。馀所藏秋林图，有诗云：'云开见山高，木落知风劲。亭下不逢人，夕阳澹秋影。'其韵致超绝，当在子久山樵之上。"[8] 倪云林《容膝斋图》（见图67），在江边树下画一个寂寞孤独的草亭。在倪瓒的一江两岸枯寂的山水画境中，亭子的作用发挥到极致，在三段平远式的构图中，画家总是在近岸前景画有坡石、枯树、翠竹和空亭，所以空亭可以说是倪氏绘画中独有的绘画符号。在他的《清阁图》《林亭远岫图》《枫林亭子图》《松亭山色图》《优钵昙花图》《安素斋图》等绘画中，都有亭子的出现，如果去掉亭子，整个画面会让人感觉不完整，感觉缺少了神采。这个时候，亭子真的成了山水的"眉目"，没有了亭子，山水立刻变成荒野，亭子在画面表现了主人的到场，在空空的亭子下面，仿佛主人徘徊沉吟于天地之间，吸引着观者的目光，邀请观者一同亲临现场，去那寒林疏木之间，感受烟云湿衣，这带来的是一种万籁俱寂的时空境界。

《高高亭图》（见图66）作者方从义（约1302—1392年），字无隅，号方壶，江西贵溪人。钟情米氏云山，又远宗董源，善于写生，平生游历所见真山水实景，如武夷、匡庐、恒、岱、华不注等名山胜景，常常摄入画面。笔法简洁奔放，擅泼墨写意，自成一格。方壶的名号由他的道家背景而来，此亭位于高山之上，陡崖擎天，一侧直立千仞，云海蒸腾，一侧坡路透迤而上直达巅顶，亭为草庐筑于丛树间。笔法阔笔放浪，似米非米，毫无羁绊。此图全以笔墨简而达深意，高高亭在笔势横涂竖抹随意之间，而在一山径边的栏杆、缓行的高士，可体现出一种已入化境的潇洒！在《高高亭图》画中，我们再一次遇到了笔墨山水和自然山水的比较，董其昌说，"以境界之奇怪论，画不如真山水"，"以笔墨精妙论，则真山水不如画"。因而笔墨中的山水实际上是"自然的再造"。谢赫说，"迹有巧拙，艺无今古"，人的踪迹不同，但对于山水之大美是共同的认知。事实上，方方壶确是修道龙虎山"上清宫"的方外仙客。他有一号曰"金门羽客""鬼谷山人"。龙虎山上清宫是道教"第二十二福地"，那里山林奇秀，"多卓荦奇伟之士"，方方壶在此人杰地灵的环境中熏陶、修道，胸次气度自然迥异俗流了。胡敬（1769—1845 年）《西清劄记》记："元方方壶及张伯雨，俱方外高品，名噪一时，而方上清尤以画得名，所作小幅辄有深趣，不落作者畦径。予向藏其万松仙馆图，今已失之，深用惘然。此携琴访友图，山光明灭，树石隐现，有一望无际之致，尤足宝爱。吴宽印二、吴宽匏庵。"[9]一座空亭，因为空透而成为天地灵气动荡吐纳的交点，天、地、人精神际会的处所，这是中国山水绘画为传情达意而创造的符号，在笔墨上和主题上已经减少到不能再减少，但是，境界上却达到极其深远高远。"空亭"成为"画眼"，戴熙（1801—1860 年）《赐砚斋题画偶录》说："群山郁苍，群木荟蔚，空亭翼然，吐纳云气。"[10] 在山水的世界中，亭子成为汇集"无限性"的立足之处。张宣（藻仲 1341—1373 年）题倪瓒画《溪亭山色图》诗云：

> 石滑岩前雨，
> 泉香树抄风。
> 江山无限景，
> 都聚一亭中。[11]

　　清初古玩大家吴升（约 1639—1715 年）所著《大观录·卷十七》录倪瓒《溪亭山色图》：“白纸本，高四尺四寸，阔一尺七寸，纸质光洁。诗款长题短咏参差书于画首，如花舞风中，鸿翩天外。岚峰秀峭神清，树石老苍气润。向属林家藏，后归徐公宣为赏鉴第一。固迂翁诸品中上乘也。”[12] 王鉴（1598—1677 年）《仿云林溪亭山色图轴》（藏于北京故宫博物院）题诗并跋：

> 烧灯过了客思家，寂寂衡门数暝鸦。
> 燕子未归梅落尽，小窗明月属梨花。
>
> 燕子低飞不动尘，黄莺娇小未禁春。
> 东风绿遍门前柳，细雨含烟愁路人。
>
> 春雨春风满眼花，梦中千里客还家。
> 白鸥飞去烟波绿，谁采西园谷雨茶。

　　云林溪亭山色，乃其生平得意之作，向藏吴门王文恪家，今为王长安所收，此图上有云林书此三绝。余雨坐染香庵，绿梅初放，兴与境合，因涤砚漫仿其意，并录三诗于左。时庚戌二月朔王鉴识。

　　吴门王文恪即王鏊（1450—1524 年），字济之，号守溪，学者称震泽先生。王氏家族和文氏、徐氏、吴氏家族一样，也是造园世家，王长安即王永宁，前面我们介绍过，是康熙时期拙政园的园主，也是大收藏家，还组织昆曲戏班，刘献廷在《广阳杂记》里感慨道：“吴中盛事，被此公占尽。”倪瓒的作品在吴门的精英圈子中一直流传，对于吴门画派乃至后世的绘画和美学的影响深远，其作品中风格是笔法柔隽，用墨苍秀，绘画有固定的母题，以山水画为最多，其次为墨竹，再就是林亭、草堂图、松岩图、六君子、花卉等。脱尽市俗尘埃之气，可称为古淡天然。明朝开国以后，"江南人家以有无云林画为其清浊"，也就是如若家中有一幅倪瓒云林先生的画，可为文人清高的标志，沈周、文徵明、董其昌以至石涛、八大、清四王等多对其画摹习，从中生发自己的笔墨语言，董其昌曾赞誉："云林古淡天真，米痴后一人而已。"清代恽南田评价："云林，幽亭秀水，别有一幢灵气。"立亭于山水之间，使得清寒孤冷的格调更加鲜明，戴熙讲："临水一梢亭，自动掀篷怅望，不减天寒翠袖也。"[13]宗白华先生认为"空寂中生气流行，鸢飞鱼跃，是中国人艺术心灵与宇宙意象'两镜相入'互摄互映的华严境界"。[14]

明代文人接受苏轼、华严的影响，画家自然多喜欢倪瓒的绘画，沈周、文徵明、董其昌等都临习过倪瓒的山水画，在《拙政园图咏》的册页中，可以隐约看到倪的影响，但同时亦能看出南宋和元代其它大师绘画的影响，这同时也是明代绘画的特点，高居翰说："在明代，一些不同以往的事情发生了：这种模仿的制度化为文人画家活动的常规部分。他们可以为一件作品而表现出某一早期大师的人格，然后为了另一件作品轻而易举地转换为另一个大师的人格，就像一位演员改变角色那样。"[15]詹姆斯·埃尔金斯认为明代初期绘画有"第二手的"特点，同时为折衷主义者打开了一条道路，正是这种特点产生了明代中后期的"形式主义"画家。而沈周、文徵明等吴门画派画家自我身份的退隐，其实意味着对过往符号的重构，因而他们的隐居并不是真正从社会和政治中退出，而是更具一种集体心理学色彩，而表象上他们是第三或第四手传统的继承者。吴门画派的艺术正是马克斯·罗樾（Max Loehr）所称之为"艺术史的艺术"的绘画，詹姆斯·埃尔金斯认为沈周和文徵明具有"作为第三或第四代'艺术史艺术家'的地位（就是说，大约在艺术史意识出现一个世纪之后，他们的地位使他们不可能选择天真的风格）将他们与原作隔开一段不受

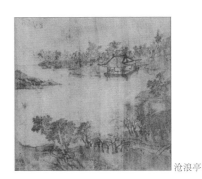
沧浪亭

槐雨亭

净深亭

嘉实亭

待霜亭

得真亭

图 69　六座亭子　《拙政园图咏·三十一景》　明·文徵明
嘉靖十二年（1533 年）　绢本设色　每开 纵 23 厘米，横 23 厘米

侵扰的距离。那种被赋予特权的地位具有心理因素和形式因素，也具有历史因素。"[8] 对于文徵明，他这样评价：

简言之，他是一个"艺术家中的艺术家"；他培育了栽培者，并且采取超脱态度。他更喜欢在他自己和我们可以称之为过去作品的力（power）的东西之间蒙上面纱，并且因为他的历史距离，他可以在情感上表达出一种退隐。[16]

这里最重要的一个关键词是"过去作品的力（power）"，我们在明代绘画和园林中，的确看到的是对过往文化的"力"的传承，在园林的语言上，因为个人化色彩的淡化，这种对于艺术史的继承显得非常重要，园林的语言比起绘画来，受到物质性的约束更多，在山水画成为一种可以拆解的结构之后，就会更明确地去操作空间的母题。我们看到《拙政园诗画图咏》这个作品有一种特别的艺术史的冷静，具有井然有序的、敏感的和含蓄的特点，整个绘画既不是地形学的，也不十分个性化，而是具有理智分析的特点，还有类型化的严谨的感觉。这标志着拙政园的绘画和空间的研究是在艺术史风格研究基础上产生的。在册页的《王氏拙政园记》文中记："凡为堂一，楼一，为亭六，轩槛池台坞之属二十有三，总三十有一，名曰：'拙政园'。"[17] 我们会发现，在文徵明之后，明代大量的园记也都采用了这样的一种叙述方式。在《王氏拙政园记》这样一个类型学分类中，亭的数量是居于首位的，分别是：沧浪亭、深静亭（静深亭）、待霜亭、得真亭、槐雨亭、嘉实亭（见图69），其中深静亭（静深亭）、待霜亭和嘉实亭的命名和其周围的风景和植物有关，深静亭面水四周"修竹环匝"，待霜亭"旁植柑橘"，嘉实亭因在瑶圃之中有"江梅百本"取名，这三座亭子命名表面上和景物关联，但实则旁征博引取自历史；另外三座亭子弦外之音就更为强烈一些：槐雨亭则是以主人名字命名，并在亭下种植了古槐树；沧浪亭因临沧浪池得名，但令人联想到的是同城宋代苏舜钦的“沧浪亭”，反映了文徵明对亭的原型归纳是建立在历史学和类型学的认识基础上的，同时“沧浪亭”也提供了一个现实的“观看”和“对景”。但是“亭”也代表命名中一个“否定”的“力量”，在命名中“终结”它的场所的在场性，而这个“叙事”作为“时空条件”为主体性场所做出选择，在“亭”中的自由判断总是具体的，是现实“无可选择”的“窥视”。亭子不仅是空间性的，也是时间性的，蕴含了观看对于时间的流变的提示，现存拙政园内有四季赏景主题的景亭，春景绣倚亭：亭名出自杜甫桥陵诗三十韵的诗句“绮绣相辗转，琳琅愈青荧”，亭柱劝世文联“生平直且勤，处世和而厚”，亭匾额“晓丹晚翠”，两侧有“露香红玉树，风绽紫蟠桃”的应景对联；夏景荷风四面亭：单檐六角亭中有抱柱联：“四壁荷花三面柳，半潭秋水一房山”；秋景待霜亭：“待霜”一词出自韦应物诗句“书后欲题三百颗，洞庭须待满林霜”，亭的四周种满了桔子和枫树，秋天，园中主人坐在假山上的待霜亭，欣赏霜后红艳的桔子和枫树红叶的秋景；冬景雪香云蔚亭：苏轼有诗“花间置酒清香发，争挽长条落香雪”，雪香云蔚亭南檐悬有草书“山花野鸟之间”匾额，亭南柱上悬对联“蝉噪林愈静，鸟鸣山更幽”。亭子的四周栽植腊梅，冬天，坐亭中欣赏雪景，亭外腊梅盛开，暗香扑鼻，沁人心脾。（见图70）四季流转，“竹柏得其真。”现拙政园存“得真”名的亭子，亭中康有为撰书隶书对联“松柏有本性，金石见盟心。”立意沿用文徵明《拙政园图咏·得真亭》（见图71）的诗文：

　　　得真亭在园之艮隅，植四桧结亭，取左太冲《招隐》诗“竹柏得其真”
之语为名。

　　　　　　　　　手植苍官结小茨，
　　　　　　　　　得真聊咏左冲诗。
　　　　　　　　　支离虽枉明堂用，

图 70　拙政园现存亭子实景

常得青青保四时。[18]

如果说亭子是园子的题眼，那么从"得真"两个字上面，我们就可以推断出"得真亭"是拙政园最重要的景观，其中隐含的意义和象征是拙政园的主人的秘密。今天小飞虹廊桥的桥畔依然保留了一座得真亭，虽然形制、位置和早年发生变化，亭旁的四株桧树不复存在，但从亭上有清人康有为所写的楹联可以看出主题的延续："松柏有本性，金石见盟心。"从字面上讲，文徵明开篇文字的意思为："得真亭"在拙政园的艮位上，即园子的东北方位上，在这个方位上，种植了四颗桧树，荀子曾谓松柏"经隆冬而不凋，蒙霜雪而不变，可谓得其真矣"。有意思的是画面虽然出现一个小屋，但形制显见不是亭子。用四颗柏树构成一个亭子，这种做法推测并非孤例，因为在高濂就把它做为一种园林起居养生的案例记下来，在《遵生八笺·起居安乐笺上卷·桧柏亭》有记载："植四老柏以为之，制用花匠竹索结束为顶成亭，惟一檐者为佳，圆制亦雅，若六角二檐者俗甚。桂树可结，罗汉松亦可。若用蔷薇结为高塔，花时可观，若以为亭，除花开后，荆刺低垂，焦叶蠹虫，撩衣刺面，殊厌经目，无论玩赏。"[19]按照高濂的描述"制用花匠竹索结束为顶成亭"，图中并无此结构，原来这个亭子的真实形象出现在三十景中的《玫瑰柴》中：

玫瑰柴匝得真亭，植玫瑰花。

名花万里来，植我墙东曲。
晓雨散春林，浓香浸红玉。[20]

"得真亭"在桧柏苍翠之间用色彩艳丽的玫瑰篱做顶结亭，古朴浪漫兼得，悦目而芳香四溢。《园记》记其位置在"果林弥望"的"来禽囿"，"囿

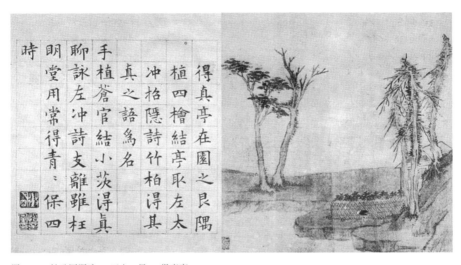

图 71 《拙政园图咏·三十一景·得真亭》
明·文徵明 嘉靖十二年（1533 年）绢本设色 每开 纵 23 厘米，横 23 厘米

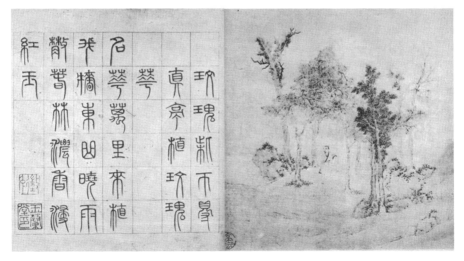

图 72 《拙政园图咏·三十一景·玫瑰紫》
明·文徵明 嘉靖十二年（1533 年）绢本设色 每开 纵 23 厘米，横 23 厘米

缚尽四桧为幄，曰得真亭。亭之后，为珍李坂，其前为玫瑰柴，又前为蔷薇径"。[21] 可见《得真亭》一图描绘的是冬景，《玫瑰柴》（见图 72）则是得真亭的夏景。文徵明同时在文中指出，亭名字的用典来源于左思的《招隐诗之二》"竹柏得其真"一句。而"结亭"有"真意"同样出于南宋诗人翁卷《题林遂之真意亭》诗句：

> 结亭纳虚豁，崔嵬进南山。
> 南山有佳致，白云多往还。
> 繁英粲秋篱，幽芳复相关。
> 浊醪对之饮，超引神虑闲。
> 至乐岂外求，妙象非言间。
> 妙哉靖节风，千载君能攀。[22]

诗句的结尾"妙哉靖节风，千载君能攀"，透漏了"结亭纳虚豁"的"真意"，是效仿陶渊明隐士的风骨。因为陶渊明谥号"靖节"先生，为好友颜延之等人私谥之号。颜延之（384—456 年）《陶征士诔》中说陶渊明："元嘉四年月日，卒于寻阳县之某里。近识悲悼，远士伤情，冥默福应，呜呼淑贞。夫实以诔华，名由谥高，苟允德义，贵贱何算焉？若其宽乐令终之美，好廉克己之操，有合谥典，无愆前志。故询诸友好，宜谥曰'靖节征士'"。[23] "靖节"两字，具有平淡、清高，有气节显身立志的意思，是对陶渊明一生保守节操的敬称。"靖"意味着有节制安身，"艮其身，无咎"，"艮"是边界、静止，艮为山，艮卦二山相重，静止之象，是说一个人要抑止自己的行动，要退而保身，这样才没有危险。陶渊明给予后来的文人们一个精神的坐标，人最大的快乐在于身心的自我控制，在于心灵在天地之间像白云一样悠然自在，天地给予身心的闲适的美感，不是言语所能表达的。晋人左思的《招隐诗》同样表现了"观看"山水所带来的"真意"，"非必丝与竹，山水有清音"。自然永远是人类心灵的慰藉，是人类永远的知音，山水的清音、寒泉飞流、岩穴瑶池在时间的流转中，只有那苍翠的竹柏始终垂直伫立在天空和大地之间，给天地的过客——短暂停留的人，树立了一个"真如"的境界，这是大自然给予人类的精神馈赠。在《得真亭》图文中，文徵明接下去的诗中出现了几个触目惊心的词语："小茨""支离""明堂"，为什么这么讲呢？因为"小茨"和"明堂"显然不是私家园林应该出现的词汇，这是用在国家的建筑上的。小茨是暗喻尧王的事迹，见《韩非子卷十九·五蠹》：

　　上古之世……有圣人作，构木为巢，以避群害，而民悦之，使王天下，号之曰有巢氏。……民多疾病，有圣人作，钻燧取火以化腥臊，而民说之，使王天下，号之曰燧人氏。中古之世，天下大水，而鲧、禹决渎。……尧之王天下也，茅茨不翦，采椽不斫，……夫古之让天子者，是去监门之养而离臣虏之劳也，古传天下而不足多也。[24]

　　汉代曹操有《度关山》言及尧王以俭德治国："不及唐尧，采椽不斫。世叹伯夷，欲以厉俗。"中国上古的政治一直被后世传诵，圣人作为身国同构的人主，以茅屋作为宫殿，以警示天下以简朴为美德，文徵明的诗文完成是在他从北京返回苏州六年后，文在京短短三年参与了《宪皇帝实录》，对于政治和礼教，深受儒家文化陶冶的他应该谙熟，而"明堂"正是历代王朝都感兴趣的政治空间形制。但是"亭"和"支离"了的"明堂"有怎样的联系？使得熟谙历史人文的文徵明，把它们设置在一个主题下考察？还是让我们来考察一下"亭"字：

　　🔣🔣（甲骨文）帛（小篆）：
　　亭，民所安定也。亭有楼。——《说文》

汉家因秦十里一亭。亭，留也。——《一切经音义经》

亭，停也，亦人所停集也。——《释名·释宫释》

黄帝封泰山，禅亭亭。又亭亭，耸立貌。——《史记·封禅书》

大率十里一亭，亭有长。十亭一乡。——《汉书·百官公卿表上》

何处是归程？长亭更短亭。——李白《菩萨蛮》

《释名》云："亭者，停也。所以亭憩游行也。"司空图有休休亭，本此义。造式无定，自三角、四角、五角、梅花、六角、横圭、八角至十字，随意合宜则制，惟地图可略式也。

亭安有式，基立无凭。——计成《园冶》

亭字，从甲骨文的字体构型上看，和"高"字关系密切：一为 🀁（高）在 🀆（林）上，一为 🀄（木）在 🀁（高）上，《甲骨文字典》解释"高"为："象高地穴居之形。冂为高地，口为穴居之室，🀁为上覆遮盖物以供出入之阶梯。殷代早期皆为穴居，已为考古发掘所证明。"[25] 这个说法把"高"字的象形解释为上古居民出入穴居之出入之处。那么，"亭"字和穴居是否也有关系？下面是两段甲骨文的卜辞：

🀀🀁🀂🀃🀄🀅🀆🀇🀈🀉（选自《京都大学人文科学研究所藏甲骨文字》第二三七三甲骨刻片）译文："丁丑卜在亭今日雨允雨。"

🀀🀁🀂🀃🀄🀅（选自《铁云藏龟拾遗》五、一三甲骨刻片）译文："……贞亭□……王其酒。"

从文字内容来判断，"亭"应该不是一个普通的居住场所，祈雨和饮酒都和巫事、祭祀相关，而"亭"又和林木相关联。一方面，亭由木材所建筑，在中国几千年的木构建筑的传统之流中；另一方面，"亭"和林木有关，有可能是筑于树林之间，亦有可能是筑于林木之上，还有可能是筑于高台之上，有观象之功能。"亭"的作用应该和观看天象、体察四时之变的功能相关，这样的推测和《说文解字》的说法是吻合的。《说文解字》："亭，民所安定也，亭有楼，从高省丁声。"如果以商人多穴居来看，亭作为地面的建筑如何能安定民众呢？显然，亭是一个具有象征功能的特殊的场所，是观看天象以指导国家大事的特殊建筑。那么，有可能和"明堂"相关吗？"明堂"的体制在中国几千年的王朝政治中，始终是一个神秘的话题，至今没有令人信服的结论。《孟子·梁惠王下》载："夫明堂者，王者之堂也。"阮元认为，明堂和辟雍都是上古简陋的房屋，"上圆下方，重盖以茅，外环以水"。"亭"和"明堂"都是"原始棚屋"的建筑原型，作为精神的庇护所，带有原始的仪式性和礼制特征。"亭"和"明堂"都是上古的建筑原型。建筑史上明堂的概念经历了漫长的发展和变化，在周时形成真正的礼制化的空间形制，毛奇龄所论周的明堂制度，有后稷配天、文王配上帝的祭天配祖，负斧依朝诸侯以及应四时之节气的功能，而明堂、辟雍、灵台三位一体，后世随着一乱一治，明堂的形制不再以统一的形象出现，远古明堂形象建筑下方上圆，具体能分为东之青阳、西之总章、南之明堂、北之玄堂、中之太室五大区域。明堂室内布局形制主要有《吕氏春秋》所持五室制及《大戴礼记》所持之九室制两种假说。两汉分别依据五室制与九室制在长安和洛阳南郊修建了祭天的明堂。隋唐均有意修建明堂，但因为众说纷纭，直到武周武则天才综合诸说创制了崭新的明堂，号曰"万象神宫"。其后，北宋宋徽宗也在汴梁宫城内修建了明堂。对于这样一个带有"皇帝家庙"性质的建筑，实质是皇帝借以和"上帝"对话的空间，为什么文人这么有兴趣呢？

　　事实上，对于"亭"和"明堂"、政治以及"道"的关系，始终是儒者文人关心的命题，由于"文"在中国文化中不只是语言表意的功能，还承担着求真求宇宙自然之道的任务，而社会政治的结构是企图效仿和谐的宇宙机制，却未必可靠，其实这就是中国文化的难题，而在古之贤者早有领会。庄子问道于老子，老子曾说“仁义，先王之蘧庐也，止可以一宿而不可久处”[26]语，就是以“蘧庐”这样的茅屋，映射政治对于人生安顿的不可靠，而回归于“自然之蘧庐”则会优游自在。倪云林有《蘧庐》诗并序：

　　有逸人居长洲东，荒寒寂寞之滨。结茅以偃息，其中名之曰蘧庐。且曰：人世等过客，天地一蘧庐。耳吾观昔之富贵利达者，其绮衣、玉食、朱户、翠箔，转瞬化为荒烟，荡为冷风。其骨未寒，其子若孙已号寒啼饥于涂矣。生死穷达之境，利害毁誉之场，自其拘者观之，盖有不胜悲者。自其达者，观之殆不直一笑也！何则此身，亦非吾之所有，况身外事哉！庄周氏之达生死齐物，我是游乎物之外者，岂以一芥蒂于胸中！庄周，我所师也，宁为喜昼悲夜贪荣无衰哉？予尝友其人，而今闻其言如此，盖可嘉也。庚戌岁冬，予凡一宿蘧庐赋赠。

> 天地一蘧庐，生死犹旦暮。
> 奈何世中人，逐逐不返顾。
> 此身非我有，易晞等朝露。
> 世短谋则长，嗟哉劳调度。
> 彼云财斯聚，我以道为富。
> 坐知天下旷，视我不出户。
> 荣公且行歌，带索何必恶。[27]

　　何良俊的《四友斋丛说》里曾说：“即所谓东吴富家，唯松江曹云西、无锡倪云林、昆山顾玉山，声华文物可成并称。余不得与其列者是也。”[28]倪瓒家族七世而富，至倪瓒千金散尽，他的人生与书画都真正做到了“隐”和“逸”，其画中空亭是“蘧庐”的抽象和简化。他的《容膝斋图》，取自陶渊明"审容膝之易安"的诗意，人之于世，所需的就是无限的空间中一个容膝的草亭而已，王之所却不可久留，如此而已。文徵明《跋倪元稹二帖》赞曰："倪先生人品高轶，风神元朗，故其翰札奕奕有晋宋风气。雅慎交游，有所投赠，莫非名流胜士。"[29]倪瓒的名士风流，吴门和江南首先成为其精神上的继承者，他所创造的"雅"文家十分激赏，而在园林中，茅亭自然也成了精神的符号，也被明代文人日益觉醒的主体意识物化为一种仪式的场所。《遵生八笺·起居安乐笺上卷·茅亭》有记载："以白茅覆之，四构为亭，或以棕片覆者更久。其下四柱，得山中带皮老棕本四条为之，不惟淳朴雅观，且亦耐久。外护阑竹一二条，结于苍松翠盖之下，修竹茂林之中，雅称清赏。"[30]

　　筑亭和为亭留下文字，它代表了一种诗人卓越的对自然的关照，也是自然对诗人永恒的"引力"，乃是一种召唤中心的能力，文徵明诗宗白居易、苏轼，两位文豪均以"天下"为己任，海德格尔说"实际上语言才是人的主人"，在诗人的内部世界有其"内在的广大性"，在白居易、苏轼开创的视域中，文徵明深受其影响，《得真亭》所忧虑的是失去求真的本质力量，所幸的是，在山水和园林世界中，万物和诗人的精神在亭的中心化下得以生长，赋予生活丰饶的意义，缓解了文人时代病带来的焦虑。海德格尔说重力是存在者的中心，奥地利后期象征主义诗人里尔克《重力》这样描写中心：

中心，你怎样从万物中引出自身
甚至从飞翔之物中复得自己：
中心，万物之中最强大者！
站立的人们：
如同酒水穿透了渴望
重力穿透了他。

但是从沉睡者那里，

如同从低垂的云那里，

降下丰厚的重量之雨。[31]

在园林中，亭上就是中心，它代表了引力的方向，亭，即是安顿身心的所在，也蕴含了从其中起飞自由的力量。在园子里，亭子就是短暂者世界的中心，同时亭也代表了一种集体心灵之物沉淀的同一性，亭是短暂者的停留，也是短暂者时间之流的容器。

明堂之“义”

文徵明在拙政园的册页中把一座亭子和明堂联系起来，无疑是有所指的，以文徵明的经历来看，这种联系是源于对嘉靖政治的思考，是他对于“礼教”下“明堂”和“小茨”的反思。在文徵明短暂的朝中为官生涯中，他就经历了一次关于“礼制”的政治事件，明武宗正德十六年（1521 年）四月，武宗驾崩后无嗣，杨廷和（1459—1529 年）与内阁大臣依宗法《皇明祖训》立兴献王世子朱厚熜（1507—1567 年）继位，明宪宗成化帝朱见深之孙，明孝宗弘治帝朱佑樘之侄，兴献王朱佑杬之长子，明武宗正德帝朱厚照的堂弟，年号为嘉靖，明朝的第十一位皇帝，朱厚熜在位四十五年，这么长时间当中，他经历了很多，在早期他也曾开创了“嘉靖新政”。嘉靖皇帝御极之后，面对“正德危机”，励志效法太祖、成祖推行“新政”，后史誉之谓“中兴时期”，“天下翕然称治”。但不久便与朝臣在议兴献母后及父王尊号的问题上发生礼议之争，史称“大礼仪”之争。文徵明入朝之时，正是嘉靖新政的开始，他开始希望满怀，但是很快发现自己在官僚之中并无发展可能，受到同僚的嘲笑和排挤，以“画匠”遭到讽刺，并且入仕第二年就经历了一次让他决议离开的惊心动魄的"左顺门"事件。

"左顺门"事件起因是：大明皇室血统的子嗣并不兴旺，皇位传递总是磕磕绊绊，嘉靖皇帝朱厚熜以外藩王身份即皇帝位，这样的即位和"礼制"对此的理解差异埋下了"事件"的导火索。世宗朱厚熜的生父受封兴献王，因兴献王这一脉是室的小宗，朱厚熜与他的堂兄武宗从来没有见过面，他不希望以过继给孝宗皇帝当养子的身份来入继大统，因此他要求追封自己的亲生父亲为皇帝。世宗认生父做皇考，就会让世宗绝嗣，这一点标榜礼教忠于先王的大臣们是无法同意的，众大臣表现得空前团结，反对的奏章压得世宗喘不过气来。就在世宗准备让步的时候，张璁(1475—1539年)写了一篇文章，力主嘉靖接管帝国是按照兄终弟及的方式，认为世宗即位是继承皇统，而非继承皇嗣，即所谓"继统不继嗣"，为嘉靖皇帝追封自己的父母找了许多理论依据，而且引经据典批驳了群臣的观点，嘉靖皇帝看后深受鼓舞，张璁也得以凭此一路加官进爵，成为议礼派的首领（当时的反对大臣们称为护礼派）。朝中出现了议礼派与护礼派的对立，《明史·杨慎传》记："嘉靖三年，世宗纳桂萼、张璁言，召为翰林学士。慎偕同列三十六人上言：'臣等与萼辈学术不同，议论异。臣等所执者，程颐、朱熹之说也。萼等所执者，冷褒、段犹之余也。今陛下既超擢萼辈，不以臣等言为是，愿赐罢斥。'"[32] "程颐、朱熹之说"代表了道统，"冷褒、段犹"就是挑明了张璁等为秉承上意的马屁精，双方水火难容，终于爆发了嘉靖四年 (1525年) 七月"血溅左顺门"事件。由于皇帝的授意，议礼派逐渐占据上风，护礼派群臣决定死谏，于是包括九卿二十三人，翰林二十人，给事中二十一人，御使三十人等共二百余人的庞大队伍，集体跪在左顺门外，哭声、喊声震天，嘉靖皇帝派锦衣卫将为首的几位大臣押入监狱，群臣情绪更加激愤，左顺门前出现骚动，嘉靖皇帝杀心顿起，将一百三十四人逮捕，八十六人待罪，一时间爪牙从四面八方围来，左顺门前血迹斑斑。左顺门事件以皇帝的胜利，护"礼"

诸臣的全面失败告终，大明"士气"一蹶不振。嘉靖帝终于如愿地将父亲追尊为睿宗，并将神主入太庙，跻在武宗朱厚照之上。这次事件致使许多正直的大臣或死或引退，而佞臣却乘机窃取了朝政大权，使弊政重兴。而后来世宗终于达成了自己的愿望，他用了二十年多次"拔高"自己的生父，既满足了自己重建明堂成为正统的目的，也使得自己对国家的控制权威达到巅峰，但是前期"新政"的成果也消失殆尽。《明史卷一百十五·列传第三·睿宗兴献皇帝列传》记：

　　睿宗兴献皇帝祐杬，宪宗第四子。母邵贵妃。成化二十三年（1487年）封兴王。弘治四年建邸德安（江西）。已，改安陆（湖北）。七年之藩，舟次龙江，有慈乌数万绕舟，至黄州复然，人以为瑞。谢疏陈五事。孝宗嘉之，赐予异诸弟。

　　王嗜诗书，绝珍玩，不畜女乐，非公宴不设牲醴。楚俗尚巫觋而轻医药，乃选布良方，设药饵以济病者。长史张景明献所著《六益》于王，赐之金帛，曰："吾以此悬宫门矣。"邸旁有台曰阳春，数与群臣宾从登临赋诗。正德十四年（1519年）薨，谥曰献。

　　王薨二年而武宗崩，召王世子入嗣大统，是为世宗。礼臣毛澄等援汉定陶、宋濮王故事，考孝宗，改称王为"皇叔父兴献大王"，王妃为"皇叔母"。帝命廷臣集议，未决。进士张璁上书请考兴献王，帝大悦。会母妃至自安陆，止通州不入。帝启张太后，欲避天子位，奉母妃归藩。群臣惶惧。太后命进王为兴献帝，妃为兴献后。璁更为《大礼或问》以进，而主事霍韬、桂萼，给事中熊浃议与璁合。帝因谕辅臣杨廷和、蒋冕、毛纪，帝、后加称"皇"。廷和等合廷臣争之，未决。嘉靖元年，禁中火，廷和及给事中邓继曾、朱鸣阳引五行五事，为废礼之证。乃辍称"皇"，加称本生父兴献帝，尊园曰陵，黄屋监卫如制，设祠署安陆，岁时享祀，用十二笾豆，乐用八佾。帝心终未慊。三年（1524年）加称为本生皇考恭穆献皇帝，兴国太后为本生圣母章圣皇太后，建庙奉先殿西，曰观德殿，祭如太庙。七月，谕去本生号。九月，诏称孝宗皇伯考，称献皇帝曰皇考。

瑽、萼等既骤贵，干进者争以言礼希上意。百户随全、录事钱子勋言献皇帝宜迁葬天寿山。礼部尚书席书议："高皇帝不迁祖陵，太宗不迁孝陵，盖其慎也。小臣妄议山陵，宜罪。"工部尚书赵璜亦言不可。乃止。尊陵名曰显陵。

明年（1525 年），修《献皇帝实录》，建世庙于太庙左。六年（1527 年），以观德殿狭隘，改建崇先殿。七年（1528 年），命瑽等集《明伦大典》，成，加上尊谥曰恭睿渊仁宽穆纯圣献皇帝。亲制《显陵碑》，封松林山为纯德山，从祀方泽，次五镇，改安陆州为承天府（今湖北钟祥市）。

十七年（1538 年），通州同知丰坊请加尊皇考庙号，称宗以配上帝。九月，加上尊谥知天守道洪德渊仁宽穆纯圣恭俭敬文献皇帝，庙号睿宗，祔太庙，位次武宗上。明堂大享，奉主配天，罢世庙之祭。四十四年，芝生世庙柱，复作玉芝官祀焉。穆宗（隆庆帝）立，乃罢明堂配享。[33]

明王世贞 (1526—1590 年)《弇山堂别集·卷六·异典述一·再上祖宗号》记：

> 嘉靖十八年，改上太宗"体天弘道高明广运圣武神功纯仁至孝文皇帝"尊号，为"成祖启天弘道高明肇运圣武神功纯仁至孝文皇帝"；加上皇考"恭睿渊仁宽穆纯圣献皇帝"尊号，为"睿宗知天守道洪德渊仁宽穆纯圣恭俭敬文献皇帝"。按世宗欲罢太宗之配天，而宗祀献皇于明堂以配上帝，故有所更置耳。[34]

世宗为将生父挤入原有的先皇序列，新建了所谓明堂大飨礼，同时用明堂大飨礼代替了太庙的祭祖礼。《文徵明年谱》记录了嘉靖三年（1524

年）七月的事件，《文徵明年谱》记：“世宗更定章圣皇太后尊号，群臣伏阙谏。时徵明方以跌伤左臂，注门籍不在列。编修王思等十七人杖死，杨慎等戍边。伍余福时官郎中，谪安吉知州。责吏部左侍郎何孟春倡众逞忿，出为南京工部左侍郎。徵明有送行诗。”[35] 以文徵明耿介的性情，他为什么没有参加这次议谏呢？文嘉《先君行略》记：“公于早朝未尝一日不往，偶跌伤左臂，始注门籍月余。时议礼不合者，言多讦直。于是上怒，悉杖之于朝，往往有至死者。公幸以病不与，乃叹曰：‘吾束发为文，期有所树立，竟不得一第。今亦何能强颜久居此耶？况无所事事，而日食太官，吾心真不安也。’遂谢归。方上疏时，或言：‘公居官已三年，若一考满，当得恩泽，或可进阶。’公笑而不答，竟不考满而归，时丙戌（1526年）冬也。属河冻舟胶，不可行，乃与泰泉黄公（黄佐，1490－1566年）同守冻潞河。有欲疏留公者，公令人谢之曰：‘吾已去国，而偶滞于此。若疏入，是我犹有所觊觎矣，何君不知故人如此？’留者遂止。或劝公从陆路遄往归，公曰：‘吾非以斥逐去国，行立均耳，何必穷日之力而后为快哉！’明春冰解，遂与泰泉方舟而下。”[36] 虽然因病没有参与同僚的伏谏，而幸免于廷杖，但这显然让他清醒地看到皇权的强横，他在诗词中表现了愤慨不满，在他的文集《集三十五卷本》卷十《送何少宰左迁南京工侍二首》记：

拜章伏阁举伦彝，耿耿忠言动赤墀。
名义千年元自重，礼文一代敢谁私。
直躬自古难忘蹇，了事知公不是痴。
去去保釐非远谪，未须惆怅续骚词。

何人发难干伦纪？有客输忠翼圣明。
礼重乾坤那可易？事关名教得无争？

百年富贵浮云淡，万里江湖白发生。

李白从来多感慨，凤凰台上望神京。[37]

这个借议礼上位的张璁是文徵明父亲提拔过的，文徵明一开始和他有所交往，但是对于他后来的行径，文徵明应该很是厌恶，"先是罗锋张公为温州所拔士，公亦与交。及张将柄用，遂渐远之"[38]。文徵明作为儒者，对于礼教看得很重，世宗的行为无疑他是不满的。对于好古法，崇敬上古礼制的他，在拙政园的诗文中，再一次对于人主隐晦地表现了自己的看法。在拙政园里，一座小小的亭子，就仿佛是明堂被支离后的化身，但即便如此，因为它毕竟是明堂的化身，文徵明还是寄希望它能够像松柏一样，四时长青，保得天下太平。比起现实皇家南郊壮丽的祭坛和殿堂，文徵明更向往上古的茅亭。上古的明堂是位于水面的一座大亭子，宗白华在《美学散步》中说："《汉书》记载武帝建元元年有学者名公玉带，上黄帝时明堂图，谓明堂中有四殿，四面无壁，水环宫垣，古语'堂□（厂＋皇）'。'□（厂＋皇）'即四面无墙的房子。"[39]这段话出于《汉书卷二十五下·郊祀志第五下》：

初，天子封泰山，泰山东北址古时有明堂处，处险不敞。上欲治明堂奉高旁，未晓其制度。济南人公玉带上黄帝时明堂图。明堂中有一殿，四面无壁，以茅盖，通水，水圜（环）宫垣，为复道，上有楼，从西南入，名曰昆仑，天子从之入，以拜祀上帝焉。[40]

明堂的礼制带有神教合一的特点，汉武帝效法秦始皇巡行郡县，天下一统后他十数次东巡，考察各郡刺史（汉武帝时全国设十三州刺史部）、郡守的政绩和各诸侯国王的言行，王不法，与刺史、郡守一样治罪，在考察郡、国的同时，还数次封东岳泰山和东镇沂山，至蓬莱琅琊"寻神

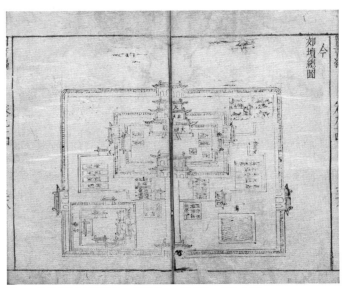

图 73　明代南京大祁殿图明 · 章潢著　《图书编 · 卷九十四》

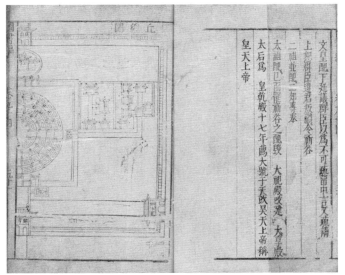

图 74　丘总图　明 · 章潢著　《图书编 · 卷九十四》

仙之属"以"颂功德、扬国威"和寻仙问道，求"长生"不老。汉武帝在封泰山时，公玉带献上明堂图，并称此图为黄帝时体制，后世多认为此图是作伪，为讨好武帝而作，究竟上古的明堂什么样子，后代一直争论不休，直到清代，明堂的问题仍在谈论中，清代名儒毛奇龄（1623—1716年）说：

> 明堂，自昔有之，古名嵩宫，亦名明庭，黄帝名鬴宫，尧时名衢室，舜名总章，夏后氏名世室，殷名重屋，周名明堂。其称之文，则见于《孝经》《孟子》《左传》《周颂》《大戴礼》《礼记》《家语》《考工记》《荀子》《吕氏春秋》及《明堂月令》诸说。
>
> 其所施用，则一享上帝，一朝诸侯，以别尊卑。一四时迎时气，一十二月朔，各就其堂听朔，以颁政治。一巡狩，年四朝诸侯于方岳之下。王方庆所谓天子行事。一年十八度，入明堂是也。[41]

　　明太祖在南京称吴元年（1367年）时，在正阳门外钟山之阳，建圜丘为"天"之所，建方丘，祭"地"之所。圜丘与方丘，一个祭天，一个祭地，取"天圆地方"之意。洪武十年（1377年），朱元璋感到"天地犹父母，父母异处，人情有所未安"，"乃命即圜丘旧址为坛，而以屋覆之，名大祀殿"，也就是后人所称的天地坛。《明史·礼志》记："大祀殿下坛上屋，屋即明堂，坛即圜丘，列圣相承，亦孔子从周之意。"《洪武实录》又说"即圜丘旧址为坛，而以屋覆之，名曰大祀殿"，《明史》记"屋即明堂，坛即圜丘"，南京还设有社稷坛、太庙、奉先殿，明章潢《图书编·卷九十四》记录明代南京大祀殿等祭祀礼制建筑图。（见图73、74）后来这套礼制建筑北京完全承袭下来，北京大祀殿规制完全模仿南京大祀殿，并引《明太宗实录》云"唯高敞壮丽过之"，大祀殿也叫天地坛，明朝初期至中叶，皇帝每年都在大祀殿举行天地合祭大典。嘉靖二十年（1541年）

世宗下令拆除大祀殿，建筑他亲自设计的"大享殿"，嘉靖二十四年（1545年）大享殿建成，形制即今天的祈年殿，唯瓦分三色，上檐青瓦，中檐黄瓦，下檐绿瓦。嘉靖帝经过几番折腾，终于把与"上帝"对话的明堂改造成树立他纯正血统的纪念场所。

　　显然，明堂的功能形式在中国王朝的统治是主要的，而其主体的内容在皇帝和文人的理解中似乎却从未真正地统一过，中国的文人对政治的介入是超过对学术的关切的，弗朗西斯·福山认为这种"文人和官僚的作用合二为一，在其他文明中是找不到的"，[42] 但是"对皇帝的权利，儒家无法想象任何制度上的制衡。更确切地说，儒家试图教育君主，缓和他的激情，使他深感对人民的责任"[43]。在这样的模式下，明代文人中产生了无数的"直臣"，所谓的"直臣"就是犯上的同义词，"左顺门事件"不过是其中发生的典型案例。在文徵明为拙政园所作册页的第一帧题跋中，林庭㭎（1472—1541 年）题词：

　　丁酉（1537 年）秋，归老过吴门，辱旧治士民款留不忍别，依依然有并州故乡之念。槐雨先生出视此册索题，予方以未及游览斯园为歉然，披捅之余，则衡山文子之有声画、无声诗两臻其妙。凡山川、花鸟、亭台、泉石之胜，摹写无遗，虽辋川之图，何以逾是。予何言哉！独念先生早以名御史揽辔东巡，触忤权奸，逮系诏狱，祸且不可测。时先文安官南铨冢宰，抗章论救，始获从轻典，而槐雨之直声益振海内矣。然则今日之保全终始，安享和平之福者，乌可不知所自哉？此又图外之意，歌咏之所未及者，特表之以发先生一笑云。

　　赐进士光禄大夫太子太保工部尚书恩赐廪舆驰驿致仕小泉林庭昂题于舟中。[44]

　　林家"三代五尚书，七科八进士"，弘治八年以《春秋》中举，十二年（1499年），中己未科廷试二甲第二名进士，次年授兵部武库司主事，之后调任职方司，清理军册于南京，转员外郎，升武库司郎中，调任职方司。吏部尚书张彩欲改其为监察御史，其坚持谢绝，后改为苏州知府。嘉靖十四年八月升工部尚书，加封太子太保。嘉靖十六年（1537年）六月被御史桑乔、给事中管见所弹劾。之后乞求致仕，这段题跋作于他返回福州的途中，他的题跋称赞了笔墨精绝的园林图册，满纸充盈着道德感，但依然掩盖不住其中的血腥和暴力，"触忤权奸，逮系诏狱"，是很多明代文人都亲身经历过的噩梦。明代诏狱设于朱元璋时代，亦称锦衣卫狱，因直接听命于皇帝，故被称为"诏狱"，明代废丞相，在六部之外设立锦衣卫，这无疑是在"君臣"之间画的一道红线，而当宦官当权之时，更是惨案无数，在明史之中，经常可以看到大臣被"杖刑"，而这些谏臣首当其冲，王献臣身为监察御史，伴君如伴虎，自然不可避免。林庭㭿家世代从仕，所以当年不肯接受这个有风险的职位。"杖刑"不但使朝臣人格受尽侮辱，也有性命之忧。从文字构造来看，"政"从支从正，正亦声。支就是敲击，手持权杖发号施令，以惩罚和规诫维持其统治，"政"本身就是暴力的代名词。明代的《大明律》《大诰》可谓完整，但对于皇帝却无任何约束，所以，明代皇帝多荒淫无耻，嘉靖沉迷于道教，为求长命，苦炼不老神丹，大量征召未成年的宫女，采补她们的处女经血，炼制丹药。为保持宫女们的洁净，她们经期时不得进食，只能吃桑叶、喝点露水。嘉靖帝多疑暴戾、喜怒无常，鞭打宫女是家常便饭。宫女们终于忍无可忍发动了历史罕见的暴动，在嘉靖二十一年（1542年），发动了"壬寅宫变"。《明世宗实录》："嘉靖二十一年十月丁酉，宫婢杨金英等共谋大逆，伺上寝熟，以绳缢之，误为死结，得不殊。"当皇帝成为"人渣"，明堂的存在又有何意义。法治的含义在于，国王和皇帝也要受到约束，这在王朝历史中是不可想象的，即便是法家，法律也只是记录君王的命令而已。

　　亭、园、明堂在时间的绵延中，一再扩展和瓦解它们原初的语义，以及对自然、人类之间的同一性的诉求，社会、权力的场域充满了不同于自然的力，人作为自然之子和社会性的动物，其创造的社会空间先天带有分裂性，空间形式充满了复杂的力，在《拙政园图咏》中，《得真亭》暗示了亭园埋藏着复杂的社会场域。明堂作为统一信仰的幌子，其"支离"是必然的，是随着中国古代社会结构发生变化的，中国古代社会建立人天统一的父权社会的理想始终在瓦解破碎之中，而人神交感的空间模式终究是空中楼阁，无法成为公共信仰相应的建筑形态与之相应。对于远古的不停追忆源于信仰存在的危机，源于短暂存在者的困扰。亭园是解决这一危机的临时集聚之地。苏轼《灵壁张氏园亭记》云："古之君子，不必仕，不必不仕。必仕则忘其身，必不仕则忘其君。"[45]不管专制多么严酷，当陶渊明从社会性的存在退隐到和社会保持距离，纵情于山水之间，他就找到了自身的存在感，而后世把归于田园始终当作一种"自胜之道"，就是把自身作为存在者保持在存在内在的中心，将存在引向自身，将引向自身作为中心。这就是为什么亭园被时空埋葬、掩盖，但是同时也被诗文图画"保存"着，但在其"时空"的历史中断裂是必然的。但"亭园"同时带来了"内在存在"的深层维度，而这种深不可测甚至连自然的广袤也无法匹敌，如果在缺乏信仰和绝对性的尘世间，找一个立足之处，还有什么比亭园更像一个"庇护所"呢？程抱一说：

在艺术领域里，中国颇能很早就实现真"二"以致于真"三"。因为隐遁山林之间，任何封建势力，任何统治者，都无法前来压制隐者和大自然之间所发生的亲密关系和创造行为。这也是为什么中国过去历史上动乱时期反而是诗画以及思考兴盛的时期。中国人当然知道大自然是蕴藏"美"的宝库。但是他们没有把"美"推向柏拉图式的客观模式和抽象理念。他们很快就把大自然的美质和人的精神领会结合起来。其中主因是中国思想以气论为根基，而气论是把人的存在和宇宙的存在作有机的结合的。……作为艺术创造根源之美从根源起就已是交往、是衍变、是化育。而自那美而滋生的产品无可置疑地是真"三"了。……然而不得不承认的是：仅将大自然作为对象尚为一种局限。大自然的反照足以包容人的存在之全面么？人的特有命运、特有经历、特有意识、特有精神的完成，不也需要另一种探测与表现么？[46]

在禁言禁论的帝制中，程抱一提出的对完整存在的表现是不可能出现的，所谓时代不幸诗人幸也只是社会主体缺失的叹息，事实上，亭园存在于自然和社会性中双向牵引之中，自然的审美固然是构筑园亭的目的，而外部社会化的需求也并没有完全退隐，理想主义的退隐导致享乐主义的上位和社会场域对亭园的渗入，这在晚明时到达鼎盛。江南园林盛况文献中记录甚多，如王世贞在其《太仓诸园小记》《游金陵诸园记》中分别记录了当时太仓、南京两地私家园林的盛况。其中《太仓诸园小记》记录，当时的太仓城内有园亭十一座，属于王氏兄弟的有三座，曰："吾州城，睥睨得十八里，视他邑颇钜，阛阓之外，三垂皆饶隙地，而自吾伯仲之为三园，余复有八园。"[47] 王世贞燕游金陵期间饱览金陵名园，留下记录的园亭共计三十六座，并且将金陵名园与李格非(1045—1106 年)《洛阳名园记》中所录者相较短长，认为金陵名园定当胜之而有余。作为园林大家的王世贞在《太仓诸园小记》一文中称："今世富贵之家往往藏镪至巨万而匿其名，不肯问居第。有取第者，不复能问园。而间有一问园者，亦多以润屋之久溢而及之。独余癖迂记必先园而后居第，以为居第足以适吾体而不能适吾耳，其便私之一身及子孙而不及人。人园之胜在乔木，而木未易乔非若栋宇之材可以朝募而夕其也。于是余峕园最先成，最名为胜，而天下之癖迂，亦无不归之余者。"[48] 王世贞认为尽管建筑宅第可以使居住环境舒适，"足以适吾体"，"以便私之一身及子孙"，可以传给后人；但是应以筑园林为优先，园林不但可以"适吾耳目"，而且"其便及于外人也"。就是说社会性交往的意义比简单地满足生理的要求要高。经过精心设计的园林，对于主人更具有文化象征的意义与社会功能，因此园林较居第更有趣，更值得"冒险"。园林世界本身是去中心化的，但同时也制造了短暂的"中心"，是观看自我本真欲望的多重方式。对于诗人而言，心灵感知的"中心"，必然指向本真世界的同一性；这种同一性虽然被遮蔽，但它的光线与力量却被哲人、诗人所感知，中心的内部转向，意味着要在亭园中设定"自适"的幸福，亦即在园林世界建立起这种可推知性，则唯有"设定"一个"亭的瞬间"。以这个地点而设立为"一"，以此"点"为在时空中的"绝对"。"亭"就在时空中，成为绝对。众多的亭子立在幽冥的园子深处，承接自然和社会的风雨，投射自身的影子，变换模糊的影子，一瞬间闪现着世界本真的踪迹。

｜ 如何能"主"？

拙政园造园目前主题公认为水，也有莲花的说法，今日的拙政园以荷花胜景闻名，这在文徵明册页的场景中也可以看到，荷花的意象出现在《拙政园诗文图册》中的"小飞虹""净深亭"和"芙蓉隈"中，事实上，和后来的影园以"黄牡丹"名动江南一样，拙政园历史上曾经是以珍稀的花木名动江南，就是"宝珠山茶"。《拙政园志稿》记：顺治十年（1653 年）大学士海宁陈之遴以廉价两千金从《识小录》作者徐氏后人手中购得园子，陈得园后重加修葺，备极奢丽。内有宝珠山茶三四株，花时巨丽鲜妍，为江南所仅见。后世诗人都有吟咏，诗人吴伟业《咏拙政园山茶花并引》记录，拙政园曾为从前大弘寺的旧址，"其地林木绝胜"，明代园主王御史者"侵"之，"以广其宫"。可见王当年是在大弘寺边上购地营园，同时侵占了寺庙。从吴诗中我们得到重要线索，当年王献臣是"侵"大弘寺，而非"因"地，而"侵"大弘寺的重要原因是因为园址内这几颗山茶花古木，

翁方纲（1733—1818 年）在《复初斋文集卷三十一·跋拙政园记》文中记：

> 右文衡山《拙政园纪》，并三十一诗，王雅宜《拙政园赋》并序，皆后人重书。文衡山记，在其既归田后之七年，而雅宜已殁矣。尚未言及山茶，刻王献臣篆围嶂，其煞山茶可知。王献臣以锦衣镇抚司匠籍，成进士在弘治六年癸丑。至嘉靖中，乃因大宏寺废基筑园。而吴梅邨诗云："百年前是空王宅，宝珠色相生光华。长养端资鬼神力，优云涌现西流沙。歌台舞榭从何起，当日豪家擅闾里。苦夺精蓝为玩花，旋抛先业随流水。"据诗似是王侍御因旧有山茶，而侵地为园。若然，则记中所列亭馆三十二者，反遗其最盛之名花。何邪？虽一物之微，而赋咏与记述，概不相应如此，况其大者乎？徐健庵《道署记》，隐括前后，亦稍有同异，而衡山之记，称侍御直躬被斥，与梅邨所云豪家侵寺地者，亦不相似，又何也？援地志证史者，未知将焉所折衷矣。[49]

　　翁氏之文质疑文氏对于王氏拙政园的描绘有所出入，翁方纲认为文氏有可能遗落了园中名声最盛的花木，而文徵明的《莆田集》也没有收编拙政园的诗文、园记，这恐怕也是有内在关联的。在明代拙政园后来归徐氏，关于拙政园的诗文几乎就没有了，对于这个"遗漏"，对照后来文字反复提到的"三十二景"，不禁令人猜想那个景图是否被有意删除了，但如果把"宝珠山茶"视为拙政园的主体，那么文徵明笔下的拙政园也可以视为一直是一个"无主之园"。到了清代之后，关于"宝珠山茶"的文字就冒了出来，清初，兵兴，被镇将所占据，顺治五年（1648 年），陈相国之遴（1605—1666 年）买下园子。当时园内有三四株宝珠山茶，"交柯合抱，得势争高。每花时，巨丽鲜妍，纷披照瞩，为江南所仅见"[50]。但是陈之遴自买此园后，先是在政地宦游十年不归，并未亲身看过这几株奇异的山茶花，其后顺治十五年（1658 年），全家流放辽东，十年后陈死于辽东。他的妻子徐灿是当时有名的女词人,存世《拙政园诗集》二集、《拙政园诗余》三卷。为其刻书的吴骞在《尖阳丛笔》记：

> 徐夫人灿字湘蘋,东吴人陈素庵相国继室也。工长短句,有拙政园诗余行事。按,拙政园在姑苏齐门内,故大宏(弘)寺基也,林木极盛,有御史王某侵之,以广其宫,继而归徐氏,沈石田、文衡山辈尝为作图而赋诗者也。明末兵兴为镇将所据,最后乃归于陈相国,相国自买此园,在政地十年不归,及得罪,与湘蘋同徙辽左,终于戍所,盖虽有此园,实未尝一日居也。园有宝珠山茶最奇,古前人多题咏之。[51]

文人诗集、文集多以自己的园林、书斋命名,但徐灿在其诗词并无一首诗直接描写拙政园,也没有资料显示徐灿曾经住过拙政园,但是她以自己的诗词集认可自己就是未曾居住过的拙政园的“主人”。而同时拙政园在现实中是一座“无主”之园,这和她对江山易主的感受是相吻合的,也表现在她“深隐”和“幽咽”的词韵中。所谓“幽咽”,即欲言又止,欲言未言的意思,也是对主体的含混的映射,这本身就是中国诗词的特性,但是特殊的境遇以及女性词人的身份,形成了她自己的特质,完成了对词境的开拓,其内心的哀怨使她在表情达意上极为深隐,造就了意蕴异常丰富的退隐的主体性。以她的《满江红·和王昭仪韵》为例：

> 一种姚黄,禁雨后、香寒□色。谁信是、露珠泡影,暂凝瑶阙。双泪不知笳鼓梦,几番流到君王侧。叹狂风、一霎翦鸳鸯,惊魂歇。身自在,心先灭。也曾向,天公说。
> 看南枝杜宇,只啼清血。世事不须论覆雨,闲身且共今宵月。但姮娥、也有片时愁,圆还缺。[52]

词中的"姚黄"就是"黄牡丹"，影园诗会的主题，钱谦益曾为郑元勋影园文集作《姚黄集序》，称"花以人瑞也"，而在徐灿这里，加上"一种"限定之后，把它放到帝王的呼来唤去随意蹂躏之中，牡丹肉身虽在，精神已被摧残；只有啼血杜鹃在狂风骤雨悲鸣不已，诗中语法的人称并没有出现，显示为"退隐"的一种自觉选择，但是牡丹、杜鹃、满江红和王昭仪与言说的主体处于一种特殊的关系中：通过主体的隐没，或者更确切地说通过使其到场"不言而喻"，主体将外部的景象内在化，而这也是中国古典诗词对待主体的态度，在以诗文为手段的园林中有其相近的感觉逻辑；徐灿的诗词并非一般诗词的写景状物，在遭遇家国之难的历史中，景物的主体是隐藏在表象的下面的。《踏莎行·初春》："芳草才芽，梨花未雨。春魂已作天涯絮。晶帘宛转，为谁垂，金衣飞上樱桃树。故国茫茫，扁舟何许。夕阳一片江流去。碧云犹叠旧河山，月痕休到深深处。"[53] 徐灿处于明清易代之际，遭遇到一种痛彻骨髓的亡国之悲、黍离之痛，诗词中传递出身心分离与亡国无主的心态，她也目睹了人性在政治中的堕落，词中"芳草才芽，梨花未雨"讽刺孝庄太后委身夫弟多尔衮，映射了幼帝、太后与摄政王权力争斗无视人伦的宫廷乱象。"晶帘宛转为谁垂，金衣飞上樱桃树"是词人讽刺夫君陈之遴献媚清廷成为贰臣，身为夫妇她很了解陈之遴攀附权贵的本性和手段，而她本人又不得不接受清廷的封诰，全家起伏于波涛诡谲的政治风波之中，词中"芳草""梨花""晶帘""樱桃树""扁舟""江流"都有着很深的"所指"。徐灿向往回到从前的时光，她的大家族在苏州城内拥有多处名园，她曾祖父是万历年间太仆寺少卿徐泰时，东园（留园前身）的营造者，还曾把已经衰落的归元寺改建为宅园，名西园，祖姑父范允临建有天平山庄，徐参议园、紫芝园、拙政园等也属于徐家。而当年陈之遴重金购置拙政园，是否真的想从朝中告老还乡，与爱妻悠游于拙政园，共赏山茶花，吟诗作对，最终是一个无法作答的谜。前面我们提到吴伟业《咏拙政园山茶花》，叙述了拙政园沧桑变换，慨叹人事变幻"花开连理古来少，并蒂同心不相保"，"看花不语泪沾衣，惆怅花间燕子飞。折取一枝还供佛，征人消息几时归？"[54] 清乾嘉时海宁诗派诗人陈莱孝《谁园诗抄》则有《读吴梅村太史拙政园山茶歌有感》和应，诗序记：

> 拙政园，长洲故大弘寺基也。其地林木绝胜。有王御史者，侵之以广其宫。后归徐氏最久。兵兴，为镇将所据。已而吾家素庵相国得之。内有宝珠山茶三四株，交柯合理，得势争高。每花时，巨丽鲜妍，纷披照瞩，为江南所仅见。相国自买此园，在政地十年不归，再经谴谪辽海，此花从未寓目。太仓吴太史与公为儿女姻家，作歌寄之。后公卒于谪所，迟十二年，夫人徐氏始克上疏，扶榇以还。道经吴门，一憩其地，夫人作长歌一篇，为宗人所传诵。先高祖赠太常公与公为同怀兄弟，俱被迁谪。至今已八十余年。盛衰转瞬，感慨系之。暇日读梅村之作，为拟其体，踏歌如左。[55]

南宋以后，徐灿被认为是可同李清照媲美的女词人，是明末清初词坛第一人，阳羡词派领袖陈维崧（1626—1682 年）在《妇人集》中称"徐湘苹才锋遒丽，生平著小词绝佳，盖南宋以来，闺房之秀，一人而已。其词娣视淑真，拟蓄清照。至'道是愁心春带来，春又归何处'，又'衰杨霜遍霸陵桥，何处是前朝'等语，缠绵辛苦，兼撮屯田、淮海之胜"[56]。陈维崧是明末四公子之一陈贞慧之子，父贞慧与商丘侯方域交善，同罹阮大铖之祸。陈维崧与吴兆骞、彭师度同被吴伟业誉为"江左三凤"。与吴绮、章藻功称"骈体三家"。明亡后，科举不第。弟弟陈宗石入赘于商丘侯方域家，陈维崧亦寓居商丘，与弟同居。顺治十五年（1658 年）十一月，陈维崧访冒襄，在水绘庵中的深翠房读书，与伴读徐紫云（云郎）相识。康熙元年（1662 年），陈维崧至扬州与王士禛、张养重等修禊红桥。

康熙十八年（1679年），举博学鸿词科，授官翰林院检讨。康熙二十一年（1682年），陈维崧去世，享年五十八岁。陈维崧于清圣祖康熙六年（1667年）写下《拙政园连理山茶歌》，其时陈之遴在已成东北政治流人之后，客死他乡，陈维崧则由园和花谈及人事政治：

拙政园中一株树，流莺飞上无朝暮。
艳质全欺茂苑花，低枝半碍长洲路。
路人指点说山茶，潋滟交枝映晚霞。
此日却供游子折，当年曾属相公家。
吴宫花草今萧瑟，略记相公全盛日。
隐隐朱门夹道开，娥娥翠幌当窗出。
平津休沐自承恩，炙手熏天那可论。
买来大宅光延里，占得名都独乐园。
霍家博陆专权势，石家卫尉耽声伎。
烛下如山博进钱，桥头似水鸣珂骑。
政事堂西奏落梅，黄扉恰对绣帘开。
月底骑奴长戟卫，花时丞相小车来。
小车长戟春城度，内家复道工词赋。
赋就新词易断肠，银筝钿笛小秦王。
镜前漱玉词三卷，箧里簪花字几行。
鸠鹊机忙春织锦，鸳鸯瓦冷夜烧香。
三月双栖青绮帐，三春双宿郁金堂。
双栖双宿何时已，从此花开亦连理。
沼内争看比目鱼，阶边赌摘相思子。
花枝傍更发新条，玉树联翩势欲高。
自谓春人斗春节，谁知花落在花朝。

兴衰从古真如梦，名花转眼增悲痛。

女伎才将舞袖围，流官已报征车动。

此地多年没县官，我因官去暂盘桓。

堆来马矢齐妆阁，学得驴鸣倚画栏。

辽阳小吏前时遇，曾说经过相公墓。

已知人去不如花，那得花间尚如故。

回首豪华又一时，白杨作柱不胜悲。

只今惟有王珣宅，古木千年叫子规。[57]

　　山茶花树空等主人数十载，令人感叹唏嘘，陈维崧慨叹如今花在人去，在宦海惊涛骇浪中，仕人究竟如何能"主"。但是在陈徐夫妇的生命中，有一株合欢树却是真切地陪伴了他们了的。陈之遴在《拙政园诗余序》中追述：

　　丁丑（崇祯十年，1637 年）通籍后，侨居都城西隅。书室数楹，颇轩敞。前有古槐，垂荫如车盖。后庭广数十步，中作小亭。亭前合欢树一株，青翠扶苏，叶叶相对。夜则交敛，侵晨乃舒。夏月吐花如朱丝，余与湘蘋、谭咏其下，再历寒暑。间登亭右小丘，望西山云物，朝夕殊态。时史席多暇，出有朋友之乐，入有闺房之娱。湘蘋所为诗及长短句，多清新可诵。寻以世难去国，绝意仕进，湘吟咏益广，好长短句愈于诗。所爱玩者，南唐则后主；宋则永叔、子瞻、少游、易安；明则元美。若大晟乐正辈，以为靡靡无足取。其论多与余合。频年兵散。今冬收辑得百首，余为之诠次。每阅一首，忆岁月及辙迹所至，相对路然，毋论海滨故第，化为荒烟断草；诸所游历，皆沧桑不可问矣。襄西城书室亭榭，苍然平楚，合欢树已供刍茏，独湘草游览诸诗在耳。自通籍去国，迨再入春明（清顺治二年，1645 年），不及一纪，而人事变易，咏零落若此，能不悲哉。

湘蘋长短句，得温柔敦厚之意，佳者追宋诸家，次亦楚楚无近人语，中多凄惋之调，盖所迁然也。湘爱余诗愈于长短句，余爱湘羊长短句愈于诗，岂非各工其所好耶。昔吴人盛传《络纬集》，盖湘蘋祖姑小淑（徐媛）所著。徐氏女士，挟彤管而蹑词坛，可谓彬彬洛美矣。然小淑氏从范长倩先生翱翔宦途，平愉快适志，晚节栖迟天平山，益拥范国泉石为乐，而余与湘羊流离坎壤，借三寸不律，相与短歌微吟，以销其结感愤，何遭逢之径庭也。古人有言"和平之声淡薄，愁思之声要妙"，将无穷于迁者工于辞欤？抑辞有所以工者而无与于穷达欤？今兵革渐偃，下日以清宴，湘羊试舒眉濡颖，视此帙何如也。顺治庚寅（1650 年）长至、素庵居士书。58

　　《拙政园诗余》成书在清顺治七年，这一年摄政王多尔衮突然病故。陈之遴四十六岁，徐灿三十三岁，陈之遴曾靠着巴结多尔衮晋升，现在马上见风使船博得顺治帝好感，并即将登上个人政治生涯顶峰。多年之后，陈之遴在《浮云集》中也有《合欢树》一诗，《浮云集》是陈之遴政治上跌入谷歌，晚年在谪地编定的，其中有赋一卷六篇、诗十卷、词余一卷，《合欢树》显然是他经事多年后写的。他很重视这首诗，并为它专门写了一段序，称："合欢树者，陈子邸中树也，青翠扶苏，叶叶相对，夜则两叶交敛，侵晨乃舒。陈子悦之，作此诗也。"59 在诗序中，一般理解显然陈之遴把合欢树比成自己和徐灿，但是他是一个极其现实、人格分裂的人，一方面把自己伪装得像个江南名士，借助吴门的文化资源包装自己，期望自己和吴门前辈神仙眷侣一样，比如徐媛、范允临和陆卿子、赵宦光，能够清名流传海内，夫妇极唱随之乐；另一方面，他要抓住一切机会向上爬，他的感情并不专一，在诗里写道："奇树粲前除，柯干何亭亭。秀色擢华滋，叶叶相对生。吐花如朱丝，灼灼照前楹。南方为乌绒，北方为马缨。乌绒结同心，马缨绥远行。"60 这首诗内容隐晦，意象闪烁不定，有学者指出，句中暗示出现了两个女人，"马缨"暗指顺治帝的废后静妃，"乌绒"指徐灿；而合欢树白天和夜晚的行状仿佛就是他自己行径的映射。陈家是不折不扣的"政治世家"，很善于应和帝王，因其家族世代为官，在明清两代科举考试中，又屡有陈氏家族成员金榜题名，凭借科举走入仕途，满清一朝，海宁陈家号称江南第一世家，有"一门三阁老，六部五尚书"之称。其中"三阁老"分别指的是：陈诜（赠文渊阁大学士）、陈元龙（予告文渊阁大学士）、陈世倌（予告文渊阁大学士）。"六部"分别指吏部、户部、礼部、兵部、刑部、工部，在六部当职的五尚书分别为：陈祖苞（赠礼部尚书）、陈之遴（礼部尚书）、陈诜（予告礼部尚书，赠工部尚书管理礼部事务）、陈元龙（予告礼部尚书）、陈世倌（予告工部尚书管理礼部事务）。明清两代，陈氏家族进士有三十一人之多，占整个州、县的六分之一。可见当时家族在朝中势力以及其门第兴盛之局面。乾隆帝六下江南，四次到访浙江海宁，皆驻跸陈氏私家园林"隅园"，还赐名"安澜园"，回京之后，在圆明园也仿造了一个"安澜园"，并写《安澜园记》一篇，可见陈氏家族与清室关系之密切。

相比之下，徐灿家族虽先商后仕，但多急流勇退，喜欢和吴中文化世家交游，对文化有很深厚的兴趣，徐灿敦厚深隐、忧生患世，并具有开阔的历史视野。她是明光禄寺丞徐子懋的次女，《海宁陈氏宗谱·家传》说她："幼颖悟，通书史，识大体，为父光禄丞子懋公所钟爱。"少年家住苏州城外吴中佛教胜地的"支硎山"下，也是陆卿子、赵宧光造名园"千尺雪"的隐居处，其祖姑徐媛多读书，好吟咏，与寒山陆卿子唱和，吴中士大夫望风附影，交口而誉之，称为"吴门二大家"。在徐灿《拙政园诗集》中，曾追忆当年所居紫芝园及支硎山家园往事，如《初夏怀旧》诗云："金阊西去旧山庄，初夏浓阴覆画堂。和露摘来朱李脆，拨云寻得紫芝香。竹屏曲转通花径，莲沼斜回接柳塘。长忆撷花诸女伴，共摇纨扇小窗凉。"[61] 另一首，《怀灵岩》诗云："支硎山畔是侬家，佛刹灵岩路不赊。尚有琴台萦鲜石，几看宝井放桃花。留仙洞迥云长护，采药人回月半斜。共说吴宫遗展在，夜深依约度香车。"[62] 明亡之前，她和陈之遴在京城度过从 1637 年到 1639 年的三年时光，在《唐多令·感旧》里，她写下了一家人在合欢树下温馨相聚、共赏夕阳西垂的回忆："客是旧游人。花非昔日春。记合欢树底逡巡，曾折红丝围宝髻，携娇女，坐斜曛。芳树起黄尘。苕溪断锦鳞。料也应、梦绕燕云。还向凤城西畔路，同笑语，拂花茵。依依三载荷殷勤，露滴风吹每见珍。"[63] 虽然是"侨"居，合欢树却给了她们一家人生中温暖的时刻。但是两人思想巨大的差异，在唱和的词中还是暴露无疑，多年以后两人回忆旧时合欢树下的生活，有《风流子·同素庵感旧》《和湘蘋旧邸感赋·风流子》两首唱和之作。徐灿《风流子·同素庵感旧》词曰：

只如昨日事，回头想、早已十经秋。向洗墨池边，装成书屋，蛮笺象管，别样风流。残红院、几番春欲去，却为个人留。宿雨低花，轻风侧蝶，水晶帘卷，恰好梳头。

西山依然在，知何意凭槛，怕举双眸。便把红萱酿酒，只动人愁。谢前度桃花，休开碧沼，旧时燕子，莫过朱楼。悔煞双飞新翼，误到瀛洲。[64]

陈之遴《和湘蘋旧邸感赋·风流子》词曰：

如今老矣，看双鬓、憔悴不须秋。叹有鸟花间，金衣还到，无人亭上，绿火方流。旧游地，衰杨重系马，一霎也难留。法眼观空，定应垂涕，禅心沾絮，怎地回头。

当年为欢处，有多少瑶华，玉蕊迎眸。日夕题云咏雪，不信任愁。正密种海棠，偏教满砌，疏栽杨柳，略许遮楼。只道多情明月，长照芳洲。[65]

但这两首词可谓"貌合神离"，虽然形式上词调相同、用韵相同，韵脚所用字也完全相同：秋、流、留、头、眸、愁、楼、洲，可是词的意蕴却不相同。距离上次来京城，"早已十经秋"，这十年是国破家难，西山虽在，但"愁容惨黛"，这是徐灿对江山易代之悲哀，陈之遴仕清之无奈；但陈之遴词中表露却是对自己的开解，在别人为民族危亡继续战斗的时候，他却在词中谈"法眼观空"，庆幸异族主子对自己的赏识，"只道多情明月，长照芳洲"。

陈之遴崇祯十年（1637 年），陈之遴中式丁丑科第一甲第二名进士（榜眼），授翰林院编修、中允等，这段时光夫妇二人在京城度过一段悠闲时光，书院的合欢树下遣咏相对，登亭遥望西山美景，可惜宦海骤变，崇祯十二年（1639 年）春，清兵进犯畿辅，杀掠山东，死难甚众。之遴父祖苞时任顺天巡抚，因城池失守罪，与其他官吏三十六人均下狱论死。后其在狱中仰药自尽。明亡之后，清顺治二年（1645 年）陈之遴降清，授秘书院侍读学士，礼部侍郎、都察院右都御史、礼部尚书，顺治九年（1652 年）被授弘文院大学士，顺治十年（1653 年）被劾，为户部尚书。顺治十二年（1655 年），复授弘文院大学士加少保兼太子太保。短短八年之间，陈之遴就平步青云，位极人臣，官居一品宰相，徐灿也被恩封一品夫人，可谓荣耀之至。顺治十三年（1656 年）二月二十七日，最忌讳结党营私的顺治帝猎于南苑，召集大臣，当众指责之遴有党；"植党营私""市权豪纵""下吏部严议，命以原官发盛京（今辽宁沈阳）居住"，不久召还。顺治十五年（1658 年）身陷南北党争，因贿宦官吴良辅，"本当依拟正法，姑免死，著革职流徙，家产籍没"，全家流放盛京，之遴病死盛京尚阳堡，次子、三子及幼子相继离世。现今传世的《拙政园诗余》，编成于清顺治七年（1650 年），所收词不足百首，夫妇原意本为"初集"，可惜成为终篇。其出塞后所写的词假如能流传于世，其中必多刻骨铭心、感荡性灵之作，但竟和烟消云散之合欢树一般，"不以一字落人间矣"。素庵殁后，适逢康熙帝拜谒先陵；湘蘋事先以画打发有司，疏通关节，并进呈观音千幅，才得迎于道左，引咎陈情，乞请先臣归骨。康熙念先帝旧臣、命薄才妇，遂荷赐环。徐灿湘蘋由是而名播中外。及奉骨归里，距素庵之卒已五年。

面对着世界凌厉的目光，以及不可控制的人生，诗人把对政治的恐惧转向了对于树木的注视，面对着世界的冲击，树木以其参差的边界和园子一起，构成了缓和的力量，并以图像的符号化产生了对主人抚慰、平衡的作用。古园沧桑，人亡花陨，宝珠消失枝蔓溃烂，但是古茶树作为园林的"零点"能量，依然储存在园林的图像记忆中，为园林废后重兴埋下重新链接的能指符号，缝合着主人与世界、他者之间天然存在着的断裂。园林树木构成的能指链条填补了主体形式的匮乏、破碎，陷落后的主体结构在园林中得到澄明和遮蔽，某种自我理想和实现的镜像都闪烁其中。

"侵""补"都是园林主体创伤中的无意识的显现。光绪年间，拙政园东部被命名"补园"，主人张履谦修在园中修建卅六鸳鸯馆，馆内悬清末状元陆润庠写的行楷额匾"十八曼陀罗"。馆南厅前有小院，栽植多株名贵山茶花"十八学士"，故称十八曼陀罗花花馆。"十八学士"是对古山茶树的追忆，也是茶花中的极品，一株上共开放十八朵花，朵朵形色不同，红的全红，紫的全紫，同时开放，同时凋谢。馆前小院湖石块垒，清幽明艳。苏州近代学者蒋吟秋（1896—1981 年）有诗赞曰："梅村诗好久留传，拙政山茶写笔颠，十八曼陀罗尚在，宝珠色相永春妍。"山茶花隆冬花开似锦，补园楠木花厅鹤轩内，曾悬挂清代学者吴大澂（1835—1902 年）篆书匾额，匾端有长跋，谓此处即当年吴梅村赏玩宝珠山茶之所，此匾在 20 世纪 50 年代遗佚。今天鹤轩庭院内，生长着两棵名贵的宝珠山茶，花色大红，花芯鹅黄，周围攒簇着无数层紧紧偎倚的小瓣，紧结成一个圆形的绣球，环绕于外的花平坦似盘，就像托盘中一颗宝珠，光彩夺目。树龄据估计在百年之内，两树之间相距仅二十厘米，很像是从原来的老根上派生出来的，也很有可能为当年宝珠山茶的移栽。在山水世界中，树木就文化的象征性而言是至高无上的，它们是爱、智慧的象征，代表着共享和分享，也是知识的源泉。海德格尔说："记忆乃是思之聚合。""为什么说我们必须去思那维系我们的东西呢？因为从本质上看它就是应该思虑的东西。去思它，是在思考它。正是由于我们把它看作是能够赞同我们的本质的东西，我们才思念它。"⁶⁶柳色依依、芳草树下，在存在的境域中，谈及草木辄以人喻，树木之思给予何为"主人"的本质性。

在计成和其他园林文献的文字里，虽然反复出现主人的字眼，但是主人的定义仍然是被悬置的。主人和园林在中国造园文化史上的关系及其演变是十分复杂的，不是单一的观点所能充分说明的。但是无可争辩的，造园文化和园林思想的传承与创新自始至终都是和"主人"所思、所想、所为、所述关联在一起的。在一定意义上，"主人"是一个"起点"，在作为断裂，它是一个园林的"起点"，作为"第一因"而开辟着园林的未来和今后并开启"新"的"因果"。"主人"授予"夺天工"的权力，承担起"移天缩地"的责任。我们来看出现在文献中的"主人"：

《拙政园三十一景图》	第十四图《待霜亭》："倚亭嘉树玉离离，照眼黄金子满枝。千里勤王苞贡后，一年好景雨霜时。向来屈傅曾留诵，老去韦郎更有诗。珍重（主人）偏赏识，风情原许右军知。" 第二十九图《瑶圃》："……若为移得在尘世，（主人）身是琼林仙。当年挥手谢京国，手握寒英香沁骨。万里归来抱雪霜，岁寒心事存贞白。呜呼！岁寒心事存贞白，凭仗高楼莫吹笛。"
《园冶》	《园冶卷一·兴造论》："世之兴造，专主鸠匠，独不闻三分匠、七分（主人）之谚乎？非（主人）也，能（主）之人也。古公输巧，陆云精艺，其人岂执斧斤者哉？……园林巧于"因""借"，精在"体""宜"，愈非匠作可为，亦非（主人）所能自主者，须求得人，当要节用。"

《陶庵梦忆》	《范长白》：范长白园在天平山下，万石都焉。龙性难驯，石皆笏起，旁为范文正墓。园外有长堤，桃柳曲桥，蟠屈湖面，桥尽抵园，园门故作低小，进门则长廊复壁，直达山麓。其绘楼幔阁、秘室曲房，故故匿之，不使人见也。山之左为桃源，峭壁回淄，桃花片片流出。右孤山，种梅千树。渡涧为小兰亭，茂林修竹，曲水流觞，件件有之。……地必古迹，名必古人，此是（主人）学问。
《履园丛话》	《丛话二十·园林》："造园如作诗文，必使曲折有法，前后呼应，最忌堆砌，最忌错杂，方成佳构。园既成矣，而又要（主人）之相配，位置之得宜，不可使庸夫俗子驻足其中，方称名园。……园亭不必自造，凡人之园亭，有一花一石者，吾来啸歌其中，即吾之园亭矣，不亦便哉！……大凡人作事，往往但顾眼前，倘有不测，一切功名富贵、狗马玩好之具，皆非吾之所有，况园亭耶？又安知不与他人同乐也。"
《闲情偶寄》	《居室部山石第五》："（主人）雅而喜工，则工且雅者至矣；主人俗而容拙，则拙而俗者来矣。有费累万金钱，而使山不成山、石不成石者，亦是造物鬼神作祟，为之摹神写像，以肖其为人也。一花一石，位置得宜，主人神情已见乎此矣，奚俟察言观貌，而后识别其人哉？"
《浮生六记》	《卷六·养生记道》：圃翁拟一联，将悬之草堂中："富贵贫贱，总难称意，知足即为称意；山水花竹，无恒（主人），得闲便是（主人）。"其语虽俚，却有至理。天下佳山胜水、名花美竹无限。大约富贵人役于名利，贫贱人役于饥寒，总鲜领略及此者。能知足，能得闲，斯为自得其乐，斯为善于摄生也。

透过这些与"主人"相关的文字，我们可以看看散落在不同文献关于主人的叙事，前文我们分析过中国文字、绘画和造园的关联，中国造园文化自成一独特的系统，这是显见的事实。关于古代园林的文字虽然

多至不可胜数，但是，系统的著作仅有《园冶》，加之中国古代汉语有其独特的思维习惯，“得意忘言”是一个普遍的现象，关于主人的文字多为叙事性的，而非思辨和思想层面的，如果不越过叙述的层面，我们将难以发现古代文献在空间理论意义上的普遍性。而在叙事上，古代文献对于园林的叙述，有其思考的丰富性，并且在很多侧面都表现出它的独特形态。从上面直观上看，“主人”是多义性的，并且是附带相当高的条件的，同时“主人”身份又兼有复杂的特点，以今天的语境，建筑师、造园家或设计师的说法，只是一个类比，还不能接近这个带有中国文化特点的称谓。在某种意义上，作为“主人”在现实中的“出现”只是一个随时随地的“可能性”，因而就现实意义来说，它的确无可预期，缺乏惯有概念的“连续性”。从文化史和思想史的角度出发来看，传统的文化思维多以隐喻为主，“主人”在文献中故意被处理成边界模糊的“待定义项”，以我的观点看，“主人”身份的建构是其争取“合法化”的过程，可以把“主人”看作“隐”和“显”的双重结构，“隐性”的结构作为一个动态的文化符号，它具有创造某种特殊结构的能力，这是“能主”的关键，否则主人作为在世的短暂者，没有一个深层的文化力量，如何能创造连绵不断的造园文化？这也是从两晋到明清，一直对于胸中有“丘壑”的标准的外显，而这个结构也构成了园林废而复兴的力量，而且随时接受“显性”的召唤，等待“主”的力量。我们可以从“主”的造字源头的语义上来看一看，“主”字在甲骨文中有的被写为“T”，有的被写为 ，在形态上都和中国的木构建筑相关联，是梁柱结构的符号化，也意味着人寻求安身于天地间的稳定，是支撑、主持和控制，后《说文解字》把“主”字解释为“灯中之火”：

　　 ：鐙中火主也。
　　释器。瓦豆谓之登。

　　郭曰。即膏镫也。膏镫、说文金部之镫锭二字也。其形如豆。今之镫盏是也。上为篝盛膏而火是为主。

　　其形甚微而明照一室。

　　从上文我们的确可以看出篆书的"主"像是一盏灯，最上面的点如同灯的小火苗，然而其引申义却不是臣主、宾主之主，而是"天地之主"，就是生命之火和光，驱散无明之黑暗。"其形甚微而明照一室"，这样的描述是一种"激活"的观念。主人和丘壑的关系呈现为丘壑并非为他物，更像是一个集体意识投射的身躯，通过"明照"而被唤醒，成为一个面对与我的具有灵性本质的"身体"，如唐朝厉霆《大有诗堂》云："胸中元自有丘壑，盏里何妨对圣贤。"

　　造园的行为表现为把一些特定之物聚集在一起，容纳于"场地"之上，就可以建立起可以进行特殊领域的活动和接纳历史经验之流的场所。在园居的世界中，并不存在一个纯自然的"场地"，人的居住和场地发生了关系，场地的自然属性和人类的生活并存，构成了存在空间的意义体系。前面提到"丘"有拜祭天地的意思，也有神仙居所的意思。《说文解字》中写道："场，祭神道也"。早期祭神的场所，在某种意义上，正是"丘"的场所。丘壑和有着"灵晕"的场所有着天然的联系，而这种深层的联系在园林中仍然存在。景观，构筑等物质结构特定的秩序构成了园林外在的知觉，现象和经验则是内在的知觉，在这样一个构筑物中，外在知觉和内在知觉交触在一起，当两种知觉达到某种高度融合的状态时，就产生了高于单纯前两者的第三种存在，即所谓的场所。所以钱泳强调名园需要"主人相配"，而李渔认为园林的面目折射了"主人"的"雅俗"，人和场所的关系是场所的本质。"地必古迹，名必古人"其实是"丘壑"的外化，所谓"主人身是琼林仙"取决于自我的选择，只要主人"心事存贞白"，不一定非要复杂的很大的空间，一样可以散发出奇特的气氛。

文徵明的玉磬山房、徐渭的青藤书屋，李渔营造的半亩园，都属此类，主人的形迹散发于此，而短暂者通过这样的和物质世界的相关性，得以找到自身命名自我存在的合法性。

停云馆与玉磬山房

文徵明在《王氏拙政园记》一文的结尾说："徵明漫仕而归，虽踪迹不同于君，而潦倒末杀，略相比偶，顾不得一亩之宫以寄其栖逸之志。"说明他的宅院和拙政园当时的"广袤二百余亩"不能相比。玉磬山房是在嘉靖六年（1527 年），文徵明五十八岁从北京朝中辞官后，返乡修建的，在原来父亲文林造的停云馆里，又多造了一处居处。关于停云馆，《江南通志卷三十一·舆地志·古迹》有记：

> 文徵明宅，在长洲县德爱桥，其父林所构，即停云馆也。徵明孙，震孟宅又在宝林寺东。[67]

"停云"二字，从文学上看，有陶渊明《停云》一诗，在诗序他写道："停云，思亲友也。罇湛新醪，园列初荣，愿言不从，叹息弥襟。霭霭停云，濛濛时雨。八表同昏，平路伊阻。静寄东轩，春醪独抚。良朋悠邈，搔首延伫。"[68] 从渊明另一首诗《归去来兮辞》"云无心以出岫，鸟倦飞而知还"[69] 知，"云"在诗文中当有某种寓意在，若以"出岫"比出仕，以"知还"拟归园，则"停云"，显然是归隐园林的另一种符号象征。程敏政（1445—1499 年）《沈启南画障为张通守题》称赞沈周的隐德，有："尚方有诏徵遗才，白发苍颜能一来。还君此图意无限，停云正绕姑苏台。"[70] 明孝宗弘治十二年（1499 年），敏政总裁会试，与徐经、唐寅、华昶等一同陷入"弘治春闱案"，革职归乡，数日后发痈卒，在他留下的诗文中多有咏唱山水

图 75 《崇山修竹图》·局部
　　明·沈周 1471 年　纸本设色　纵 108.1 厘米，横 37.8 厘米 台北"故宫博物院"藏

亭园之作。“停云”，还是文氏家族对于倪瓒的推崇和仰慕追思，这个“云”是“云林”的指代。据《锡金识小录卷七·稽逸·倪高士瓒》中记：“文温州初名梁，弱冠时得云林《秋山雪霁图》，旦夕耽玩不释，遂改名林，与兄共觔一楼‘怀云阁’。其向慕如此。”71 文徵明母亲祁守端（？—1476 年）擅画，被沈周称为今朝之管夫人，可惜笔墨流传甚少，成化十二年去世，文徵明时年七岁。祁守端有《春雨修篁图》等传世，竿挺叶密，萧疏有致。有钱载跋，今藏南京博物院。

　　文徵明喜爱书画，显然受到了家世的影响，文林亦对书画有研究，与沈周、吴宽、刘珏等人友情深厚。文林与吴宽书画的交往可见于台北故宫博物院所藏《崇山修竹图》（见图 75），此图为沈周于成化六年所作，是年刘珏以此画题赠其弟刘竑，是沈四十四岁以前之作。同年三月二日，唐寅生；十一月六日，文徵明生。次年辛卯（1471 年）二月，刘珏、史鉴、沈周、沈召同游西湖。壬辰（1472 年）春，刘珏逝。八月，刘以规持此画求吴宽文林为之题，吴宽、刘珏，俱负盛名。又一题为文林。三人同在京师。后来沈周于辛酉弘治十四年（1501 年）再题，此时沈已七十五矣。画面皴法似王叔明，大抵与四十一岁所作庐山高图甚为接近，松叶树干则较庐山高图直挺。画树皴山，皆中锋笔，与晚年喜用侧笔中锋者不同，幅上未署款，但在左下角石上有一印。文林题书为：“辋川图画渭城诗，千里相看有所思。老画碧桃山色在，刘郎去后沈郎悲。刘完庵沈石田皆以诗画擅名，壬辰春，完庵卒，而以规持是图在京邸索题，因录如右。八月廿六日文林识。”这一年，文林中进士，刘珏逝去，仲秋刘竑持此图求吴宽、文林题，时三人同在京邸。吴宽题曰：“刘子读书处，茆斋水木间。杖藜何日去，相与入穿山。予尝闻以规谈其乡穿山之胜。欲一游之而未能。故及之。壬辰秋仲十九日吴宽记。”该幅作品画法细致绵密，不同于后期的“粗笔”，与王蒙《青卞隐居图》颇为接近。沈周曾祖沈良与王蒙交友，沈周秘藏王蒙的名作《太白山图》三十年。《崇山修竹图》中有茅屋数椽，竹丛山色，所绘颇似沈周之别业"有竹居"，沈周亦自号"有竹居"主人。
倪瓒曾作《水竹居图》，自题"僦得城东二亩居，水光竹色照琴书。晨起
开轩惊宿鸟，诗成洗研没游鱼。"沈周"有竹居"显然受其影响，成化七
年（1471年）"有竹居"既结，所居之地有水、竹、亭、馆，有图书、鼎
彝。四方名士天天与他往来，风流文采，照映一时。其时文士好友若吴宽、
刘珏等多人皆过往并贻之诗，李东阳云："幽人住在竹深处，种有青山濯
有川。"黎扩云："新居僻地城东地，高竹千竿水一川。"吴宽云："遥踏
无媒径，重寻有竹居。"优雅辞句描述与画中幽深景致实有若干契合之处。
沈周坐卧"有竹居"中多年，多有写居所之绘画诗文作品传世。文徵明
二十六岁后正式从师沈周，沈周初以艺事妨举业，不欲徵明学画，后倾
囊相授，且极钟爱重之，文徵明人品笔墨乃至居行皆受其师影响巨深。

　　文家造园家风始自停云馆，停云馆则自文徵明之父文林开端，弘治
五年（1492年），文林自南京太仆寺丞移病归里，在苏州三条桥西北曹家巷，
于老宅空隙之地造"停云馆"。当时，文林有《停云馆初成》诗记其事：

> 屋西隙地旧生涯，小室幽轩次第加。
> 久矣青山终老愿，居然白板野人家。
> 百钱湖上输奇石，四季墙根杂树花。
> 暴有功名都置却，酒杯诗卷送年华。[72]

　　时年文徵明二十三岁，后来，文徵明和其兄文奎曾多年居住于此。
文家园居非常清雅，竹林掩映在小山亭馆之间，文林诗《栽竹》曰："带
雨移来玉数竿，清风亭馆散轻寒。谁云君子迁乔似，我作仙人跨凤看。
落日便能摇琐碎，残年还待报平安。新稍细粉娇须护，可忍题诗节下刊。"[73]
弘治十年（1497年），文林复起为温州知府，带病赴任。第二年于温州任
上寄诗《寄璧》给文徵明询问家中小园近况：

种菊庭中花有无，小山松竹近何如。

痴抛独乐了公事，悔拾浮名别故庐。

伏腊正悬归老计，经秋不得寄来书。

眼昏头白今如许，料理而翁正在渠。[74]

　　弘治十二年（1499 年），文林病逝于温州任上。尽管文徵明从苏州延请名医赶往温州，但是他们抵达温州之时，父亲文林已去世三日。温州百姓感念他为官正直清廉，集资一笔钱送给文徵明想厚葬他，但文徵明坚持不收。于是，就用这笔钱建了一个"却金亭"纪念文林。文自己在停云馆里度过了很长的时间，停云馆即是他的居住之所，进而也成为他本人的称谓，文徵明自号"停云生"，并刻有多方"停云""停云生""停云馆"印章，经常将它们钤盖在自己的书画作品上。文徵明曾绘《停云馆图册》（现藏于日本京都国立博物馆，《中国绘画总合图录》曾影印）、《停云馆言别图》（上海博物馆藏），勒《停云馆帖》十二卷。《停云馆帖》名声巨大，是刻帖史上少有的巨制规模的私家刻帖之一，这也使得"停云馆"作为一份留名于艺术史的文化遗产。刻帖为文徵明选辑，子文彭、文嘉摹勒。嘉靖十六年(1537 年)刻第一卷，以后得佳墨逐次加刻，至嘉靖三十九年(1560 年)，历时二十三年完成。起初为木刻，未毕遭火毁，后改为石刻。《停云馆帖》共十二卷，收录了从晋到明代的书法大家的墨迹，共八十九家一百四十八帖，对明后期书法的发展有很大的引导作用。比起《停云馆帖》的恢宏建制，停云馆的规模和构制并不繁盛。《文氏族谱续集·历世第宅坊表志》记：

　　待诏公停云馆，三楹。前一壁山，大梧一枝，后竹百余竿。悟言室在馆之中。中有玉兰堂、玉磬山房，歌斯楼。[75]

文徵明喜欢玉兰、兰竹，善画尤以墨兰著称，有"文兰"之誉。弘治六年（1493 年），他曾作诗《小斋盆兰一干数花山谷所谓蕙也初秋忽抽数干芬馥可爱因与次明道复赏而赋之》，"启扉得良友，列案罗清樽。于焉抚灵植，一笑涤尘烦。微风南牖来，浓馥散氤氲。有时参鼻观，即之已无存"。[76] 文家的玉兰堂虽不复存在，但今天拙政园里的玉兰堂尚可探访寻幽。正德三年（1508 年），文徵明三十九岁时，其兄对斋前小山进行过整修，文徵明记《斋前小山，秽翳已久，家兄召工治之，剪薙一新，殊觉秀爽，晚晴独坐，诵王临川（王安石）'扫石出古色，洗松纳空光'之句，因以为韵，赋小诗十首记其事》，小山前有"小池"，"道人淡无营，坐抚松下石。埋盆作小池，便有江湖适。微风一以摇，波光乱寒碧"[77]。空间意趣和拙政园三十一景中的"志清处"相似。文徵明傍晚坐在小山前，咏颂王安石《昆山慧聚寺次孟郊韵》诗中"扫石出古色，洗松纳空光"，感到空灵超然、古远淡薄，但是隐居和出仕的冲突依然存在，于是他咏道："叠石不及寻，空凌势无极。客至两忘言，相对餐秀色。檐鸟窥人闲，人起鸟下食。"[78] 一年后，他对停云馆之西斋进行过重新修茸，因"家无余资"，只得赖知友钱同爱、陈淳等相助。陈宏绪在《寒夜录》中记："文衡山先生停云馆，闻者以为清閟。及见，不甚宽敞。先生亦每笑谓人曰：'吾斋馆楼阁，无力营构，皆从图书上起造耳。'"[79] 清閟阁是倪瓒收藏图书文玩和吟诗作画之所，在今无锡县，后为祇陀寺。《锡金识小录》记：

清閟阁制如方塔，仅三层耳，高比明州之望海，方广倍之，启窗四眺，遥峦远浦，尽在睫前，而云霞变幻，弹指万状，窗外巉岩怪石，皆太湖灵璧之奇，碧桐高柳，窗茏烟翠凉阴，满阶风枝，摇曳有石浪纹。阁左有二三古藤，蜿蜒盘曲，恍如木栈入户。白扉上有王学士鏊题句云："罗桂楼台扶客上，鸟鸣窗牖唤人来。"所列多三代彝鼎，古琴一张，比时制短半尺，汉以前物也。二王真迹六七卷，其余法书名画以百逾半，皆宣和秘物，其什器如井阑、药臼、食柜、水槽、镗釜、盆盎、长几、圆案皆出名斤奇斧。[80]

从中可以见到倪瓒人格、艺术以及生活方式对文氏家族的深远影响，停云馆虽然建制不及清閟阁恢弘广阔，但是格调和气息是一致的，这种对古雅的追求影响到晚明的文人生活方式，在文震亨《长物志》中又有集大成的梳理。后来文氏子孙至五、六代仍居停云馆祖居，几代经营，园景亦有增减。文徵明本人亦曾加以增建，嘉靖六年（1527 年）春，他辞官与黄佐联舟归乡，返苏州作诗《初归检理停云馆有感》：

> 京尘两月暗征衫，此日停云一解颜。
> 道路何如故乡好，琴书能待主人还。
> 已过壮岁悲华发，敢负明时问碧山。
> 百事不营惟美睡，黄花时节雨班班。[81]

文徵明回到故乡的老宅停云馆，心情大好，后筑室于舍东，名"玉磬山房"，文嘉在《先君行略》中说：

> 到家，筑室于舍东，名玉磬山房，树两桐于庭，日徘徊啸咏其中，人望之若神仙焉。
> 盖如是者三十余年，年九十而卒。[82]

友人顾璘和诗《寄题文徵明玉磬山房》二首，其一曰："曲房平向广堂分，壁立端如礼器陈。拊琴便应来凤鸟，折腰那肯揖时人。词华价并金声赋，寿酒欢生玉树春。法象泗滨真不忝，画梁文藻翠光匀。"[83] 文氏咏《玉磬山房》："横窗偃曲带修垣，一室都来斗样宽。谁言曲肱能自乐，我知容膝亦为安。春风薙草通幽径，夜雨编篱护药栏。笑煞杜凌常寄泊，却思广厦庇人寒。"[84] 园屋虽小，但是主人的生活是充实的，明人风雅的生活陶冶了审美，陈继儒说：

> 凡焚香、试茶、洗砚、鼓琴、校书、候月、听雨、浇花、高卧、勘方、经行、负暄、钓鱼、对画、漱泉、支仗、礼佛、尝酒、宴坐、翻经、看山、临帖、刻竹、喂鹤，右皆一人独享之乐。[85]

文徵明作《停云馆燕坐有怀昌国》："山馆无人午篆残，便闲经日不簪冠。时凭茗碗驱沉困，聊有书编适燕欢。漠漠黄梅生湿润，纤纤白苎试轻单。梧桐小砌阴如许，不得君来共依栏。"[86] 篆刻、书画、品茗、读书、饮酒、古琴、昆曲、收藏、刻帖，这些雅致的生活元素共同建构了文徵明休息心灵的私人空间，这些并非沉溺于玩乐的欲望，这些成为他建构自己学术的基础，也构成了他对形式生发和创造的思考，他在《玩古图说》论及"骨董"时说：

> 骨董之义何方乎？骨之为言，万物莫不有骨也。董之为言，知也。知者为董，不知即为不董也。又董之为言，籍也。凡事莫不有籍，如物之盛于器，器之登于几，几之恶于地是也。古董鼎彝之青绿，玉之血斑，皆有所籍于同于玉为。则知无骨不能成，无籍不能立。即如论之有素，未可心虚，胥此意也。然既言骨矣，而以董字连之者何也？物之有真为，独理之有阴阳虚实也，惟其法鉴者始能藏真，且知其品第高下而甲乙之。若者宜玉轴，若者宜襄，若者宜函，未可矫强也明矣。兹亲仇宝父所衣玩古董，因为之说如右云。[87]

在文徵明的解释中，即使文人清玩的器物也有很严肃的道理，他的眼里世间的器物都是人自身本性的投射，器物没有“骨”就不能依附，所有美丽的色彩、纹样都要有所依凭，而和“董”字相连，那便是对器物之理的追问，得理才能藏真，真为物之真理也，阴阳虚实才能分辨，善恶美丑才能分明。就古董器物形式而言，古雅宁静，使人身心平静，是时间的沉淀，“旧制则喜其款素而性淳，时物则厌其色华尔气烈”，赏玩古物，就是抱朴守拙，虔心存真，这样的熏染深深地影响了造园的意匠。王国维在《古雅之在美学上之位置》一文中定义了何为“古雅之美”，他说：

> “美术者天才之制作也”，此自汗德以来百余年间学者之定论也。然天下之物，有决非真正之美术品，而又决非利用品者。又其制作之人，决非必为天才，而吾人之视之也，若与天才所制作之美术无异者。无以名之，名之曰“古雅”。[88]

王国维接受了康德的美是“无利害”关系的论断，康德认为，审美是一种“无目的的合目的性”，这是对审美的美感的一种定义，不是一种规范，王国维把这种审美归于审美的“第一形式”，他说：“于是吾人保存自己之本能，遂超越乎利害之观念外，而达观其对象之形式，如自然中之高山大川、烈风雷雨，艺术中伟大之宫室、悲惨之雕刻象，历史画、戏曲、小说等皆是也。”[89] 其主要表现为“崇高”和“优美”，王国维的贡献在于他发现了中国审美的另外一种形式，他把“古雅”视为审美的“第二之形式”，他认为：“而吾人之所谓古雅，即此第二种之形式。即形式之无优美与宏壮之属性者，亦因此第二形式故，而得一种独立之价值，故古雅者，可谓之形式之美之形式之美也。”[90] 很多古代器物从前为实用器，随着时间它们慢慢变成纯粹审美的形式，文徵明的“骨董”论正是这种审美，而他和吴门的绘画、园林艺术也深受其影响。优美之形式，使人心平和；古雅之形式，使人心休息。王国维认为："而以吾人之玩其物也，无关于利用故，遂使吾人超乎利害之范围外，而惝恍于缥缈宁静之域。优美之形式，使人心和平；古雅之形式，使人心休息，故亦可谓之低度之优美。宏壮之形式常以不可抵抗之势力唤起人钦仰之情，古雅之形式则以不习于世俗之耳目故，而唤起一种之惊讶。惊讶者，钦仰之情之初步，故虽谓古雅为低度之宏壮，亦无不可也。故古雅之位置，可谓在优美与宏壮之间，而兼有此二者之性质也。"[91] 文人造园之初心，也大抵在于此，就其本质而言，主人是从"古雅"中找到了"自胜之道"。由于"古雅"的能力不必非天才而为，"古雅"由"修养"获得，虽然不能接近艺术创造之极致，但其以"趣味"见长，可适用范围较广，对于人生的濡养意义成效更为可观。

　　文氏的停云馆和石磬山房今已不存，从其诗文上看，其空间气息犹存，清新古朴、略带寒朴，一代风雅教主的私人居处就是如此。文徵明五十七岁弃官，九十而归道山，是终老在玉磬山房的。现实往往限制了造园以及屋舍的规模和构制，但是，适度的规模是一种修养和节制，对于追求"古雅"反而成为一个标准。李渔（1611—1680 年）说："人之不能无屋，犹体之不能无衣。……造寒士之庐，使人无忧而叹，虽气感之乎，亦境地有以迫之；此耐萧疏，而彼憎岑寂故也。吾愿显者之居，勿太高广。夫房舍与人，欲其相称。"[92] 对于文人来说，屋舍的小不是问题，反而适合于主人简朴的美德，但对于宾客的交游来说就另当别论了。从形式设计来看，房屋的大小和使用的方式以及空间感觉有关，比起造价的约束，修养显得更加重要。对于居住来说，即便有钱的人造屋舍也不要太高太广，因为堂屋还是要讲究尺度的："画山水者有诀云：'丈山尺树，寸马豆人'。使一丈之山，缀以二尺三尺之树；一寸之马，跨以似米似粟之人，称乎？不称乎？使显者之躯，能如汤文之九尺十尺，则高数仞为宜，不则堂愈高而人愈觉其矮，地愈宽而体愈形其瘠，何如略小其堂，而宽大其身之为得乎？”⁹³ 树木山石的配置需要得山水画法的精神，空间和形体是在对比中求得变化的，不是一味地挥金如土就能造出好的屋舍庭院的，而现实中的有钱有势的人多不懂这个道理：

> ……常谓人之其居治宅，与读书作文同一致也。……常见通侯贵戚，掷盈千累万之资以治园圃，必先谕大匠曰：亭则法某人之制，榭则遵谁氏之规，勿使稍异。而操运斤之权者，至大厦告成，必骄语居功，谓其立户开窗，安廊置阁，事事皆仿名园，纤毫不谬。噫，陋矣！以构造园亭之胜事，上之不能自出手眼，如标新创异之文人；下之至不能换尾移头，学套腐为新之庸笔，尚嚣嚣以鸣得意，何其自处之卑哉！⁹⁴

虽然今天我们已经看不见石磬山房了，但是从文徵明的诗文书画中可以依稀看见，庭院中有一座小假山，两棵高大的梧桐，竹兰散布在屋角，园墙有很多名家墨迹的石刻，玉兰堂、玉磬山房、歌斯楼分布其间。在简朴的书屋外面，那几颗高大的乔木，经常出现在文徵明的画卷中，陈继儒在《太平清话》中说：“文氏停云馆，乃温州公当时所成并署题。衡山则玉磬山房，庭内有双桐覆之。”⁹⁵ 梧桐素有“一叶落而知天下秋”的说法，《淮南子·说山训》：“以小明大，见一叶落而知岁之将暮，睹瓶中之冰而知天下之寒。”⁹⁶ 李渔说：“梧桐一树，是草木中一部编年史也，举世习焉不察，予特表而出之。花木种自何年？为寿几何岁？询之主人，主人不知；询之花木，花木不答。谓之‘忘年交’则可，予以‘知时达务’，则不可也。梧桐不然，有节可纪，生一年，纪一年。树有树之年，人即纪人之年，树小而人与之小，树大而人随之大，观树即所以现身。《易》曰：‘观我生进退。’欲观我生，此其资也。”⁹⁷《中庭步月图轴》（见图 76）作于嘉靖十一年（1532 年），是文徵明与来客小醉后，踱步家中庭院，中庭月色如画，欣然碧桐入目，树影婆娑在地，所以绘图赋以诗：“……人千年，

图 76　《中庭步月图轴》　明 · 文徵明
纸本墨笔　纵 149.6 厘米，横 50.5 厘米
南京博物院藏

月犹昔,赏心且对樽前客。愿得长闲似此时,不愁明月无今夕。”文氏感慨:
“东坡云,何夕无月,何处无竹柏影,但无我辈闲适耳。”沈周有赏月图卷《有
竹庄中秋赏月图卷》(纸本,134.3cm,34.7cm),上题写:“少时不辨中秋月,
视与常时无各别。老人偏与月相恋,恋月还应恋佳节。老人能得几中秋,
信是流光不可留。古今换人不换月,旧月新人风马牛。”[98]这首诗收藏在
《石田诗选》名为《中秋赏月与浦汝正诸君同赋》,沈周60岁与浦汝正等
友人在其居所“有竹庄”内的平安亭中秋饮酒赏月,以七言律诗的形式,
抒发其对时间流逝的复杂心情,画卷山水清胜,竹树桥亭,明月高悬,
景致幽静。南宋赵希鹄在《洞天清禄集·序》中曾叹:“人生一世间,如
白驹过隙,而风雨忧愁辄居三分之二,其间得闲者才三之一分尔!”[99]既
然如此,“我辈自有乐地……明窗净几,罗列布置;篆香居中,佳客玉立
相映。时取古人妙迹以观,鸟篆蜗书,奇峰遠水,摩娑钟鼎,亲见商周。
端砚涌巖泉,焦桐鸣玉佩,不知身居人世,所谓受用清福,孰有逾此者乎?
是境也,阆苑瑶池未必是过”[100]。玉磬山房,是主人在城市中的园居,在
园居中享有隐居之乐,其实源于白居易的“中隐”的思想,白居易曾作《中
隐》诗,全文为:

> 大隐住朝市, 小隐入丘樊。
> 丘樊太冷落, 朝市太嚣喧。
> 不如作中隐, 隐在留司官。
> 似出复似处, 非忙亦非闲。
> 不劳心与力, 又免饥与寒。
> 终岁无公事, 随月有俸钱。
> 君若好登临, 城南有秋山。
> 君若爱游荡, 城东有春园。
> 君若欲一醉, 时出赴宾筵。

洛中多君子，可以恣欢言。

君若欲高卧，但自深掩关。

亦无车马客，造次到门前。

人生处一世，其道难两全。

贱即苦冻馁，贵则多忧患。

唯此中隐士，致身吉且安。

穷通与丰约，正在四者间。[101]

虽然白居易其诗中描写为"官隐"，就是官居闲职，但其主要目的就是致身吉安，在唐代白居易应该还算是个"另类"，苏辙在《书白乐天集后二首》指出："乐天少年知读佛书，习禅定，既涉世履忧患，胸中了然，照诸幻之空也。故其还朝为从官，小不合，即舍去，分司东洛，优游终老。盖唐世士大夫，达者如乐天寡矣。予方流转风浪，未知所止息，观其遗文，中甚愧之。然乐天处世，不幸在牛李党中，观其平生，端而不倚，非有所附丽者也。"[102] 他极大地影响启发了后世的文人，诗中提到的登临、游荡、醉饮、交游等闲居生活，几乎是吴门文氏等文人巨匠隐居苏州的写照。中国文人由于文化基因的缘故，在"学而优则仕，仕而优则学"的观念激励下，他们都对从政有过积极的追求，即便像陶渊明这样的隐逸诗人也曾写过："忆我少壮时，无乐自欣豫。猛志逸四海，骞翮思远翥。荏苒岁月颓，此心稍已去。"[103]（《杂诗·其五》）但是最终在生命的意志和社会处境冲突的情形下，他们选择了与现实"和解"的方式，"闲"表现了他们一种对于处世潇洒的标准。《浮生六记》中《第六记·养生记道》称：

圃翁拟一联，将悬之草堂中："富贵贫贱，总难称意，知足即为称意；山水花竹，无恒主人，得闲便是主人。"其语虽俚，却有至理。天下佳山胜水、名花美竹无限。大约富贵人役于名利，贫贱人役于饥寒，总鲜领略及此者。

能知足，能得闲，斯为自得其乐，斯为善于摄生也。[104]

《浮生六记》的后两记已被考证是清人张英、李鼎元、曾国藩等人的续作，"断章裁句，凑合而成"，但也说明这些感悟出自一个广泛群体的认可。白居易遭贬谪以后，思想开始接受并喜爱陶诗，不同的是，他通过陶渊明发现了另外一条路径，即从狂狷的对抗转向对自我色身的表现，在都市世俗生活中，通过闲适致身吉安，发现了市井生活中的日常性，诗词创作也从士大夫的形而上精神性，转移到民俗口头文学的书写，从而产生出一种不同于陶渊明的隐居方式，他在《咏兴五首·小庭亦有月》诗云："小庭亦有月，小院亦有花。可怜好风景，不解嫌贫家。菱角执笙簧，谷儿抹琵琶。红绡信手舞，紫绡随意歌。村歌与社舞，客哂主人夸。但问乐不乐，岂在钟鼓多。客告暮将归，主称日未斜。请客稍深酌，愿见朱颜酡。客知主意厚，分数随口加。堂上烛未秉，座中冠已峨。左顾短红袖，右命小青娥。长跪谢贵客，蓬门劳见过。客散有余兴，醉卧独吟哦。幕天而席地，谁奈刘伶何。"[105]

在小小庭院之中，明月花下，主客情深，相对而醉，客退主独立于自家天地，对于身寄寓园而心满意足。对于生命，有为和无为泾渭并非分明，而时间只是一个幻象，如果把有为变成贪欲，世间万物总难称意，时间会变成一种焦虑，哪能谈得上乐生呐？实际上，时间的原初存在，本来就是感性的存在，因为存在物永远只能是人的存在物，现象学在这一点上揭示了存在的本真状况，存在物与人主观感知的投射之融合，使关乎人的"存在"成为可能，对实体物象是如此，对非实体性的时间更是如此。无论从何种角度说，时间都不是一个实在之物，也就是说，它实际上并不存在，时间是人在感知自我生命时感受到的自身与外物的一种关系，时间对应着某一生命状态，没有连绵的生命状态也不会有时间之流。"真实的时间"是本真的生命状态的不可分割，它是我们意识生命所特有的绵延形式。对于主体审美的满足超越了时间带来的忧伤，文徵明在自家庭院，面对满月、碧云、卷帘、蟋蟀、梧桐、桂树、美酒，园中构成一派旖旎、富足而唯美的景象，他写道："月近中秋夜有辉，幽人恋月卧迟迟。及时光景宁须满，明日阴晴不可期。清影一帘金琐碎，凉声何处玉参差。酒阑无线怀人意，都在庭前桂树挂。"[106] 湖光山色之间，水竹幽茂、亭馆相通、周植花木、融融然脱于尘渣俗垢之外，陶陶然俯仰起卧清雅其中，还有比这样的空间更加令人宜居的吗？

　　明代戏曲理论家何良俊（1506—1573 年）因仕途屡不得意，辞去官职，归隐著述。自称与庄周、王维、白居易为友，"四友云者，庄子、维摩诘、白太傅，与何子而四也。夫此四人者，友也"[107]。题书房名为"四友斋"。《列朝诗集小传·丁集上·何孔目良俊》记其客居京师期间，"郁郁不得志，每喟然叹曰：'吾有清森阁在东海上，藏书四万卷，名画百签，古法帖鼎彝数十种。弃此不居，而仆仆牛马走，不亦愚而可笑乎？'居三年遂移疾，免归海上。……人谓江左风流，复见于今日也。吴中以明经起家官词林者，文徵仲、蔡九逵之后二十余年，而元朗继之。"[108] 文学家、画家李流芳（1575—1629 年）赴京赶考时曾对钱谦益感叹："吾两人才力识趣不同，其好友朋友而嗜读书则一也。他日世事粗了，筑室山中，衣食并给，文史互贮，招延通人高士，如孟阳辈流，仿佛渊明《南》之诗，相与咏歌皇虞，读书终老，是不可以乐而忘死乎？"[109] 文中李流芳向钱谦益推荐了表哥程嘉燧，促成了日后两人结伴拂水山庄的诗书生涯，钱谦益为程嘉燧筑"耦耕堂""相依于耦耕堂者，前后十有余载"。隐于园中，把自己至置尘俗之外，与古、与友为伍，这即便是一种退隐，也是退隐中隐现的开悟之旅。真实的时间之流总是把过去的记忆融汇入当下的感受，记忆也时时刻刻在丰富增补已获得的体验，如此融汇的体验在每一瞬间以新的面目展示，因此，现在的每一瞬间都是新的和不可重复的，又都将会以记忆的方式不断渗透入新的生命直觉，形成无限的"增补之链"。绵延之流实际上是威廉·詹姆士所谓的人的"意识流"，无序或曰"断裂"是其主要特征，记忆的时间在绵延的河中流淌，过去、现在、将来在下意识中颠倒、穿插、并置，任意选择，全然无序，时间在直觉（意识、感觉、记忆或回忆、幻觉或梦）的裹挟下与代表理性实在的时间断裂。很显然，这是人最真确感觉到的时间，它融入了生命的所有内涵，因而是真实的时间。而当人的意识活动沉潜入生命的底层，无拘无束地联通过去、现在，让意识自由流淌，这才是真正的自我——深层自我。深层自我的无意识直觉状态沟通了"自由"的理解，虽然自由不可言说，但深层自我决定了纯粹的生命的自由。从生命的存在层面看，"主人"是古人对于生命体验的一种智慧，是对于存在之焦虑的一种解脱和释放，园林文化的营造不在观念和逻辑层面过多地纠结，而是一种体悟之后的生存理性，能主之人，存在于生命体验之流中，观看、把握、通达都是构成主人存在的行为，而且它们本身就是一种特定存在者的样式，也就是找到自我对外部提问的方式，而非固定的存在样式。园作为一个梦幻和现实缠绕的场域，是某种记忆对于地景的铭刻，"善万物之得时，感吾生之方休。已矣乎！" [110] 园林的场域是一个在场和缺席共存的结构。主人是作为可以接纳和修正这种结构的在世者，同时园的形式也不是一种客体的方式，而是以一种实践中变化绵延的形式，和主人对话，主人得以在形式的展开状态中领会存在本身，"行迹凭化往，灵府长独闲" [111]。这就是"主人"和"园"相互渗透的本质含义。

│ 半亩营园

不得一亩之宫，依然能寄栖逸之志，半亩营园，可以创造出绝佳的居游环境，北京城的半亩园就是这样一个名园。（见图 77）震钧（1857—1920 年）在《天咫偶闻》中称它："完颜氏半亩园，在弓弦胡同内牛排子胡同。国初为李笠翁所创，贾胶侯中丞居之。后改为会馆，又改为戏园。道光初，麟见亭河帅得之，大为改葺，其名遂著。纯以结构曲折，铺陈古雅见长，富丽而有书卷气，故不易得。"[112] 贾汉复（1605—1677年）康熙年间曾任兵部尚书，总制川陕，为清初贰臣、名将。清初，此园为贾汉復宅邸，乾隆初，归杨静葊，后归满人春庆（馥园）观察，后又改为戏园，再转售给麟庆（1792—1846年）。半亩园著录见于《鸿雪因缘图记》[113]，此书有两次刊刻，第一次始刊于道光十八年（1838年），牌记为"戊戌冬日刊，石萌堂藏板"，追印成，在道光十九年（1839年），第一集阮元、祁寯藻、郎葆辰、钟世耀等人作序。第二集印刊在道光二十一年（1842年），作序者为金安澜、龚自珍、赵廷熙、释明俭诸人。作为治水的官吏，《图记》是以水作为主要线索对麟庆所游历的大江大河到经手的湖泊水利工程，以"因缘"为主题，记录了清中期的社会生活和园林盛景。"鸿雪"取自苏轼《和子由渑池怀旧》诗："人生到处知何似，应是飞鸿踏雪泥。泥上偶然留指爪，鸿飞那复记东西。"[114] 苏轼自乌台诗案获罪而贬谪黄州后，人生发生转向，精神和艺术上开始接近和理解陶渊明，苏辙《追和陶渊明诗引》说苏轼："然吾于渊明，岂独好其诗也哉？如其为人，实有感焉"[115]，苏轼虽然最终也没有解印归田，但在后世的诗人中，精神上是最接近陶渊明的，他和陶渊明都注意到了现实存在的瞬时性，"鸿雪"是短暂的，面对尘世的焦虑的感叹，生命在时间川流不息之中，欲安顿之，需将其放在能指的山水空间中，把握"在手"之过往，"善万物之得时，感吾生之方休"。因而阮元在序中云：

　　凡事莫不有因缘，久之成鸿雪。虽然不可以概论也。造缘者致其巧举以与人，人受之漫不经意，皆以鸿雪视之，不著语言文字而空之，直自空耳。[116]

图 77　《半亩营园》　清·麟庆著《鸿雪因缘图记》插图　每开 纵 32 厘米，横 40 厘米
道光 29 年刻本　日本早稻田大学藏

可见，空间与"叙事"需文图以致留下"可观之迹"，而正因为麟庆的"饱游沃看"，使他对自然景观、皇家、私家园林都有很深的研究，才成就了他的"半亩为园"。《鸿雪因缘图记》书中有七张关于半亩园的插图：《半亩营园》、《拜石拜石》（第三集上）、《嫏嬛藏书》、《近光伫月》、《园居成趣》、《退思夜读》、《焕文写像》（第三集下），加上七篇小记，描绘了半亩园的园林规划，从图和小记中，半亩园清幽之境宛然呈现。

麟庆姓完颜氏，字伯余，别字振祥，号见亭，清满洲镶黄旗（亦署长白即今吉林省长白县）人，他是女真贵族的后裔，家族显赫，是阿什坦第六世嫡孙，到麟庆为止，他的家族已入关七世，从六世祖阿什坦开始即弃武习文，历代为官，他们在仕途中不可避免地接受了汉文化思想的熏染，阿什坦翻译汉经学之书，五世祖和素精通音律，他们都以兼通满汉文著称，阿什坦用满文翻译了《大学》《中庸》《孝经》《论语》诸书，被康熙帝称为"我朝大儒"。五世祖和素康熙时御试清文第一，被赐巴克什号，任内阁侍读学士兼武殿翻书房总管，也曾翻译过《西厢记》《金瓶梅》《太古遗音》诸书。其父廷路曾任泰安知府，其母恽珠是位女诗人，为清代画坛六大家之一的恽寿平后代。《天咫偶闻》记其家族：

满洲旧族，簪笏相承，无如完颜氏之盛且远者。其先出金世宗，国初未入关时，已有显仕者。顺治中，阿什坦学士字海龙，以理学著。圣祖称为我朝大儒，即先生之祖也。其后和存斋素世、留松裔保、完颜晓岩伟皆为一代伟人。见亭先生继之，崇文勤实、嵩文恪申继之。文勤公曾官盛京将军，盛京方以吏治不修告困，公为之添设郡县，修废起顿。陪都人士，至今颂之，惜未及二载而逝，未能竟其功也。文恪公官尚书，为余己丑座师。榜后晋谒，极蒙嘉许，即以濮青士先生寿文见属。怜才之笃，殊不可及也。[117]

麟庆就出生在这样一个“金源世系，坷里名门”之家，嘉庆十四年（1809年）中进士授中书，道光元年（1821年），他参加了《仁宗实录》的编纂工作。实录修成后，又曾到皇史成翻阅常人所未能得见之珍本，眼界大开。后历任湖北巡抚、江南河道总督等职，一生治河时间最长，前后共十四年，较有政绩，世有“河帅”之称。麟庆擅诗文，所著有《黄、运河口古今图说》《河工器具图说》及诗文集《凝香室集》等，并酷爱藏书，有书八万五千多卷，可谓蔚蔚大观，震钧在《天咫偶闻》中把他列为藏书大家。同时，他还广交江南文士，上至达官学者，下至布衣清士无所不有。知交中有潘世恩、阮元、吴振域、姚元之、张问陶、林则徐、祁隽藻、龚自珍等人，经学、儒学、文学、政治学等方面的人才应有尽有。对袁枚和方苞，麟庆也非常推崇，曾多次提到他们及其著作，麟庆祖茔前墓碑的碑文为方苞所撰写。

大约以“半亩”形容小园为文人所青睐，清初画家龚贤（1618—1689年）在南京清凉山所葺小园亦名半亩园。龚贤（1618—1689年），江苏昆山人，寓居南京。《清史稿·列传二百九十一》称：“龚贤，字半千，江南昆山人。寓江宁，结庐清凉山下，葺半亩园，隐居自得。性孤僻，诗文不苟作。画得董源法，埽除蹊径，独出幽异，自谓前无古人，后无来者。”[118] 康熙三年（1664年）“结庐于清凉山下，葺半亩园。栽花种竹，悠然自得，足不履市井。惟与方鑫山、汤岩夫诸遗老过从甚欢。笔墨之暇，赋诗自适。诗又不肯苟作，呕心抉髓而后成，唯恐一字落人溪径”[119]。尽管好友周亮工或方文在提出“金陵八家”时并未将龚贤列入，到张庚《国朝画更录》则以龚贤为八家之首，但后世多用此说，从绘画思想和成就而言，龚贤也远超众人。龚贤于康熙三年（1664年）四十七岁从扬州返回南京，到康熙六年（1667年）五十岁迁居南京清凉山下虎踞关，筑半亩园开始正式的隐居生活，在金陵清凉山下筑半亩园后，方才真正开始其绘画生涯：卖画、鬻书、课徒的画家生活，这段时间也正是龚贤山水画由“白龚”到“黑龚”转变的关键时期。方文（1612—1669年）作诗《虎踞关访半千新居有赠》：

移居不喜近长干，俗客来多应接难。
路出清凉台更还，宅如书画舫犹宽。
梅花竹叶充庭际，万壑千峰绕笔端。
只是吾徒太寥廓，新诗吟罢与谁看。[120]

　　龚贤有《清凉环翠图卷》描绘所居的清凉山实景，龚贤亦曾寄诗于画家王石谷，请他为自己半亩园作图，诗有跋："余家草堂之南，余地半亩，稍有花竹，因以名之，不足称园也。清凉山上有台，亦名清凉台。登台而观，大江横于前，钟阜枕于后；左有莫悉，勺水如镜；右有狮岭，撮士若眉。余家即在此台之下。转身东北，引客指视，则柴门吠犬，仿佛见之。"园林的选址非常重要，按照计成的分类，龚贤的"半亩园"归于"山林地"，对于山水大家的龚贤，这种选址既满足了他身居丘壑的愿望，又适合其不与新朝往来的目的，同时即便造园经济拮据，但优越的景观使得园林"自成天然之趣，不烦人事之工"。龚贤作画亦常署款"半亩龚贤"，可见龚贤对半亩园的喜爱，从龚贤的字号中也可以看出他的山林之气，龚贤字半千，又字野遗，号半亩、柴丈人、钟山野老等，他从米氏云山得到启发，逐步改造积墨皴法，由白到灰，再到黑，把积墨法用到了极致，创造出了自己"丘壑"面目。龚贤年轻时曾向董其昌学画，在大都会艺术博物馆所藏龚贤十二册页中，其中一个册页的题记中写道："画不必远师古人，近日如董华亭笔墨高逸，亦自可爱。此作成反似龙友，以余少时与龙友同师华亭故也。"他也和许多文人交好，与画家石涛、查士标、程正揆、戏剧家孔尚仁等交往甚密，在半亩园中笔耕不辍，终成一代巨匠。康熙元年（1662 年），李渔移家南京，比龚贤早两年。康熙八年（1669 年），李渔建芥子园，比龚贤的半亩园晚五年。李渔和龚贤曾同居南京，周亮工与两人俱为好友，李渔的芥子园书坊印行的《芥子园画传》，其编者王概是方文女婿和龚贤的学生。也许，李渔"半亩园"受到龚贤影响也未可知。在麟庆的文字中，半亩园是他引以为"因缘"的传奇，他和半亩园的缘分始于他对李渔的倾慕，在《鸿雪因缘图记·半亩营园》中记：

半亩园在京都紫禁城外东北隅，弓弦胡同内，延禧观对过，园本贾胶侯中丞（名汉复、汉军人）宅，李笠翁（渔）客贾幕时为葺斯园，垒石成山，引水作沼，平台曲室，奥如旷如。易主后，渐就荒落……道光辛丑，始归于余……因定正堂名曰云荫，其旁轩曰拜石，廊曰曝画，阁曰近光，斋曰退思，亭曰赏春，室曰凝香。此外有嫏嬛妙境、海棠吟社、玲珑池馆、潇湘小影、云容石态、罨秀山房诸额，均倩师友书之。[121]

从文中我们知道半亩园当年是李渔当年为他的"幕主"贾汉复中丞设计建造的，贾汉复（1605 － 1677 年）为清初名臣、名将。字胶侯，号静庵，山西曲沃安吉人。据传李渔在北京参与修建了两座园林，现均已不复存在，一座是他的居所芥子园，位于北京八大胡同之一的韩家胡同，另一座就是这个享誉京城的著名的私家园林半亩园。除了这两座园林外，还传有郑亲王府的惠园，《履园丛话》记："惠园在京师宣武门内西单牌楼郑亲王府，引池叠石，饶有幽致，相传是园为国初李笠翁手笔。园后为雏凤楼，楼前有一池水甚清冽，碧梧垂柳掩映于新花老树之间，其后即内宫门也。嘉庆己未三月，主人尝招法时帆祭酒、王铁夫国博与余同游，楼后有瀑布一条，高丈余，其声琅然，尤妙。"[122] 麟庆年轻的时候去过芥子园，并且对李渔的造园技艺倾慕不已，在文记中他说："忆昔嘉庆辛未，余曾小饮南城芥子园（在韩家潭）中，园主章翁言，石为笠翁点缀，当国初鼎盛时，王侯邸第连云，竞奢缔造，争延翁为座上客，以垒石名于时。城中有半亩园二，皆出于翁手，余闻而神往。记自辛未至辛丑，凡三十年，园归于余。"¹²³ 嘉庆辛未年为 1811 年，时年麟庆二十岁，道光辛丑年为 1841 年，麟庆任江南河道总督，在少年与李渔南城芥子园结缘经三十年后，麟庆得到笠翁营造的半亩园，感慨道："以少年启慕所不可必得者，而竟得之，且几兆于三十年前，事成于三十年后，而修复工作竣于癸卯四月，余到以五月，因缘天成，何其幸也。"¹²⁴ 道光癸卯年为 1843 年，半亩园在麟庆手上的修复用了两年时间，麟庆晚年居于园中，日习"导引术"，但不甚得法。后患手足麻木，延医诊治，众说分歧，不得要领，他又向吕祖求签，以致服补药过多，生毒疽，园成三年后病逝。李渔于康熙初年移居京城，他的那些传世之作，如《笠翁传奇十种》《闲情偶寄》《十二楼》以及《芥子园画谱》《无声戏》《十二楼》等，大部分是在北京完成的。《李渔年谱》记载：康熙十二年癸丑（1673 年），时李渔六十三岁，游燕，"再入都门，为贾胶侯设计半亩园"。李渔自述生平有两绝技："一则辨审音乐。一则制造园亭。"¹²⁵ 他在造园方面有着卓著的设计理念："以构造园亭之胜事，上之不能自出手眼，如标新创异之文人；下之至不能换尾移头，学套腐为新之庸笔，尚嚣嚣以鸣得意，何其自处之卑哉！……一则创造园亭，因地制宜，不拘成见，一榱一桷，必令出自己裁，使经其地、入其室者，如读湖上笠翁之书，虽乏高才，颇饶别致，岂非圣明之世，文物之邦，一点缀太平之具哉？"¹²⁶ 可见他擅长于营造亭园，李渔读过计成《园冶》，并继承和发展其造园思想，他鄙视雷同无新意，同时对于奢廓营园的拜金低级行为不屑，而崇尚新奇大雅。李渔和文徵明一样发过经营园林的感慨，李渔说："无如酷好一生，竟不得半亩方塘，为安身立命之地；仅凿斗大一池，植数茎以塞责，又时病其漏，望天乞水以救之。殆所谓不善养生，而草菅其命者哉。"¹²⁷

　　麟庆阅历仕途三十多年，对世态炎凉、官场艰难也有很深的感受，在《鸿雪因缘图记》第三集"竹舫息影"中有这样的诗句："诗吟红豆今多暇，梦醒黄粱莫当真。圣主恩深容置散，还乡好作太平民。"¹²⁸ 并说："顾卢生一梦，即觉世人终梦无觉。卢生虽梦，亦觉世人虽醒亦梦。"[129] 半亩园和拙政园等名园相似，几经荒废，到麟庆的手中又重新修复装修。园林史上名园几乎都在成为"废园"的时候，即重视"前文本"同时参入己意，也可以说，对于场地的反复书写就是古典园林的一个特点。《鸿雪因缘图记》书中的半亩园布局及景点，是麟庆在李渔原来的布局基础上，自己重新命名并修建的园中各个景点。麟庆购得此园后，命大儿子崇实选良工修复，绘图烫样，寄到江南，由麟庆过目，命名每间厅堂。整修一新的半亩园有云荫堂、拜石轩、曝画廊、近光阁、退思斋、赏春亭、凝香室，此外还有嫏嬛妙境、海棠吟社、玲珑池馆、潇湘小影、云容石态、餐秀山房等等。麟庆去世后，子孙仍居于其中，并不断修缮，六十余年兴盛不衰，清书法家息柯居士杨翰（1812—1879 年）与麟庆长子崇实（1820—1876 年）友，《息柯杂著》记："朴山（崇实）同年，居半亩园，为贾胶侯故宅，湖上李笠翁客贾幕手葺，在当时结构已精，今又加之恢阔，亭林池馆，甲于城东。忆昔宴集名流，尝于此捯裳联襼。今隐居洛上，时念旧游，为书'湖上草堂'四字，寄颜斋楣。昔范希文身居廊庙，心在江期，想朴翁当与古大臣同兹怀抱也。"[130] 可见半亩园一直是京城里一个文人常聚的地方，朋友们在此交流金石书画，忆古谈今，愉悦身心。杨翰时隔二十六年再回到半亩园，受崇实子嵩申（1841—1891 年）相邀，留住半亩园，感慨世事因缘如"鸿雪"，他说："同治己巳（同治八年 1869 年）重至都门，犊山太史留住半亩园中，作尝数日回忆道光癸卯（1843 年），幸联谐谊于此间，文酒流连，自宦游后，当年俦侣已稀，不胜感慨。濒行犊山以鸿雪因缘记见贻书事，纪游足与水经注并重，因念数十年两代契好，今得重践旧游，有似飞鸿路雪，又添会合因缘也。乃书鸿雪二字，奉颜高斋。"[131]

据考证，半亩园位于美术馆后街南端之亮果厂胡同和黄米胡同内，包括亮果厂胡同 4 号和黄米胡同 5、7、9、13 号门牌。因乾隆《京城全图》所绘，黄米胡同南横胡同为弓弦胡同。半亩园在民国时期，一度为顾维钧的秘书长瞿兑之所有，改称"止园"。1947 年，被天主教怀仁学会购得。1951 年半亩园收归国有，20 世纪 80 年代仍然可以看到假山等旧构，可惜 80 年代初花园被拆除。半亩园现仅存东路住宅部分，为两个跨院，皆四进，其中尚存的砖雕、木雕、门墩等建筑细部，雕刻细腻，内容丰富，皆为北京宅院中的精品。半亩园现已荡然无存，传教士曾于 20 世纪 50 年代绘制了半亩园的园林平面，从平面图可以看出园林出色的空间布局，园林安排在住宅的西侧，应该是出于取景和借景的需要；在居住院落和园林院落之间，安排了一个灰空间侧院，从宅院大门前院，转折到侧前院，经过六角门洞，就进入了侧院，侧院在回廊开口进入玲珑池馆，保证了园林对于居住的最小干扰；主人则可以通过受福堂主院落侧门走进侧院；侧院还有门通往后花园和戏楼。整个布局充分考虑了园林和皇城的外部关系，以及内部的动静分区和活动空间的要求。半亩园园中主要建筑和景观有：

1. 云荫堂

半亩园中正堂名"云荫堂"，是园中建筑的主体，以此划分了园林的南北两部分，南面以理水为主，北面以叠山为主，面水背山。堂正中陈设一代文宗阮元所赠"流云槎"，高 86.5 厘米，横 257 厘米，进深 320 厘米。此件木器为天然榆木根，形似紫云垂地。流云槎是天然柚木根修整而成的坐具，体呈船形，取晋人张华《博物志》"仙人乘槎"之意，描写仙人乘坐木船，顺着黄河上到天界的场景。下配楠木透雕流云座，右上侧卷起处有阴刻填绿篆书"流云"二字，下署"赵宦光"款，并一"凡夫"白文印。阮元题："道光廿二年节性老人赠见亭年大人。"董其昌题：

散木无文章，直木忌先伐，连蜷而离奇，仙奇与舟筏。

陈继儒题："搜土骨，剔松皮。九苞九地，藏将翱将。翔书云乡，瑞星化木告吉祥。"麟庆咸丰五年题："贯月挂星来从天上，乘风破浪游遍人间。丁巳初夏半亩园主人。"流云槎原为明代文学家康海（1475—1540年）之物，陈设于扬州康山草堂。至清代乾隆初年，江鹤亭买其地，并以千金购得此流云槎。道光二十年（1840年），此槎偶然为阮元发现，时已尘封虫蚀，间有破损。道光二十二年（1842年）又被阮元发现，购回修复，后赠麟庆。运回北京，添配楠木云纹木座，陈放在自己的半亩园中，此事记入麟庆本人编著的《鸿雪因缘图记·康山拂槎》。杨翰后来为麟庆次子崇厚（1826—1893年）题写斋额"浮槎仙馆"，《息柯杂著》记："地山司寇园中古槎，阮文达公赠，乃明康对山旧物，有赵凡夫篆'流云'二字，及董思翁、陈眉公题刻。在金石字外别具一种当舆唐树碑并传。地仕奉命出使重洋，西鹣东鲽来享来王，不仅如博望侯之东勤九夷，广通风俗也。昔博望乘槎则古物早满建勋之兆，颜其斋楣。曰'浮槎仙馆'以志之。"[132]1958年，由麟庆后人王衡永修整复原，捐赠给故宫博物院，曾于御花园之沿晖阁陈设。因流云槎形似流云下垂，故斯园正堂曰"云荫堂"。堂内悬两幅楹联，一为自撰，上联为"源溯白山，幸相承七叶金貂，那敢问清风明月"；下联为"居邻紫禁，好位置廿年琴鹤，愿常依舜日尧天"。在叙述家世和对清廷的恩乘的同时，也传递了独特的位置给园林带来的气息，《近光伫月》一图合于此联意境。半亩园毗邻皇城，小园借皇城大气象，体量虽小却可以借来盛景，特殊的位置可遇不可求，难怪当时麟庆外在江南任上，一听说半亩园要出售，马上命儿子买下。第二幅对联乃购自扬州梁阶平相国手迹，上联为"文酒聚三楹、晤对间今今古古"；下联为"烟霞藏十笏，卧游边水水山山"。《半亩营园》《焕文写像》二图都是描绘云荫堂，可看出半亩园的古雅气氛和园林格调。

2. 近光阁、退思斋、蓬莱台和海棠吟社

近光阁在云荫堂的西侧，置于平台之上，为半亩园中最高处，位置观景绝佳，可眺望紫禁城大内门楼、琼岛白塔、景山的寿皇殿和五亭。《半

亩营园》(见图 76)《近光竚月》(见图 82) 都可见此阁,近光阁并不高大,
只是平台上一个单层小屋而已。阁中楹联为："万井楼台疑绣画,五云宫
阙见蓬莱。"近光阁的平台之上,南有一松,生长于旁边石洞之上。《近
光竚月》文述："台广丈有咫,长倍之。南有松,生石洞上,传系笠翁 (李
渔) 手植。其西石磴三折,即来路。下瞰东有亭曰'留客处'。过亭为小
桥,北即石洞,入石洞再转,为'退思斋'。"对斋有偃月门,门内一院
植海棠二株,西轩为"海棠吟社"。[133] 此名和《红楼梦》大观园"海棠吟
社"名字相同,或许借自于其书,因为现存《红楼梦》甲戌本即《脂砚
斋重评石头记》,上有刘铨福、青士、椿余以及孙桐生的批语,其中青士、
椿余的批语注明"同观于半亩园,并识,乙丑孟秋",因而十分引人注意。
青士即濮文暹,江苏溧水人,椿余是他弟弟文昶,同治四年进士,是崇
实的西宾。"海棠吟社"取意于《红楼梦》"秋爽斋偶结海棠社"的情节,
说的是大观园姐妹们以吟海棠为由,起了吟诗作对的雅兴,结社作诗。
半亩园还有一处景观是一座石坊,名为"潇湘小影",也和《红楼梦》有
关。半亩园中名流雅集,各携所著书所藏画相与观其所尚,其中浓厚的
文艺气息吸引了很多学者大家,甚至外地为官来京,都要到园中小住一
些日子。海棠吟社东出为曝画廊,南进为退思斋。《退思夜读》(见图 78)
中记："退思斋在海棠吟社之南,斋后倚石山有洞可出。退思斋前三楹面
北,内一楹独拓东窗,夏借石气而凉,冬得晨光则暖。"[134] 充分考虑了北京
气候条件对于室内环境的影响。退思斋内有楹联："随遇而安且领略半盏
新茶一炉宿火,会心不远最难忘别来旧雨经过名山。"叙述了主人告别宦
海生涯,书斋中围绕炉火品尝茶味,回想江湖个中滋味的情形。

　　退思廊与退思斋屋顶就是近光阁下的平台,把屋顶作为平台,又和石
洞上少量砌石蹬道相连接,作成了"蓬莱台",这又是半亩园的一个巧思。
平台宽有丈余,长有四丈多,南端有松,生于石洞上,传为李笠翁手植。《园
冶》中讲到洞上筑台："上或堆土植树,或作台,或置亭屋合宜可也。"[135]

图 78、79　《退思夜读》《焕文写像》　清·麟庆著《鸿雪因缘图记》插图
每开 纵 32 厘米，横 40 厘米　道光 29 年刻本　日本早稻田大学藏

筑高台建亭，颇具古风，宋苏轼曾为"凌虚台"作记中提到，知府陈希亮"使工凿其前为方池，以其土筑台，高出于屋之檐而止。"[136] 即人站假山或土台上可眺望远处的风景。后世多以为苏轼讽喻，对于造园来说，登高望远，人人具有此情，达观旷识乃文人本色，望见美景人之本性也。麟庆作《近光伫月诗》云："中秋未到又孟兰，喜向平台得大欢。随分杯盘真趣味，相携儿女共团圆。微云华月松阴露，流水高山石上弹。试问隔墙瞻紫禁，琼楼玉宇不胜寒。"[137] 半亩园的蓬莱台是根据场地因地制宜的设计，因为北方缺乏南方的水系、又无地势高差的变化，那么利用假山石蹬和屋顶平台结合，以"退思斋"屋顶作为观景和活动的平台，构成"蓬莱台"，同时成为"近光阁"的户外高台，就使得空间变化有致，尺度合理，自然天成，就更加显出"贵精不贵丽，贵新奇大雅，不贵纤巧烂漫"的可贵了。

3. 拜石轩

拜石轩位于云荫堂的南侧，单体相对独立，座南朝北，是园主人的收藏陈列奇石、砚台、图章、石屏的地方。拜石轩六开间，后三间藏砚和石章，"轩前后凡六楹，后三楹一贮砚，一贮图章，一镌米元章《洞天一品石论》于板壁。"前面三间藏奇石，"前三楹一木假石高九尺，质系泡素，洞窍玲珑；一星石，围四尺，上勒晋卜忠贞公壶诗，成哲亲王诒晋斋跋，色黑而黝，古光可鉴；一大理石屏，高七尺，九峰嶙峋，旁镌阮云台先生点苍山作，屏即先生所赠也。又插牌一，天然云山，云中一月，影圆而白，山头有亭，四柱分明。承以檀木座，座上镌刻吴宽、姜宸英等人的题跋，谓'山高月小'。"[138]

阮元送给麟庆的这件大理石插屏，因为天然形成的山头上有亭的图画，倍加得到主人的青睐，麟庆字见亭，"因名曰'见亭石'。照袍笏拜之，遂颜轩曰拜石"[139]。从描述中可以看出，麟庆认为这件宝物的因缘在他的字见亭，特命人在这块插屏上绘仙人像，以仙人自居，并命石名为"见

石拜石拜

書藏嬛娜

图80、81 《拜石拜石》《嬛嬛藏书》 清·麟庆著《鸿雪因缘图记》插图
每开 纵32厘米，横40厘米 道光29年刻本 日本早稻田大学藏

亭石"，所谓拜石轩，就是拜这块"见亭石"。拜石轩联云："湖上笠翁端推妙手，江头米老应是知音。"米老就是北宋大书法家米芾，米芾拜石是他在任无为州监军时，见衙署内有一立石十分奇特，高兴得大叫起来："此足以当吾拜。"于是命左右为他换了官衣官帽，手握笏板跪倒便拜，并尊称此石为"石丈"。对奇石的肯定表明了文人对无用之物的癖好，是对汲汲于名利的超脱，不役于物，本是古代知识分子在物我关系上的认识，但是同时，这种无用的审美，竟使得此后千年间奇石成为价值不菲的商品，并且化身成为身份的另外一种标志和政治资本。拜石轩厅面对青石假山，院东置形似石虎的一双石笋及太湖石。麟庆自述："余命崇实添觅佳石，购得一虎双笋，颇具形似，终鲜绉、瘦、透之品。乃集旧存灵璧、英德、太湖、锦州诸盆玩，并滇黔朱砂、水银、铜、铅各矿石，罗列一轩，而嵌窗几。以文石架叠石经、石刻，壁悬石笛、石箫。"[140]《拜石拜石》（见图 80）一图描绘了庭院中的石笋、湖石和盆景。

4. 亭

半亩园中有三个亭子，一个名为小憩亭，在园荷花池的南边，小憩亭《园居成趣》记："距'潇湘小影'不数武，墙阴尽处，有亭如扇面式，颜曰'小憩'。题楹联帖云：得三隅法；是一转机。"[141]一个名为留客处，在退思斋南侧，石桥西侧，《园居成趣》《退思夜读》图中均可见到此亭；另外一个叫作赏春亭，在拜石轩东北侧，嫏嬛藏书的南侧。留客处亭在园南区，有小溪与湖石假山相接，以示水之源。溪流上架拱桥与板桥，溪边架廊轩"玲珑池馆"，溪后所建方亭就是留客处，东接小桥，《园居成趣》（见图 82）记："……旁倚方亭，前临流水小桥，后植修竹，间以石坊，旧额潇湘小影。余集禊帖为联曰：寄于山亭水曲，得趣在虚竹幽兰。"[142]亭边植果木，架葡萄，作成一片山傍水涧的田园风光。赏春亭在园北区，园北有座高高的青石假山，山顶上一座小小的六角亭便是赏春亭，高处更见小园山光水色，此亭民国时亦存。三个亭子或依水，或傍桥，或伴山，

趣成居园

月伫光近

图 82、83　《园居成趣》《近光伫月》　清·麟庆著《鸿雪因缘图记》插图
每开　纵 32 厘米，横 40 厘米　道光 29 年刻本　日本早稻田大学藏

子曰："不愤不启，不悱不发。举一隅不以三隅反，则不复也。"[143] 轮流静坐于三亭中，观园之内外风景色相之变换，更能领略尘世的禅风实相。

　　5. 嫏嬛藏书

　　麟庆为清中晚期藏书大家，文中提到的"嫏嬛"传为天帝藏书处，麟庆借此名自诩。嫏嬛藏书坐落在半亩园西部，是一处小轩，轩前有藤萝架，院中有盆景，面对青石假山，上端立六角小亭，西仿嫏女嬛山势，辟二石洞，后轩三间，为园中藏书屋，取名"嫏嬛妙境"。（见图81）此为嫏女嬛福地，藏书、读书之佳境。轩内楹联为："万卷藏书宜子弟，一家终日在楼台。"麟庆曾作五言古诗：

> 嫏嬛古福地，梦到惟张华。
>
> 藏书千万卷，便是神仙家。
>
> 牙签而金轴，邺架辉云霞。
>
> 守户以二犬，石洞相周遮。
>
> 今我欲效之，母乃愿大奢。
>
> 小园营半亩，古帙积五车。
>
> 坐拥欣目娱，种竹还栽花。
>
> 遗金成满赢，习俗祛浮华。
>
> 区区抱轻心，慎守休矜夸。[144]

　　麟庆家藏书极富，统计八万五千余卷，盖六、七世之收藏，数十年所贻赠。其中有经书、史书、子书，甚至还有十三种日本书，难怪麟庆得意地"喜示两儿"说："嫏嬛古福地，梦到惟张华。藏书千万卷，便是神仙家。"正因为如此，半亩园才能成为当时一些文人常聚的地方。息柯居士杨翰远在湖南、四川做官，每次来北京，半亩园是必去的，甚至住上一些日子，这绝不仅仅是主人和园林的名声，半亩园那种幽雅的林木山石环境和富有的奇石文玩、书画收藏，也是吸引一时硕彦名流、文学同人的重要原因。文人自诩神仙非俗人，就在于他对万事万物不同于常人的目光，也在于同气相求对于外物的交流和认识。沈春泽在《长物志》的序言点明了这一点："夫标榜林壑，品题酒茗，收藏位置图史、杯铛之属，于世为闲事，于身为长物，而品人者，于此观韵焉，才与情焉。"[145] 偷得浮生半日闲，"挹古今清华美妙之气于耳、目之前，供我呼吸，罗天地琐杂碎细之物于几席之上，听我指挥，挟日用寒不可衣、饥不可食之器，尊瑜拱璧，享轻千金，以寄我慷慨不平，非有真韵、真才与真情以胜之，其调弗同也"[146]。这种集古今书画金石雅物于眼前，而"供我呼吸""听我指挥"乃至歌咏慨叹，是"役物"而可以发挥才情的，这是接近庄子所谓"物物而不物于物"的理想状态。半亩园麟庆去世后由崇实后辈居住，几经风云之变，收藏如鸿雪消散，据传园中所藏唐朝吴道子绘画被美国博物馆买走，宋版、元版等珍稀之古籍、文物，也都散落不知归处。

　　6. 湖石假山

　　在园中的湖石、片石、石笋、块石构成溪、山、池、墙，各呈其妙，麟庆自说退思斋南"倚石山"，石山（太湖石假山）上有传为笠翁手植松。至于园西北所叠青石假山，《拜石拜石》文中说："半亩园以石胜，缘出李笠翁手，故名。顾西山石青质薄多片，其垒黄而有致者出于永宁山，今封禁。园中所存，尚康熙间物。"[147] 虽未直接指出笠翁所叠，但明确指出是康熙建园时旧物。园西北的青石假山，也系建园时的旧物，由《拜石拜石》《嫏嬛藏书》图中可见叠石概况。在《嫏嬛藏书》文中有一"垒石为山，顶建小亭，其南横板作桥，下通人行，西仿廊环山势，开石洞三，后轩三楹，颇爽皑"[148]。此类叠石法京师较多，此山是拜石轩嫏女环藏书室的横向屏障，如由山间洞穴视嫏嬛藏书室似隐似现，似断似续，又加似虎皮石墙与攀援植物，将"嫏嬛藏书"院与拜石轩小院隔成两种境界，此种手法确不落俗套。

退思斋外墙有湖石峭壁山，在《闲情偶寄》中关于假山的前后向背关系论述颇多："假山之好，人有同心，独不知为的峭壁，是可谓叶公之好龙矣。山之为地，非宽不可。壁则挺然直上，有如劲松孤桐，斋头但有隙地，皆可为之……凡累石之家，正面为山，背面皆可作壁，匪特前斜后直，物理皆然，如椅榻舟车之类；即山之本性亦复如是，逶迤其前者，未有不崭绝其后，故峭壁之设诚不可已。"[149] 可见李渔非常注重山势的前后对比关系，以及山体与自然、建筑和环境的关系，进而在空间流动上找到变化的趣味，而对于山体实体和空间的虚实而言，他又说："假山无论大小，其中皆可作洞。"通过孔洞的设置，找到石的虚空之美："言山石之美者，俱在透、漏、瘦三字。此通于彼，彼通于此，若有道路于行，所谓透也。石上有眼，四面玲珑，所谓漏也。壁立当空，孤峙无倚，所谓瘦也。"[150] 此种峭壁假山在平地建立的小园中，是确可省地又可取势的叠山妙法，半亩园假山具有透、漏、瘦的态势，因为京地不易得湖石，故以多种石掺杂堆叠成小巧精致的峭壁假山。半亩园中小园叠石用湖石、青石、石笋、块石、叠成峭壁山、青石山、洞穴、溪涧，并各自成景，水山互补，相得益彰。京师半亩园之以叠石名，得丘壑营造之法，《焕文写像》把麟庆画在一堆山石之中，不禁令人想起顾恺之所云："此子宜置丘壑中。"（见图 79）

青藤书屋：关于"迹"的寓言

今天，停云、石磬、千尺雪、半亩园均已消散如鸿雪，只能在文画中瞥见泥爪。今天，带有主人气息的园居实存无多，从青藤书屋约略可以一窥其中的雅致。青藤书屋历经岁月，青藤是一种想象，以徐渭名延续至今也是一种想象，正是文人连绵不绝的记忆和想象的对空间的铭刻，使得小园奇迹般地存在着。钱泳在清嘉庆年间游历于此，《履园丛话》记：

　　青藤书屋在绍兴府治东南一里许，明徐文长故宅，地名观巷。青藤者，木连藤也，相传为文长手植，因以自号。藤旁有水一泓曰天池，池上有自在岩、孕山楼、浑如舟、酬字堂、樱桃馆、柿叶居诸景。国初陈老莲亦尝居此，皆所题也，后屡易其主。乾隆癸丑岁，郡人陈永年翁购得之，翁之子侄如小岩、九岩、十峰、士岩辈皆名诸生，好风雅，始将天池修浚而重辟之，复求文长手书旧额悬诸坐上，即老莲所题诸景亦仍其旧，并请阮云台先生作记，一时游者接踵，饮酒赋诗，殆无虚日。

　　嘉庆戊申，余重游会稽曾寓于此，为作青藤书屋歌云：“昔我来游书屋里，青藤蟠蟠老将死。满地落叶秋风喧，似叹所居托无主。今我来时花正芳，青藤生孙如许长。天池之水梳洗出，夭矫作势如云张。花开花落三百载，山人之名尚如在。发狂岂肯让祢衡，醉来直欲吞东海。颍川兄弟荀家龙，买得山人五亩宫。引泉选石作诗料，三杨七薛将无同。吁嗟乎！石篑石公呼不起，门前走狗何足齿。能令遗迹不湮沦，便是青藤旧知己。况复披榛木栅乡，年年寒食拜斜阳。埙篪迭唱归舟晚，春水桃花何处香。”盖文长无后，有墓在木栅乡，将湮没矣，而陈氏昆仲复为修葺而祭扫之，又文长身后之遇也。[151]

　　集书、画、诗、文、戏剧五绝于一身的徐渭（1521—1593 年），不同于耿介儒者的文氏，是一个桀骜不训的“疯狂巨匠”。其为人高亢猖洁、才气卓绝，徐渭在绘画、书法、诗文等领域均大有造诣，尤其是绘画，是写意泼墨的一代书画大师，在艺术史上，和文氏的学生陈淳（1483—1544 年）共同开创了中国写意画之先河，并称“青藤白阳”，被誉为“画圣”。著名文论家袁宏道读其遗作后，把徐渭诗文列为明代第一，发出了“光芒夜半惊鬼神”的慨叹。但徐渭虽然艺术成就很高，但其一生历经坎坷，穷困潦倒，晚年竟至用字画、诗文去讨得一茎灯光。其画作《墨葡萄图》，右上角题写的一首小诗，对他自己的一生作了极为悲怆无奈的总结："半生落魄已成翁，独立书斋啸晚风。笔底明珠无处卖，闲抛闲掷野藤中。"[152]在其身后，他所开创的大写意画风到了清代，经过八大山人、石涛及扬州画家们的变化发展，影响蔓延到现当代的中国画水墨审美意识，郑板桥刻印自认"青藤门下走狗"，齐白石云："青藤（即徐渭）、雪个（即朱耷）、大涤子（即原济）之画，能横涂纵抹，余心极服之。恨不生前三百年，或为诸君磨墨理纸，诸君不纳，余于门之外饿而不去，亦快事也。"又有诗："青藤雪个远凡胎，老缶衰年别有才。我欲九泉为走狗，三家门下轮转来。"青藤书屋也成为后人礼敬山人的场所。清乾隆五十八年（1793年）陈无波购得书屋并大修，将书屋辟为八景。又请阮元撰写了《陈氏重修青藤书屋记》，勒石刻碑，碑高30厘米，宽81厘米，分设二石。隶书。清嘉庆九年（1804年）十二月阮元撰文，钱泳书丹，嵌于墙上。从此，书屋再未易主。阮元《陈氏重修青藤书屋记》录：

山阴县治南里许，有青藤书屋，为明徐文长先生故宅。宅故有青藤一本，枝干蟠屈，大如虬松，为先生手植。藤覆方池，宽径十尺许，名天池。池虽小而通泉，不竭不溢，先生自号青藤山人，又号天池，皆以此。其题额曰青藤书屋者，则国朝陈老莲洪绶笔也。宅凡三楹，中设先生栗主，三百年来受是宅者，咸敬礼先生勿替。闻有金进士传世授徒于是，前后凡数十年，每朔望，率弟子瞻拜，奉事尤谨。于时青藤抽条发荣，绿阴如缴盖，青藤之灵与先生俱不朽矣。先生为明一代才人，受知于大府胡公宗宪，礼遇之隆，一时无俪。遇事后，张公元忭知之，尔后陶公望龄知之、袁公宏道又知之，先生虽不遇，可以无憾。今书屋为陈氏所有，而敬礼先生如故，凡酬字堂、婴桃馆、柿叶居诸胜，悉为补缀，顿还旧观，是可憙也。予又闻先生有墓在山阴之木栅乡，碑趺仆泐，松楸怊然，傥能即为修葺，不使湮没于荒榛蔓草间，则又予之所乐闻也。嘉庆九年十二月抚浙使者仪徵阮元撰，句吴钱泳书。[153]

　　明代文学家张元忭（1538—1588 年）为张岱（1597—1689 年？）曾祖，青年时期从王畿（1498—1583 年）游，接受了阳明心学，后来又不满于龙溪之学的流空蹈虚，而以实际功夫进行补救，即所谓"笃于孝行，躬行实践"（《明史·儒林传》）。徐渭与张岱高祖、曾祖、祖父三代都有密切的交往，《徐文长逸稿》就是由张岱搜集编纂，祖父张汝霖、王思任校阅成书。徐渭嘉靖四十五年（1566 年）因杀妻下狱，万历元年（1573 年），徐渭在张元忭父子等人的努力下，加上适逢万历皇帝登基大赦，在除夕保释出狱。万历三年（1575 年），经元忭疏通，徐渭正式释放。张岱对徐渭十分景仰，其《跋徐青藤小品画》中对徐渭评曰："唐太宗曰：'人言魏徵倔强，朕视之更觉妩媚耳。'倔强之与妩媚，天壤不同，太宗合而言之余蓄疑颇久。今见青藤诸画，离奇超脱，苍劲中姿媚跃出，与其书法奇崛略同，太宗之言为不妄矣。故昔人谓：'摩诘之诗，诗中有画，摩诘之画，画中有诗。'余亦谓青藤之书，书中有画，青藤之画，画中有书。"[154]但是徐渭生前并未得到重视，"名不出于越"，所幸身后有陶望龄（1562—1609 年）"知之"，他为徐渭初刻文集，《青藤书屋文集》作序《徐文长传》，称"渭于行草书尤精奇伟杰，尝言：吾书第一、诗二、文三、画四，识者许之"[155]。袁宏道在陶望龄见到后，大为震惊，"有楚人袁宏道中即者来会稽，于望龄斋中见所刻初集，称为奇绝。谓有明一人，闻者骇之，若中郎者其亦渭之桓谭乎"[156]！于是袁宏道为徐渭作《徐文长传》，以为奇人奇文，"余谓文长无之而不奇者也。无之而不奇，斯无之而不奇也。"[157]今天，青藤书屋在绍兴的大乘弄，位于前观巷和后观巷之间，从街巷拐进更窄小的弄堂，宛如进入悠长深邃的岁月，弄堂狭长幽深，藤萝攀墙、青砖铺地，透着悠悠的古意。青藤书屋平面极为简单，仅有一院一书斋，院内一墙、一门、一竹，书斋前一池、一藤，但是书斋"小窗幽致，绝胜深山"，一院一斋尽显主人容膝自安之风雅，于此之中体味"物外之情，尽堪闲适"。这种"书屋小景"，有情有味，有所寄托，尤为文人画家推崇，如清画家郑板桥（1693—1766 年）《十笏茅斋竹石图》题跋：

　　十纷茅斋，一方天井，修竹数竿，石笋数尺，其地无多，其费亦无多也。而风中雨中有声，日中月中有影，诗中酒中有情，闲中闷中有伴，非唯我爱竹石，即竹石亦爱我也。彼千金万金造园亭，或游宦四方，终其身不能归享。而吾辈欲游名山大川，又一时不得即往，何如一室小景，有情有味，历久弥新乎？对此画，构此境，何难敛之则退藏于密，亦复放之可弥六合也。[158]

　　这样一个小园，寄托了主人的性情和对于天地万物的感应，一室小景胜过千万金奢华别业。青藤书屋系硬山平屋，坐北朝南，一排花格长窗依于青石窗槛上。推开一扇式样普通的小门后，从几竿疏竹的缝隙中透出了青藤书屋的黑瓦白墙。穿过清幽的小园，数十步便进得书屋，屋旁是一个小天井，平屋中隔一墙，分为前后两室，前室正中高挂着徐渭的画像、《青藤书屋图》对联及明末画家陈洪绶手书"青藤书屋"匾；靠南是一排方格长窗，窗前放着具有明代特色的黑漆长桌和椅子，列文房四宝，南窗上方有徐渭手书"一尘不到"匾及"未必玄关别名教，须知书户孕江山"对联；东西两壁分别嵌有《陈氏重修青藤书屋记》及《天池山人自题五十岁小像》，沿壁陈列着大师的书画、诗文，逐一浏览，悠远的翰墨气息，在若明若暗光线中幽幽漫漫地浸润着周遭。书屋后室现辟为徐渭文物陈列室，展出徐渭书画诗文的部分作品，如《驴背吟诗图》《黄甲图》《墨葡萄图》，都自由狂放、随性洒脱，表现了他独具一格的画风。

　　青藤书屋旁的小天井里，有修竹扶疏、芭蕉滴翠、叠石玲珑、花径曲折，清雅幽静。书屋的东面墙上徐渭手书"自在岩"，字下是山石盆景，颇为玲珑。从山墙的门洞进入书屋前面的小院，迎面是一株虬曲的古藤，顺着墙壁攀缘，青叶繁茂，蟠屈多古意，所谓青藤的来历就在于此了。窗前有丈宽的砌石小池，据传徐渭称"此池通泉，深不可测，水旱不涸，若有神异"，因而取名为"天池"，以后"天池"也成了他的别号。又一说，天池出自庄子《逍遥游》，"南冥者，天池也"。徐渭一生崇信道教，他曾作诗《天池号篇为赵君赋》：

> 予耽庄史言真诞，子爱江郊石更奇。
> 诓意取为双别号，遂令人唤两天池。
> 修鳞在上何难跃，大鸟须风不易吹。
> 从此丹莲苍壁里，一泓秋水看龙飞。[159]

"天池"正中树立着方形石柱，上刻"砥柱中流"四字，也是徐渭手笔。天池西头墙角青砖砌成的花坛上植葱郁遒劲、盘根错节的老藤一株，郁郁葱葱，盘旋而上，这仿佛就是青藤书屋名称的本源了。古园名筑，其中古木多推为名人之迹，这棵青藤，相传为徐渭十岁时亲手所植，枝干蟠曲，大如虬松，覆盖方池。事实上，青藤书屋原名榴花书屋，据传徐渭在这里出生，直到二十岁考中秀才，入赘潘克敬家，从此离开了榴花书屋。《嘉庆山阴县志》（旧志）谓："榴花书屋在大云坊大乘庵之东，徐渭降生处，中有大安石榴一本。"据考证，徐渭在他二十岁时就离开了他的出生故居，这一年他与潘克敬之女潘介君订婚，便入入赘潘家。从此四十余年，多次移居，但再也没回到故居。万历十四年（1586 年）冬，他在《雪中移居二首》中写道："十度移家四十年，今来移迫基冬天，破书一束苦沮雪，折足双档愁断烟。岁雀是门都解冷，啼烤唤谷不成迁。只堪醉泳梅花下，其奈杖头无酒钱。"[160] 徐渭终老于樱花馆，樱桃馆为其次子丈人王道翁家之离室，因园中多樱桃树故称"樱花馆"。徐渭生前编定自己文集其中一种即称《樱桃馆集》。青藤书屋名号，在文字记载中应为画家陈洪绶所为，崇祯末年，陈洪绶从诸暨迁居徐渭故宅，手书"青藤书屋"匾。今天书屋尚存对联，"牵萝补屋王玉瑛，因树作堂陈老莲"，记录了书屋后来的这两位主人，除了陈洪绶，另外一位是王思任（1575—1646年）之爱女王玉瑛（1621—1701年后），王玉瑛即王端淑，清顺治年间也曾在青藤书屋隐居。青藤满蕴着才情的文人气息、脱俗的精神世界，屋宇虽几度易主、一度荒芜，但名迹不废。青藤是对小屋主人的想象，是古园的魂，是物质的想象，法国哲学家加斯东·巴什拉这样定义物质想象：

　　若从哲学上来表达，可区分出两种想象：一种想象产生形式因，另一种产生出物质因，或是更简洁地说，形式想象和物质想象。……必须有一种情感因素，一种内心因素，……物质的形象，物质的直接形象。目光为它们命名，但双手熟悉它们。一种充满朝气的喜悦在触摸，揉捏并抚慰着它们。物质的这些形象，我们实实在在地，亲切地想象着它们，同时排除着形式，会消亡的形式，虚浮的形象，即表层的变幻。这些形象具有分量，它们是一颗心。[161]

　　"天池""青藤"，就是这样的物质想象，石磬山房的"碧桐""翠竹""兰花"也是。明中叶以后，园林内拥有这类异植花木的描述颇多，如前文所述苏州拙政园内有连理山茶树一株，已载入《苏州府志》，清代著名诗人吴伟业并有诗记之，清代苏州的狮子林，有合抱大松五株，故又名五松园。而异植与奇石之美，也是园林中重要的景观。如苏州城内的姜氏艺圃，在汪琬的《姜氏艺圃记》中形容道：

　　至于奇花珍卉，幽泉怪石，相与乎几席之下：百岁之藤，千章之木，干霄架壑。林栖之鸟，水宿之禽，朝吟夕弄，相与错杂乎室庐之旁。或登于高而览云物之美，或俯于深而窥浮泳之乐，来游者往往耳目疲乎应接，而手足倦乎扳历，其胜诚不可以一二计……[162]

在钱泳的《履园业话》一书中，还提到苏州朴园中百花齐发、群艳争芳，以及网师园中的芍药等美景。苏州拙政园东边有归田园，为明季侍郎王心一所构，园中一花一木皆其亲自培植；太仓州城南有南园，为明代万历年间首辅王锡爵所筑。至清中叶尚存老梅一株，曰瘦鹤，亦园主手植也。而对于这样的意义主题来说，主人对园的异质性要求主要在能够产生特殊意义的对象上面，这些有分量的对象都饱有时间的印痕，包括了奇石、异植（花草与树木）奇书、名画、古董、古物以及题匾与石刻等。古老的事物大多布满斑驳、皱纹，充满时间所留下的痕迹，所以给人强烈的岁月悠悠积淀的感受，引发人思古之幽情。尤其是像花木这些具有生命者，古老的神态更是给人一种阅历久远、容受风霜、饱经沧桑的感受，仿佛他们正是人事变迁、园林兴废的见证者。所以文士在废园中特别恣情地寻访古木老树，对这些苍老的花木总是投以深沉的情感，并开展出一连串老木阅历园林繁盛景象的想象。从美学的角度来看，古老花木具有苍老遒劲的神态之美，足堪品味鉴赏；从情意心理学的角度来看，古老花木身上则含具园林生命与人事兴衰的凝缩剪影，足堪凭吊慨叹。

钱泳文中记录了青藤书屋的八景：天池、漱藤阿、自在岩、孕山楼、浑如舟、酬字堂、樱桃甜、柿叶居，是后来书屋小园的主人陈无波追忆大师身前踪迹，根据其一生浓缩而为，青藤书斋壁间徐渭的诗文手书，铭刻了对于前主人身名之迹的记忆。小园在记忆中，远不是一个"终结"的形象，而是反复涂抹擦写的文本。雅克·德里达说："在场的历史是关闭的，因为'历史'从来要说的只是'存在的呈现'，作为知和控制的在场之中的在者的产生和聚集。"[163] 自然风景之迹和先贤名人之迹，是园之主人宣泄其"志"的世界的出口。当我们作为一个后来人在园中徘徊时，留给我们的是各种交错的往昔痕迹，同时我们在园中也留下了自己的足迹。园之记忆是经过人们筛选和重构的东西，它本无意重建另一个时空体系中存在具体的生活和经验，即使是面对同一个场地，后来的人也会根据自我的目的，对于场地的历史有不同的剪辑和构想。而且，就时间来说，园主是通过过去的时间亲历"现在"，法国学者高概说："只有现在是被经历的。过去与将来是视界，是从现在出发的视界。人们是根据现在来建立过去和投射将来的。一切都归于现在。"[163] 文徵明说"枕中已悟功名幻，壶里谁知日月长"。把园子比为"壶中天地"，真的是很恰当的。西方的大哲海德格尔对于"壶"的论述，对于我们理解这样的空间很有启发。他说：

　　壶之虚空如何容纳呢？壶之虚空通过承受被注入的东西而起容纳作用。壶之虚空通过保持它所承受的东西而起容纳作用。虚空以双重方式来容纳，即：承受和保持。因此，"容纳"（fassen）一词是有歧义的。但对倾注的承受，与对倾注的保持，是共属一体的。不过，它们的统一性是由倾倒（Ausgiessen）来决定的，壶之为壶就取决于这种倾倒虚空的双重容纳就在于这种倾倒。作为这种倾倒，容纳才真正如其所是。从壶里倾倒出来，就是馈赠（Schenken）。在倾注的馈赠中，这个器皿的容纳作用才得以成其本质。容纳需要作为容纳者的虚空。起容纳作用的虚空的本质聚集于馈赠中。但馈赠比单纯的斟出更为丰富。使壶成其为壶的馈赠聚集于双重容纳之中，而且聚集于倾注之中。我们把群山（Berge）之聚集称为山脉（Gebirge）。同样地，我们把入于倾注的双重容纳的聚集——这冲聚集作为集合才构成馈赠的全部本质——称为赠品（Geschenk）。壶之壶性在倾注之赠品中成其本质。连空虚的壶也从这种赠品而来保持其本质，尽管这个空虚的壶并不允许斟出。但这种不允许为壶所特而且只为壶所特有。[164]

　　"十纷茅斋,一方天井"并无神奇之处,而在于其倾注之"赠品"——"风""雨""日月""光影",在于主人的"名迹"。海氏说:"倾注之赠品乃是终有一死的人的饮料。它解人之渴,提神解乏,活跃交游。"[165]倾注并不是简单的倒进倒出,在作为饮料的倾注之赠品中,终有一死的人以其自己的方式逗留着。空间中的意象和知觉来源于人自身和外界的双向"倾注",正是在"倾注"中,天、地、人、园获得了空间的存在感。它们在时间之中唤醒了感知世界意义的知觉,而这种知觉超越了世俗功利的色彩,是一种生命的活动需要,生命的活动又是时间的绵延,所以知觉必然有历史的积淀,这就是园林文化特有的记忆。在园林文化中,没有任何知觉不是充满了记忆,园林文化中的知觉是长期进化的结果,它就必然是以记忆的形式出现的。记忆使得文化体验的经验储存下来,成为园林潜在意义不断增加的内容。因此,关于书屋主人园林文化的记忆并不只是一种心理过程,而且是园林文化自我保存的一种能力。

　　青藤书屋虽然小,却有八景:天池、漱藤阿、自在岩、孕山楼、浑如舟、酬字堂、樱桃甜、柿叶居。今天尚存只有"天池"与"漱藤阿"二景。(见图84)八景在半亩之地铭刻了对于前主人身名之迹的记忆,青藤书斋壁间刻有徐渭的诗文手书,加强了浓重的书卷气。明清苏州园林的一大特色,就是园中的书斋壁间嵌有所谓"书条石"的名家书法集帖。赏赐的匾与题石不似前几类对象有实质的价格,或是可以用金钱购买;因为这类展示物充分反映了园林主人的身份地位。更重要的是,持有这些对象已成为江南心目中世家望族的象征,就像清人俞樾(1821—1907年)在《九九销夏录》中所记:"余兄壬甫常言:'人家听事所恋之额,至百余年后,书额者姓名,人犹知之,方是旧家。余寓吴下,听事乐知堂额,彭刚直书。客坐春在堂额,曾文正书。此两公者,虽至三千年,人犹无不知也。'"[167]"书

图 84　明·徐渭故居"青藤书屋"现状照片

条石"之主人化身之"迹"，是主人之文化精神的遗蜕。"迹"在中国古代文化中有着丰富的语义："迹"原意是脚印，"足迹也"；后来把意思扩展到物体留下的印痕，"凡有形可见者皆曰迹"；又专指前人留下立下的事迹及其物证，以及顺着物证求访求证的行为，"凡功业可见者曰迹"，《前汉·王褒传》说："索人求士者，必树霸迹。又凡前人所遗留者曰迹。""迹"的"辶"偏旁暗示了运动和时间的概念，在园林文化中的叙事中和"迹"相关的人事物极多，或者几乎可以说，古人对于园的营造在某种意义上，是关于地景的铭刻和追忆某人某事某物，这方面构成了主体观看和重新塑造场所的重要眼光。《通玄真经》卷八《自然》篇，唐代默希子题注称："自然，盖道之绝称，不知而然，亦非不然，万物皆然，不得不然，然而自然，非有能然，无所因寄，故曰自然也。"[168] 我们从园中看到的是自然之"迹"和"文化"之"迹"的叠印。中文的"自然"本身就和"痕迹"关联，中文"然"的本义为燃烧之"燃"，是"燃"的本字，古人占卜时灼烧牛骨、龟壳，根据灼烧后的裂纹的痕迹，从痕迹归纳出某种确定性，"燃"召唤了未来"未出场"的显灵；"自"原意从鼻子，引申为自己的意思，自然，我通过自身"在场"来卜算事态未知通过某种理性演变的命运。中国早期的文化巫是以识别自然之痕，知晓"文"之言为特征的，非完全鬼神之道，"文"的历史是探寻和发现未知"痕迹"的意识和整体性的历史，而不是记录口语表征个体情感的历史。早期的儒，或称为巫师、术士，儒士的根源是巫的文化，从儒士到儒家到文人，始终观照于自然。

　　《淮南子·说山训》说："圣人终身言治，所用者非其言也，用所以言也。歌者有，然使人善之者，非其诗也。"[169] 又说："循迹者，非能生迹者也。"[170] 如果痕迹被固定化了，无法通往自我世界本真的道路，因而"痕迹"对将发生的经验敞开，这才是主人叙事是关于自然叙事"起源的起源"的思辨，我们或许也可以理解为承载意义的记忆之痕，嵌入"在场"和"不在场"缝隙之中。"迹"远不是一个"终结"的形象，而是属于永恒变化中的链条，"迹"通过时间的内在化成就其本质。庄子《天运》说："夫迹，履之所出，而迹岂履哉？"[171] 在缓慢堆积的园子中，我们尤其想关注的却是那些在深层处的力量和对于自然和痕迹的内在想象以及形象。雅克·布斯凯（J. Bousquet）说："形象让人类付出的代价相当于某种新特性让植物付出的代价。"[172] 在千年的造园中，只有经过岁月铭刻的形象保存下来，这些形象深深地存在于记忆的幽暗深处，而有些形象只是一些普通的形式游戏，它们在时间的风中并不会停留太久。青藤既是一种物质的存在，也是存在中原初的存在者，它暗示了某种分身，某种永恒的东西。主人在树木中看到了一种潜在的能量，而这种能量是可以用图像和符号的方式固定下来的。文人从不满足于谈论一棵"生长正常"枝叶丰满的树，虽然它在夏日给予树荫，让人安逸地午憩，士人尚"奇"，他们把历经岁月风雨的树木当成图像形式的始发生者，在中国的名园中，奇珍古木意味着园从普通的地点上升成为非凡的场所，成为一种铭记。古木和主人是场地最明确的"标记"和"痕迹"，"迹"是关于场所的描述，张岱在《陶庵梦忆》说："地必古迹，名必古人，此是主人学问。"[173] 在大自然的生成物基础上，经过主人的阐释来构建空间，既不是模拟自然，也不是从纯粹的理念出发，构园从一开始出发就是视觉化的，场地带着它特定的意义，同时也包含了易变性和不可控制性；树木的选择可以产生可以识别的能指意象，同时又使得园在某个时间点上和主体发生联系。"花落呼童，竹深留客，任看主人何必问，还要姓氏不须题。需陈风月清音，休犯山林罪过。"[173] 园子主宰着它自己的季节和历史，它虽然在我们的身外，也在我们的身心之中，它产生出某种奇观，这种奇观是一个往来的经验世界，形式深入了本体中，形式就是本体；同时静候着时空自身变化发展，等待有能力引导变化的主体出现，并以"保存意义"规定着时空经验内容。

注释

1. [宋]苏轼. 苏轼诗集 [M]. [清]王文诰 辑注.孔凡礼点校.北京:中华书局，1982：673.

2. [明]计成 .园冶注释[M] . 陈植，注释 .杨伯超，校订.陈从周，校阅.北京： 中国建筑 工业出版社，1988：76.

3、4、5. [唐]白居易. 白居易集[M].顾学劼，校点.北京： 中华书局.1979： 1495 .

6. [唐]白居易. 白居易集[M].顾学劼，校点.北京： 中华书局.1979： 944 .

7. [唐]白居易.白居易集[M].顾学劼，校点.北京： 中华书局.1979： 944、945 .

8. [明]董其昌 画禅室随笔卷四//丛书集成三编第031册.艺术类[M].台北：台湾新文丰出 版公司，1978： 404 .

9. [清]胡敬 .西清札记//续修四库全书.1082.子部.艺术类 [M]. 上海： 上海古籍出版社， 2002：78.

10. [清]戴熙 .赐砚斋题画偶录 // 黄宾虹，邓实 .美术丛书 初集第五辑 .[M].杭州： 浙江 人民美术出版社，2013： 62.

11. 宗白华. 宗白华全集第二卷 [M]. 合肥： 安徽教育出版社，2002 :336.

12. [清]吴升. 大观录. // 卢辅圣. 中国书画全书 第8册 [M].上海： 上海书画出版社， 1993 :504.

13. [清]戴熙. 赐砚斋题画偶录 // 黄宾虹，邓实.美术丛书 初集第一辑[M].杭州： 浙江人 民美术出版社，2013： 61.

14. 宗白华. 宗白华全集第二卷 [M]. 合肥： 安徽教育出版社，2002 :336.

15. [美]詹姆斯·埃尔金斯 .西方美术史学中的中国山水画[M].潘耀昌，顾泠，译 .杭州: 中国美术学院出版社,1999:93.

16. [美]詹姆斯·埃尔金斯 .西方美术史学中的中国山水画[M] .潘耀昌，顾泠，译 .杭州: 中国美术学院出版社,1999:96.

17. [明]文徵明. 文徵明集下[M].周道振，辑校.上海： 上海古籍出版社，2014： 1235.

18. [明]文徵明. 文徵明集下[M].周道振，辑校.上海： 上海古籍出版社，2014： 1175.

19. [明]高濂. 遵生八笺//景印文渊阁四库全书第871册 .子部177·杂家类 [M].台北： 台 湾商务印书馆，1983 :506.

20. [明]文徵明. 文徵明集下[M].周道振，辑校.上海： 上海古籍出版社，2014： 1175.

21. [明]文徵明. 文徵明集下[M].周道振，辑校.上海： 上海古籍出版社，2014： 1235.

22. [宋]翁 卷. 西岩集一卷//景印文渊阁四库全书第 1171 册 . 集部110·别集类 [M].台 北： 台湾商务印书馆，1983 :175.

23. [梁]萧统编.昭明文选[M]. [唐]李善，注.上海： 上海古籍出版社，1986 :2472.

24. [清]王先慎. 韩非子集解 [M]. 钟哲，点校.北京:中华书局，1998：442、443.

25. 徐中舒.甲骨文字典 [M]. 成都： 四川辞书出版社，2006:590.

26. [清]王先谦.庄子集解[M].北京： 中华书局，1983： 127

27. [元]倪瓒.[清] 曹培廉.清閟阁全集十二卷//景印文渊阁四库全书第 1220 册.集部 159·别集类 [M].台北：台湾商务印书馆，1983 :175.

28. [明]何良俊.四友斋丛说三十八卷// 续修四库全书.第1125册.子部·杂家类 [M].上海：上海古籍出版社，2002 :622.

29. [明]文徵明.文待诏题跋二卷 // 王云五.丛书集成初编 第1571册 [M].上海：上海商务印书馆，1935 :11.

30. [明]高濂.遵生八笺. //景印文渊阁四库全书第 871册.子部 177·杂家类[M].台北：台湾商务印书馆，1983 :506.

31. [德]海德格尔.诗·语言·思[M].彭富春，译.北京：文化艺术出版社，1991:94.

32. [清]张廷玉，等.明史 [M].北京：中华书局，1974: 5082.

33. [清]张廷玉，等.明史 [M].北京：中华书局，1974: 3551—3553.

34. [明]王世贞.弇州堂别集 //景印文渊阁四库全书第409册.史部167· 杂史类 [M].台北：台湾商务印书馆，1983 :71.

35. 周道振，张月尊.文徵明年谱 [M].上海：百家出版社，1998: 356.

36. [明]文徵明.文徵明集下[M].周道振，辑校.上海：上海古籍出版社，2014: 1725.

37. [明]文徵明.文徵明集下[M].周道振，辑校.上海：上海古籍出版社，2014: 319 – 320.

38. [明]文徵明.文徵明集下[M].周道振，辑校.上海：上海古籍出版社，2014: 1725.

39. 宗白华.美学散步[M].上海：上海人民出版社，2005: 80.

40. [汉]班固.汉书(二十五史) [M].[唐]颜师古.北京：中华书局，1962: 1243.

41. [明]毛奇龄.明堂问 // 王云五主编.丛书集成初编 第1500册[M].上海：上海商务印书馆，1935 :1.

42. [美]弗朗西斯·福山.政治秩序的起源[M].桂林：广西师大出版社，2012: 114.

43. [美]弗朗西斯·福山.政治秩序的起源[M].桂林：广西师大出版社，2012: 119.

44. 《拙政园志稿》.苏州市地方志编纂委员会办公室、苏州市园林办公室编，1986: 145.

45. [宋]苏轼.苏轼文集[M]. [清]王文诰，辑注.孔凡礼，点校.北京:中华书局，1986 :369.

46. [法]程抱一.中国诗画语言研究 [M].涂卫群译.南京：江苏人民出版社，2006:8.

47. [明]王世贞.弇州续稿卷六十 // 景印文渊阁四库全书第1282册[M].台北：台湾商务印书馆，1983 :784.

48. [明]王世贞.弇州续稿卷六十 // 景印文渊阁四库全书第1282册[M].台北：台湾商务印书馆，1983 :784 – 785.

49. [清]翁方纲.复初斋文集卷三十一 // 续修四库全书.第1445册.集部·别集类 [M].上海：上海古籍出版社，2002:650.

50. [清]吴伟业.吴梅村全集 [M].李学颖集评标校.上海：上海古籍出版社，1990 :262.

51. [清]吴骞.尖阳丛笔十卷续笔一卷// 续修四库全书.第1139册.子部· 杂家类 [M].上海：上海古籍出版社，2002 :449.

52. [清]徐灿，吴骞.拙政园诗余//拜经楼丛书.乾隆三十三年耕烟馆藏板.上海博古斋民国壬戌年 (1922年) .影印本卷下：4.

53. [清]徐灿，吴骞.拙政园诗余// 拜经楼丛书.乾隆三十三年耕烟馆藏版.上海博古斋民国壬戌年（1922年）.影印本卷上：13、14.

54. [清]吴伟业.吴梅村全集[M].李学颖，集评标校.上海：上海古籍出版社，1990：262.

55. 黄裳.过眼云烟录（二）：《拙政园诗余》跋[J].吉林：社会科学战线，1979（04）：340.

56. [清]徐灿，吴骞，辑.拙政园诗余// 拜经楼丛书.乾隆三十三年耕烟馆藏板.上海博古斋民国壬戌年.影印本，附录：3－4.

57. [清]陈维崧.陈维崧诗·清名家诗丛刊初集[M].江庆柏点校.扬州：广陵书社，2006：247－248.

58. [清]徐灿，吴骞.拙政园诗余// 拜经楼丛书.乾隆三十三年耕烟馆藏板.上海博古斋民国壬戌年.影印本序：1－2.

59. [60][清]陈之遴.浮云集卷三// 四库全书存目丛书·集部第197册 [M].济南：齐鲁书社，1997：598.

61. [清]徐灿，吴骞.拙政园诗集卷上// 清代诗文汇编第105册 [M].上海：上海古籍出版社，2010：384.

62. [清]徐灿，吴骞.拙政园诗集卷上// 清代诗文汇编第105册 [M].上海：上海古籍出版社，2010：342.

63. [清]徐灿，吴骞.拙政园诗余// 拜经楼丛书.乾隆三十三年耕烟馆藏版.上海博古斋民国壬戌年.影印本，卷中：2：.

64. [清]徐灿，吴骞.拙政园诗余// 拜经楼丛书.乾隆三十三年耕烟馆藏版.上海博古斋民国壬戌年.影印本，卷下：10.

65. [清]陈之遴.陈素庵先生浮云集.南林张乃熊，民国32年(1943年) 铅印本，卷之十二：15.

66. [德]海德格尔.海德格尔选集下[M].孙周兴选编.上海：上海三联出版社，1996：1206.

67. [清]赵宏恩等监修 乾隆江南通志 （一） // 中国地方志集成·省志辑·江南 3 [M].上海：江苏古籍出版社·上海书店·巴蜀书社，2012：600.

68. [东晋]陶潜.陶渊明集笺注[M].龚斌 校笺.上海：上海古籍出版社，1996：1.

69. [东晋]陶潜.陶渊明集笺注[M].龚斌 校笺.上海：上海古籍出版社，1996：390.

70. [清]钱谦益.列朝诗集// 四库禁毁书丛刊集部.第095册[M].北京：北京出版社，1997：726.

71. [清]黄印.锡金识小录// 中国方志丛书[M].台北：成文出版社，1983：390.

72. [明]文林.文温州集十二卷// 明别集丛刊.第一辑.第62册[M].合肥：黄山书社，2013：13、14.

73. [明]文林.文温州集十二卷// 明别集丛刊.第一辑.第62册[M].合肥：黄山书社，2013：14.

74. [清]钱谦益.列朝诗集// 四库禁毁书丛刊集部.第095册[M].北京：北京出版社，1997：731.

75. 周道振，张月尊.文徵明年谱 [M].上海：百家出版社，1998：10.

76. [明]文徵明. 文徵明集上 [M].周道振辑校.上海：上海古籍出版社，2014：17.

77、78.[明]文徵明 . 文徵明集上 [M].周道振，辑校.上海：上海古籍出版社，2014：19.

79. [明]陈宏绪.寒夜录三卷//丛书集成初编·文学类 第2953册 [M].上海：上海商务印书馆，1935：7.

80. [清]黄印 辑.锡金识小录 // 中国方志丛书[M].台北：成文出版社，1983：390－391.

81. [明]文徵明.甫田集// 景印文渊阁四库全书集部第1273册[M].文嘉述. 台北：台湾商务印书馆，1983：48－49.

82. [明]文徵明.甫田集// 景印文渊阁四库全书第1273册[M].文嘉述.台北：台湾商务印书馆，1983：295.

83、84. 周道振，张月尊.文徵明年谱 [M].上海：百家出版社，1998：399.

85. [明] 陈继儒.太平清话//丛书集成初编·文学类 第2931册[M].上海：上海商务印书馆，1935：38.

86. [明]文徵明 . 文徵明集上 [M].周道振，辑校.上海：上海古籍出版社，2014：138.

87. [明]文徵明 . 文徵明集下 [M].周道振，辑校.上海：上海古籍出版社，2014：1247.

88. 王国维 .王国维全集第十四卷[M].谢维扬，房鑫亮，主编.杭州：浙江教育出版社，2009：106.

89. 王国维 .王国维全集第十四卷[M].谢维扬，房鑫亮.杭州：浙江教育出版社，2009：107.

90. 王国维 .王国维全集第十四卷[M].谢维扬，房鑫亮.杭州：浙江教育出版社，2009：107、108.

91. 王国维 .王国维全集第十四卷[M].谢维扬，房鑫亮.杭州：浙江教育出版社，2009：108.

92. [清] 李渔 .闲情偶寄 [M].杜书瀛，译.北京：中华书局，2014：370、371.

93、94.[清] 李渔 .闲情偶寄 [M].杜书瀛，译.北京：中华书局，2014：371.

95. [明]陈继儒 . 太平清话 //丛书集成初编·文学类 第2931册 [M].上海：上海商务印书馆，1935：28.

96. 何宁 撰. 新编诸子集成：淮南子集释[M].北京：中华书局，1998：1158.

97. [清] 李渔.闲情偶寄 [M].杜书瀛译.北京：中华书局，2014：691、692.

98. [明]沈周. 石田诗选十卷 // 景印文渊阁四库全书集部第1249册[M].华汝德.台北：台湾商务印书馆，1983：563.

99、100.[宋]赵希鹄.洞天清禄集 //丛书集成初编·艺术类 第1552册 [M].上海：上海商务印书馆，1935：1.

101. [唐]白居易.白居易集[M].顾学颉，校点.北京：中华书局.1979：490.

102. [宋]苏辙.苏辙集 [M].陈宏天，高秀芳，点校.北京：中华书局，1990：1114.

103. [东晋]陶潜.陶渊明集笺注[M].龚斌，校笺.上海：上海古籍出版社，1996：296.

104. [明]沈复.浮生六记 // 闲书四种[M].武汉：湖北辞书出版社，1995：309.

105. [唐]白居易.白居易集[M].顾学劼，校点.北京：中华书局，1979：656.

106. [明]文徵明.甫田集// 景印文渊阁四库全书第1273册[M].文嘉.台北：台湾商务印书馆，1983：60.

107. [明]何良俊.四友斋丛说三十八卷// 续修四库全书.第1125册.子部·杂家类 [M].上海：上海古籍出版社，2002：512.

108. [清]钱谦益.列朝诗集小传 // 周骏富.明代传记丛刊·学林类9（011）[M].台北：明文书局，1991：490、491.

109. [清]钱谦益.牧斋初学集[M].[清]钱曾笺注.钱仲联，标校.上海：上海古籍出版社，1985：1138.

110. [东晋]陶潜.陶渊明集笺注[M].龚斌，校笺.上海：上海古籍出版社，1996：391.

111. [东晋]陶潜.陶渊明集笺注[M].龚斌，校笺.上海：上海古籍出版社，1996：199.

112. [清]震钧.天咫偶闻 // 沈云龙.近代中国史料丛刊 第22辑[M].台北：台湾商务印书馆，1966：193.

113. 《鸿雪因缘图记》，全书共三集，每集分上、下两卷，一事一图，一图一记，凡240图、记240篇，系清麟庆撰著，汪春泉等绘图，为作者记述身世与亲历见闻之作.麟庆曾经宦游大江南北，加以性好山水，所至之地皆不废登临，留心考察，见闻宏广，并将自己所历所闻所见一一详加记录，复请当时著名画家汪英福（春泉）、陈鉴（朗斋）、汪圻（甸卿）等人按题绘成游历图，以期使生平雪泥鸿爪之印痕借以长久保留..是书以图文相辅相成的形式，实录其所至所闻的各地山川、古迹、风土、民俗、风俗、河防、水利、盐务等等，保存和反映了道光年间广阔的社会风貌.清道光十八年（1828年），麟庆门生王国佐曾将《图记》初、二集付之剞劂，因"图帙缜密，未得镌手，故只刊记文，未刊图画".至麟庆殁后三年（1849年），其子崇实、崇厚始在扬州觅得良工，将包括初、二、三集全部图画文字内容的《图记》刻板印行，刻工十分精美.《鸿雪因缘图记》所载240图，内容涉及山水屋木、人物走兽、舟车桥梁，包罗万象，纤毫毕具.郑振铎《中国古代木刻画史略》著录此书，称其"以图来记叙自己生平，刻得很精彩，可考见当时的生活实况.《鸿雪因缘图记》凡三集，卷帙最为浩瀚"。

114. [宋]苏轼.苏轼诗集 [M].[清]王文诰，辑注.孔凡礼，点校.北京:中华书局，1982：96.

115. [宋]苏辙.苏辙集 [M].陈宏天，高秀芳，点校.北京：中华书局，1990：1110.

116. [清]麟庆.鸿雪因缘图记·第一集·阮元序[M].汪春泉，等，绘图.北京：北京古籍出版社,1984：1.

117. [清]震钧.天咫偶闻 // 沈云龙.近代中国史料丛刊 第22辑 [M].台北：台湾商务印书馆，1966：194-196.

118. [民]赵尔巽，等.清史稿 第四十六册 [M].张伟，点校.北京：中华书局，1977：13907.

119. [清]周亮工.读画录 // 续修四库全书一零六五·子部·艺术类 [M].上海：上海古籍出版社，2002：604.

120. [清] 方文 . 嵞山续集 // 清代诗文集汇编第38册 [M].上海：上海古籍出版社，2010：631.

[121][清]麟庆.鸿雪因缘图记·第三集上·半亩营园 [M] . 汪春泉，等，绘图 . 北京古籍出版社,1984.

122. [明] 钱泳 . 履园丛话 // 笔记小说大观第25册 [M].扬州：广陵古籍刻印社，1983：147 .

123、124. [清]麟庆. 鸿雪因缘图记·第三集上·半亩营园[M].汪春泉，等，绘图．北京：北京古籍出版社,1984.

125.[清] 李渔.闲情偶寄 [M].杜书瀛，译.北京：中华书局，2014：373 .

126.[清] 李渔.闲情偶寄 [M] .杜书瀛，译.北京：中华书局，2014：371、374 .

127.[清] 李渔.闲情偶寄 [M] .杜书瀛，译.北京：中华书局，2014：657 .

128.、129. [清]麟庆. 鸿雪因缘图记·第三集上·竹舫息影[M].汪春泉，等，绘图．北京：北京古籍出版社,1984.

130、131、132. [清]杨翰．息柯杂著 // 清代诗文集汇编第650册[M].上海：上海古籍出版社，2010：400.

134. [清]麟庆.鸿雪因缘图记·第三集下·退思夜读[M].汪春泉，等，绘图.北京：北京古籍出版社,1984.

135. [明]计成 .园冶注释[M] . 陈植，注释.杨伯超，校订.陈从周，校阅.北京：中国建筑工业出版社，1988：218.

136. [宋]苏轼．苏轼文集 [M]. [清]王文诰，辑注.孔凡礼，点校. 北京:中华书局，1986：350.

137.[清]麟庆.鸿雪因缘图记·第三集下·近光仔月 [M] . 汪春泉，等，绘图．北京古籍出版社,1984.

138.139.140.[清]麟庆.鸿雪因缘图记·第三集上·拜石拜石[M].汪春泉，等，绘图.北京：北京古籍出版社,1984.

141、142、143.[清]麟庆.鸿雪因缘图记·第三集下·园居成趣[M].汪春泉，等，绘图.北京：北京古籍出版社,1984.

144. [清]麟庆.鸿雪因缘图记·第三集下·嫏嬛藏书[M].汪春泉，等，绘图．北京：北京古籍出版社,1984.

145、146. [明] 文震亨.长物志 [M].陈植注释.杨伯超校订.南京：江苏科学技术出版社，1984：10 .

147.[清]麟庆.鸿雪因缘图记·第三集上·拜石拜石[M] .汪春泉，等，绘图.北京：北京古籍出版社,1984.

148.[清]麟庆.鸿雪因缘图记·第三集下·嫏嬛藏书[M] .汪春泉，等，绘图.北京：北京古籍出版社,1984.

149.[清] 李渔.闲情偶寄 [M] .杜书瀛，译.北京：中华书局，2014：449、450 .

150.[清] 李渔.闲情偶寄 [M] .杜书瀛，译.北京：中华书局，2014：450 .

151.[明] 钱泳.履园丛话// 笔记小说大观：第25册 [M].扬州：广陵古籍刻印社，1983：153

152. [明] 徐渭 . 徐渭集[M]. 北京：中华书局.1983：401.

153. [清]阮元，钱泳 . 重修青藤书屋记碑帖 [M] .绍兴:绍兴青藤书屋管理处，1980 .

154. [明]张岱 . 张岱诗文集 [M] .夏咸淳，校点 . 上海:上海古籍出版社，1991:306.

155. 156. [明] 徐渭 . 青藤书屋文集 //丛书集成初编 · 艺术类 第2156册 [M].上海： 上海商务印书馆，1935 :3.

157. [明] 徐渭 . 青藤书屋文集 //丛书集成初编 · 艺术类 第2156册[M].上海：上海商务印书馆，1935 :3.

158. [清]郑板桥 . 板桥集 // 清代诗文集汇编 第273 册 [M].上海：上海古籍出版社，2010：692、693.

159. [明] 徐渭 . 徐渭集[M]. 北京：中华书局，1983：299.

160. [明] 徐渭 . 徐渭集[M]. 北京：中华书局，1983：291.

161. [法]加斯东 · 巴什拉.水与梦—论物质的想象 [M] .顾家琛，译.长沙：岳麓书社，2005：1、2.

162. [清] 汪琬.钝翁前后类稿.四库全书存目丛书 · 集部第二二八册 [M].济南：齐鲁书社，1997：213 .

163. [法]雅克 · 德里达.声音与现象[M].杜小真译.北京：商务印书馆，1999：31.

164. [法]高概.话语符号学[M].王东亮，译.北京：北京大学出版社，1997：7.

165. [德]海德格尔 .海德格尔选集[M]. 孙周兴，选编.上海：上海三联出版社，1996:1172.

166. [德]海德格尔 .海德格尔选集[M]. 孙周兴，选编.上海：上海三联出版社，1996:1173.

167. [清]俞樾 . 九九销夏录[M]. 北京：中华书局，2006：131.

168. 胡道静 陈莲笙 陈耀庭选辑道藏要籍选刊第5册[M].上海：上海古籍出版社，1989 :477.

169. 何宁 . 新编诸子集成：淮南子集释[M]. 北京：中华书局，1998：1107.

170. 何宁 . 新编诸子集成：淮南子集释[M]. 北京：中华书局，1998：1108.

171. [清]王先谦 . 庄子集解[M]. 北京：中华书局，1983：130.

172. [法]加斯东 · 巴什拉.水与梦—论物质的想象 [M]. 顾家琛，译 .长沙：岳麓书社，2005：3.

173. [明]张岱 . 陶庵梦忆 插图本 [M] .淮茗，评注.北京：中华书局，2008：85.

174. [明]计成 . 园冶注释[M] .陈植注释.杨伯超，校订.陈从周，校阅.北京：中国建筑工业出版社，1988：65.

结　语："氤氲"之域

"天地氤氲，万物化醇。"

The Generative force of heaven and earth，by means of which all things are constantly reproduced．

"化一而成氤氲，天下之能事毕矣。"

Transform oneness into this harmonious atmosphere and this is indeed the highest achievement of art in the world．

——《石涛画语录·氤氲章第七》

　　在本书结语的开始，让我们再先从古文中来考察“园”的语义：《三苍》谓“种树曰园”《周礼·大宰》谓“园圃毓草木”。毓字从每，从疏省，疏省亦声，“疏”省意为“条带状”“梳齿状”，“每”意为一种有机体自发生长并覆盖其表面的茂密细丝，“每”和“疏”省联合起来表示“地面自发生长的梳齿一般的嫩草”。这又是讲园是树木百草生发的地方，所以《说文》也讲“园，所以树果也”。我们看到，“园”原意是种树木花果以及百草的地方，这是园林出现的起点，在中国古典园林的语境中，没有树木不能称为园。园未完全分化之前为功能化的农业经济的场所，“五亩之宅，树之以桑，五十者可以衣帛矣”（《孟子·梁惠王上》），树果在经济生活中一直很重要，但树木同时也是世界的神迹和世界通往神圣的通道。在先秦文献中有很多神树异木的记载，仅《山海经》书就载有建木、扶木、若木、丹木、自木、灵寿树、廿华树、小死树等二十多种。《山海经·地形训》：“上有木禾，其修五寻，珠树、玉树、璇树、不死树在其西。……绛树在其南，碧树、瑶树在其北。……建木在都广，众帝所自上下。”[71]有神树的地方就是神灵的居所，儒教圣人孔子讲学之处称“杏坛”，环植以杏，取杏坛之名名之，《庄子·渔父》篇：“孔子游乎缁帏之林，休坐乎杏坛之上，弟子读书，孔子弦歌鼓琴。奏曲未半，有渔父者，下船而来……（孔子）乃下求之，至于泽畔……”司马彪注云：“缁帏，黑林也。杏坛，泽中高处也。”银杏树杆挺拔直立，绝不旁逸斜出，果仁既可食用，又可入药治病，古人以此隐喻：“身修而后家齐，家齐而后国治，国治而后天下平。”后世称士人集中的场所为“士林”。《周礼·载师》：“以场圃任园地”“樊圃谓之园”。园意味着人对于自身生存的前提下对于自然的驯化和身份认知，但是同时园也是士人存在危机的倾听者，《诗·魏风·园有桃》：“园有桃，其实之殽。心之忧矣，我歌且谣。不知我者，谓我士也骄。彼人是哉，子曰何其？心之忧矣，其谁知之！其谁知之！盖亦勿思！园有棘，其实之食。心之忧矣，聊以行国。不知我者，谓我士也罔极。彼人是哉，子曰何其？心之忧矣，其谁知之！其谁知之！
盖亦勿思！"树木包容了自然力的兴衰，既有"青青园中葵"，也有《易·贲》
中的"贲于丘园"，丘园意味着人生的"失位无应"，隐处丘园。陶渊明说，
田园将芜，丘是荒芜，丘墟本和园圃对立，造园将两种不同的状态中和
在了一起。树木有生，亦有风雨，丘园窗读，让士人以园居的方式放逐自我，
在园的背景下创造了一种接近自然和人生理想的方式。

　　"园林"一词始出现于魏晋南北朝时期。陶渊明曾在《从都还阻风于
规林》中有"静念园林好，人间良可辞"的诗句。"林"意味着山林，意
味着和"朝"分离的"野"，魏晋时代出现"园林"和"岩穴之风"相符
合，作为文人主体意识的觉醒，文人期望和皇权的元场域保持一定的距离，
所以文徵明说"回首帝京何处是，倚栏惟见暮山苍"。远离朝廷，亲近山水，
"遗情舍尘物，贞观丘壑美"，这是在早期的文人场域就体现出来的和皇权
元场域疏离的特点，归隐田园如陶渊明、谢灵运、竹林七贤，笔墨集会
如兰亭畅饮，都寄寓于山野，独善其身，保持名节，"葺骈梁于岩麓，栖
孤栋于江源。敞南户以对远岭，辟东窗以瞩近田。田连岗而盈畴，岭枕
水而通阡陌。"（谢灵运《山居赋》）中期则保持了一种进退的关系，如唐
代王维的辋川别业，李德裕的平泉山庄，裴度的绿野堂，牛僧孺的归仁
池馆，白居易的履道池台，庐山草堂等，从隐居山中到隐于朝市，造园回
到现实性和自我悦乐的自足性上，"勿谓土狭，勿谓地偏。足以容膝，足
以息肩。有堂有庭，有桥有船。有书有酒，有歌有弦"。（白居易《池上篇》）
宋代理学为园林文化注入了哲学的思考，开始关注"物性"，对自然穷理
悟性，山水诗画兴盛，奠定了山水"观看"的视觉基础，从北宋范宽《溪
山行旅图》、郭熙《早春图》的山水巨制到南宋马远夏圭的边角构图，从
"高远""深远""平远"到"迷远"，自然景物成为"符号化"的第二自然，
从观察、表现、探究秩序到自我反省、自我觉察，宋代给了文人积极参
政的空间，宦海沉浮也给了文人心灵极大的创伤，筑园保身修养也是文

人必修的功课，司马光的独乐园、王安石半山园、苏舜钦沧浪亭、贾似道南园、范成大石湖、叶梦得石林、辛弃疾带湖居所等等，园林大都清简宜人，既是主人意志的具体表征，又是幽居岁月中的韬光养晦，既是一个贤人隐于乡野众所盼归的文化符号，也是"安于冲旷，不与众驱，因之复能乎内外失得之原，沃然有得，笑闵万古"的"自胜之道"。明代文人园林成为一种普遍现象，发挥了更大的影响，影响到商人、官宦和社会各阶层，文人结社进行书画诗赋等活动，成为一个争取合法的权力化的过程，一方面园林是"闲情偶寄"的场所，是"长物"的集合，标识文人淡泊名利及身外余物的旷达心境，所谓"长物"，"寒不可衣，饥不可食"，文人的清赏风雅而已，并非不可或缺的生活必需；另一方面，很多文人因为在这个场域中占有了更大的文化资本，而在社会上产生出更大的影响，成为社会精英和文人领袖，"先园而后居第"，社会权力和财富资本乃至自娱都不是决定园的主要因素，在朝野之间，官宦、士人、书画家、学者之间大量的交游过往，使得园林成为文化资本以及在社会上的象征性交往的主要动机和场所条件。

文人园林分离出来并介入社会空间，首先源于"文"人的出现，事实上，从社会分层上看，直到有宋一代，帝国政治文化才有重大的转变，这在很大程度上要归之于宋代政治把科举制作为国家政府行政机构招募人员的主要方式。从汉代一直到唐代占主导地位的贵族化的社会精英在9－10世纪的动荡年代中失去了势力，取而代之的则是以文化定义的知识精英进入了权力中心。文人学士变成有自我意识的、以共同的文化理论和实践为核心的社会形态，这种社会形态以儒家科举制为基础，并附以审美的和物质的层面，更进一步加强了他们共同的身份感。在宋代的首都开封、在洛阳和在繁荣的江南城市中心，园林开始在士人文化中发挥更加重要的作用。当皇家宫殿和皇室成员的住处持续不断地和园林发生关系时，园林就逐渐被视为文人的文化环境的典型。作为个体的文人则通过有关园林的文学作品进一步加强了这种观念。这些作品包括对特定地点的描述，游览著名园林的叙述，以及对城市（诸如苏州或者洛阳），园林的名字的详细记录。园林作为文人社会生活和个人隐退的场所，它在物质和文本方面的建构已经成为文人的精英身份和他们在社会和政治领域所占据的主导地位的一个重要维度。13 世纪晚期，蒙古人入主中原后建立的元政府并不信任中国的士大夫，从而导致了文人士大夫的边缘化，在这一时期，造园活动基本上处于停滞时期，文人回到独善其身的私人空间，告别了宋代文人公共化的身份特征。当明朝在 1368 年取代蒙古人建立的元朝而统治中国时，文人作为文化和政治事务上拥有统治权的精英又重新占据了中心的地位。一直到 16 世纪，文人的文化霸权已经重新建立起来，但受到两方面势力的挑战：一方面是以皇室为后盾的宦官集团；另一方面是通过文化消费和文化展示与文人争夺权力和地位的富商家族。园林仍然在文人的社会和文化生活中扮演重要角色，特别是在江南，园林的数量激增，著名的园林成为当地的骄傲和其它地方羡慕的对象。筑园之风所以历经明清两代不衰，究其原因，就像《五杂俎》所云，园林是致仕缙绅"以明得志"之作，也就是为了显示自己的财力与成就，然而一旦相习成风之后，便成为彼此争胜的景象。而且无论是显示成就或是炫耀竞赛，城市都提供了最佳的展示空间，所以无论是缙绅或富豪，都优先考量在城市筑园林。如何良俊（1506—1576 年）就形容："凡家累千金，垣屋稍治，必欲营治一园。若士大夫之家，其力稍赢，尤以此相盛。大略三吴城中，园苑棋置，侵市肆民居大半。"也正是有了大量的造园活动的基础，造就了晚明文人对园林文化的大量文字，也才出现了《园治》这样的专著。有明一代对"心"的关注一直是文人建构主体的主要方向，从思想史的角度看，明代是继宋代程朱之后理学发展的又一个高峰时期，"心学"巨子王阳明可以说是"知行合一"的人格化，如果把宋代理学家同王阳明比较，便可以看出理学发展的一个重要特点：宋代的理学家提出

"为天地立心，为生民立命"，他们一方面专注于恢复儒家的"格物致知"；另一方面，以正统自居，强调超越的道德立论，但多流于空谈不切时弊。王阳明的哲学是"知行合一"，把"心"作为人性的出发点，把人生实践摆在形而上的道德追求的前面。他把"心"回归于现实关照之中，"心"在正统儒家中的地位并不高，孟子讲"尽心知性"，庄子讲"性者，生之质也"，"心"是现象性的，不是事物的本质，不是"理"，但"心"是与生俱来的，包含了冲动、欲望和本能，而对于"外王内圣"的儒家仕子来说，"心"学是对礼法和天理秩序的质疑，王阳明把"心"抬到道德之上，从思想基础上给了文人以思考和选择的自由。嘉靖之后，"心学"影响了整个社会，清人陆陇其谓："自嘉、隆以来，秉国钧作民牧者，孰非浸于其教者乎？始也倡之于下，继也遂持之于上。始也为议论、为声气，继也遂为政事、为风俗。"明末大儒、启蒙思想家黄宗羲服膺阳明学，深受其影响，他在《明儒学案原序》云："盈天地皆心也，变化不测，不能不万殊。心无本体，工夫所至，即其本体，故穷理者，穷此心之万殊，非穷万物之万殊也。"安放此"心"，是人生的大事，经历了宦游沉浮的士人，最终可以体认的是文徵明的"聊复尔耳"："君子于游，匪物伊理，古亦有言，聊复尔耳。岂不有营，我心则劳，载心载遨，以永逍遥。"从家国同一、身国同构到圣与王、德与位的分裂，从身心一体到身心、人格的分离到身心逍遥悠游，心在造园的历史过程中起着微妙的变化，从而规定着明中期以后的园林的基本性格和深层结构。

因而我们看到，作为园的这样一种形式，它不仅表征一种空间，同时又参与了对主体、政治、价值、身体、物性、场所等观念的塑造和界定，它所经营的那些意义和原型既作为思和行的范式，更作为一种集体的记忆的文本，留存在生活世界的经验之中。《园冶》所讲："园有异宜，无成法，不可得而传也。"正如古人一贯的作风："是有真迹，如不可知。"（司空图《诗品·缜密》）但我们学术今天努力的，不正是推进古人的不可说和不可知吗？所以在本书的最后，我想对"园"从形式本体上尝试做一个"理解"，也就是探讨一下园的形式逻辑，显然，本书园林"本体"，不同于通常现代主义的空间形式逻辑视角下的形式分析本体论，因为《园冶》对造园的叙事，不是从园林的技术性起源开始的，也不是从研究园林的社会历史条件开始的，而是主体自身观看园林的经验的描述和诠释，计成所关心的被观看的园之主体和观看者主体的经验，这样计成的《园冶》本体就趋向一种意向性的"本体论"欲望，《园冶》有一种强烈的本体论欲望（onto—logical desire），文中倾尽笔墨想要读者了解"园"和"主人"是什么，它靠哪些本质性特征与其他的形式而区分开来。而本书正是在本体上寻《园冶》之"迹"开始的，当然，中国古代哲学的本体和西方的本体是有差异的，我想正是本体论思想上存在的差异，有助于我们厘清中国古典园林的形式本体。

在中国古代的思想中，"本体"是个合成词，由"本"和"体"组成。"本，根也"，是本源、本根的意思，也是物之为物的缘由，这和古希腊哲学的"Ontology"中的"to on (to be)"有接近的地方，包含对"有"、存在的观照；"体"则和古希腊哲学"logical"有很大的不同，"体"在中国古代哲学中是"道"的一种呈现，道家哲学讲"道不离体，体不离道"离了"体"就不是"道"，"体"是"有"和"无"相生转化的时空统一性，既包含着主体的生成，又体现如其所是的存在。本体包括体现在时间中的本源和在空间中的体貌的具体呈现。中国古代思想的本体论也是气论和心学的基础，张载《正蒙·太和》讲："太虚无形，气之本体。"阮籍《乐论》说："八音有本体，五声有自然。"为搞清楚中国古代思想和西方哲学的本体的差异，我们可以先从古人造字上来看一下"体"的本义：

"体"的繁体字有两种写法："軆"和"體"（见图85），两种写法右半边一样，区别在左半边，一个是"身"，一个是"骨"，甲骨文的"身"字，像一个腹部隆凸的人形，其义当指妊娠，即身怀有孕的意思；"身"又

图 85 "体"的语义符号分析

指人或动物的躯体、身体、肉身，而后定型的字中可以看作一个行动中的"自"，是自身、自我的一种生成状态，这第一个"體"是身之体，自身、自我行走的姿态态。第二个"體"的左半边为"骨"，甲骨文最初的字是动物大块的骨的方框里面面加一个"卜"字，表示古人用这种质地坚硬、表面宽平的材料来记录占卜结果；在后来的篆书、楷书中，从"骨"字的结构可以看到，是由"日""月"和"冖"组成的，上面为日，下面为月日头藏在月亮里面，中间为"冖"，"日"和"月"代表了一阳一阴，阴在阳里面，为"离"卦；右半部上面为"曲"，下面为"豆"，代表了一个离卦。"曲"可以分解成三日二目，在道家中，天有日月，人有二目；天有三光日月星，地有三光水火风，人有三光精气神。"曲"也包含了两个"主"字，暗喻先天后天的两个主人，所以人身有先天后天两个天地，这从"體"和"軆"的两种造字方式里面也可以窥见，"土"为河图洛书中宫，为主人，人得"土"为"王"，一点灵光注入为"主"。"豆"的下面是"道"的符号，中间的"口"是先天的原初，是先天的"空"，"豆"抽掉"口"又是一个离卦，所以"体"由人身指向万物和宇宙，"离"也表明了本体之"体"并非是一个独立于世界和时空之外的客体，或是凌驾在客观世界万物之上的主体，而是生易变化的道体。"离"的概念是不同于西方构成性的本体，在一些地方和西方本体论发展到现象学的本体论倒是有些相同之处，因而我们可以先借助"离"的概念考察一下园的形式本体。

《周易·说卦传》云："坎者陷也，陷必有所丽，故受之以离。离者，丽也。"人被抛入世界之中，即是陷入困境，坎离对应，人必须受以光明才能脱离困境。"离卦"的含义和"离"的造字密切关联，《周易·系辞下》中记载："作结绳而为网罟，以佃以渔，盖取诸《离》。""离"字本身就带有矛盾对立的多元复合性的多义性："离"字的繁体为"離"，《说文解字》："离，黄，仓庚也。鸣则蚕生。从隹，离声。""离"的甲骨文字的构型像捕鸟器，字像捕鸟之形,顶端有小网,下有长柄,所以"离"本义是捕鸟或捕鸟器。《康熙字典》中解释:《韵会》同离,明也,丽也;易卦名;又散也,违也;《注》离,两也;两相丽谓之离。我们看以看出,"离"早期的意思和鸟相关,从空间的形态的运动来看,是鸟飞去和网围合的一种动态关系,"离"又有附丽的意思,也有散开的意思,后来"离"取于分离的意思,成为"合"的反面。而离卦中的"离"带有更多义的内涵,离卦和中国古代建筑、园林等空间艺术密切相连,"离"不仅体现了中国空间艺术的特点,也反映了中国古代文人思想中特定的文化心理结构,我们可以对"离"字语义分析,而从中引申出对物的意义之符号化,来分析一下它给造园文法带来的形式的深层结构:

1. 离者丽也。离,既有相遇的意思,又有相脱离的意思,因此,前文中我们分析过中国古典园林的空间艺术带有"层"的特点,层级之间叠合在一起,而每层的形又有"平面化"的特点,从早期的玉器阴刻的纹饰和剪影的轮廓一直带有平面的特点,发展到园林中出现了大量的漏窗,框中的景致出现平面的效果。在园林中问题不仅仅在于如何完成固定视角是"文"对风景的不断剖切,剖面的景"屏"映射出主体和物象的交融,在运动中标记事件和时间,形成指向境域和情境的主体历史,天机出现在物性的解蔽和人性的敞开中,主体之身通过在园中的转折、进深、游观,突破所见不周的局限,使多维的平面感延续、充斥、叠加、弥漫在园中,形成混沌、通向无穷,从"格物致知"到"良知"都是主人在场的姿态,主人最终要回归于"一",回归万物的原初,主体从和外物的对抗到达与世界的对话、和解。

2. 离也者,明也。"明"古字,在字形上,早期甲骨文中的"明"字(由"日""夕(月)"组成,表示日月交辉而大放光明之意。后期甲骨文中的"明"字将"日"改写为类似"囧"的窗格子形状,《说文解字》中这样记载："朚，照也。从月，从囧。凡朚之属皆从朚。"从月、囧，从月者，月以日之光为光也；从囧，取窗牖丽廔闿明之意也。一边是月，一边是窗。月光照到窗子上，是为明，这是中国园林的弱光哲学，在前文已做过分析，园林的光影美学，也由此而来。离卦本身的卦形和卦象雕空透明，同空间意识相关，这种结构与外界的关系既有分隔又有通透，这是中国园林艺术的基本思想。有隔有通，实中有虚，虚中有实。以此观看园林的结构，带有"多孔性"的特点。园的最大数量的结构体—树木，提供了"多孔性"的自然结构来源，以山水画法布置的林树，以诗意的形态、浪漫的方式来与环境交流，把阳光和空气过滤到园林中，而这种结构类似海绵体，在浸透外界的同时，又维持着自身的形式架构。路易·康曾经说："结构是光的制造者，结构释放出空间并在这之中给予光的显现。"这种"多孔性"将内部和外部（inside and outside）的界限模糊了，同时观看的视线将物质和灵魂，在外表和里面、内部与外部的空间之间折射，或从他们之间穿过。光线在多层次的多孔的结构之间漫射，对于外光转换成内光，光刻画时间，呈现时间的意义，内光使物质消融、灵魂轻盈。

3. 丽者，并也。丽加人字旁，成俪，即并偶的意思。在园林艺术中，对偶、对称、对比等对立因素比比皆是，复杂的形式源于一对简单的关系，高下、长短、阴阳、奥旷、亏蔽，并偶并非简单的对称、并置，它处在一种生成的关系之中，力的消长平衡构成了形式展开的过程，视觉的固化并非目的，有机的形式受到天然的内力，或者说是自然生发的创造力影响，无穷尽地比对，延展、传递至空间的氛围之中，进行着流动的过程，就像风吹过水面、种子的萌发、浮云的游动，又像太湖石的皱褶，并偶所体现的不是一群个体的关系，而是相互之间联系牵扯的图景。

4. 离卦的空间形式，来源与网的形象有关。网，能使万物附丽于其上，网是一种特殊的表皮和肌理。网文古人觉得是美的，古代陶器上常以网纹为装饰，同时据此发挥了离卦以附丽为美的思想，以通透如网孔为美的思想。园林中的建筑空间表皮基本上有三种：一种为砌筑式，假山充满空洞的是石之肌肤，大小石钩带联络抵抗的是重力传承的一贯性，以连续的结构体系回应重力的作用，在视觉上表现出触觉的、虚实交错、布满重量感孔洞的丘壑，它将自己从大地的表面突起，似乎是从大地中孕育出来的，这种表皮来源于原始人类居住的洞穴的回忆，其美学经过山水画的熏染，经过漫长的建造方式的尝试，在明清两代终于成为园林中对于自然表达最直截了当的符号。第二种为木框架的结构学，趋于对实体的消解，并且以文饰的特点将立体的形式加以拆解，形成空透的表皮，《园冶》中大量的门窗等装折样式，都是此类。它们以非连续性的形式回应重力的作用，通过一系列的转换节点和联结节点将整个形式联结成整体。它们是亭、台、楼、榭，它们都有中心化的特点，散布在园中，形成多个中心，它们轻轻地接触大地，飞动的檐口和屋顶向上着与天空进行对话。它是原始小棚屋式的明堂的变体。第三种是白色的墙壁，园林就像水墨画家常用白色来表达光线一样，白色使被园中的景物跃然纸上，园林用白色作为呈现光与影的稳定而有力的工具，白色是稳定而有效的展现以光为主题的建筑的基本条件，白色界面有效地捕捉光束，对光进行编辑转换，反射光线，素壁是用光来刻画的画布。窗洞的位置、大小、开口的方式以及材料选择决定对光线的控制和调整，一旦光线被开孔的结构精确地控制，而塑造光的表面被照亮，那么这个空间就出现奇特的氛围，白色便从一个物质结构成为呈现光线微妙色调变化的可以脉动的表皮。

我们看到，从哲学上"离"代表了"文"的一些特质，也和造园的某些空间观念相契合。程抱一说："列维·斯特劳斯领会到：人类精神活动创造了语言及其他表意制度当然是为了表达'意义'，表达'内容'，可是那'意义'，那'内容'并非悬空的先验，它们的最初滋生以及逐渐复杂化均是和表意制度的内部结构息息关联的。"就园林来说：它有组织的观念思想的产物，而并非一些现场本能的反应与念头，和中国文字的源头"文"是默契相关的、往复穿插在一起的，同时与社会、政治和文化心理的构成结构是不可分的。"文"，是作为社会生活的一种补偿，成为一种神话的变体。园透过表层情节而掩映出神话的深层结构，那深层结构显示了这些主人的精神建构与意识形态，也显示了园特有的形式逻辑推理方式。园是一个难以描述的复杂的形式，我想值得做的应该是从混沌万千中抽出一对基本的关系来，正像分形的理论告诉我们的，一对基本的关系就可以构成变化万千的自然形态，从本体上我认为中国古代思想对于"身"和"文"的观念的发展，构成了两种"观看"世界的方式，以此交织而成的物我关系，并且使得园得以呈现和持续书写，从《园冶》看，当计成在说"园"的时候，他所叙述的是"园"的"现象"，是在园和主人之间关于本体的现象学。

许慎在《说文解字·序》说："文者，物像之本。""文"的指意动机不是对象客体，而是客体和主体之间的关系之"像"，"像"既不是客体的映射，也不是客体的对面，不是声音的符号，既不是主客对立关系，也不是分析理性化，而是情态的多层指涉，"像"存在于意义、事物和书写者之中，产生于主客交融发生的时刻。"文"在文字之前，语言之后，对比于字母文字体系，"文"不是一个对物的任意性指称的符码，也不是声音的符号，"文"是一种世界原初本原的观看和书写，它所寻求的是搭接语言指意和指涉物之间的"互文性"（intertextuality）；因而，造园之"文"不是物的游戏，不是对自然的模仿，不是基于逻辑同一律所定义的物的组合，不是平面的符号体系，也不是拉康定义的对于真实界的象征界。在中国传统的文化语境，"文"不能脱离书者存在，因而"文"必然需要书者的在场，从这个角度说，完全剥离开人的"文"和物也就不存在。"书者，如也。"清代刘熙载《书概》说："书，如也，如其学，如其才，如其志。总之，曰如其人而已。""文"载体形态多样，从"文"发展出来的卦象、诗歌、文学乃至书法和园林文化包含了文本的实现过程和状态。“文者，贯道之器也”，以中国古代哲学看道不离体，体不离道，文体、书体、诗体，“园”作为“文”的一种“器”，乃是一种“容器”之容器，能够容纳先前被命名了的空间的空间，因此是一个与父权家长规定的理、法相互抗衡的为自由、自我解放的实永不停歇地拆除障碍的话语体系，是一个超越绝对时间主体的书者的运动，试图捕捉和表达身体、情感、欲望、自然的语言同情和亲近世界本身。

因而“文”本身也就带有“物”的属性，海德格尔在《物》[188]这篇论文中详细地分析了“物”这个词语，他说：“无论是哲学所使用的‘物’（Ding）这个名称的早已被用滥了的一般含义，还是‘物’（thing）这个词语的古高地德语的含义，都丝毫不能帮助我们去经验并且充分地思考我们现在关于嵌之本质所说的东西的本质来源。实际情形恰好相反，从‘thing’一词的古老用法中得来的一个含义要素，也即‘聚集’（versammeln），倒是道出了我们前面所思的壶的本质。”园的文本是一个对时间开放的“文”（texte），它聚集了投射的目光的物象，也聚集了书写者，因而“文”本身是和物粘连在一起的，这里的物也是“文”之物，和抽象的“物自体”没有关系。但是中国古代思想的物指的是万物，是“身”之“物”，人身和外物是有分别的。在古代思想的演变中，“物”被发展到“事”的层面意义，在《格物补传》中，朱熹对“格物”解释为：“格，至也。物，犹事也。穷至事物之理，欲其极处无不到也。”又说：“所谓致知在格物者，言欲致吾之知，在即物而穷其理也。”“格物”和《大学》中“致知”“诚意”“正心”“修身”“齐家”“治国”“平天下”一起构成文人八个基本的道德修养和人生理想。“文”即创造符示（Representamer），又制造诠释（Inerpretent），不断地繁殖“物象”，不断地剖切事物，从无到有衍生出“类”（type），在“比”（comparaison）和“兴”（incitation）中寻找事物的性质和因果，在意义的循环中支配调整“身”的安放，因而“园”是“文”

和"身"的不断碰撞和交融，"身"指涉知觉（perception），"文"指涉想象（imagine），"体"指涉经验、形式（experience）。

　　在西文用 body（或 corps）来称谓"身体"和"物体"，这样的词语使用上似乎混淆了人的身体和物体的差别，也隐含了意识高于身体，将身体与意识割裂对立，并把身体也作为一种观看的物体的分类方式，因此，只是在概念上和语境中需要把身体与物体区分开来时，他们便把身体称为"living body"或"human body"。在中文里，"身体"与"物体"两个词语本来就是有分别的，《庄子》认为，"凡有貌象声色者，皆物也"，《庄子》对身体的关注侧重于身体与天地自然万物的原初关联，身体在时空中与物相近，在现象层面上与物相类，因此"身—物"关系是人之在世状况中所必须面对的基本维度。同时，作为提升之道的身体休养之先机在于知身，而身体有物之属性及通物之可能，但又与物互不连属，所以提领身体之知的线索在于厘清身体与物之间的同异、关联，因此，对于"壶中天地"这样的栖居之所，如果说"聚集"道出了本质的话，那么，身—物的复杂关系就是这种本质的来源，"身"是切近世界的方式，不是被观察的客体。"近化乃切近的本质，切近近化远（Nahe nahert das Ferne），并且是作为远来近化。切近保持远，保持远之际，切近在其近化中成其本质。如此这般近化之际，切近遮蔽自身并且按其方式保持为最近者。"[190]"园"在是"主人"切近世界的场所，在对物的符示和诠释中找到存在的意义。物性和人性是显现在境域之中的，离开了背景的性质去探求意义，是一种模棱两可的意义，对于"主人"来说，"园"的价值是绕开了一种逻辑意义，它的价值就是一种表达价值。物性质不是物体的一个属性，而是意识的多重成分。而"身"既是可见者，又是能见者，这里不再有二元性，而是不可分割的统一。被看者与能看者是同一个"身"。"比""兴"的功能应被理解为一种反复循环和整合的过程，在这个过程之中，外部世界不是被照相复制的，而是被构成的，正是"比"和"兴"形成了"文"

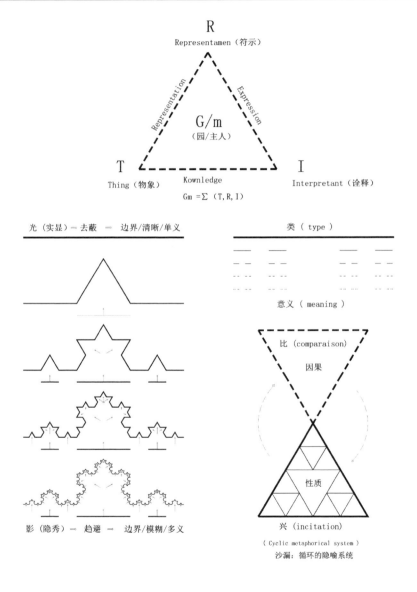

图 86　园的诠释与符号隐喻

的诠释学，"比"和"兴"在英语中经常被翻译为"比较"（comparaison）和"兴起"（incitation），程抱一在《中国诗画语言研究》中认为，这两个概念相当于西方修辞中的隐喻和换喻，"比"是诗人借助一个意象和情感的类比，"兴"在意象之前的一种唤起；他认为："他们不只是一门'叙述艺术'的手法，它们的目标在于在语言中激发起一种连结主体和客体的循环往复的运动（客体，实际上被看成是主体，在汉语中，主体—客体被表达成'主（人）—客（人）'。因而产生两个'伙伴'之间的交流的意象，并不是一种简单的反映；他是一重默启，可以导致内在变易。在这一运动中，'比'体现了主体—客体的过程，也即从人到自然的过程，而'兴'则引入相反的客体—主体的过程，也即从自然返回人的过程。"（见图 86）

　　"身"虽在自然之中，但有着特殊的属性，它区别于"万物"，在于"身"是构成意象的能动前提条件，"身"所具足的知觉条件先于知觉，在这点上是"物"所不具备的，并且知觉主体的条件和知觉之物的统一性，是在一个场域之中得到实现的，而主体的演化和发展的记忆、想象之类的文化机能，也必须首先在主体产生的原初的知觉场（phenomenal field）中得到奠基。在中国古代造园的思想历程里，从《诗经》中我们可以发现对于园的原初的知觉场的描述，其中两种不同的知觉场的类型：《诗经·大雅·灵台》和《诗经·卫风·考磐》，一种指向"王"的知觉场，一种指向"隐士"的知觉场，在后来的发展中，两种类型都发展出了复杂精致的空间形式。我们从中可以看到为了构建不同的文化客体，从文学、神话、图像到园林，造园的思想由简入繁，从开始的简单元素到知觉和想象的复杂场域化，其间两种主体发展了各自的规则，也创造了面对可以选择的机会。对于"王"的园描述见于"灵台"，梁思成考证："中国最早最大的园就是三千年前周文王的位于长安以西四十二里，方圆七十里的'灵台、灵沼'。"《毛诗序》说："《灵台》，民始附也。文王受命，而民乐其有灵德以及鸟兽昆虫焉。"《孟子·梁惠王》云："文王以民力为台为沼，而民欢乐之，谓其台曰灵台，谓其沼曰灵沼，乐其有麋鹿鱼鳖。古之人与民偕乐，故能乐也。"《诗经·大雅·灵台》中写道：

> 经始灵台，经之营之。
> 庶民攻之，不日成之。
> 经始勿亟，庶民子来。
> 王在灵囿，麀鹿攸伏。
> 麀鹿濯濯，白鸟翯翯。
> 王在灵沼，于牣鱼跃。
> 虡业维枞，贲鼓维镛。
> 于论鼓钟，于乐辟雍。
> 鼍鼓逢逢，蒙瞍奏公。

上海豫园的第一座建筑叫三穗堂，里面高高悬挂着的一块匾额上写着的"灵台经始"四字，就是说园是从灵台的建造开始的。这首诗歌分三个部分，分别描述了"灵台""灵囿""灵沼"和"辟雍"：诗的第一部分写建造灵台。灵台自然是台，但究竟是什么台，今所流行的各家注译本中多不作解释。按郑玄笺云："天子有灵台者所以观祲象，察气之妖祥也。"陈子展《诗经直解》也说："据孔疏，此灵台似是以观天文之雏型天文台，非以观四时施化之时台（气象台），亦非以观鸟兽鱼鳖之囿台（囿中看台）也。"这一章通过"经之""营之""攻之""成之"连用动词带同一代词宾语的句式，使得文气很连贯紧凑，显示出百姓乐于为王效命的热情，一如方玉润《诗经原始》说："民情踊跃，于兴作自见之。"而第五句"经始勿亟"与第一句"经始灵台"在章内也形成呼应之势。可以想象，周室在灭殷之前就已经被诸侯们承认拥有通天能力了，而某些星占学家，比如文王、姜子牙，已经开始在灵台上夜观天象了。第二部分写灵囿、灵沼。孙鑛说："鹿善惊，今乃伏；鱼沉水，今乃跃，总是形容其自得不畏人之意。"（陈子展《诗经直解》引）姚际恒也说："鹿本骇而伏，鱼本潜而跃，皆言其自得而无畏人之意，写物理入妙。"（《诗经通论》）本章描写的灵囿、灵沼多为动物，语言简洁生动，充满生生不息的活力，这番景象，象征着万物即将服膺一个西部崛起强大的政治力量。第三部分写辟雍。关于辟雍，毛传解为"水旋丘如璧""以节观者"；郑笺解为"筑土雝（壅）水之外，圆如璧，四方来观者均也"。戴震《毛郑诗考证》则说："此诗灵台、灵沼、灵囿与辟雍连称，抑亦文王之离宫乎？闲燕则游止肄乐于此，不必以为太学，于诗辞前后尤协矣。"按验文本，释"辟廱"（即"辟雍"）为君主游憩赏乐的离宫显然较释之为学校可信，当从戴说。离宫辟雍那儿又有什么燕游之乐呢？取代观赏鹿鸟鱼儿之野趣的，是聆听钟鼓音乐之兴味。连用四个"於"字表示感叹赞美之意，特别引人注目。而第三章后两句与第四章前两句的完全重复，实是顶针修辞格的特例，将那种游乐的欢快气氛渲染得十分浓烈。

　　灵台，和它的时代一样，成为中国古代社会的一个理想和范本，同时奠定了"观看"世界的原型，从中医学的角度来说，"灵台"是人的身体第六胸椎梯突下的一个穴位。灵，神灵也，此指穴内物质为天之上部的阳热之气。台，停住之所也。该穴名意指督脉气血在此化天之上部的阳热之气。本穴物质为至阳穴传来的阳气，至本穴后，因吸热而化为天之上部的阳热之气，阳气在穴内为停住之状，故名。灵阳名意与灵台同名。《诗经·大雅·灵台》的记载和人体的穴位说明，"灵台"，本身源于天文的观看、身国同构的政治、礼乐并施的场域，创造了以"天人合一"的高台，"灵台"是国王的身体场，在这个身体里面，他人只能作为自我的纯粹否定而出现，民是"anybody"，同时又是"nobody"；"与民同乐"表面上存在着构建主体的多元性的可能，实质上却只有主—奴的单一关系。帝王之园的出现意味着聚集、权力和生活世界的神圣化的开始,帝王的园囿、池沼、渔猎从一开始就带有鲜明的身体政治,以天子自居的帝王的空间场域,追求的是王天下之乐:"非壮丽无以重威,且无令后世有以加也。"诸如楚之章华台、吴之姑苏台、汉之上林苑、曹魏之铜雀台,乃至明清之皇家园林多是强调空间的显性力量,其衍生出表演、仪式、等级中心化的等特点,并且辐射到布局的细部,也体现出福柯所说的"全景式的监控",这种空间后世虽受到文人园林的影响,但总体的特点还是没有大的变化。

如果说在皇家元场域体现的是,以天子之身,同构于普天之家国,基本是一种社会身体政治学;那么,在文人场域,发展得更多的是和自然亲近的"保身"养生的文化身体政治学。从《庄子》那里可以看出,"保身"的依据在于身体中不论感官知觉与外界沟通的渠道还是形成意义的内在的结构都与天地万物自然之道相互映照。人生受形之初,在与物相剖判的同时即将天地自然寄寓于六骸百体,身体之能感受的天地万物是世界向主体的生存投射。"官无地,府万物,直寓六骸,象耳目,一知之所知而心未尝死者乎",身体象天之形而达生。由此,《庄子》认为身体应"入山林,观天性",而"忘吾有四枝形体",使身体脱离对象之形,从而与天地万物相合。由此,身体之形无论呈现为外在形貌还是展示内在之情态,都处于与天地自然的关联之中;在实践方面,身体在拓展外物和为外物所拓展之复合情态中呈现。被自我主体或个体精神所独占的身体是一厢情愿的幻觉,在更本质的意义上说,为天地所委形的身体是"无容私"的。"中心化"的反面是"离",这种身体观,在退隐山林的观看之中,从一开始就带有边缘化的倾向。从《诗经·卫风·考磐》我们可以看到一个高尚的"隐者"的想象建构:

考磐在涧,硕人之宽。

独寤寐言，永矢弗谖。

考磐在阿，硕人之薖。

独寤寐歌，永矢弗过。

考磐在陆，硕人之轴。

独寤寐宿，永矢弗告。

　　考磐，盘桓之意，指避世隐居。硕人，形容人身体伟岸形象高大，意指贤能之士，远离浊世，遁影山水之间、隐而不争的品格。《易经》中言"时止则止，时行则行"，孔夫子赞扬颜回"用之则行，舍之则藏"。诗歌运用反复复沓手法描写隐士在"涧""阿""陆"，说明无论身处何处，隐士都能坦然面对，独自享乐于山水之间。紧接着三段描写"硕人之宽""硕人之薖""硕人之轴"，其中硕人表义指身体健硕、形象高大，其用意是书写隐士的胸怀宽广、坦荡赤城。三段的第三句在相似中略表差异，隐士独睡独醒独自言语，独自歌唱，独自夜宿，体现的是隐士悠然自得、自娱自乐的坦荡胸怀，达到了独与天地、日月往来的超然境界。而诗歌三段结尾"永矢弗谖""永矢弗过""永矢弗告"虽然是说隐士发誓寄情于山水之间，永不反悔、永不怨恨，反复手法的运用是为了表达隐士的决心和信心，在反复吟唱中寓意更加深刻。这种隐居山林的思想对后世孔颜之乐之"安贫乐道"、庄惠"濠梁之辩"、陶渊明之"世外桃源"等思想都有深远影响。每个朝代更迭，新晋的人主都把自己当作天子，"受命于天"，获得主宰天下神圣权力，《周颂·昊天有成命》："昊天有成命，二后受之。"所谓"二后"，即周文王、周武王。事实上，从唐尧虞舜至夏禹商汤，王天下都是取前任而代之，从来都是权力激烈的争斗，没有继承发展关系，《韩非子·说疑》曰："舜逼尧，禹逼舜，汤放桀，武王伐纣。此四王者，人臣弑其君者也，而天下誉之。""硕人"之所以为"硕"是他感觉到了其意识内在于其身体和山水世界之中，对自我知觉场域的苏醒，使得他产生自我场域的意识不再困难，如果"隐者"拥有一个"不同"的身体，为什么不能够拥有"不同"的意识？显然，这意味着随着"硕人"身体观念的出现，作为"隐居文化"的意识观念被深刻地改变了，这种观念的继承永远是开口的，而"硕人"就在这个开口的边缘隐含着（implied）隐者的问题不再是另一个自我（alter ego）如何被构建出来，而是隐者与先贤如何在身体场中的相互转渡。

《庄子天下》："圣有所生，王有所成，皆原于一。"通常后人把"一"理解成"道"，也就是"内圣外王之道"，但是这个"道"从"一"开始的主体就是分裂的：在这个主体的构想中，圣与王、内与外是相互统一的，但在现实中，二者往往得不到统一：具有圣德的人不一定拥有王位，而具有王位之人又不一定具有高尚的德行，因而出现了圣与王、德与位的分裂。儒家"外王"要求施行"仁政"，而其首要前提是"圣""王"皆备，如果圣德之人希图实行"仁政"而并无权利，所以孟子说："昔者圣王之列也，上圣应为天子，其次列为大夫，今孔子博于诗书，察于礼乐，详于万物，若孔子当圣王，则岂不以孔子为天下哉？"对于"王"而言，自我具有绝对的、超越的地位和绝对的排他性，因而在"王"与他人之间的关系，也就一直是主奴关系的模式。而圣贤的"有意义"则是把主体指回到与世界的原初联系中去，主体与其世界有不可解脱的历史和实践上的联系。自我与他人之间的关系也不再是意识之间的正面冲突的关系，而是通过身体场而达成的回到原初开始的"一"中的自我疗愈，这个"一"产生的是"乌托邦"的理想和想象。

山水的文化从本质上说，并未在中国古代政治上发生大的影响，山水是文人审美和恢复内心平静的境域。韩国学者金禹昌指出，中国山水画"再现山水意味着什么？它不是真实的，而是存在于记忆深处的回忆，这样的回忆带有疗伤的性质，而且回忆的内容并不只是过去所见的风景，而是固定在记忆中的风景，因此它有可能与过去所见的风景是有区别的"，也许从本源来说，文人画家的理想并非真的是求"道"，山水委身"道"作为符号只是装点其合法性而已，文人画家真正所求的是"心"，是寻找自我与世界的平衡，而这种协调感的获得，在文人的诗、书、画中表现得淋漓尽致，文人正是在"道"的皱褶中耐心地写下"心"的提问的，无疑"道"和"一"是其源泉，但是他在这个源泉中引出了完全新的东西，或者更确切地说他将之引回到更深的源泉中去。法国文化地理学家奥古斯汀·伯克（Augustin Berque）认为："这里（山水画）不存在二元性分离，即没有主观观察客观的笛卡尔式的直观（intuitus）的视角，对于风景也是如此。画家把风景至于内心深处，经过长期的体验（严格的法则、苦行）和冥想，当风景的气与韵完全充满整个内心世界的时候，画家从多样的对象当中提炼并创造出有机融合在一起的秩序，并给予表现。此时，画家的笔法对应自然的律动，其作品如同追赶响彻在宇宙的和声之作。"

石涛指出，山水画的关键在于笔墨，笔墨产生于"一画"之中，对山水的直观指向"一画"，"一画"是"心"之画，包含了身体和书写的在场和敞现，"一画"制造的痕迹暗示了直观世界的深度和未知性神秘，它不同于先验的隐匿的道，这种差异创造了时间化的空间的生生之美的力量，通达到原初世界的根源性，它是非实证性的，并非完美的道的体现，而是对"心"的安放的不懈努力，在"混沌"中点亮生命的灵光，因而这个主体并非纯粹个体产生的，而是基于回到世界根源性直观的主体，是非个体化的主体，其"原始性"要表现汇聚自然万物的一种复杂的力的关系，这种关系是天地未分之时的一种原初的状态，是艺术的原创造性，石涛在《画语录·氤氲章第七》写道：

笔与墨会，是为氤氲。氤氲不分，是为混沌。辟混沌者，舍一画而谁耶！画于山则灵之，画于水则动之，画于林则生之，画于人则逸之。得笔墨之会，解氤氲之分，作辟混沌手，传诸古今，自成一家，是皆智得之也。不可雕凿，不可板腐，不可沉泥，不可牵连，不可脱节，不可无理。在于墨海中，立定精神。笔锋下决出生活，尺幅上换去毛骨，混沌里放出光明。纵使笔不笔，墨不墨，画不画，自有我在。盖以运夫墨，非墨运也；操夫笔，非笔操也；脱夫胎，非胎脱也。自一以分万，自万以治一。化一而成氤氲，天下之能事毕矣。

从上文看出，"氤氲"不是"混沌"，"混沌"是混乱（chaos），"氤氲"是光气混合的生发力量（harmonious atmosphere），《易》曰："天地氤氲，万物化淳。"万物由相互作用而变化生长，"氤氲"是中国哲学本体中的固有概念，继而成为"文"和"身"的观念中的一个重要支点（见图87），在中国艺术史的诗书画中得到阐释，继而在集大成的明清画论中得到发扬，并影响了造园的深层文化心理。南朝·陈·徐陵《劝进梁元帝表》："自氤氲混沌之世，骊连、栗陆之君，卦起龙图，文因鸟迹。"《旧唐书·李义府传》："邃初冥昧，元气氤氲。"宋·周密《齐东野语·贾相寿词》："听万物氤氲，从来形色，每向静中觑。""氤氲"作为中国艺术一个"原初性"的概念，是构成艺术本体的中心概念，它意味着可以在任何一个语境和上下文中，起到奠基性的作用，并且既是有效的阐释，也可以作为生成性的基础，因此，"氤氲"概念也具有双重含义：构造方面的含义和生成方面的含义。构造方面的"氤氲"是指"有效性的起源"，它是超时间性质的，事物都由阴阳两个性质构成；生成性方面的"氤氲"则意味着一种发生的起源，因而涉及时间性的过程，"氤氲"必须在阴阳两种力量的交错之中，这种浸透和饱和的张力，是穿过笔墨的交汇铺陈组织与结构的开合穿插而达到的。这两个方面展示出世界的双面，它指明任何艺术作品，均应显示出复杂的神秘，但其区别于混乱是因为内部含着简单的要素即"一画"，"一画"蕴含了"生生不息"的世界本源性的韵律与节奏。《易传》说："阴阳不测之谓神。"神作为原初性之最幽深最高超的存在，

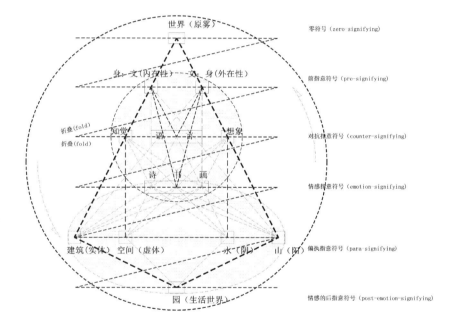

图 87　关于园的生成逻辑的模型

固然是指阴阳二气本身在激荡时所映照出一种原始的创造，更意味着在创造过程中，艺术家对于力的传递的共鸣、感应。既是感应，就不是一种固化的单项线性的结构，而是一种多方向持续的缠绕和回应。《论衡·论死篇》："神者，伸也。申复无已，终而复始。"博尔赫斯说："我信仰世界的神秘。当人们使用'神'这词时，我就想起了萧伯纳的话。我不知我记得对不对，他说：'神在创造之中。'而我们就是创造者。神由我们而出。每当我们造就美，我们也便创造着神。至于善报与惩罚，这些东西仅只是威胁与诱饵。我对它们不感兴趣。我并不信仰人格神。为什么一尊人格神要比——我今天成了泛神论的拥护——我们作为神的大家更重要。从某种意义上说我们就是神。我想我是一个讲道德的人，或者说我已尽力去做一个讲道德的人。我觉得我做得对这就够了。我无法信仰一位人格神。我曾努力去信仰，但我做不到。"对石涛提出的"氤氲"而言，博尔赫斯的说法可以作为注脚，山水世界是一个自我创造的世界，任何在先的、潜在的、混杂的决定性决定性都需要在"一画"自我指涉中找到归属，通过这一归属，找到存在的意义。

　　在某些方面"氤氲"这个概念接近于胡塞尔的"原雾"（Urnebel）的概念：是指"在意识苏醒之前的世界"，而这个世界与神秘的物质自然之"自在—存在"有关。[193] 现象学家阿尔方索·林吉斯（Alphonso Lingis）在说明事物与空间的动态关系时，把事物的空间背景称为"事物无穷尽的无法消尽的根源"（on infinite or inexhaustible found of object），"由潜在的、未被现实化的、不清晰而模糊的、未被断截的事物构成的边缘地带，即可能存在的、能够成为直观对象的事物未进行证实的复合体"。人作为存在者栖居于世界，最重要的是要解决存在的问题，海德格尔认为在场的问题是关键之处。但是在思考人的本质时，人本身依然更接近于不在场（Abwesen），因为人们总是在场的同时也遮蔽自身，所以在场本身即不在场。要解决这个问题，海德格尔给出的路径就要回到世界的深渊（Abgrund）

之中，在作为短暂者的人，越是更早地并且以独特的方式入乎深渊，谁越能体察到那深渊所注明的标志，他说："对诗人而言，这就是远逝的诸神的踪迹。""一旦我们承认，艺术是真理之置入作品中（das Ins—Werk—Bringer der Vahrheit），而真理意味存亡之无蔽（die unverbor—genheit des Sein），那么，在造型艺术作品中，难道不是必然也有真实的空间，即揭示其最本己因素的东西，成为决定性的吗？"空间对于居住给予我们的提示为空间化："空间化为人的安家和栖居带来自由（das Freie）和敞开（das Offene）之境。""就其本己来看，空间化乃是开放诸位置（Orten）在那里，栖居着的人的命运回归到家园之美妙中。"要完成人的存在，就要完成"根源性秩序"下的自我主体的建构，从这一点上，石涛和海德格尔是一致的。每个时代都有其时代病，海德格尔看到在技术化之上的时代，空间化中有一种发生（Geschehen）同时表露自身又遮蔽自身。而空间化的这一特性太易于被忽视了。原因是什么？因为现代人观看世界的眼光，是主客分离的，身心不能同时在场，而且，即便意识到此种特性已被看出，空间化的本质始终也还是难以用空间概念确定的，这是因为技术和物理的空间被预设为任何对空间因素的标画都要先行遵循的条件。所以，空间主体的缺失是现代人居住的状态。从这里看来，和《园冶》叙述的对"匠人"的排斥又有着相同的地方，"园"的冶炼，并非"技"的冶炼，而是"心"灵的陶冶，是建构主人安放身心的理想国。

对于园的研究来说，"身"和"文"这两个对于世界原发性的观念交错杂陈，它们之间建构了多孔中的园我交互关系。"文"本身是主人偶睹外界事物而触景生情，而采用外界事物作为比附；"身"是主人比附外界事物的先验基础，继而演化为内部向外部的投射，以自身之外的同一性使得自身得到更深入、更细密的理解与分析，从而立身、挺身于世界，因为两者的显隐，也意味主人在超越层次里达到一个从容的存在。在世间性以及超越性的那最高层次里，正如程抱一云："'唯有敬亭山'并不消除‘相看两不厌’，它们相辅相成，永无止境，而不如有些美学家笼统概括为的‘物我相忘’，因为‘物我相忘’其实是近于幻灭的处境。作为大地上的精神见证者，我们的探求最终所化入的乃是‘拈花一笑’，那才是至真的美妙。”石涛说“作辟混沌手，传诸古今，自成一家”，“纵使笔不笔，墨不墨，画不画，自有我在”。我作为主人的存在，是因为我对于氤氲的透彻体认，从容地出入古今，而获得的大自由，“化一而成氤氲，天下之能事毕矣”。

　　“园”是“主人”的居所，主人在园中的踪迹总是追随着远逝的先贤的踪迹，归隐就是到达深渊的路径，也是在深幽中与时间相会的道路，相会并非一种“历史”，而是与“记忆”的约会，之所以与记忆有关，是因为记忆恢复了衰败、死亡和复生的体验，而这种往复就是时间的存在，不是受制于权力对历史进程基于私利目的论的建构，枯藤在园中展示着时间之身，它布满纹理的斑驳、皱纹，充满时间所留下的神秘，古老的神态带给主人回到深渊之底的感受，仿佛回到世界创生的洪荒时刻。虽显现了容衰、暗示的死亡，但同样为复活和重新获得生命带来启示。居所远不是一个“终结”的形象，而是属于永恒变化中的链条。园之居所乃诸身居住之所，身的泛化本身带有泛神论的倾向，成就了和世界的亲密关系，这种亲密是海德格尔说的切近之“近化”。园通过主人的内在化成就其本质。园是一种安全的、静谧的、平稳的，宛若回到世界的母体内，那黑暗却又温暖的地方，“我即是我存在的空间”。园本来是游子们的家宅，是孤寂之人的归宿。园的世界在柔顺的映射游戏中，乃是居有之圆舞（der Reiger des Ereigner）。因此，这种圆舞在“文”和“身”的穿越和环绕之中，庄子在《齐物论》中讲：“彼是莫得其偶，谓之道枢。枢始得其环中，以应无穷。”唐人司空图《二十四诗品·雄浑》：“超以象外，得其环中，持之匪强，来之无穷。”这种圆舞乃是生生之境界，在主人和世界相互的映射中游戏。“主”虽然只是一点光亮，却在居有之际照亮四方，并使四方进入它们的纯一性的寂静中。在常寂的这个圆明中，四方处处敞开而归本于它们的本质之谜。世界如此这般环绕着的一方小天地。在环化中四方聚集在一起，如此柔和地、顺从地世界化而嵌入世界中。园的本质注定会为主人带回他所有经验的活生生的关系，就像渔网从生活的海洋深处带回奇异的宝物，那是生命获得重生的狂喜。被感知物体通过一种隐蔽的生活获得活力，作为统一性的意识不断地在散开和重聚。如果我们用一个绝对透明的主体来代替意识的全权的统一性，用一种永恒的思想来代替一种从自然深处带出意义的"隐藏的艺术"，那么我们就不可能达到构成的领域。

　　博尔赫斯认为："空间并不重要。你可以想象一个没有空间的宇宙，比如，一个音乐的宇宙……"时间才是一个根本之谜，浸透了时间的其他东西是神秘的。他接下去说："时间问题把自我问题包含在其中，因为说到底，何谓自我？自我即过去、现在，因为说到底，何谓自我？自我即过去、现在，还有对于即将来临的时间，对于未来的预期。"作为思想的任务都要完成人被时间和空间分裂后的整合，园的空间化是一种物和空间的时间化，主人在园居中所欲实现的不只是一个建筑意味的空间"宇"，而同时在具有时间节奏"宙"的流动之中。在山水园居的现象世界，从生发之处就以连绵延续且不为主体意志所移易的方式同身体呈现，并在时间之流中赋于身体以不断变化的体验可能。主人在园中，自觉到空间中的天地四方，宇内六合，"纳千顷汪洋，收四时之烂缦""移竹当窗，分梨为院；溶溶月色，瑟瑟风声；静扰一榻琴书，动涵半轮秋水"，由此投入时间中的春夏秋冬、四时来住、饥渴寒暑的"氤氲"之域，"咫尺山林，妙在得乎一人"。

参考文献

一、古代文献

[1] 张廷玉等 . 明史 [M]. 北京：中华书局，1974.

[2] 王先谦 . 庄子集解 [M]. 北京：中华书局，1936 年 .

[3] 乔莱 . 石林集 // 清代诗文集汇编第 158 册 . 上海：上海古籍出版社，2010.

[4] 麟庆 . 鸿雪因缘图记 [M]. 汪春泉 . 北京：北京出版社，2018.

[5] 弘历 . 御制诗二集一至卷四十 // 清代诗文集汇编 320 册，上海：上海古籍出版社，2010 年 .

[6] 吕懋勋 . 中国方志丛书 · 蓝田县志 [M]. 台北:台湾成文出版社有限公司，1969 年 .

[7] 黄宗羲 . 明文海 卷三百三十三 // 景印文渊阁四库全书1456 册 [M]. 台北:台湾商务印书馆，1983 年 .

[8] 沈周撰 . 石田诗选 // 景印文渊阁四库全书第 1249 册 [M]. 台北：台湾商务印书馆，1983 年 .

[9] 郑元勋 . 媚幽阁文集 // 四库禁毁书丛刊集部第 172 册 [M]. 北京：北京出版社，1997 .

[10] 孙岳颁等撰:佩文斋书画谱 // 景印文渊阁四库全书第 819 册 [M]. 台北:

台湾商务印书馆，1983 年．

[11] 唐志契．绘事微言 // 景印文渊阁四库全书第 816 册 [M]．台北：台湾商务印书馆，1983 年．

[12] 沈宗骞．芥舟学画编 // 续修四库全书·一零六八·子部·艺术类 [M]．上海：上海古籍出版社，2002 年．

[13] 王昱．东庄论画 // 续修四库全书·一零六七·子部·艺术类 [M]．上海：上海古籍出版社，2002 年。

[14] 姜绍书．无声诗史 // 续修四库全书·一零六五·子部·艺术类 [M]．上海：上海古籍出版社，2002 年．

[15] 王原祁．雨窗漫笔 // 续修四库全书·一零六五·子部·艺术类 [M]．上海：上海古籍出版社，2002 年．

[16] 方士庶．天慵庵笔记 // 王云五主编．丛书集成初编 第 1639 册 [M]．上海：上海商务印书馆，1935 年．

[17] 郭熙．林泉高致集 // 景印文渊阁四库全书第 812 册 [M]．台北：台湾商务印书馆，1983 年．

[18] 王符．潜夫论 // 景印文渊阁四库全书第 696 册 [M]．台北：台湾商务印书馆，1983．

[19] 荆浩．画山水赋 笔法记 // 景印文渊阁四库全书第 812 册 [M]．台北：台湾商务印书馆，1983．

[20] 黎遂球．莲须阁集二十六卷 // 四库禁毁书丛刊集部第 183 册 [M]．北京：北京出版社，1997．

[21] 苏轼．坡仙集 16 卷 [M]．继志斋 刻本．明万曆二十八年（1600 年）．

[22] 冒襄．同人集十二卷 // 四库全书存目丛书·集部第三八五册 [M]．济南：齐鲁书社，1997．

[23] 屈大均．广东新语 // 续修四库全书七三四·史部·地理类 [M]．上海：上海古籍出版社，2002．

[24] 郑元勋.影园瑶华集 [M].郑开基 辑 重刻,乾隆壬午年 [1762 年].拜影楼 藏板。

[25] 冒襄.巢民诗集 // 续修四库全书一三九九·集部·别集类 [M].上海：上海古籍出版社,2002 .

[26] 李斗.扬州画舫录 [M].北京：中华书局,1997.

[27] 吴绮.林蕙堂全集 // 景印文渊阁四库全书 [M].台北:台湾商务印书馆,1983 年 .

[28] 郑庆祐.扬州休园志 // 四库禁毁书丛刊.史部第 041 册 [M].北京：北京出版社,1997 .

[29] 屠隆.三山志序 // 古今图书集成·方舆汇编山川典第 191 册 [M].北京:中华书局,1940.

[30] 钱谦益.牧斋初学集 [清] 钱曾笺,钱仲联 [M].上海：上海古籍出版社,1985.

[31] 钱谦益.列朝诗集八十一卷 // 四库禁毁书丛刊.集部第 096 册,[M].北京：北京出版社,1997 .

[32] 潘一桂.中清堂集 [M].日本内阁文库.明泰昌元年 (1620).

[33] 徐树丕.识小录徐武子手稿本 // 涵芬楼祕笈第四集 [M].上海:涵芬楼,1916.

[34] 袁宏道.袁宏道集笺校.钱伯城 [M].上海:上海古籍出版社,1981 年。

[35] 王世贞.弇州续稿卷 // 景印文渊阁四库全书第 1282 册 [M].台北：台湾商务印书馆,1983 .

[36] 俞樾,方宗诚.同治上海县志卷二十八 [M].同治十年 (1871).

[37] 陈所蕴.竹素堂序稿 // 明别集丛刊第四辑第 66 册 [M].合肥:黄山书社,2016.

[38] 姚承绪.吴趋访古录 [M].南京：江苏古籍出版社,1999.

[39] 皮日休,陆龟蒙.松陵集十卷 // 景印文渊阁四库全书第 1332 册 [M].

台北：台湾商务印书馆，1983.

[40] 韩是升. 洽隐园文钞 [M]. 元和韩氏宝铁斋木活字印本. 清道光二十八年（1848）.

[41] 王世贞. 艺苑卮言 // 续修四库全书一六九五·集部·诗文评类 [M]. 上海：上海古籍出版社，2002.

[42] 姚希孟撰. 松瘿集 // 四库全书存目丛书·集部第三八五册 [M]. 济南：齐鲁书社，1997.

[43] 文震孟. 药园文集 // 罗氏雪堂藏书遗珍第 11 册 [M]. 全国图书馆文献缩微复制中心.2001.

[44] 姚希孟. 清閟全集. 十二集. 八十九卷 [M]. 张叔籁. 陶兰台刻本. 明崇祯壬申年(1812).

[45] 张大复. 梅花草堂集 // 续修四库全书一三八零·集部·别集类 [M]. 上海：上海古籍出版社，2002.

[46] 张大复. 梅花草堂集 // 续修四库全书一三八零·集部·别集类 [M]. 上海：上海古籍出版社，2002.

[47] 宋荦. 西陂类稿 // 景印文渊阁四库全书第 1323 册 [M]. 台北：台湾商务印书馆，1983.

[48] 汪琬. 钝翁前后类稿、续稿 // 四库全书存目丛书·集部第二二八册 [M]. 济南：齐鲁书社，1997.

[49] 陈济生. 天启崇祯两朝遗诗 [M]. 北京：中华书局，1958.

[50]) 吴玄. 率道人素草 [M]. 刻本. 明崇祯十六至十七年.

[51] 阮大铖. 咏怀堂诗集 // 四库禁毁书丛刊·集部第 1374[M]. 北京：北京出版社，1997.

[52] 周亮工. 读画录 // 续修四库全书一零六五·子部·艺术类 [M]. 上海：上海古籍出版社，2002.

[53] 钱谦益. 牧斋有学集 [M]. 钱曾笺，注，钱仲联，标校. 上海：上海古

籍出版社，1996.

[54] 程嘉燧 . 耦耕堂集 // 续修四库全书 . 第 1386 册 . 集部 · 别集类，上海：
上海古籍出版社，2002 .

[55] 张世伟 . 张异度先生自广斋集十六卷 // 四库禁毁书丛刊集部第 162 册，
北京：北京出版社，1997.

[56] 故宫博物院 . 紫柏老人集 // 故宫珍本丛刊 . 第 518 册子部 · 释家 [M].
海口：海南出版社，2001 .

[57] 董其昌 . 画禅室随笔 // 丛书集成三编第 031 册 . 艺术类 [M]. 台北：台
湾新文丰出版公司，1978.

[58] 憨山德清 . 憨山老人梦游集卷 [M]. 江北刻经处刻本，清光绪五年，
1879.

[59] 霖道霈，兴灯等 . 鼓山为霖禅师还山录 // 万续藏第一二五册 [M]. 康
熙二十七年，1688.

[60] 范允临 . 输寥馆集 // 四库禁毁书丛刊集部 . 第 101 册 [M]. 北京：北京
出版社，1997 .

[61] 姜埰，姜安节 . 敬亭集 // 四库全书存目丛书 · 集部》第一九三册，[M].
济南：齐鲁书社，1997 .

[62] 梅尧臣 . 宛陵集十八卷 // 景印文渊阁四库全书第 1099 册 [M]. 台北：
台湾商务印书馆，1983 .

[63] 蒋以华 . 西台漫记 // 四库全书存目丛书 · 子部第二四二册 [M]. 济南：
齐鲁书社，1997 .

[64] 梁章钜 . 退庵所藏金石书画跋尾 // 卢辅圣主编 . 中国书画全书 第 9 册
[M]. 上海：上海书画出版社，1993.

[65] 梁诗正，张照 . 石渠宝笈四十四卷 // 景印文渊阁四库全书第 824 册 .
子部 131 · 艺术类 [M]. 台北：台湾商务印书馆，1983.

[66] 顾复 . 平生壮观 // 续修四库全书 . 第 1065 册 . 集部 · 别集类 [M]. 上海：

上海古籍出版社，2002.

[67] 卞永誉. 式古堂书画汇考卷二十四 // 景印文渊阁四库全书第 828 册.
子部 134·艺术类 [M]. 台北：台湾商务印书馆，1983.

[68] 王世贞. 弇州四部稿卷 // 景印文渊阁四库全书第 1281 册. 集部
220·别集类 [M]. 台北：台湾商务印书馆，1983.

[69] 胡尔荥. 破铁网 // 丛书集成续编 第 84 册·子部 [M]. 上海：上海书店
出版社，1994.

[70] 吴庆坻. 蕉廊脞录 // 近代中国史料丛刊》第 41 辑 [M]. 台北：台湾文
海出版社，1966.

[71] 张丑. 清河书画舫十二卷 // 景印文渊阁四库全书第 817 册. 子部
123·艺术类 [M]. 台北：台湾商务印书馆，1983.

[72] 毛奇龄. 西河集 // 景印文渊阁四库全书第 1320 册. 集部 259·别集类
[M]. 台北：台湾商务印书馆，1983.

[73] 徐乾学. 憺园文集 // 续修四库全书. 第 1412 册. 集部·别集类 [M]. 上海：
上海古籍出版社，2002.

[74] 邓椿. 画继 // 中国书画全书 第 2 册 [M]. 上海：上海书画出版社，
1993.

[75] 李东阳. 怀麓堂集 // 景印文渊阁四库全书第 1250 册. 集部 6·别集类
[M]. 台北：台湾商务印书馆，1983.

[76] 曹昭. 格古要论三卷 // 景印文渊阁四库全书第 871 册. 子部 6·别集
类 [M]. 台北：台湾商务印书馆，1983.

[77] 何良俊. 四友斋丛说 // 续修四库全书. 第 1125 册. 子部·杂家类 [M].
上海：上海古籍出版社，2002.

[78] 郑樵. 通志 [M]. 北京：中华书局.1987.

[79] 钱杜. 松壶画忆 // 美术丛书三集第四辑 [M]. 杭州：浙江人民美术出
版社，2013.

[80] 王宠 . 雅宜山人集 // 四库全书存目丛书 · 集部第七九册 [M]. 济南：齐鲁书社，1997 .

[81] 布颜图 . 画学心法问答 // 丛书集成续编第 37 册 · 史部 [M]. 上海：上海书店出版社，1994.

[82] 郭若虚 . 图画见闻志 // 卢辅圣主编 . 中国书画全书第 1 册 [M]. 上海：上海书画出版社，1993 .

[83] 唐志契 . 绘事微言二卷 // 景印文渊阁四库全书第 816 册 . 子部 119 · 艺术类 [M]. 台北：台湾商务印书馆，1983 .

[84] 董其昌 . 画禅室随笔 [M]. 周远斌，点校 . 济南：山东画报出版社，2007.

[85] 王稚登 . 吴郡丹青志 // 中国书画全书 第 3 册 [M]. 上海：上海书画出版社，1993 .

[86] 孙过庭 . 书谱 // 景印文渊阁四库全书第 812 册 . 子部 118 · 艺术类 [M]. 台北：台湾商务印书馆，1983 年。

[87] 陈宏绪 . 寒夜录三卷 // 丛书集成初编 · 文学类 第 2953 册 [M]. 上海：上海商务印书馆，1935.

[88] 陈继儒 . 妮古录 // 四库全书存目丛书 · 子部第一一八册 [M]. 济南：齐鲁书社，1997 .

[89] 高濂 . 遵生八笺 // 景印文渊阁四库全书第 871 册 . 子部 177 · 杂家类 [M]. 台北：台湾商务印书馆，1983 .

[90] 杨慎 . 丹铅总录 // 景印文渊阁四库全书第 855 册 . 子部 161 · 杂家类 [M]. 台北：台湾商务印书馆，1983 .

[91] 郭璞，茆泮林 . 玄中记 // 续修四库全书第 1264 册 · 子部 · 小说家类 [M]. 上海：上海古籍出版社，2002 .

[92] 胡敬 . 西清札记 // 续修四库全书 .1082. 子部 . 艺术类 [M]. 上海：上海古籍出版社，2002 .

[93] 戴熙.赐砚斋题画偶录 // 美术丛书 初集第五辑 [M].杭州：浙江人民美术出版社，2013.

[94] 吴升.大观录 // 卢辅圣主编.中国书画全书 第 8 册 [M].上海：上海书画出版社，1993.

[95] 王世贞.弇州堂别集 // 景印文渊阁四库全书第 409 册.史部 167·杂史类 [M].台北：台湾商务印书馆，1983.

[96] 毛奇龄.明堂问 // 王云五主编.丛书集成初编 》第 1500 册 [M].上海：上海商务印书馆，1935.

[97] 吴骞.尖阳丛笔十卷续笔一卷 // 续修四库全书.第 1139 册.子部·杂家类 [M].上海：上海古籍出版社，2002.

[98] 徐灿,吴骞.拙政园诗余 // 拜经楼丛书.乾隆三十三年耕烟馆藏板 [M].上海博古斋民国壬戌年 (1922).

[99] 陈之遴.陈素庵先生浮云集 [M].南林张乃熊.民国 32 年 (1943).

[100] 黄印.锡金识小录 // 中国方志丛书 [M].台北：成文出版社，1983.

[101] 文林.文温州集十二卷 // 明别集丛刊第一辑 第 62 册 [M].合肥：黄山书社.

[102] 赵希鹄.洞天清禄集 // 丛书集成初编·艺术类第 1552 册 [M].上海：上海商务印书馆，1935.

[103] 文徵明，文嘉.甫田集 // 景印文渊阁四库全书第 1273 册 [M].台北：台湾商务印书馆，1983.

[104] 震钧.天咫偶闻 // 沈云龙 主编 近代中国史料丛刊第 22 辑 [M].台北：台湾商务印书馆，1966.

[105] 徐渭.青藤书屋文集 // 丛书集成初编·艺术类 第 2156 册 [M].上海：上海商务印书馆，1935.

[106] 方文.嵞山续集 // 清代诗文集汇编第 38 册 [M].上海：上海古籍出版社，2010.

[107] 曹履吉.博望山人稿 // 四库全书存目丛书·集部第二二八册 [M].济南：齐鲁书社，1997.

[108] 程嘉燧.耦耕堂集 // 续修四库全书.第 1386 册.集部·别集类 [M].上海：上海古籍出版社，2002.

[109] 麟庆著.鸿雪因缘图记 [M].汪春泉，等绘图.北京：北京古籍出版社 1984.

[110] 马国贤.清廷十三年：马国贤在华回忆录.[M] 李天纲，译.上海：上海古籍出版社，2004.

[111] 计成.园冶注释.[M].陈植，注释.北京:中国建筑工业出版社,1988 年.

[112] 计成.园冶全释－世界最古的造园学名著研究 [M].张家骥，注释.北京：山西古籍出版社，2002.

[113] 赵尔巽，等.清史稿 [M].张伟，点校.北京：中华书局，1977.

[114] 沈复著.浮生六记 [M].欧阳居，译.北京：中国画报出版社，2011.

[115] 李渔著.闲情偶寄图说 [M].王连海，注释.济南：山东画报出版社，2003.

[116] 钱泳著.履园丛话 [M].张伟，点校.北京：中华书局，2006.

[117] 周骏富.明代传记丛刊 [M].台北：明文书局，1991.

[118] 张德夫，皇甫访.长洲县志 // 天阁藏明代方志选刊续编》[M].隆庆五年刻本影印版.上海：上海书店.

[119] 麟庆著文.鸿雪因缘图记.汪春泉，等，绘图 [M].北京：北京古籍出版社，1984 年.

[120] 道济.石涛画语录 [M].余剑华，标点注释.北京：人民美术出版社，1962.

二、近人著述

[1]M·海德格尔. 诗·语言·思 [M]. 彭富春，译. 北京：文化艺术出版社，1991.

[2] 莫里斯·梅洛·庞蒂. 知觉现象学 [M]. 姜志辉，译. 北京：商务出版社，2001.

[3] 吴琼. 雅克·拉康：阅读你的症候 [M]. 北京：人民大学出版社，2011.

[4] 汤姆·米歇尔. 图像学：形象、文本、意识形态 [M]. 陈永国，译. 北京：北大出版社，2012.

[5] 巫鸿. 时空中的美术：巫鸿中国美术史文编二集 [M]. 陈永国，译. 北京：生活·读书·新知三联书店，2009.

[6] 曹林娣. 中国园林艺术概论 [M]. 北京：中国建筑工业出版社，2009.

[7] 程抱一. 中国诗画语言研究 [M]. 涂卫群译. 南京：江苏人民出版社，2006.

[8] 汉诺·沃尔特·克鲁夫特著. 建筑理论史 [M]. 王贵祥，译. 北京：中国建筑工业出版社，2005.

[9] 石守谦. 风格与世变 [M]. 北京：北大出版社，2008.

[10] 澳门艺术博物馆. 南宗北斗：董其昌书画学术研讨会论文集 [M]. 北京：故宫出版社，2015.

[11] 陈从周著. 园林谈丛 [M]. 上海：上海人民出版社，2008.

[12] 文徵明. 文徵明集 [M]. 周道振，点校. 上海古籍出版社，1987.

[13] 周道振，张月尊. 文徵明年谱 [M]. 上海：百家出版社，1998.

[14] 邵忠,李瑾. 苏州历代名园记·苏州园林重修记 [M]. 北京:林业出版社，2004.

[15] 埃玛纽埃尔·列维纳斯. 从存在到存在者 [M]. 吴慧仪，译南京：江

苏教育出版社，2006.

[16] 史蒂文斯. 私密的神话：梦之解析 [M]. 薛绚，译北京：生活·读书·新知三联书店，2009.

[17] 陈从周，将启霆. 园综 [M]. 赵厚均，注释. 上海：同济大学出版社，2006.

[18] 宇文所安. 中国"中世纪"的终结 [M]. 陈引驰，陈磊译. 北京：三联书店，2006.

[19] 夏铸九. 空间的文化形式与社会伦理读本 [M]. 台北：明文出版社，1988.

[20] 加斯东·巴什拉著. 空间诗学 [M]. 张逸倩译，上海：上海译文出版社，2009 年。

[21] 宗白华. 美从何处寻 [M]. 南京：江苏教育出版社，2005 年。

[22] 苏州市地方志编纂委员办公室，苏州市园林办公室. 拙政园志稿 .[M].1986 年。

[23] 程抱一. 中国诗画语言研究 [M]. 涂卫群，译. 南京：江苏人民出版社，2006.

[24] 高居翰. 气势撼人：十七世纪中国绘画中的自然与风格 [M]. 李佩桦，译. 北京：生活·读书·新知三联书店，2009.

[25] 加斯东·巴什拉. 水与梦 - 论物质的想象 [M]. 顾家琛译，长沙：岳麓书社，2005.

[26] 童寯. 园论 [M]. 天津：百花文艺出版社，2006 年。

[27] 童寯. 东南园墅 [M]. 童明译，长沙：湖南美术出版社，2018 年。

[28] 童隽. 江南园林志 [M]. 北京：中国建筑工业出版社，1984 年。

[29] 诺伯格·舒尔茨. 存在·空间·建筑 [M]. 尹培桐，译. 北京：中国建筑工业出版社，1986.

[30] 喜仁龙. 中国园林 [M]. 陈昕、邱丽媛 译，北京：北京日报出版社，

2021.

[31] 曹讯 . 中国造园艺术 [M]. 北京：北京出版社，2019.

[32] 恩斯特·卡西尔 . 人论 [M]. 甘阳，译 . 上海：上海译文出版社，1985.

[33] 杨成寅 . 王羲之 [M]. 北京：中国人民大学出版社，2005 年。

[34] 杨世昌 . 石涛艺术世界 [M]. 沈阳：辽宁美术出版社，2002 年。

[35] 查尔斯、莫尔 . 风景—诗化般的园艺为人类再造乐园 [M]. 李斯译，光明日报出版社，2000 年。

[36] 柯林·罗，罗伯特·斯拉茨基 . 透明性 - 论物质的想象 [M]. 金秋野，王又佳，译 . 北京：中国建筑工业出版社，2008.

[37] 方闻 . 心印：中国书画风格与结构分析研究 [M]. 李维琨译，西安：陕西人民美术出版社，2004.

[38] 沃林格著 . 抽象与移情:对艺术风格的心理学研究 [M]. 王才勇，译 . 北京：金城出版社，2010 年。

[39] 郑晓霞，张智 . 中国园林名胜志丛刊·三十 [M]. 扬州：广陵书社，2006.

[40] 刘敦桢 . 苏州古典园林 [M]. 北京：中国建筑工业出版社，2005.

[41] 文待诏拙政园图 [M]. 珂罗版影印本 . 上海：上海中华书局，1922.

[42] 雅克·德里达 著 . 声音与现象 [M]. 杜小真，译 . 北京：商务印书馆，1999.

[43] 高概 . 话语符号学 [M]. 王东亮，译 . 北京:北京大学出版社，1997 年 .

[44] 弗朗西斯·福山 . 政治秩序的起源 [M]. 南昌：广西师大出版社，2012.

[45] 雅克·拉康 . 视觉文化的奇观：视觉文化总论 [M]. 吴琼，译 . 北京：中国人民大学出版社，2005.

[46] 迈珂·苏立文 . 山川悠远：中国山水画艺术 [M]. 洪再新，译 . 上海：上海书画出版社，2005.

[47] 高居翰 . 江岸送别—明代初期与中期绘画 1368—1580[M]. 台北：石头出版社，1997.

[48] 朱利安 . 山水之间：生活和理性的未思 [M]. 卓立，译 . 上海：华东师范大学出版社，2017.

[49] 渊运告 . 中国画画论 [M]. 湖南：湖南美术出版社，2004.

[50] 和辻哲郎 . 风土 [M]. 卓立，译 . 北京：商务印书馆，2020.

[51] 陈其志 . 吴邑志·长洲县志 [M]. 扬州：广陵书社，2006.

[52] 复旦大学文物与博物馆学系 . 文化遗产研究集刊 3[M]. 上海：上海古籍出版社，2003.

[53] 郑昶 . 中国画学全史 [M]. 北京：东方出版社，2008.

[54] 韩放 . 历代名画记 [M]. 北京：京华出版社，2000.

[55] 于安澜 . 画品丛书 [M]. 上海：上海美术出版社，1982 年。

[56] 中村不折 . 中国绘画史 // 诸家中国美术史著作选汇 [M]. 吉林：吉林美术出版社，2000.

[57] 孙江 . 新史学（第二卷）：概念·文本·方法 [M]. 北京：中华书局，1922.

[58] 王安莉 .1537-1610，南北宗论的形成 [M]. 杭州：中国美术学院出版社，2016.

[59] 王国维 . 人间词话 [M]. 滕咸惠，校注 . 济南：齐鲁书社，1986.

[60] 余英时著 . 士与中国文化 [M]. 上海：上海人民出版社，1987.

[61] 李泽厚 . 美的历程》，《美学三书 [M]. 合肥：安徽文艺出版社，1999.

[62] 邓以蛰 . 《邓以蛰全集 [M]. 合肥：安徽教育出版社，1998.

[63] 詹姆斯·埃尔金斯 . 西方美术史学中的中国山水画 [M]. 潘耀昌，顾泠译 . 杭州：中国美术学院，1999.

[64] 瓦尔特·赫斯 . 欧洲现代画派画论选 [M]. 宗白华，译 . 北京：人民美术出版社，1983.

[65] 威廉·冯·洪堡特.论人类语言结构的差异及其对人类精神发展的影响 [M]. 姚小平，译.北京：商务印书馆，1999.

[66] 朱其.形象的模糊 [M].长沙：湖南美术出版社，2007.

[67] 徐中舒.甲骨文字典 [M].成都：四川辞书出版社，2006.

[68] 宗白华.美学散步 [M].上海：上海人民出版社，2005.

[69] 谢国桢.明清笔记谈丛 [M].上海：上海古籍出版社，1981.

[70] 海德格尔.海德格尔选集 [M].孙周兴，选编.上海：上海三联出版社，1996.

[71] 赫伯特·马尔库塞.爱欲与文明 [M].黄勇，薛民译.上海：上海译文出版社，2012.

[72] 威利斯·巴恩斯通.博尔赫斯八十忆旧 [M].西川，译.北京：作家出版社，2004.

[73] 倪梁康.胡塞尔现象学概念通释 [M].北京：三联出版社，2007.

[74]Richard Shone ， John-Paul Stonard.The Books that Shaped Art History ： From Gombrich and Greenberg to Alpers and Krauss[M].Thames & Hudson，2013.

[75]Sigfried Giedion.Space, Time and Architecture: The Growth of a New Tradition[M]. Harvard University Press, 1941.

[76]George Dodds, Robert Tavernor .Body and Building: Essays on the Changing Relation of Body and Architecture[M]. The MIT Press，2002.

[77]Bernard Tschumi.Architecture and disjunction[M]. The MIT Press， 1996.

[78]Michel Conan.Perspective on Garden Histories Dumbarton Oaks Colloquium on the History of Landscape Architecture [M].Washington .D.C ： Dumbarton Oaks Research Library &Collection， 1999.

附　录

附表一　文徵明与王献臣的造园、交游事撷

时间	事件	诗文
弘治十三年庚申（1500年）三十一岁	是年，有送王献臣上杭丞叙。献臣字敬止，号槐雨。吴人。弘治六年进士。自行人擢御史。明法守轨，多所绪正，有直臣风。为东厂辑事者所中，下诏狱，命杖，谪上杭丞。 《明史》卷一百八十《列传》王献臣，字敬止，其先吴人。弘治六年举进士，授行人，擢御史，巡大同边。请亟正诸将姚信、陈广闭营避寇，及马升、王杲、秦恭丧师罪。悉蠲大同、延绥旱伤逋赋，以宽军民。帝多从之。尝命部卒导从游山，为东厂辑事者所发，并言其擅委军政官。征下诏狱。罪当	《送侍御王君左迁上杭丞序》：…呜呼！古之所谓持重博大，固如是哉！往岁先君以书问士于检讨南屏潘公，公报曰："有王君敬止者，奇士也。是故吴人。"他日还吴，某以潘公之故，获缔好焉。及君以行人迁监察御史，先君谓某曰："王君有志用世，其不能免乎？"……乃弘治庚申，君以事下诏狱，镌两阶，左除福建上杭丞。始君按辽阳，明法守轨，多所绪正。用事者不便，为飞语中君。而其徒有气力，又从中酝酿之，而君遂得罪去。议者谓："君不自省约，以敛怨

	输赎，特命杖三十，谪上杭丞。 道光本《苏州府志》卷八十《人物•王献臣》。献臣疏朗峻洁，博学能文，遇事踔发。当孝宗朝，峨冠簪笔，俨然有直臣风。	时人，迄抵祸败。"或又谓："君感慨激昂，不能俯仰，其得罪固宜，而亦其所乐受。"凡此皆非所以论君也。……此潘公之所谓"奇士"，而先君之所为叹其不免也。……"
弘治十六年癸亥（1503年）三十四岁	为王献臣书扇，并题所藏元赵雍画马。	《书王侍御敬止扇》：江湖去去扁舟远，莫道丞哉不负君；恋阙怀亲无限意，南来空得见浮云。 《又题敬止所藏仲穆马图》：荦荦才情与世疏，等闲零落傍江湖；不应泛驾终难用，闲看王孙《骏马图》。
弘治十七年甲子（1504年）三十五岁	是年，王献臣以事再谪广东驿丞。 光绪本《苏州府志》卷八十《人物》：王献臣……十七年，复以事谪广东驿丞。	《沈石田先生集》 《送王献臣谪琼州》：流行坎止世途中，万事由天天相公；失马未能知祸福，辩乌何必在雌雄。赐环拟望崖山月，用楫当归涨海风；白发一杯分袂酒，相迎还许送时翁。
正德三年戊辰（1508年）三十九岁	二十日，观王献臣藏赵孟頫书《烟江叠嶂歌》，与沈周各补一图。又为跋蔡襄《龙茶录》。时献臣已自广东驿丞迁永嘉知县，征明有诗寄之。寻通判高州。 《集四卷本》卷二《寄王永嘉》：曾携书策到东瓯，此际因君亿旧游。落日乱山斜带郭，碧天新水净涵洲。从知	文画题云：正德戊辰春三月廿日，衡山文壁观槐雨先生所藏松雪翁书，因补此图。 《味水轩日记》卷二：万历三十八年六月四日，过项宏甫，出观赵子昂书苏子瞻《烟江叠嶂歌》，笔法雄厚，徐季海、李北海、柳诚悬、颜清臣无不有也。后有沈石田、文衡山二图。

	地胜人偏乐，近说官清岁有秋。西北浮云应有念，乘闲一上谢公楼。	衡山纯用元晖染法，风韵较胜。
正德四年己巳（1509年）三十九岁	王献臣选大弘寺址，拓建营园，为陂池台榭之乐。沈周去世。	文为王宠取字"宠"曰"履仁"；同年，文的恩师沈周辞世。《集四卷本》卷三《哭石田先生二首》：苦雨凄风玉树零，吴山还秀水潜神。此公要自关千载，一代缘知不数人。摩诘丹青聊玩世，龟蒙隐约遂终身。及门曾是通家客，目惨愁云涕满巾。不堪惆怅失瞻依，手把图书梦已非。文物盛衰知数在，老成凋谢到公稀。石田秋色迷寒雨，竹墅风流自夕晖。未遂感恩酬死志，此生知己竟长违。《蒹葭堂杂着摘抄》。沈周，号石田，吴中名士也。博学工诗画。放浪山水间，隐居不求仕进。晚年尝有诗诫其子云："银烛剔尽漫咨嗟，富贵荣华有几家？白日难消头上雪，黄金都是眼前花。时来一似风行草，运退真如浪卷沙。说与吾儿须努力，大家寻个好生涯。"虽语涉俚，然亦有意趣可诵。乃易箦时，口占一律云："了却平生事已休，又承仙诏赴瀛洲。清风明月人三个，野草闲花土一丘。梦短梦长终是梦，愁多愁少总成愁；于今

		大寐茫茫去，不管人间春复秋。"词意凄婉，闻者为之堕泪。 徵明画法，得沈周指授为多，相期颇深，故征明感之终身。
正德九年甲戌 （1514年） 四十五岁	春，饮于王献臣园池，有诗。	《文嘉钞本》卷六《饮王敬止园池》： 篱落青红径路斜，叩门欣得野人家。 东来渐觉无车马，春去依然有物华。 坐爱名园依绿水，还怜乳燕蹴飞花。 淹留未怪归来晚，缺月纤纤映白沙。
正德十二年丁丑 （1517年） 四十八岁	寄王献臣诗。时献臣所居园池已定名为拙政园。	《文嘉钞本》卷七《敬王敬止》： 流尘六月正荒荒，拙政园中日自长。 小草闲临《青李》贴，孤花静对绿阴堂。遥知积雨池塘满，谁共清风阁道凉。一事不经心似水，直输元亮号羲皇。（按：《明清藏书家尺牍》有都穆致王献臣一札云："府学前有南园，乃五代钱氏故地。后为苏沧浪所居，名著吴中。执事之园，当名'小南园'，以续沧浪故事如何？侍生穆再拜，槐雨先生尊契兄。"是王献臣曾问园名于吴中诸名士。第不知拙政园为何人所名。） 《五石脂》：城内娄、齐二门间，有拙政园者，大宏废地也。嘉靖朝，御史王献臣得之，营为别墅。文待诏徵明

		为之记。后其子负博，售之徐氏。未几竟归海虞宗伯。尝构回房其中，以娱所嬖柳夫人。而海宁相公继之，遂没于官。为驻防旗人所居。后归王永宁，益务侈靡。造楠木厅，柱础皆刻升龙。永宁与吴三桂有连。至康熙十八年再没入官，始改建苏松常道署。后署废，归蒋氏名复园。旋归平湖吴氏。 光绪本《苏州府志》卷四十六《第宅园林》：拙政园，在娄、齐二门间。嘉靖中，王御史献臣因大宏寺废地营建别墅，以自托潘岳拙者之为政也。文待诏徵明为图记。后其子以樗蒲失之，归里中徐氏。国初，海宁陈相国之遴得之。中有连理宝珠山茶，花时烂红夺目。相国谪塞外，此园入官，为驻防将军府。旗军既撤，迭居营将，又为兵备道馆。既而为吴三桂婿王永宁所有，复藉官。康熙十八年改苏松常道新署。苏松常道缺裁，散为民居。后归蒋氏，名曰复园。又归海宁查比部世俶，复归平湖吴氏。咸丰庚申，粤匪踞为伪王府。城复，归官。同治八年改为八旗奉直会馆。

正德十四年己卯（1519年）五十岁	正月二日，雪中登王献臣拙政园梦隐楼。	《文嘉钞本》卷八《新正二日冒雪访王敬止，登梦隐楼，留饮竟日》：开门春雪满街头，短屐冲寒觅子猷。逸兴未阑须见面，高情不浅更登楼。银盘错落青丝菜，玉爵淋漓紫绮裘。起舞不知天早暮，醉看琼阙上帘钩。
嘉靖六年丁亥（1527年）五十八岁	抵家后，筑玉磐山房。手植两桐于庭。有《还家志喜》《玉磐山房》等诗。王献臣邀泛新舟，登虎丘，有《纪游》十二绝。 《太平清话》：文衡山先生停云馆，闻者以为清河。及见，不甚宽敞。先生亦每笑谓人曰："吾斋馆楼阁，无力营构，皆从图书上起造耳。" 沈心《论印绝句》：破墨《神楼》枉作图，封泥署纸尽摩挲。邺侯偶刻端居室，斋馆纷纷结构多。金陵刘元瑞无力建楼，文徵仲为绘《神楼图》。邺侯端居室印，为斋堂等印之鼻祖。又徵仲尝云："我之书屋，多于印上起造。" 《藏书纪事诗》卷二：不但君家晤言室，玉兰、翠竹映签縢。即论天籁钤山富，鉴别还闻借二承。余所见待诏藏书，引首皆用"江左"二字长方印，或用"竺坞"印，或用"停云"圆印。	《集三十五卷本》附文嘉《先君行略》：到家，筑室于舍东，名玉磐山房。树两桐于庭，日徘徊啸咏其中，人望之若神仙焉。 《集三十五卷本》卷十一《还家志喜》：绿树成阴径有苔，园庐无恙客归来。清朝自是容疏懒，明主何尝弃不才。林壑岂无投老地，烟霞常护读书台。石湖东畔横塘路，多少山花待我开。 《文氏五家集》卷六《太史诗集·玉磐山房》横窗偃曲带修垣，一室都来斗样宽。谁信曲肱能自乐？我知容膝易为安。春风薙草通幽径，夜雨编篱护药栏。笑杀杜陵常寄泊，却思广厦庇人寒。 《珊瑚网书录》卷十五《文徵仲题咏遗迹》：小斋如翼两楹分，矩折分明玉磐陈。蹈海要非平生事，过门谁识有心人。屋头日出乌栖晓，檐隙泥香

	其余藏印曰"玉兰堂"，曰"辛夷馆"，曰"翠竹斋"，曰"梅华屋"，曰"梅溪楔精舍"，又有"烟条馆"一印，见于《天禄琳琅》明刻《文选》。又有"悟言室"一印，"惟庚寅吾以降"一印，临池用之，藏书不常见也。又按钱仪吉跋《遗山诗集》云："前后有'文嘉休承''文彭''文揆宾日'诸印。又有'玉兰堂图书记'。"第四册前叶有"十二研斋"及"东吴文献衡山世家"印。	燕垒春；手种双桐才数尺，浓阴已见玉匀匀。《文嘉钞本》卷十二《王槐雨邀泛新舟遂登虎丘纪游十二绝》：宿雨初收杜若洲，新波堪载木兰舟。不嫌频涉山塘路，辛苦还家为虎丘。家居临顿挹高风，更着扁舟引钓筒。自笑我非皮袭美，也来相伴陆龟蒙。录二首，余略。
嘉靖七年戊子（1528年）五十九岁	三月十日，为王献臣做《槐雨亭图轴》（此图后收入清宫内府，《石渠宝笈》38卷第65页）。王宠有诗。	《石渠宝笈》卷三十八《明文徵明槐雨园亭图一轴》：会心何必在郊坰？近圃分明见远情。流水短桥春草色，槿篱茅屋午鸡声。绝怜人境无车马，信有山林在市城。不负昔贤高隐地，手携书卷课童耕。嘉靖戊子三月十日，徵明为槐雨先生写并题。王宠《王侍御敬止园林四首》：其一：杜韦关尺五，归卧海东偏。玉尘开莲社，金貂贳酒钱。园居并水竹，林观俯山川。竟日云霞逐，冥心人太玄。其二：共有王猷好，园酣修竹林。山光云几净其二：共有王猷好，园酣修竹林。山光云几净，水色画堂侵。断

		续冬花吐,玲珑好鸟吟。辋川如有待,那得恋朝簪。其三:即事罕人力,林居常晏然。天青云自媚,沙白鸟相鲜。徙倚随忘返,风光各可怜。洞中淹日月,人世玩推迁。其四:薄暮临青阁,中流荡画桥。人烟纷寞寞,天阙敞寥寥。日月东西观,亭台上下摇。深林见红烛,侧径去迢遥。
嘉靖十一年壬辰（1532年）六十三岁	三月六日,过王献臣拙政园。为临苏轼《洋州园池诗》。又尝手植紫藤一枝于园中。	墨迹《明文衡山临东坡洋州园池诗卷》:右东坡《洋州园池诗》,旧有石刻传于世矣,余少时喜效诸家法帖,尝临此本数过。每恨天资所限,殊不得其肯綮。今日偶过槐雨先生拙政园,道及坡翁寄题与可之作,因出佳纸,遂命余录此。第愧区区笔法未精,是亦捧其心而颦于里也。嘉靖壬辰三月六日,徵明识。
嘉靖十二年癸巳（1533年）六十四岁	五月既望,为王献臣作《拙政园诗画册》。前已为题三十景,至是增玉泉,共三十一景,各系以诗,且为之记。诗文雄健;画兼南北宗;书备行、楷、篆、隶各体,而皆不相袭。徵明诸长,毕萃于此。	《破铁网》:文衡山《拙政园图》真迹,绢本,大册。凡分景三十有一。王侍御槐雨嘱文待诏一一绘之。画法疏秀,书兼四体。每景序其大略,系以小诗;后附园记。皆《甫田集》所未载。是册为桐乡金氏文瑞楼故物,内子自奁具中携归。吴槎客先生曾从余借观,着跋其后,兼录其诗刊于吾乡徐夫人

		灿《拙政园诗余》后。盖园于明季为陈素庵相国所有也。 《莲子居词话》：徐湘苹夫人《拙政园词》，清新独绝，为闺阁身首冕。余获见文待诏为王御史所作《拙政园图》，设色细谨。笔法纵横变化，极经营惨淡而出之。凡三十有一叶。叶各系以古今各体诗。最后有记，皆待诏书。王宰一生，郑虔三绝，萃于斯矣。图成于御史始创，厥后辗转屡易，求如夫人时又不可得。抚是帧，为之三叹息也。待诏图今藏吾乡胡尔乐家。
嘉靖二十四年己巳（1545年）七十六岁	重观王献臣藏赵孟頫书《烟江叠嶂歌》于玉磬山房。	文物出版社本《元赵孟頫书烟江叠嶂诗》：嘉靖乙巳色腊月，重观于玉磬山房。回首戊辰，已卅八年矣，抚卷慨然。徵明。

附表二　《拙政园图咏·三十一景》诗文用典浅释

景名	拙政园图咏诗文明·文徵明	用典
若墅堂	"若墅堂在拙政园之中，园为唐陆鲁望故宅，虽在城市而有山林深寂之趣。昔皮袭美尝称，鲁望所居，'不出郛郭，旷若郊墅'，故以为名。 会心何必在郊垌，近圃分明见远情。 流水断桥春草色，槿篱茅崖午鸡声。 绝怜人境无车马，信有山林在市城。 不负昔贤高隐地，手携书卷课童耕。"	"临顿里名为吴中偏胜之地，陆鲁望居之，不出郛郭，旷若郊墅。余每相访，款然惜去，因成五言十首，奉题屋壁。"唐·皮日休
梦隐楼	"梦隐楼在沧浪池之上，南直若墅堂，其高可望郭外诸山。君尝乞灵于九鲤湖，梦隐'隐'字，及得此地，为戴颙、陆鲁望故宅，因筑楼以识。 林泉入梦意茫茫，旋起高楼拟退藏。 鲁望五湖原有宅，渊明三径未全荒。 枕中已悟功名幻，壶里谁知日月长。 回首帝京何处是，倚栏惟见暮山苍。"	"三径就荒，松菊犹存。携幼入室，有酒盈樽。"东晋·陶渊明《归去来兮辞》
繁香坞	"繁香坞在若墅堂之前，杂植牡丹、芍药、丹桂、海棠、紫瑶诸花。孟宗献诗云：'从君小筑繁香坞'。 杂植名花傍草堂，紫蕤丹艳漫成行。 春光烂漫千机锦，淑气熏蒸百和香。 自爱芳菲满怀袖，不教风露湿衣裳。 高情已在繁华外，静看游蜂上下狂。"	"从君小筑繁香坞，不负长腰玉粒春。"金·孟宗献《苏门花坞》

倚玉轩	倚玉轩在若墅堂后，傍多美竹，面有昆山石。 倚槛碧玉万竿长，更割昆山片玉苍。 如到王家堂上看，春风触目总琳琅。	"（却诜）累迁雍州刺史。武帝于东堂会送，问诜曰：'卿自以为何如？'诜对曰：'臣举贤良对策，为天下第一，犹桂林一枝，昆山之片玉。'"《晋书·却诜传》 "瞻彼淇奥，绿竹猗猗。有匪君子，如切如磋，如琢如磨。"《诗经·卫风·淇奥》
小飞虹	小飞虹在梦隐楼之前，若墅堂北，横绝沧浪池中。 雌蜺蜷饮洪河，落日倒影翻晴波。 江山沉沉时未雩，何事青龙忽腾骞。 知君小试济川才，横绝寒流引飞渡。 朱栏光炯摇碧落，杰阁参差隐层雾。 我来仿佛踏金鳌，愿挥尘世从琴高。 月明悠悠天万里，手把芙蕖照秋水。	"飞虹眺秦河，泛雾弄轻弦。"南朝宋·鲍昭《白云》
芙蓉隈	芙蓉隈在坤隅，临水。 林塘秋晚思寥寥，雨浥红蕖淡玉标。 出水最怜新句好，涉江无奈美人遥。	"涉江采芙蓉，兰泽多芳草。采之欲遗谁？所思在远道。"《古诗十九首》之六 "试妾与君泪，两处滴池水。看取芙蓉花，今年为谁死。"唐·孟郊《怨诗》

小沧浪	园有积水，横亘数亩，类苏子美沧浪池，因筑亭其中，曰小沧浪。昔子美自汴都徙吴，君亦还自北都，踪迹相似，故袭其名。 偶傍沧浪构小亭，依然绿水绕虚楹。岂无风月供垂钓，亦有儿童唱濯缨。满地江湖聊寄兴，百年鱼鸟已忘情。舜钦已矣杜陵远，一段幽踪谁与争。	"沧浪之水清兮，可以濯吾缨；沧浪之水浊兮，可以濯吾足。"楚·屈原《渔父》 "……构亭北碕，号'沧浪'焉。……"宋·苏舜钦
志清处	志清处在沧浪亭之南稍西，背负修竹，有石磴，下瞰平池，渊深泓渟，俨如湖濋云："临深使人志清。" 爱此曲池清，时来弄寒玉。俯窥鉴须眉，脱履濯双足。落日下回塘，倒影写修竹。微风一以摇，青天散渌。	"春秋运斗枢曰：山者地基。顾子曰：登高使人意遐，临深使人志清。"唐代·李善·《昭明文选注·卷二十九诗己》
柳隩	柳隩在水花池南。 春深高柳翠烟迷，风约柔条拂水齐。不向长安管离别，绿阴都付晓莺啼。	"长安陌上无穷树，唯有垂杨管别离。"唐·刘禹锡《杨柳枝词》
意远台	意远台在沧浪西北，高可丈寻。《义训》云："登高使人意远。" 闲登万里台，旷然心目清。木落秋更远，长江天际明。白云渡水去，日暮山纵横。	"登高使人意远。"《义训》

钓矶	钓矶在意远台下。 白石净无尘，平临野水津。坐看丝袅袅，静爱玉粼粼。得意江湖远，忘机鸥鹭驯。须知演纶者，不是羡鱼人。	"不以物喜，不以己悲。居庙堂之高，则忧其民；处江湖之远，则忧其君。"范仲淹·《岳阳楼记》
水花池	水花池在西北隅，中有红白莲。 方池涵碧落，菡萏在中洲。谁唱田田叶，还生渺渺愁。仙姿净如拭，野色淡于秋。一片横塘意，何当棹小舟。	"江南可采莲，莲叶何田田。"《汉乐府·江南可采莲》
深静亭	深静亭面水华池，修竹环匝，境极幽深，取杜诗云云。 绿云荷万柄，翠雨竹千头。清景堪消夏，凉声独占秋。不闻车马过，时有野人留。睡起龙团熟，青烟一缕浮。	"落日放船好，轻风生浪迟。竹深留客处，荷净纳凉时。公子调冰水，佳人雪藕丝。片云头上黑，应是雨催诗。"唐·杜甫《陪诸贵公子丈八沟携妓纳凉，晚际遇雨二首》
待霜亭	待霜亭在坤隅，傍植柑橘数本，韦应物诗云："洞庭须待满林霜。"而右军《黄柑帖》亦云："霜未降，未可多得。" 倚亭嘉树玉离离，照眼黄金子满枝。千里勤王苞贡后，一年好景雨霜时。向来屈傅曾留诵，老去韦郎更有诗。珍重主人偏赏识，风情原许右军知。	"怜君卧病思新橘，试橘犹酸亦未黄。书后欲题三百颗，洞庭须待满林霜。"宋·韦应物《答郑骑曹求橘诗》 "霜未降，未可多得。"晋·王羲之《黄柑贴》
怡颜处	怡颜处取陶词"眄庭柯以怡颜"云。 斜光下乔木，眷此白日迟。美人不可即，暮景聊自怡。青春在玄鬓，莫待秋风吹。	"引壶觞以自酌，眄庭柯以怡颜。倚南窗以寄傲，审容膝之易安。"东晋·陶渊明《归去来兮辞》

听松风处	听松风处在梦隐楼北，地多长松。疏松漱寒泉，山风满清厅。空谷度飘云，悠然落虚影。红尘不到眼，白日相与永。彼美松间人，何似陶弘景。	"特爱松风，每闻其响，欣然为乐，有时独游泉石，望见者以为神仙。"《南史》卷七六《隐逸传下·陶弘景传》
来禽囿	来禽囿沧浪池，南北杂植林檎数百本。清阴十亩夏扶疏，正是长林果熟初。珍重筠笼分赠处，小窗亲拓右军书。	"顷东游还，修植桑果，今盛敷荣，率诸子，抱弱孙，游观其间，有一味之甘，割而分之，以娱目前。"《晋书·王羲之传》"青李来禽。"《王羲之·来禽青李帖》
玫瑰柴	玫瑰柴匼得真亭，植玫瑰花。名花万里来，植我墙东曲。晓雨散春林，浓香浸红玉。	"蝶散摇轻露，莺衔入夕阳。雨朝胜濯锦，风夜剧焚香。丽日千层艳，孤霞一片光。"唐·卢纶《奉和李舍人昆季咏玫瑰花寄赠徐郎中》
珍李坂	珍李坂在得真亭后，其地高阜，自燕移好李植其上。珍李出上都，辛勤远移植。欲笑王安丰，当年苦钻核。	"王戎有好李，卖之，恐人得其种，恒钻其核。"南朝宋·刘义庆《世说新语·俭啬》
得真亭	得真亭在园之艮隅，植四桧结亭，取左太冲《招隐》诗"竹柏得其真"之语为名。手植苍官结小茨，得真聊咏左冲诗。支离虽枉明堂用，常得青青保四时。	"峭茜青葱间，竹柏得其真。"晋·左思《招隐》"尧之王天下也，茅茨不翦，采椽不斫。"《韩非子·五蠹》"不及唐尧，采椽不斫。世叹伯夷，欲以厉俗。"汉·曹操《度关山》

		"看朱成碧思纷纷，憔悴支离为忆君。不信比来常下泪，开箱验取石榴裙。"唐·武则天《如意娘》
蔷薇径	蔷薇径在得真亭前。 窈窕通幽一径长，野人缘径撷群芳。不嫌朝露衣裳湿，自喜春风屐齿香。	"往岁见此花开迟，手撷群芳因醉嗅。"宋·梅尧臣《宋次道家摘宝相花归清平里》
桃花沜	桃花沜在小沧浪东，折南，夹岸植桃，花时望若红霞。 种桃临野水，春暖树交花。时见流残片，常疑有隐家。微波吹锦浪，晓色涨红霞。何必玄都观，山中自岁华。	"紫陌红尘拂面来，无人不道看花回；玄都观里桃千树，尽是刘郎去后栽。"唐·刘禹锡《元和十一年自朗州召至京，戏赠看花诸君子》
湘筠坞	湘筠坞在桃花沜之南，槐雨亭北，修竹连亘，境特幽迥。 种竹连平岗，岗回竹成坞。盛夏已惊秋，林深不知午。中有遗世人，琴樽自容与。风来酒亦醒，坐听潇湘雨。	"舜死，二妃泪下，染竹即斑，妃死为湘水神，故曰湘妃竹。"西晋·张华《博物志》
槐幄	槐幄在槐雨亭西岸，古槐一株，蟠屈如翠蛟，阴覆数弓。 庭种宫槐已十围，密阴径亩翠成帷。梦回玄蚁争穿穴，春尽青虫对吐丝。	"槐幄如云，燕泥犹湿，雨余清暑。细草摇风，小荷擎雨，时节还端午。碧罗窗底，依稀记得，闲系翠丝烟缕。到如今、前欢如梦，还对彩绦无语。榴花半吐，金刀犹在，往事更堪重数。艾虎钗头，菖蒲酒里，旧约浑无据。轻衫如雾，玉肌似削，人在画楼深处。想灵符、无人共带，翠眉暗聚。"宋·周紫芝《永遇乐》五日

槐雨亭	槐雨亭在桃花沜之南，西临竹涧，榆槐竹柏，所植非一。云槐雨者，着君所自号也。 亭下高槐欲覆墙，气蒸寒翠湿衣裳。疏花靡靡流芳远，清荫垂垂世泽长。八月文场怀往事，三公勋业付诸郎。老来不作南柯梦，独自移床卧晚凉。	"蕙风晚香尽，槐雨馀花落。秋意一萧条，离容两寂寞。况随白日老，共负青山约。谁识相念心，鞲鹰与笼鹤。"唐·白居易《寄元九》
尔耳轩	尔耳轩在槐雨亭后。吴俗喜叠石为山，君特于盆盎置上水石，植菖蒲、水冬青以适兴，古语云："未能免俗，聊复尔耳。" 有拳者石，弗崇以岩，上列灌莽，下引寒泉。有泉涓涓，白石齿齿，岂曰高深，不远伊尔。言敞东轩，睨彼丛棘，君子于何，惟晏以适。青青者蒲，被于崇邱，岁云暮矣，式晏以游。君子于游，匪物伊理，古亦有言，聊复尔耳。岂不有营，我心则劳，载欣载遨，以永逍遥。	"阮仲容步兵居道南，诸阮居道北；北阮皆富，南阮贫。七月七日，北阮盛晒衣，皆纱罗锦绮。仲容以竿挂大布犊鼻裈于中庭。人或怪之，答曰：'未能免俗，聊复尔耳。'"南朝宋·刘义庆《世说新语·任诞》
芭蕉槛	芭蕉槛在槐雨亭之左。 新蕉十尺强，得雨净如沐。不嫌粉堵高，雅称朱栏曲。秋声入枕飘，晓色分窗绿。莫教轻剪取，留待阴连屋。	"锦箨参差朱栏曲，露濯文犀和粉绿。"北宋·钱惟演《玉楼春》

竹涧	竹涧在瑶圃东，夹涧美竹千挺。夹水竹千头，云深水自流。回波漱寒玉，清吹杂鸣球。短棹三湘雨，孤琴万壑秋。最怜明月夜，凉影共悠悠。	"寺古僧多老，云深水自流。鸟声惊客梦，山色到江楼。落日千林迥，清风一迳幽。幽怀终未已，归去辄回头。"宋・张九成
瑶圃	瑶圃在园之巽隅，中植江梅百本，花时灿若瑶华，因取楚词语为名。 春风压树森琳璆，海月冷挂珊瑚钩。 寒芒堕地失姑射，幽梦落枕移罗浮。 罗浮不奈东风恶，酒醒参横山月落。 千年秀句落西湖，一笑闲情付东阁。 祗今胜事属君家，开田种玉生琪华。 瑶环瑜珥纷触目，琅玕玉树相交加。 我来如升白银阙，绰约仙肌若冰雪。 仿佛蓬莱万玉妃，夜深下踏瑶台月。 瑶台玄圃隔壶天，远在沧瀛缥渺边。 若为移得在尘世，主人身是琼林仙。 当年挥手谢京国，手握寒英香沁骨。 万里归来抱雪霜，岁寒心事存贞白。 呜呼！岁寒心事存贞白，凭仗高楼莫吹笛。	"余幼好此奇服兮，年既老而不衰。带长铗之陆离兮，冠切云之崔嵬。被明月兮佩宝璐。世混浊而莫余知兮，吾方高驰而不顾。驾青虬兮骖白螭，吾与重华游兮瑶之圃。登昆仑兮食玉英，与天地兮同寿，与日月兮同光。"楚・屈原《九歌・涉江》
嘉实亭	嘉实亭在瑶圃中，取山谷古风"江梅有嘉实"之句，因次山谷韵。 高人凤尚志，裂冠谢名场。中心秉明洁，皎然秋月光。有如江梅花，枝槁心独香。人生贵适志，何必身岩廊。	"江梅有佳实，托根桃李场。桃李终不言，朝露借恩光。孤芳忌皎洁，冰雪空自香。古来和鼎实，此物升庙廊。岁月坐成晚，烟雨青已黄。得升桃李盘，以远初见尝。终然不可口，掷置

	不见山木灾，牺樽漫青黄。所以鼎中实，不受时世尝。曾不如苦李，贪生衢路旁。恻恻不忍置，悠悠心自伤。	官道傍。但使本根在，弃捐果何伤。" 北宋·黄庭坚《古诗二首上苏子瞻》
玉泉	京师香山有玉泉，君尝勺而甘之，因号玉泉山人。及是得泉于园之巽隅，甘冽宜茗，不减玉泉。遂以为名，示不忘也。 曾勺香山水，冷然玉一泓。宁知隔瑶汉，别有玉泉清。修绠和云汲，沙瓶带月烹。何须陆鸿渐，一啜自分明。	"移家虽带郭，野径入桑麻。近种篱边菊，秋天未着花。扣门无犬吠，欲去问西家。报道山中去,归时每日斜。" 唐·僧皎然《寻陆鸿渐不遇》

附表三　《拙政园图咏·三十一景》题跋

时间	文字
光绪辛卯（1891 年）俞樾	文待诏拙政园图 衡山先生此图画诗书三绝，自来未有题其端者，余不揣率尔题此，鬼腕不灵，佛头见秽惭愧惭愧。 光绪辛卯三月曲园俞樾
嘉靖十六年丁酉（1537 年）林庭昂	丁酉秋，归老过吴门，辱旧治士民款留不忍别，依依然有并州故乡之念。 槐雨先生出视此册索题，予方以未及游览斯园为歉然，披捅之余，则衡山文子之有声画、无声诗两臻其妙。凡山川、花鸟、亭台、泉石之胜，摹写无遗，虽辋川之图，何以逾是。予何言哉！独念先生早以名御史揽辔东巡，触忤权奸，逮系诏狱，祸且不可测。时先文安官南铨冢宰，抗章论救，始获从轻典，而槐雨之直声益振海内矣。然则今日之保全终始，安享和平之福者，乌可不知所自哉？此又图外之意，歌咏之所未及者，特表之以发先生一笑云。 赐进士光禄大夫太子太保工部尚书恩赐廪舆驰驿致仕小泉林庭昂题于舟中。
道光丙申（1836 年）戴熙	余生平所见，父画无如拙政园之多者可诏极文之大观，仲青珍秘书画甚，此图盖爱逾手足，未尝借人，丙申之秋，挟之来湖上，索跋于余，余邀借观一夕，仲青竟慨然元知者以为奇。仲青之癖于画，余之见信于友皆之足传者因作拙政园全园全图赠书画，适于鉴者无以为妄。 灯下展玩，数回觉园之大势恍然入目，因捉笔追摹图端，竟委三十一景，可于显晦中得之，无惟待霜亭，绎其文势画次或不当在坤隅，遂不从也。 于文画爱之入骨，然颇为酬应所累，不能专意学也，此作偶尔兴发为之忘其陋，近时松壶后山，两先生皆深于文者，仲青当能为事就正，则予于文或可得进步尔。 右三跋奉求，仲青大兄先生正之。文衡山私淑弟子戴熙题记

嘉庆己巳 （1809 年） 吴骞	文待诏拙政园图，予夙昔慕想，以未得一见为怅。今为同邑胡君豫波所藏，间属周子纪君为绍介，欣然允假。洁几焚香，对之心目俱爽，可不谓衰年翰墨之缘哉？园为东吴第一名胜，创始于王敬止侍御，厥后展转易主，盛衰兴替，昔人题咏记载，并详予所辑《徐夫人拙政园诗余附录》中。 此图作于嘉靖十二年癸巳。盖时侍御已归老于吴，迄今且三百载。园虽尚存，其中花木台榭，不知几经荣悴变易矣。幸留斯图，犹可征当日之经营位置，历历眉睫。又如身入蓬岛阆苑，琪花瑶草，使人应接不遑，几不知有尘境之隔，又非所谓若有神物护持者耶？ 侍御居官，以屡忤权奸，直声着朝野。待诏殆雅相知契，故既为此图，系以题咏，复为之作记。园中诸景凡卅有一，景各一图，笔法纵横变化，大抵集宋元名家之大成，而参以己意，故为此公绝构。 至册首林康懿题词言，敬止赖其父文安论救，得从轻典，此图外之意，歌咏所未及者，皆与《明史》本传相应会，亦可资考证者。 豫波属予审定，爰识其梗概而归焉，固未知有当乎不也。嘉庆己巳夏月海宁吴骞。
道光十三年 （1833 年） 钱泳	道光十有三年中秋后七日，余自临安回，道出海昌，从风雨中奉访仲青中翰于长安里。遂出其所藏文待诏拙政园图见示，计三十一幅。待诏既为作记，复有诗歌，作精楷或小隶书，各系于诸幅之后。此衡翁生平杰作也。 案《苏州府志》，拙政园在齐女门内北街。明嘉靖中御史王献臣筑。御史殁后，其子好樗蒲，一夕失之，归于徐氏。国初为海昌陈相国之遴所得，未几以添设驻防兵，遂改为将军府。园中有连理宝珠山茶一树，吴梅村祭酒有诗记之，见《梅村集》。迨撤去驻防，又为兵备道行馆。既而复为逆臣吴三桂婿王永康所居。三桂败事，乃籍入官。康熙十八年。

	又改为苏松常镇道新署。旋复裁去，散为民居，又归郡人蒋太守第， 名曰"复园"。春秋佳日，名流觞咏，有《复园嘉会图》。后五十年， 则池馆萧条，苍苔满径，无复旧时光景。嘉庆中，查馏余孝廉又购得之。 薙草浚池、灌花种竹者年余，顿还旧观。近又归吴崧圃相国家为质库矣。 余尝论园亭之兴废有时，而亦系乎其人。其人传，虽废犹兴也；其人 不传，虽兴犹废也。惟翰墨文章，似较园亭为可久，实有不能磨灭者。 今读衡翁之画，再读其记与诗，恍睹夫当时楼台花木之胜。而三百余 年之废兴得失，云散风流者，又历历如在目前，可慨也已。今仲青之 珍藏是册也，展玩循环而不厌，摩挲历久而弥新。以视诸公之经营构筑， 爱诿爱询者，其相去为何如也。是夕解维，钱塘潮溢，溪流暴涨，遂 停泊挑灯漫记。梅华溪居士钱泳，时年七十有五。
道光丙申 （1836 年） 钱杜	仲青内翰来游湖上，与余野鸥庄相距咫尺，暇日携所藏文太史拙政园 图册见示，图凡三十一帧，各有题咏，其丘壑布置，用笔敷色皆师松 雪翁，而树石屋宇人物花草意态变化无一重复，观者如在山阴道上应 接不暇，允称大家仆家旧藏太史真迹卷轴最多皆无出其右者，真稀世 珍也。倪元镇观王右丞卢鸿草堂图题云：焚香展卷不独娱目，赏心兼 可为吾辈进取之资。其真能读画者，仆则老病笔墨颓废，只可做云烟 过眼观耳。然太史向所心折，又是册之精之妙，已蕴酿胸次不觉心摹 手追，未使万一之取，摩挲相对，竟日不忍释手，时湖上雨晴，诸峰 秀色与是册并周旋，窗几前病魔退避三舍矣。 丙申三月朔日钱杜观于徘徊楼谨跋尾
道光庚戌 （1850 年） 何绍基	余昨过姑苏，尝冒雨至拙政园，今为吴氏园矣。水石清幽，而亭屋颇 多欹倒，主人皆官于外也。 至杭州，小住湖上。一日，朱诵清兄招游吴山，出示文衡山《拙政园 图册》。图凡三十有一，各系以诗。其画意精趣别，各就其景，自出奇理， 以腾跃之故，能幅幅入胜。以余昨迹证之，多不能到画中妙处。盖人

	事地形，阅三百年，恐当日园中妙处，尚有画所不到者，未可知也。 此园自王氏槐雨后，忽官忽私，屡易主，而至吴氏。忆余昨泊禾郡，游陈氏园，即岳倦翁故业。展转至国初，归曹倦圃，沿倦翁以自号也。又再传而属陈氏。以倦翁精忠之裔，不获使子孙长有此园亭，若槐雨者，又安能永占平泉草木乎？况陵谷变迁，必不能如此图之日久愈新，又必归于珍鉴之家也。 诵翁久秘此册，比年因乃郎伯兰世讲性恬澹，喜绘事，遂以畀之，将为朱氏世宝。视园之暂属王氏，旋入它人手者，得失相去甚远。伯兰年少英迈，能嗜古。吾望其绩学树名，务期远大，以其余事，究情画妙可也。若日抱此册，而模之范之，衡山有知，且笑曰，盍索我于拙政园外也。道光庚戌季夏道州何绍基记于净慈寺之万峰庵。
道光甲午 （1834年） 苏惇元	道光甲午三月，余游海昌长安镇，晤朱中翰仲青，倾盖如故，一日出示所藏衡山先生此册，其诗文雅健，画兼南北宗，书备行楷篆隶各体，凡三十一帧而皆不相袭，衡山诸长毕萃于此，乃衡山甲亦诚稀世珍也。余迥旋杷玩不忍释手，因书数字以志欣幸。 十六日 桐城苏惇元题
同治己丑 （1865年） 何绍基	曾是将军府，今为抚部衙。清风想槐雨，名画漏山茶。越水连吴渚，朱门移蒋家。沧桑无限事，一十六年华。 道光庚戌为朱仲清题是册，今同治己丑春薄游吴门，册归歙县蒋君芝舫，时吴越已报肃清而十余年，烽火甫收，疮痍满目，不堪回想，适芝翁招饮出示，则附小诗，岂徒为一园一册慨乎？惊蛰后道州蝯叟何绍基呵冻草于抱罍室

道光丙申 （1836 年） 张廷济	尊罍终罢又弓刀，华乐笙歌有几宵。留得停云诗一卷，不随尘劫共沉消。 恣读名篇当卧游，硬黄摹取付银钩。如君真把园林寿，绝倒茳蒲一掷休。 拙政园嘉靖时王献臣御史侵大宏寺基以联之也，其子与里中徐氏绝赌 一掷失之。兵兴后为营将所扰。 仲青仁兄先生以文待诏题是园之记，与诗刻之石寄墨本嘱题因并识之。 道光丙申秋日嘉兴弟张廷济时年六十有九
翁方纲 跋拙政园记	右文衡山《拙政园记》，并三十一诗，王雅宜《拙政园赋》并序，皆后 人重书。文衡山记，在其既归田后之七年，而雅宜已殁矣。尚未言及山茶， 刻王献臣篆圃峙，其煞山茶可知。王献臣以锦衣镇抚司匠籍，成进士 在弘治六年癸丑。至嘉靖中，乃因大宏寺废基筑园。而吴梅邨诗云： "百年前是空王宅，宝珠色相生光华。长养端资鬼神力，优云涌现西流 沙。歌台舞榭从何起，当日豪家擅闾里。苦夺精蓝为玩花，旋抛先业 随流水。"据诗似是王侍御因旧有山茶，而侵地为园。若然，则记中所 列亭馆三十二者，反遗其最盛之名花。何邪？虽一物之微，而赋泳与 记述，概不相应如此，况其大者乎？徐健庵《道署记》，隐括前后，亦 稍有同异，而衡山之记，称侍御直躬被斥，与梅邨所云豪家侵寺地者， 亦不相似，又何也？援地志证史者，未知将焉所折衷矣。 注：见《翁方纲文集》石印本第三十一卷第 9 页
嘉靖十二年 癸巳（1533 年）	"罢官归，乃日课僮仆，除秽植援，饭牛酤乳，荷臿抱瓮，业种艺以供 朝夕、涘伏腊，积久而园始成，其中室卢台榭，草草苟完而已，采古 言即近事以为名。献臣非往湖山，赴庆吊，虽寒暑风雨，未尝一日去， 屏气养拙几三十年。" （未见于图册，见于刘敦桢《苏州古典园林》）

后　记

　　时间过得飞快，从关注和研究园林的"主人"开始，一晃十多年过去了。严重的拖延症和对建筑设计、绘画的分心，使得我对本书的修改完善在间隙和纠结中缓慢零碎地推进，但是慢也有好处。当初出于兴趣走入这个艰深复杂的领域，好多背景资料还没有完全消化，而当初很多文字也是直觉的，因而思考时间的拉长，以及在"绵延"中得到深入的点滴体会，可以重新在文字中反思和修正。而这些文字的好处不仅仅是形成一个文字上的研究，同时也不知觉地渗透在我其他的艺术创作中，园林这个古典文化的"汇聚"之地，使我受益颇深，孤独但乐在其中，可以反复静观文人深处隐秘的生活世界。

　　本书的完成要感谢许多老师、亲人、朋友和同学。首先感谢中央美术学院院长潘公凯先生慨然为本书作序，并且在他任期内给予了我设计中央美术学院燕郊校区的机会。感谢我的博士导师张宝玮先生对我学业的指导，以及对我生活和事业上的鼓励和呵护。感谢我的妻子王平、女儿王惜墨对于我的博士学习给予的支持，妻子王平抽出时间帮助我收集和整理了部分写作资料。感谢博士论文的答辩委员：中央美术学院副院长吕品晶教授和建筑学院副院长常志刚教授、韩光旭教授、戎安教授以及胥蜀辉教授和加拿大宝佳国际建筑公司总裁、北京大学城市规划与发展研究所所长高志先生，感谢他们给予的评议。好友中国美术学院刘海勇教授向我推荐了中国美术学院出版社的郑亦山先生，感谢他对于此书出版的帮助。

　　园林的想象和建构，从来都是在"主人"对时间经验的阅读中展开的。

今天，重新解读园林和建构的意义，必须在跨越传统和当代的距离之后才会彰显出来；究其当代的本质而言，艺术和文化的无界（unboundary）时代已经到来了，这个时候我们回看"主人"，更加意味深长。在这个无界时代，太拘泥于身份和角色的严格界定，就会过分限制自我，就有僵化的危险。相反，我们也可以说，只有"从心不从法"时，我们才能进入自由的境域。对于全球化来说，古老的中国园林文化有着它重要的意义和启示，园林和山水并没有随着时间而消失，在新的视角下，其鲜活的具体经验以及和世界的亲近性，正是现代人所需要的。中国古典园林浩瀚精深，与园中人事密不可分，其中闪耀的人性和智慧，如星辰大海。"至乐岂外求，妙象非言间"，也许奇妙的不是自然，自然一直就在那里，物与人之间逼近的过程就是人的存在本身。

会心不在远，得趣不在多，园林在看着我们……为了能够感知它，我们需要回到园林与我们相遇的地方，而你将成为那个在园林中感觉妙不可言的主人。

王铁华
2023 年 6 月于中央美术学院

责 任 编 辑：郑亦山
封面图形设计：王铁华
装 帧 设 计：王铁华
责 任 校 对：杨轩飞
责 任 出 版：张荣胜

图书在版编目（ＣＩＰ）数据

主人的居处 ：“看”视域的古典园林文化研究 / 王铁华著． --
杭州 ：中国美术学院出版社，2024.6
ISBN 978-7-5503-3165-5

Ⅰ．①主… Ⅱ．①王… Ⅲ．①古典园林－园林艺术－
研究－中国 Ⅳ．① TU986.62

中国国家版本馆 CIP 数据核字（2023）第 236114 号

主人的居处
——“看”视域的古典园林文化研究

王铁华 著

出 品 人 祝平凡
出版发行 中国美术学院出版社
地 址 中国·杭州南山路 218 号 / 邮政编码：310002
网 址 http://www.caapress.com
经 销 全国新华书店
制 版 杭州海洋电脑制版印刷有限公司
印 刷 浙江省邮电印刷股份有限公司
版 次 2024 年 6 月第 1 版
印 次 2024 年 6 月第 1 次印刷
印 张 41
开 本 710mm×1000mm 1/16
字 数 469 千
图 数 86 幅
印 数 0001—1500
书 号 ISBN 978-7-5503-3165-5
定 价 98.00 元